普通高等教育系列教材

工程制图

第2版

刘彤晏　刘文华　王静娴　主编

机 械 工 业 出 版 社

本书是作者总结多年教学和教改经验编写而成的，内容符合教育部高等学校工程图学教学指导委员会制订的《机械制图课程教学基本要求》。全书将画法几何、计算机绘图、机械制图与当前的国家标准融为一体，内容包括：制图基本知识和基本技能、投影法基础、立体的投影、轴测图、组合体、机件常用的表达方法、标准件和常用件、零件图、装配图、AutoCAD 二维绘图、SolidWorks 三维绘图基础、其他工程图样及附录。

本书可作为高等院校机械类、非机械类相关专业的教材，也可供其他各类学校师生和相关工程技术人员参考。

本书的配套产品有刘文华、刘彤晏、张尧主编的《工程制图习题集 第 2 版》，可供读者选用。

本书配有授课电子课件，需要的教师可登录 www.cmpedu.com 免费注册，审核通过后下载，或联系编辑索取（微信：13146070618，电话：010-88379739）。

图书在版编目（CIP）数据

工程制图 / 刘彤晏，刘文华，王静娴主编. -- 2 版 . 北京 ：机械工业出版社，2025. 8. --（普通高等教育系列教材）. -- ISBN 978-7-111-76053-5

Ⅰ. TB23

中国国家版本馆 CIP 数据核字第 2024SR6130 号

机械工业出版社（北京市百万庄大街 22 号　邮政编码 100037）

策划编辑：解　芳　　　　　　　责任编辑：解　芳

责任校对：高凯月　张雨霏　景　飞　责任印制：张　博

固安县铭成印刷有限公司印刷

2025 年 8 月第 2 版第 1 次印刷

184mm×260mm · 20 印张 · 490 千字

标准书号：ISBN 978-7-111-76053-5

定价：69.90 元

电话服务　　　　　　　　　　网络服务

客服电话：010-88361066　　　机　工　官　网：www.cmpbook.com

010-88379833　　　机　工　官　博：weibo.com/cmp1952

010-68326294　　　金　　书　　网：www.golden-book.com

封底无防伪标均为盗版　　　机工教育服务网：www.cmpedu.com

前　　言

随着网络课程教学改革的不断深入，工程制图课程的教学方法和教学模式也随之变化。为适应当前的形势，编写一部适合线上、线下混合教学、满足轻工专业学时需求的教材是当务之急。

本书以教育部高等学校工程图学教学指导委员会制订的《机械制图课程教学基本要求》为指导，在总结多年教学和教改经验的基础上编写，融合教学改革中的优秀成果，更新实践案例，在教学中体现思政要素，更新实践案例，增加当前最新的技术成果和国家标准，体现了高阶性、创新性和挑战度，主要有以下特点。

1）书中简要阐述制图理论，引入较多的绘图实例，注重制图在实践中的应用。

2）为轻工专业后期专业设计提供必要的技术基础。

3）计算机绘图已是当今信息时代对技术人员的基本要求，为便于自学，将二维、三维绘图放在相关章节后面，在学习时，可以边学边用，起到知识综合和实际应用的作用。

4）强化尺规绘图、徒手绘草图、计算机绘图三种绘图方式的有机组合，加大了徒手绘草图及计算机绘图的力度。

本书的配套产品是《工程制图习题集 第2版》。

本书由刘彤晏、刘文华、王静娴主编，具体分工为：大连工业大学张尧、刘缤（第1章、附录A），刘文华（第5章、第6章、第10章、附录B、C），孙玲（第11章），王静娴（第3章、第7章、第12章、附录E），孙亚丽、马丽敏（8.4节），陈曦（附录D），刘彤晏（第2章、第4章、8.1~8.3节、8.5~8.6节、第9章）。

本书在编写过程中，得到很多同行的关注和帮助，同时也吸收和借鉴了其他院校教学中的宝贵经验，在此向关心、指导本书编写的同志们表示诚挚的谢意。

因编者水平有限，书中难免存在缺点和错误，敬请各位读者批评指正。

编　　者

目　录

绪论

一、本课程的性质、内容和任务

工程图样和其他传播工具（如文字、图像、声音、数字等）一样是进行交流、表达思想的重要媒介。在现代工业生产中，设计和制造各种机械、仪器、设备及建筑物时都离不开图样，在使用、维修、安装和检验中也要以图样为依据。因此，工程图样就成为工业生产中一种重要的技术资料，是进行技术交流不可缺少的工具，被誉为工程界的“技术语言”。每个工程技术人员都必须能够绘制和阅读工程图样。

本课程是高等工科院校中一门既有理论性又有较强实践性的重要技术基础课，它包括画法几何、制图基础、机械制图和计算机绘图四个部分的内容。

本课程的任务是：

1）学习投影法的基本理论及其应用。

2）培养学生对三维形体与相关位置的空间逻辑思维和形象思维能力。

3）培养学生空间几何问题的图解能力。

4）培养学生绘制和阅读机械工程图样的能力。

5）培养学生利用计算机绘制图形的能力。

6）培养学生独立分析问题、解决问题的能力，培养创造性思维和审美的能力。

二、本课程的学习方法

1）本课程的特点是实践性强。因此，在学习本课程的理论部分时，要在理解基本概念、基本图示原理和基本作图方法的基础上，多画多想多看，注意画、看结合，图、物结合，自始至终突出一个“练”字。在图解空间几何问题时，要充分理解已知条件和解题要求，分析与理解有关的知识点，找出相应的图解方法进行作图。

2）画法几何是本课程的理论基础。它运用投影理论，以图解和图示的方法研究解决空间几何形体中几何元素间的相对位置问题。在学习中，要把空间几何元素、空间几何形体结合起来进行投影分析，这种“从空间到平面，再由平面到空间”的反复思维是最有效的学习方法。

3）机械制图以画法几何理论为依据，其内容与生产实际密切相关。在学习本部分时既要运用画法几何的基本理论绘制和阅读工程图样，又要紧密联系实际，掌握机械工程图样中技术要求的注写和阅读，掌握机械加工工艺基本知识和使用相关国家标准的能力。此部分需要通过完成一系列的作业才能达到学习目的。

4）学习计算机绘图部分时必须熟悉绘图基本命令，并进行充分上机操作来掌握。

5）图样是用来指导生产的重要技术文件，一线一字之差都会给生产带来不应有的损失，所以在学习和绘图过程中，切忌粗心大意、草率从事，应培养认真负责、耐心细致、精益求精的良好作风。必须严格遵守国家标准《机械制图》和《技术制图》的有关规定。

6）培养良好的学习方法，学会查阅有关资料，掌握画图、看图的方法与步骤，提高自学能力和独立工作能力。

第 1 章　制图基本知识和基本技能

工程图样用于表达机件的形状、大小和技术要求，是指导产品设计、制造、安装、检测、技术交流等过程中的重要资料，是工程界的语言。因此，对图样的内容、格式、表达方法等必须有统一规定。国家标准《机械制图》是国家制定的一项基本技术标准，绘图时应严格遵守标准的有关规定，以便生产部门科学地进行生产、管理和交流。国家标准也在不断地进行修改，以适应生产和技术发展的需要。

国家标准的代号分为“GB”“GB/T”“GB/Z”，其中“GB/T”为推荐性国家标准，“GB/Z”为指导性国家标准。本章摘录了国家标准对图纸幅面的格式、比例、字体、图线和尺寸注法的有关规定，还介绍了常见的几何图形及其绘制方法。

1.1　国家标准《技术制图》和《机械制图》的有关规定

1.1.1　图纸幅面和格式

1. 图纸幅面及图框格式

绘制图样时，应优先采用表 1-1 中规定的图纸基本幅面尺寸，幅面代号分为 A0、A1、A2、A3、A4 五种。

表 1-1　图纸基本幅面的尺寸　（单位：mm）

<table>
<tr><th>幅面代号</th><th>A0</th><th>A1</th><th>A2</th><th>A3</th><th>A4</th></tr>
<tr><td>B×L</td><td>841×1189</td><td>594×841</td><td>420×594</td><td>297×420</td><td>210×297</td></tr>
<tr><td>a</td><td colspan="5">25</td></tr>
<tr><td>c</td><td colspan="3">10</td><td colspan="2">5</td></tr>
<tr><td>e</td><td colspan="2">20</td><td colspan="3">10</td></tr>
</table>

必要时允许加长幅面，加长幅面的尺寸由基本幅面的短边乘以整数后得出。加长量必须符合 GB/T 14689—2008 中的规定，如图 1-1 所示。

需要装订的图样，应留装订边，其图框格式如图 1-2a、b 所示。一般采用 A4 幅面竖装或 A3 幅面横装。

不需装订的图样其图框格式如图 1-2c、d 所示。

图纸边界线用细实线绘制，大小为幅面尺寸。图框线用粗实线绘制，与图纸边界线的距离和图框的格式有关，如图 1-2 所示。图框周边尺寸 a、c、e 见表 1-1。同一产品的图样采用同一种格式。

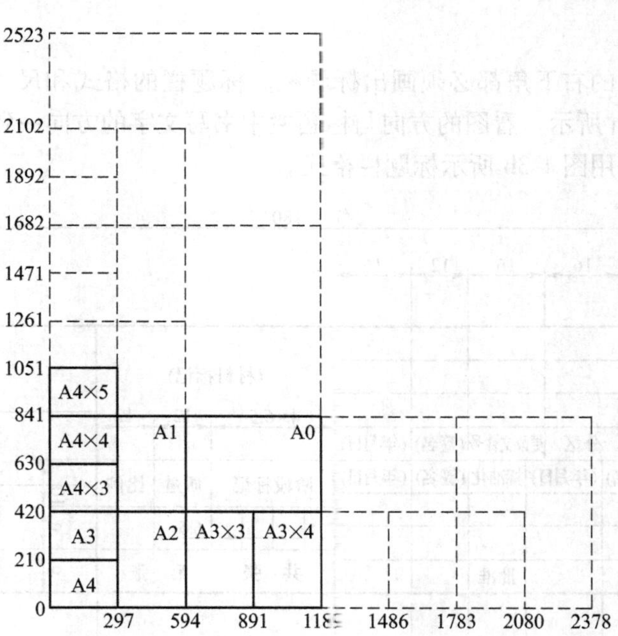

图 1-1 图纸幅面

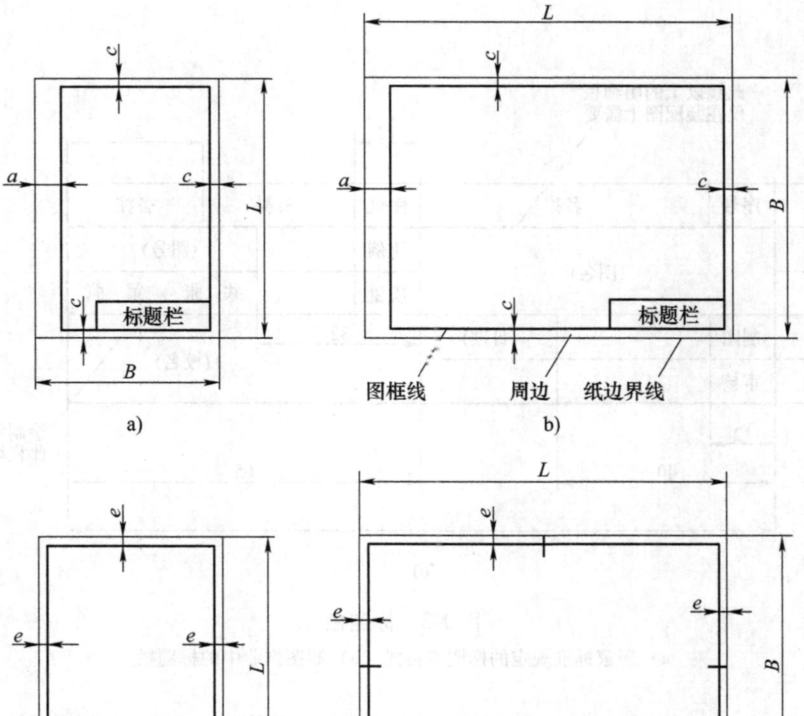

图 1-2 图框格式

2. 标题栏格式

每张图纸在图纸的右下角都必须画出标题栏。标题栏的格式和尺寸由 GB/T 10609.1—2008 规定，如图 1-3a 所示。看图的方向与标题栏中书写文字的方向一致。

学生作业建议采用图 1-3b 所示标题栏格式。

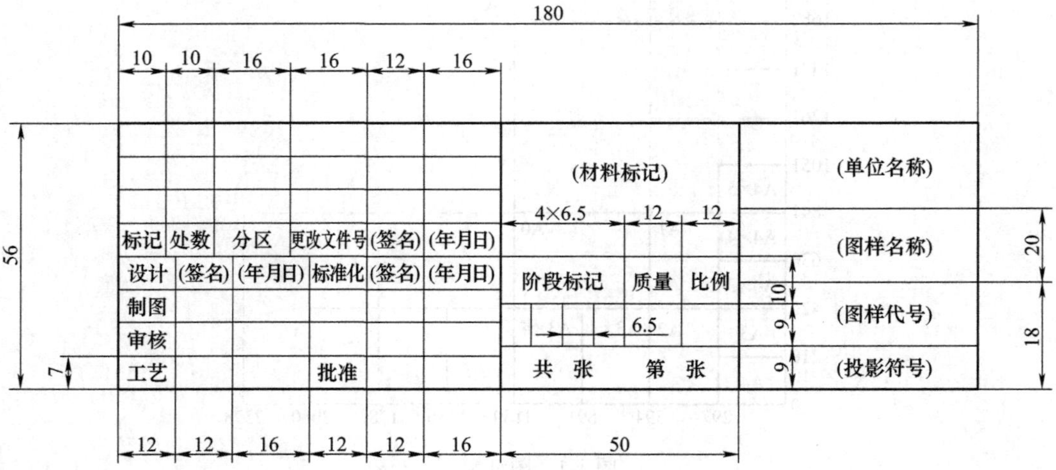

a)

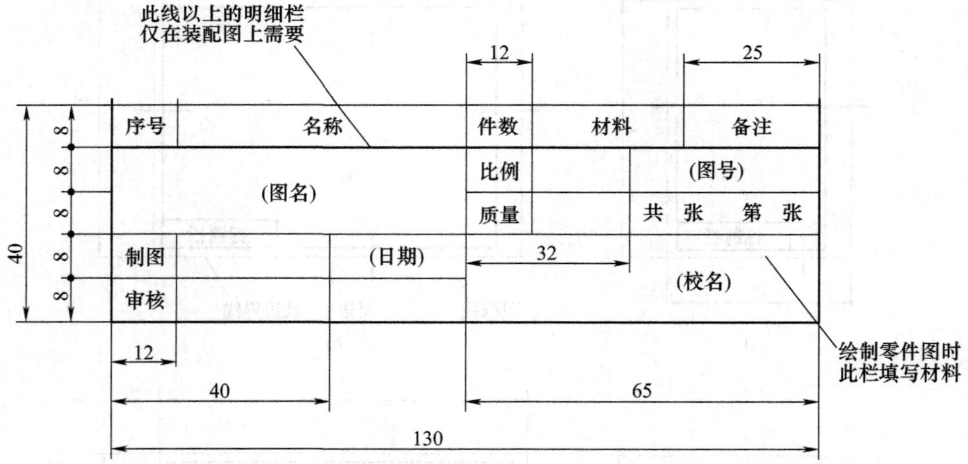

b)

图 1-3 标题栏

a）国家标准规定的标题栏格式 b）制图作业中的标题栏

为了利用预先印制的图纸，允许按图 1-4 所示的方式使用。

1.1.2 比例

国家标准《技术制图 比例》（GB/T 14690—1993）中，规定图样中图形与其实物相应要素的线性尺寸之比称作比例。比值为 1 的比例，即 1∶1，称为原值比例；比值大于 1 的比例，如 2∶1 等，称为放大比例；比值小于 1 的比例，如 1∶2 等，称为缩小比例。需要按

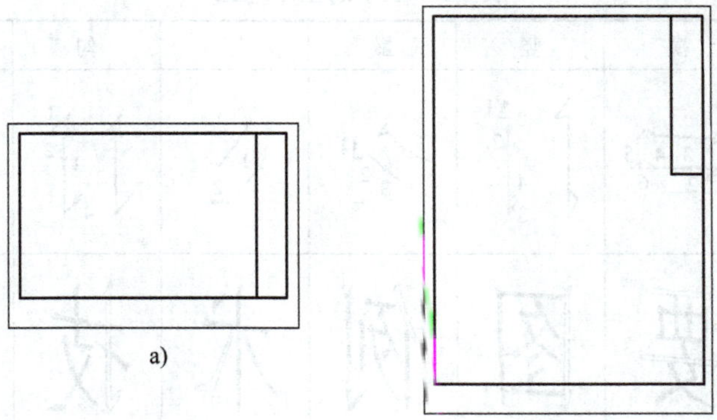

图 1-4　用印制图纸时允许的另一种标题栏方位

比例绘制图样时，一般应从表 1-2 规定的系列中选取不带括号的适当比例，必要时也允许选取带括号的比例。

表 1-2　绘图的比例

原值比例	1 : 1
缩小比例	(1 : 1.5)　1 : 2　(1 : 2.5)　(1 : 3)　(1 : 4)　1 : 5　(1 : 6)　$1:1\times10^n$　$(1:1.5\times10^n)$　$1:2\times10^n$　$(1:2.5\times10^n)$　$(1:3\times10^n)$　$(1:4\times10^n)$　$1:5\times10^n$　$(1:6\times10^n)$
放大比例	2 : 1　(2.5 : 1)　(4 : 1)　5 : 1　$1\times10^n:1$　$2\times10^n:1$　$(2.5\times10^n:1)$　$(4\times10^n:1)$　$5\times10^n:1$

注：n 为正整数。

绘制同一机件的各个视图时应采用相同的比例，并在标题栏的比例一栏中标明。当某个视图需要采用不同的比例时，必须另行标注。应注意，不论采用何种比例绘图，尺寸数值均按原值注出。

1.1.3 字体

国家标准《技术制图 字体》(GB/T 14691—1993) 中，规定了汉字、字母和数字的结构形式。在图样中书写字体必须做到：字体工整、笔画清楚、间隔均匀、排列整齐。各种字体的大小选择要适当。

1. 字体高度

字体高度用 h 表示，其公称尺寸系列为：1.8mm、2.5mm、3.5mm、5mm、7mm、10mm、14mm、20mm。如需要写更大的字，其字体高度应按 $\sqrt{2}$ 的比率递增。字体高度代表字体的号数。

2. 汉字

汉字应写成长仿宋体字，并应采用中华人民共和国国务院正式公布推行的《汉字简化方案》中规定的简化字。汉字的高度 h 不应<3.5mm，其字宽一般为 $h/\sqrt{2}$。汉字的基本笔画见表 1-3，图 1-5 为长仿宋体汉字示例。

表 1-3 汉字的基本笔画

名称	点	横	竖	撇	捺	勾	挑	折
基本笔画	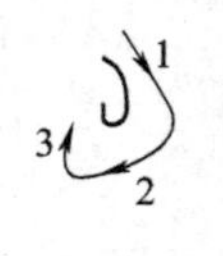	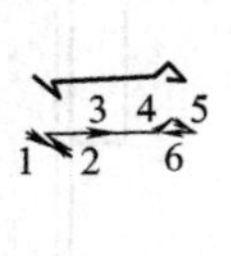	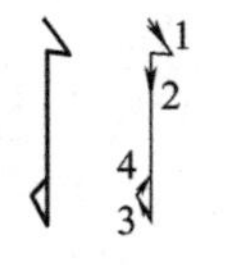	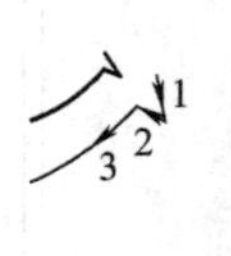	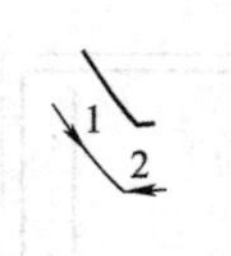	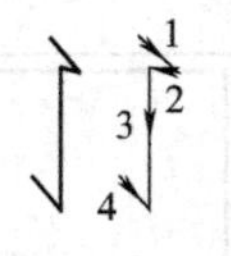	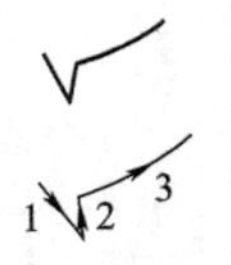	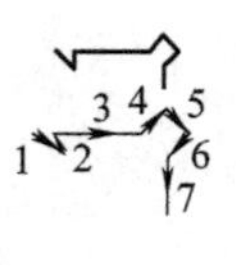
举例	审	要	图	例	术	技	注	铝

10号汉字:

字体工整笔画清楚间隔均匀排列整齐

7号汉字:

横平竖直注意起落结构均匀填满方格

5号汉字:

技术制图机械电子汽车航空船舶土木建筑矿山井坑港口纺织服装

图 1-5 长仿宋体汉字示例

3. 字母和数字

字母和数字分为 A 型和 B 型。A 型字体的笔画宽度（d）为字高（h）的 1/14，B 型字体的笔画宽度（d）为字高（h）的 1/10。在同一图样上，只允许选用一种形式的字体。字母和数字可写成斜体或正体。斜体字字头向右倾斜，与水平基准线成 75°。

字母的综合应用有下述规定：用作指数、分数、极限偏差、注角等的数字及字母，一般应采用小一号的字体；图样中的数学符号、物理量符号、计量单位符号，以及其他符号、代号，应分别符合国家有关法令和标准的规定。图 1-6 所示为拉丁字母、罗马数字和阿拉伯数字及综合应用示例。

1.1.4 图线

国家标准规定了《机械制图 图样画法 图线》（GB/T 4457.4—2002）和《技术制图 图线》（GB/T 17450—1998）两项专项图线标准。在绘制机械图样时，应在不违背 GB/T 17450—1998 的前提下，贯彻 GB/T 4457.4—2002 中的有关规定。

1. 线型

国家标准 GB/T 4457.4—2002 中规定了机械图样中常用图线的名称、型式、宽度以及在图样上的一般应用，图线用途如图 1-7 所示，图线的型式、宽度和主要用途见表 1-4。

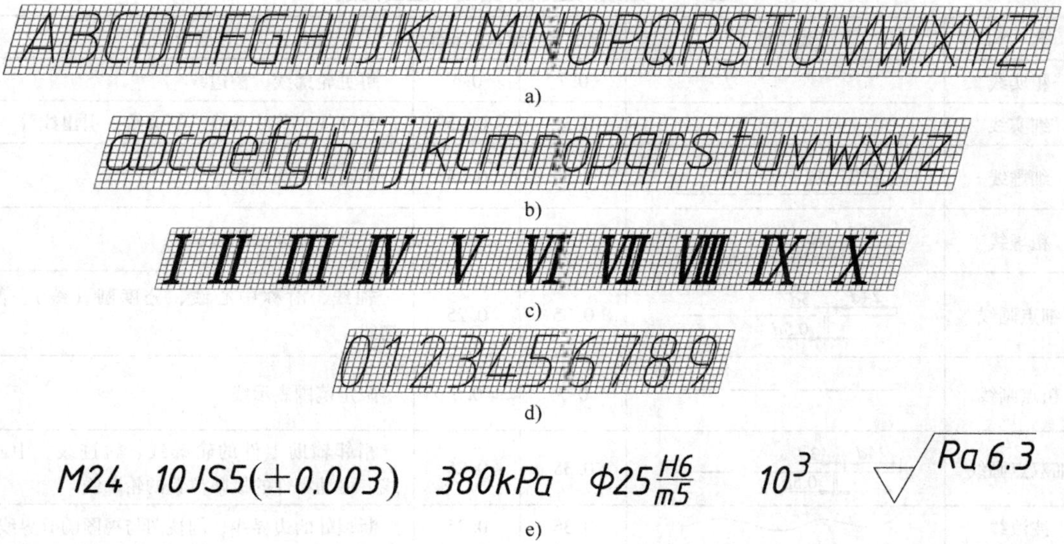

图 1-6 字母、数字及综合应用示例

a）大写拉丁字母 b）小写拉丁字母 c）罗马数字 d）阿拉伯数字 e）综合应用示例

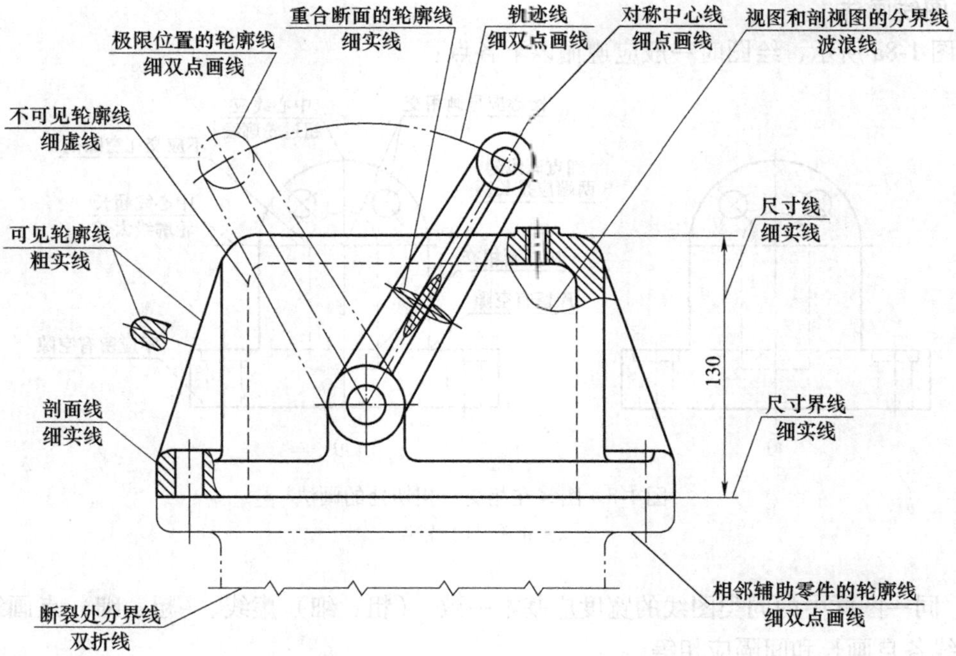

图 1-7 图线用途

2. 线宽

图线分为粗线和细线两种。图线的宽度（粗、纽）用 d 表示，粗线的宽度应根据图形的大小和复杂程度在 0.5~2mm 之间选择，细线的宽度为粗线宽度的 1/2。

表 1-4　图线的型式、宽度和主要用途

名　称	线　型	宽度 d（建议）/mm		一般应用
粗实线		0.7	0.5	可见轮廓线、棱边线
细实线		0.35	0.25	尺寸线、尺寸界线、剖面线、引出线等
细虚线	$12d$　$3d$	0.35	0.25	不可见轮廓线
粗虚线	$12d$　$3d$	0.7	0.5	允许表面处理的表示线
细点画线	$24d$　$3d$　$0.5d$	0.35	0.25	轴线、对称中心线、分度圆（线）、剖切线
粗点画线		0.7	0.5	限定范围表示线
细双点画线	$24d$　$3d$　$0.5d$	0.35	0.25	相邻辅助零件的轮廓线、轨迹线、中断线、可动零件的极限位置的轮廓线
波浪线		0.35	0.25	断裂处的边界线、剖视图与视图的分界线
双折线		0.35	0.25	断裂处的分界线

图线宽度的推荐系列为：0.13mm、0.18mm、0.25mm、0.35mm、0.5mm、0.7mm、1mm、1.4mm、2mm。

3. 图线画法

如图 1-8a 所示，绘图时一般应遵循以下各点：

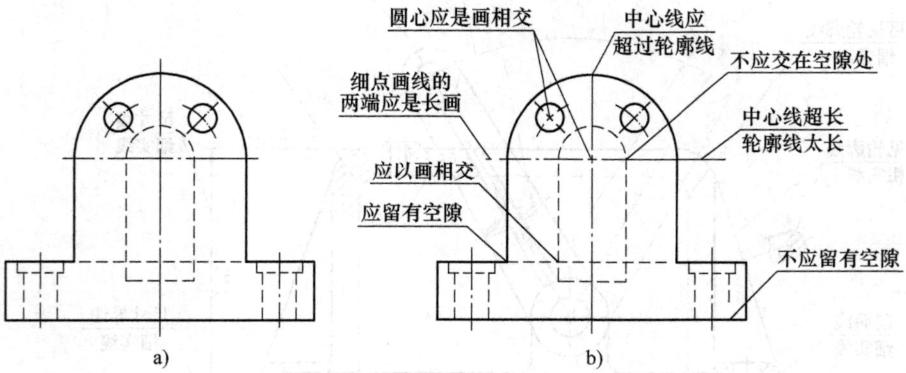

图 1-8　图线在相交、相切处的画法

a）正确　b）错误

1）同一图样中的同类图线的宽度应基本一致。（粗、细）虚线、（粗、细）点画线及细双点画线各自画长和间隔应相等。

2）两条平行线（包括剖面线）之间的距离应不小于粗实线的两倍宽度，其最小距离不得小于 0.7mm。

3）绘制圆的对称中心线时，圆心应为画的交点。（粗、细）点画线和细双点画线的首末两端应为画而不应为点。

4）在较小的图形上绘制细点画线或细双点画线有困难时，可用细实线代替。

此外，还应该注意：

①轴线、对称中心线、双折线和作为中断线的细双点画线，应超出轮廓线 2~5mm。

②细点画线、细虚线与其他图线相交时，应以画相交，而不应为点或间隔。

③当细虚线处于粗实线的延长线上时，粗实线应画到分界点，而细虚线应与分界点留有空隙。

1.1.5 尺寸注法

图形只能表达机件的形状，而机件的大小则由标注的尺寸确定。尺寸标注的正确与否直接影响图样的质量。国家标准 GB/T 4458.4—2003 对尺寸标注的基本方法做了一系列规定，在绘制过程中必须严格遵守。

1. 基本规则

1）图样中（包括技术要求和其他说明）的尺寸，以 mm 为单位时，不需要标注计量单位的名称或代号；如采用其他单位，则必须注明相应计量单位的名称或代号。

2）图样中所注尺寸数值为机件的真实大小，与图形的大小和绘图的准确度无关。

3）机件的每一尺寸，一般只标注一次，并应标注在反映该结构最清楚的图形上。

4）图样中所注尺寸是该机件最后完工时的尺寸，否则应另加说明。

2. 尺寸要素

如图 1-9 所示，一个完整的尺寸一般应包括尺寸界线、尺寸线（含表示尺寸线终端的箭头或斜线）、尺寸数字。

（1）尺寸界线

尺寸界线表示所注尺寸的起止范围，用细实线由图样的轮廓线、轴线或对称中心线引出，也可利用图样的轮廓线、轴线或对称中心线作为尺寸界线。引出的尺寸界线应超出尺寸线 2~5mm。尺寸界线一般应与尺寸线垂直，必要时才允许倾斜。

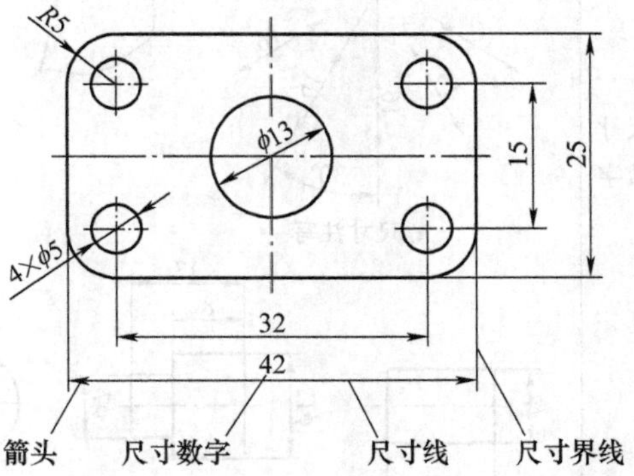

图 1-9 尺寸的组成及标注示例

（2）尺寸线

尺寸线用细实线绘制。标注线性尺寸时，尺寸线必须与所标注的线段平行，相同方向的各尺寸线之间的距离要均匀，间隔应大于 5mm，（建议间距为 6~8mm）。尺寸线不能用图上的其他线代替，也不能与其他图线重合或在其延长线上，并应尽量避免与其他尺寸线或尺寸界线交叉。

尺寸线终端可以有以下两种形式。

1）箭头：箭头的形式如图 1-10a 所示，适用于各种类型的图样。箭头尖端与尺寸界线接触，不得超出或离开。

2）斜线：斜线用细实线绘制。其画法如图 1-10b 所示。当尺寸线的终端采用

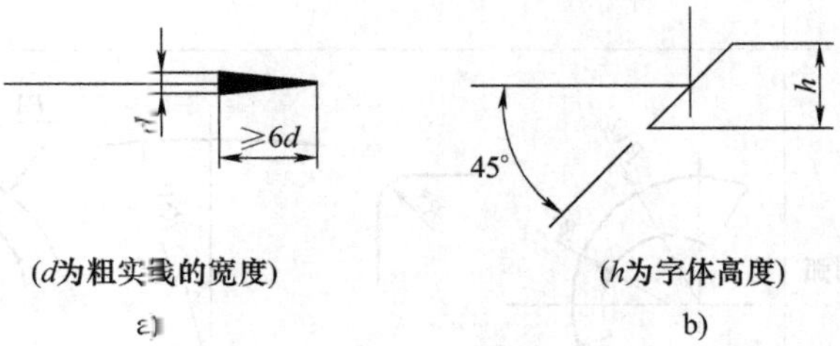

图 1-10 尺寸线终端

a）箭头 b）斜线

斜线时，尺寸线与尺寸界线必须垂直。

同一张图样中只能采用一种尺寸线终端形式。

（3）尺寸数字

线性尺寸的数字一般注写在尺寸线的上方。也允许注写在尺寸线的中断处。线性尺寸数字一般按表 1-5 第一项中所示的方法注写。

国标还规定了一些注写在尺寸数字周围的符号。例如：ϕ：表示直径；t：表示板状零件厚度；R：表示半径；∠：表示斜度；S：表示球；EQS：均匀分布；C：45°倒角。

3. 尺寸标注示例

国标规定的一些尺寸注法见表 1-5。

表 1-5 尺寸注法示例

标注	图 例	说 明
尺寸数字	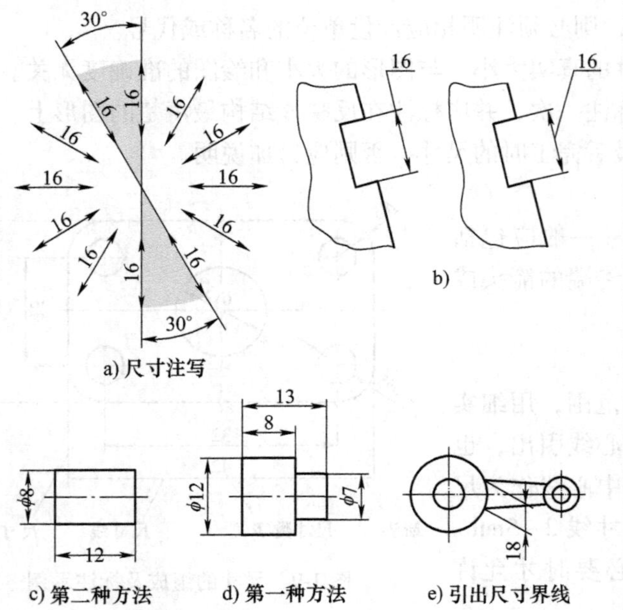 a) 尺寸注写　b)　c) 第二种方法　d) 第一种方法　e) 引出尺寸界线	1. 尺寸数字一般应按图 a 所示方向注写，并尽可能避免在图示 30° 范围内注写尺寸，当无法避免时可按图 b 所示的形式注写 2. 在不致引起误解时也允许注写在尺寸线的中断处，如图 c 所示。同一张图样中，应采用同一种标注方法。一般情况下选择第一种方法（图 d） 3. 在光滑过渡处标注尺寸时，必须用细实线将轮廓线延长，从它们的交点处引出尺寸界线，如图 e 所示
圆	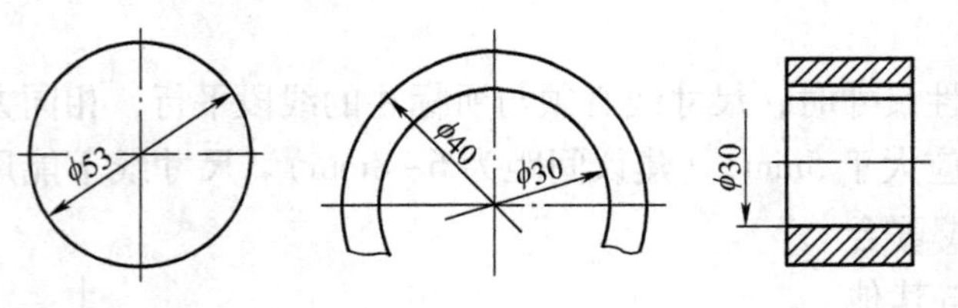	圆的尺寸终端为箭头，圆不完整时也可一端为箭头；尺寸线必须通过圆心 圆和大于半圆的圆弧应标注直径，直径数字前面加注 ϕ
圆弧	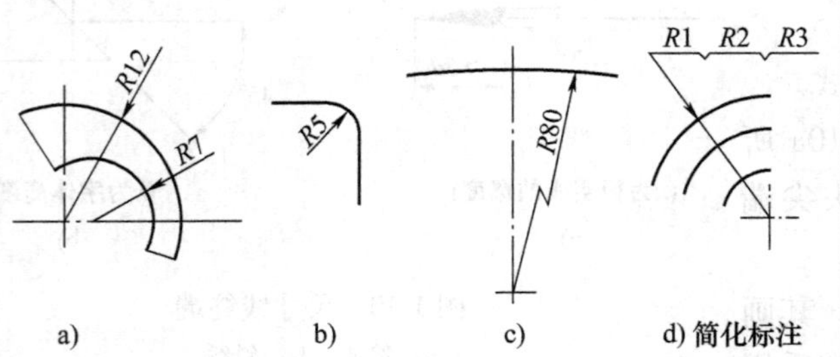 a)　b)　c)　d) 简化标注	圆弧的尺寸过大，图纸范围内无法注出圆心位置，可按图 c 所示标注；小于或等于半圆的圆弧标注半径，半径数字前加注 R；同心圆或圆弧允许采用简化标注

（续）

标注	图 例	说 明
球面	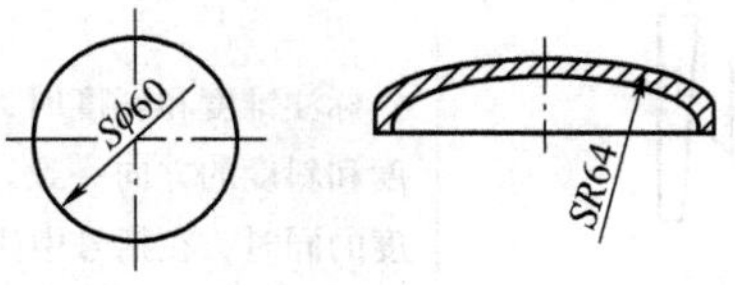	球面的直径或半径需要加注 S，在不致误解时可省略
小尺寸	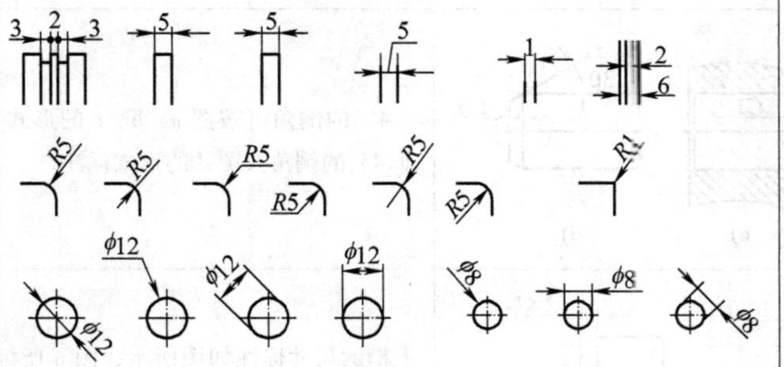	在没有足够位置画箭头或注写数字时，可按图中形式标注
角度、弦长、弧长	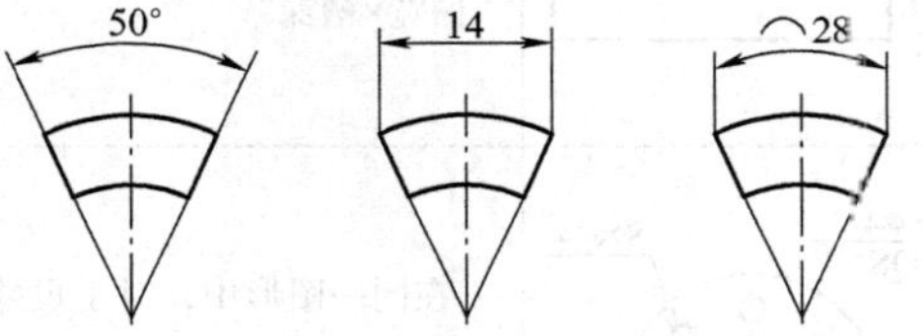 a) b) c)	角度的尺寸界线沿径向引出，尺寸线画成圆弧，圆心为顶点，角度的尺寸数字水平书写
正方形、厚度	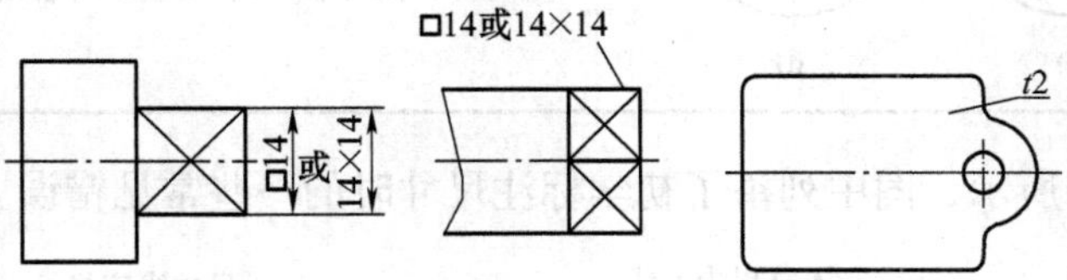	1. 标注断面为正方形时，可在正方形边长尺寸数字前加注符号“□” 2. 标注板状零件厚度时可在尺寸数字前加注符号 t
对称机件	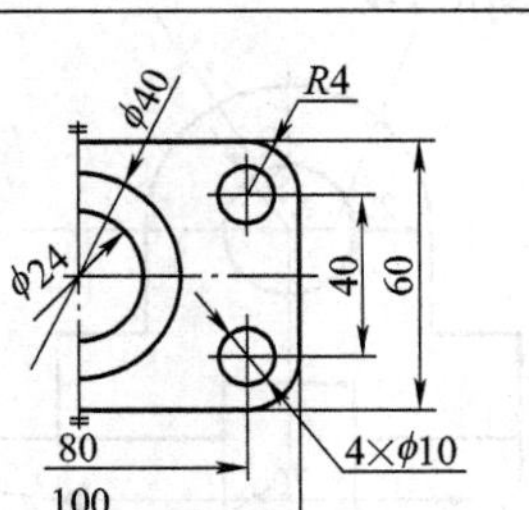	对称图形一端无法注全尺寸时，可在尺寸界线一端画出箭头，并且尺寸线要略超出对称中心线
已确定半径尺寸	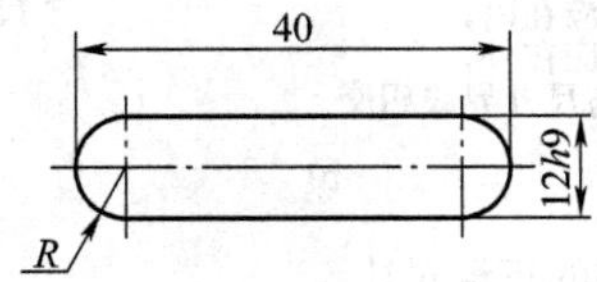	当需要指明半径尺寸是由其他尺寸所确定时，应在尺寸线上用符号 R 标出，但不要注写尺寸数字

（续）

标注	图　例	说　明
锥度或斜度	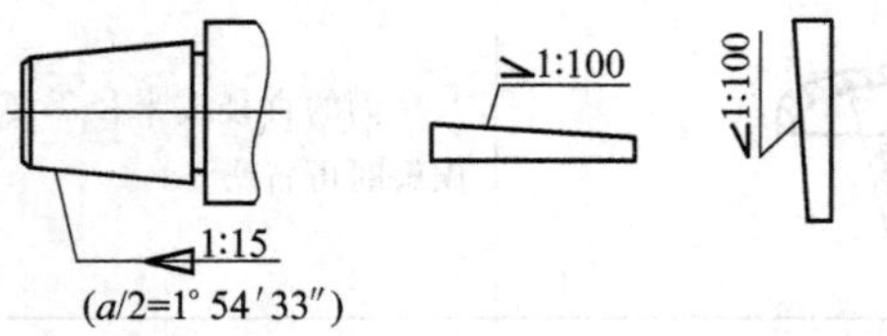	标注锥度和斜度时，符号的方向应与锥度和斜度的方向一致。必要时可在标注锥度的同时，在括号中注出其角度值
倒角	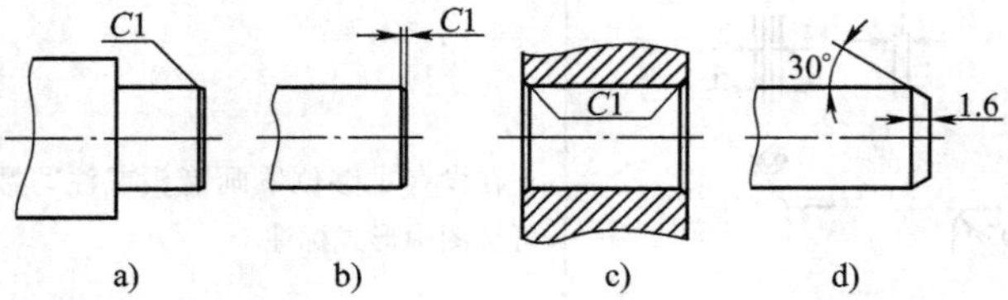	45°的倒角可按图 a、b、c 的形式标注，非 45°的倒角按图 d 的形式标注
退刀槽	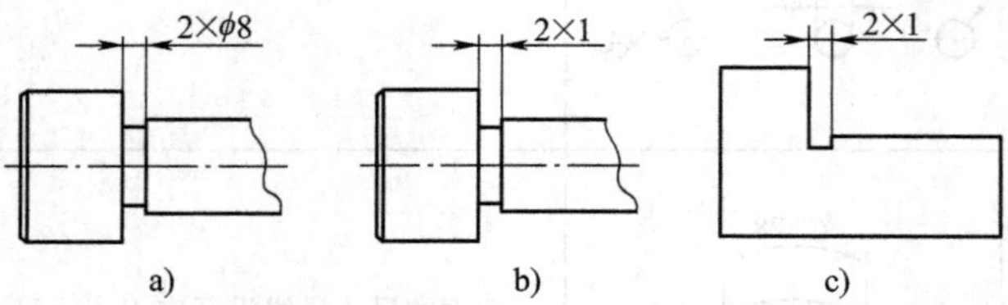	槽的尺寸标注如图所示，图 a 所标注的是“槽宽×直径”；图 b、c 所标注的是“槽宽×槽深”
均匀分布的成组结构	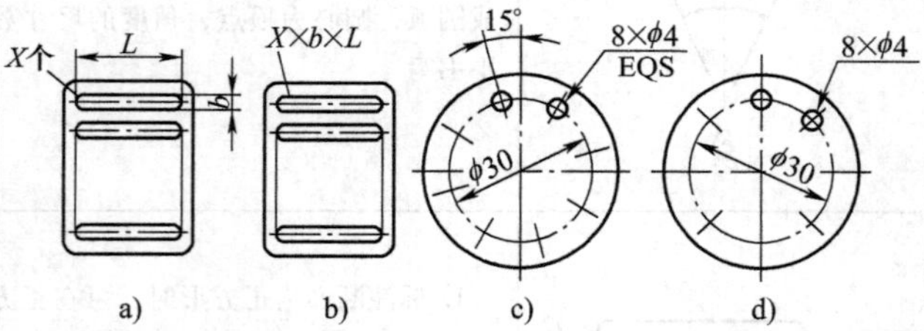	在同一图形中，对于尺寸相同的孔、槽等组成要素，可仅在一个要素上注出其尺寸和数值。均匀分布的成组要素（如孔等）的尺寸，图中位置明确，可省略 EQS

尺寸标注的正误对比如图 1-11 所示，图中列举了初学标注尺寸时的一些常见错误。

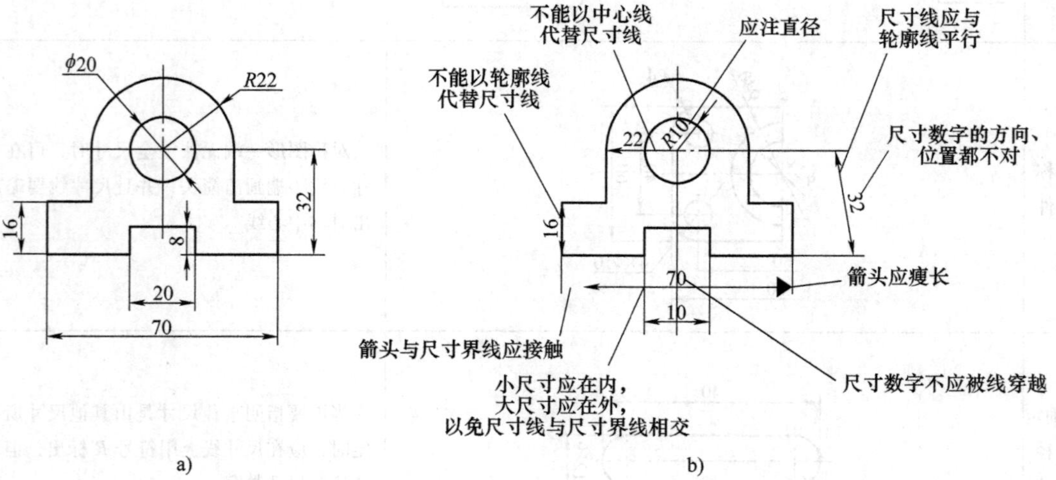

图 1-11　尺寸标注的正误对比

a）正确　b）错误

1.2 几何作图

虽然机件的轮廓形状是多种多样的，但它们的图样基本上都是由直线、圆弧和其他一些曲线所组成的几何图形，因而在绘制图样时，常常要运用一些几何作图的方法。

1.2.1 圆内接多边形的作图

1. 正六边形的画法

绘制正六边形，一般利用外接圆半径为正六边形的边长来作出其内接正六边形。绘制步骤如图 1-12 所示。

2. 正五边形的画法

如图 1-13 所示，作 OA 的中点 K，以 K 为圆心、KB 为半径画弧，交水平中心线于 C，以 BC 为半径可将圆等分为五份，即可作出其内接五边形。

3. 正 n 边形的画法

如图 1-14 所示，n 等分竖直直径 AN（图中 $n=7$）。以 A 为圆心、AN 为半径作弧，交水平中心线的延长线于点 M。延长连线 M_2、M_4、M_6，与圆周交于点 B、C、D。再作出它们的对称点 G、F、E，即可连成圆内接正七边形。

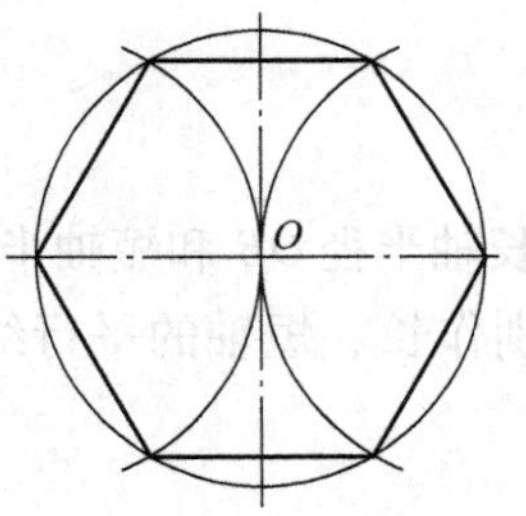

图 1-12 正六边形的画法

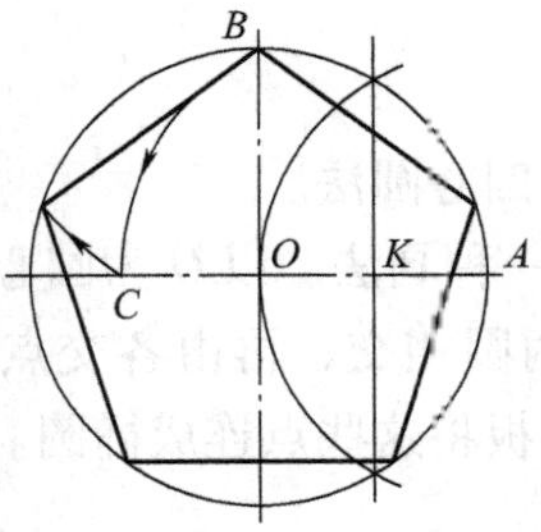

图 1-13 正五边形的画法

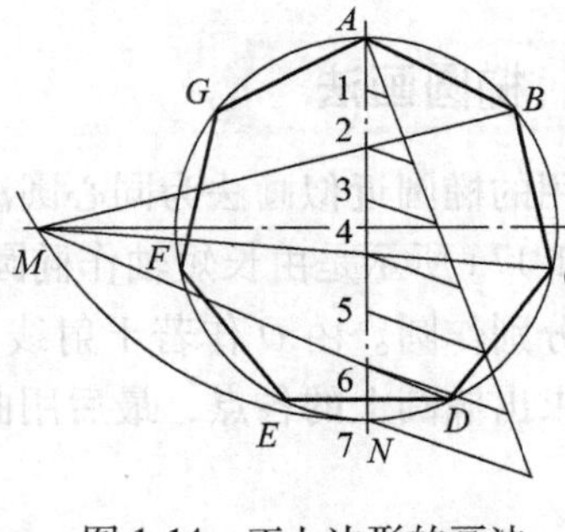

图 1-14 正七边形的画法

1.2.2 斜度和锥度

1. 斜度

斜度是指一直线或平面对另一直线或平面的倾斜程度，在图样中以 1∶n 形式标注，并在 1∶n 之前加注符号“∠”，符号的方向与倾斜方向一致。如图 1-15 所示。斜度为：

$$斜度 = \tan\alpha = H/L$$

2. 锥度

锥度是指正圆锥体底圆的直径与圆锥高度之比，在图样中以 1∶n 形式标注，如图 1-16a 所示。锥度为：

$$锥度 = D/L = 2\tan(\alpha/2)$$

若物体为锥台，如图 1-16b 所示，其锥度为：

$$锥度 = (D-d)/L = 2\tan(\alpha/2)$$

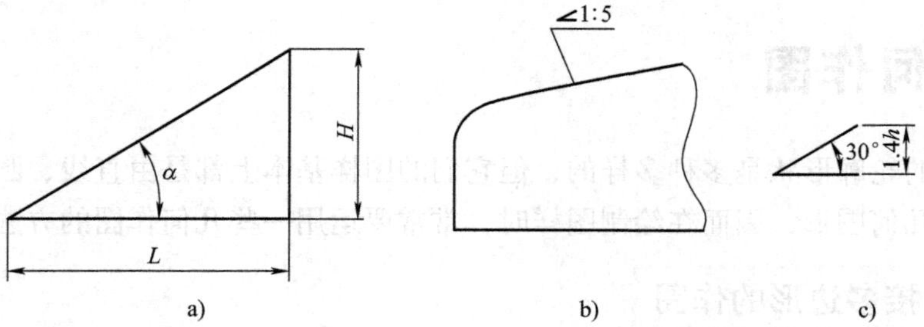

图 1-15　斜度及标注

a）斜度　b）斜度标注　c）斜度符号（*h* 为字高）

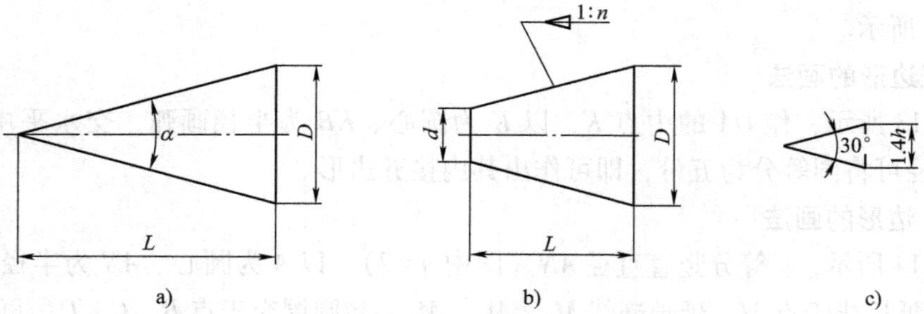

图 1-16　锥度及标注

a）正圆锥体锥度　b）锥台锥度　c）锥度符号（*h* 为字高）

1.2.3 椭圆画法

常用的椭圆近似画法为同心圆法和四心圆法。

图 1-17a 所示是由长短轴作椭圆的一种画法。以 *O* 为圆心，长轴半径 *OB* 和短轴半径 *OC* 为半径分别作圆。由 *O* 作若干射线与两圆相交，再由各交点分别作长、短轴的平行线，即可相应求出椭圆上的各点，最后用曲线板将这些点连成椭圆。

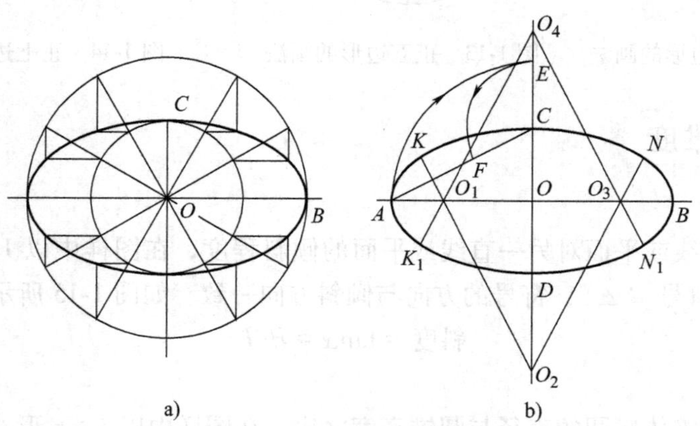

图 1-17　椭圆的常用画法

a）用同心圆法作椭圆　b）用四心圆法作椭圆

图 1-17b 所示是用四段圆弧连接起来的图形近似代替椭圆的画法。如果已知椭圆的长轴 *AB* 和短轴 *CD*，则其近似画法的步骤如下。

1）连 AC，以 O 为圆心，OA 为半径画弧交 CD 延长线于 E，再以 C 为圆心，CE 为半径画弧交 AC 于 F。

2）作 AF 线段的中垂线分别交长、短轴于 O_1、O_2，并作 O_1、O_2 的对称点 O_3、O_4，即求出四段圆弧的圆心。分别以 O_1、O_2、O_3、O_4 为圆心，O_1A、O_2C、O_3B、O_4D 为半径作弧画成近似椭圆，切点为 K、K_1、N、N_1。

1.2.4 圆弧连接

在工程图中经常要用已知半径圆弧（称连接弧），光滑连接（即相切）已知直线或圆弧，如图 1-18 所示。为了保证光滑连接，就需要正确找出连接弧的圆心和切点。

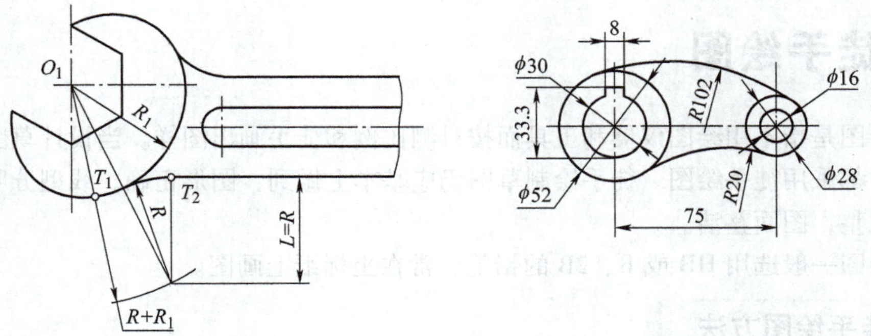

图 1-18　圆弧连接

1. 圆弧连接的作图原理

根据平面几何知识可知，圆弧连接作图有如下关系。

1）半径为 R 的圆弧与已知直线Ⅰ相切，其圆心轨迹是距离直线Ⅰ为 R 的两条平行线Ⅱ、Ⅲ。当圆心为 O 时，由 O 向直线Ⅰ作垂线，垂足 K 即为切点，如图 1-19a 所示。

2）半径为 R 的圆弧与已知圆弧（圆心为 O_1、半径为 R_1）相切，其圆心轨迹是已知圆弧的同心圆。此同心圆半径 R_2 视相切情况而定，外切时，$R_2=R_1+R$，如图 1-19b 所示。内切时，$R_2=|R_1-R|$，如图 1-19c 所示。当圆心为 O 时，连接圆心的直线 O_1O 与已知圆弧的交点即为切点。

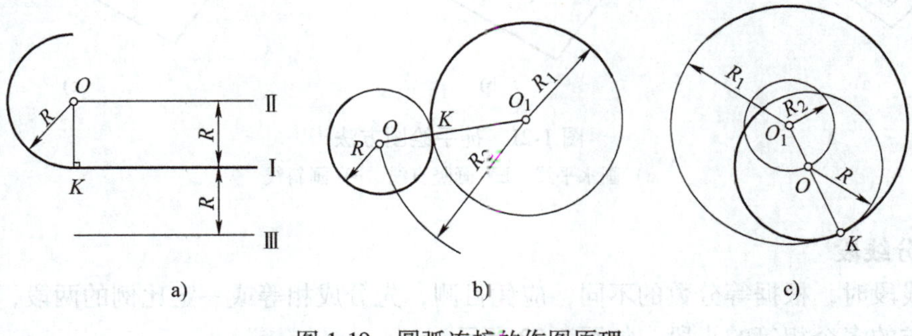

图 1-19　圆弧连接的作图原理

2. 连接圆弧圆心和切点的作图示例

如图 1-20 所示。

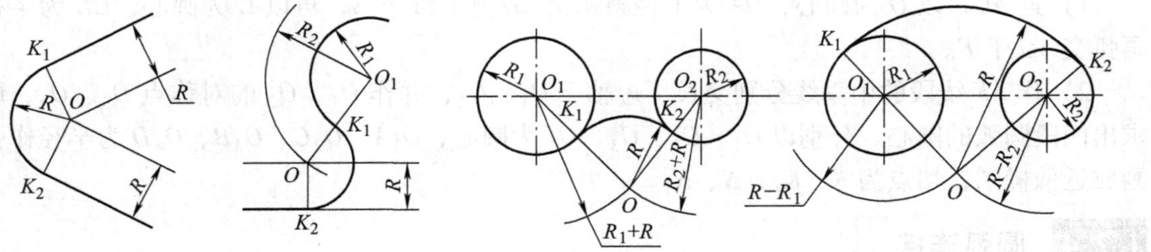

a) b) c) d)

图 1-20 连接圆弧圆心和切点的作图示例

1.3 徒手绘图

徒手绘图是指不用绘图仪器和工具而按目测比例和徒手画出图样。当设计草图以及在现场测绘时，都采用徒手绘图。徒手绘制草图仍应基本上做到：图形正确，线型分明，比例均匀，字体工整，图面整洁。

徒手绘图一般选用 HB 或 B、2B 的铅笔，常在坐标纸上画图。

1.3.1 徒手绘图方法

1. 直线

画直线时，眼睛看着图线的终点，由左向右画水平线，由上向下画竖直线。短线常用手腕运笔，画长线则以手臂动作，且肘部不宜接触纸面，否则不易画直，当直线较长时，也可用目测在直线中间定出几个点，然后分几段画出，如图 1-21 所示。

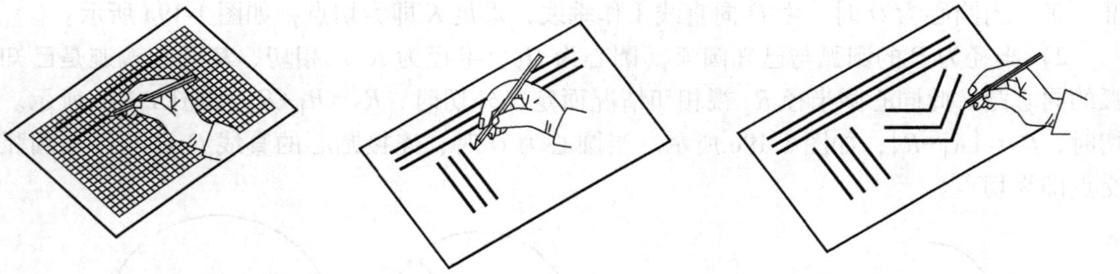

a) b) c)

图 1-21 徒手绘图方法

a）画水平线 b）画竖直线 c）画斜线

2. 等分线段

等分线段时，根据等分数的不同，应凭目测，先分成相等或一定比例的两段，再逐步分成符合要求的多个相等的小段，如图 1-22 所示。

3. 角度线

画 30°、45°、60°的斜线，可如图 1-23 所示，按直角边的近似比例定出端点后，再连成直线。

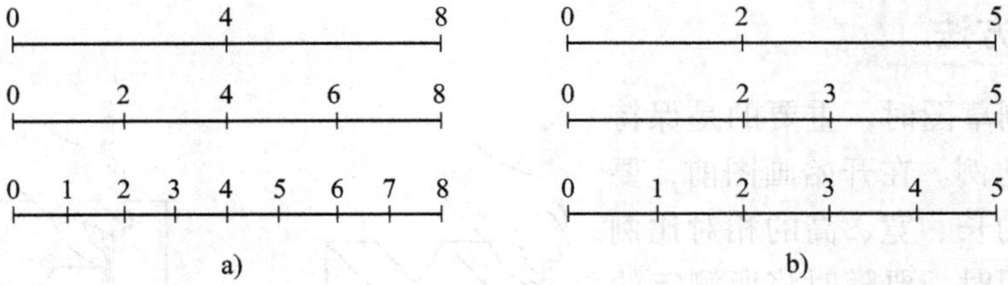

图 1-22　等分线段

a）八等分　b）五等分

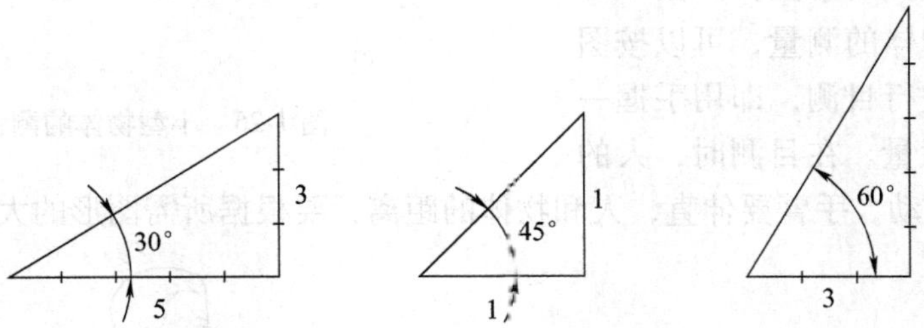

图 1-23　30°、45°、60°斜线的画法

4. 圆

画直径较小的圆时，可如图 1-24a 所示，在中心线上按半径目测定出四点，然后徒手连成圆。画直径较大的圆时，可如图 1-24b 所示，除了中心线以外，再过圆心画几条不同方向的直线，在中心线和这些直线上按半径目测定出若干点，再徒手连成圆。

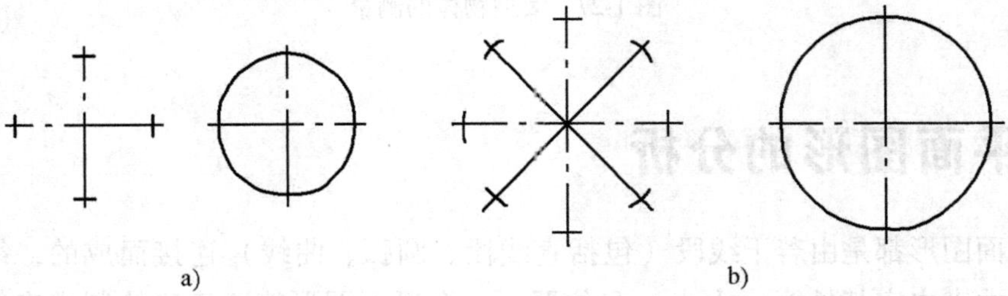

图 1-24　徒手画圆

a）画较小的圆　b）画较大的圆

5. 椭圆

根据椭圆的长短轴，目测定出其端点位置，过四个端点画一矩形，徒手作椭圆与此矩形相切，如图 1-25 所示。

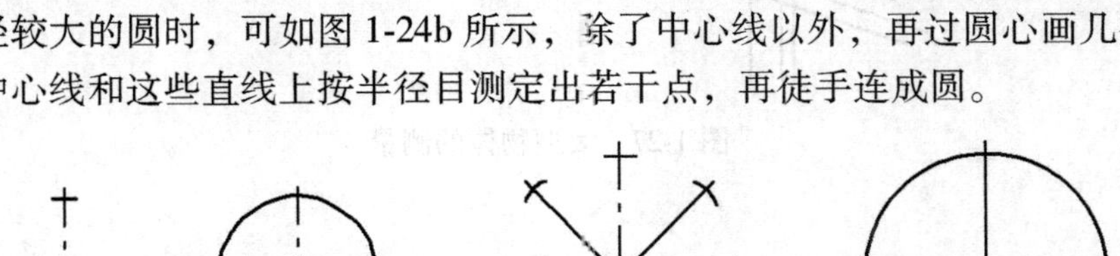

图 1-25　徒手画椭圆

1.3.2 目测方法

在徒手绘制草图时，重要的是保持物体各部分的比例。在开始画图前，要对所测绘物体的长、宽、高的相对比例仔细拟定。画图时，要随时将所测定的线段与已拟定的线段进行比较。对于小型物体，用铅笔直接放在实物上测定各部分的大小，然后画出草图，如图 1-26 所示。对于大型物体的测量，可以按图 1-27 所示的方法进行目测，即用手握一支铅笔进行目测度量。在目测时，人的位置要始终保持不动，手臂要伸直，人和物体的距离，要根据所需图形的大小来确定。

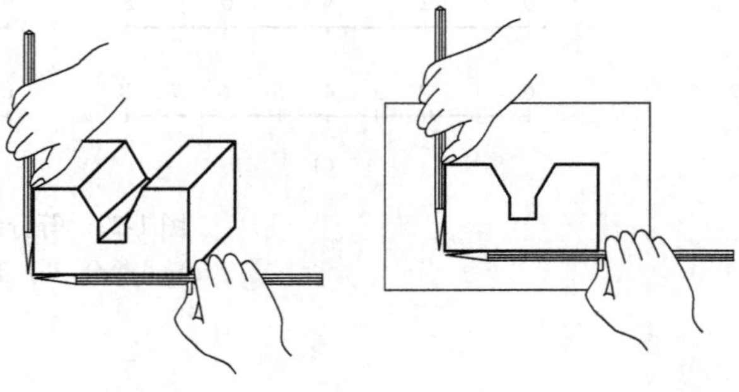

图 1-26　小型物体的测量

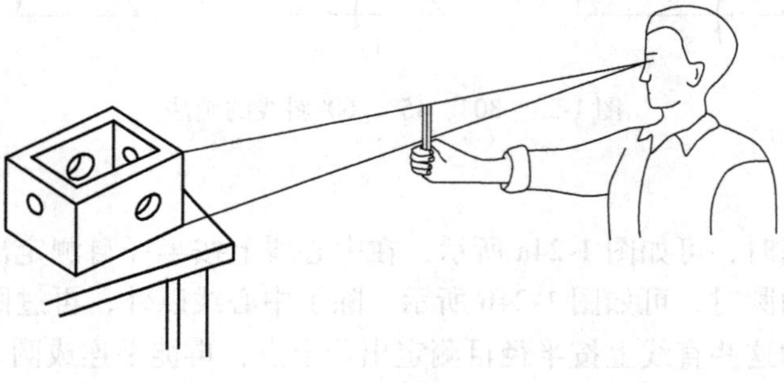
图 1-27　大型物体的测量

1.4　平面图形的分析

任何平面图形都是由若干线段（包括直线段、圆弧、曲线）连接而成的，每条线段又由相应的尺寸来决定其长短（大小）和位置。一个平面图形能否正确绘制出来，要看图中所给的尺寸是否齐全和正确。因此，绘制平面图形时应先进行尺寸分析和线段分析。

1.4.1 尺寸分析

平面图形中的尺寸可以分为两大类：定形尺寸和定位尺寸。

1. 定形尺寸

确定平面图形中几何元素形状和大小的尺寸称为定形尺寸。例如，圆的直径及圆弧半径（图 1-28a 中的尺寸 $\phi40$、$\phi24$、$4\times\phi10$ 及 $R5$），直线段的长度（图 1-28a 中的尺寸 100、60）等。

2. 定位尺寸

确定几何元素位置的尺寸称为定位尺寸。例如，圆心的位置尺寸，（图 1-28a 中所示尺寸 $4\times\phi10$ 孔的定位尺寸 40、80，图 1-28b 中所示的尺寸 29、10、22）。

标注定位尺寸时，必须先选好基准。标注尺寸时用以确定定位尺寸所依据的一些面、线或点，称为尺寸基准。在平面图形中，图形的长度方向和高度方向各有一个基准，（图 1-28a）。

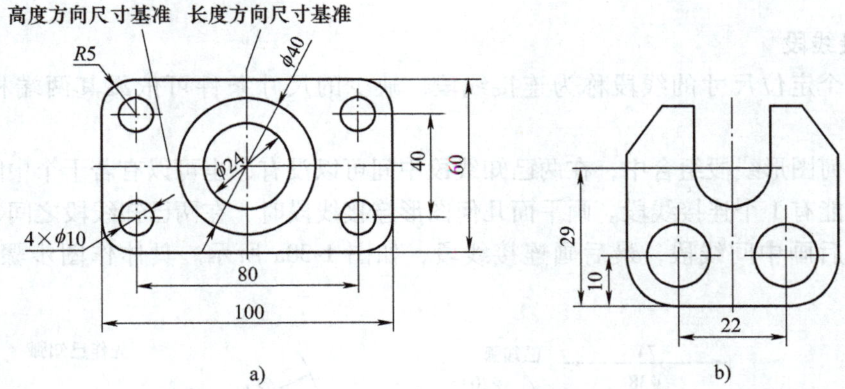

图 1-28　平面图形尺寸的分析与标注示例

以图 1-29a 所示图形为例，标注该平面图形的尺寸。

先分析形状，确定尺寸基准。如图 1-29a 所示，由于该平面图形的形状左右对称，因此选定左右对称的对称线作为长度方向的尺寸基准，高度方向不对称，以底边作为高度方向的尺寸基准。标注各部分的定形尺寸，如图 1-29b 所示。标注其定位尺寸，如图 1-29c 所示。最后按完整、清晰、正确的要求校核所注尺寸，如发现有遗漏、重复、不够清晰等问题时应及时纠正。

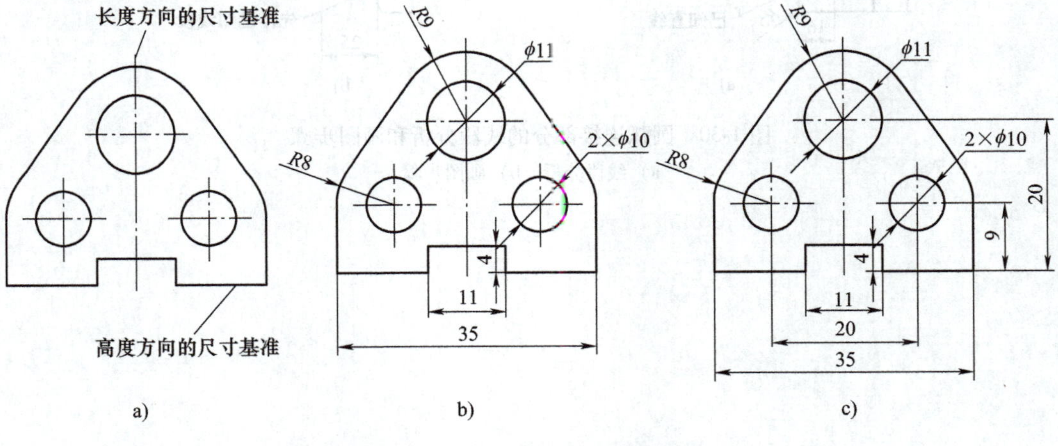

图 1-29　平面图形尺寸标注示例

a）选择基准　b）标注定形尺寸　c）标注定位尺寸

1.4.2 线段分析

平面图形中的线段，根据其尺寸是否齐全可分为三类。

1. 已知线段

具有齐全的定形尺寸和定位尺寸的线段称为已知线段，作图时可以根据已知尺寸直接绘出。通常将水平线段和垂直线段定义为已知线段。

2. 中间线段

缺少一个定位尺寸的线段称为中间线段，缺少的尺寸条件可依靠与相邻已知线段的几何关系求出。

3. 连接线段

缺少两个定位尺寸的线段称为连接线段，缺少的尺寸条件可依靠其两端相邻的线段求出。

平面几何图形线段组合中，在两已知线段中间可以没有，也可以有若干个中间线段，但必须有且只能有 1 个连接线段。画平面几何图形连接线段时，在两已知线段之间，应先画已知线段，然后画中间线段，最后画连接线段，如图 1-30a 所示。具体作图步骤如图 1-30b 所示。

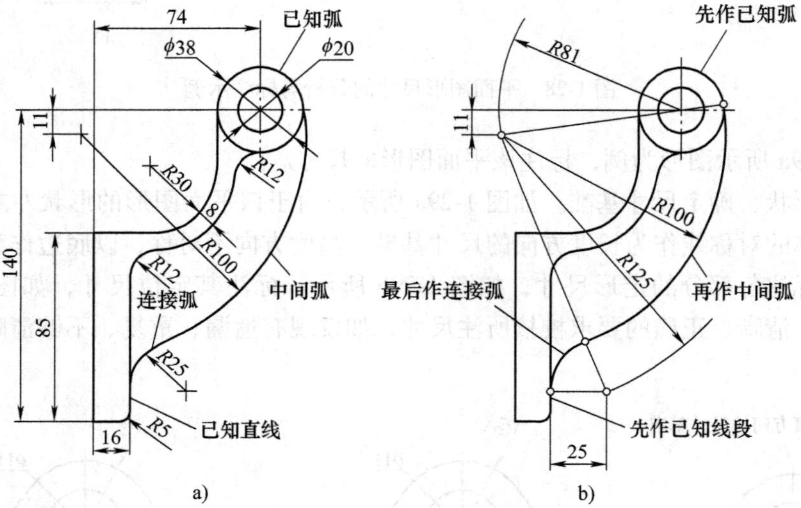

图 1-30　圆弧连接部分的线段分析和画图步骤

a）线段分析　b）画图步骤

第 2 章　投影法基础

本章从基础投影理论出发，研究点、直线、平面在三投影面体系中的投影及其投影特性，建立起空间位置与投影图关联，运用图解法进行几何要素的分析和求解，解决空间几何问题。由于正投影法是绘制和阅读工程图样的主要方法，因此本章也是后续章节的重要理论基础。

2.1　投影法和三视图的形成

2.1.1　投影法及其分类

1. 投影法和投影

投影法是指投射线通过物体，向选定的面投射，在该面上得到图形的方法；根据投影法得到的图形称为投影。如图 2-1 所示。

在图 2-1 中，设空间中有平面 P，平面外有一定点 S（光源），若把空间三角形平面 ABC 投射到平面 P 上，连接 SA、SB 和 SC 并延长与平面 P 交于点 a、b、c，连接点 a、b、c，则三角形 abc 为空间物体 ABC 在平面 P 上的投影，其中 P 称为投影面，S 为投射中心，SA、SB、SC 为投射线。

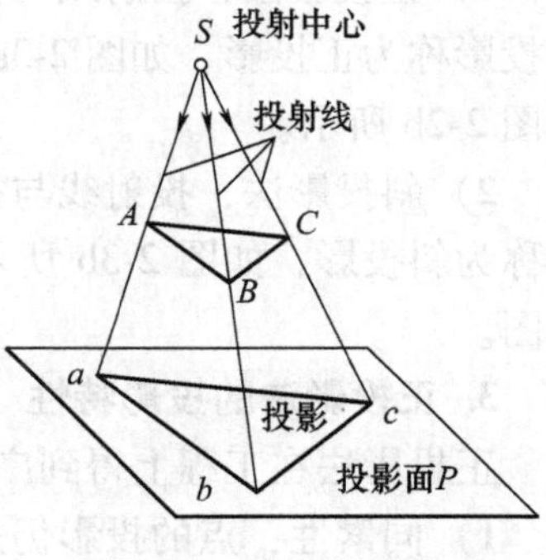

图 2-1　中心投影法

2. 投影法分类和投影图

常用的投影法有两类：中心投影法和平行投影法。

（1）中心投影法

所有的投射线都通过投射中心的投影法，称为中心投影法，如图 2-1 所示。用中心投影法得到投影称为中心投影。运用中心投影法可以绘制透视图，表达建筑物及设备的外观，如图 2-2a 所示。

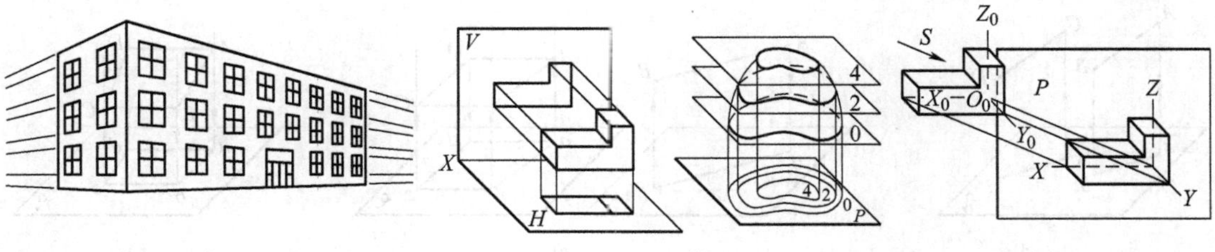

a)　　b)　　c)

图 2-2　投影图

a）中心投影法-透视图　b）正投影法-多面投影图和标高图　c）斜投影法-轴测图

（2）平行投影法

投射中心距离投影面无穷远时，可视为所有的投射线都相互平行。这种投射线相互平行的投影方法，称为平行投影法。在平行投影法中，根据投射线与投影面的位置关系又分为斜投影法和正投影法两种，如图 2-3 所示。

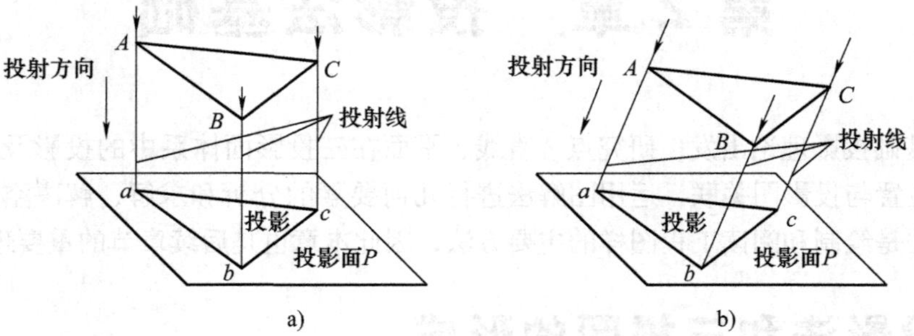

图 2-3 正投影法和斜投影法

a）正投影法 b）斜投影法

1）正投影法：投射线与投影面相互垂直的平行投影法称为正投影法。用正投影法得到的投影称为正投影，如图 2-3a 所示。正投影法应用于多个领域，如多面投影图、标高图等，如图 2-2b 所示。

2）斜投影法：投射线与投影面倾斜的平行投影法称为斜投影法。用斜投影法得到的投影称为斜投影，如图 2-3b 所示。在工程中斜投影用于绘制辅助图样，如图 2-2c 所示的轴测图。

3. 正投影法的投影特性

正投影法在工程上得到广泛应用，具有以下重要的投影特性。

1）同素性：点的投影仍是点，直线的投影一般仍为直线，如图 2-4a 所示。

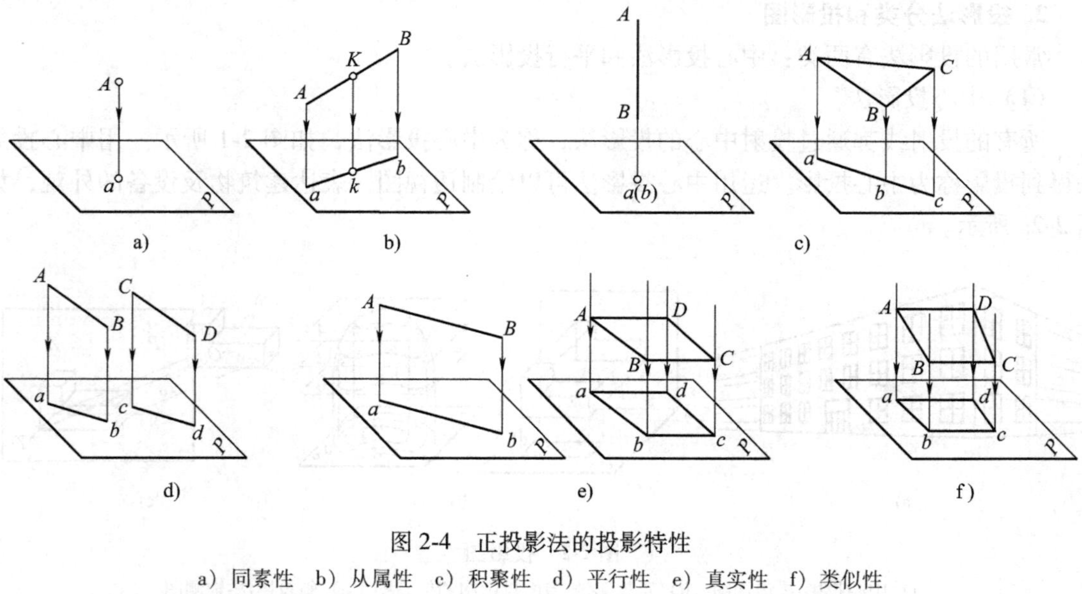

图 2-4 正投影法的投影特性

a）同素性 b）从属性 c）积聚性 d）平行性 e）真实性 f）类似性

2）从属性：若点在直线上，则点的投影一定在直线的投影上，且点分割线段的空间长度之比等于其投影长度之比，即 $AK:KB=ak:kb$，如图 2-4b 所示。

3）积聚性：当直线或平面与投影面垂直时，则直线或平面在该投影面上的投影积聚成一点或一直线，如图 2-4c 所示。

4）平行性：两平行直线的投影仍互相平行，且平行两线段的长度之比等于其投影长度之比。如图 2-4d 所示，$AB /\!/ CD$，则 $ab /\!/ cd$，且 $AB : CD = ab : cd$。

5）真实性：当直线或平面与投影面平行时，则直线或平面在该投影面上的投影反映实长或实形，如图 2-4e 所示。

6）类似性：当直线与投影面倾斜时，则直线在该投影面上的投影长度短于直线段的实长；平面与投影面倾斜时，其投影是与原来形状相类似的平面图形，如图 2-4f 所示。

2.1.2 多面投影体系和视图的形成

1. 多面投影和三投影面体系

（1）一个投影无法唯一确定形体形状

如图 2-5 所示，如果只有一个投影，该投影所对应的立体不是唯一的，因此应采用多面投影图来表达形体。

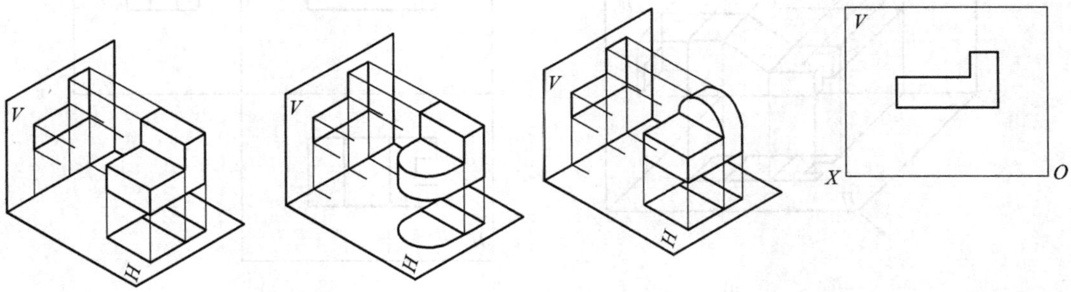

图 2-5 一个投影无法唯一确定形体形状

（2）基本投影面和分角投影

一般采用互相垂直的三个投影面作为基本投影面，处于正立位置的称为正立投影面，用 V 表示；处于水平位置的称为水平投影面，用 H 表示；与这两个投影面垂直的称为侧立投影面，用 W 表示。相互垂直相交的投影面，建立了一个三投影面体系，三个投影面之间的交线 OX、OY、OZ 称为投影轴，三个相互垂直的投影轴的交点 O 称为原点，如图 2-6 所示。

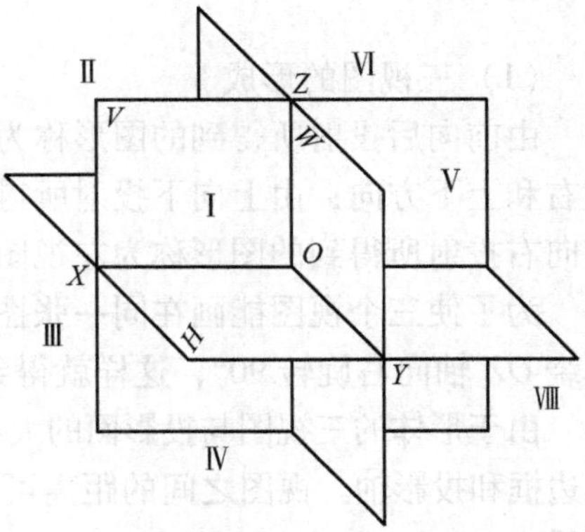

图 2-6 投影面、分角投影

互相垂直的三个投影面将空间分为八个区间，分别命名为Ⅰ，Ⅱ，Ⅲ，Ⅳ，Ⅴ，Ⅵ，Ⅶ，Ⅷ分角。中国、俄罗斯等国家采用第一分角投影，简称 E 法，即将物体放入第一分角内向三个投影面投射，得到第一分角的三面投影。而美国、日本、加拿大等国家则采用第三分角投影，简称 A 法，如图 2-7 所示。

2. 三视图

把物体放在三面投影体系中，分别向三个投影面进行投射，就会得到物体的三视图。如图 2-8a 所示。

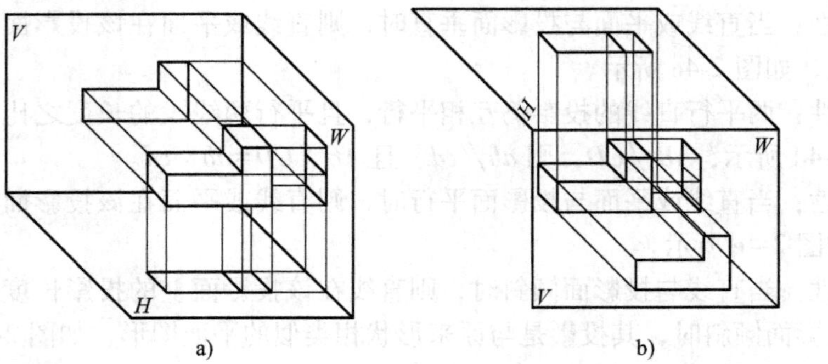

图 2-7　第一分角和第三分角投影

a）第一分角投影　b）第三分角投影

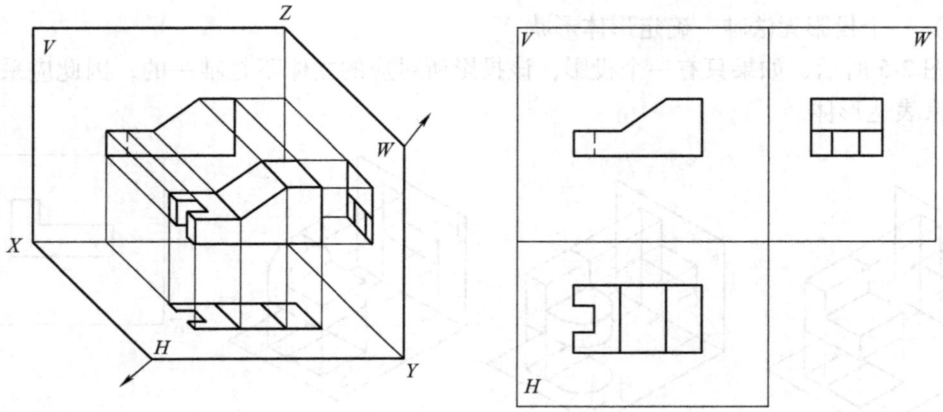

图 2-8　三视图

a）向三个投影面投影　b）三视图

（1）三视图的形成

由前向后投射所得到的图形称为主视图，通常它反映物体形体的主要特征，表达形体的左右和上下方向；由上向下投射所得到的图形称为俯视图，表达左右和前后方向的特征；由左向右投射所得到的图形称为左视图，表达前后和上下方向的特征。

为了使三个视图能画在同一张图纸上，规定 V 面不动，H 面绕 OX 轴向下旋转 90°，W 面绕 OZ 轴向右旋转 90°，这样就得到如图 2-8b 所示的三视图。

由于形体的三视图与投影面的大小和距离投影轴的远近无关，因此，画三视图时不必画出其边框和投影轴。视图之间的距离可根据具体情况确定，视图的名称也不必写出，如图 2-9b 所示。

（2）三视图投影规律

主视图反映了形体左右、上下位置关系，即形体的长度和高度，俯视图反映了形体左右、前后位置关系，即形体的长度和宽度，左视图反映形体上下、前后位置关系，即形体的高度和宽度。

由此可得出三视图的投影特性：主、俯视图反映形体的同一个长度，要长对正；主、左视图反映形体的同一个高度，要高平齐；俯、左视图反映形体的同一个宽度，要宽相等。归

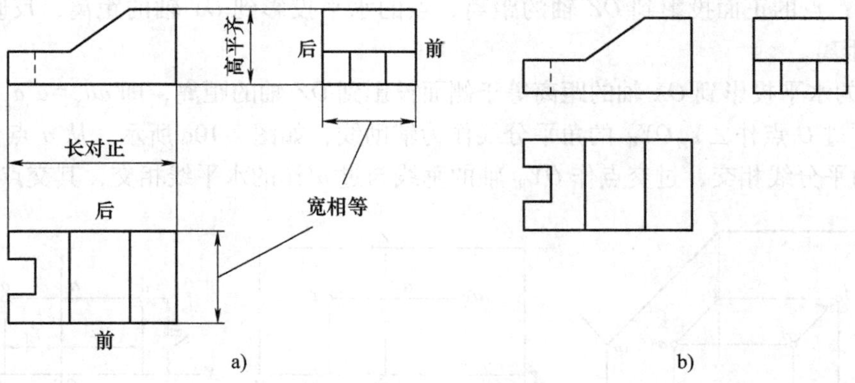

图 2-9 绘制三视图
a）三视图的投影规律 b）三视图不画边框

纳为三句话：长对正；高平齐；宽相等。这个特性也是多面正投影的投影规律，形体整体绘制时要符合投影规律，同样局部结构也要符合这一规律。

三视图的投影规律是指导画图和读图的最基本法则。在视图中，规定形体表面的可见轮廓线的投影用粗实线绘制，不可见轮廓线的投影用细虚线绘制。

2.2 点的投影

几何体都是由点、线、面等几何元素构成的。点是最基本的几何元素，首先来研究点的投影。

2.2.1 点在三投影面体系中的投影

将点 A 置于第一分角中，如图 2-10a 所示，分别作 H 面、V 面和 W 面的投射线 Aa、Aa'、Aa''，得投影 a、a' 和 a''，a 称为点 A 的水平投影，a' 称为点 A 的正面投影，a'' 称为点 A 的侧面投影（规定：空间点用大写字母 A、B、C…表示；水平投影用小写字母 a、b、c…表示；正面投影用带一撇的小写字母 a'、b'、c'…表示；侧面投影用带两撇的小写字母 a''、b''、c''…表示）。

从图 2-10a 可以看出：由 Aa 和 Aa' 组成的平面分别与 H 面和 V 面相垂直，垂直于 OX 轴，平面与 OX 轴交于一点 a_x，且有 $aa_x \perp OX$，$a'a_x \perp OX$，可知 Aaa_xa' 是矩形，所以 $Aa=a'a_x$，$Aa'=aa_x$。由 Aa 和 Aa''、Aa' 和 Aa'' 组成的两平面与投影的关系亦然。

按图 2-10a 中箭头所指的方向，使 H 面绕 OX 轴旋转 90°，使 W 面绕 OZ 轴旋转 90°，与 V 面重合，即得如图 2-10b 所示投影图。为了作图简便，投影面的边框可不画出，如图 2-10c 所示。

由上述几何关系，可概括出点的投影规律。

1）点的正面和水平投影的连线垂直于 OX 轴，即 $aa' \perp OX$ 轴；点的正面和侧面投影的连线垂直于 OZ 轴，即 $a'a'' \perp OZ$ 轴。

2）点的正面投影到 OX 轴的距离、点的侧面投影到 OY 轴的距离，反映空间点 A 到 H 面的距离；点的水平投影到 OX 轴的距离、点的侧面投影到 OZ 轴的距离，反映空间点 A 到

V 面的距离；点的正面投影到 OZ 轴的距离、点的水平投影到 OY 轴的距离，反映空间点 A 到 W 面的距离。

3）点的水平投影到 OX 轴的距离等于侧面投影到 OZ 轴的距离，即 $aa_x = a''a_z$。

图中可过 O 点作 $\angle Y_HOY_W$ 的角平分线作为辅助线，如图 2-10c 所示，从 a 点作 OX 轴的平行线与角平分线相交，过交点作 OY_W 轴的垂线与过 a' 作的水平线相交，其交点即为 a''。

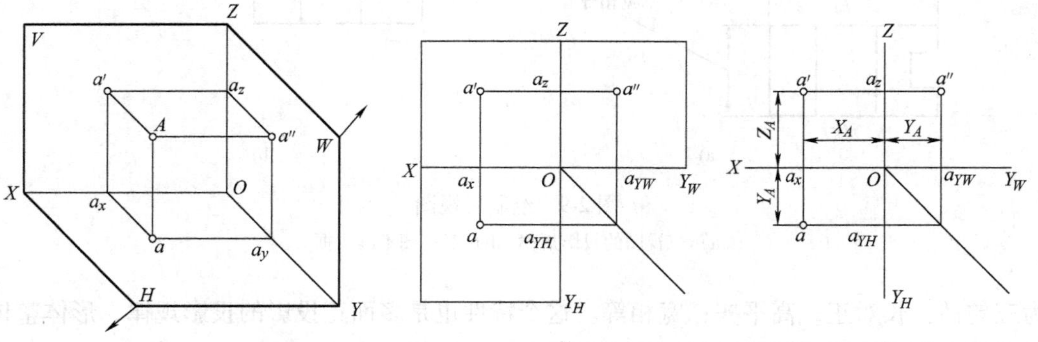

图 2-10 点在三投影面体系中的投影

2.2.2 点的坐标与投影的关系

在工程图中可以用坐标来确定空间点的位置。把投影面 H、V、W 作为坐标面，投影轴作为坐标轴，O 点即为坐标原点，如图 2-10a 所示。点的投影与坐标的关系为：

点 A 到 W 面的距离 $Aa'' = aa_y = a'a_z = Oa_x = X$ 坐标。

点 A 到 V 面的距离 $Aa' = aa_x = a''a_z = Oa_y = Y$ 坐标。

点 A 到 H 面的距离 $Aa = a'a_x = a''a_y = Oa_z = Z$ 坐标。

因此，根据一点 A 的三个坐标（x，y，z）以及点的投影规律，就能作出它的投影图。

【例 2-1】 已知点 B 的坐标（20，15，0），点 C 的坐标（0，0，20），求作点 B 和点 C 的三面投影。

解： 由于 $Z_B = 0$，所以点 B 在 H 面上；又由于 $C_X = 0$，$C_Y = 0$，所以点 C 在 OZ 轴上，如图 2-11c 所示。

作图：过程略，结果如图 2-11a、b 所示。

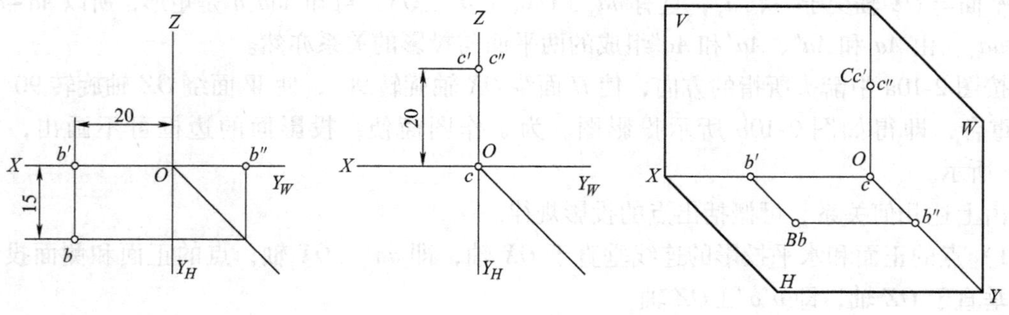

图 2-11 点 B 和点 C 三面投影

由例 2-1 可知：当点位于投影面上时，点在此投影面上的投影与该点重合，而点的其他两个投影分别在相应投影轴上；当点位于投影轴上时，有两个投影与该点本身重合，而点的第三个投影与坐标原点重合。

2.2.3 两点的相对位置

根据两点的投影和它们同面投影的坐标差，可以判别出该两点在空间的左右、上下和前后位置关系。

如图 2-12 所示，$A_x>B_x$，所以点 A 在左，点 B 在右；两点的正面投影和侧面投影反映出它们的上下位置，在图中 $B_z>A_z$，所以点 B 在上，点 A 在下；两点的水平投影和侧面投影反映出它们的前后位置，在图中 $A_y>B_y$，所以点 A 在前，点 B 在后。

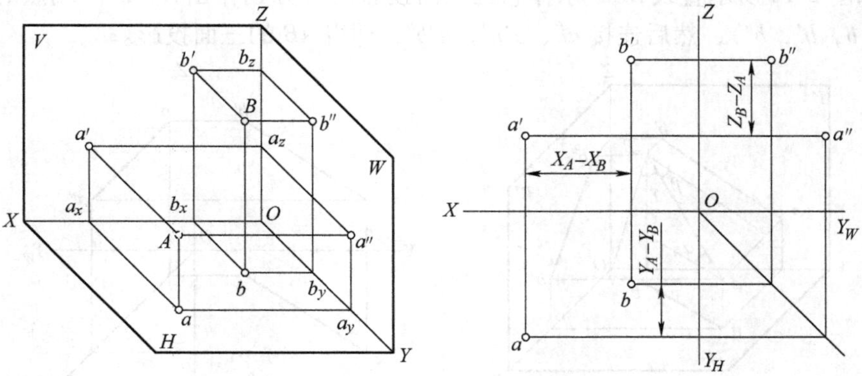

图 2-12　两点的相对位置

2.2.4 重影点

位于同一条投射线上的两点具有两个相同的坐标，在反映这两个坐标的投影面上两点投影重合，称之为两点对该投影面的重影点。如图 2-13 所示，A、B 两点在对 V 面的同一条投射线上，V 面投影重合，称之为 A、B 对 V 面的重影点。

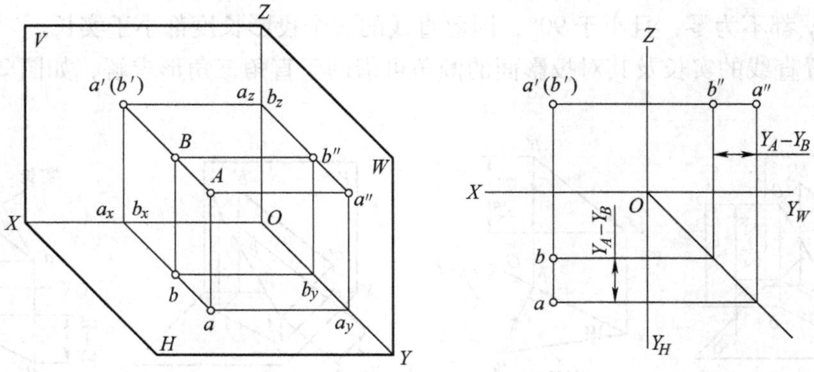

图 2-13　重影点

重影点投影存在可见性问题，需进行判断。投影中不可见的点加括号表示，以示区别。在图 2-13 中，点 A 与点 B 比较，点 A 远离 V 面，因此点 A 的 V 面投影 a' 可见，点 B 的 V 面投影 b' 不可见，加括号。

2.3 直线的投影

2.3.1 直线的三面投影

1. 直线投影的画法

投影中，直线的投影一般仍为直线。根据几何定理，直线的空间位置可以由直线上的任意两点来决定，而直线的投影，则可由直线上两点（通常取线段的两个端点）的同面投影来确定。如图 2-14 所示直线 AB，求作它的三面投影时可分别作出 A、B 两端点的投影（a，a'，a''）、（b，b'，b''），然后连接 ab、$a'b'$、$a''b''$，即得 AB 的三面投影。

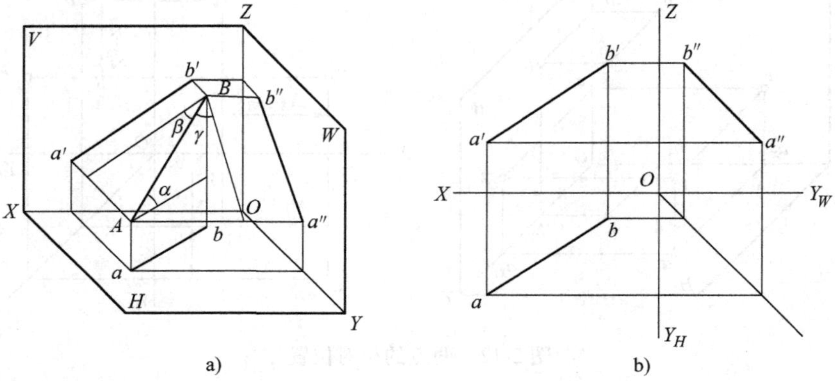

图 2-14 直线的三面投影

2. 一般位置直线

与三个投影面都倾斜的直线称为一般位置直线。直线与其在某投影面上的投影之间的夹角称为直线对该投影面的倾角，如图 2-14a 所示。直线 AB 与 H、V、W 面的倾角用 α、β、γ 表示，则其实长、投影长度、倾角之间的关系为：

$$ab = AB\cos\alpha, a'b' = AB\cos\beta, a''b'' = AB\cos\gamma$$

由于 α、β、γ 都不为零，且小于 90°，因此直线的三个投影长度都小于实长。

一般位置直线的实长及其对投影面的倾角可借助于直角三角形求解，如图 2-15 所示。

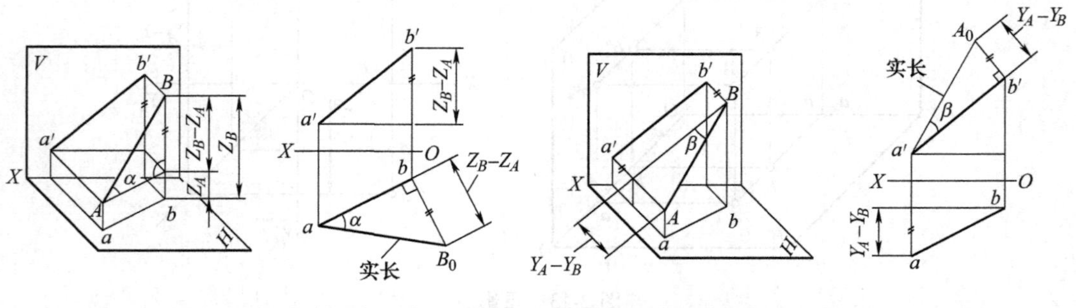

图 2-15 直角三角形求解一般位置直线的实长及其对投影面的倾角

3. 投影面的平行线

平行于一个投影面，同时与另外两个投影面倾斜的直线称为投影面的平行线。平行线是与某一投影面距离相等的点的集合。

平行于 H 面的直线，称为水平线；平行于 V 面的直线，称为正平线；平行于 W 面的直线，称为侧平线。这三种投影面平行线的立体图、投影图和投影特性见表 2-1。由此可以概括出投影面的平行线的投影特性。

1）在直线所平行的投影面上的投影反映实长，该投影与投影轴的夹角，分别反映直线对另外两个投影面的真实倾角。

2）其余两个投影平行于相应的投影轴，长度小于实长。

表 2-1　平行线的投影

名称	水平线（//H 面）	正平线（//V 面）	侧平线（//W 面）
实例	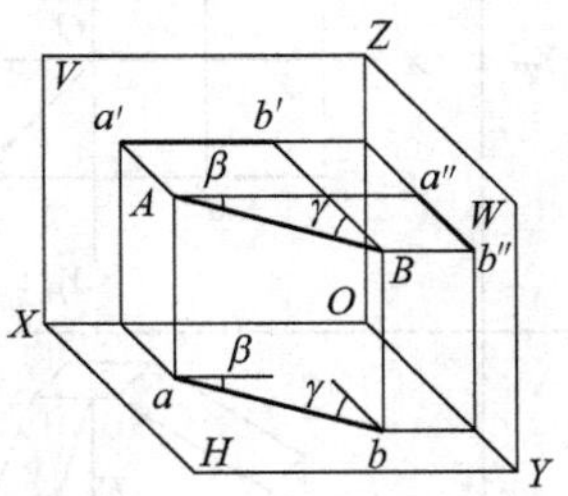	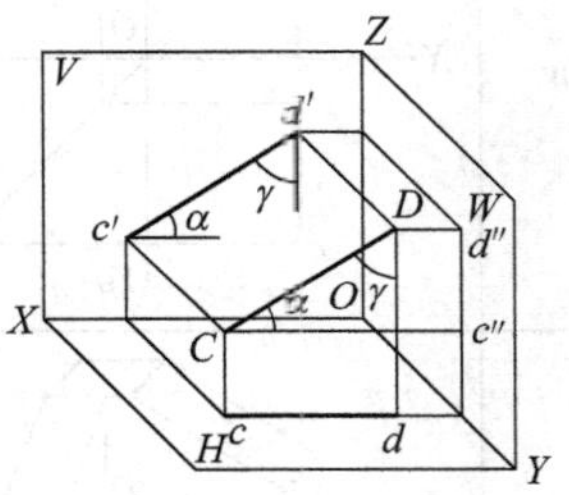	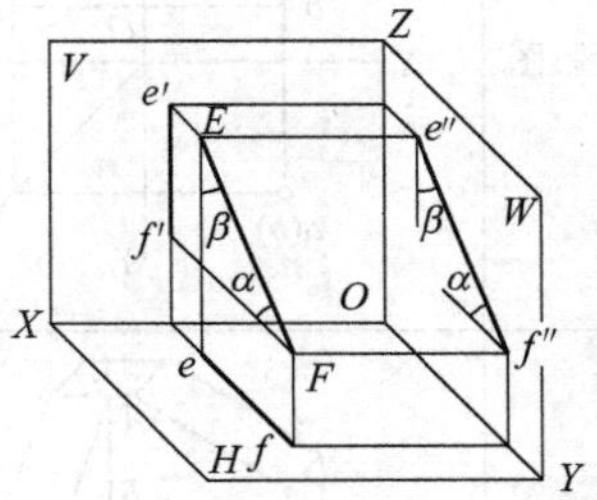
投影图	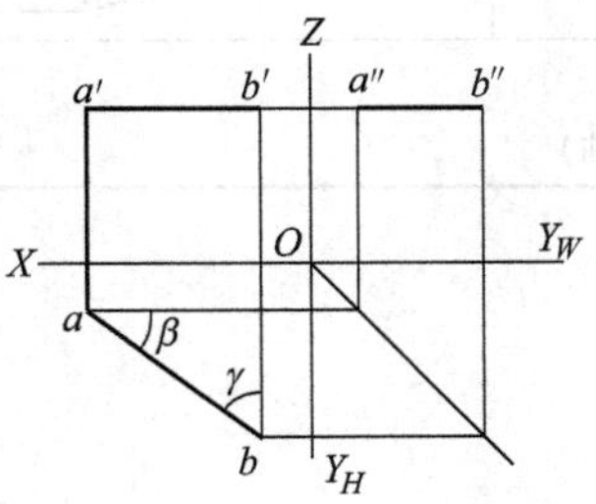	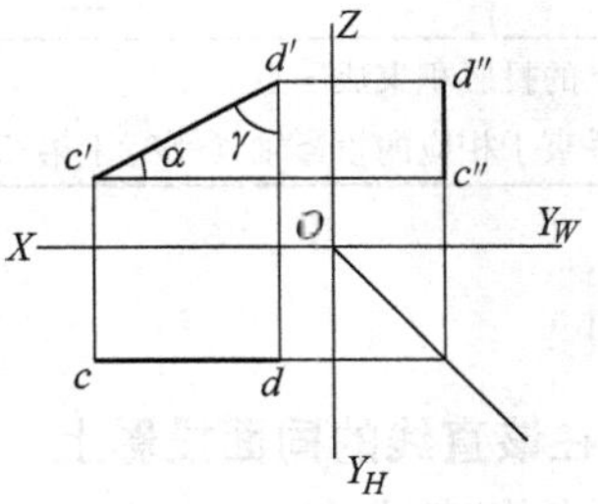	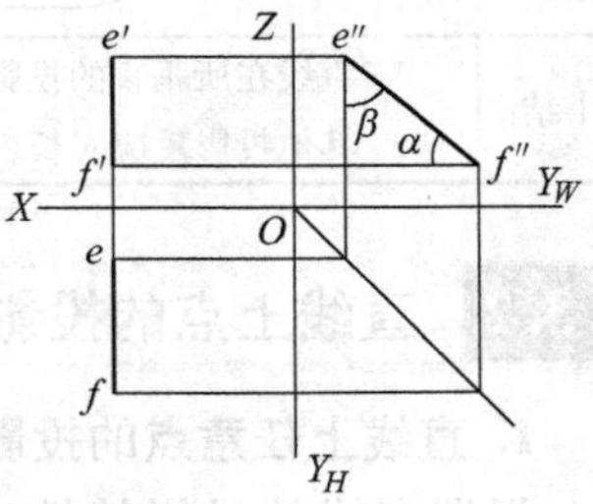
立体图	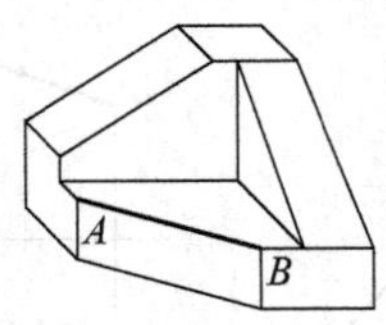	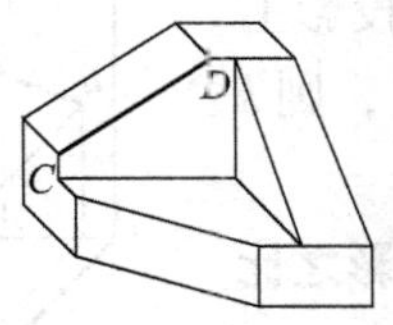	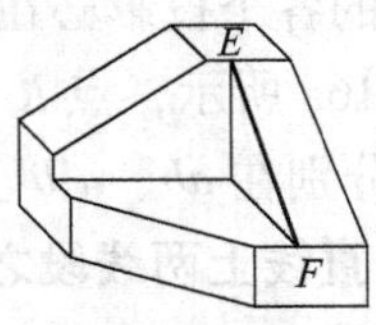

4. 投影面垂直线

垂直于一个投影面，而与另外两个投影面平行的直线称为投影面的垂直线。垂直于 H 面的直线，称为铅垂线；垂直于 V 面的直线，称为正垂线；垂直于 W 面的直线，称为侧垂线。这三种投影面垂直线的实例、立体图、投影图和投影特性见表 2-2。由此可以概括出投影面的垂直线的投影特性。

1）在直线所垂直的投影面上的投影，积聚成一点。

2）其余两个投影垂直于相应的投影轴，投影反映实长。

表 2-2　垂直线的投影

名称	铅垂线 （⊥*H* 面，//*V*、*W* 面）	正垂线 （⊥*V* 面，//*H*、*W* 面）	侧垂线 （⊥*W* 面，//*V*、*H* 面）
实例	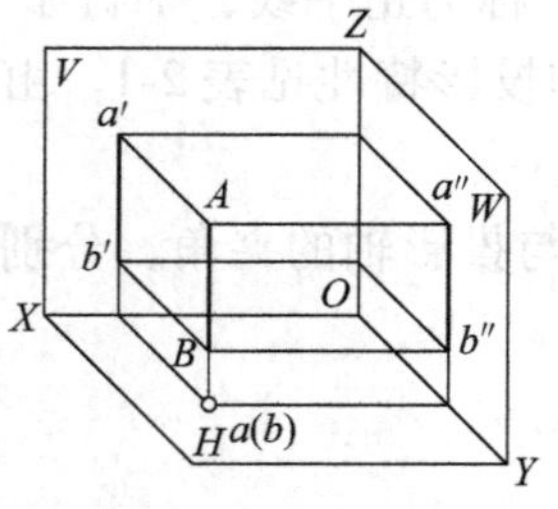	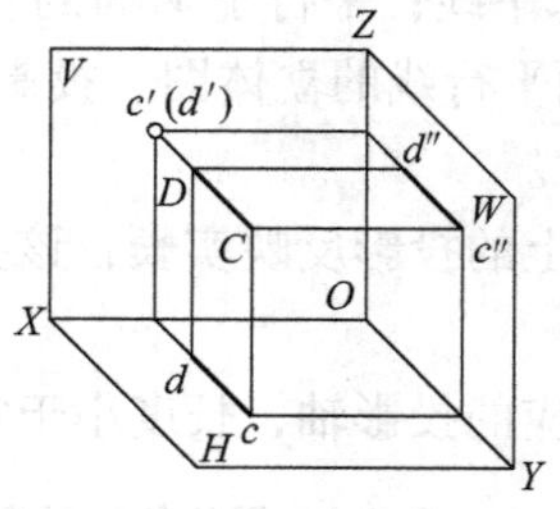	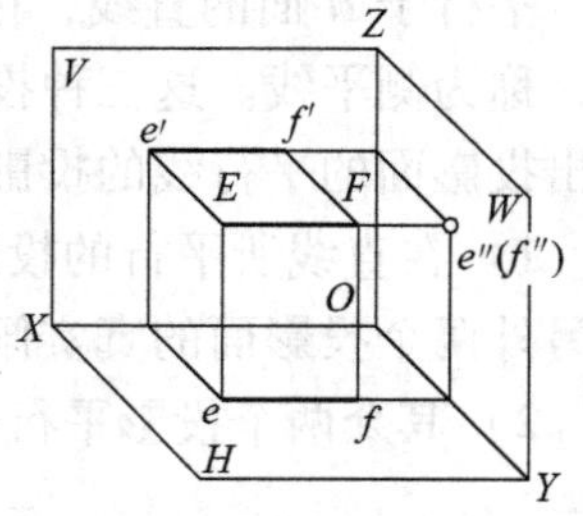
投影图	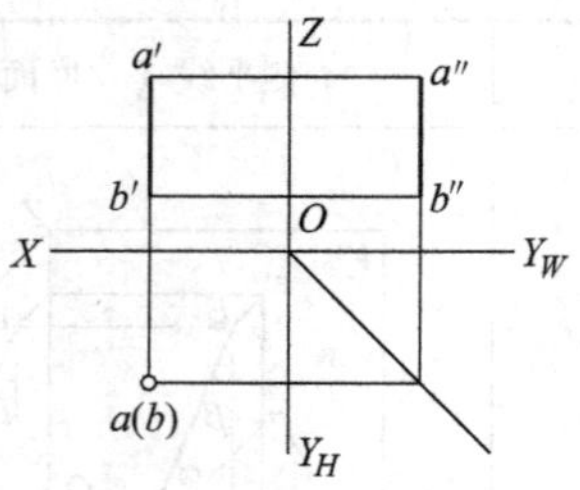	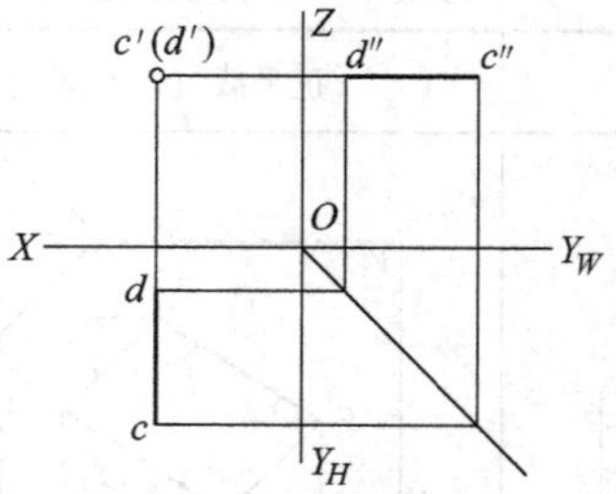	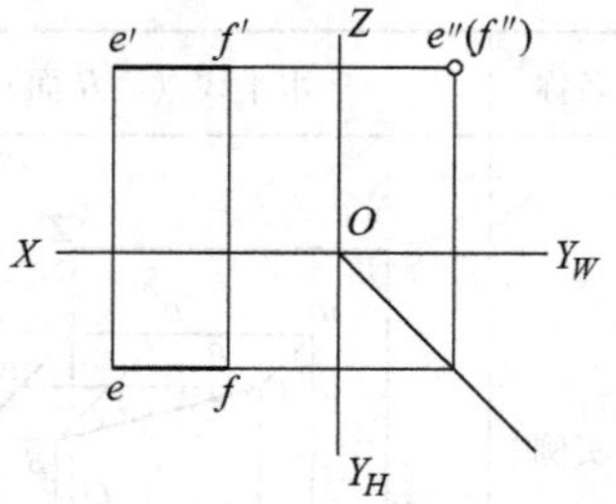
立体图	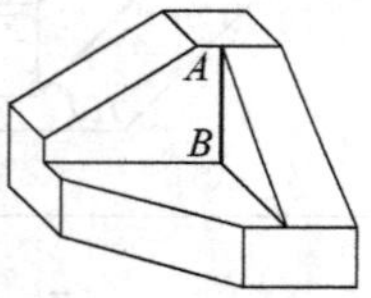	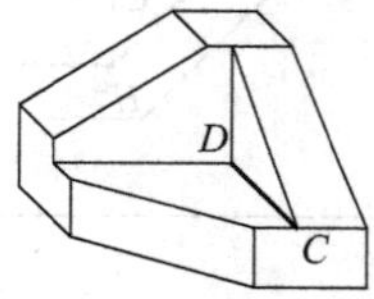	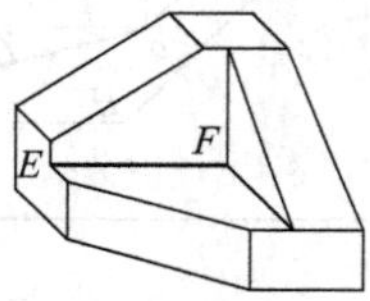
小结	1. 直线在所垂直的投影面上的投影积聚成一点 2. 其他投影反应实长，且垂直于相应的投影轴（平行于第三根轴）		

2.3.2　直线上点的投影

1. 直线上任意点的投影必在该直线的同面投影上

根据直线的投影特性，当点在直线上时，点的各个投影必在直线的同面投影上。如图 2-16a 所示，点 *K* 在直线 *AB* 上，则 *k*、*k′*必定分别在 *ab*、*a′b′*上。

2. 直线上两线段之比等于其投影之比

如图 2-16b 所示，直线 *AB* 上的点 *K* 将直线分为 *AK* 和 *KB* 两线段，则有 *AK*∶*KB*＝*ak*∶*kb*＝*a′k′*∶*k′b′*的定比关系。

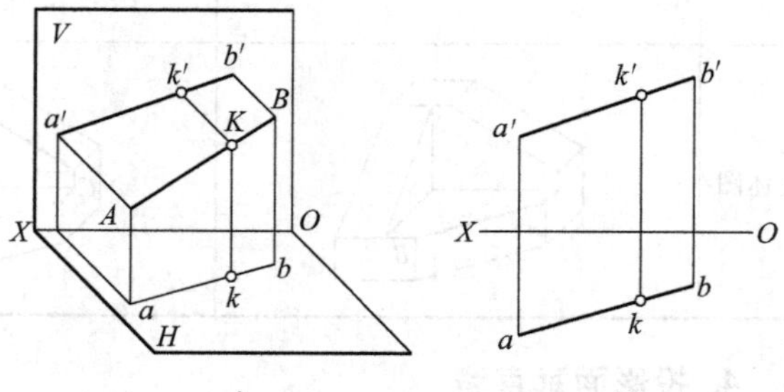

a)　　b)

图 2-16　直线上点的投影

【例 2-2】 如图 2-16a 所示，试在线段 *AB* 上取一点 *K*，使 *AK*∶*KB*＝2∶3。

解： 因为点分割线段成比例，投影后仍保持不变，所以可以直接利用定比分段法作图。如图 2-16b 所示，因为 *AK*∶*KB*＝*ak*∶*kb*＝2∶3，按几何作图方法，先在 *ab* 上定出 *k* 点，然后由 *k* 作 *OX* 轴的垂线，交 *a′b′*于 *k′*，则 *k* 和 *k′*即为所求 *K* 点的投影。作图过程如图 2-17 所示。

作图：

1）过 a 任作一线段 aB_0。

2）将 aB_0 五等分，连接点 bB_0，再过 aB_0 上的点2（第2个五等分点）作 bB_0 的平行线与 ab 相交于 k 点。

3）过 k 作 OX 轴垂线与 $a'b'$ 相交于 k'，则 k' 和 k 即为点 K 的两面投影。

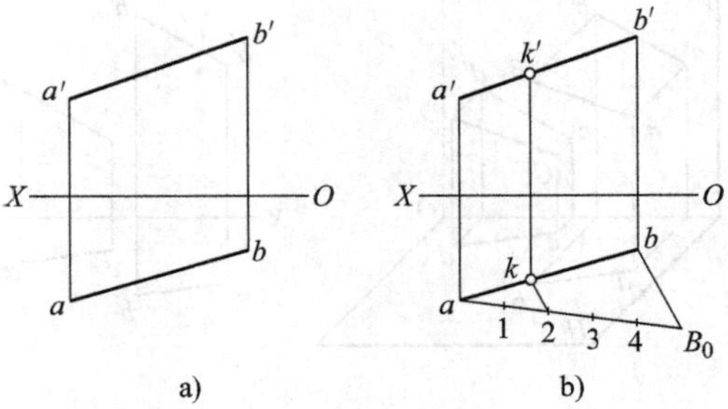

图 2-17　已知 $AK:KB=2:3$，求点 K 的投影

【例 2-3】 如图 2-18a 所示，已知线段 CD 及点 M 的两面投影，试判别点 M 是否在直线 CD 上。

解法 1： 如图 2-18b 所示，虽然 m 在 cd 上、m' 在 $c'd'$ 上，但在水平投影上通过 d 做辅助线 dC_0，使 $d'm'=dM_0$，$c'm'=C_0M_0$，显然 $cm:md\neq C_0M_0:M_0d$，即 $cm:md\neq c'm':m'd'$，故点 M 不在直线 CD 上。

解法 2： 如图 2-18c 所示，求出直线 CD 及点 M 的侧面投影，可以看出，点 M 不在直线 CD 上。

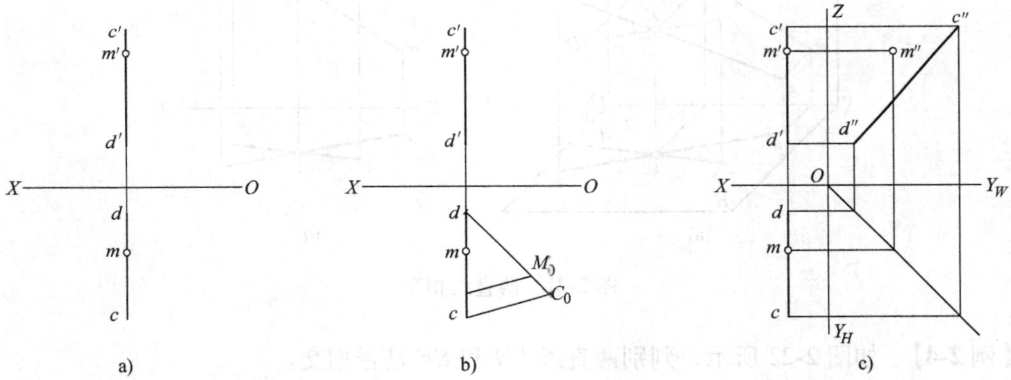

图 2-18　判别点 M 是否在直线 CD 上

2.3.3 两直线的相对位置

空间两直线的相对位置有三种情况：平行、相交和交叉。

1. 两直线平行

从平行投影的基本性质可知：若空间两直线平行，则它们的同面投影必互相平行。反之，若两直线的各个同面投影平行，则该两直线在空间一定平行。

利用以上投影特性，可以从投影图上判断两一般位置直线是否平行和完成平行两直线的投影作图。

若两直线均为一般位置直线，则检查任意两面投影都可判别两直线是否平行，如图 2-19 所示，$ab/\!/cd$，$a'b'/\!/c'd'$，则 $AB/\!/CD$。若两直线为投影面的平行线，则要视其所平行的投影面的投影是否平行而判别空间两直线是否平行，如图 2-20 所示，虽然 $ab/\!/cd$，$a'b'/\!/c'd'$，两直线均为侧平线，但侧面投影 $a''b''$ 与 $c''d''$ 不平行，所以空间两直线 AB 与 CD 不平行。

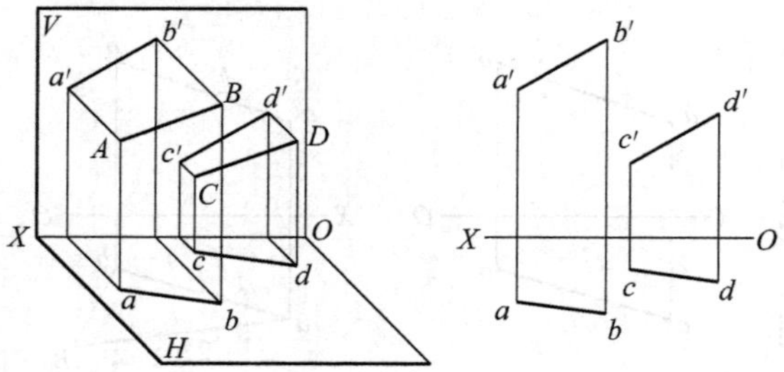

a)　　　　b)

图 2-19　两直线平行

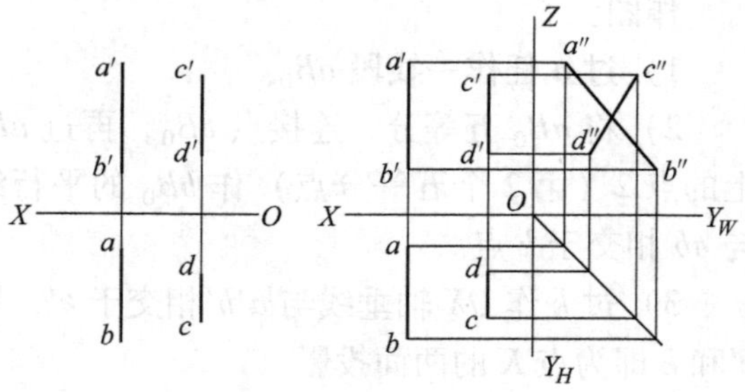

a)　　　　b)

图 2-20　判别空间两直线是否平行

2. 两直线相交

若空间两直线相交，必有交点，其交点是两条直线的共有点，并且该交点符合点的投影特性，如图 2-21 所示。

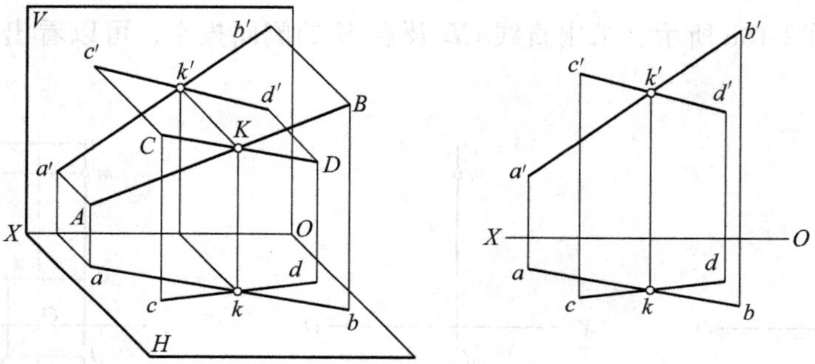

a)　　　　b)

图 2-21　两直线相交

【**例 2-4**】　如图 2-22 所示，判别两直线 *GH* 和 *EF* 是否相交。

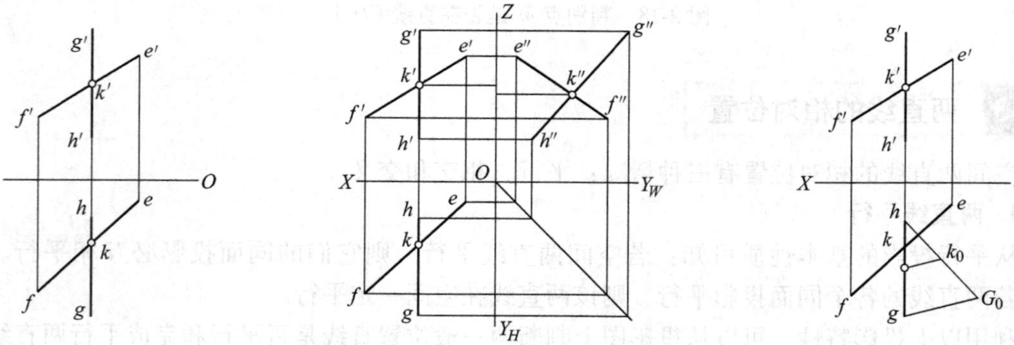

a)　　　　b)　　　　c)

图 2-22　判别两直线是否相交

解：在一般情况下，若直线的两面投影都相交，且交点符合点的投影规律，则空间两直线相交。但图中两直线 *EF* 和 *GH* 中有一直线为投影面的平行线（*GH* 为侧平线），则要根据侧面投影来判别是否符合两直线相交的条件。补画侧面投影知，k'与k''连线不垂直于 *OZ* 轴，所以两直线不相交。另外也可利用点分线段成比例的特性来判别是否相交，如图 2-22c 所示。

3. 两直线交叉

既不平行又不相交的两直线，称为交叉两直线。交叉两直线，在空间不存在交点，然而它们的同面投影却可能出现相交的情况，这是由于两直线上点在同面投影重影的缘故，如图 2-23 和图 2-24 所示。

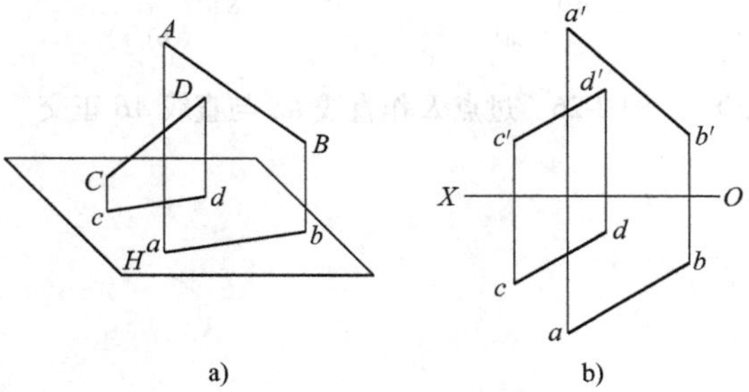

图 2-23　交叉两直线

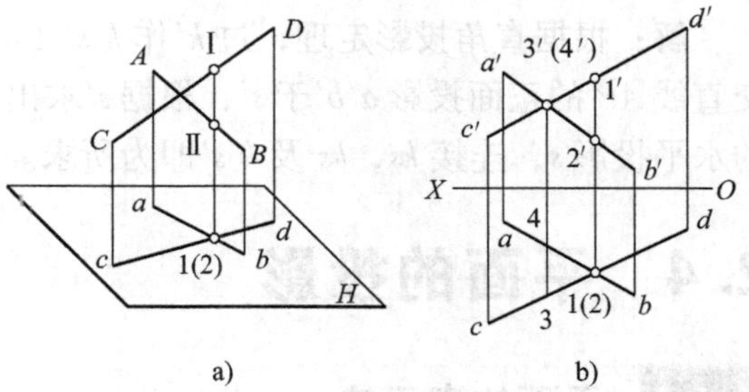

图 2-24　交叉直线的重影点

图 2-23 所示为交叉两直线的投影，其中有一组同面投影相互平行，但其他投影不平行。图 2-24 所示为交叉两直线的重影点，出现同面投影都相交的情况，但它们投影中的交点不符合点的投影规律。

交叉两直线的同面投影的交点，分别是两直线处于同一投射线上某两点的投影（称为重影点），可根据重影点的可见性来判别两直线空间的相对位置。如图 2-24 所示，其水平投影的交点 1(2)，为直线 *CD* 上的Ⅰ点和直线 *AB* 上的Ⅱ点的水平重影点，因为点 1′的 *Z* 坐标大于点 2′的 *Z* 坐标，所以在重影处直线 *CD* 在直线 *AB* 上方。同理，从正面重影点可以判别出直线 *CD* 在直线 *AB* 的前方。

2.3.4 直角投影定理

定理：垂直相交的两直线，若其中一直线平行于某投影面，则两直线在该投影面上的投影仍然反映直角关系。通常称之为直角投影定理。

如图 2-25a 所示，*AB*、*BC* 为相交成直角的两直线，其中直线 *BC* 平行于 *H* 面（即水平线），直线 *AB* 为一般位置直线。现证明两直线的水平投影 *ab* 和 *bc* 仍相互垂直，即 $bc \perp ab$。

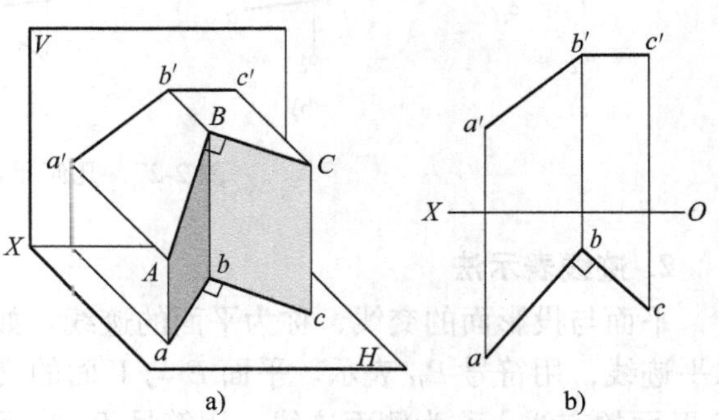

图 2-25　直角投影定理

证明：如图 2-25 所示，因为 $BC \perp Bb$，$BC \perp AB$，所以 $BC \perp$ 平面 *ABba*；又因 $BC // bc$，所以 *bc* 也垂直于平面 *ABba*。根据立体几何定理可知 *bc* 垂直于平面 *ABba* 上的所有直线，故 $bc \perp ab$，如图 2-25b 所示。

逆定理：若相交两直线在某一投影面上的投影为直角，且其中一条直线平行于该投影面，则该两直线在空间必相互垂直。上述投影特性可推广到交叉两直线的情况。

两条交叉直线的夹角等于过空间任意一点所引两条交叉直线的平行线所成的夹角，因此上述投影特性可推广到交叉两直线。

【例 2-5】如图 2-26 所示，已知直线 AB 及点 K 的投影，过点 K 作直线 KS 与直线 AB 正交（交点 S 在直线 AB 上）。

解： 根据直角投影定理，过 k' 作 $k's' \perp a'b'$，交直线 AB 的正面投影 $a'b'$ 于 s'，根据 s' 求出点 S 的水平投影 s，连接 ks，ks 及 $k's'$ 即为所求。

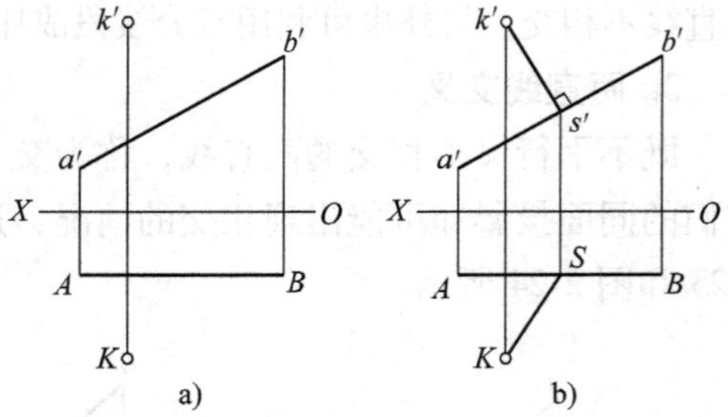

图 2-26　过点 K 作直线 KS 与直线 AB 正交

2.4　平面的投影

2.4.1　平面的表示法

在投影图中表示平面的方法有：几何元素表示法和迹线表示法。

1. 几何元素表示法

根据初等几何可知，确定平面的空间位置有以下五种表示法。

1）不在同一直线上的三点，如图 2-27a 所示。

2）一直线与该直线外一点，如图 2-27b 所示。

3）相交两直线，如图 2-27c 所示。

4）平行两直线，如图 2-27d 所示。

5）任一平面图形（如三角形、圆等），如图 2-27e 所示。

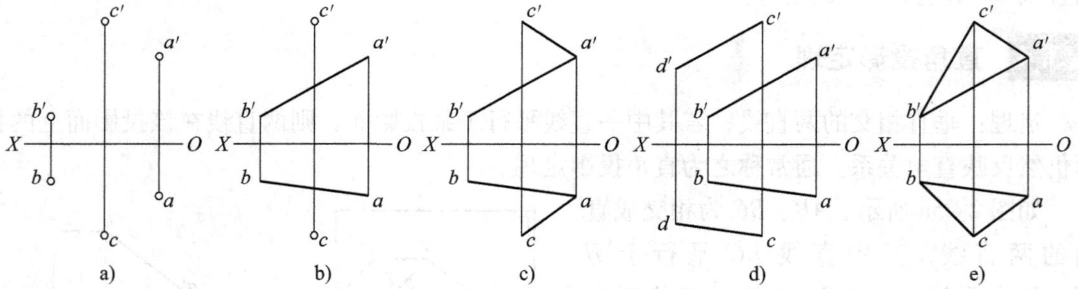

图 2-27　几何元素表示的平面

2. 迹线表示法

平面与投影面的交线，称为平面的迹线。如图 2-28 所示，平面 P 与 H 面的交线，称为水平迹线，用符号 P_H 表示。平面 P 与 V 面的交线，称为正面迹线，用符号 P_V 表示；平面与 W 面的交线，称为侧面迹线，用符号 P_W 表示。每两条迹线的交点 P_X、P_Y、P_Z 分别在 X 轴、Y 轴、Z 轴上。

由于迹线 P_V 和 P_H 是平面 P 内的两条相交直线（见图 2-28）或迹线 Q_V 和 Q_H 是属于平面 Q 内的两条平行直线（见图 2-29），因此可以用迹线来表示平面。习惯上只画出与迹线重合的那个投影，而迹线的另两面投影在相应投影轴上，通常不表示（如迹线 P_V 的正面投影

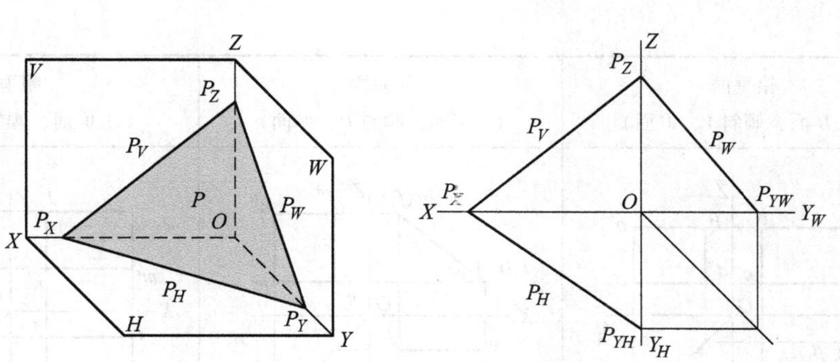

图 2-28　迹线表示的一般位置平面

与 P_V 本身重合，水平投影、侧面投影分别在 X 轴和 Z 轴上）。

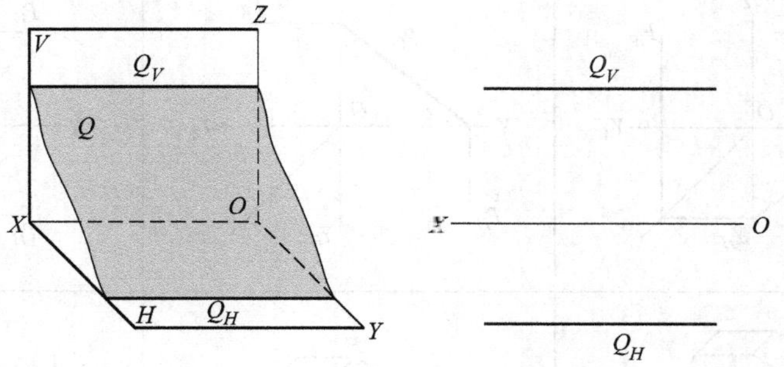

图 2-29　迹线表示的侧垂面

2.4.2　各种位置平面的投影

在三投影面体系中，平面对投影面的相对位置可分为三种：投影面的垂直面、投影面的平行面和一般位置平面，前两种称为特殊位置平面。

1. 投影面的垂直面

垂直于一个投影面，而与另外两个投影面倾斜的平面，称为投影面的垂直面。垂直于 H 面的平面，称为铅垂面；垂直于 V 面的平面，称为正垂面；垂直于 W 面的平面，称为侧垂面。见表 2-3。

表 2-3　投影面垂直面的投影特性

名称	铅垂面 （⊥H 面，倾斜 V、W 面）	正垂面 （⊥V 面，倾斜 H、W 面）	侧垂面 （⊥W 面，倾斜 V、H 面）
实例	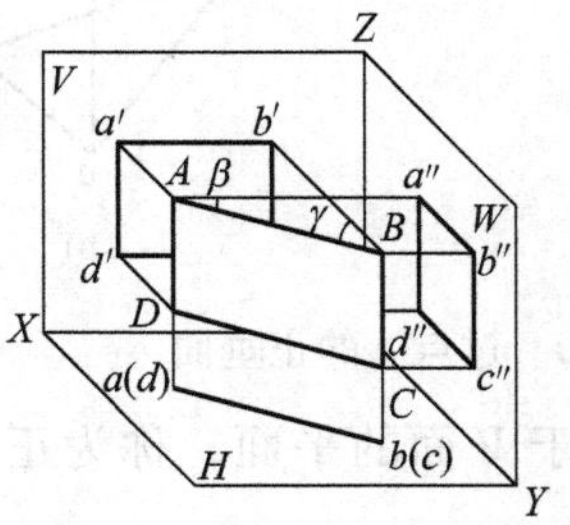	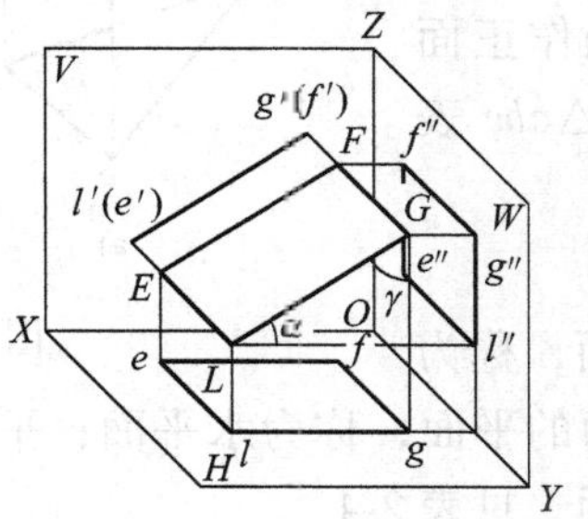	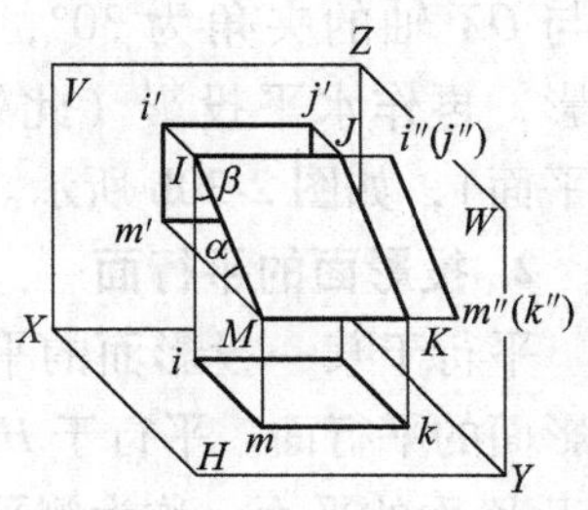

（续）

名称	铅垂面 （⊥H 面，倾斜 V、W 面）	正垂面 （⊥V 面，倾斜 H、W 面）	侧垂面 （⊥W 面，倾斜 V、H 面）
投影图	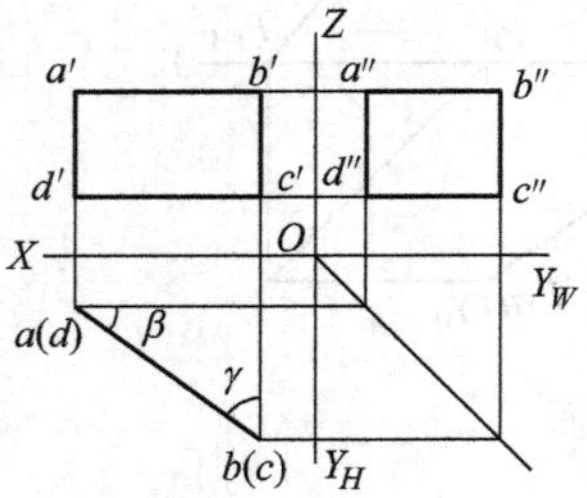	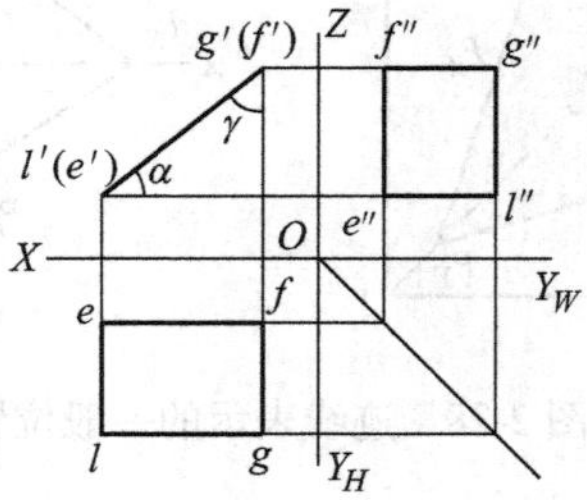	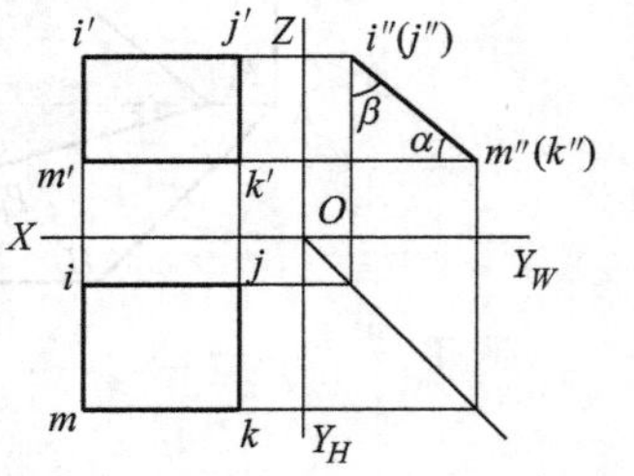
迹线表示	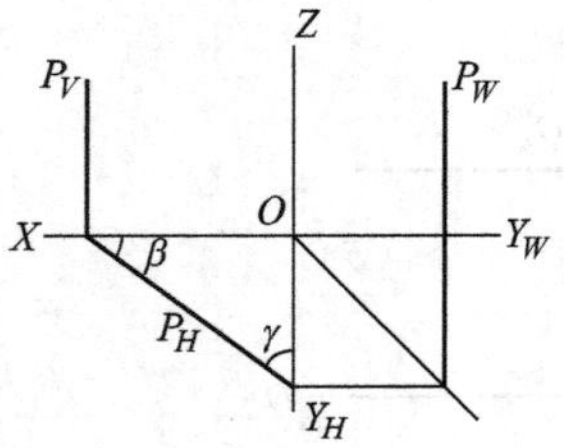	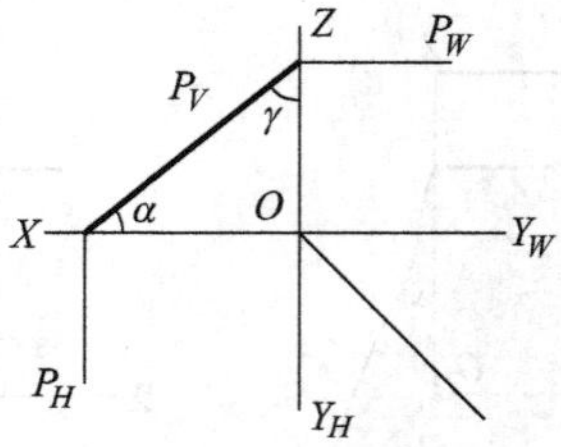	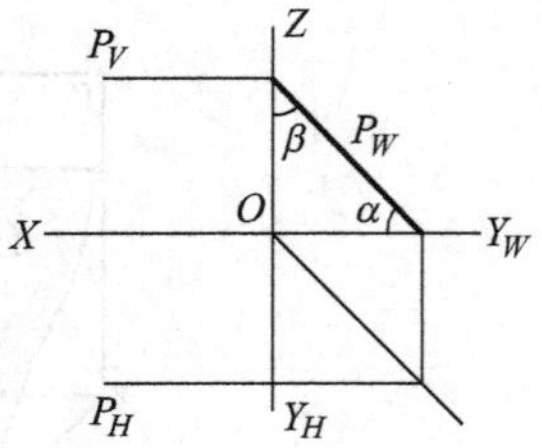
立体图	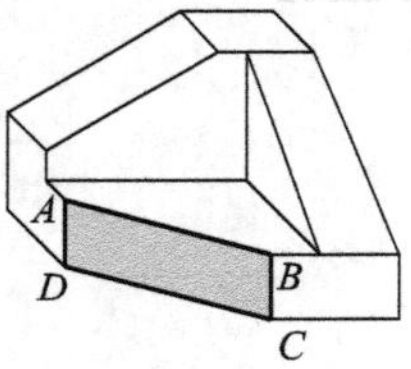	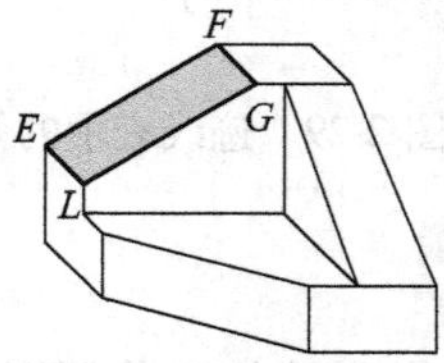	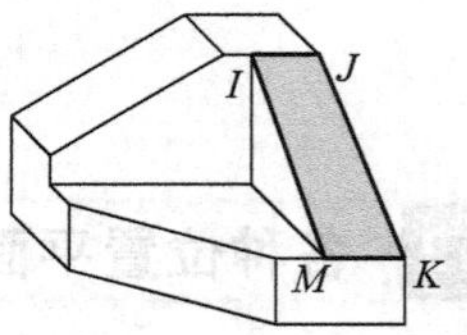

投影面垂直面的投影特性如下。

1）在所垂直的投影面上的投影积聚成一直线，该投影与投影轴的夹角，分别反映平面对另外两个投影面的真实倾角。

2）其余两投影是与空间平面图形相类似的平面图形。

【例 2-6】 如图 2-30a 所示，过点 A 作一正垂面，使其与 H 面成 30°。

解： 根据正垂面的投影特性，正垂面的正面投影积聚成一直线，该直线与 OX 轴的夹角为 30°，先作正面投影，再作水平投影（此处 $\triangle abc$ 表示平面），如图 2-30b 所示。

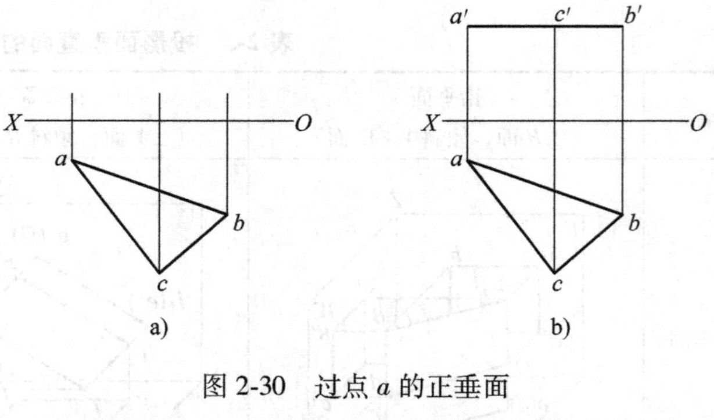

图 2-30　过点 a 的正垂面

2. 投影面的平行面

平行于某一投影面的平面，称为投影面的平行面。平行于 H 面的平面，称为水平面；平行于 V 面的平面，称为正平面；平行于 W 面的平面，称为侧平面。见表 2-4。

表 2-4　投影面平行面的投影特性

名称	水平面(//H 面，⊥V、W 面)	正平面(//V 面，⊥H、W 面)	侧平面(//W 面，⊥V、H 面)
实例	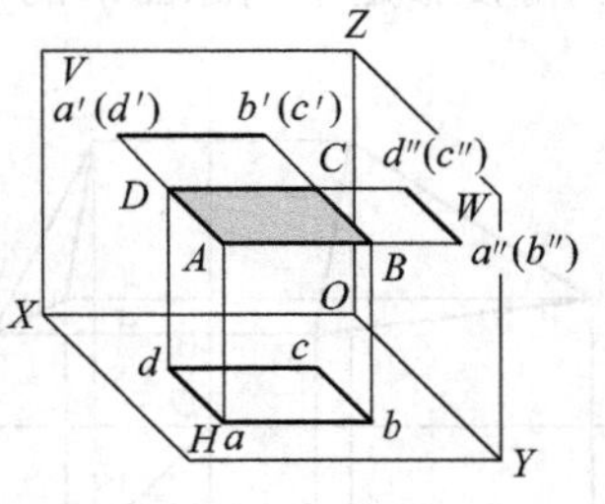	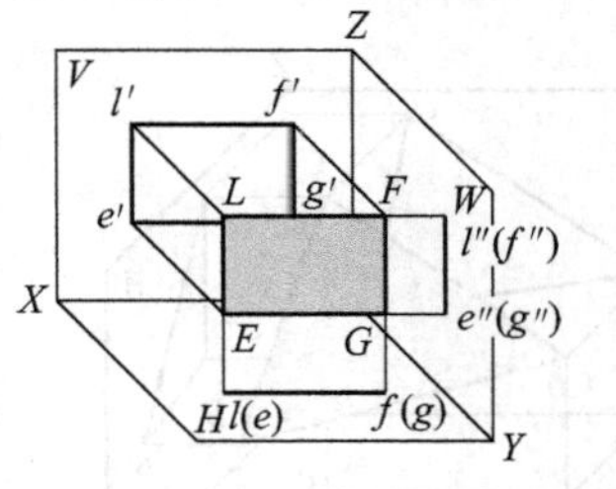	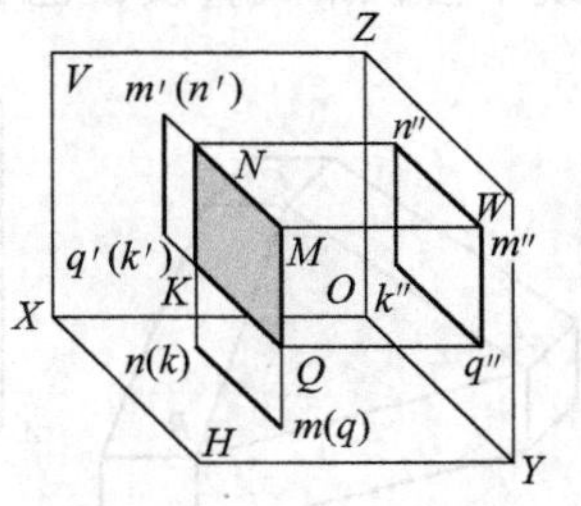
投影图	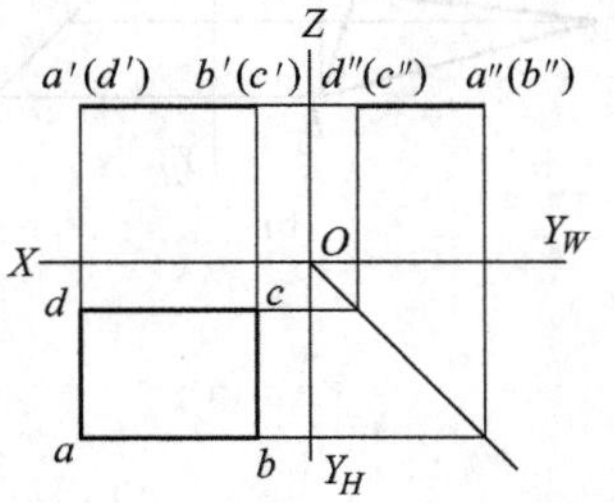	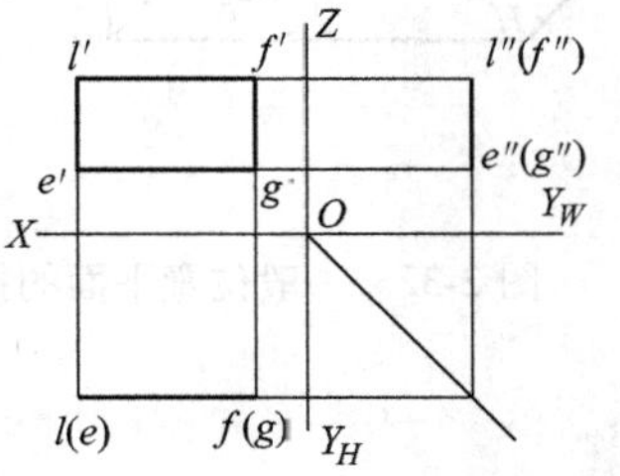	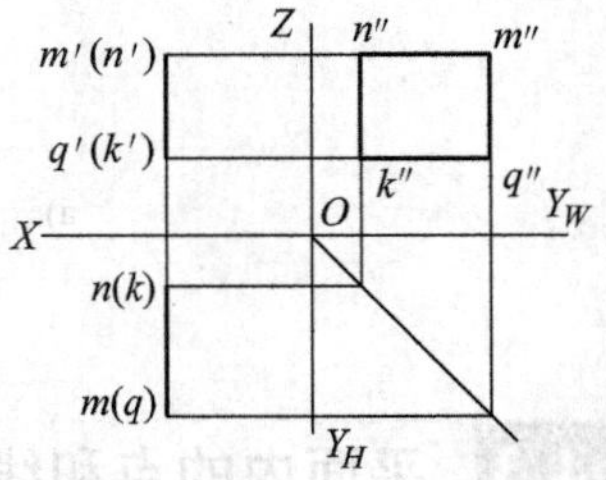
迹线表示	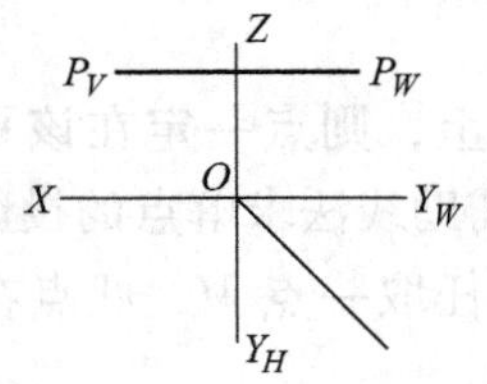	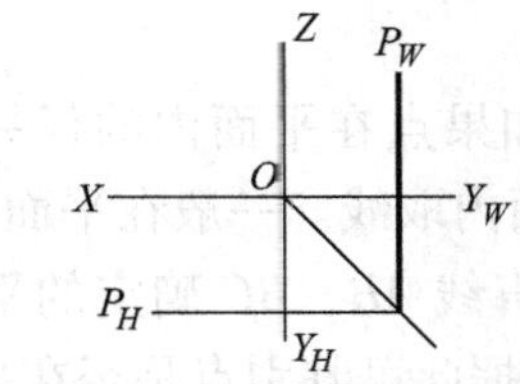	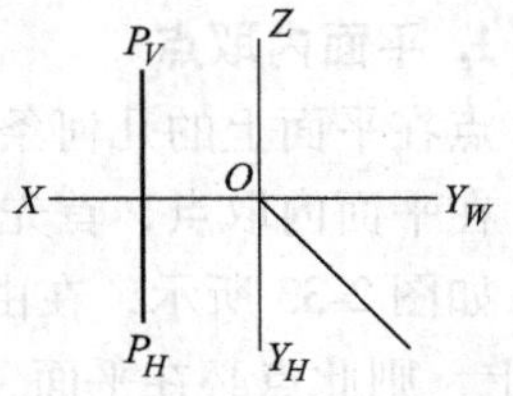
立体图	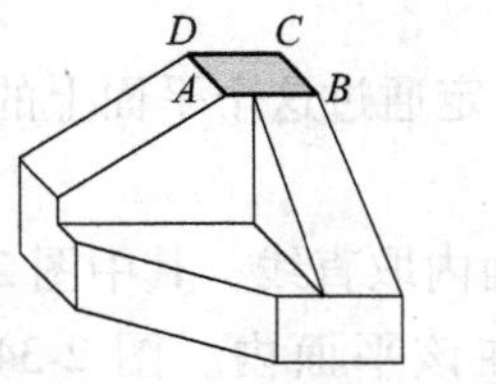	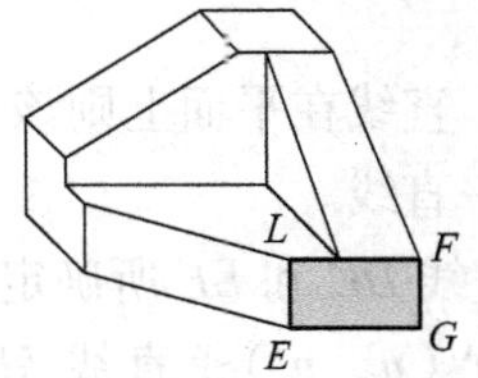	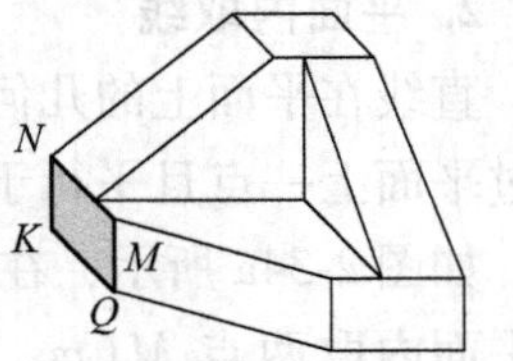

投影面的平行面投影特性如下。

1）平面在所平行的投影面上的投影反映实形。

2）平面在另外两投影面上的投影均积聚成一直线，且平行于相应的投影轴。

【例 2-7】 如图 2-31a 所示，已知水平面 ABC 距 H 面 10mm，其水平投影为 abc，求其正面投影。

解： 根据水平面的投影特性，水平面的正面投影积聚成一平行于 OX 轴的直线。又因为平面 ABC 距 H 面 10mm，作与 OX 轴距离为 10 并平行于 OX 轴的平行线即可，如图 2-31b 所示。

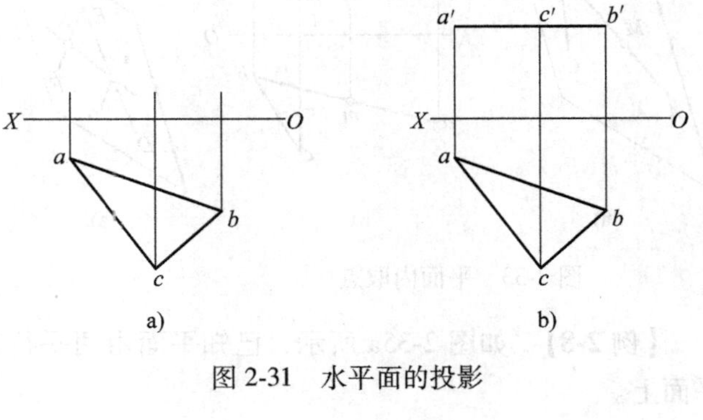

图 2-31　水平面的投影

3. 一般位置平面

如图 2-32 所示，一般位置平面 *ABC* 对投影面倾斜（不垂直和不平行）位置时，各个投影既不会积聚成直线，也不能反映实形和真实倾斜角度，所得投影是空间原图形的类似形。

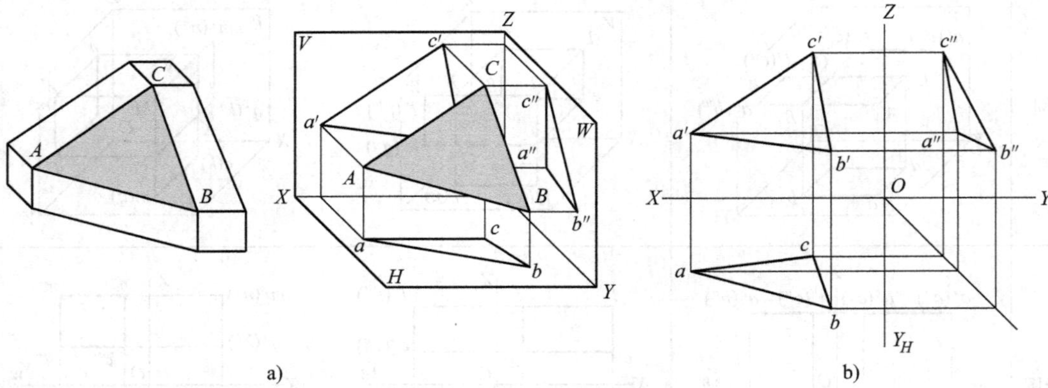

图 2-32　一般位置平面的投影

2. 4. 3　平面内的点和线

1. 平面内取点

点在平面上的几何条件是：如果点在平面内的任一直线上，则点一定在该平面内。因此，在平面内取点，首先要在平面内取线。一般在平面内用辅助线法求解点的投影。

如图 2-33 所示，在由相交两直线 *AB*、*BC* 确定的平面内任取一点 *M*，此点在已知直线 *AB* 上，则此点必在平面 *ABC* 内。据此可判别点是否在平面内。

2. 平面内取线

直线在平面上的几何条件是：直线在平面上则该直线一定通过这个平面上的两个点，或通过平面上一点且平行于平面上一直线。

如图 2-34a 所示，在相交两直线 *DE* 和 *EF* 所确定的平面内取直线，其中图 2-34b 所示为在平面内取两点 *M*(*m*, *m*′) 和 *N*(*n*, *n*′)，直线 *MN* 必在该平面内。图 2-34c 所示为过 *M*(*m*, *m*′) 作直线 *MK*//*EF*，则直线 *MK* 必在该平面内。

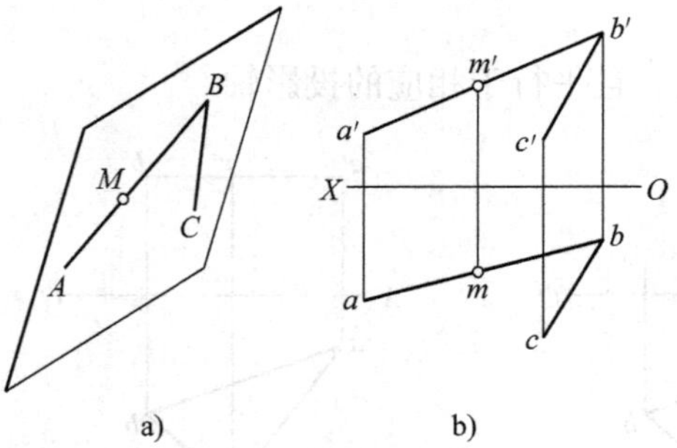

图 2-33　平面内取点

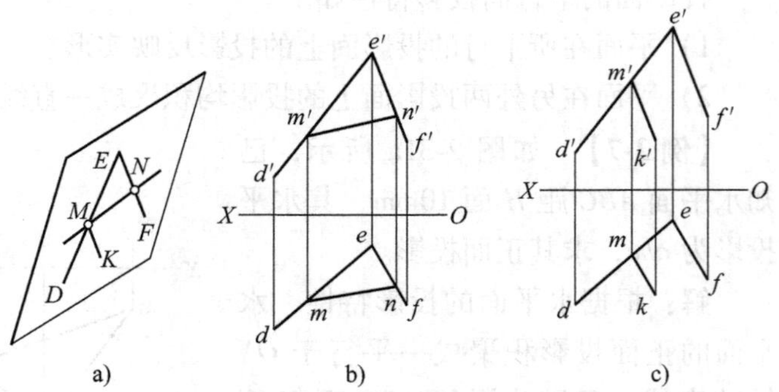

图 2-34　平面内取线

【例 2-8】　如图 2-35a 所示，已知平面由两平行直线 *AB*、*CD* 确定，试判别 *S* 点是否在平面上。

解：若点在平面上，则点必定在平面内的一直线上。通过点 S 的一个投影 s（或 s'）任意作一条平面上的直线的投影，如果该点的另一个投影 s'（或 s）在所作直线的同面投影上。则该点在平面上，否则就不在平面上。

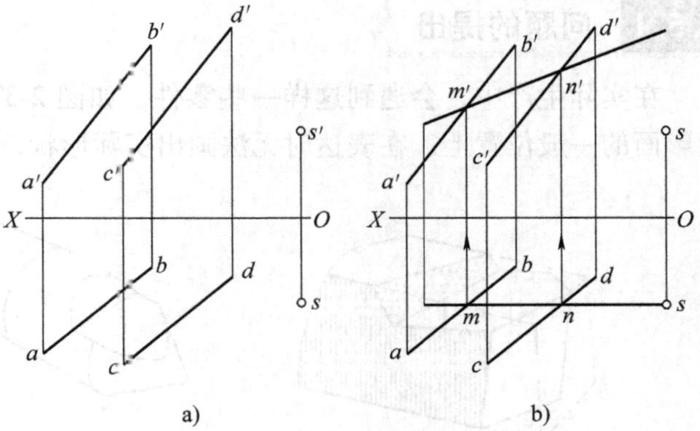

图 2-35　判别 S 点是否在平面上

作图：如图 2-35b 所示。

1）过点 s 任作一条直线，交 ab 于 m，交 cd 于 n。

2）作出 M、N 的正面投影 m'、n'。

3）连接 $m'n'$，则 MN 为平面上一直线。

4）延长 $m'n'$，因点 s'不在其延长线上，也就是说点 S 不在直线 MN 上，从而得知点 S 不在该平面上。

3. 平面内的特殊位置直线

利用平面内取线的方法，可以求作其上特殊位置的直线，如水平线和正平线。

【例 2-9】 如图 2-36a 所示，已知△ABC 水平投影和正面投影，画出水平线 CD 和正平线 AF 的投影。

解：在△ABC 上有很多条水平线，同样也有很多条正平线。通过△ABC 顶点作图较为简单。

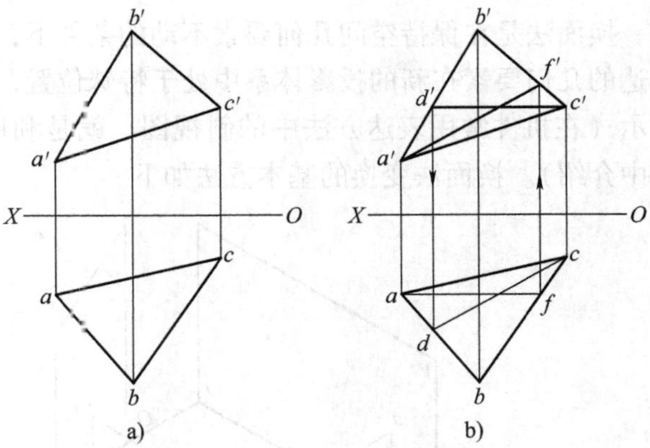

图 2-36　在平面上作特殊位置直线

作图：如图 2-36b 所示。

1）过点 c'作 $c'd' /\!/ ox$，作 $d'd \perp ox$，交 ab 于 d。

2）连接 cd，cd 和 $c'd'$即为平面内水平线 CD 的投影。

3）过点 a 作 $af /\!/ ox$，作 $f'f \perp ox$，交 $c'b'$于 f'。

4）连接 $a'f'$，af 和 $a'f'$即为平面内正平线 AF 的投影。

2.5　换面法

在前文中介绍了基本几何要素点、直线和平面的投影及其特性，当几何要素相对投影面处于特殊位置时，能真实被反映在投影图中，而当其处于一般位置时则没有这些特性。那么如何真实地表达几何要素的形状和位置？这是画法几何学要解决的重要问题。

为了解决这一问题，本节将介绍投影变换的基本原理，着重介绍换面法的具体应用。

2.5.1 问题的提出

在实际生产中，会遇到这样一些零件，如图 2-37 所示，这些零件上某些几何要素处于投影面的一般位置上，在表达时无法画出实际形状，给生产加工带来很多困难。

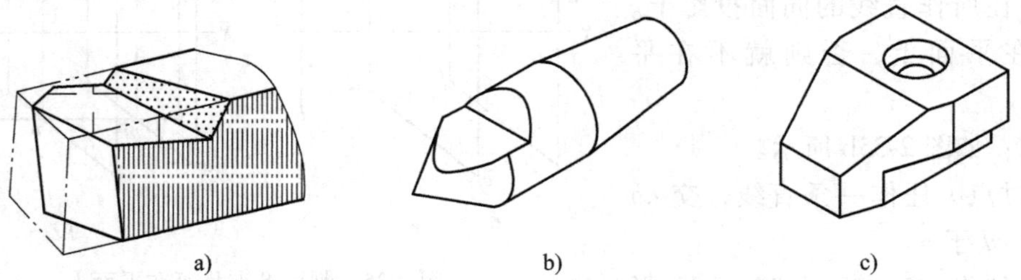

图 2-37 形状特殊零件

a）车刀 b）顶尖 c）压块

2.5.2 投影变换

为解决上面的实际问题，可以采用投影变换的方法进行表达。

1. 投影变换

投影变换是指研究空间几何要素与投影面的相对位置，借助相应的辅助投影，解决空间几何问题的方法，主要有换面法和旋转法。由于换面法操作简单灵活，应用较为广泛。

2. 换面法

换面法是在保持空间几何要素不动的条件下，建立辅助投影面形成新的投影体系，使要表达的几何要素在新的投影体系中处于特殊位置，从而获得实形的辅助投影方法，如图 2-38 所示（在机件常用表达方法中的斜视图，就是利用这一原理绘制的，此部分内容在后续章节中介绍）。换面法变换的基本方法如下。

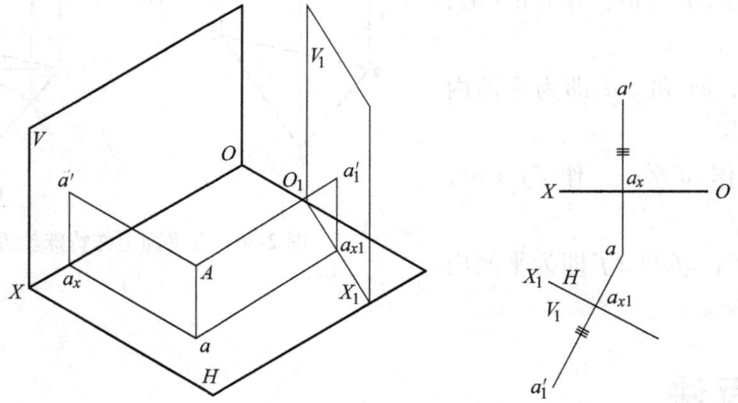

图 2-38 换面法投影

（1）选择辅助投影面

辅助投影面的位置应使表达的几何要素（直线、平面）在新投影体系下处于特殊位置，同时保证垂直一个原有投影面，以便形成新的投影体系。

（2）替换投影面的坐标在新投影面内要保持不变

如图 2-38 所示空间点 A 的投影变换，水平投影保持不变，用铅垂面 V_1 代替 V 面，组成新的投影体系 V_1/H，H 面为保留投影面，V_1 面为替换投影面，新投影体系的新轴为 X_1，点 A 的新投影为 a_1'。

点的新投影 a_1' 与不变投影 a 连线垂直于新投影轴，$a_1'a \perp oX_1$。点的新投影 a_1' 到新投影轴 oX_1 的距离等于点的旧投影 a' 到旧投影轴 oX 的距离，$a_1'a_{x1}=a'a_x$。

3. 旋转法

旋转法是为了满足空间几何要素获得相对于投影面的特殊位置，使其绕某一轴线旋转得到投影的方法。如图 2-39 中所示的一般位置直线 AB，为获得其实长和对水平面的夹角 α，使其绕轴 O_1（通过 Aa 的直线）旋转，使 AB 旋转后处于正平线 AB_1 位置，从而获得正平线 AB_1 的实长和对水平面的夹角 α，即 AB 的实长和对水平面的夹角 α。

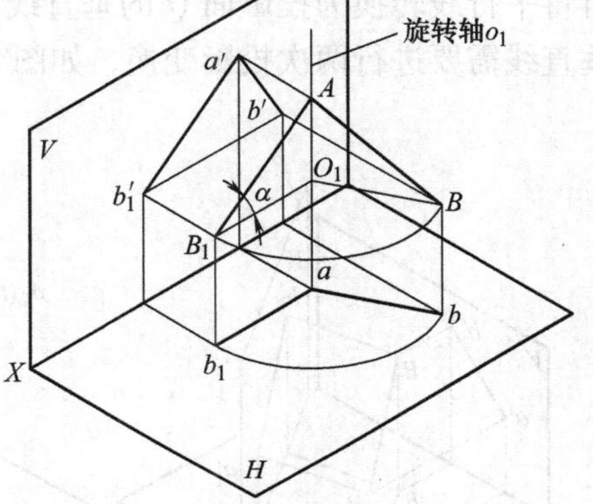

图 2-39　旋转法投影

2.5.3　换面法对一般位置直线的变换

使用换面法可实现一般位置直线对投影面的变换，主要有两种情况。

1. 一般位置直线转换为投影面的平行线

通过直线变换可以获得直线的实长，以及该线对投影面的真实夹角。

【例 2-10】　如图 2-40b 所示，已知一般位置直线 AB 的投影 $a'b'$，ab。求直线 AB 的实长及对水平面夹角 α。

解：直线 AB 为一般位置直线，可通过投影变换使其变成某投影面平行线，可得到实长和夹角，可以做辅助投影面垂直 H 面，V 面不变。

作图：如图 2-40c 所示。

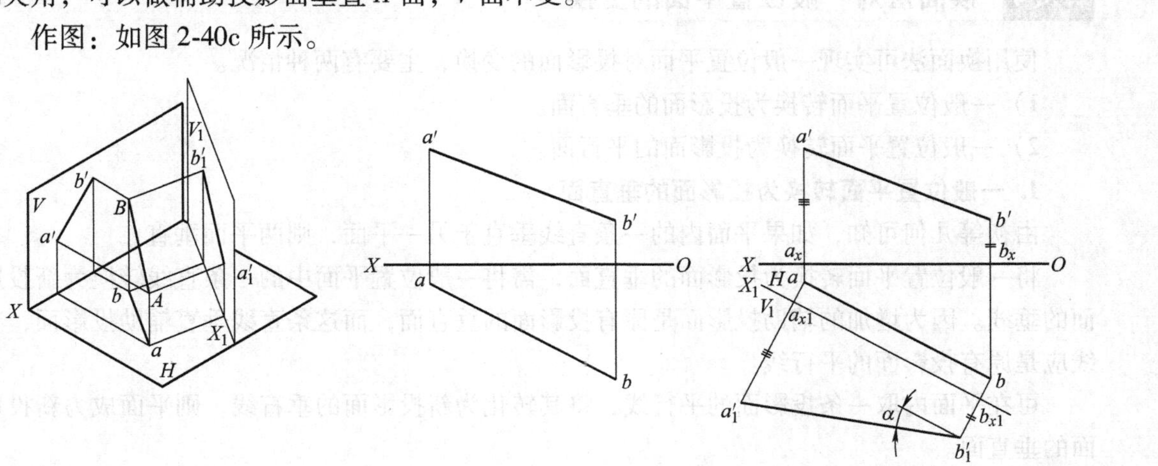

图 2-40　一般位置直线转换为投影面的平行线

1）在水平投影上作一条直线为 X_1 轴且 X_1 轴 $/\!/ ab$。

2）过 a，b 作出 $a_1'a \perp oX_1$，$b_1'b \perp oX_1$。

3）在 $a_1'a$、$b_1'b$ 直线上截取 $a_1'a_{x1}=a'a_x$，$b_1'b_{x1}=b'b_x$。

4）连接 $a_1'b_1'$即为直线 AB 在新投影面投影，因 $AB /\!/ V_1$，因此 $a_1'b_1'$即为 AB 实长。

5）过 b_1'作平行 X_1 轴直线，该直线与 $a_1'b_1'$夹角即为 AB 对水平面夹角 α。

2. 一般位置直线转换为投影面的垂直线

一般位置直线可以通过变换使直线垂直于某一投影面，其变换原理如图 2-41 所示。

首先需将一般位置直线变换为某一投影面 P 的平行线，如图 2-41a 所示。在此基础上，再将平行线转换为投影面 Q 的垂直线，如图 2-41b 所示。因此一般位置直线转换为投影面的垂直线需要进行两次投影变换，如图 2-41c 所示。

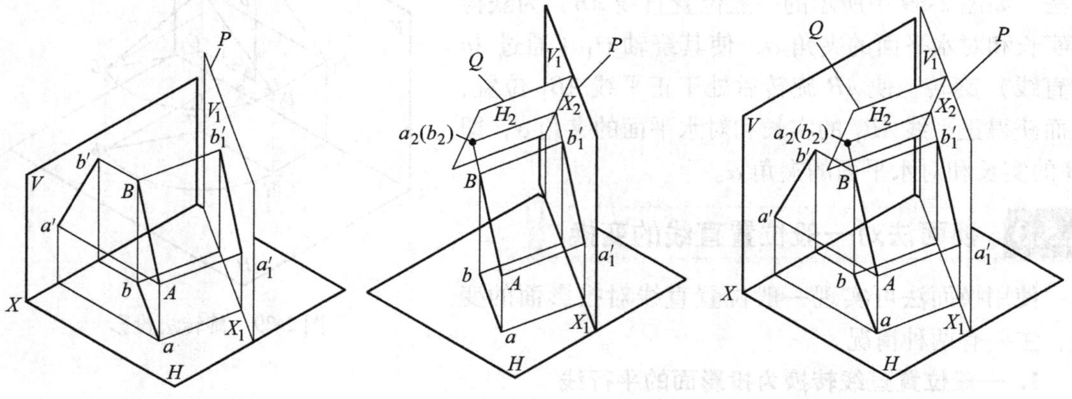

图 2-41　一般位置直线转换为投影面的垂直线

a）步骤 1：一般位置直线先转换为平行线　b）步骤 2：转换平行线为垂直线　c）两次投影变换后

2.5.4 换面法对一般位置平面的变换

使用换面法可实现一般位置平面对投影面的变换，主要有两种情况。

1）一般位置平面转换为投影面的垂直面。

2）一般位置平面转换为投影面的平行面。

1. 一般位置平面转换为投影面的垂直面

由初等几何可知，如果平面内的一条直线垂直于另一平面，则两平面垂直。

将一般位置平面转换为投影面的垂直面，需将一般位置平面中的一条直线转换为新投影面的垂线。因为增加的辅助投影面是原有投影面的垂直面，而这条直线垂直辅助投影面，直线应是原有投影面的平行线。

可在平面内取一条投影面的平行线，将其转化为新投影面的垂直线，则平面成为新投影面的垂直面。

如图 2-42a 所示，在平面内取水平线 AD，将 AD 变换为新投影面的垂直线，则原有平面为新投影面的垂直面，如图 2-42b 中的 a_1' b_1' c_1' d_1'连线为一直线。

2. 投影面垂直面转换为平行面

将投影面的垂直面转换为平行面，如图 2-43 所示。$\triangle ABC$ 为铅垂面，作 $V_1 /\!/ \triangle ABC$，

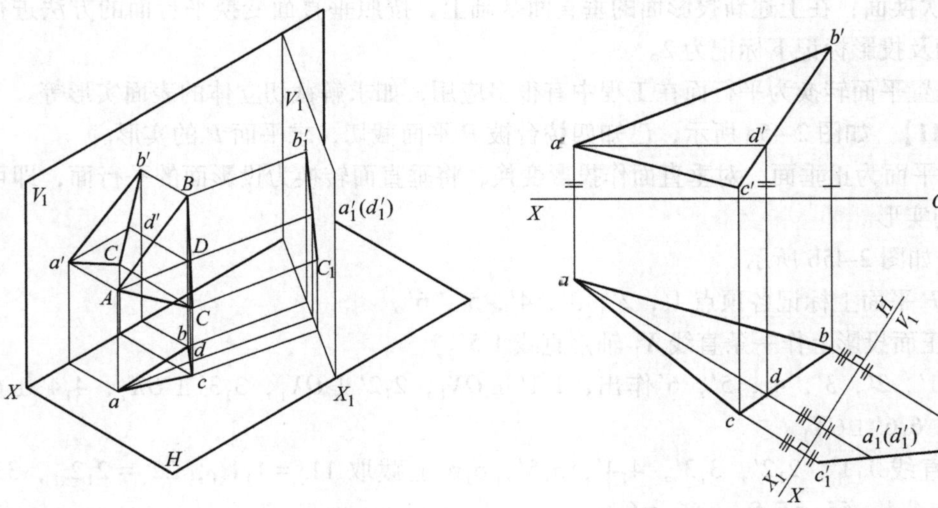

a) b)

图 2-42　一般位置平面转换为投影面的垂直面

（X_1∥直线 abc），通过变换可以得到△$a_1'b_1'c_1'$，即为△ABC 的实形。

3. 一般位置平面转换为投影面的平行面

通过上述分析可知，一般位置平面转换为投影面的平行面需要两次换面，如图 2-44 所示。

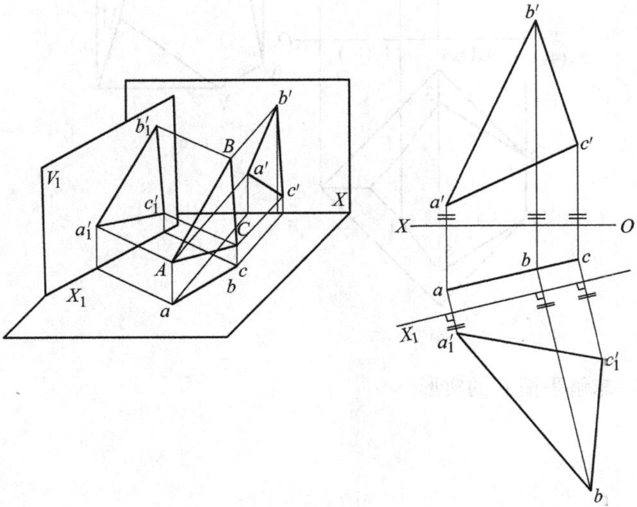

a) b)

图 2-43　投影面垂直面转换为平行面

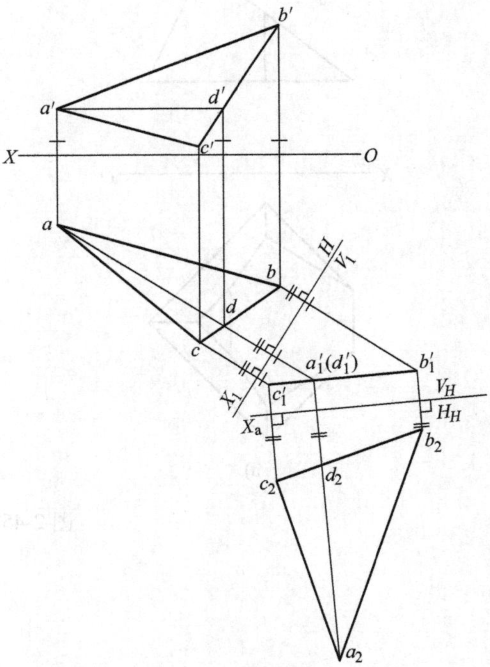

图 2-44　一般位置平面转换为投影面的平行面

1）一次换面：需要在平面内取一条投影面的平行线，将其转换为新投影面的垂直线，平面经过变换后变成新投影面的垂直面，坐标轴及投影标记下标记为 1。

2）二次换面：在上述新投影面的垂直面基础上，按照垂直面变换平行面的方法进行变换。坐标轴及投影标记下标记为 2。

一般位置平面转换为平行面在工程中有很多应用，如求解截切立体的表面实形等。

【例 2-11】 如图 2-45a 所示，已知四棱台被 P 平面截切，求平面 P 的实形。

解：P 平面为正垂面，对垂直面作投影变换，将垂直面转换为投影面的平行面，即可求出 P 平面的实形。

作图：如图 2-45b 所示。

1）在 P 平面上标记各顶点 $1'$，$2'$，$3'$，$4'$，$5'$，$6'$。

2）在正面投影上作一条直线 X_1 轴∥直线 $1'5'$。

3）过 $1'$，$2'$，$3'$，$4'$，$5'$，$6'$ 作出，$1_11' \perp OX_1$，$2_12' \perp OX_1$，$3_13' \perp OX_1$，$4_14' \perp OX$，$5_15' \perp OX_1$，$6_16' \perp OX_1$。

4）在直线 $1_11'$，$2_12'$，$3_13'$，$4_14'$，$5_15'$，$6_16'$ 上截取 $11_x = 1_11_{x1}$，$22_x = 2_12_{x1}$，$33_x = 3_13_{x1}$，$44_x = 4_14_{x1}$，$55_x = 5_15_{x1}$，$66_x = 6_16_{x1}$。

5）连接 1_1，2_1，3_1，4_1，5_1，6_1，即为 P 平面的实形。

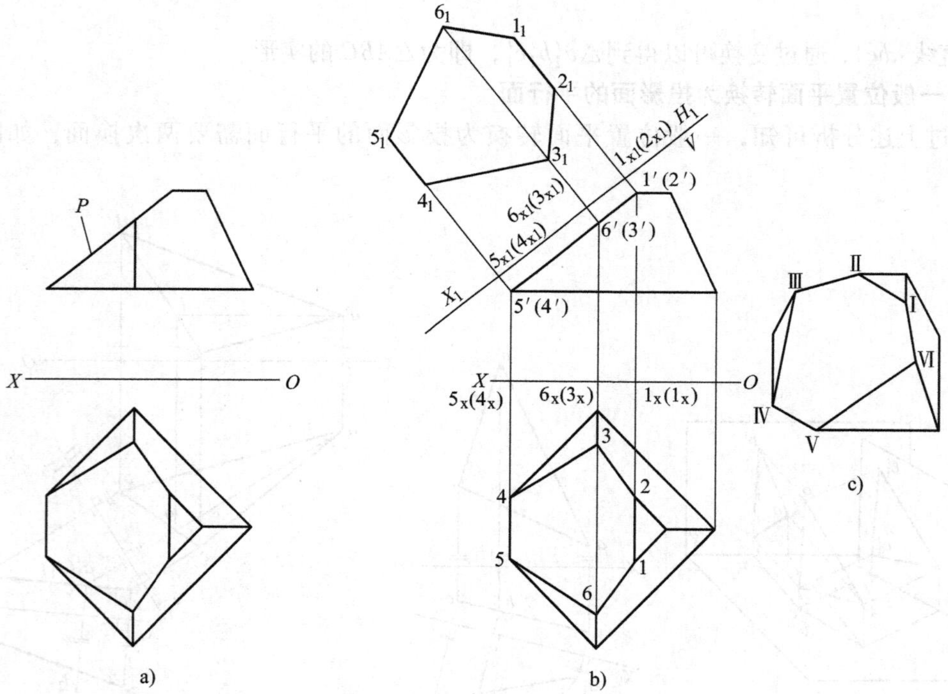

图 2-45　求解平面 P 的实形

第 3 章 立体的投影

无论机体多么复杂，通常都可以分解为若干个基本立体。基本立体可分为两类，一类是平面立体，如棱柱、棱锥等；一类是曲面立体，如圆柱、圆锥、圆球、圆环等。本章分析、研究这些基本立体及其表面交线的投影。

3.1 平面立体及其表面上的点、线

平面立体是由若干个多边形平面所围成的多面体。多边形平面相交的交线为平面立体的棱线，棱线的交点为平面立体的顶点。常见的平面立体有棱柱和棱锥（包括棱台）。

3.1.1 棱柱

1. 投影分析

正六棱柱如图 3-1a 所示，它由六个侧面和上下两个底面围成。按照图 3-1 摆放位置把正六棱柱放置在三面投影体系中，此时两底面为水平面，水平投影均反映实形，正面和侧面投影都积聚为一直线。前后两个侧面（如 *CDEF* 面）平行于 *V* 面为正平面，其正面投影反映实形，水平投影和侧面投影积聚为直线。另外四个侧面（如 *ABCD*）都是铅垂面，其水平投影积聚为一直线，正面投影和侧面投影为类似形，如图 3-1b 所示。

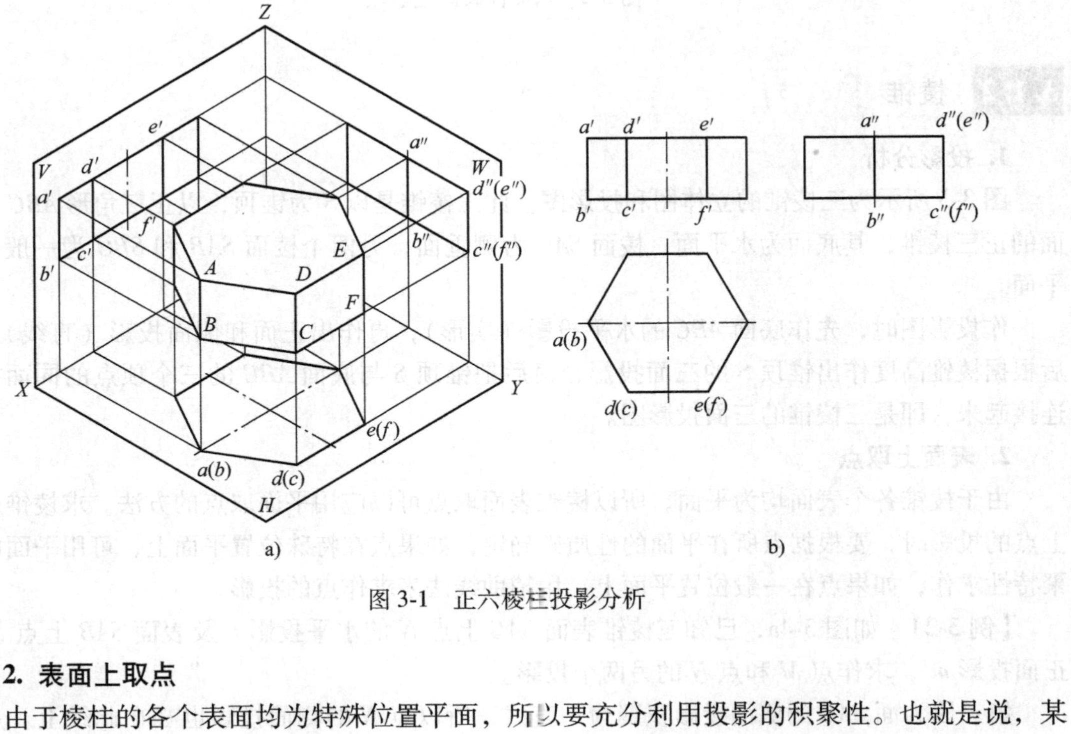

图 3-1 正六棱柱投影分析

2. 表面上取点

由于棱柱的各个表面均为特殊位置平面，所以要充分利用投影的积聚性。也就是说，某

一平面的投影积聚为直线，该面上所有点的投影均在这条积聚线上。

【例 3-1】 如图 3-2a 所示，已知六棱柱表面上点 M 的正面投影 m' 和表面上点 N 的侧面投影 n''，求作点 M 及点 N 的另两个投影。

解： 点 M 在六棱柱表面 $ABCD$ 面上，$ABCD$ 面是铅垂面，它的水平投影积聚成直线，所以点 M 的水平投影必在该直线上。n''为不可见点，所以点 N 在 $EFHG$ 面上，同理可作出点 N 的水平投影和正面投影。从图可知，点 M 的侧面投影可见，点 N 的侧面投影不可见。

作图步骤：

1）过 m' 作垂线，交 $ABCD$ 面的水平投影于一点 m，则点 m 为点 M 的水平投影。

2）由 m' 和 m 作出 m''。

3）判别可见性，m''可见。

同理作出 n 和 n'，注意，n'为不可见，如图 3-2b 所示。

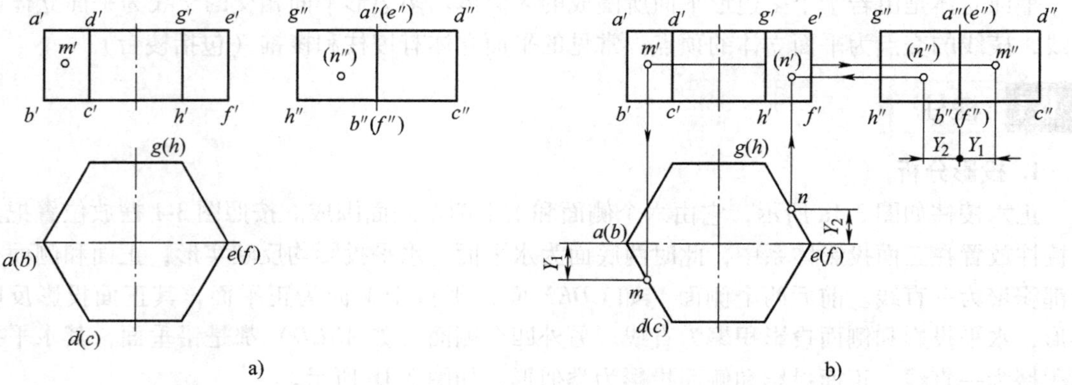

图 3-2 六棱柱表面上取点

3.1.2 棱锥

1. 投影分析

图 3-3 所示为三棱锥的立体图和投影图。此三棱锥是以 S 为锥顶，以正三角形 ABC 为底面的正三棱锥，其底面为水平面，棱面 SAC 为侧垂面，另两个棱面 SAB 和 SBC 为一般位置平面。

作投影图时，先作底面 ABC 的水平投影（实形），再作出正面和侧面投影（直线），然后根据棱锥高度作出锥顶 S 的三面投影，最后把锥顶 S 与底面 ABC 的三个顶点的同面投影连接起来，即是三棱锥的三面投影图。

2. 表面上取点

由于棱锥各个表面均为平面，所以棱锥表面取点可以应用平面取点的方法。求棱锥表面上点的投影时，要根据点所在平面的性质来确定，如果点在特殊位置平面上，可用平面的积聚特性求作，如果点在一般位置平面上，用辅助线法来求作点的投影。

【例 3-2】 如图 3-4a，已知三棱锥表面 SAC 上点 N 的水平投影 n 及表面 SAB 上点 M 的正面投影 m'，求作点 M 和点 N 的另两个投影。

解： 因为面 SAC 的侧面投影积聚为一直线，所以点 N 的侧面投影也必在此线上。点 M

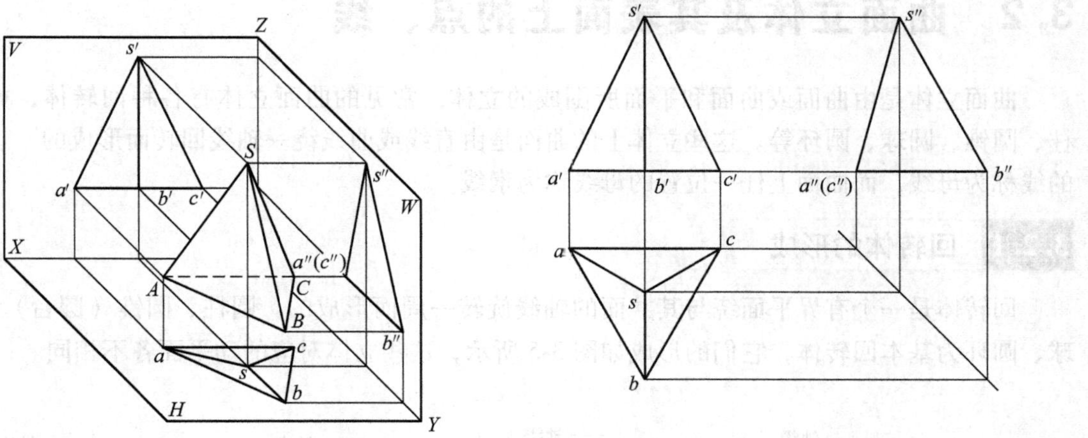

a) b)

图 3-3 三棱锥的立体图和投影图

在一般位置平面 *SAB* 上，可以用辅助线法求得另两个投影。作图过程如图 3-4b 所示。

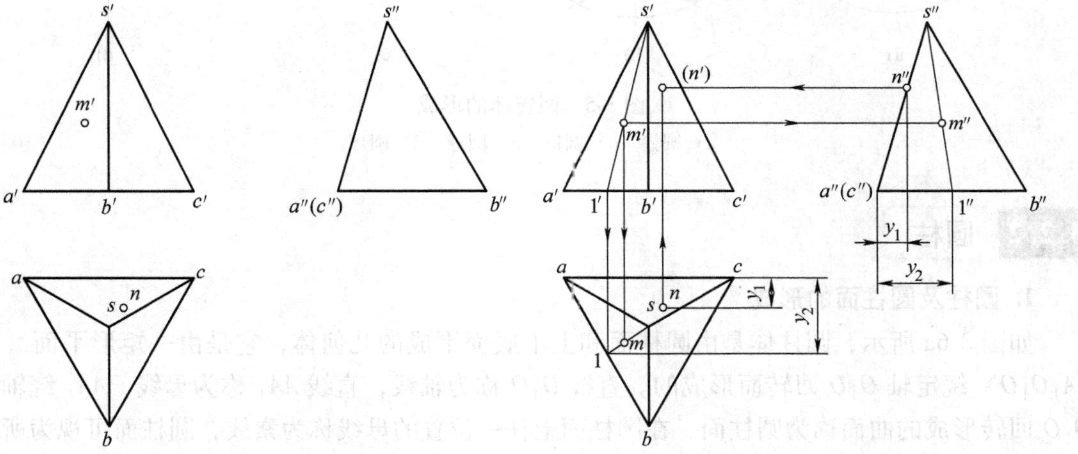

a) b)

图 3-4 三棱锥的投影及表面取点

作图步骤：

1）由 n 的宽相等测出 y_1，在侧面投影 $s''a''c''$ 上得到 n''，再由 n 和 n'' 求 n'。

2）过 s'、m' 引辅助线 $s'1'$，再求出 $S1$ 的水平投影 $s1$ 和侧面投影 $s''1''$，根据点在直线上存在的条件和投影规律，求出 m 和 m''。

3）可见性判别。由于棱面 *SAB* 在三个投影面的投影均可见，所以点 *M* 三个投影均可见。而棱面 *SAC* 在 *V* 面投影不可见，所以 n' 不可见。

过点 *M* 可以作无数条辅助线，考虑到作图简便，除了上述方法外，也可以在面 *SAB* 上过点 *M* 作 *AB* 直线的平行线，从而求得点 *M* 的投影。具体作图由读者自己分析。

3.2 曲面立体及其表面上的点、线

曲面立体是由曲面或曲面和平面所围成的立体，常见的曲面立体有各种回转体，如圆柱、圆锥、圆球、圆环等。这些立体上的曲面是由直线或曲线绕一轴线回转而形成的，运动的线称为母线，而曲面上任一位置的母线称为素线。

3.2.1 回转体的形成

回转体是一个有界平面绕与其共面的轴线旋转一周而形成的。圆柱、圆锥（圆台）、圆球、圆环为基本回转体，它们的形成如图 3-5 所示，这些立体对应的动平面各不相同。

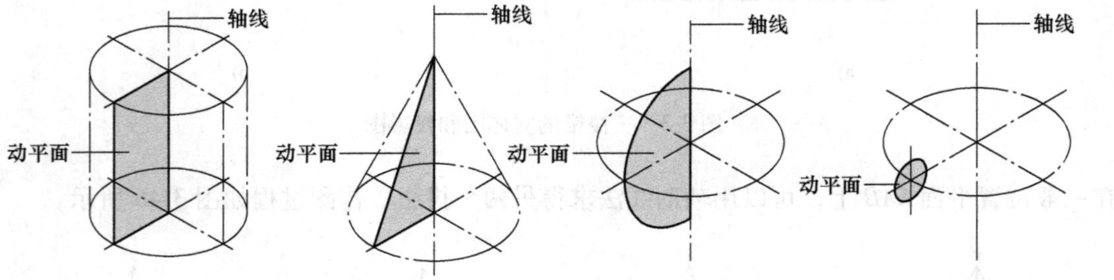

图 3-5 回转体的形成

a）圆柱 b）圆锥 c）圆球 d）圆环

3.2.2 圆柱

1. 圆柱及圆柱面的形成

如图 3-6a 所示，圆柱体是由圆柱面和上下底面围成的几何体，它是由一矩形平面（如 AA_1O_1O）绕定轴 O_1O 回转而形成的。直线 O_1O 称为轴线，直线 AA_1 称为母线，AA_1 绕轴线 O_1O 回转形成的曲面称为圆柱面，在圆柱面上任一位置的母线称为素线，圆柱面可视为所有素线聚合而成。圆柱体也可以看作由底面圆沿轴线 O_1O 拉伸而形成。

2. 圆柱的投影

如图 3-6b 所示，圆柱的轴线为铅垂线，圆柱面上的素线均平行于轴线，所有素线为铅垂线，圆柱面的水平投影为圆，圆柱的上下底面为水平面，其水平投影为圆，此圆也是圆柱面与底面交线的水平投影。

圆柱体的正面投影、侧面投影均为矩形。矩形的上下直线段是上、下底面的投影。其中正面投影中矩形左右两边线 $a'a_1'$、$c'c_1'$为正面投影转向线 AA_1、CC_1（即由前向后看时，圆柱体上的可见与不可见部分的分界线）的投影，其水平投影为积聚在圆周上的左右两点 $a(a_1)$、$c(c_1)$，侧面投影则与轴线重合；侧面投影矩形两边 $b''b_1''$、$d''d_1''$为侧面投影转向线 BB_1、DD_1（即由左向右看时，圆柱体上可见与不可见部分的分界线）的投影，其水平投影为积聚点，在圆周上为最前最后两点 $b(b_1)$、$d(d_1)$，其正面投影与轴线重合。转向线 AA_1、

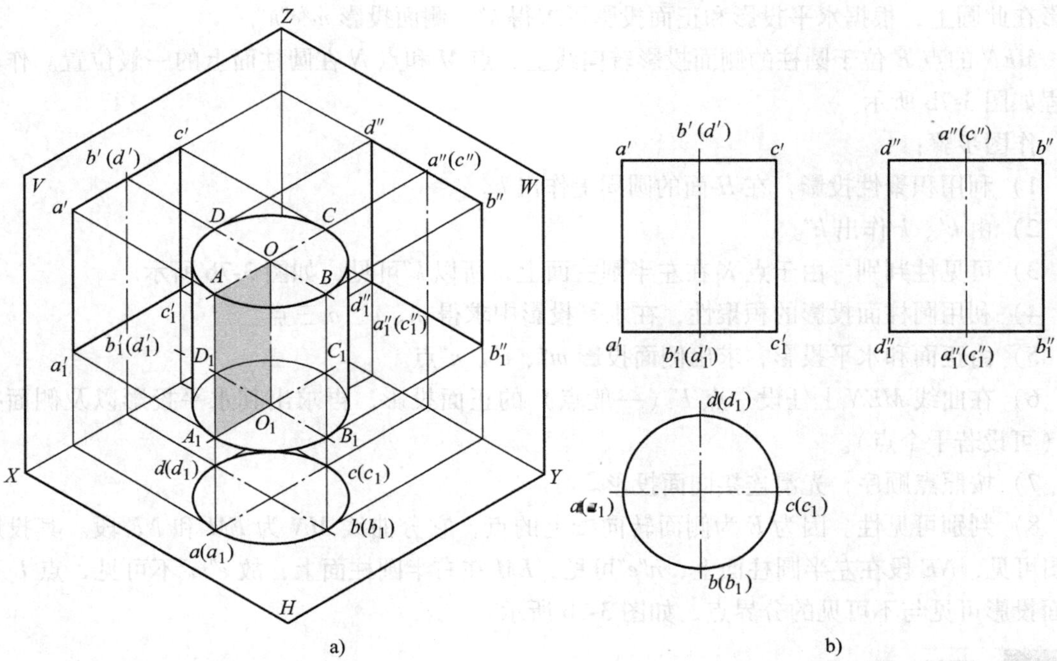

图 3-6 圆柱及圆柱面的形成和圆柱的投影

BB_1、CC_1、DD_1 位于圆柱的最左、最前、最右、最后端，也称为圆柱体特殊位置的素线。

3. 圆柱表面上取点、线

若点在圆柱的转向线上，可按直线上取点直接作图。如果点不在圆柱的转向线上，则可利用圆柱面投影的积聚性来解决取点问题。

【例 3-3】 如图 3-7a 所示，已知圆柱面上点 K 的正面投影 k' 和曲线 MEN 的正面投影 $m'e'n'$，求其水平投影和侧面投影。

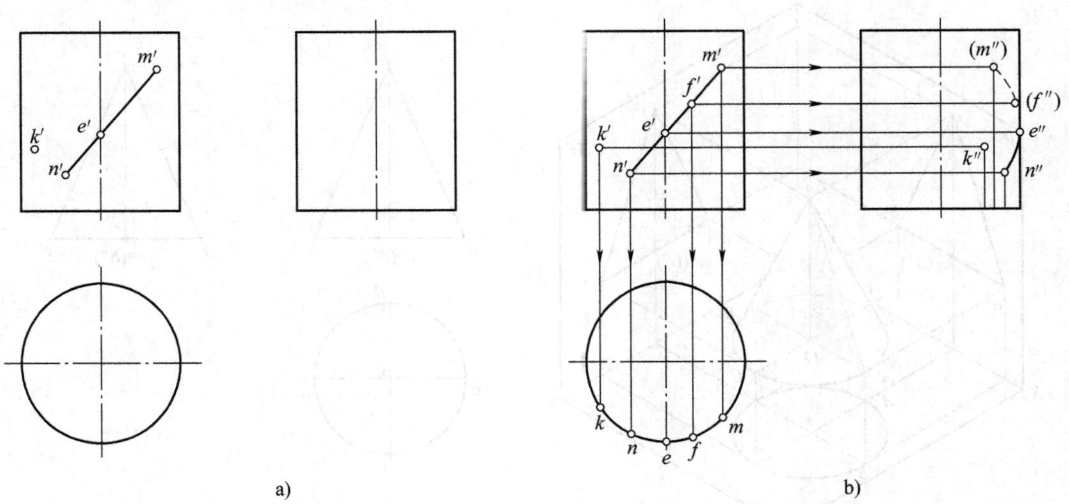

图 3-7 圆柱表面取点、线

解：由于圆柱面的水平投影积聚为圆，所以利用积聚性作图。K 点、曲线 MEN 的水平投影在此圆上，根据水平投影和正面投影可求得 k''，侧面投影 $m''e''n''$。

MEN 的点 *E* 位于圆柱的侧面投影转向线上，点 *M* 和点 *N* 在圆柱面上的一般位置。作图过程如图 3-7b 所示。

作图步骤：

1）利用积聚性投影，在 *H* 面的圆周上作出 *k*。

2）由 k'、k 作出 k''。

3）可见性判别。由于点 *K* 在左半圆柱面上，所以 k''可见，如图 3-7b 所示。

4）利用圆柱面投影的积聚性，在水平投影中求得 *m*、*e*、*n* 三点。

5）由正面和水平投影，求出侧面投影 m''、e''、n''点。

6）在曲线 *MEN* 上任设一点 *F*（一般点）的正面投影，再求出其水平投影以及侧面投影（可设若干个点）。

7）按照点顺序，光滑连接同面投影。

8）判别可见性。因为 *E* 为侧面转向线上的点，它分曲线 *MN* 为 *EM* 和 *NE* 段。其投影由图可见，*NE* 段在左半圆柱面上，$n''e''$可见，*EM* 在右半圆柱面上，故 $e''m''$不可见，点 *E* 是 *W* 面投影可见与不可见的分界点，如图 3-7b 所示。

3.2.3 圆锥

1. 圆锥及圆锥面的形成

如图 3-8a 所示，圆锥体是由圆锥面和底面所围成的几何体。圆锥体是由三角形平面 *SAO* 绕定轴 *SO* 回转而形成的，圆锥体也可以由底面沿定轴 *SO* 拉伸形成。定轴 *SO* 称为圆锥轴线，直线 *SA* 与轴线 *SO* 的交点 *S* 称为圆锥的顶点，也称为锥顶。直线 *SA* 绕与它相交的定轴线 *SO* 回转所形成的曲面称为圆锥面，直线 *SA* 称为圆锥面的母线，在圆锥面上任一位置的母线称为素线。圆锥面是所有素线的集合。

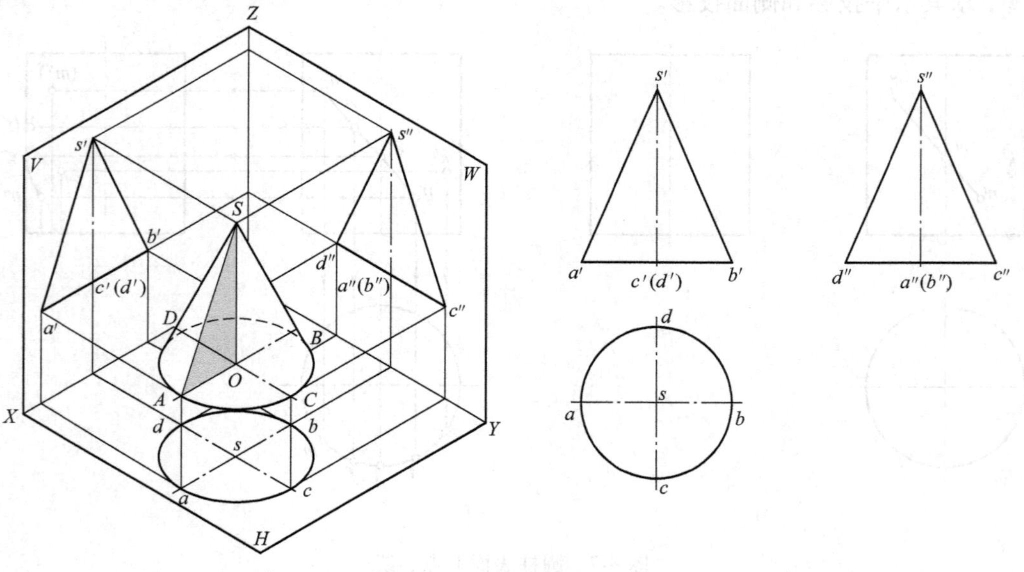

图 3-8 圆锥及圆锥面的形成和圆锥的投影

2. 圆锥的投影

如图 3-8a 所示，圆锥体的轴线是铅垂线，其底面是水平面，圆锥体的水平投影为圆，此圆既是圆锥面与底面交线的投影，也是所有素线的一个端点（底端点）水平投影积聚而形成的圆，同时，此圆所围成的封闭线框也是圆锥面及锥底面的投影。

圆锥体的正面和侧面投影均为等腰三角形，其中底边为底面（水平面的正面和侧面投影积聚为直线段）的投影。正面投影 $s'a'$、$s'b'$ 为圆锥面正面投影的转向线 SA、SB（即由前向后看时，圆锥体上的可见与不可见部分的分界线）的投影，也是圆锥面上最左最右素线 SA、SB 的正面投影，其侧面投影 $s''a''$ 和 $s''b''$ 与轴线的侧面投影重合。侧面投影的两腰 $s''d''$ 和 $s''c''$ 为圆锥面侧面投影的转向线 SD、SC（即由左向右看时，圆锥体上可见与不可见部分的分界线）的投影，也是圆锥面最前最后素线 SD、SC 的侧面投影，其正面投影与轴线的正面投影重合。

画圆锥体的三面投影图时，先用细点画线画出圆锥的轴线和圆的中心线，再画出底圆和锥顶的各面投影，最后画出不同方向转向线的投影。

3. 圆锥表面取点、线

由于圆锥面的三个投影都没有积聚性，所以圆锥表面的点、线无法利用积聚性的投影特点直接作图求得。如果点在圆锥的转向线上时，可直接从投影图中求得点的三面投影；如果点在圆锥面的一般位置上，则可用素线法、辅助圆法求之，如图 3-9 所示。

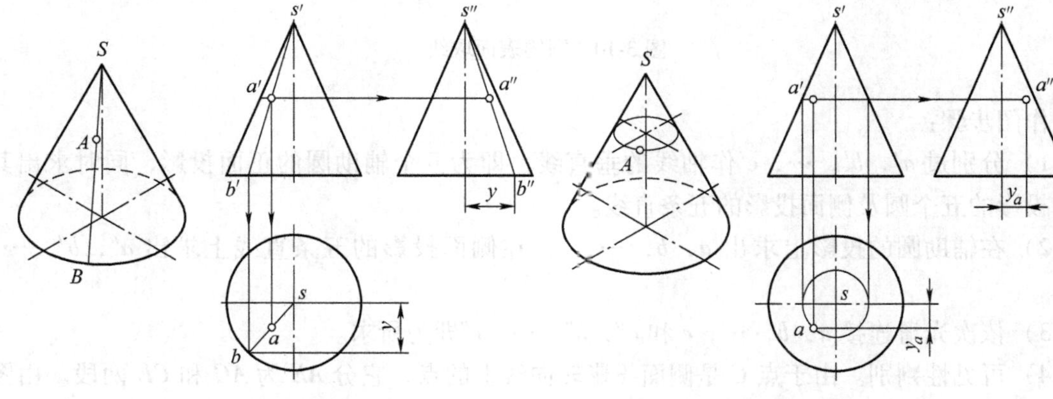

图 3-9　圆锥表面取点
a）素线法　b）辅助圆法

1）素线法。素线法是：过锥顶引过已知点的素线，求出该素线的两个投影，然后应用点在线上存在的条件求之。如图 3-9a 所示，已知点 A 的正面投影 a'，求其他两个投影，就是应用了素线法。过锥顶 S 和已知点 A 作素线 SB。$s'b'$ 为 SB 的正面投影，然后作出水平投影 sb 和侧面投影 $s''b''$；由于点 A 在 SB 线上，则点 A 的投影必在 SB 投影上，由此作出 a 和 a''。

2）辅助圆法。辅助圆法是：过点作锥面上垂直于轴线的圆，然后求出该圆的三面投影。由于点在圆周上，则点的三个投影必在圆的三面投影上。图 3-9b 所示是用辅助圆法求点 A 的三面投影。过 A 作水平圆，其正面投影及侧面投影为垂直轴线的直线；水平投影为水平圆，此圆与底面圆同心，其直径为正面投影中直线的长度。点 A 的水平投影 a 在水平圆周上，a''在辅助圆侧面投影的直线上。

【例 3-4】 如图 3-10 所示，已知圆锥面上的曲线 AE 的正面投影 $a'e'$，试求其另两个投影。

解： 可将 AE 曲线看成由若干个点（如五个点）组成，由于 $a'e'$可见，故曲线 AE 在前半个圆锥面上，然后用辅助圆法求五个点的另两个投影。作图过程如图 3-10 所示。

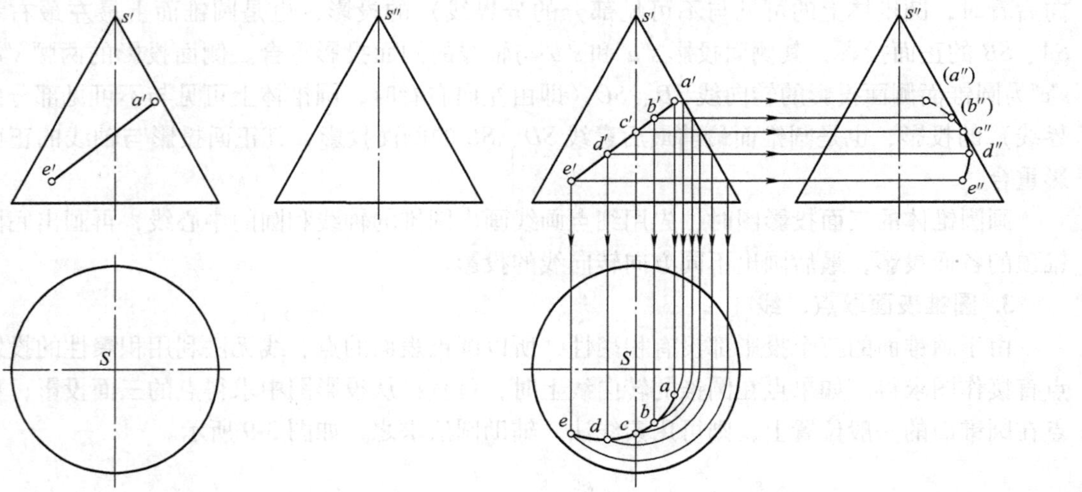

图 3-10　圆锥表面取线

作图步骤：

1）分别过 a'，b'，…，e'作轴线的垂直线，即为五个辅助圆的正面投影，同时求出其水平投影的五个圆及侧面投影的五条直线。

2）在辅助圆的投影上求出 a，b，…，e，在侧面投影的五条直线上求出 a''，b''，…，e''。

3）依次光滑连接 a，b，…，e 和 a''，b''，…，e''即为所求。

4）可见性判别。由于点 C 是侧面投影转向线上的点，它分 AE 为 AC 和 CE 两段。由图可见，CE 段在圆锥面的左半部分，所以 $c''e''$可见，AC 段在圆锥面的右半部分，所以 $a''c''$为不可见。点 C 是曲线侧面投影可见与不可见的分界点，如图 3-10 所示。

3.2.4 圆球

1. 圆球

如图 3-11a 所示，圆球是由球面所围成的几何形体，圆球体是由半圆平面（整圆平面）绕定轴 OO_1（直径）回转而形成的。球面是由半圆弧（整圆弧）绕定轴 OO_1（直径）回转而形成的。

2. 圆球的投影

圆球的三面投影都是直径与球直径相等的圆，它们分别是球面转向线的三个投影。正面投影是球面上平行于 V 面的最大圆的投影，它是球的前半球面与后半球面可见性的分界线（前半球面可见，后半球面不可见）。水平投影是球面上平行于 H 面的最大圆的投影，它

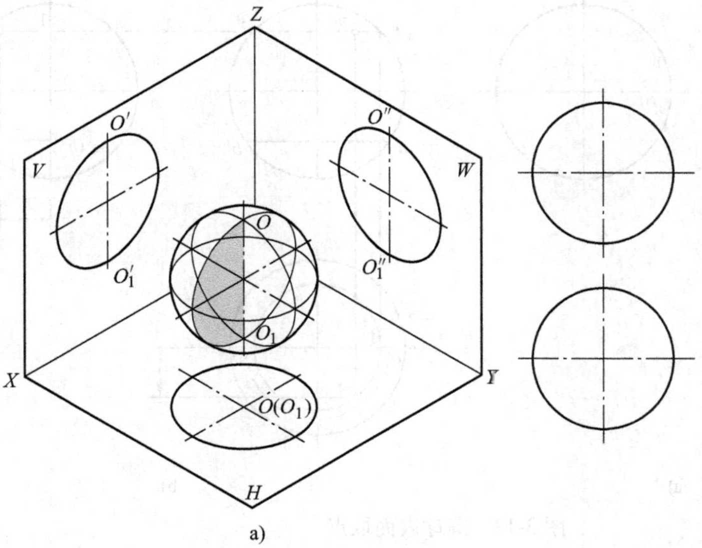

图 3-11　圆球的投影

是球的上半球面与下半球面的分界线（上半球面可见，下半球面不可见）。侧面投影是球面上平行于 W 面的最大圆的投影，它是球的左半球面与右半球面的分界线（左半球面可见，右半球面不可见）。在球的三面投影中，各个投影圆中心线的交点就是球心的投影，如图 3-11b 所示。

画球的投影图时，应先画出各个投影图的圆中心线，然后再以等直径作圆。

3. 球面上取点、线

由于球面的三个投影都没有积聚性，且球面上也不存在直线，所以球面上取点应使用辅助圆法求之，即过已知点作平行于某一投影面的辅助圆，该圆的另两个投影均积聚成直线，如图 3-12 所示，这样就可以比较容易地在球面上找到点的投影。如果点在球面转向线上，则可直接求得。

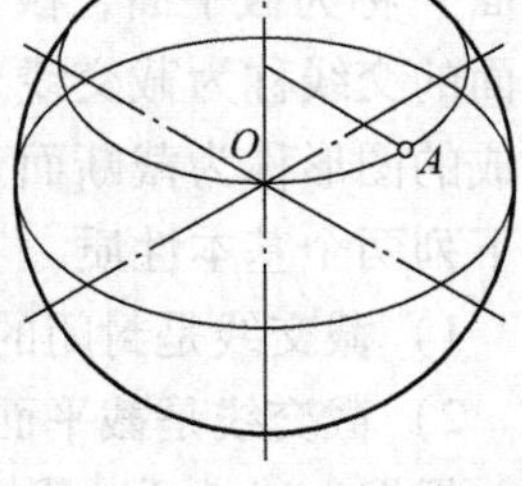

图 3-12　A 点的水平纬圆

【例 3-5】　已知球面上点 M 的正面投影 m' 和线段 AB 的正面投影 $a'b'$，求其另两个投影。如图 3-13a 所示。

解：投影 m' 可见，表示点 M 在球面的左前上方，点 M 不在转向线上，所以需用辅助圆法求之。作图过程如图 3-13b 所示。

作图步骤：

1）过点 m' 作水平辅助圆，直径为 $1'3'$，再求出圆的水平及侧面投影。由于点在圆周上，则点的三个投影必在圆的三面投影上。

2）由 m 和 m' 求得 m''。

3）可见性判别：由投影图可知，m、m'' 可见，如图 3-13b 所示。

4）AB 为球表面水平纬圆弧，位于下半球面上，其水平投影为不可见，确定其水平纬圆半径作出水平投影，再根据点的投影规律求出 AB 的侧面投影。

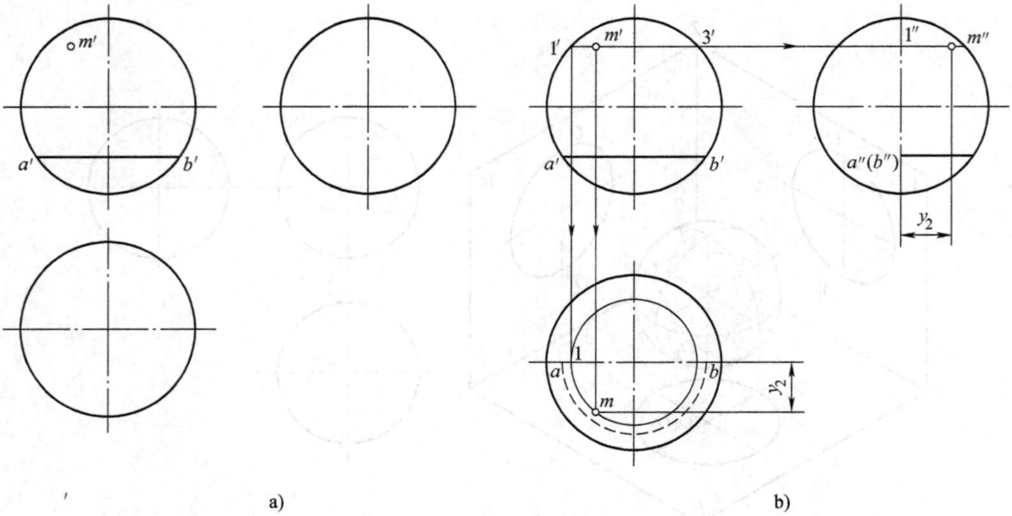

图 3-13　圆球表面取点

3.3　平面与立体相交

3.3.1　截交线

平面与立体相交，可视为立体被平面所截切，如图 3-14 所示。平面 P 称为截平面，截平面与立体表面的交线称为截交线，截交线所围成的图形称为截断面。截交线具有下列两个基本性质。

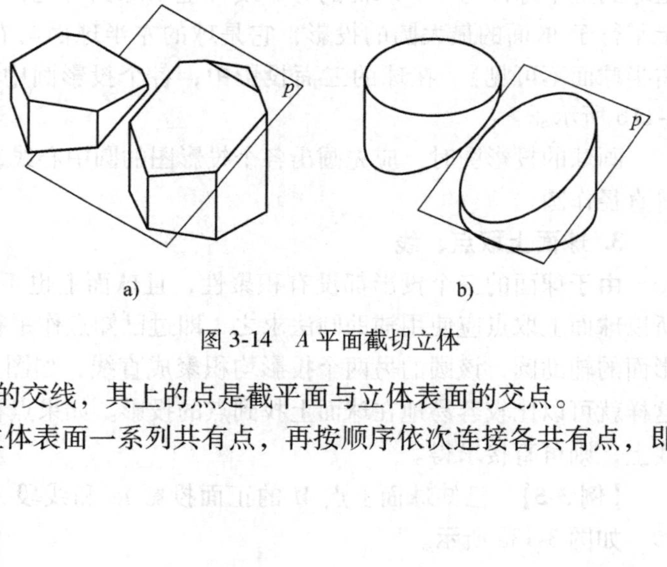

图 3-14　A 平面截切立体

1）截交线是封闭的平面图形。

2）截交线是截平面与立体表面的交线，其上的点是截平面与立体表面的交点。

根据上述性质，求出截平面与立体表面一系列共有点，再按顺序依次连接各共有点，即可求得截交线。

3.3.2　平面与平面立体相交

平面与平面立体相交，截断面为平面多边形，多边形的各边为截平面与平面立体表面的交线，而交线的端点在棱线或底面交线上。绘制截断面投影，应首先找到截平面与平面立体棱线或交线的交点，然后按顺序连接交点的同面投影即可。

另外，截平面多为特殊位置平面，作截断面的投影时要充分利用投影的积聚性。

【例 3-6】　三棱锥被正垂面 P 所截，完成截交线的投影及截断面实形，如图 3-15 所示。

解：如图 3-15a 所示，因截平面 P 为正垂面，故截平面的正面投影积聚在 P_V 上，H 面和 W 面截交线可利用交点法求之。

作图步骤如图 3-15b 所示。

1）作出三棱锥的棱线 SA、SB、SC 与截平面 P 的交点Ⅰ、Ⅱ、Ⅲ的 V 面投影 1′、

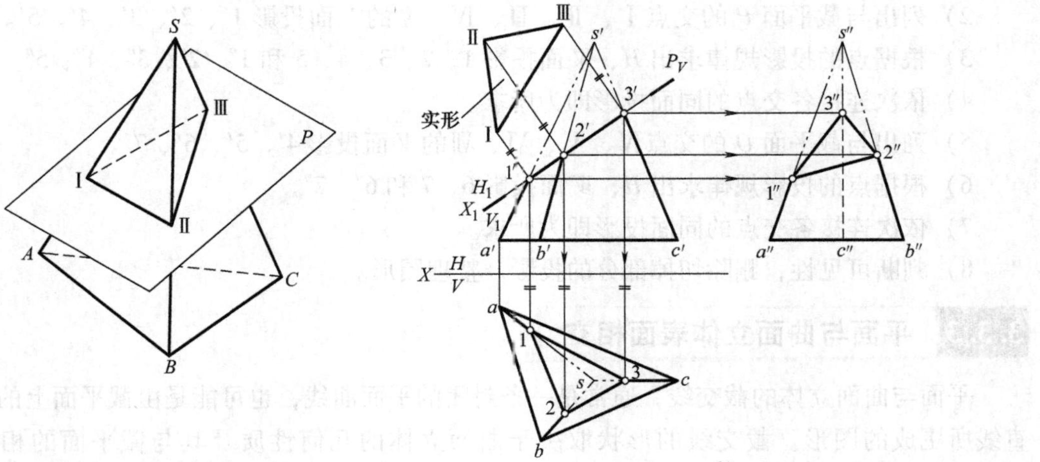

a) b)

图 3-15　平面截切三棱锥

2′、3′。

2）根据点的投影规律求出 H、W 面投影 1、2、3 和 1″、2″、3″。

3）依次连接各交点的同面投影即为所求。

4）可用换面法求得截断面的实形△ⅠⅡⅢ。

【例 3-7】　五棱柱被正垂面 P 和侧平面 Q 所截，完成截交线的投影，如图 3-16 所示。

例 3-7

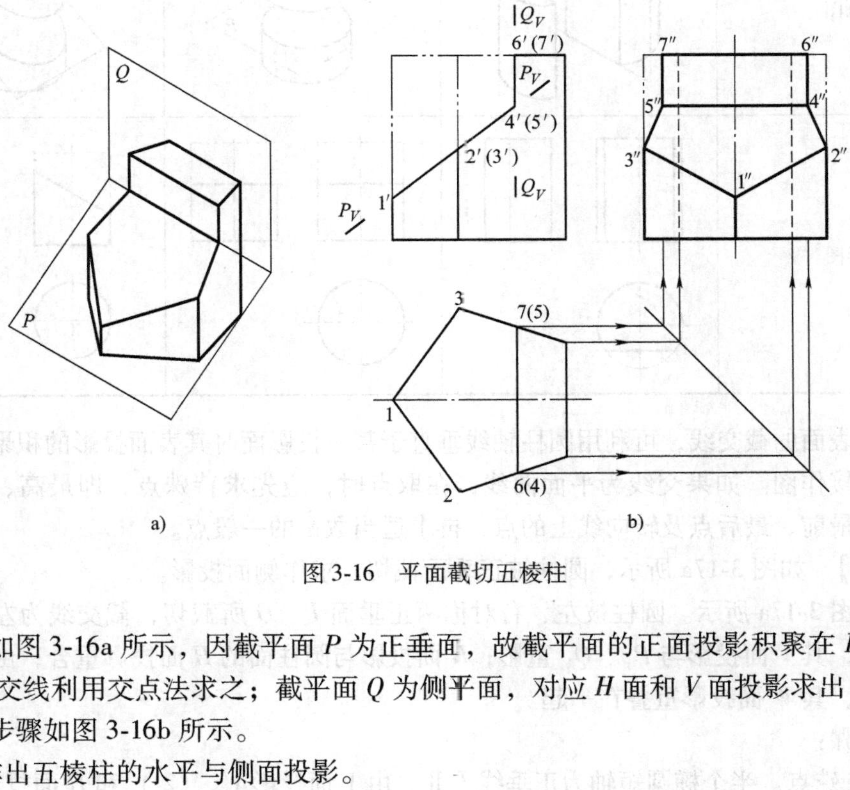

a) b)

图 3-16　平面截切五棱柱

解：如图 3-16a 所示，因截平面 P 为正垂面，故截平面的正面投影积聚在 P_V 上，H 面和 W 面截交线利用交点法求之；截平面 Q 为侧平面，对应 H 面和 V 面投影求出 W 面投影。

作图步骤如图 3-16b 所示。

1）作出五棱柱的水平与侧面投影。

2）列出与截平面 P 的交点Ⅰ、Ⅱ、Ⅲ、Ⅳ、Ⅴ的 V 面投影 $1'$、$2'$、$3'$、$4'$、$5'$。

3）根据点的投影规律求出 H、W 面投影 1、2、3、4、5 和 $1''$、$2''$、$3''$、$4''$、$5''$。

4）依次连接各交点的同面投影即为所求。

5）列出与截平面 Q 的交点Ⅳ、Ⅴ、Ⅵ、Ⅶ的 V 面投影 $4'$、$5'$、$6'$、$7'$。

6）根据点的投影规律求出 H、W 面投影 6、7 和 $6''$、$7''$。

7）依次连接各交点的同面投影即为所求。

8）判断可见性，删除切掉部分的投影，整理图形。

3.3.3 平面与曲面立体表面相交

平面与曲面立体的截交线，通常是一条封闭的平面曲线，也可能是由截平面上的曲线和直线所围成的图形。截交线的形状取决于曲面立体的几何性质及其与截平面的相对位置关系。

1. 平面与圆柱相交

平面与圆柱相交时，截交线的形状有三种情况，见表 3-1。

表 3-1 平面与圆柱的交线

截平面位置	与轴线平行	与轴线垂直	与轴线倾斜
截交线形状	两平行直线	圆	椭圆
轴测图	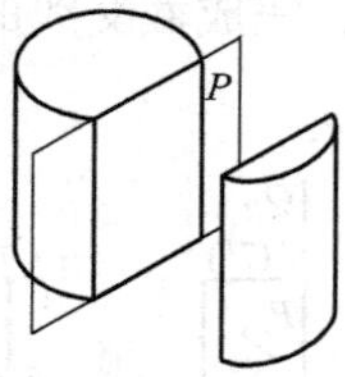	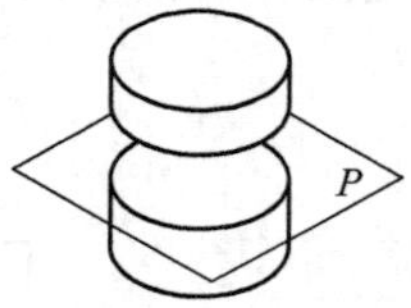	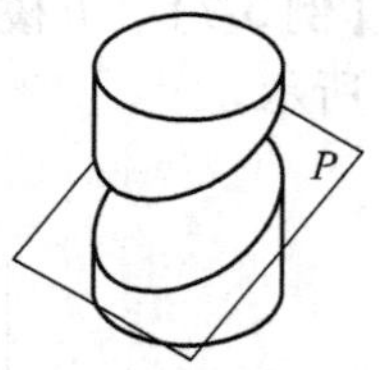
投影图	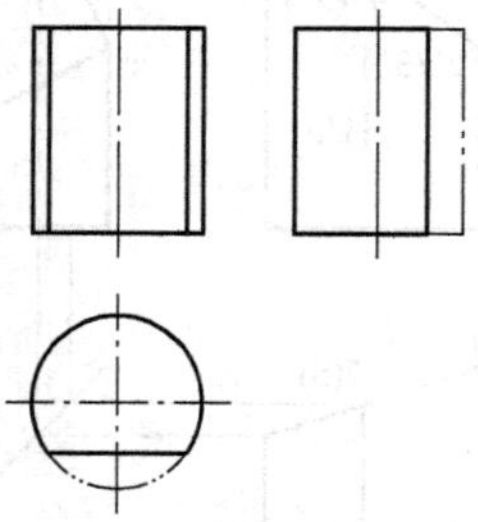	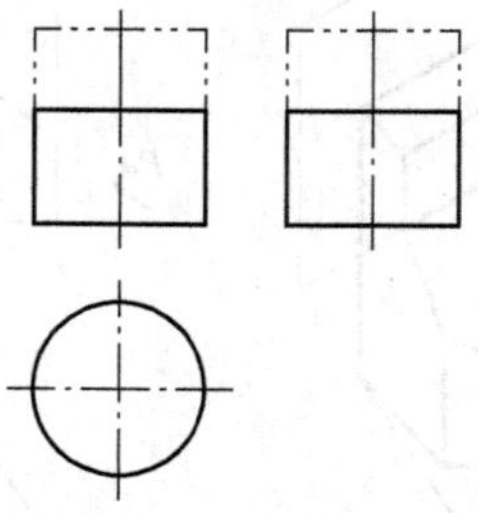	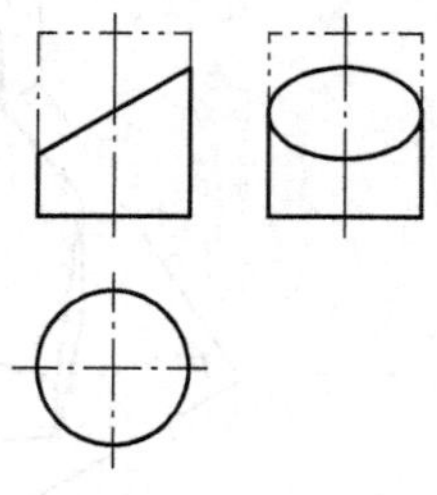

求圆柱表面的截交线，可利用圆柱轴线垂直于某一投影面时其表面投影的积聚性，用表面取点法直接作图。如果交线为平面曲线，在取点时，应先求特殊点，即最高、最低、最左、最右、最前、最后点及转向线上的点，再求适当数量的一般点。

【例 3-8】 如图 3-17a 所示，圆柱被正垂面截切，求作侧面投影。

解：如图 3-17a 所示。圆柱被左、右对称两正垂面 P、Q 所截切，截交线为左、右对称的半个椭圆，其 V 面投影与 P_V、Q_V 重影；H 面投影与圆柱面的 H 面投影重合；由于半个椭圆左右对称，其 W 面投影重叠在一起。

作图步骤：

1）作特殊点。半个椭圆短轴为正垂线ⅠⅡ，由 V 面投影 $1'$、$(2')$ 和 H 面投影 1、2 求

得 W 面投影 1″、2″。长轴位于圆柱前后对称面上，点Ⅲ及点Ⅳ分别为两个半椭圆长轴的端点，由其 V、H 面投影 3′、4′及 3、4 求得 W 面投影 3″、(4″)。

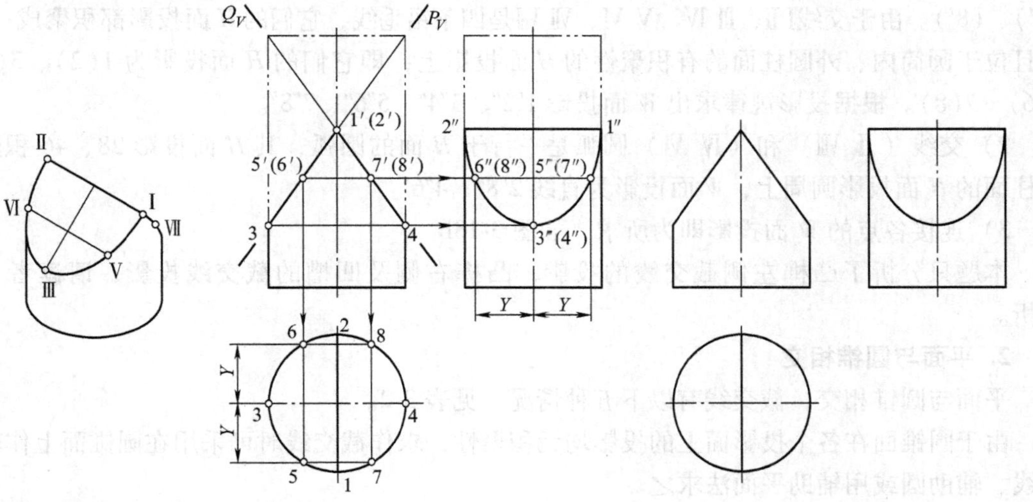

图 3-17　圆柱被平面截切的作图过程

2）作一般点。选取Ⅴ、Ⅵ、Ⅶ、Ⅷ为一般点，先从 V 面投影 5′、(6′)、7′、(8′) 求出 H 面投影 5、6、7、8，再根据 V 面和 H 面投影求出 W 面投影 5″、6″、(7″)、(8″)。

3）依次光滑连接各点的 W 面投影。

4）整理轮廓线。圆柱的侧面投影转向线分别画至 1″、2″处，如图 3-17c 所示。

【例 3-9】 补全圆筒开凸榫与凹槽后的侧面投影，如图 3-18 所示。

解： 如图 3-18a 所示，圆筒被侧平面截切所得的截交线为平行于轴线的直线；被水平面截切所得的截交线为水平圆弧。即交线ⅠⅡ、ⅢⅣ、ⅤⅥ、ⅦⅧ及圆弧（ⅡⅧ）、（ⅣⅥ），直线ⅡⅣ、ⅥⅧ为两截平面的交线（正垂线）。而直线Ⅰ Ⅲ、Ⅴ Ⅶ是截平面与圆筒上端面的交线。由于被截切圆筒左右对称，其 W 面投影重叠。

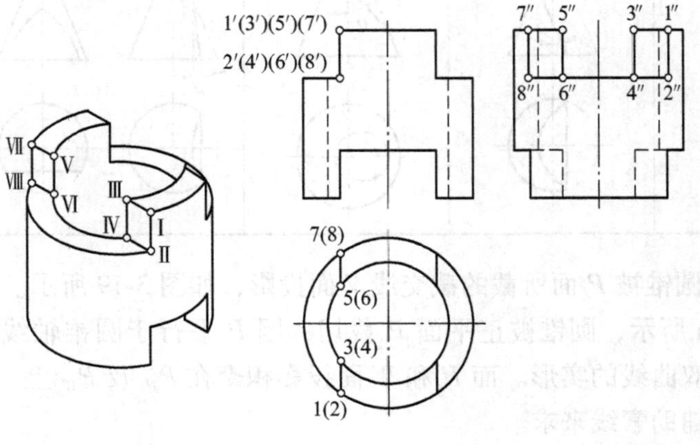

图 3-18　圆筒被平面截切的作图过程

作图步骤：

1）先作出直线和圆弧各端点的 V 面投影 1′、(3′)、(5′)、(7′) 及 2′、(4′)、(6′)、(8′)。由于交线ⅠⅡ、ⅢⅣ、ⅤⅥ、ⅦⅧ是四条铅垂线，它们的 H 面投影都积聚成一点，并且位于圆筒内、外圆柱面的有积聚性的 H 面投影上，即它们的 H 面投影为 1(2)、3(4)、5(6)、7(8)。根据投影规律求出 W 面投影 1″2″、3″4″、5″6″、7″8″。

2）交线（ⅡⅧ）和（ⅣⅥ）圆弧是平行于 H 面的圆弧，其 H 面投影 28、46 积聚在圆柱面的 H 面投影圆周上，W 面投影为直线 2″8″、4″6″。

3）连接各点的 W 面投影即为所求，如图 3-18b。

本题只分析了凸榫左侧截交线的投影，凸榫右侧及凹槽的截交线投影，请读者自行分析。

2. 平面与圆锥相交

平面与圆锥相交，截交线有以下五种情况，见表 3-2。

由于圆锥面在各个投影面上的投影均无积聚性，求作截交线时可采用在圆锥面上作辅助素线、辅助圆或用辅助平面法求之。

表 3-2　平面与圆锥面的交线

截平面位置	垂直于轴线 $\theta=90°$	平行一素线 $\theta=\alpha$	与轴线倾斜 $\theta>\alpha$	与轴线平行或与轴线倾斜 $\theta<\alpha$	过圆锥顶点
截交线形状	圆	抛物线	椭圆	双曲线	过锥顶两相交直线
轴测图	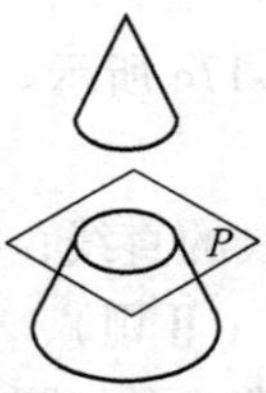	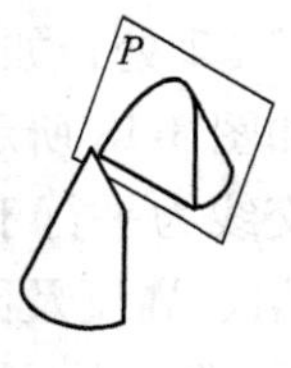	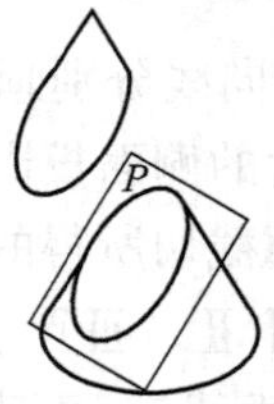	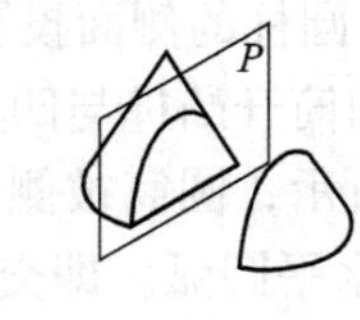	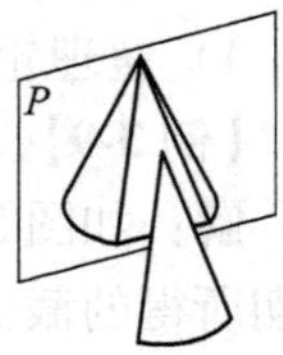
投影图	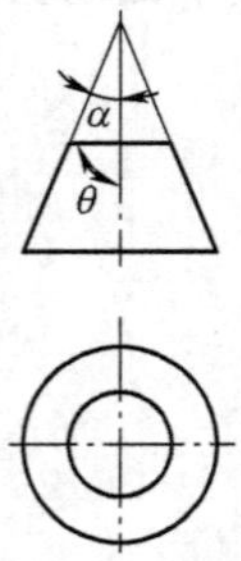	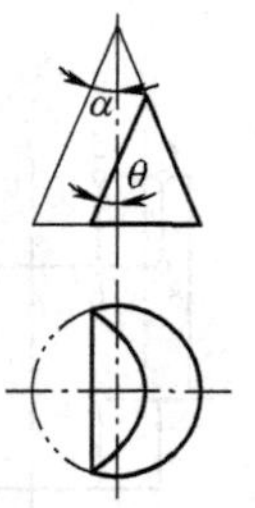	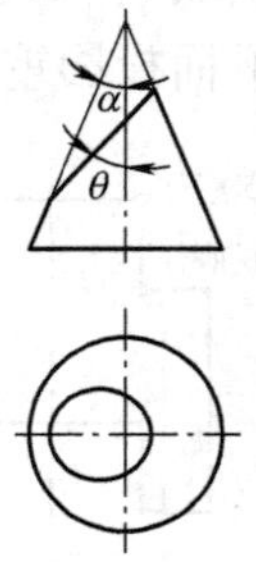	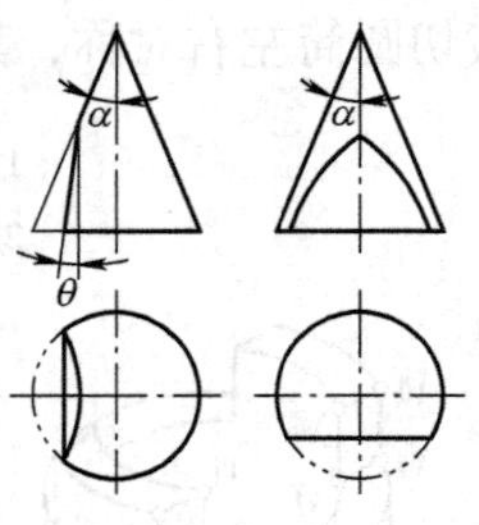	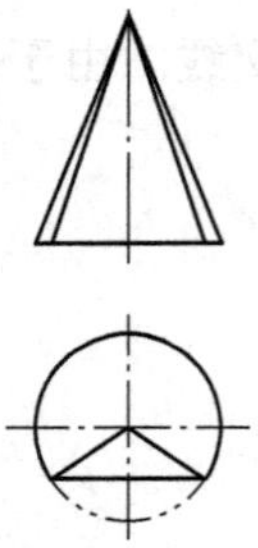

【例 3-10】　求圆锥被 P 面所截的截交线 V 面投影，如图 3-19 所示。

解： 如图 3-19a 所示，圆锥被正平面 P 截切，因 P 平行于圆锥轴线，故截交线为双曲线，其 V 面投影为双曲线的实形。而 H 和 W 面投影积聚在 P_H 及 P_W 上，投影为直线。截交线的 V 面投影可用辅助素线来求。

作图步骤：

1）求作特殊点。点Ⅲ在最前素线上，为最高点，由 3″和 3 直接求 3′；点Ⅰ、点Ⅱ为最低点，又是最左、最右点，其 H 面投影在截交线与底圆的水平投影相交处。由 1、2 和 1″、

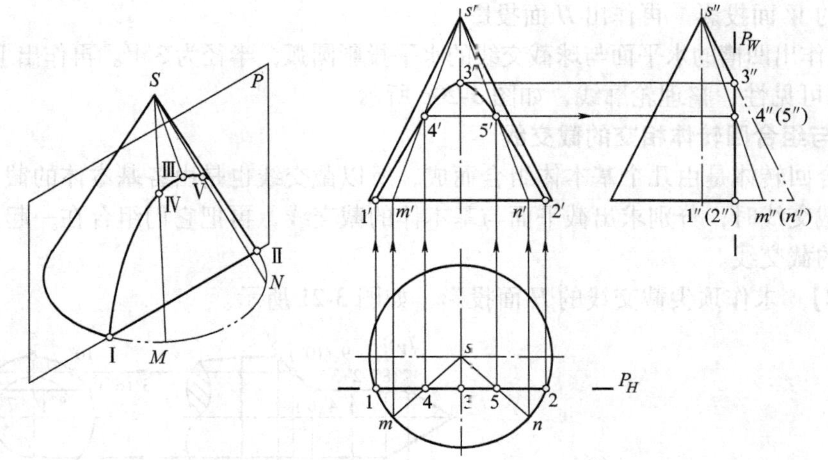

a)　　b)

图 3-19　圆锥被平行轴线的平面截切的作图过程

2″求得 1′、2′。

2）求作一般点。在截交线适当位置上作两个点Ⅳ、Ⅴ，其 H 投影为 4、5。过点Ⅳ、Ⅴ作素线 SM、SN 的 H 面投影，即连接 s、4 及 s、5，与底圆水平投影交于 m、n，则Ⅳ、Ⅴ也是素线 SM，SN 上的点。由 m、n 求出 m'、n'，并与 s' 连成 $s'm'$、$s'n'$。分别在 $s'm'$、$s'n'$ 上求出 4′和 5′。

3）依次光滑连接 1′、4′、3′、5′、2′即得截交线的 V 面投影。

3. 平面与圆球相交

平面与球相交的截交线是圆。当截平面为投影面的平行面时，截交线的投影为实形圆；当截平面为投影面的垂直面时，截交线的投影积聚为直线，长度等于圆的直径；当截平面倾斜于投影面时，其截交线的投影为椭圆，椭圆长轴等于圆的直径。

【例 3-11】　求半圆球被开凹槽后的 H、W 面投影，如图 3-20 所示。

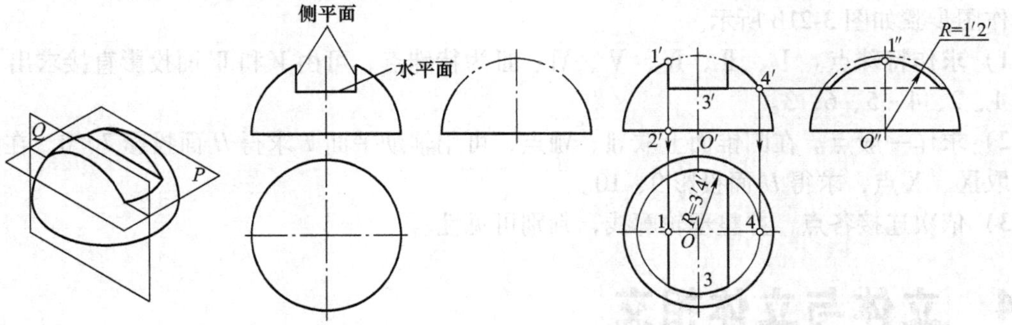

a)　　b)　　c)

图 3-20　半圆球开槽的作图

解：如图 3-20a 所示，两个侧平面截切圆球，各得一段平行于 W 面的圆弧；而水平面截切圆球，得前后各一段水平的圆弧。

作图步骤：

1）先在 V 面投影中扩展侧平面的投影，得截交线圆弧半径实长为 1′2′，由此作出凹槽

截交线圆弧的 W 面投影。再作出 H 面投影。

2）同理作出凹槽的水平面与球截交线的水平投影圆弧，半径为 $3'4'$。再作出 W 面投影。

3）判别可见性，整理轮廓线，如图 3-20c 所示。

4. 平面与组合回转体相交的截交线

由于组合回转体是由几个基本体组合而成，所以截交线也是由各基本体的截交线组合而成。在求作截交线时，分别求出截平面与基本体的截交线，再把它们组合在一起，即是截平面与组合体的截交线。

【例 3-12】 求作顶尖截交线的 H 面投影，如图 3-21 所示。

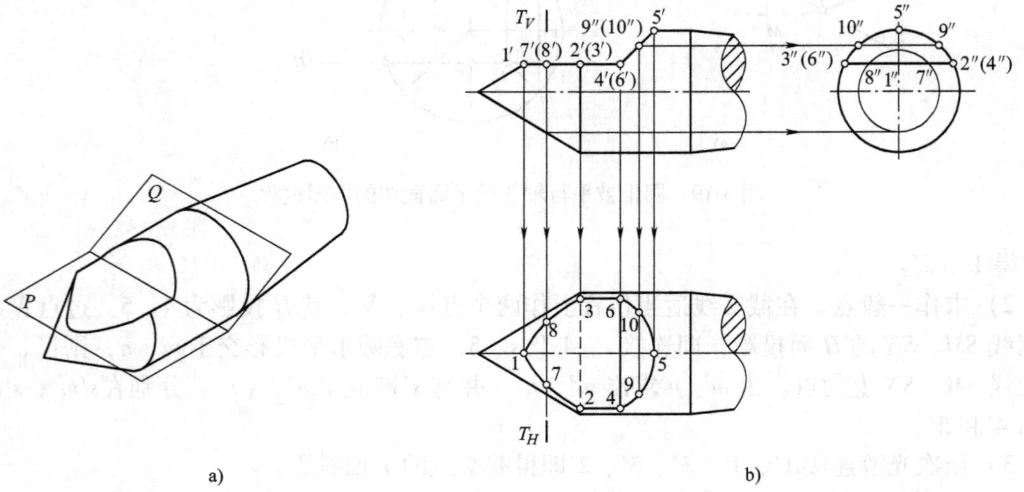

图 3-21 顶尖截交线作图

解： 如图 3-21a 所示。顶尖由同轴圆锥、圆柱所组成，被水平面 P 和正垂面 Q 所截切，截交线由三部分组成：水平面与圆锥截切得双曲线，与圆柱截切得平行两直线，正垂面与圆柱斜切得椭圆。截交线的 V 和 W 面投影均有积聚性。只需求出 H 面投影。

作图步骤如图 3-21b 所示。

1）求作特殊点。Ⅰ、Ⅱ、Ⅳ、Ⅴ、Ⅵ、Ⅲ为特殊点，可由 V 和 W 面投影直接求出 H 面投影 1、2、4、5、6、3。

2）求作一般点。在圆锥面上取Ⅶ、Ⅷ点，可用辅助平面 T 求得 H 面投影 7、8。在圆柱面上取Ⅸ、Ⅹ点，求得 H 面投影 9、10。

3）依次连接各点，并整理轮廓线，判别可见性。

3.4 立体与立体相交

3.4.1 概述

两立体表面相交称为相贯，其表面交线称为相贯线，如图 3-22 所示三通管接头表面的交线即为相贯线。

1. 相贯线的基本性质

相贯线是两立体表面共有线（也为相交两立体表面的分界线），相贯线上的各点都是两立体表面上的共有点。由于立体都具有一定的范围，所以相贯线一般为封闭的空间曲线或空间折线，特殊情况下为平面曲线或直线。

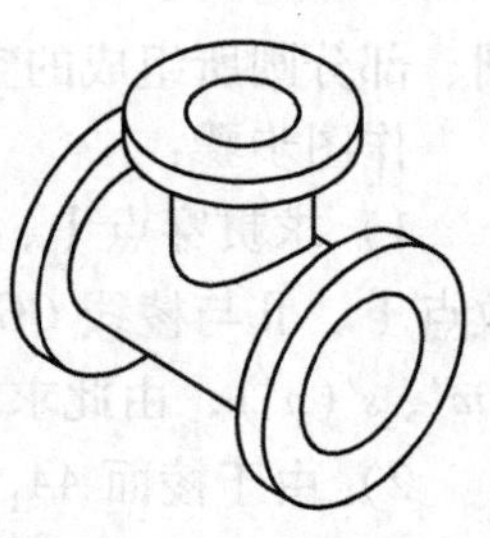

图 3-22　三通管接头

2. 常用求相贯线的方法

根据相贯线的基本性质，求相贯线的实质就是求两立体表面上一系列共有点。常用方法有：表面取点法，辅助平面法，辅助球面法。各方法的使用方法和场合会在后文详细介绍。

3.4.2 平面立体与平面立体相交

平面立体与平面立体的相贯线一般为直线组成的空间折线，如图 3-23 所示。由于平面立体各个表面为平面，所以在求解相贯线的过程中可以把一个平面立体的若干表面作为截平面，与另一平面立体各表面截切，求出截交线，截交线的组合便是两立体相贯的相贯线。所以求两平面立体的相贯线，实质上是求平面立体截切的截交线。

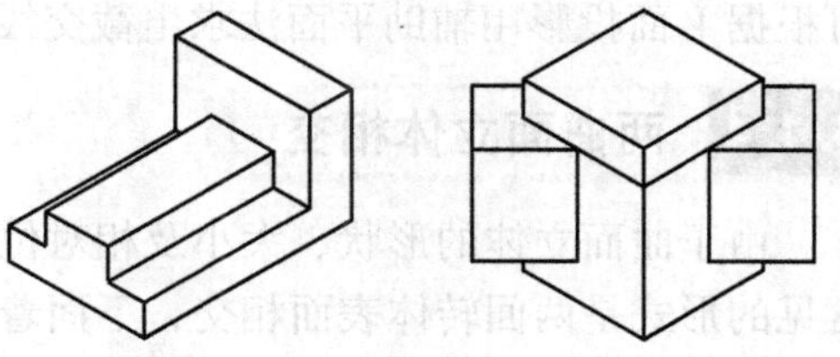

a)　　b)

图 3-23　平面立体与平面立体相交

3.4.3 平面立体与曲面立体相交

平面立体与曲面立体的相贯线可以看作曲面立体被平面立体上的平面所截切而产生的各段截交线组合成的封闭曲线。相邻两段截交线的结合点是平面立体上棱线与曲面立体的贯穿点。所以求平面立体与曲面立体的相贯线实质上是求截交线和贯穿点。

【例 3-13】　如图 3-24a 所示，求三棱柱与圆锥的相贯线。

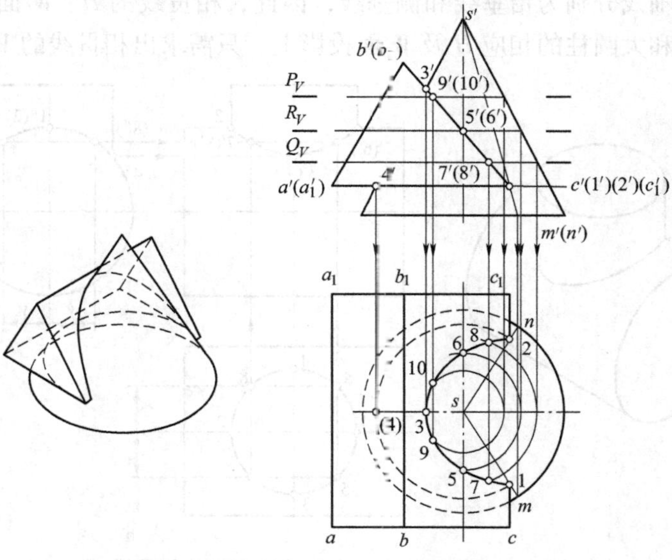

a)　　b)

图 3-24　三棱柱与圆锥相贯

解： 如图 3-24b 所示，三棱柱棱线 CC_1 和平面 BB_1C_1C、AA_1C_1C 分别与圆锥相交并垂直 V 面，其相贯线的 V 面投影积聚在平面 BB_1C_1C 及 AA_1C_1C 的 V 面投影上；相贯线为部分椭圆、部分圆所组成的空间封闭折曲线。相贯线的 H 面投影可根据其 V 面投影而求得。

作图步骤：

1）求贯穿点Ⅰ、Ⅱ。点Ⅰ、Ⅱ是棱线 CC_1 与圆锥的贯穿点，由于棱线 CC_1 为正垂线，故点Ⅰ、Ⅱ与棱线 CC_1 的 V 面投影重合。过 V 面重影点作辅助素线 SM、SN 的 V 面投影 $s'm'$、$s'(n')$，由此求出点Ⅰ、Ⅱ的 H 面投影 1、2。

2）由于棱面 AA_1C_1C 为水平面，与圆锥的截交线为部分水平圆。根据截交线的 V 面投影直接求得截交线水平圆的 H 面投影。

3）棱面 BB_1C_1C 为正垂面，与圆锥面的截交线（部分椭圆）的 V 面投影积聚为直线，可根据 V 面投影用辅助平面法求出截交线的 H 面投影。

3.4.4 两曲面立体相交

由于曲面立体的形状、大小及相对位置不同，相贯线的形状也各不相同。曲面立体相交常见的形式是两回转体表面相交，下面着重介绍回转体表面交线的求法，特别是两圆柱面垂直相交的情况。

由于曲面立体的形状、大小及相对位置不同，相贯线的形状也各不相同，两回转体表面相交交线的投影主要采用表面取点法和辅助平面法求得。

1. 表面取点法

当一个圆柱轴线与投影面垂直时，则该圆柱的投影积聚成一个圆，根据相贯线是共有线的性质，相贯线在该投影面上的投影应与积聚圆重合。可利用积聚性通过表面取点法求相贯线。

【例 3-14】 如图 3-25a 所示，求垂直相交两圆柱体的相贯线。

解： 如图 3-25a 所示，两圆柱垂直相交，其相贯线为左右、前后对称的一条封闭空间曲线。由于两圆柱的轴线分别为铅垂线和侧垂线，因此，相贯线的 H、W 面投影具有积聚性，分别积聚在小圆柱和大圆柱的相应 H 及 W 面投影上。只需求出相贯线的 V 面投影即可。

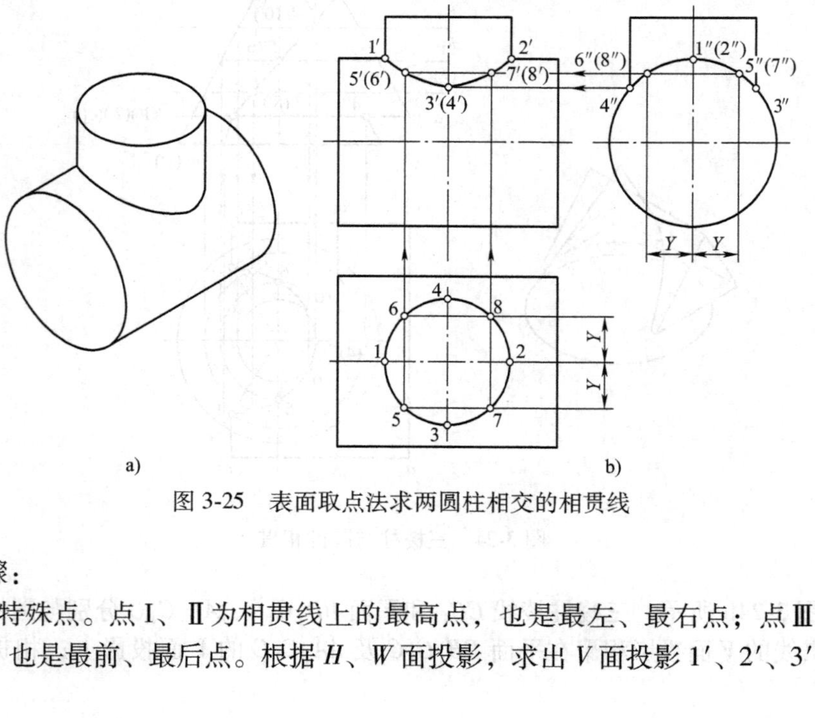

图 3-25 表面取点法求两圆柱相交的相贯线

作图步骤：

1）求作特殊点。点Ⅰ、Ⅱ为相贯线上的最高点，也是最左、最右点；点Ⅲ、Ⅳ为相贯线的最低点，也是最前、最后点。根据 H、W 面投影，求出 V 面投影 1′、2′、3′、(4′)。

2）求作一般点。在相贯线适当位置上取若干点，如取Ⅴ、Ⅵ、Ⅶ、Ⅷ四点，先在H面投影中取5、6、7、8，再在W面投影得到5″、6″、(7″)、(8″)；最后求出V面投影5′、(6′)、7′、(8′)。

3）依次光滑连接各点，1′、5′、3′、7′、2′为前半段相贯线的V面投影，后半段与其重合。

在零件上最常见的两轴线垂直相交的圆柱面（包括孔）相贯线如图3-26所示。

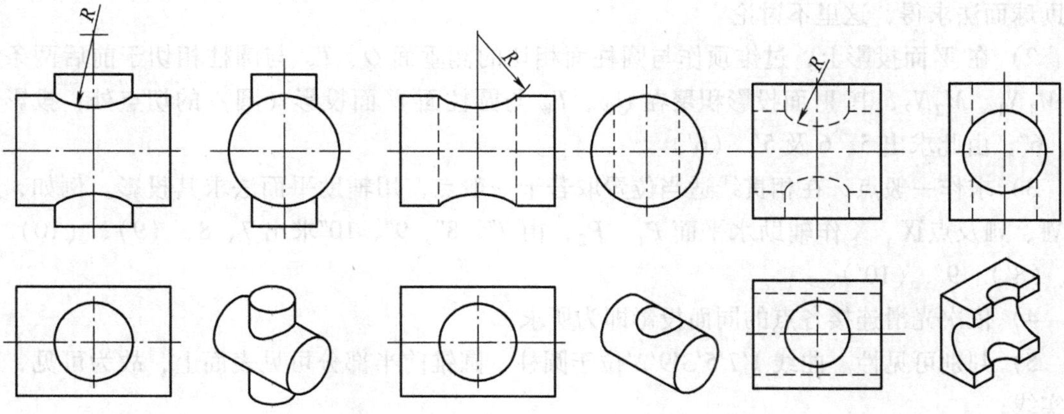

图3-26　两圆柱面相交相贯线的三种情况

2. 辅助平面法

假想用一个平面截切相交两立体，所得截交线的交点，即为相贯线上的点。此方法是求相贯线最常用的方法。

这个假想的平面即为辅助平面，辅助平面的选择要遵循截平面与两立体截切后所产生的交线简单易画的原则，如投影为圆或直线；辅助平面与投影面的相对位置为平行面或垂直面。

【例3-15】 如图3-27a所示，求作圆锥与圆柱垂直相交的相贯线。

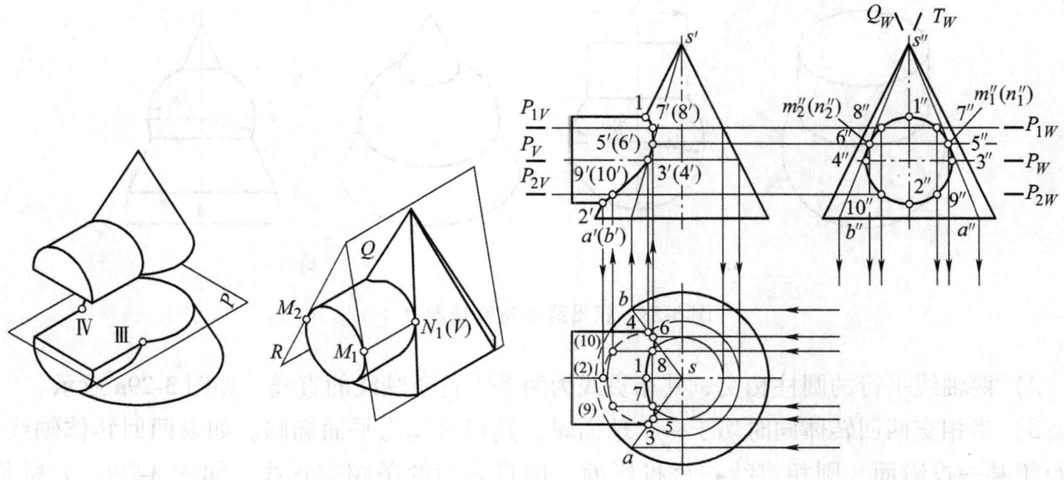

图3-27　求圆锥与圆柱垂直相交的相贯线

解：圆锥与圆柱轴线垂直相交，相贯线为一条前后对称的封闭空间曲线。由于圆柱轴线为侧垂线，因此相贯线的 W 面投影积聚在圆柱面的 W 面投影圆周上，而相贯线的 V、H 投影均无积聚性，需作图求之。

作图步骤如图 3-27c 所示。

1）求作特殊点。点Ⅰ、Ⅱ为相贯线上的最高点和最低点，可直接求得其三面投影。点Ⅲ和Ⅳ为最前和最后点，引用辅助水平面 P 求之；点Ⅱ是最左点，而相贯线的最右点可用辅助球面法求得，这里不讨论。

2）在 W 面投影上，过锥顶作与圆柱面相切的侧垂面 Q、T，与圆柱相切于前后两条素线 M_1N_1、M_2N_2，其 W 面投影积聚在 Q_W、T_W 与圆柱面 W 面投影（圆）的切点处，投影为 5″、6″，由此求出 5、6 及 5′、(6′)。

3）求作一般点，在相贯线适当位置取若干一般点，用辅助平面法求其投影。例如，过点Ⅶ、Ⅷ及点Ⅸ、Ⅹ作辅助水平面 P_1、P_2，由 7″、8″、9″、10″求出 7、8、(9)、(10) 及 7′、(8′)、9′、(10′)。

4）依次光滑连接各点的同面投影即为所求。

5）判别可见性。曲线 1′7′5′3′9′2′位于圆柱、圆锥前半部分可见表面上，故为可见，画粗实线；

其余部分曲线为不可见，并与可见部分重合；相贯线 H 面投影以 3、4 为分界点，5、7、1、8、6 为可见，画成粗实线，其余为细虚线。

3.4.5 相贯线的特殊情况及简化画法

1. 相贯线的特殊情况

在一般情况下，两曲面立体的相贯线为空间曲线，但在特殊情况下为平面曲线。

1）两同轴回转体相交，其相贯线为垂直轴线的圆。当回转体轴线平行于某一投影面时，则相贯线在该投影面上的投影积聚为垂直于轴线的直线。如图 3-28 所示。

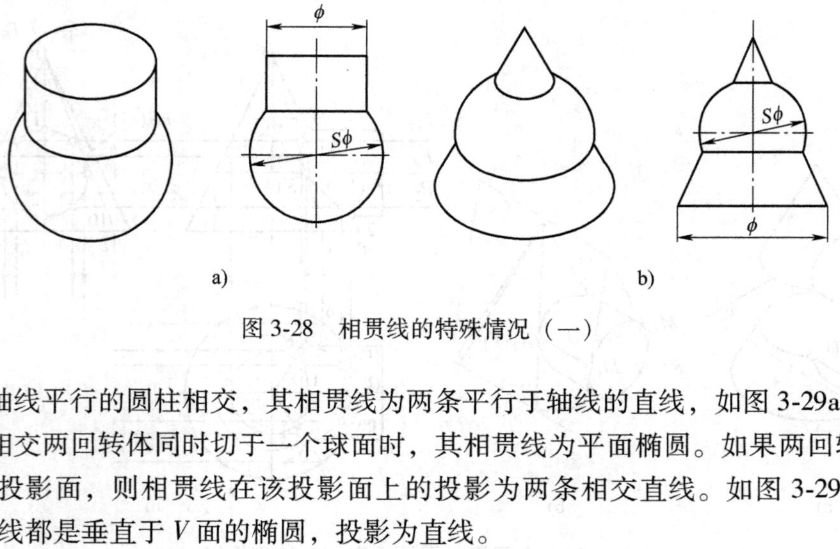

图 3-28 相贯线的特殊情况（一）

2）两轴线平行的圆柱相交，其相贯线为两条平行于轴线的直线，如图 3-29a 所示。

3）当相交两回转体同时切于一个球面时，其相贯线为平面椭圆。如果两回转体轴线都平行于某一投影面，则相贯线在该投影面上的投影为两条相交直线。如图 3-29b、c 所示，它们的相贯线都是垂直于 V 面的椭圆，投影为直线。

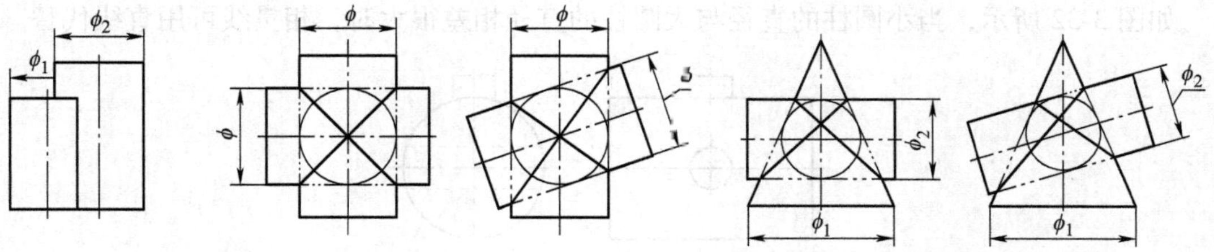

a) b) c)

图 3-29 相贯线的特殊情况（二）

a）轴线平行 b）两圆柱半径相等，共切于一球面 c）圆柱圆锥共切一球面

4）直径不同时相贯线弯曲方向如图 3-30 所示。

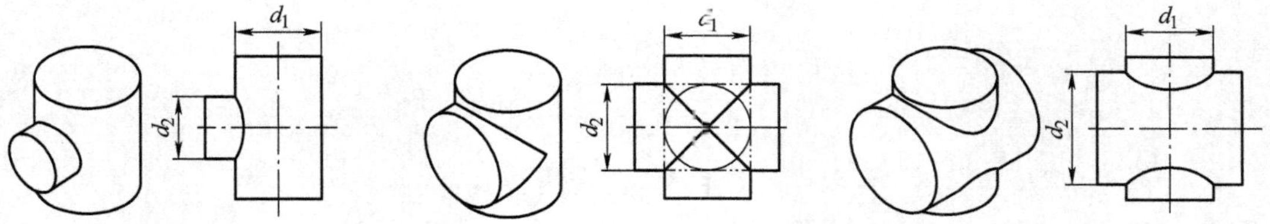

a) b) c)

图 3-30 直径不同时相贯线弯曲方向

a）$d_1>d_2$ b）$d_1=d_2$ c）$d_1<d_2$

2. 相贯线的简化画法

当对相贯线的精确度要求不高时，可用圆弧或直线来代替相贯线，以便简化作图。

具体作图如下：以大圆柱的半径 R_1 为半径，以两圆柱面的 V 面投影转向线交点为圆心画圆弧，交小圆柱的轴线于 O_1 点上，如图 3-31a 所示，再以交点 O_1 为圆心，R_1 为半径将交点用圆弧连接，如图 3-31b 所示。注意：圆弧要从小圆柱面向大圆柱面弯曲，如图 3-31 所示。

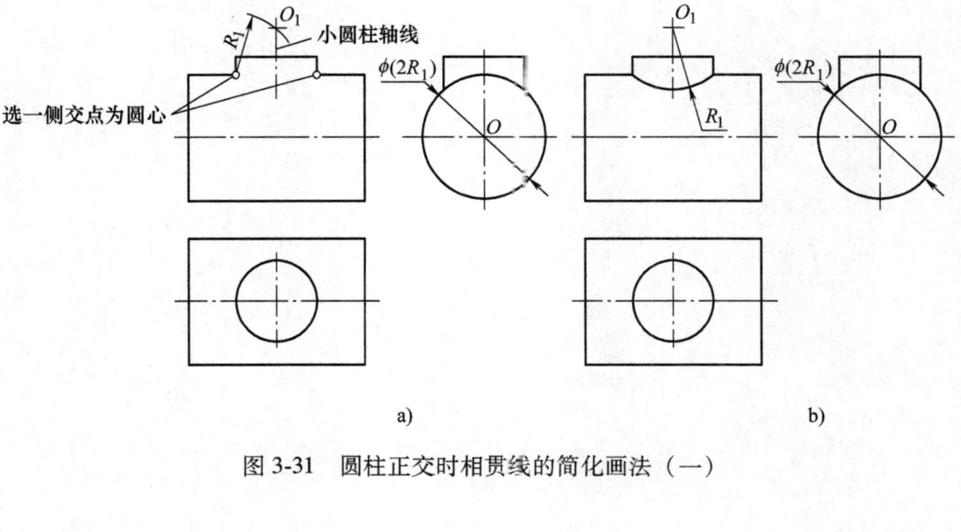

a) b)

图 3-31 圆柱正交时相贯线的简化画法（一）

如图 3-32 所示，当小圆柱的直径与大圆柱的直径相差很大时，相贯线可用直线代替。

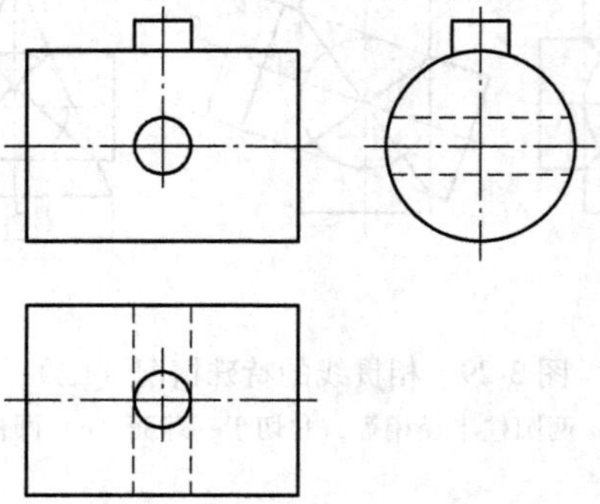

图 3-32　圆柱正交时相贯线的简化画法（二）

第 4 章　轴　测　图

轴测图属于平行投影图，与多面正投影图相比，具有较强的立体感，有助于快速了解物体的结构，所以在生产中常用作一种辅助表达方法。

4.1　轴测图概述

4.1.1　轴测图的形成

将物体连同确定该物体的直角坐标系一起，按不与任何坐标面平行的方向，用平行投影法投射到一投影面上，所得到的图形称为轴测图。如图4-1所示。

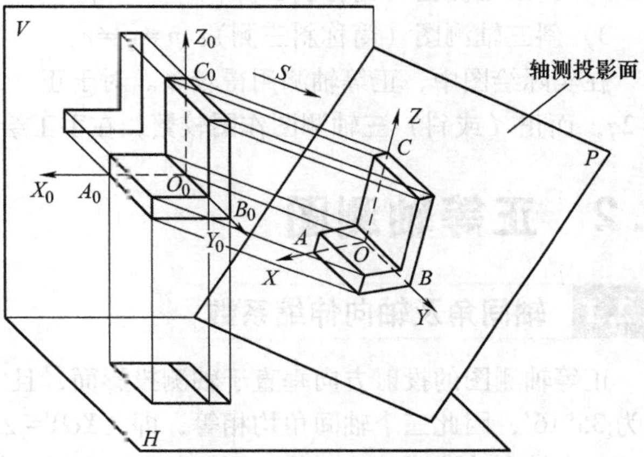

图 4-1　轴测图的形成

投影面 P 称为轴测投影面。投射线方向 S 称为投射方向，空间坐标轴 O_0X_0、O_0Y_0、O_0Z_0 在轴测投影面上的投影 OX、OY、OZ 称为轴测投影轴，简称轴测轴。

4.1.2　轴间角和轴向伸缩系数

1. 轴间角

相邻两根轴测轴之间的夹角（$\angle XOY$、$\angle XOZ$、$\angle YOZ$）称为轴间角。随着坐标轴、投射方向与轴测投影面相对位置不同，轴间角大小也不同。

2. 轴向伸缩系数

轴测轴单位长度与相应空间坐标单位长度之比，称为轴向伸缩系数。X、Y、Z 三个轴测的轴向伸缩系数分别用 p、q、r 表示。由图4-1可以看出：

$$p = OA/O_0A_0,\ q = OB/O_0B_0,\ r = OC/O_0C_0$$

3. 基本特性

由于轴测投影采用的是平行投影法，所以在物体和轴测投影之间保持如下关系。

1）若空间两直线相互平行，则其轴测投影仍相互平行。

2）空间平行于某坐标轴的线段，其投影长度等于该坐标轴的轴向伸缩系数与线段长度的乘积。

4.1.3　轴测图的种类

轴测图根据投射线方向和轴测投影面的位置不同可分为两大类。

1）正轴测图：投射线方向与轴测投影面垂直。

2）斜轴测图：投射线方向与轴测投影面倾斜。

根据轴向伸缩系数的不同，每类轴测图又各分为三种。

1. 正轴测图

1）正等轴测图（简称正等测）：$p=q=r$。

2）正二轴测图（简称正二测）：$p=q\neq r$。

3）正三轴测图（简称正三测）：$p\neq q\neq r$。

2. 斜轴测图

1）斜等轴测图（简称斜等测）：$p=q=r$。

2）斜二轴测图（简称斜二测）：$p=r\neq q$。

3）斜三轴测图（简称斜三测）：$p\neq q\neq r$。

在实际绘图中，正等轴测用得较多。对于正（或斜）二轴测一般采用轴向伸缩系数 $p=r=2q$，而正（或斜）三轴测图作图较繁，在手工绘图时很少采用。

4.2 正等轴测图

4.2.1 轴间角及轴向伸缩系数

正等轴测图的投射方向垂直于轴测投影面，且空间三个坐标轴均与轴测投影面倾斜，夹角为35°16′，因此三个轴间角均相等，即 $\angle XOY=\angle YOZ=\angle ZOX=120°$。

三个轴向伸缩系数也相等，即 $p=q=r=0.82$，如图4-2所示。为了作图方便，国家标准规定可用简化的伸缩系数1代替理论伸缩系数0.82，即沿各轴向量取的长度等于物体上相应的实长。这样画出的轴测图长度比按理论伸缩系数画出的轴测图放大了约22%，简化画法把图形放大了，但形状并未改变，同样具备立体感。

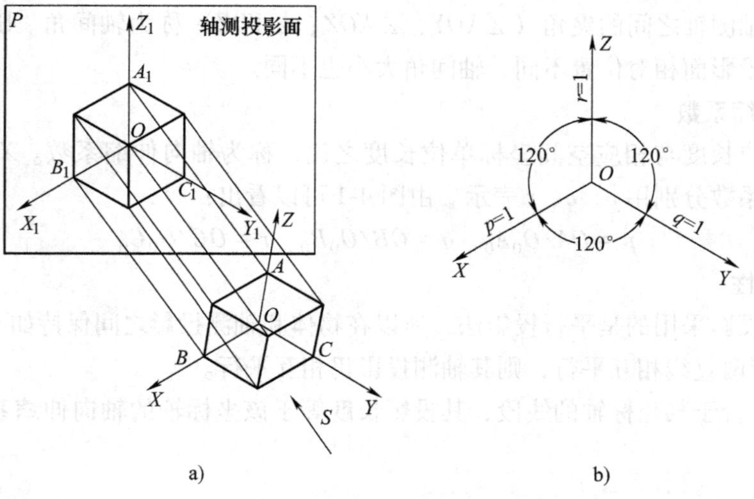

图4-2 正等轴测

a）正等轴测的形成 b）轴间角和各轴向简化伸缩系数

4.2.2 平面立体的正等轴测图画法

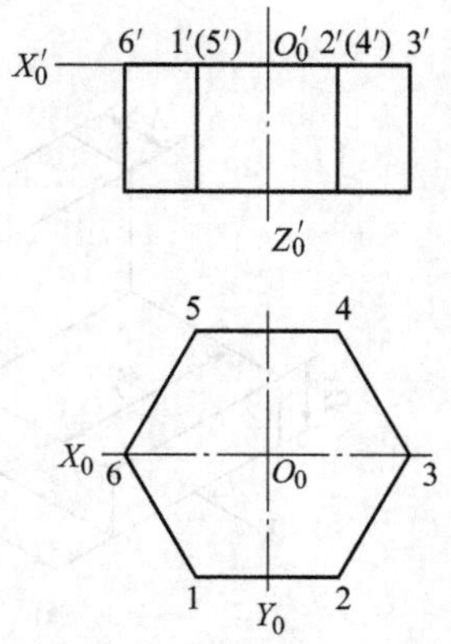

图 4-3 正六棱柱的正投影图

【例 4-1】 根据正六棱柱的正投影图，画其正等轴测图。

解： 图 4-3 所示是正六棱柱的正投影图，图 4-4a、b、c 所示是画其正等轴测图作图步骤，采用了坐标法作图。

轴测图一般只画可见部分，必要时画其不可见部分。

具体作图步骤：

1）在正投影图上确定坐标原点和坐标轴。

2）画轴测轴，然后按坐标分别作出顶面各点的轴测投影，依次连接各点，即可得顶面的轴测投影图。如图 4-4a 所示。

3）过顶面各点作 OZ 轴的平行线，并在其上量取高度 H，得各棱的轴测投影，如图 4-4b 所示。

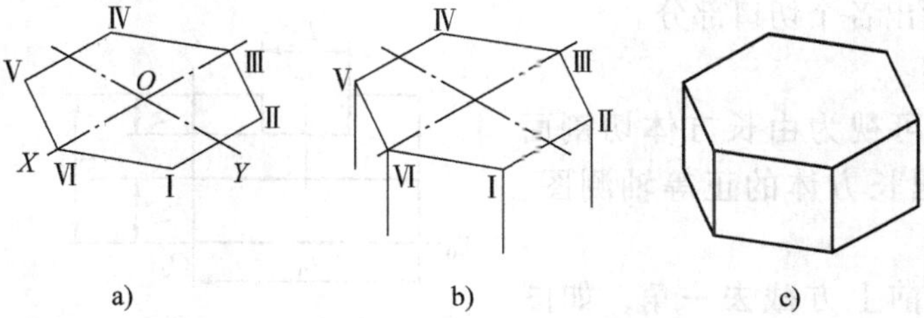

图 4-4 正六棱柱的正等轴测图

4）依次连接各棱端点，得底面的轴测投影，擦去多余的作图线并加深，即完成正六棱柱的正等轴测图，如图 4-4c 所示。

【例 4-2】 根据组合体的正投影图（见图 4-5），画其正等轴测图。

解： 画此组合体时，可采用叠加法作图。

叠加法画图时，可将组合体看作由Ⅰ、Ⅱ两部分叠加而成，依次画出这两部分的轴测图，即得该组合体的轴测图。

具体作图步骤：

1）如图 4-6a 所示，确定坐标原点和坐标轴。

2）画轴测轴，画出Ⅰ部分的正等轴测图，如图 4-6a 所示。

3）在Ⅰ部分的正等轴测图的相应位置上画出Ⅱ部分的正等轴测图，如图 4-6b 所示。

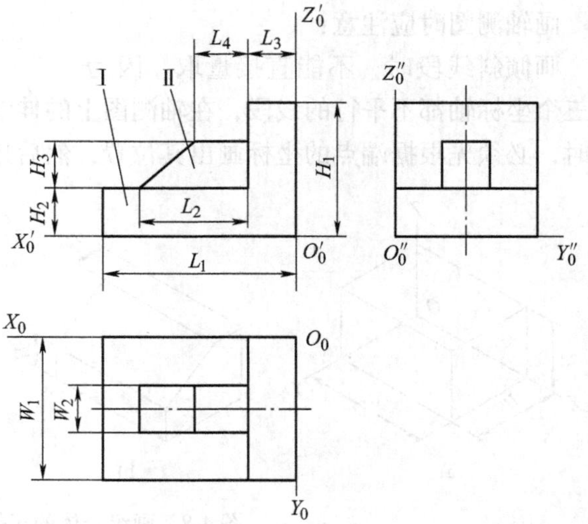

图 4-5 组合体的正投影图（一）

4）整理、加深即得该组合体的正等轴测图，如图 4-6c 所示。

【例 4-3】 根据组合体的正投影图，画其正等轴测图。如图 4-7 所示。

解： 对于有切口物体采用切割法作图。首先将组合体看成是一定形状的整体，并作出其

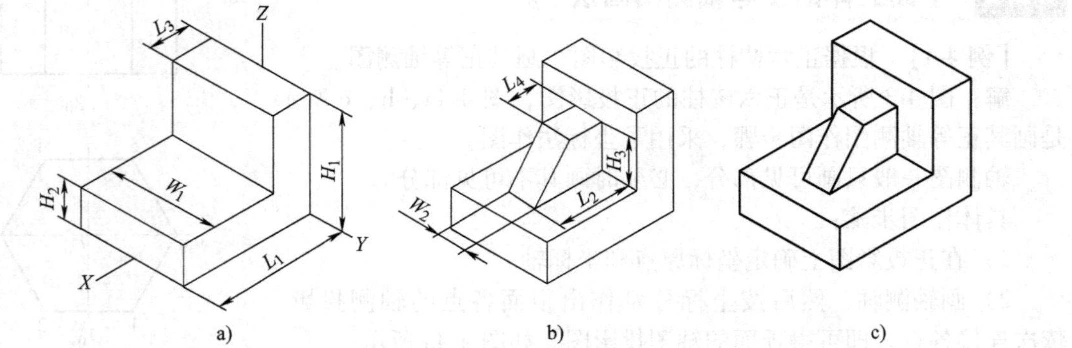

图 4-6 画组合体的正等轴测图（一）

轴测图，然后再画出各个切口部分。

具体作图步骤：

1）此组合体可视为由长方体切割而成，因此首先画出长方体的正等轴测图，如图 4-8a 所示。

2）在长方体前上方截去一角，如图 4-8b 所示。

3）在中间位置开槽，如图 4-8c 所示。

4）擦去作图线，整理、加深即完成全图，如图 4-8d 所示。

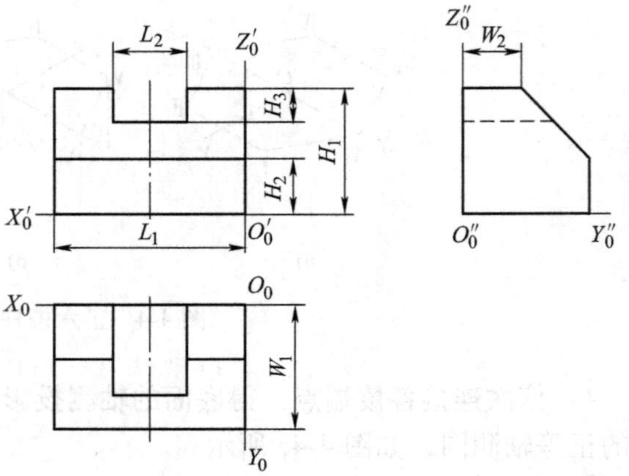

图 4-7 组合体的正投影图（二）

画轴测图时应注意：

画倾斜线段时，不能直接量取。因为与三个坐标轴都不平行的线段，在轴测图上的伸缩系数与轴向伸缩系数不同。在画这些倾斜线时，必须先根据端点的坐标画出其位置，然后用线段把它们连接起来。

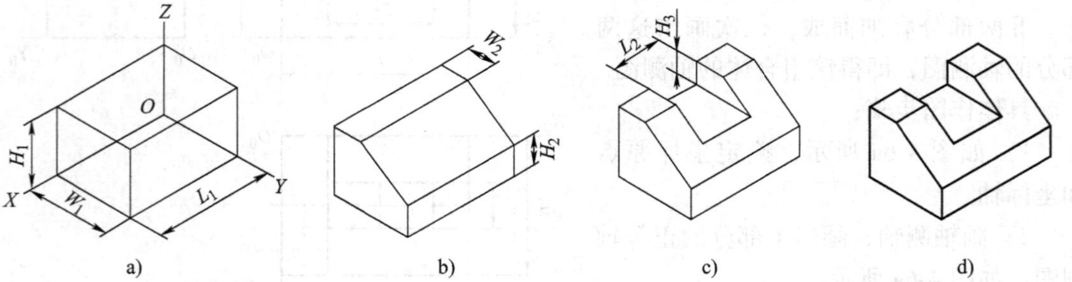

图 4-8 画组合体的正等轴测图（二）

4.2.3 曲面立体的正等轴测图的画法

1. 平行于坐标面的圆的正等轴测图

坐标面或其平行面上的圆的正等轴测图是椭圆。图 4-9 所示为按简化伸缩系数绘制的分

别平行于 *XOY*、*XOZ* 和 *YOZ* 三个坐标面的圆的正等轴测图，它们是形状相同的椭圆，只是长、短轴方向不同，绘制时可采用坐标法和近似画法。

（1）坐标法

用坐标法绘制圆的正等轴测图，如图 4-10 所示。

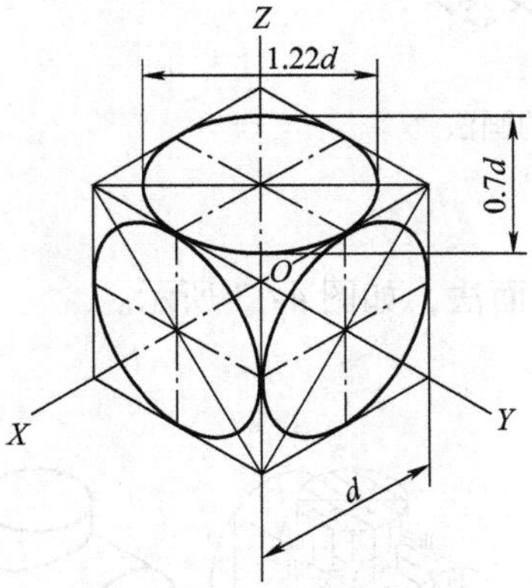

图 4-9　平行于坐标面的正等轴测图

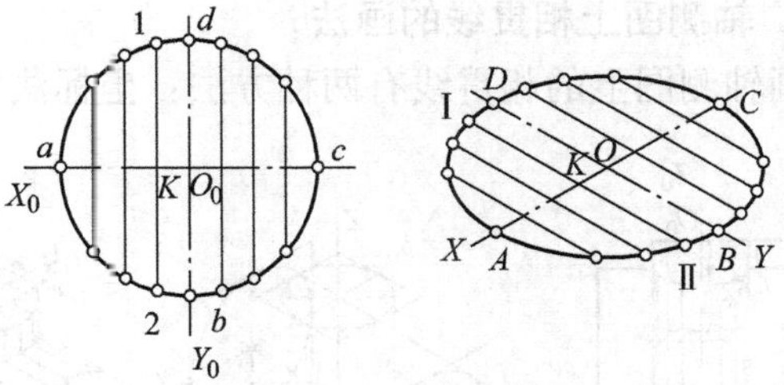

图 4-10　用坐标法绘制圆的正等轴测图

（2）近似画法

为了简化作图，通常采用四段圆弧连接成近似椭圆的作图方法。下面以水平面（*XOY*）坐标面上圆的正等轴测图为例，说明这种近似作图法的步骤。

作图步骤如图 4-11 所示。

1）在投影图上作该圆的外切正方形，如图 4-11a 所示。

2）画轴测轴，根据圆的直径 *d* 作圆的外切正方形的正等轴测图——菱形。菱形的长、短对角线方向即为椭圆的长、短轴方向。顶点 3、4 为大圆弧的圆心，如图 4-11b 所示。

3）连接 *D*3、*C*3、*A*4、*B*4，两两相交得点 1 和 2，点 1、2 为小圆弧的圆心，如图 4-11c 所示。

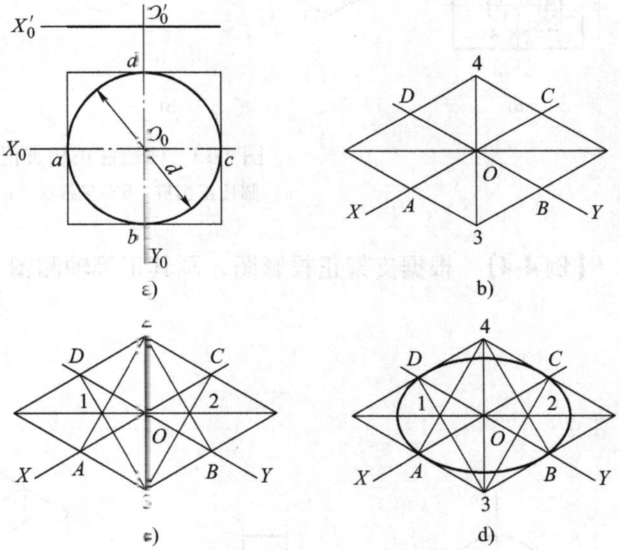

图 4-11　用菱形法近似作圆的轴测图

4）以点 3、4 为圆心，以 *D*3、*A*4 为半径画大圆弧 *DC* 和 *AB*，然后以点 1、2 为圆心，以 *D*1 和 *B*2 为半径画小圆弧 *AD*、和 *BC*，即得近似椭圆，如图 4-11d 所示。

2. 圆角正等轴测图的画法

连接直角的圆弧，等于整圆的 1/4，在轴测图上，它是 1/4 椭圆弧，可以用简化画法近似作出，如图 4-12 所示。

作图时根据已知圆角半径 *R*，找出切点 *A*、*B*、*C*、*D*，过切点作垂线，如图 4-12 所示，两垂线的交点即为圆心。以此圆心到切点的距离为半径画圆弧即得圆角的正等轴测图。

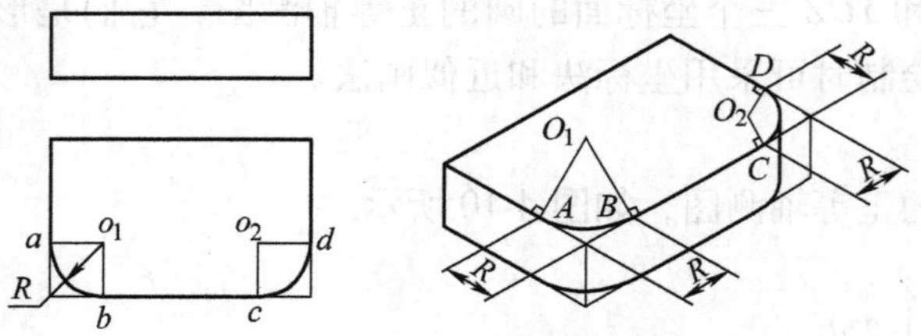

图 4-12　圆角正等轴测图的画法

3. 轴测图上相贯线的画法

画轴测图上的相贯线有两种方法：坐标法和辅助平面法，如图 4-13 所示。

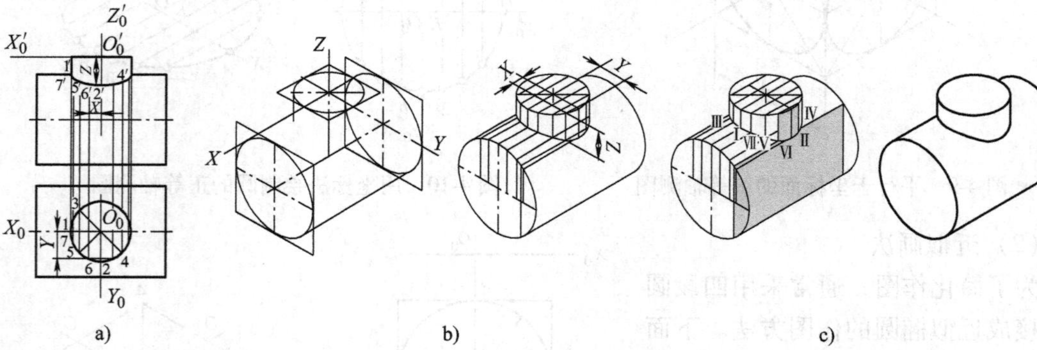

图 4-13　两圆柱正相贯正等轴测图

a）圆柱正相贯　b）坐标法　c）辅助平面法

【例 4-4】　根据支架正投影图，画其正等轴测图。如图 4-14、图 4-15 所示。

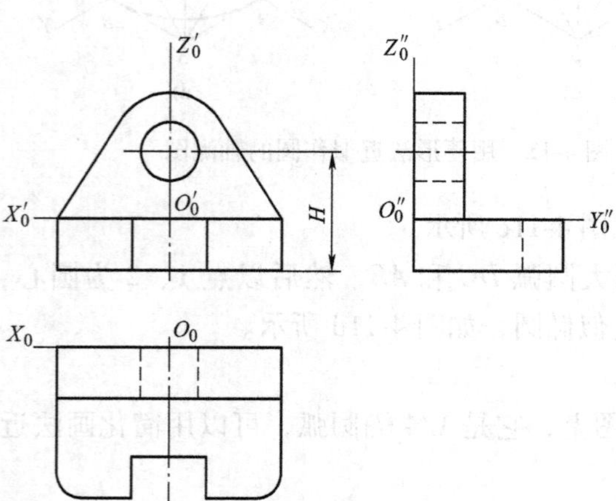

图 4-14　支架正投影图

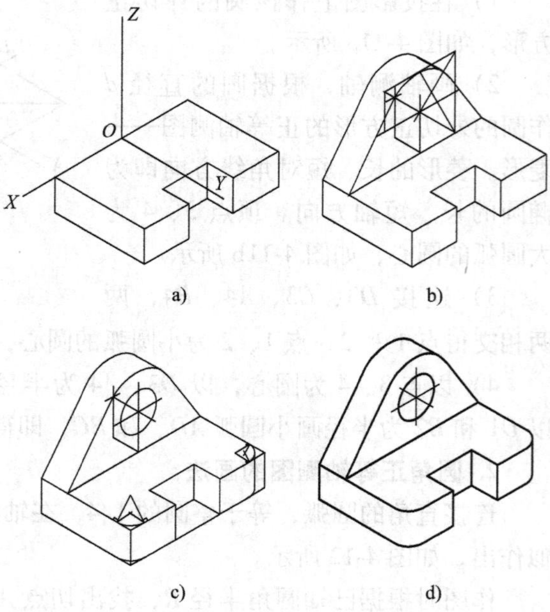

图 4-15　支架的正等轴测图

支架由上下两个部分构成，可使用叠加法绘制，内部的通孔和前端的方槽，由切割法绘制，而前端圆角绘制方法如图 4-12 所示。

4.3 斜二轴测图

斜轴测投影是用斜投影方法得到的轴测图。空间物体的两个坐标轴与轴测投影面平行，而投射方向 S 是与轴测投影面倾斜的，这样得到的轴测投影图即为斜二轴测图，简称斜二测。图 4-16 所示为斜二轴测图的形成。

4.3.1 轴间角及轴向伸缩系数

在斜二轴测图中，由于坐标面 $X_0O_0Z_0$ 平行于轴测投影面 P，根据平行投影特性，不论投射方向如何，坐标面 $X_0O_0Z_0$ 上的图形，以及平行于该面的图形，其轴测投影均反映实形，即 X 轴和 Z 轴的轴向伸缩系数都等于 $1(p=r=1)$，$\angle XOZ=90°$。

坐标轴 OY 与轴测投影面 P 垂直，但因投射方向 S 是倾斜的，则其轴测投影 OY 是一条倾斜线，它与另两轴测轴的夹角 $\angle XOY=\angle YOZ=135°$。选 OY 轴的轴向伸缩系数 $q=0.5$，即斜二轴测图各轴向伸缩系数的关系是：$p=r=2q=1$。斜二轴测图的轴间角和轴向伸缩系数如图 4-17 所示。

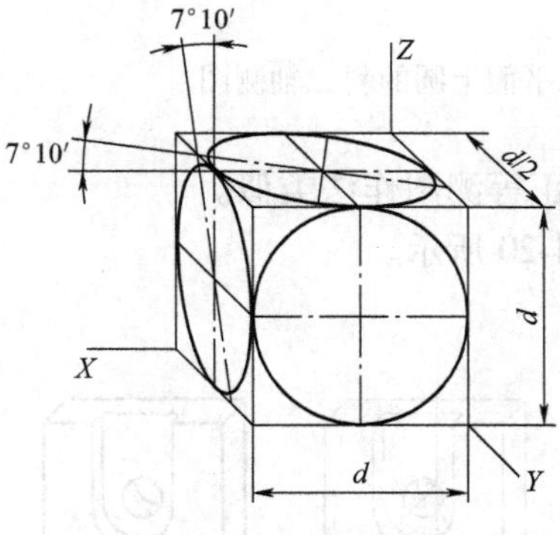

图 4-16　斜二轴测图的形成

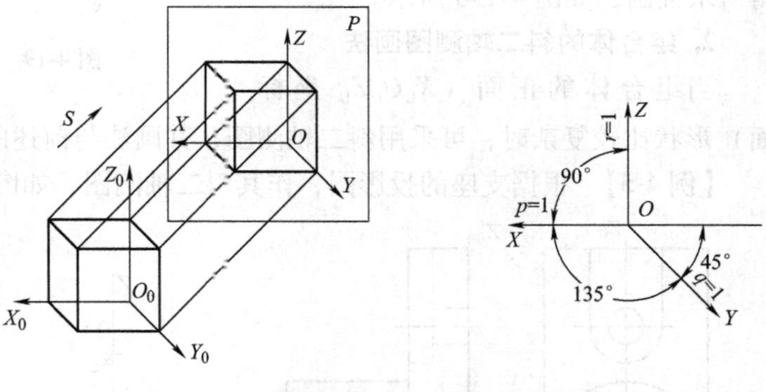

图 4-17　斜二轴测图的轴间角和轴向伸缩系数

4.3.2 斜二轴测图的画法

1. 平行坐标面上圆的画法

如图 4-18 所示，平行于坐标面 $X_0O_0Z_0$ 的圆的斜二轴测投影反映实形，仍为圆。平行于另外两个坐标面的圆的斜二轴测投影为椭圆。这两个椭圆的长短轴方向与相应的轴测轴的方向既不垂直也不平行。在 $X_0O_0Y_0$ 坐标面上圆的斜二轴测投影——椭圆的长轴与 OX 偏转 7°10′；在 $Y_0O_0Z_0$ 坐标面上圆的斜二轴测投影——椭圆的长轴与 OZ 轴偏转 7°10′；椭圆的长轴等于 $1.06d$，椭圆的短轴等于 $0.33d$，且长轴与短

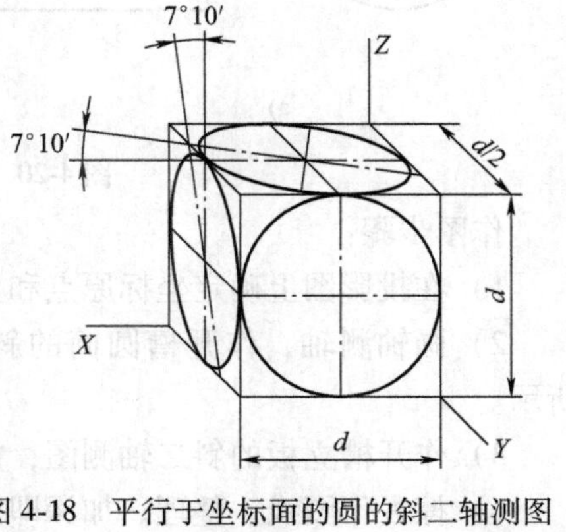

图 4-18　平行于坐标面的圆的斜二轴测图

轴垂直。

下面以 XOY 面上的椭圆为例，说明椭圆的近似画法。

作图步骤：

1）画圆的外切正方形的斜二轴测图，得一平行四边形，如图 4-19a 所示。过 O 作直线 AB 与 X 轴成 7°10′，AB 即为椭圆长轴方向，过 O 作直线 CD 垂直于 AB，CD 即为椭圆的短轴方向，如图 4-19b 所示。

2）在短轴方向线 CD 上截取 $O5=O6=d$，点 5、6 即为大圆弧的圆心，连接 5、2 及 6、1，并与长轴交于 7、8，点 7、8 即为小圆弧的圆心，如图 4-19c 所示。

3）分别作大圆弧（9、2）、（1、10）和小圆弧（1、9）、（2、10），即得所求椭圆，如图 4-19d 所示。

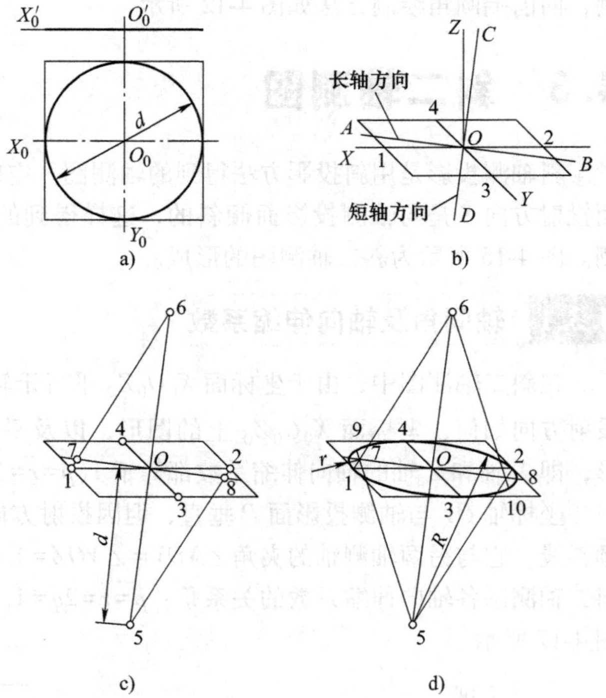

图 4-19 水平面上圆的斜二轴测图

2. 组合体的斜二轴测图画法

当组合体的正面（$X_0O_0Z_0$ 坐标面）形状比较复杂时，可采用斜二轴测图，其画法与前述的正等测图作法类似。

【例 4-5】 根据支座的投影图，作其斜二轴测图，如图 4-20 所示。

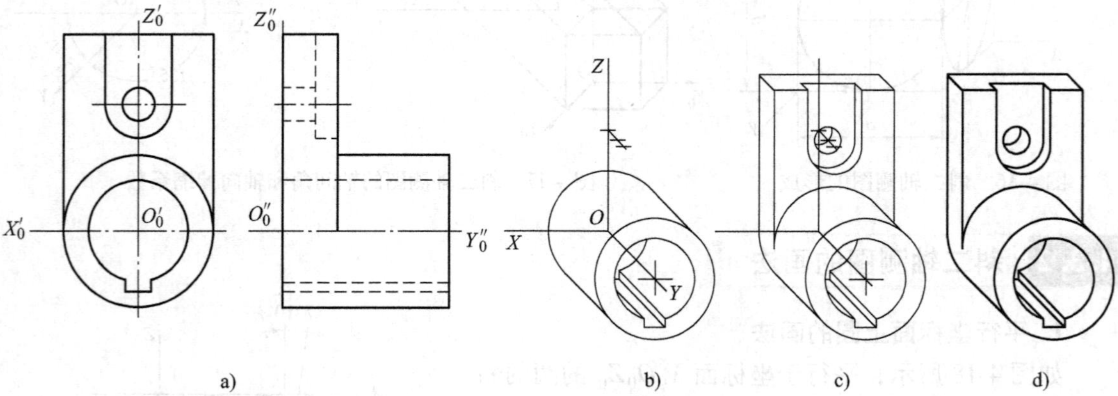

图 4-20 支座的投影图与其斜二轴测图

作图步骤：

1）在投影图上确定坐标原点和坐标轴，如图 4-20a 所示。

2）画轴测轴，作开槽圆筒的斜二轴测图，并确定立板上各圆心的位置，如图 4-20b 所示。

3）作开槽立板的斜二轴测图，如图 4-20c 所示。

4）擦去作图线，整理、加深即完成全图，如图 4-20d 所示。

4.4 轴测剖视图及轴测图尺寸标注

4.4.1 轴测剖视图的基本规定

为了表达组合体的内部结构形状或装配体的工作原理及装配关系，可假想用剖切平面切去组合体或装配体的一部分后再作轴测投影，所得的轴测图称为轴测剖视图。

1. 轴测剖视图的剖切方法

为了保持外形的清晰，所以不论组合体或装配体是否对称，通常都采用两个平行于坐标面的相交平面剖切物体的 1/4，而不采用剖切一半的形式，以免破坏组合体或装配体的完整性，如图 4-21 所示。

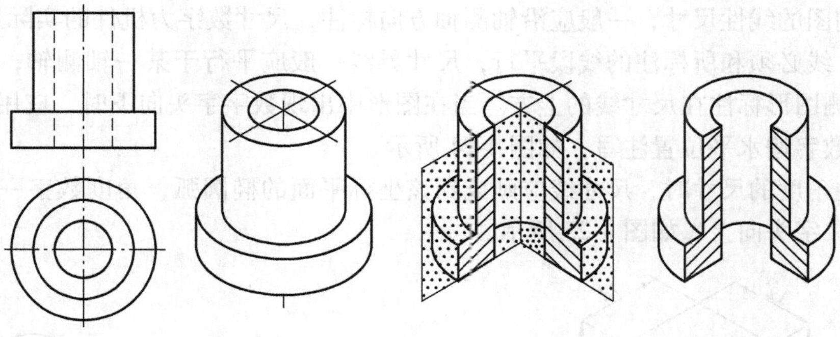

图 4-21　轴测剖视图剖切方法

2. 有关规定

轴测剖视图中剖面线一律画成等距、平行的细实线，其方向如图 4-22 所示。图 4-22a 为正等轴测图、图 4-22b 为斜二轴测图中剖面线方向的画法。

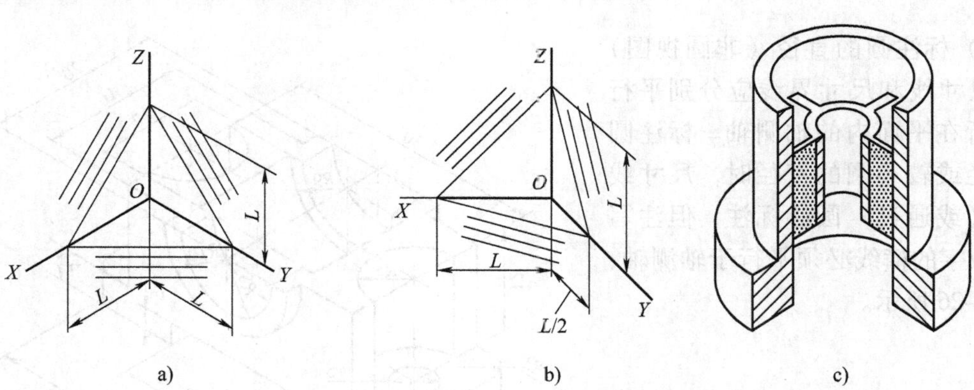

图 4-22　轴测剖视图剖面线的画法

a）正等轴测　b）斜二轴测　c）肋板的剖面线画法

当剖切平面沿着纵向剖切肋板时不画剖面线或用细点表示肋板的剖切部分，如图 4-22c 所示。

4.4.2 轴测剖视图的画法

画轴测剖视图，一般可采用下述两种方法。

1）先将物体完整的轴测图画出，然后沿轴测轴方向用剖切平面剖切开，如图 4-21 所示。

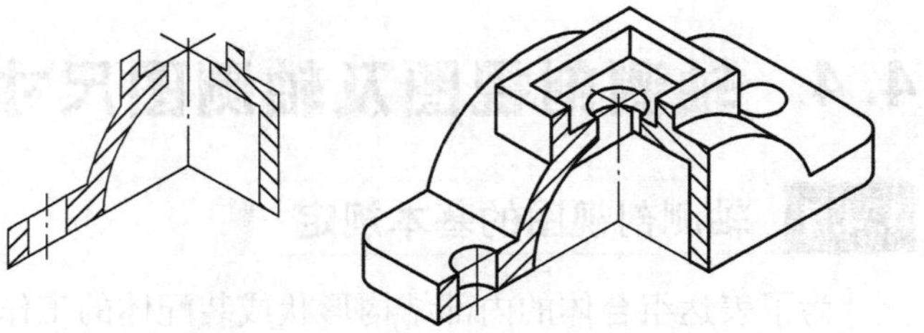

图 4-23　轴测剖视图的画法

2）先画出剖面的轴测图，然后画出看得见的外形轮廓线，如图 4-23 所示。

4.4.3 尺寸标注

轴测图上的尺寸标注规定如下。

1）轴测图的线性尺寸，一般应沿轴测轴方向标注，尺寸数字为机件的实际尺寸。

2）尺寸线必须和所标注的线段平行，尺寸界线一般应平行于某一轴测轴；尺寸数字应按相应的轴测图形标注在尺寸线的上方。当在图形中出现数字字头向下时，应用引出线引出标注，并将数字按水平位置注写，如图 4-24 所示。

3）标注角度的尺寸时，尺寸线应画成到该坐标平面的椭圆弧，角度数字一般写在尺寸线的中断处，字头向上，如图 4-25 所示。

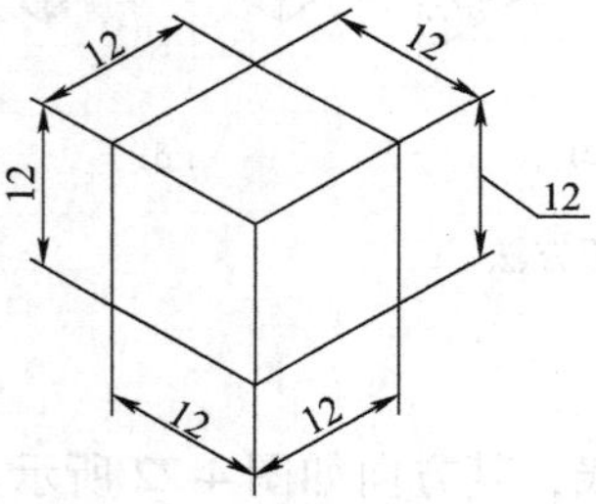

图 4-24　轴测图线性尺寸标注方法

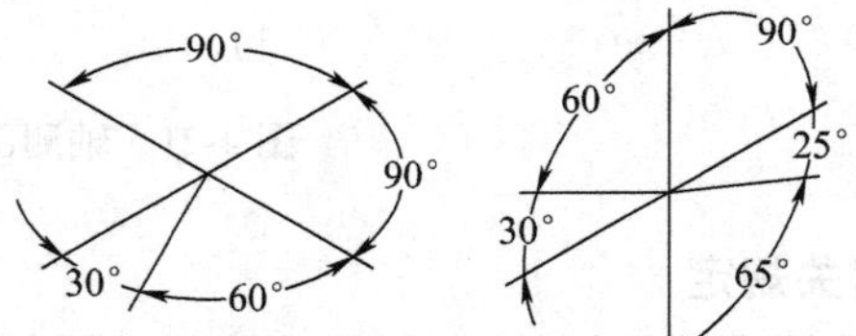

图 4-25　轴测图上角度尺寸标注方法

4）标注圆的直径（非圆视图）时，尺寸线和尺寸界线应分别平行于圆所在平面内的轴测轴。标注圆弧半径或较小圆的直径时，尺寸线可从（或通过）圆心标注，但注写尺寸数字的横线必须平行于轴测轴，如图 4-26 所示。

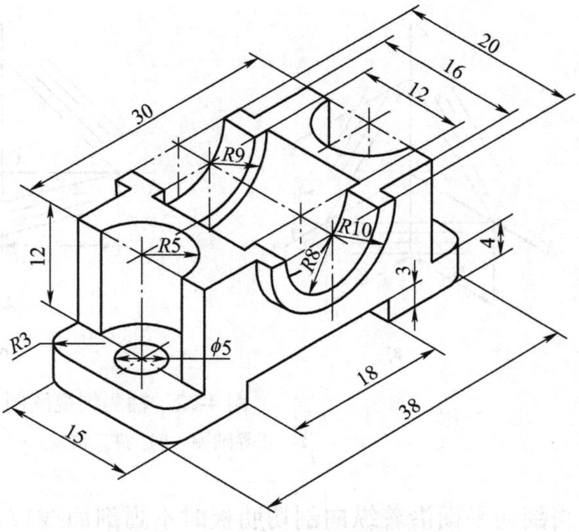

图 4-26　轴测图上尺寸注法

第5章　组　合　体

由若干基本立体按照一定的相对位置和组合方式（如叠加、切割等）组合而形成的较为复杂的形体，称为组合体。组合体大多是由机器零件（或其局部）抽象而成的几何模型。与机器零件的不同之处在于略去了一些局部的、细微的工程结构，如螺纹、圆角、倒角等，只保留其主体结构。本章学习组合体的组合形式及其表面的相对位置、组合体视图的画法、组合体尺寸标注的基本方法和规则以及读组合体视图的基本方法。

5.1　组合体的组合形式及其表面的相对位置

5.1.1　组合体的组合形式

组合体的组合形式如图5-1所示，有叠加、切割（包括穿孔）以及叠加和切割组合在一起的综合形式。

1）叠加型：由若干个基本立体叠加而成的组合体称为叠加型组合体，如图5-1a所示。

2）切割型：由基本立体切割或穿孔而成的组合体称为切割型组合体，如图5-1b所示。

3）综合型：既有叠加又有切割的组合体称为综合型组合体，如图5-1c所示。

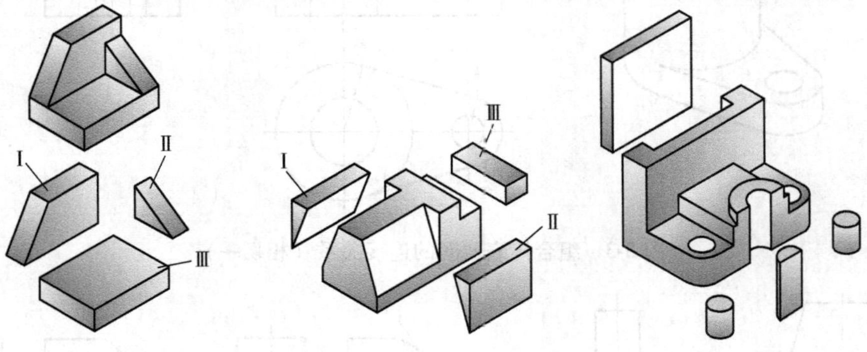

图5-1　组合体的组合形式

a）叠加型　b）切割型　c）综合型

5.1.2　组合体表面的相对位置

无论哪种形式构成的组合体，各基本立体的相邻表面之间都有一定的相对位置关系及连接关系。其关系可归纳为共面、不共面、相切、相交四种情况。

1. 共面

共面指两个基本形体的表面互相重合，其表面结合处不存在分界线。如图5-2a、c所示。

2. 不共面

不共面是指两个基本形体之间没有公共的表面，它们之间有分界线，在视图上应画出分界线的投影。如图 5-2b 所示。

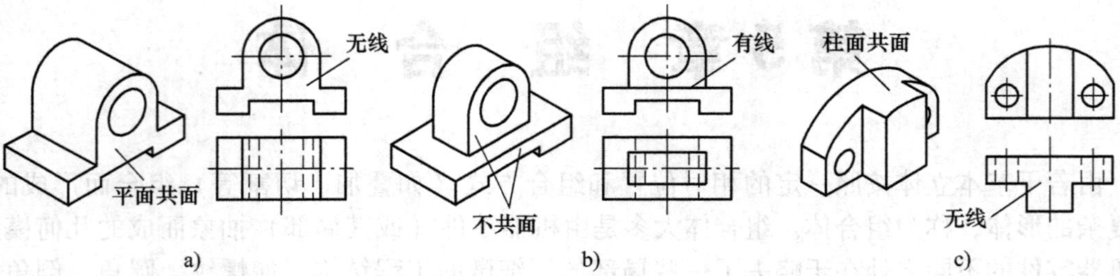

图 5-2 组合体表面间的连接关系（共面与不共面）

3. 相切

两个基本形体相邻表面相切时，由于相切处是光滑过渡，所以规定相切处不画线，如图 5-3 和图 5-4 所示。

注意：在某个视图上，当切线处存在回转面的转向线时，应画出该转向线的投影，如图 5-4d 所示的俯视图。

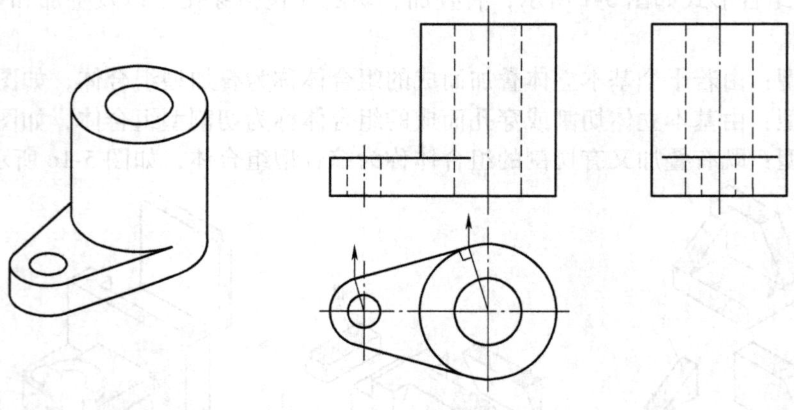

图 5-3 组合体表面间的连接关系（相切一）

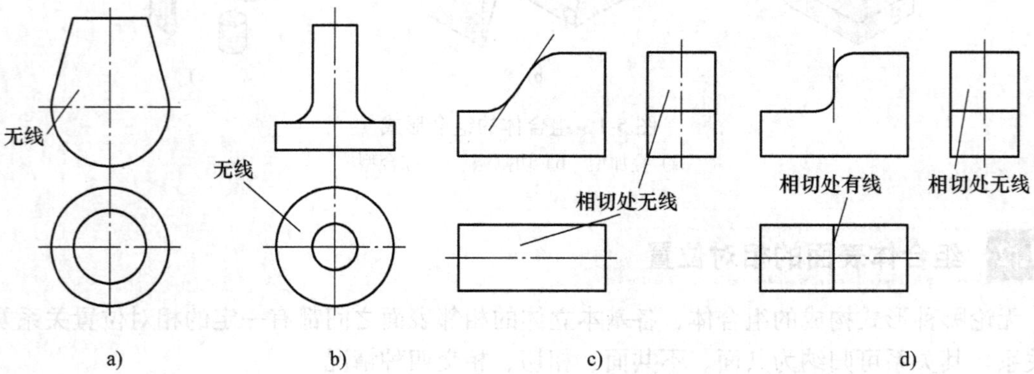

图 5-4 组合体表面间的连接关系（相切二）

4. 相交

两个基本立体的表面相交，其交线（截交线或相贯线）是两表面的分界线，必须画出相交处交线的投影，如图 5-5 所示。

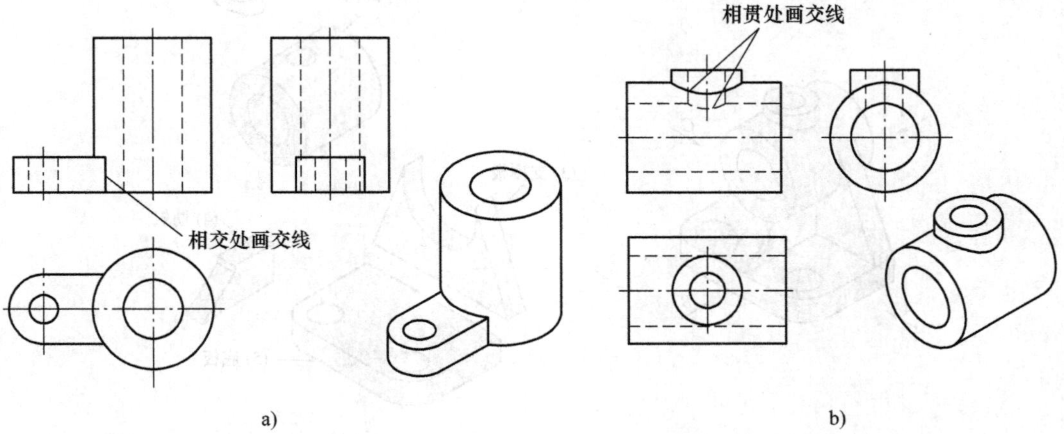

图 5-5　组合体表面间的连接关系（相交）

5.2　组合体视图的画法

本节主要介绍根据实物（立体图）画组合体三视图的步骤和方法。根据组合体的组合形式，画组合体视图可采用形体分析法和线面分析法。

5.2.1　以叠加为主的组合体三视图的画法

绘制以叠加为主的组合体三视图通常采用形体分析法，形体分析法是将组合体分解为若干基本体，弄清各基本体的形状，并分析这些基本体的相对位置及表面连接关系，便可获得对整个机件形状的完整概念的方法。在画图、读图和尺寸标注中，通常要用到形体分析法。

下面以图 5-6 所示轴承座为例，简述以叠加为主的组合体视图的画法及作图步骤。

1. 形体分析

如图 5-6 所示的轴承座，可以看成由五个部分组成：注油用的凸台 1、圆筒 2、支撑板 3、肋板 4 以及底板 5（图 5-6b）。其中凸台与圆筒是两个垂直相交的空心圆柱体，在外表面和内表面上都有相贯线；支撑板、肋板和底板分别是不同形状的平板，支撑板的左、右侧面对称地与圆筒的外圆柱面相切，肋板与圆筒的外圆柱面相交，底板的顶面与支撑板、肋板互相叠合，底板与支撑板的后表面共面。

2. 视图选择

在三视图中，主视图通常反映机件的主要形状特征，是最主要的视图，因此主视图的选择尤为重要。确定主视图要考虑以下三个问题。

1）形体安放位置：一般应选其自然位置。

2）主视图的投射方向：应该反映形体的主要形状特征。

3）视图的清晰性：图中细虚线尽可能少。

根据以上原则，如图 5-6a 所示，将轴承座按自然位置安放后，对按箭头所指的方向 *A*、*B*、*C*、*D* 作为投射方向所画的视图（图 5-7）进行比较，确定主视图。若以 *D* 向作为主视

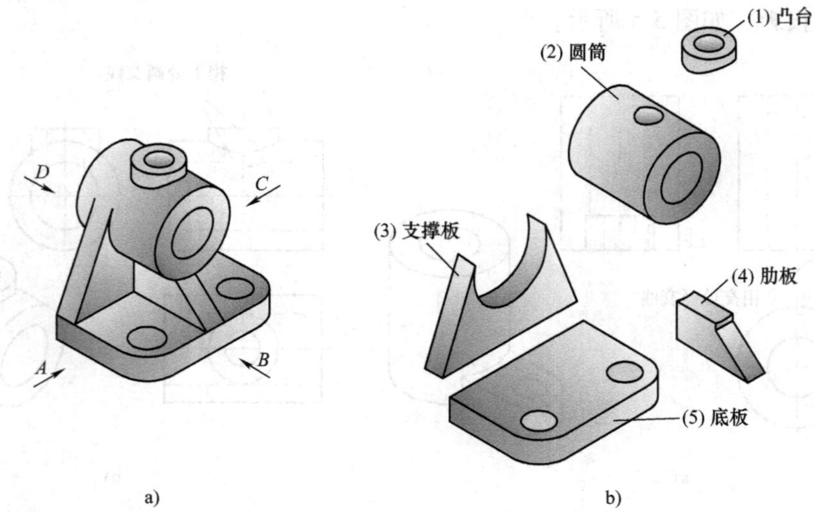

图 5-6　轴承座的形体分析及视图选择

a）轴测图　b）形体分析

图，细虚线较多，显然没有 B 向清楚；C 向与 A 向视图虽然细虚线与粗实线情况相同，但如果以 A 向作为主视图，则左视图上会出现较多细虚线，没有 C 向好；再看 C 向与 B 向都符合上述三点要求，但二者相比，以 B 向为佳，因为能更多地反映出圆筒、支撑板、凸台、肋板以及底板的形状特征及相互位置关系，且细虚线较少。所以确定以 B 向作为主视图的投射方向。主视图确定之后，其他视图投射方向也就随之确定了。

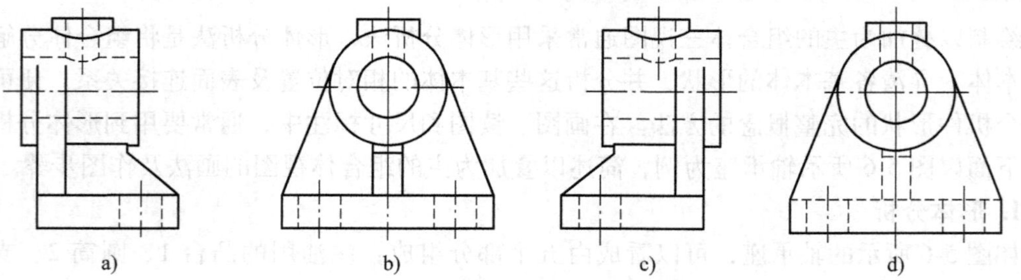

图 5-7　分析主视图的投射方向

a）A 向　b）B 向　c）C 向　d）D 向

3. 画图步骤

1）选比例、定图幅。根据组合体的大小选定比例和图幅。

2）布置视图、画基准线。根据组合体的总长、总宽、总高确定各视图在图框内的具体位置，使三视图分布均匀。因此，画图时应首先画出各视图的基准线来布图，每个视图需要确定两个方向的基准线。通常用轴线、对称中心线、大端面作为基准线。如图 5-8a 所示。

3）按照形体分析的结果，逐个画出各基本体的三视图。一般先画主要的、较大的形体，再画其他部分。每画一个形体时，应先从反映实形或有特征的视图开始，再画其他视图。必须强调，每个基本体的三视图应按投影规律同时画出，以保证各基本体之间正确的相对位置及投影关系；注意基本体表面的连接关系，正确作图。如图 5-8b～e 所示。

4）仔细检查修正错误、擦掉多余线条，按线型要求加深各图线。如图 5-8f 所示。

5）填写标题栏。

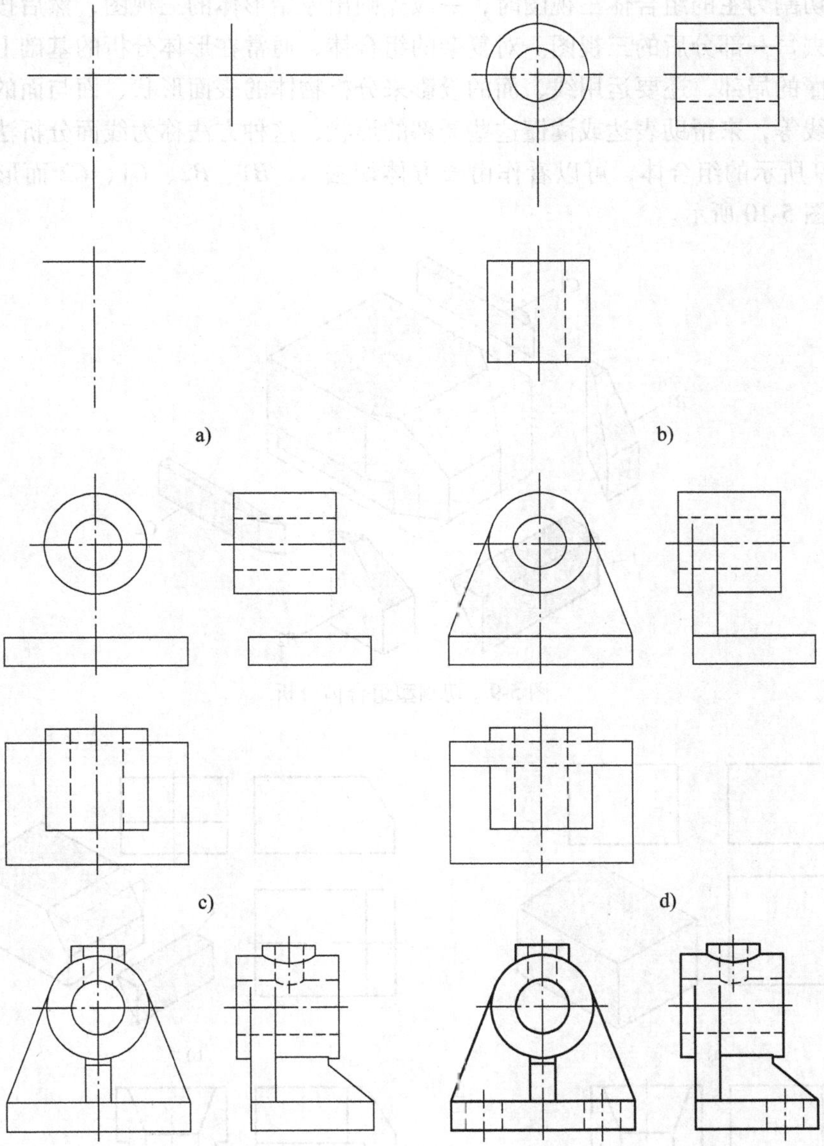

图 5-8　轴承座的作图过程

a）画轴线、对称中心线和底面定位线　b）画圆筒的三视图　c）画底板的三视图　d）画支撑板的三视图

e）画凸台和肋板的三视图　f）画底板上的圆角和圆柱孔，校核，加深

5.2.2 以切割为主的组合体三视图的画法

绘制以切割为主的组合体三视图时，一般先画出原始形体的三视图，然后按照切割顺序依次画出切去每一部分后的三视图。对复杂的组合体，通常在形体分析的基础上，对不易表达清楚和读懂的局部，还要运用线、面的投影来分析物体的表面形状、面与面的相对位置及面与面的交线等，来帮助表达或读懂这些局部的形状，这种方法称为线面分析法。

如图 5-9 所示的组合体，可以看作由长方体切去 *A*、*B*1、*B*2、*C*1、*C*2 而形成的。具体画图步骤如图 5-10 所示。

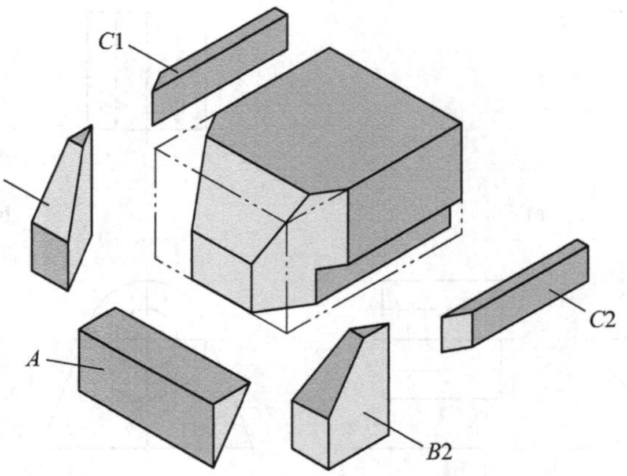

图 5-9　切割型组合体分析

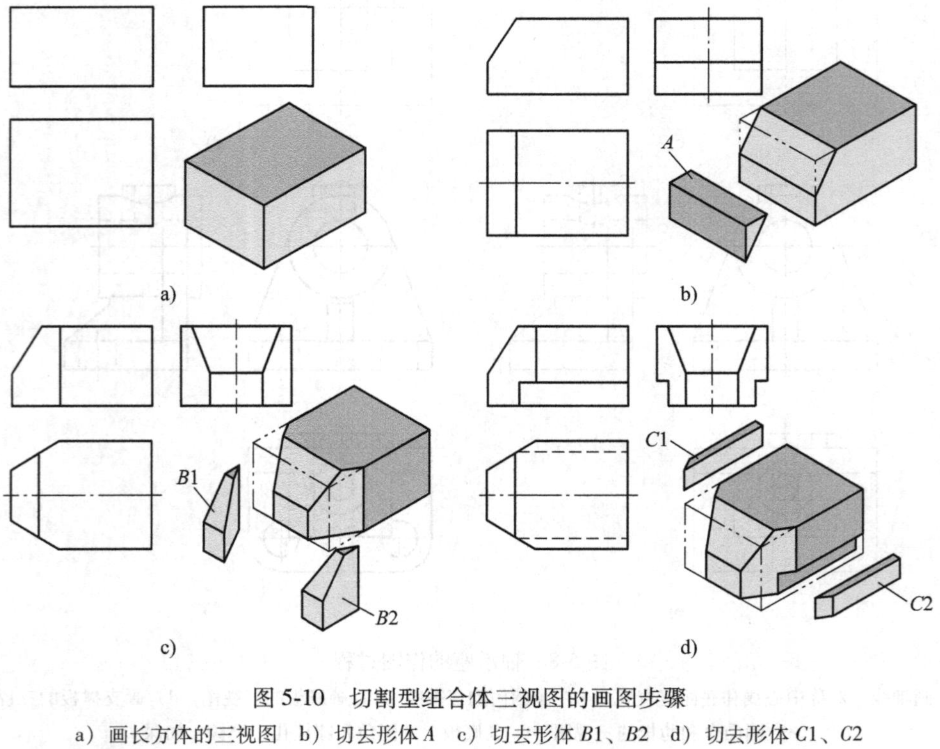

图 5-10　切割型组合体三视图的画图步骤

a）画长方体的三视图　b）切去形体 *A*　c）切去形体 *B*1、*B*2　d）切去形体 *C*1、*C*2

5.3 组合体的尺寸标注

视图只能表达组合体的形状，各种基本体的真实大小及其相对位置，要通过标注尺寸来确定。

5.3.1 尺寸标注基本要求

1）正确。尺寸标注要符合国家标准的规定。

2）完整。尺寸要标注完整，所注尺寸要能完全确定零件的大小、位置，标注时不能重复、不能遗漏，每一个尺寸在图中只能标注一次。

3）清晰。尺寸的布置要整齐、清晰，以便读图。

4）合理。尺寸标注要符合设计、制造、检验的要求。

5.3.2 尺寸标注的完整性

图样上一般要标注三类尺寸：定形尺寸、定位尺寸、总体尺寸。

1. 定形尺寸

确定形体形状大小的尺寸。定形尺寸一般包括长、宽、高三个方向的尺寸。由于各基本形体的形状特征不同，因而定形尺寸的数量也各不相同。

如图 5-11a 所示，标注组合体尺寸时运用形体分析法将组合体分解为若干个基本体，标注各基本体的定形尺寸。

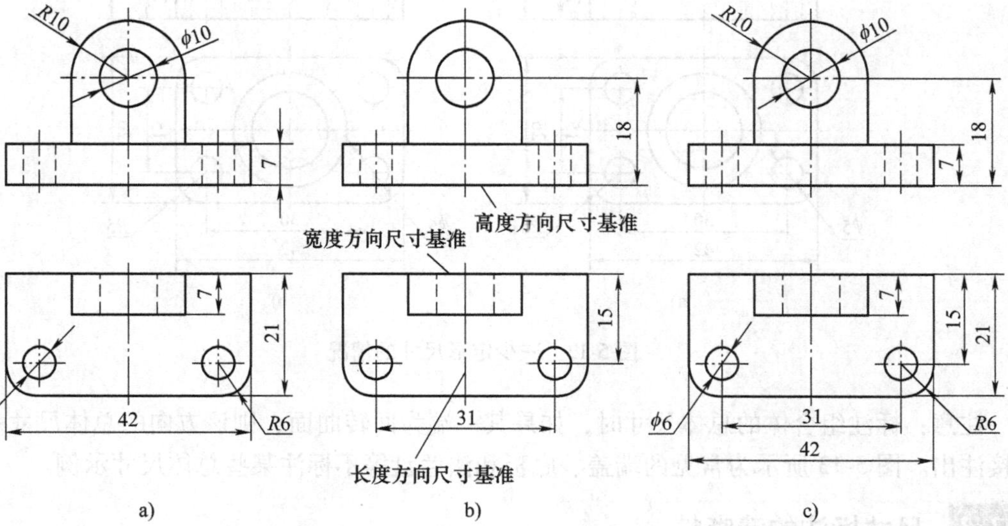

图 5-11　组合体的尺寸标注
a）定形尺寸　b）定位尺寸　c）总体尺寸

2. 定位尺寸

确定组合体中各个基本形体相对位置的尺寸。

如图 5-11b 所示，标注了底板上两个圆柱孔轴线在长度方向和宽度方向的定位尺寸，及立板上圆柱孔轴线高度方向的定位尺寸。

由于定位尺寸是确定组合体中各个基本形体相对位置的尺寸，所以组合体应有长、宽、高三个方向的尺寸基准。一般选取组合体的对称平面、主要回转体的轴线、底面或重要端面作为尺寸基准。组合体三个方向的尺寸基准如图 5-11b 所示。

3. 总体尺寸

确定组合体外形的尺寸。

对于零件来讲，由于实际生产上的需要，还需标注总体尺寸：总长、总宽、总高。如图 5-12a 所示，总长为 42、总宽为 26、总高为 28。当标注总体尺寸时，如果出现多余尺寸或尺寸重复时，就要对已标注的定形尺寸和定位尺寸作适当调整。如图 5-12a 所示，因标注总高尺寸 28 与同一方向上的 7 和 21 尺寸重复，则应减去同方向的一个不重要的定形尺寸（如在图 5-12b 中，减去了圆柱体高度尺寸 21）。在图 5-11c 中，由于高度方向的总体尺寸与同一方向的 18 和 *R*10 重复，而主视图的上面为回转曲面，所以并没有标注高度方向的总体尺寸。

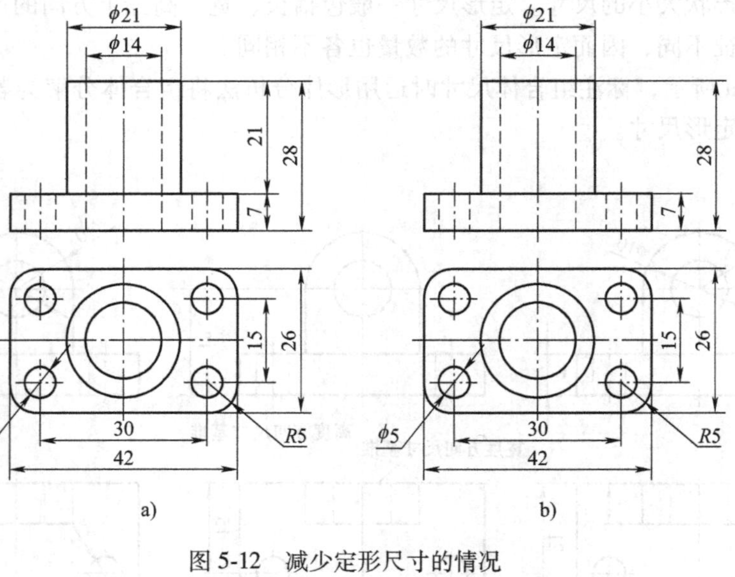

图 5-12　减少定形尺寸的情况

注意：标注组合体的总体尺寸时，如果其一端为回转曲面，则该方向的总体尺寸一般不直接注出。图 5-13 所示为常见的端盖、底板和法兰盘等不标注某些总体尺寸示例。

5.3.3 尺寸标注的清晰性

标注组合体的尺寸时，除了要求完整外，为了便于读图，还要求标注清晰。要使尺寸标注清晰，应注意以下几个方面。

1）基本体的尺寸标注。图 5-14 所示为一些常用的基本体的尺寸标注，这些基本体是组合体的重要组成部分。

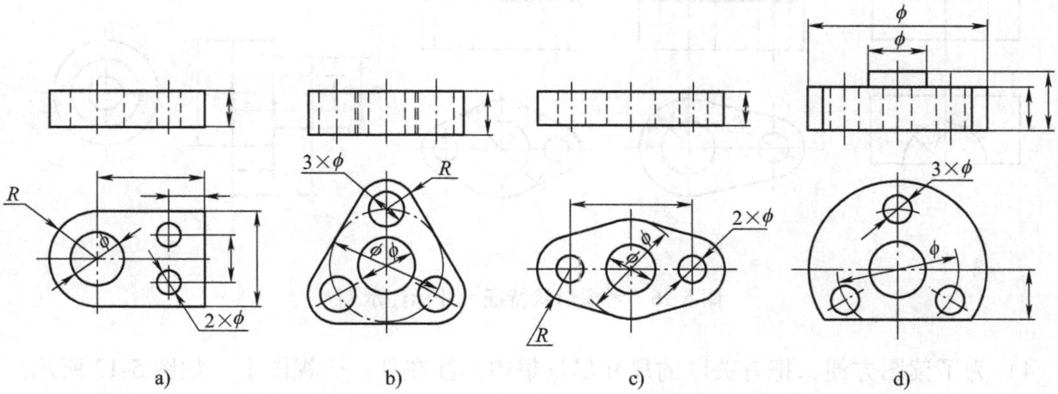

图 5-13　不标注底板总体尺寸注法示例

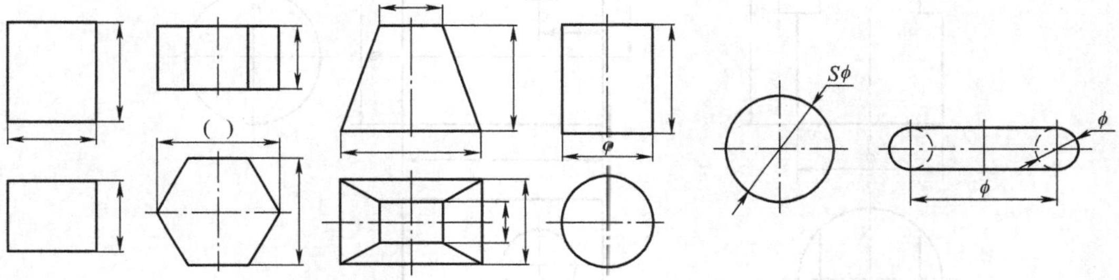

图 5-14　常见基本体的尺寸标注示例

注：加括号的尺寸可以不标注（但生产中为了下料方便也会标注上）。

2）截交线上不应标注尺寸。如图 5-15 所示。

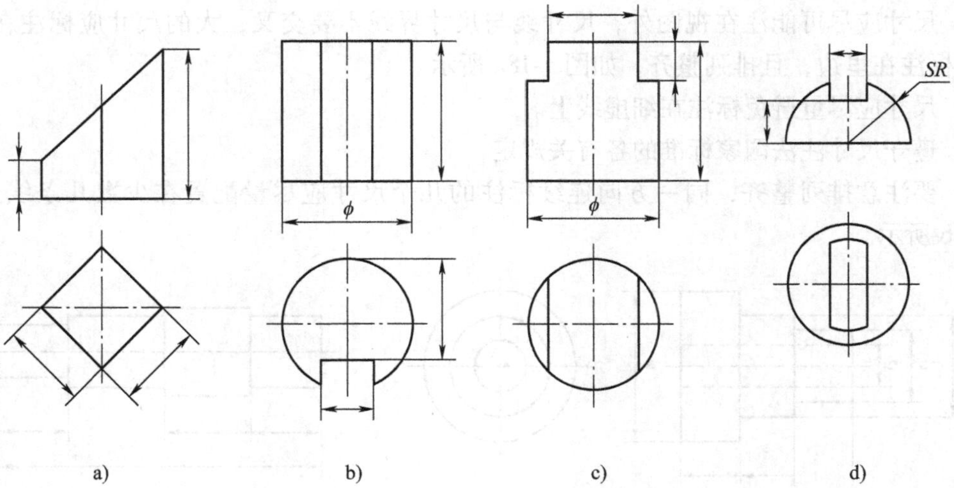

图 5-15　截交线上不应标注尺寸示例

3）尺寸尽量标注在形状特征明显的视图上，如图 5-16 所示。

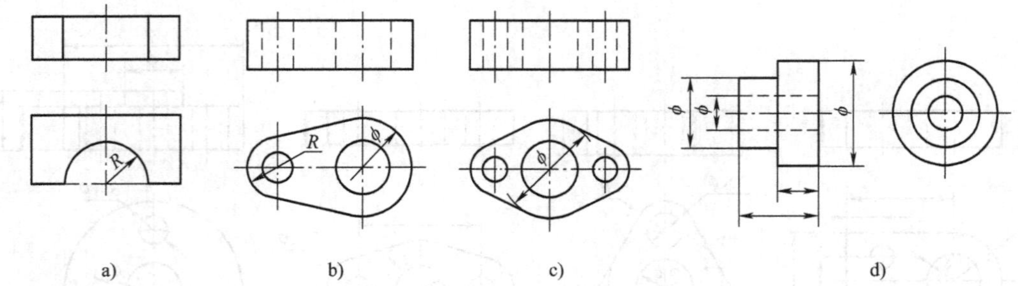

图 5-16　考虑形状特征尺寸标注示例

4）为了读图方便，把有关联的尺寸尽量集中标注在某一个视图上，如图 5-17 所示。

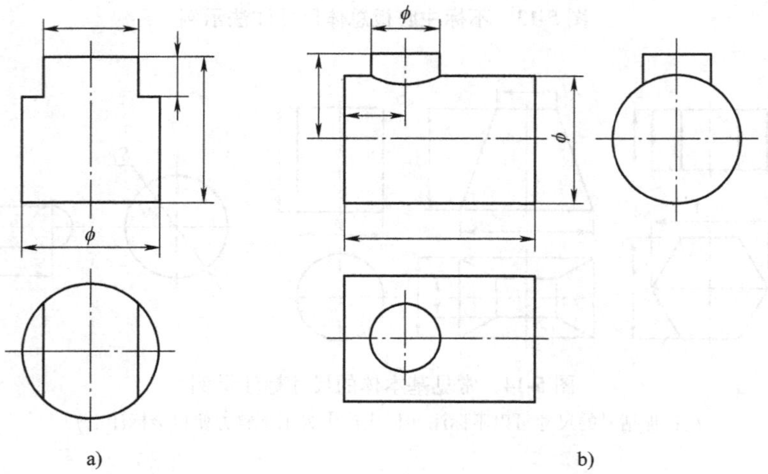

图 5-17　尺寸集中标注示例

5）尺寸应尽可能注在视图外，尺寸线与尺寸界线不要交叉，大的尺寸应标注在外边，小尺寸标注在里边，且排列整齐，如图 5-18a 所示。

6）尺寸应尽量避免标注在细虚线上。

7）遵守尺寸注法国家标准的各有关规定。

8）要注意排列整齐，同一方向连续标注的几个尺寸应尽量配置在少数几条线上，如图 5-18b 所示。

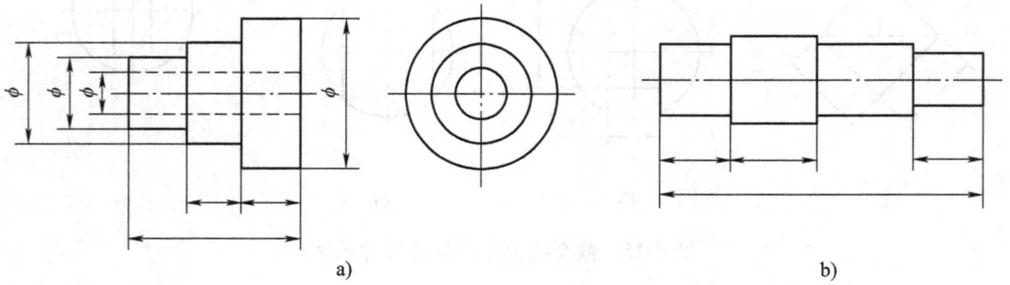

图 5-18　尺寸的排列标注示例

5.3.4 标注组合体尺寸的步骤与方法

下面以图 5-19 所示的轴承座为例，说明标注组合体尺寸的步骤与方法。

1. 形体分析

如图 5-19a 所示，将轴承座分解为五个组成部分：底板、圆筒、支撑板、凸台、肋板。

2. 选择尺寸基准

如图 5-19b 所示。由于轴承座左、右对称，所以，选取其对称面作为长度方向的尺寸基准，选取圆筒后端面作为宽度方向的尺寸基准，选取底板的底面作为高度方向的尺寸基准。

3. 标注定形尺寸和定位尺寸

一般先标注组合体中最主要基本体的尺寸，再标注与它有关的其他部分基本体的尺寸。在该轴承座中圆筒为最主要基本体。

1）圆筒。如图 5-19b 所示，注出圆筒的定形尺寸 $\phi26$、$\phi50$、50。从长、宽、高的基准出发注出圆筒的定位尺寸 60。

2）底板。如图 5-19c 所示，注出底板的定形尺寸 90、60、14 及 $R16$、$2\times\phi18$。从长、宽、高的基准出发注出定位尺寸 44、58、7。

3）支撑板。如图 5-19d 所示，注出支撑板的定形尺寸 12。

4）凸台。如图 5-19d 所示，注出凸台的定形尺寸 $\phi14$ 和 $\phi26$。从宽度主要尺寸基准出发注出凸台的定位尺寸 28，从高度主要尺寸基准出发注出凸台的定位尺寸 90。

5）肋板。如图 5-19e 所示，注出肋板的定形尺寸 12、26、18。

4. 标注总体尺寸

标注了组合体各基本形体的定位尺寸和定形尺寸以后，对于整个轴承座还要考虑总体尺寸的标注。如图 5-19f 所示，轴承座的总长和总高都是 90，在图中已经注出。总宽尺寸应为 67，但是这个尺寸不宜直接标注出。

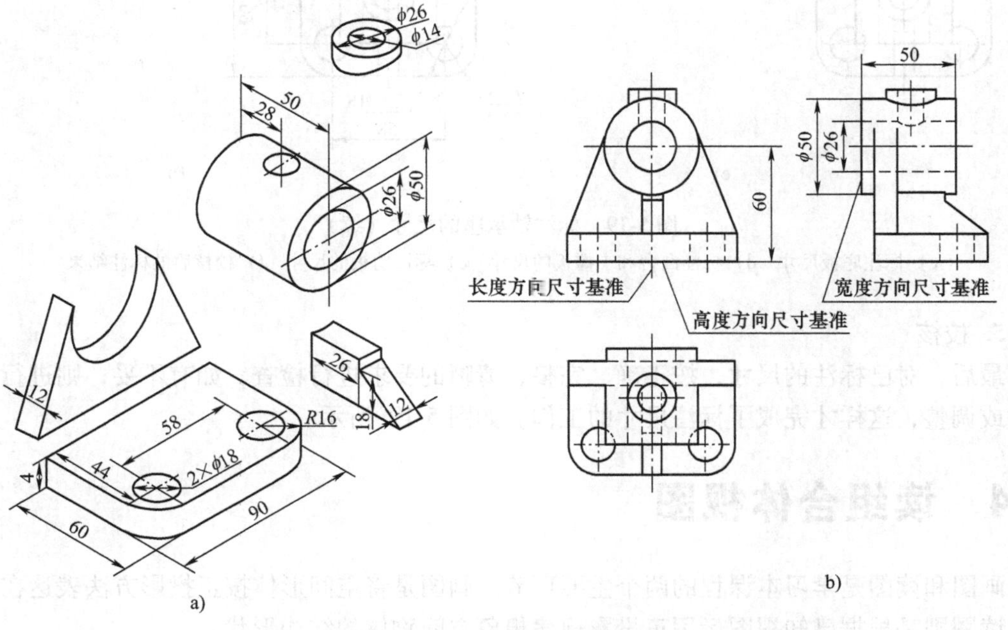

图 5-19　标注轴承座的尺寸

a）形体分析和初步考虑各基本体的定形尺寸　b）确定尺寸基准、标注圆筒的尺寸

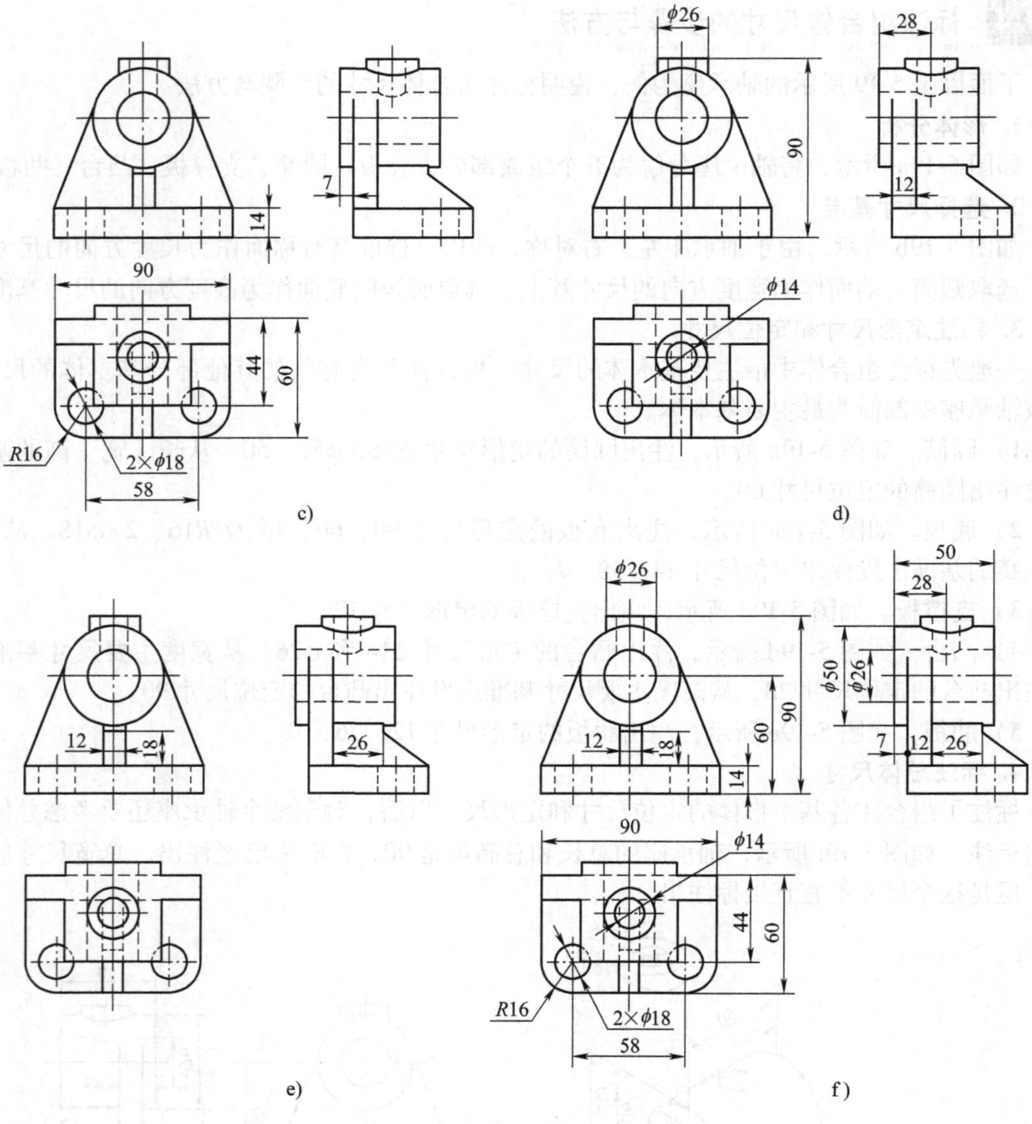

图 5-19　标注轴承座的尺寸（续）

c）标注底板尺寸　d）标注凸台和支撑板的尺寸　e）标注肋板的尺寸　f）校核后的标注结果

5. 校核

最后，对已标注的尺寸，按正确、完整、清晰的要求进行检查，如有不妥，则进行适当修改或调整，这样才完成了标注尺寸的工作。如图 5-19f 所示。

5.4　读组合体视图

画图和读图是学习本课程的两个主要环节。画图是将空间形体按正投影方法表达在平面上；读图则是根据已知视图运用正投影规律想象空间物体的结构形状。

5.4.1 读图的基本要领

1. 熟练掌握基本几何体的投影特性

对前面介绍的基本几何体（棱柱、棱锥、圆柱、圆锥、球等）的视图，能很快地想象出它们的形状。

2. 将各个视图联系起来阅读

由于一个视图不能确切地表达物体的空间形状，所以通常要用几个视图来表达其形状。读图时不能只看一两个视图，而应将几个视图联系起来阅读。如图 5-20 所示五组图形，虽然它们的主视图相同，但实际上表达了五种不同形状的物体。

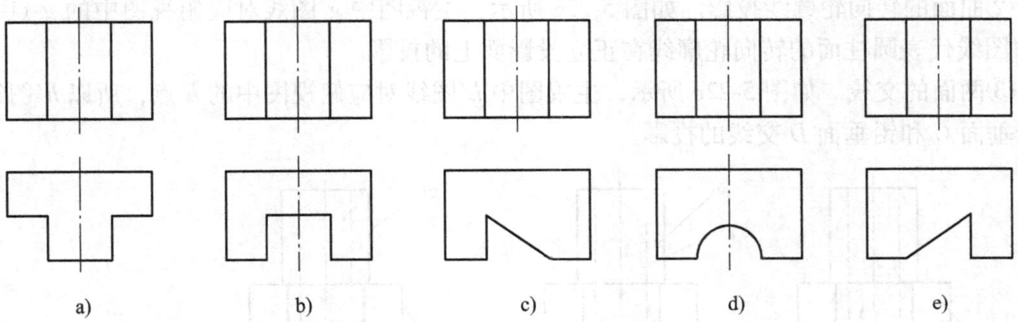

图 5-20　由一个视图不能确定各种不同形状的物体示例

又如图 5-21 所示，虽然主、俯视图相同，但实际上表达了三种不同形状的物体。必须给出形状特征的左视图，才能确定物体的形状。

由此可见，在读图时，必须将各个视图联系起来分析、构思，才能想象出这组视图所表示的物体的形状。

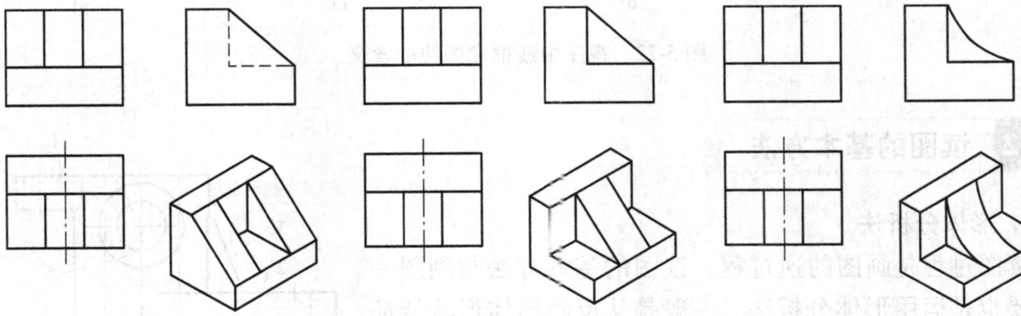

图 5-21　由两个视图不能确定各种不同形状的物体示例

3. 明确视图中的线框和图线的含义

1）一般情况视图中每个封闭线框，通常都是物体上一个表面（平面或曲面）的投影。如图 5-22a 所示，主视图中 $a'(b')$ 线框对应俯视图中的 a、b 两条线，所以 $a'(b')$ 线框代表两个正平面；主视图中 $c'(d')$ 线框对应俯视图中的 c、d 两条线，所以 $c'(d')$ 线框代表两个铅垂面。

如图 5-22b 所示，主视图中 e' 线框对应俯视图中的 e，所以 e' 线框代表圆柱面的投影；

主视图中f'线框对应俯视图中的f，所以f'线框代表组合体上的一个圆柱形通孔的圆柱面的投影。

2）视图中每条图线可能是平面或曲面的积聚投影、曲面的转向轮廓线投影，也可能是两面交线的投影。

①平面或曲面的积聚投影。如图 5-22a 所示，俯视图中 a、b 两线对应主视图中的 $a'(b')$ 两线框，所以 a、b 图线代表两个正平面在水平投影面上积聚投影；俯视图中 c、d 线对应主视图中的 $c'(d')$ 两线框，所以 c、d 图线代表两个铅垂面在水平投影面上的积聚投影。如图 5-22b 所示，俯视图中 e、f 两图线对应主视图中的 e'、f'两线框，所以 e、f 图线代表两个曲面在水平投影面上的积聚投影。

②曲面的转向轮廓线投影。如图 5-22c 所示，主视图中 g'图线对应俯视图中的 g 点，所以 g'图线代表圆柱面的转向轮廓线在正立投影面上的投影。

③两面的交线。如图 5-22c 所示，主视图中 h'图线对应俯视图中的 h 点，所以 h'图线代表铅垂面 C 和铅垂面 D 交线的投影。

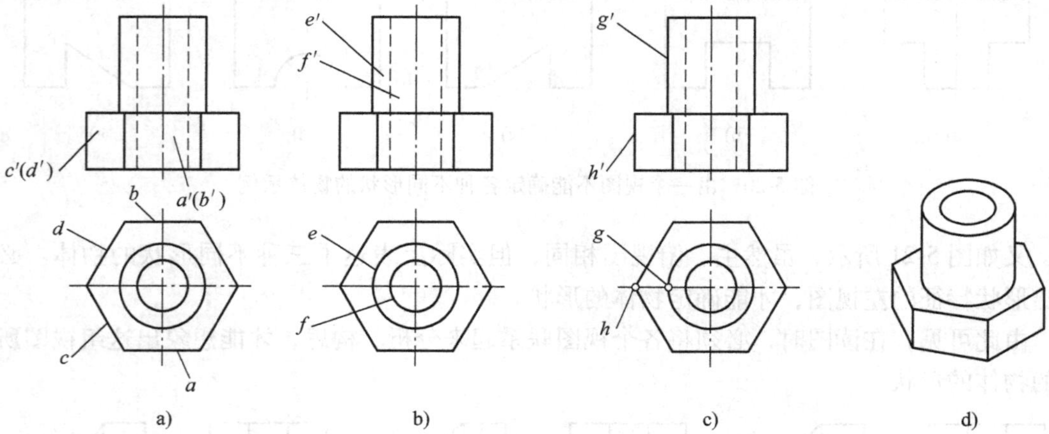

图 5-22　视图中线框和图线的含义

5.4.2 读图的基本方法

1. 形体分析法

读图过程是画图的逆过程。读图的基本方法与画图一样主要也是运用形体分析法。一般是从反映形体形状特征的主视图着手，结合其他视图适当按线框划分成几个部分，再按投影规律构思出各部分形体的形状，然后按其形体的相对位置想象出组合体的整体形状。

如图 5-23 所示，已知轴承座的主、俯视图，补画左视图。

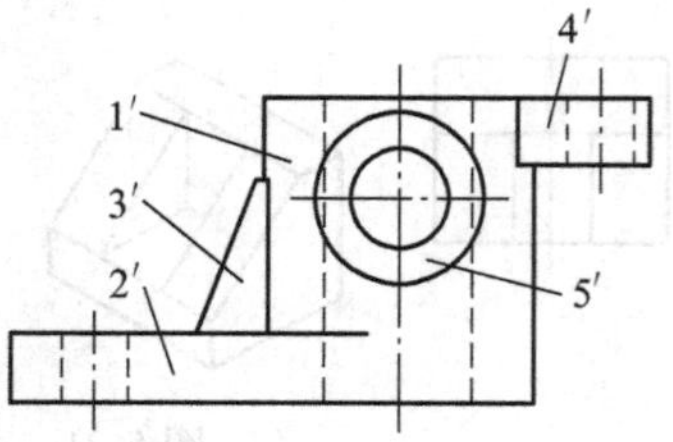

图 5-23　轴承座的主、俯视图

具体作图步骤。

1）对照俯视图，按线框将主视图划分成五个部分：

Ⅰ、Ⅱ、Ⅲ、Ⅳ、Ⅴ。再找出每部分在俯视图上对应的投影，想象出五个部分形体的形状。

如图 5-24a 所示，Ⅰ为一个中间带孔的轴线垂直水平投影面的圆柱筒。

如图 5-24b 所示，Ⅱ为前、后与Ⅰ相切的底板，底面与形体Ⅰ共面。

如图 5-24c 所示，Ⅲ为一块肋板，位于形体Ⅰ的左侧与其相交，叠加在形体Ⅱ的上面。

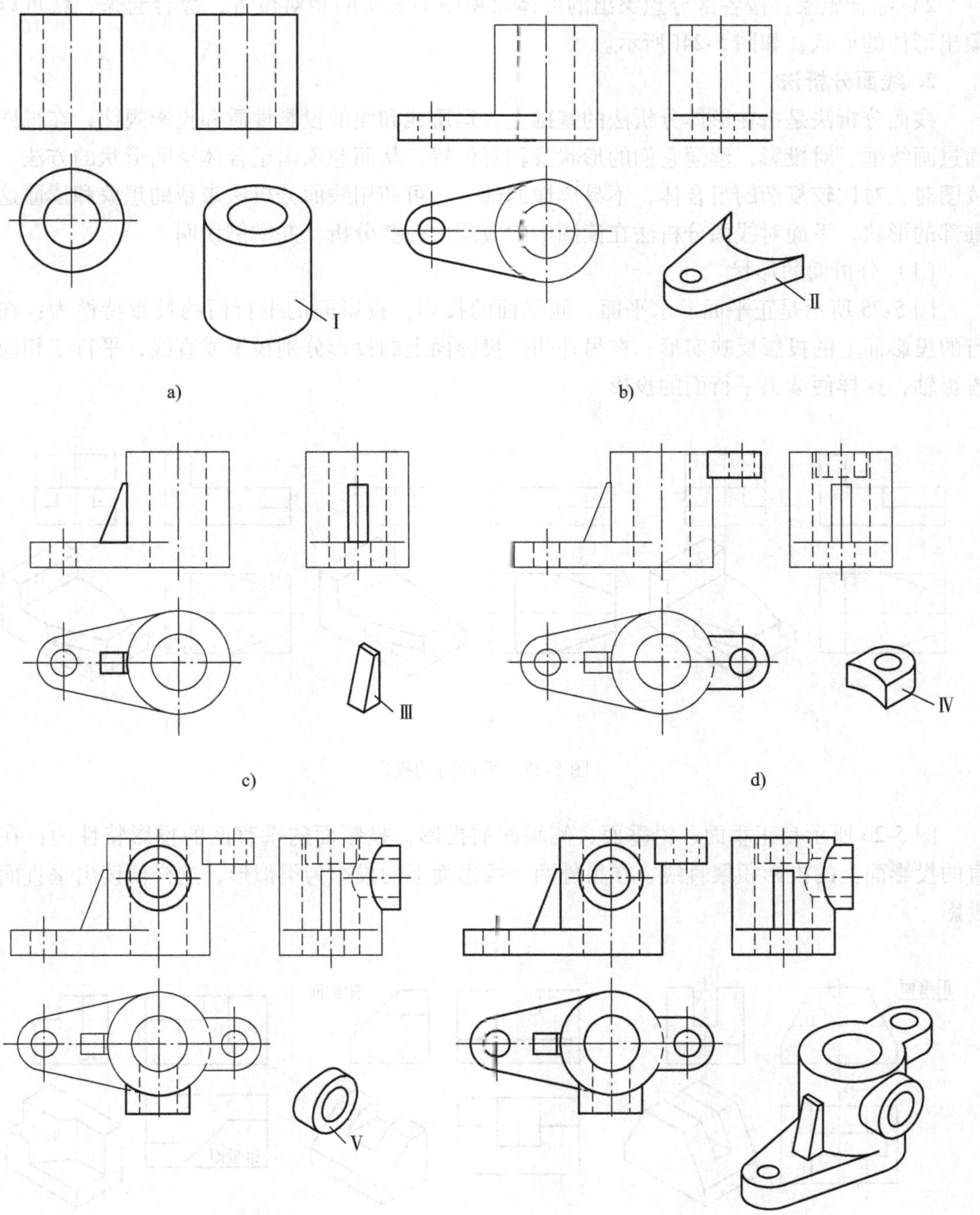

图 5-24　轴承座的左视图的作图步骤

如图 5-24d 所示，Ⅳ为一带半圆柱的耳子，位于形体Ⅰ的右侧与其相交，上表面与形体Ⅰ共面。

如图 5-24e 所示，Ⅴ为一个中间带孔的轴线垂直于正立投影面的圆柱筒。位于形体Ⅰ的前面与其相贯。

2）综合想象：按各部分想象出的形体及视图中表明的相对位置，综合起来，就可以想象出形体的形状，如图 5-24f 所示。

2. 线面分析法

线面分析法是指在形体分析法的基础上，运用线和面的投影性质和投影规律，在视图上通过画线框、对投影，读懂它们的形状及相对位置，从而想象出组合体空间形状的方法。在读图时，对比较复杂的组合体，不易读懂的部分，可使用线面分析法来帮助想象和读懂这些局部的形状，下面对线面分析法在读图中的应用做一些分析，并举例说明。

（1）分析面的形状

图 5-25 所示是正平面、水平面、侧平面的投影，投影面的平行面的投影特性为：在平行的投影面上的投影反映实形，在另外两个投影面上的投影分别积聚成直线，平行于相应的投影轴，这样便读出平行面的投影。

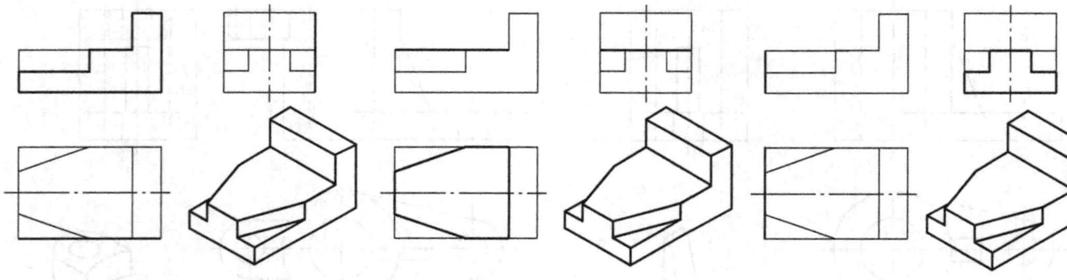

a)　　b)　　c)

图 5-25　平行面的投影

图 5-26 所示是正垂面、铅垂面、侧垂面的投影，投影面的垂直面的投影特性为：在垂直的投影面上的投影积聚直线，在另外两个投影面上的投影为类似形，这样便读出垂直面的投影。

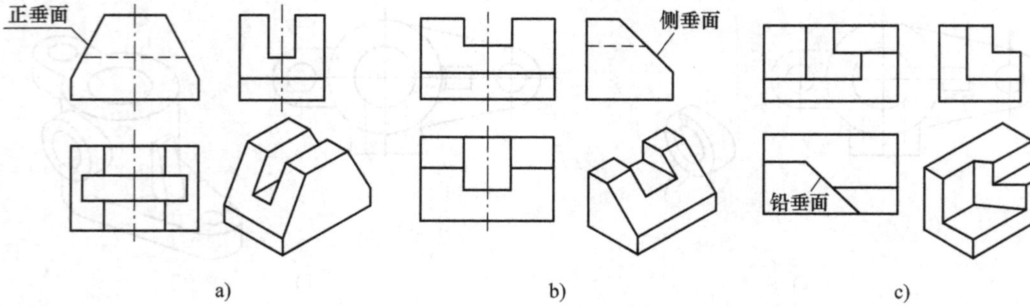

a)　　b)　　c)

图 5-26　垂直面的投影

（2）分析相邻表面间的相互位置

视图上一个线框一般情况表示一个平面（或曲面），若两个线框相邻或线框内再有线框，就要区分出前后、上下、左右和相交等相互位置。如图 5-27 所示。

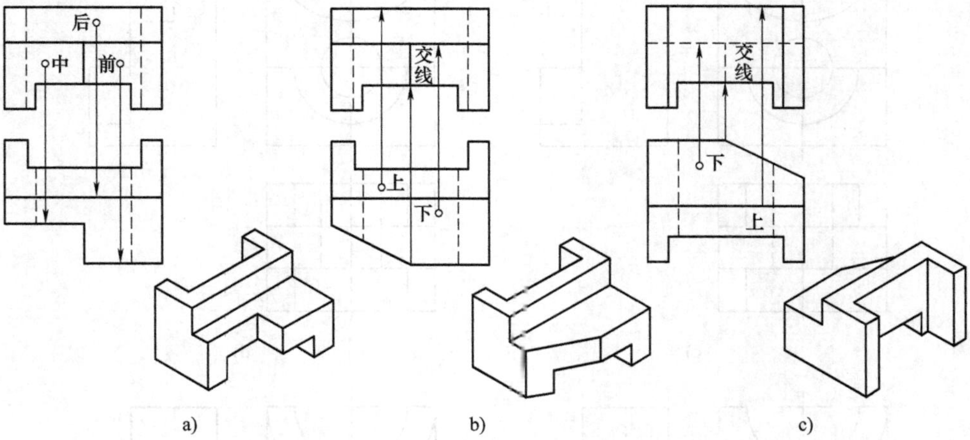

图 5-27　相邻表面间的相互位置

a）分析主视图中的线框　b）分析俯视图中的线框（一）　c）分析俯视图中的线框（二）

【例 5-1】　如图 5-28 所示，已知组合体的主、俯视图，试补画出其左视图。

解：如图 5-28a 所示，主视图可划分为 a'、b'、c' 三个线框，一个线框表示一个面，每一面在主视图不同的三个层次上（主视图可分为上、中、下三个层次）。

由主、俯视图对应可知 a'、b'、c' 的水平投影为三条线。

俯视图的七个线框分别在不同的三个层次上（俯视图可分为前、中、后三个层次）。这七个实线框的水平投影为 d_1、d_2、e、f、g、h_1、h_2，由俯、主视图对应可知它们的正面投影为 d_1'、d_2'、e'、f'、g'、h_1'、h_2' 七条线（有三条线为半圆弧线）。由此可想象出组合体的整体形状，再按投影规律补画出左视图。

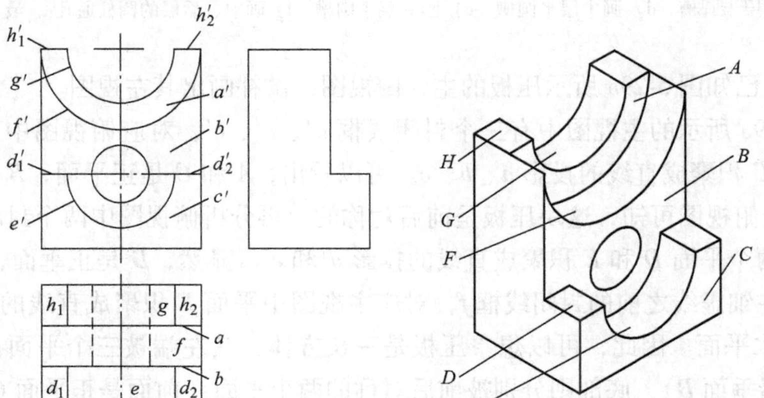

图 5-28　补画组合体左视图的作图过程

a）分析、画轮廓线　b）架体的轴测图

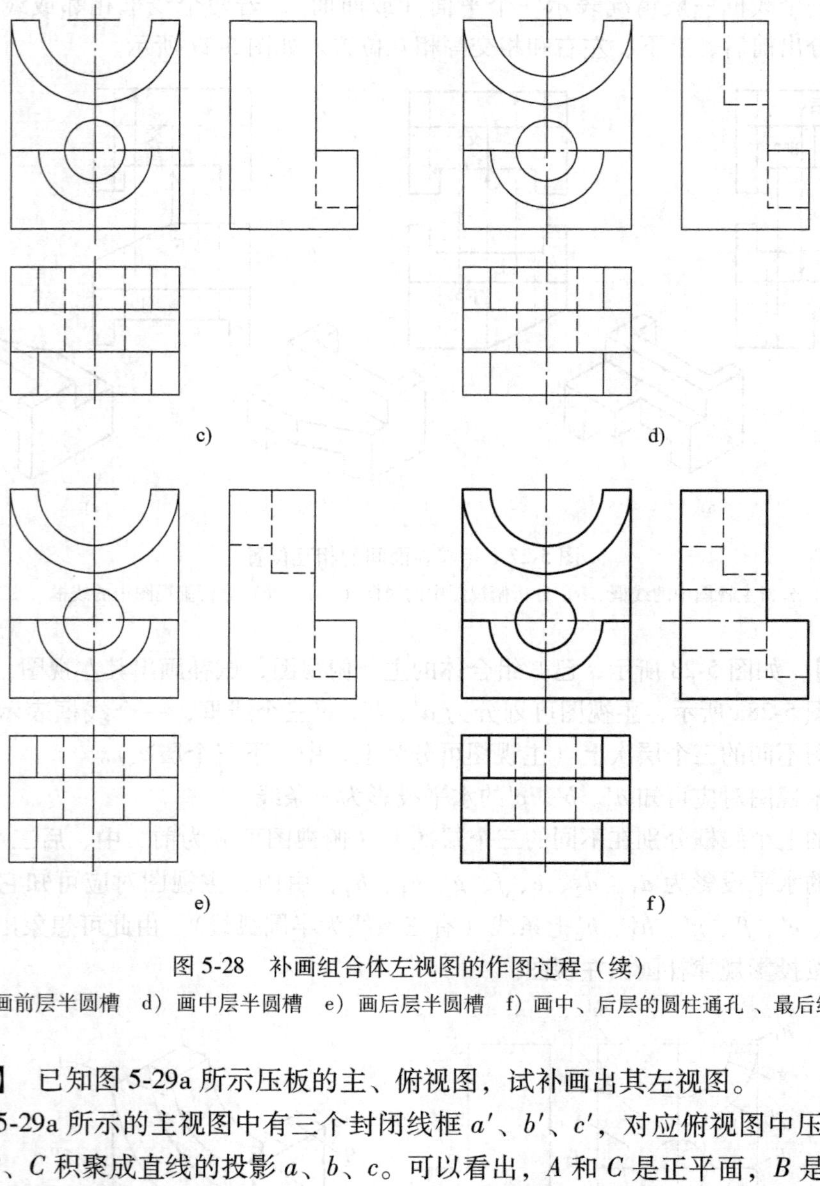

图 5-28 补画组合体左视图的作图过程（续）

c）画前层半圆槽 d）画中层半圆槽 e）画后层半圆槽 f）画中、后层的圆柱通孔 、最后结果

【例 5-2】 已知图 5-29a 所示压板的主、俯视图，试补画出其左视图。

解：图 5-29a 所示的主视图中有三个封闭线框 a'、b'、c'，对应俯视图中压板前半部三个平面 A、B、C 积聚成直线的投影 a、b、c。可以看出，A 和 C 是正平面，B 是铅垂面。从图 5-29a 所示的俯视图可知，这块压板是前后对称的。再分析俯视图中两个封闭线框 d 和 e，对应主视图中两个平面 D 和 E 积聚成直线的投影 d'和 e'。显然，D 是正垂面，E 是水平面；而压板前半部在细虚线之前的封闭线框 f，对应主视图中平面 F 积聚成直线的投影 f'，也明显表示出 F 是水平面。因此，可以想象压板是一长方体，其左端被三个平面截切（一个正垂面 D，两个铅垂面 B），底部则分别被前后对称的两个平面（前面是正平面 C 和水平面 F）截切，如图 5-29 所示。

具体作图步骤：

1）如图 5-29b 所示，在长方体的左上方被正垂面截切掉一个角。由主视图、俯视图补画出左视图。

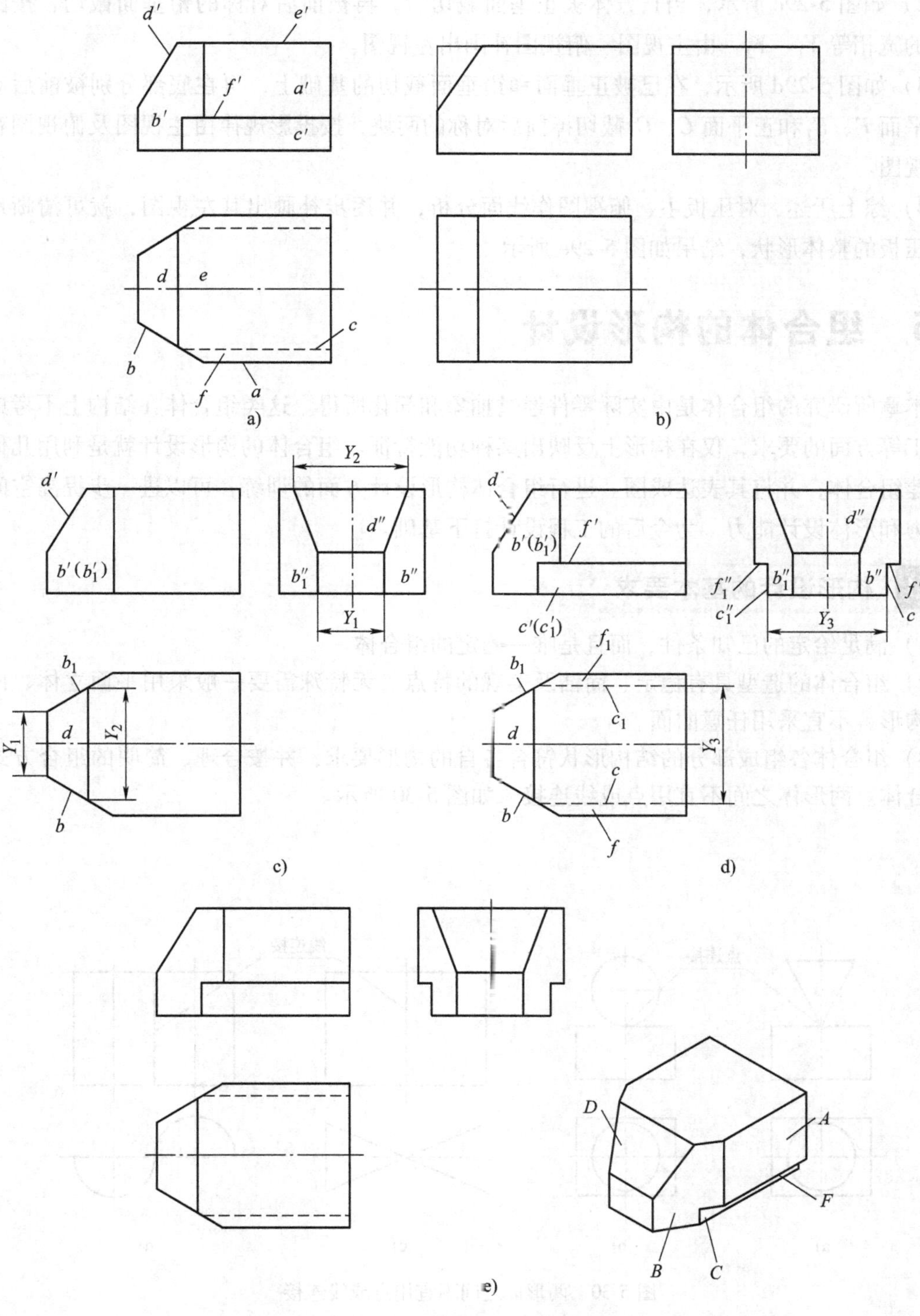

图 5-29　补画压板左视图步骤

a）已知主视图及俯视图，补画左视图　b）用正垂面截去长方体的左上角　c）用前后对称的铅垂面截去左边前、后角　d）用前后对称的水平面和正平面截去底部前后各一块　e）作图结果

2）如图 5-29c 所示，当长方体被正垂面截切后，再被前后对称的铅垂面截切，按图中所示的宽相等 Y_1、Y_2，由主视图、俯视图补画出左视图。

3）如图 5-29d 所示，在已被正垂面和铅垂面截切的基础上，再在底部分别被前后对称的水平面 F、F_1 和正平面 C、C_1 截切掉前后对称的两块，按投影规律由主视图及俯视图补画出左视图。

4）综上所述，对压板主、俯视图作线面分析，并逐步补画出其左视图，就可清晰地想象出压板的整体形状，结果如图 5-29e 所示。

5.5 组合体的构形设计

本章所研究的组合体是由实际零件经过抽象和简化所得。这类组合体在结构上不考虑生产加工等方面的要求，仅在构形上反映出某种功能特征。组合体的构形设计就是利用几何形体构建组合体，并将其表达成图。进行组合体构形设计方面的训练，可以进一步提高空间想象能力和形体设计能力，为今后的工程设计打下基础。

5.5.1 构形设计的基本要求

1）满足给定的已知条件，而且是唯一确定的组合体。

2）组合体的造型具有稳定、简洁及美观的特点。无特殊需要一般采用平面立体、回转体来构形，不宜采用任意曲面。

3）组合体各组成部分的结构形状符合各自的构形要求，并按合理、简明的组合方式构成组合体。两形体之间不宜用点或线连接。如图 5-30 所示。

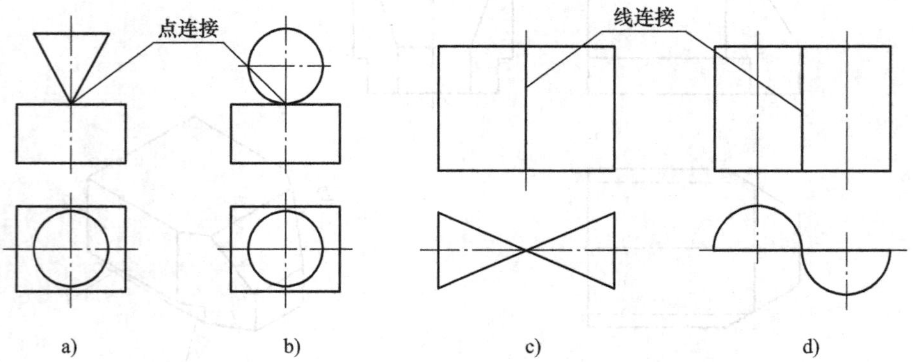

图 5-30 两形体之间不宜用点或线连接

4）构形应新颖、独特，具有创新性。构思组合体时应充分发挥空间想象能力，激发构形灵感，设计出具有不同风格且结构新颖的形体。

5.5.2 构形设计的方法

1. 叠加式构形设计

叠加式构形设计指将给定的几个基本体，通过叠加而构成不同的组合体的方法。如图5-31所示，给定主视图，构思出几个不同的组合体。

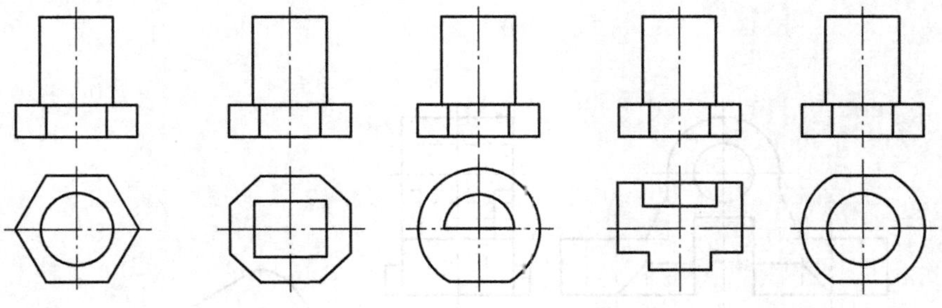

a) b) c) d) e)

图5-31 叠加式构形设计

2. 切割式构形设计

切割式构形设计指给定一基本体，通过不同的切割和穿孔而构成不同的组合体的方法。如图5-32所示，给定主、俯视图，构思出几个不同的组合体。

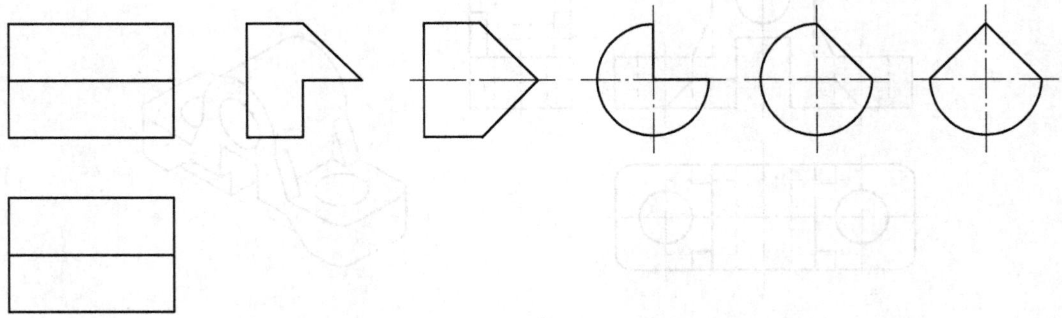

a) b) c) d) e)

图5-32 切割式构形设计

3. 组合式构形设计

组合式构形设计指给定几个基本体，通过叠加、切割（包括穿孔）等方法而构成不同的组合体的方法。如图5-33所示，给定主视图，构思出几个不同的组合体。

【例5-3】 已知图5-33a所示的支座的主视图，试构思支架的形状，并补画出其他两视图。

解： 根据已知的主视图可以看出，支座上部为带通孔的支撑部分，其下部为安装用底板（板上有安装用通孔），中下部开有通槽，上、下两部分用肋板加强连接。根据各部分功能，形状特征及结构要求，可以有多种方案，本例仅列出两种。

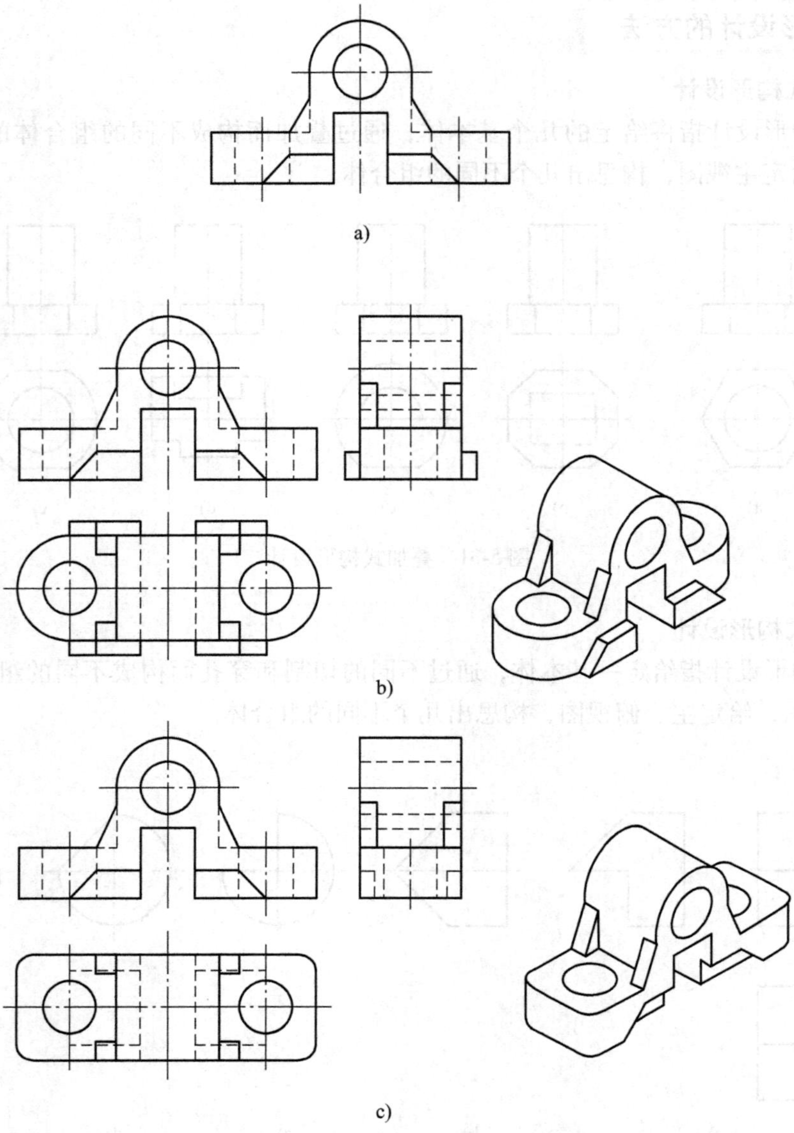

图 5-33 支座构形方案

a）给定支座主视图 b）支座构形方案一 c）支座构形方案二

第 6 章　机件常用的表达方法

为了正确、完整、清晰、简练地表达机件的结构形状，国家标准《技术制图》与《机械制图》规定了绘制图样的基本方法，即视图、剖视图、断面图和其他规定画法等。本章介绍其中一些常用的图样画法。

6.1　视图

视图（GB/T 17451—1998）是将机件向投影面投射所得的图形。主要用来表达机件的外部结构形状。视图分为基本视图、向视图、局部视图和斜视图。

6.1.1　基本视图

基本视图是将机件向基本投影面投射所得的视图。

为了清楚地表示出机件各个面的外部形状，在原三个投影面基础上，增加了三个新投影面，组成一个正六面体的投影面体系。正六面体的六个面称为基本投影面。机件放在六个投影面体系中间，分别向六个基本投影面进行投射，得到六个基本视图。

除前面介绍过的主、俯、左三视图外，还有从右向左投射得到的右视图；从下向上投射得到的仰视图；从后向前投射得到的后视图。各投影面的展开方法如图 6-1 所示，其中后视图所在的投影面，随左视图的投影面一起向右后展开。

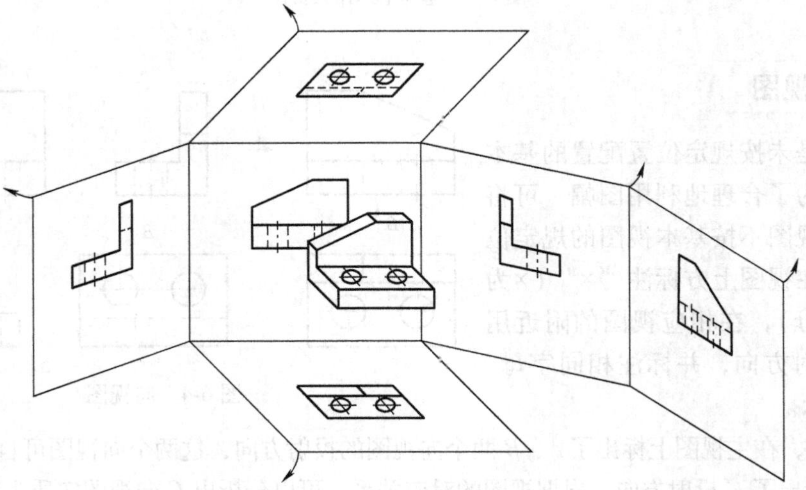

图 6-1　各投影面的展开方法

六个基本投影面展开后，在同一张图纸内的六个基本视图的配置关系如图 6-2 所示。基本视图之间应保持相应的投影关系。按图 6-2 所示配置视图时，不标注视图的名称。

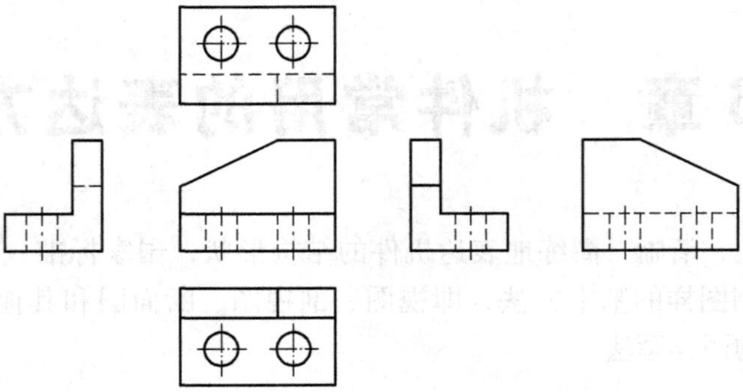

图 6-2　六个基本视图的配置关系

实际绘图时，应根据机件形状和结构的复杂程度，选用必要的基本视图。如图 6-3 所示的泵体采用了四个基本视图（主视图、俯视图、左视图、右视图）较好地表达了该泵体。

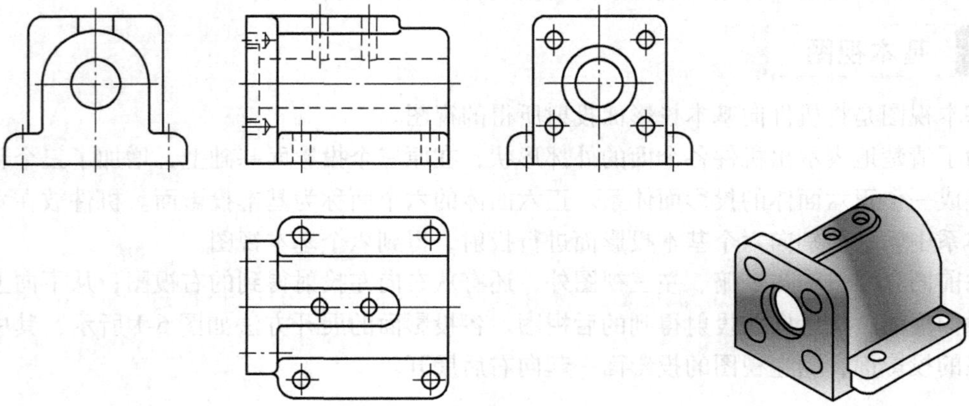

图 6-3　基本视图的选用

6.1.2 向视图

向视图是未按规定位置配置的基本视图。有时为了合理地利用图幅，可将机件的基本视图不按基本视图的规定位置配置，并在视图上方标注“×”（×为大写拉丁字母），在相应视图的附近用箭头指明投射方向，并标注相同字母。如图 6-4 所示。

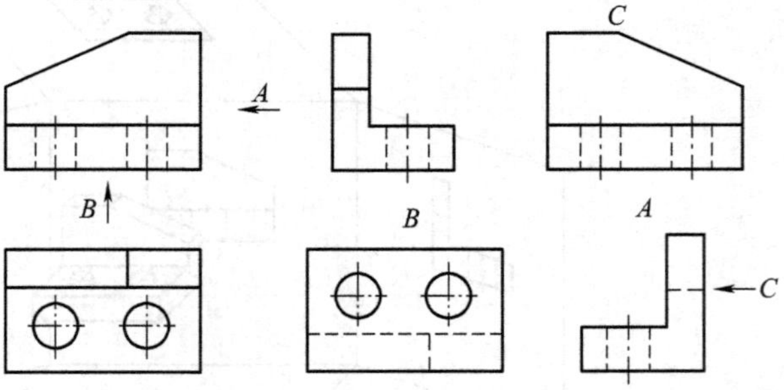

图 6-4　向视图

图 6-4 中，在主视图上标出了 *A*、*B* 两个向视图的投射方向，这两个向视图可自由配置。在 *A* 向视图附近标出了 *C* 投射方向，根据视图的对应关系，可以分析出 *C* 向视图实质为后视图。

6.1.3 局部视图

局部视图是将机件的某一部分向基本投影面投射所得的视图。如图 6-5a 中所示的压紧

杆局部视图 B、C。

画局部视图时应注意以下几点。

1）一般在局部视图上方标出视图的名称“×”，并在相应视图的附近用箭头指明投射方向，并标注相同字母，如图 6-5a 所示。

2）当局部视图按基本视图形式配置时，视图名称可省略标注，如图 6-5b 所示。

3）局部视图的断裂边界应以波浪线或双折线表示，如图 6-5a 所示的 C 向局部视图。当所表示的局部结构完整，外轮廓线封闭时，断裂边界线可以省略不画，如图 6-5a 所示的 B 向局部视图。

4）局部视图按第三角画法配置，不需给出标记，但要用细点画线将两图连接起来，如图 6-5b 所示。

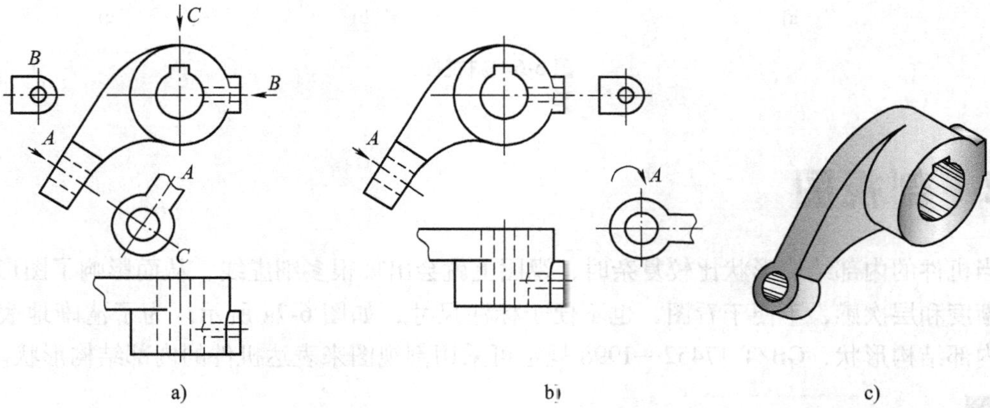

图 6-5　压紧杆的局部视图和斜视图

6.1.4 斜视图

当机件上有不平行于基本投影面的倾斜结构时，用基本视图不能表达这部分结构的实形和标注真实尺寸，给绘图、看图和标注尺寸都带来不便。为了表达该结构的实形，可选用一个与倾斜结构平行且垂直于基本投影面的辅助投影面，将倾斜结构向该投影面投射，从而得到倾斜部分的实形。如图 6-5 及图 6-6 所示。这种将机件向不平行于任何基本投影面的平面投射所得的视图称为斜视图。

画斜视图时应注意以下几点。

1）画斜视图时，必须在视图的上方标注出视图的名称“×”，并在相应的视图附近用箭头指明投射方向，箭头要垂直于倾斜结构轮廓表面，并标注上同样的字母“×”。

2）斜视图一般按投影关系配置，必要时可配置在其他适当的位置。在不致引起误解时，允许将图形旋转。旋转符号是半径为字体高度的半圆弧，其箭头指向应与旋转方向一致，字母应写在旋转符号的箭头端。若需给出旋转角度，角度应注写在字母之后，如图 6-6c 所示。

3）斜视图用于表达不平行于基本投影面的倾斜部分的局部结构，其余部分可用波浪线或双折线断开。当局部结构完整，外轮廓线封闭时，可以省略波浪线或双折线。

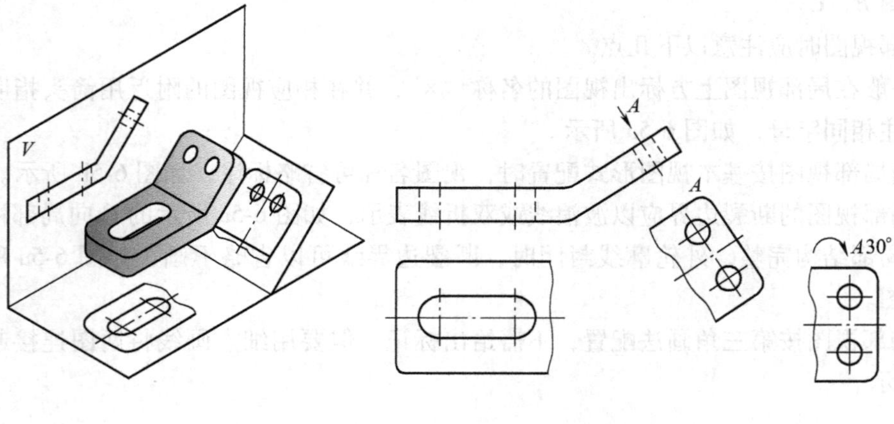

a) b) c)

图 6-6 斜视图

6.2 剖视图

当机件的内部结构形状比较复杂时，视图上就会出现很多细虚线，从而影响了图形表达的清晰度和层次感，不便于看图，也不便于标注尺寸，如图 6-7a 所示。为了清晰地表达机件的内部结构形状，GB/T 17452—1998 规定可采用剖视图来表达机件的内部结构形状。

6.2.1 剖视图的概念

假想用剖切面剖开机件，将处于观察者和剖切面之间的部分移去，而将剩余部分向投影面投射所得到的图形称为剖视图，可简称剖视，如图 6-7c 所示。

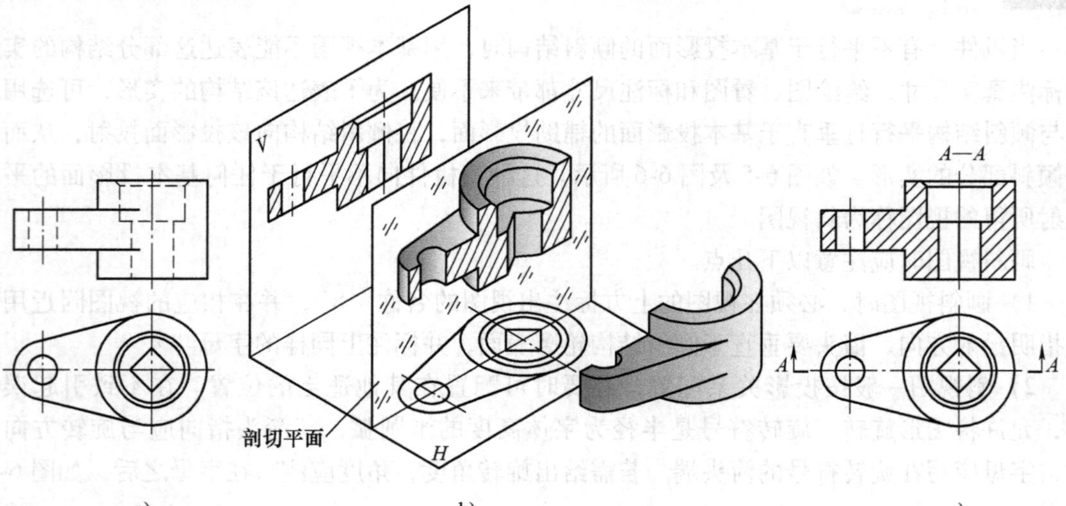

a) b) c)

图 6-7 剖视图的概念

a）机件的两视图 b）将机件的后半部分进行投射 c）剖视图

6.2.2 剖视图的画法

1. 剖视图的基本画法

1）画出机件的视图。

2）选择剖切面及投射方向，并根据规定作出剖切符号。

剖切面是剖切被表达机件的假想平面或曲面。剖切面一般要尽量通过机件内部孔、沟槽等结构的轴线或对称线，以减少细虚线并尽量反映内腔的实形。

3）剖面区域的表示法。剖面区域是剖切面与机件接触的部分，每次剖切都可以得到一个或多个剖面区域。

剖面区域上应填充剖面符号，各种材料具有不同的剖面符号，剖面符号由相应的标准确定。必要时，也可以在图样中用图例方式说明。各种材料的剖面符号见表6-1。

表6-1　剖面符号（GB/T 17453—2005）

材料	剖面符号	材料	剖面符号	材料	剖面符号
金属材料（已有规定剖面符号者除外）	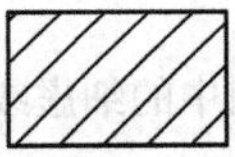	非金属材料（已有规定剖面符号者除外）		木材纵剖面	
玻璃及供观察用的其他透明材料	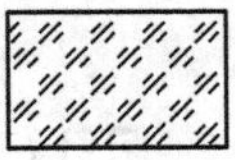	型砂、填砂、粉末冶金、砂轮、陶瓷刀片及硬质合金刀片等		线圈绕组元件	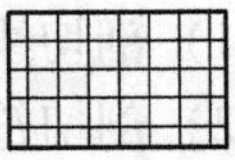
混凝土	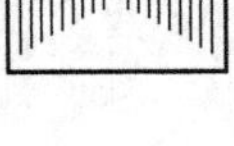	钢筋混凝土		液体	
转子、电枢、变压器和电抗器等的叠钢片	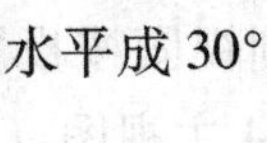	网格	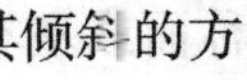	胶合板	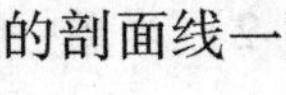

同一个机件的各个剖面区域的剖面线应方向相同、间隔相等。通用剖面线的角度最好与主要轮廓或剖面区域的对称线成45°角。当图形中的主要轮廓线与水平成45°时，该图形的剖面线应画成与水平成30°或60°的平行线，其倾斜的方向应与其他剖面区域的剖面线一致，如图6-8所示。

4）由于剖视图是假想把机件剖开，所以当一个视图画成剖视图时，其他视图的投影不受影响，仍按完整的机件画出。在剖视图中，对于已经表达清楚的结构，其细虚线可以省略不画。对于没有表达清楚的部分，可以用细虚线画出。如图 6-9 所示。

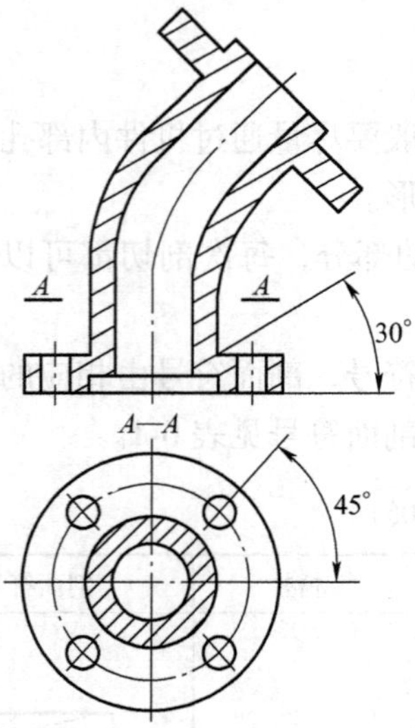

图 6-8　剖面线画成 30°斜线

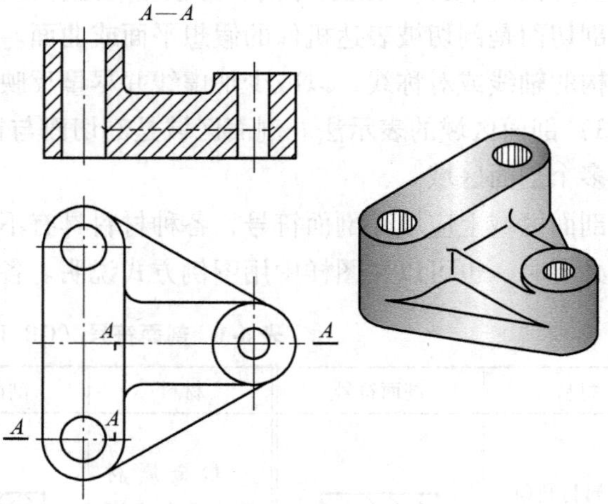

图 6-9　剖视图中的细虚线

2. 剖视图的标注

剖视图一般需要标注，标注的目的是看图时了解剖切位置和投射方向，便于找出视图的对应关系。

1）剖切线。剖切线是指示剖切面位置的线（细点画线）。

2）剖切符号。剖视图一般用剖切符号进行标注。剖切符号由表示剖切位置的粗短画（指示剖切位置及剖切面之间的连接）和表示投射方向的箭头组成。

3）剖视图名称。在剖视图的上方用大写字母水平标出剖视图的名称“×—×”。在箭头的外侧和剖切符号附近用相同的大写字母水平标注。剖切符号、剖切线和字母的组合标注如图 6-10a 所示。剖切线也可以省略，如图 6-10b 所示。

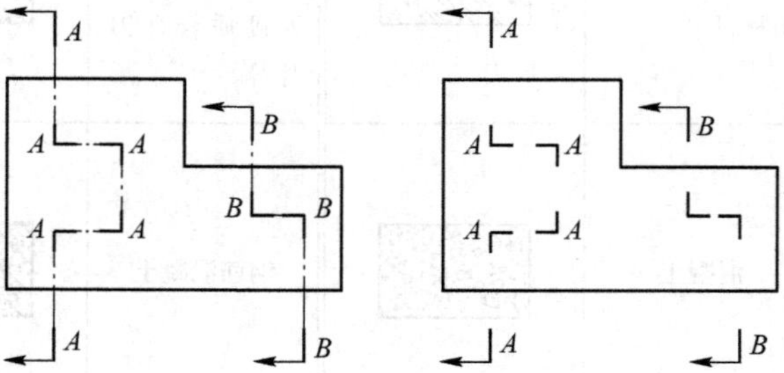

a)　　b)

图 6-10　剖切标记

3. 剖视图标注的省略和剖视图的简化

在下列情况下，剖视图的标注可以省略或对其画法进行简化。

1）当剖视图与原视图按投影关系配置，中间又无其他图形隔开时，可以省略箭头，如图 6-8 所示。

2）当单一剖切平面通过机件对称面或基本对称的平面，且剖视图按投影关系配置，中间又没有其他图形隔开时，不必标注，如图 6-11b 主视图、图 6-14 主视图（半剖）所示。

3）当单一剖切平面的剖切位置明确时，局部剖视图不必标注，如图 6-16b、图 6-17、图 6-18b 所示。

6.2.3 剖视图的种类

按照剖切面剖开机件的范围大小不同，可以将剖视图分为全剖视图、半剖视图和局部剖视图三种。

1. 全剖视图

用剖切面完全地剖开机件所得到的剖视图，称为全剖视图，如图 6-11b 所示。全剖视图主要用于表达内部结构比较复杂、外形相对简单的不对称机件。对于外形简单且有对称平面的机件，也常采用全剖视图，如图 6-12 所示。

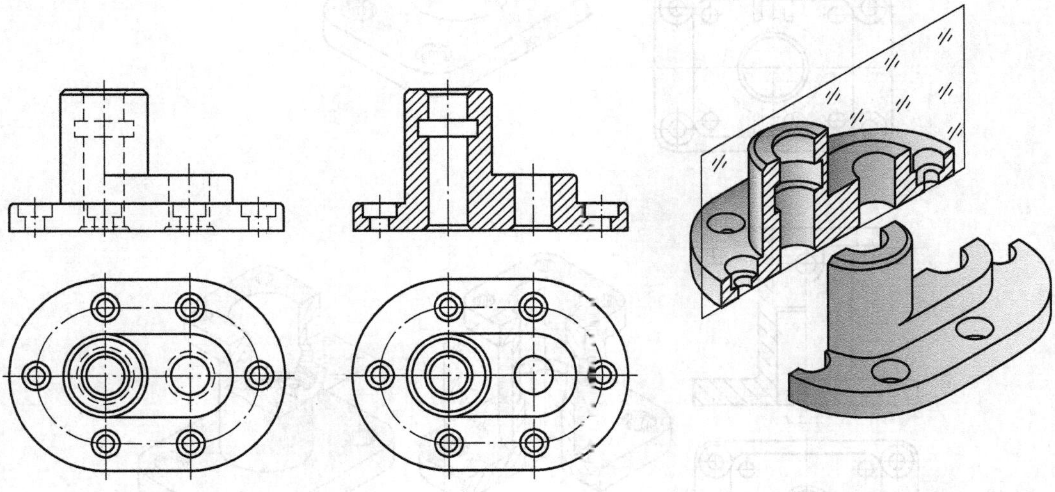

a)　　b)　　c)

图 6-11　全剖视图的画法示例

a）泵盖的两视图　b）泵盖的全剖主视图　c）泵盖全剖立体图

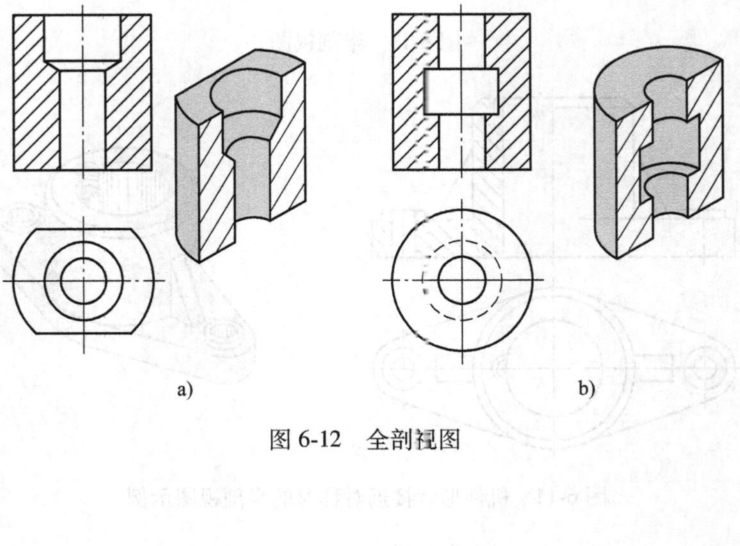

a)　　b)

图 6-12　全剖视图

2. 半剖视图

当机件具有对称平面时，以对称平面为界，用剖切面剖开机件的一半所得的剖视图称为半剖视图。半剖视图主要用于内、外形都需要表达的对称机件，图 6-13b 所示。当机件的形状接近对称，且不对称部分已由其他视图表达清楚时，也可以画成半剖视图，如图 6-14 所示。

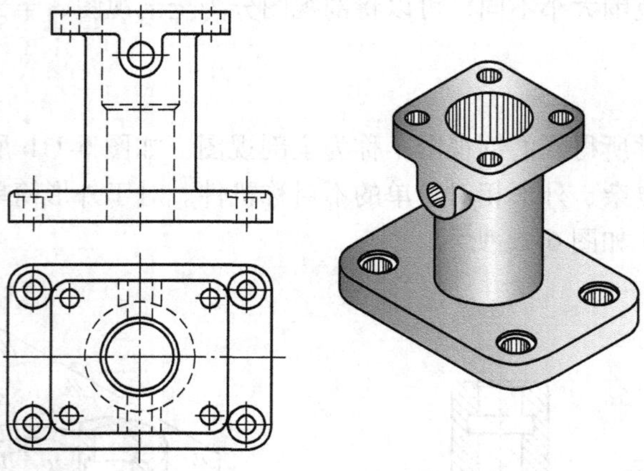

a)

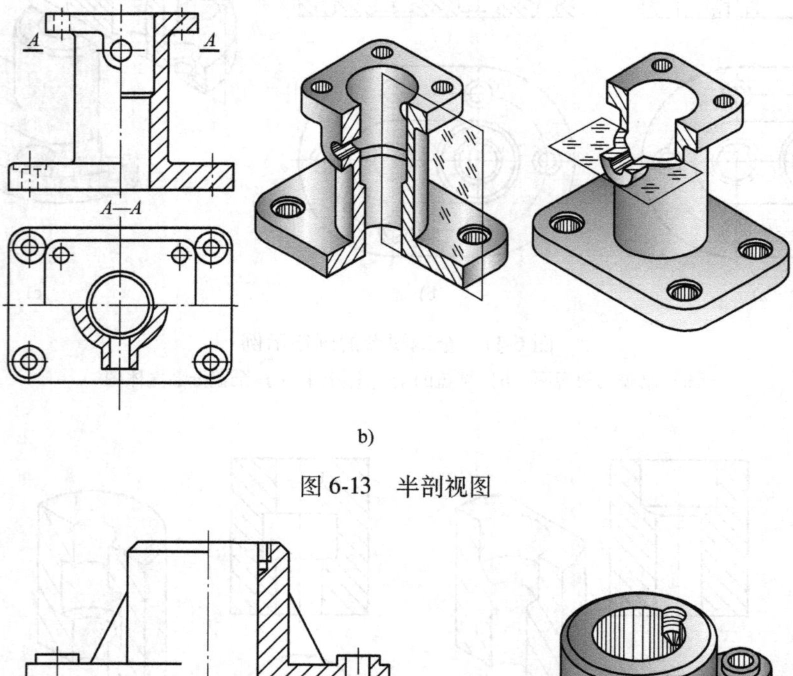

b)

图 6-13　半剖视图

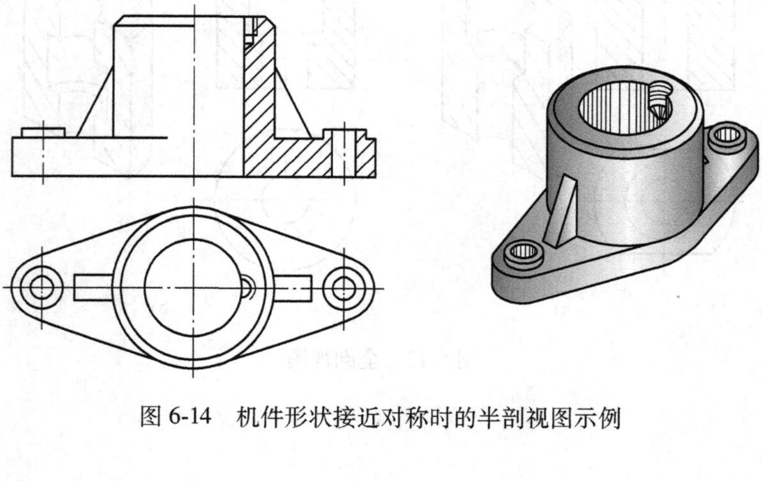

图 6-14　机件形状接近对称时的半剖视图示例

画半剖视图时应注意：

1）半剖视图中，剖与不剖部分的分界线是细点画线，不能画成粗实线。

2）由于机件对称，内形已在剖视部分表达清楚，所以在表达外部形状半个视图中细虚线可以省略不画。

3）半剖视图的剖切符号、字母和全剖视图相同。

3. 局部剖视图

用剖切平面局部地剖开机件所得到的剖视图，称为局部剖视图，如图6-15所示。

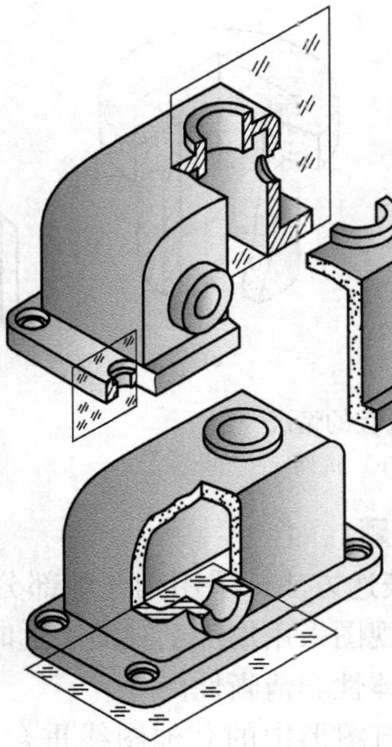

a)

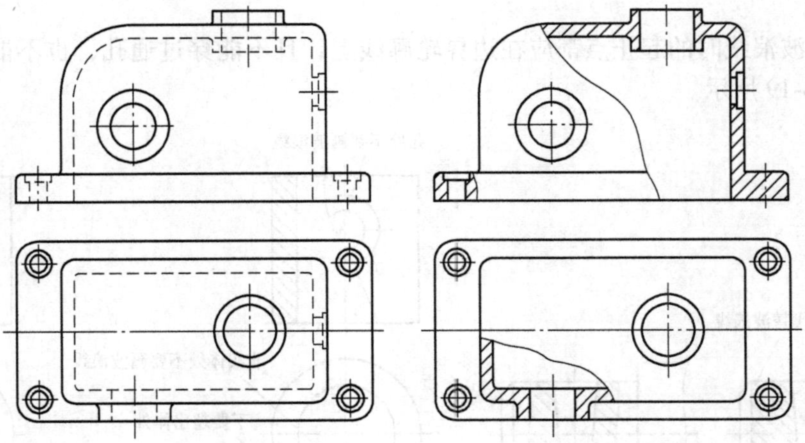

b)　　c)

图6-15　局部剖视图（一）

机件被局部剖切后，其断裂处用波浪线（或双折线）表示。局部剖视图中的波浪线（或双折线）作为剖与未剖部分的分界线。

局部剖视图一般适用于下列几种情况：

1）机件的内外形均需表达，但因不对称而不能采用半剖视图时，如图 6-15 所示。

2）当机件的内外轮廓线与对称中心线重合，不宜采用半剖视图表达时，如图 6-16 所示。

3）轴、连杆、手柄等实心零件上有小孔、槽、凹坑等局部结构需要表达其内形时，常用局部剖视图表示，如图 6-17 所示。

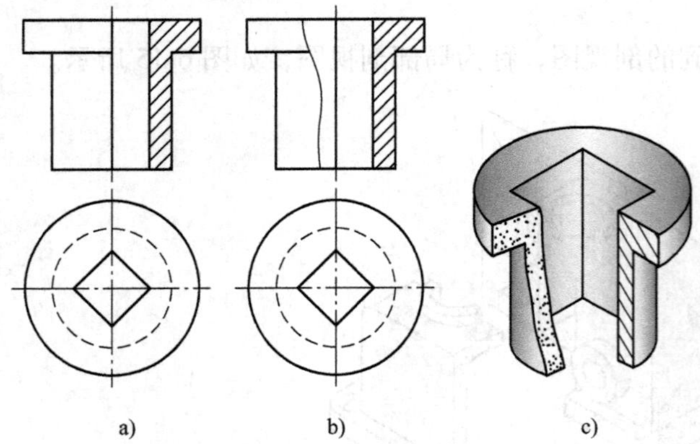

图 6-16　局部剖视图适宜的情况

a）不合理　b）合理　c）机件

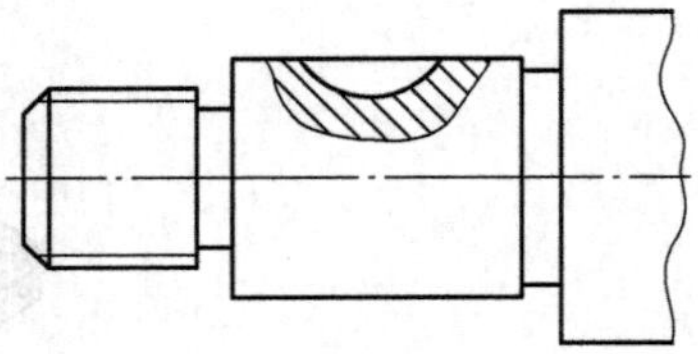

图 6-17　局部剖视图（二）

4. 画局部剖视图时应注意的问题

1）局部剖视图是一种灵活的表达方法，采用剖开的部分表达机件的内部结构，未剖的部分表达机件的外部形状。对一个视图采用局部剖视图表达时，剖切的部位不宜过多，否则会使图形过于破碎，影响图形的整体性和清晰性。

2）表示断裂处的波浪线不应与图形中的其他图线重合或位于轮廓线的延长线上，如图 6-18 所示。

3）绘制波浪线时的起止点都应在边界轮廓线上，且不能穿过通孔，也不能超出图形轮廓线，如图 6-19 所示。

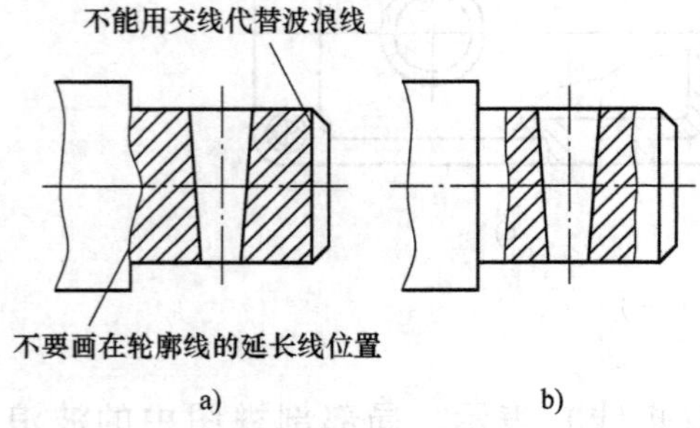

图 6-18　常用局部剖视图的情况（一）

a）不正确　b）正确

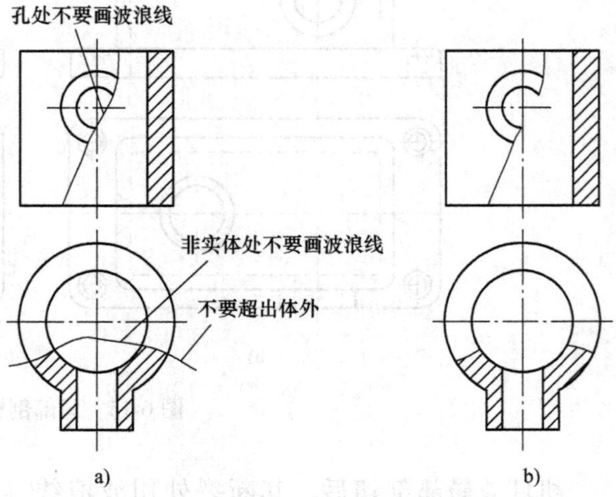

图 6-19　常用局部剖视图的情况（二）

a）不正确　b）正确

4）对于剖切位置明显的局部剖视，一般可省略标注。若剖切位置不够明显，则应进行标注，如图 6-20 所示。

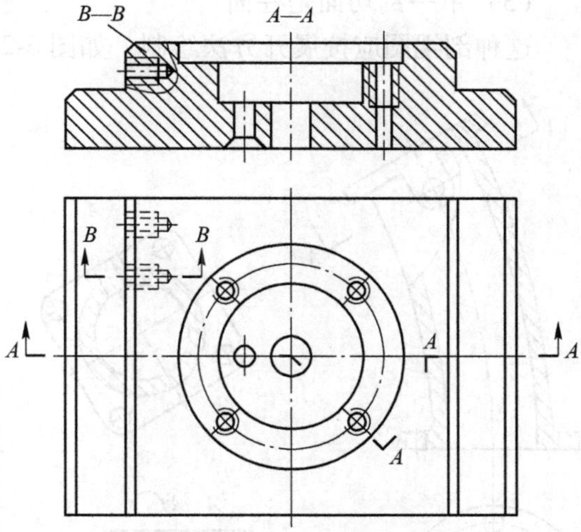

图 6-20　局部剖视图的标注

6.2.4 剖切面的种类和剖切方法

剖切面有三种，它们可单独使用，也可组合起来使用。根据机件的结构特点可选择以下剖切面对机件进行剖切表达。

1. 单一剖切面

单一剖切面又可分为三种情况。

（1）单一剖切平面是基本投影面的平行面

前面所讲述的全剖视图、半剖视图和局部剖视图，都是采用这种方法画出的，是最常用的剖切方法。

（2）单一剖切平面不是基本投影面的平行面

当机件上具有倾斜部分的内部结构形状，在基本视图上不能反映其实形时，可选择与内部结构平行且与基本投影面垂直的剖切平面剖切，再投射到与剖切平面平行的投影面上以得到实形。这种用不平行于任何基本投影面的剖切平面剖开机件的方法习惯上称为斜剖。如图 6-21 所示。

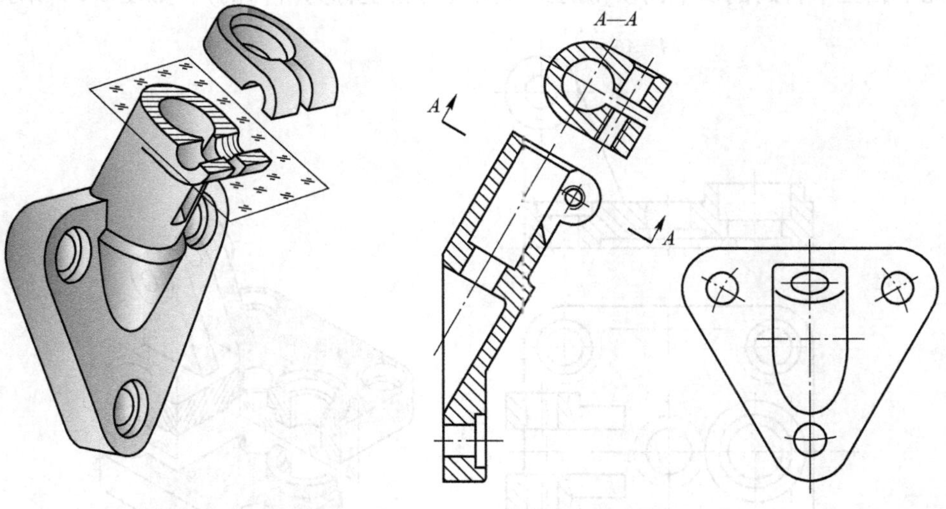

a)　　b)

图 6-21　斜剖（一）

用这种剖切平面得到的剖视图，最好布置在符合投射方向的位置上，如图 6-21b 中所示的 *A*—*A*。必要时可以将斜剖视图配置在其他适当位置，如图 6-22 中所示的 *A*—*A*，在不致引起误解时，允许将图形旋转，但旋转角度应小于 90°，旋转后要标注旋转符号，标注形式为“*X*—*X*↶”或“↷*X*—*X*”，如图 6-22 中所示的“*A*—*A*↶”。

(3) 单一剖切面是柱面

这种剖视图应按展开方法绘制，如图6-23中所示的“*B—B*展开”。

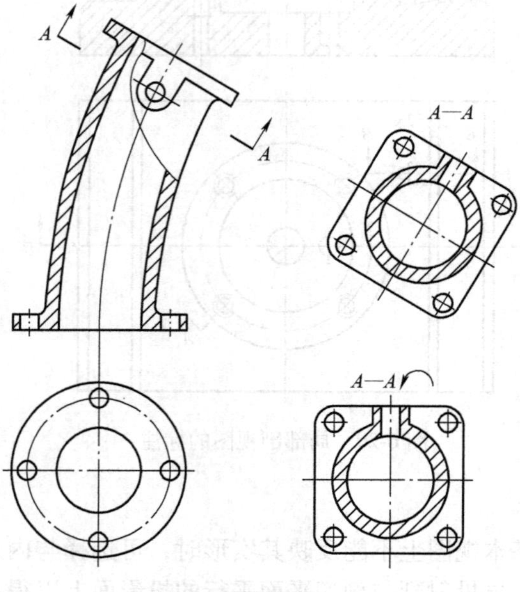

图6-22 斜剖（二）

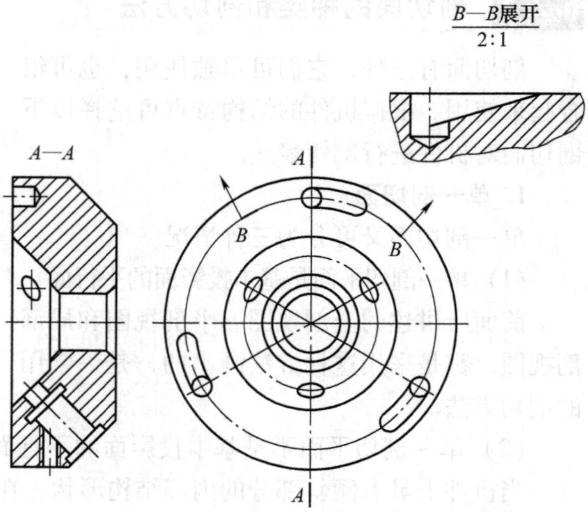

图6-23 用圆柱面剖切得到的剖视图

2. 几个平行的剖切平面

用几个相互平行的剖切平面获得的剖视图（习惯上称为阶梯剖），如图6-24所示。

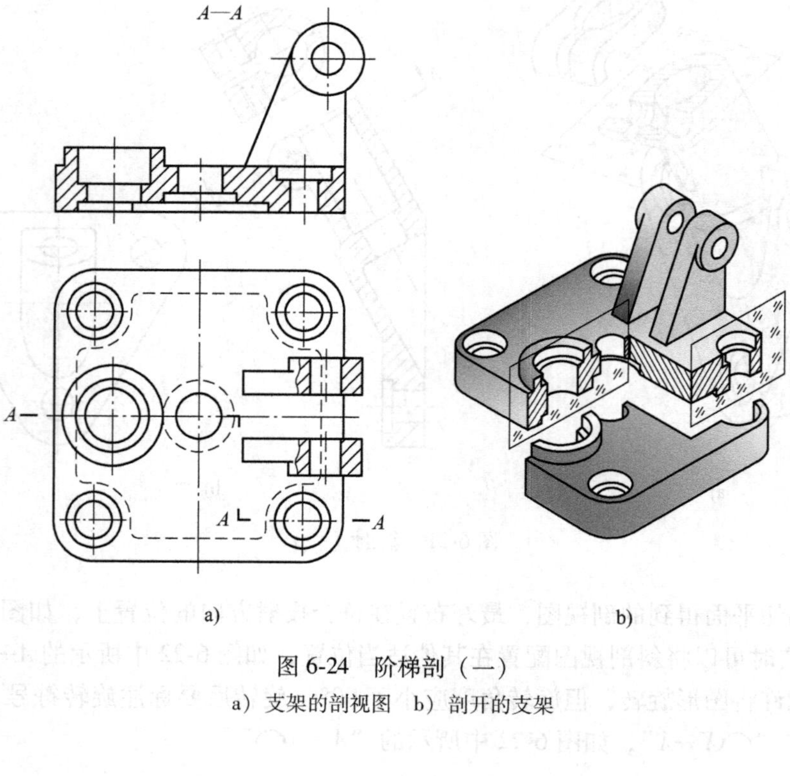

图6-24 阶梯剖（一）

a）支架的剖视图 b）剖开的支架

采用这种方法画剖视图时，应注意以下几点。

1）不应画出两个剖切平面连接处交线的投影，如图 6-25c 所示。

2）在图形内不应出现不完整的结构要素，如图 6-25d、图 6-26a 所示。仅当两个要素在图形上具有公共对称中心线或轴线时，可以各画一半，此时应以对称中心线或轴线为界，如图 6-26b 所示。

3）在剖切平面起讫和连接处画出剖切符号，标注上相同的大写字母，并在图形外剖切符号处画上箭头表示投射方向。在相应的剖视图上方用相同的字母标出剖视图的名称“*X*—*X*”。当连接处空间有限，又不致引起误解时，允许省略字母，如图 6-27a 所示。当剖视图按投影关系配置，中间又没其他图形隔开时，可以省略箭头，如图 6-25b、图 6-26b 所示。

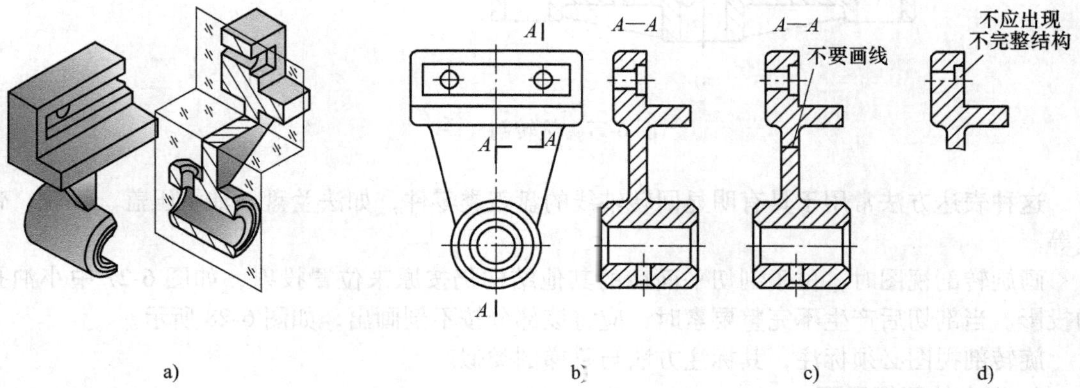

图 6-25　阶梯剖画法

a）立体图　b）正确　c）错误　d）错误

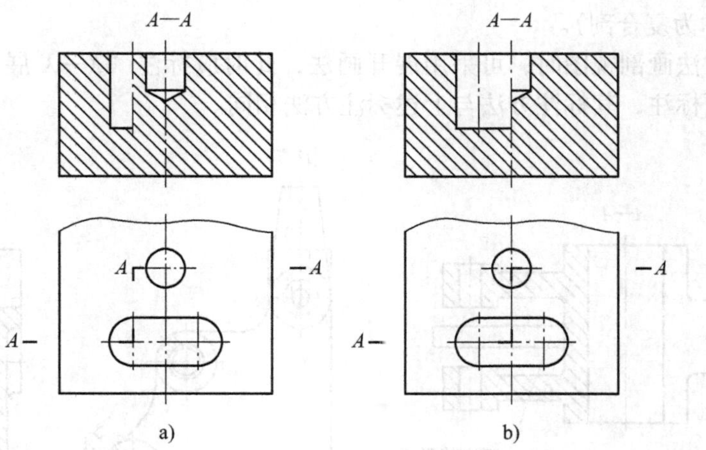

图 6-26　阶梯剖（二）

a）错误　b）正确

3. 两相交的剖切平面

用两相交剖切平面（交线垂直于某一基本投影面）剖开机件的方法（习惯上称为旋转剖），如图 6-27a 所示。采用这种方法绘制剖视图时，先假想按剖切位置剖开机件，然后将剖开后的结构及其有关部分旋转到与选定的投影面平行后再进行投影。

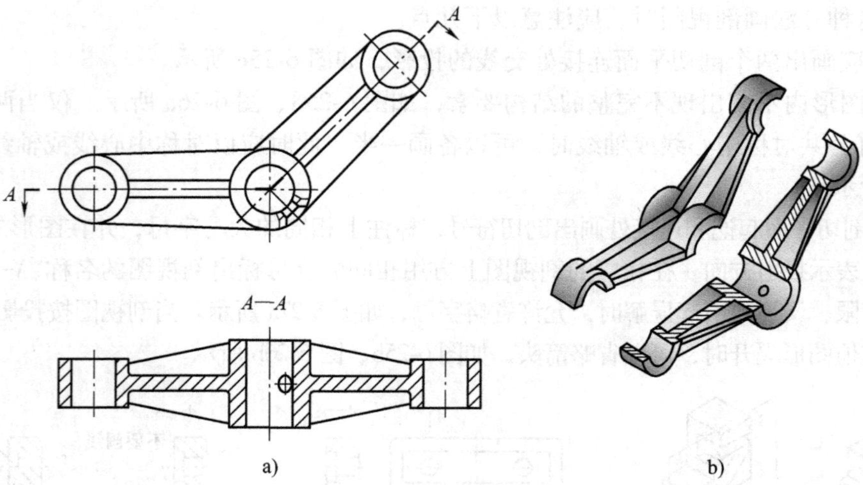

图 6-27　旋转剖（一）

这种表达方法常用于具有明显回转轴线的盘盖类零件，如法兰盘、轴承压盖、手轮、带轮等。

画旋转剖视图时，位于剖切平面后的其他结构仍按原来位置投射，如图 6-27 中小油孔的投影。当剖切后产生不完整要素时，应将该部分按不剖画出，如图 6-28 所示。

旋转剖视图必须标注，其标注方法与阶梯剖类似。

4. 组合的剖切平面

当机件的内部结构形状比较复杂，用上述各种方法仍不能清楚地表达出机件的内部结构形状时，可以把它们结合起来应用。用组合的剖切面剖开机件的方法称为组合剖切平面法（习惯上也称为复合剖）。

采用这种方法画剖视图时，可采用展开画法，此时应标注“*X—X* 展开”，如图 6-29 所示。复合剖必须标注，其标注方法与上述标注方法相同。

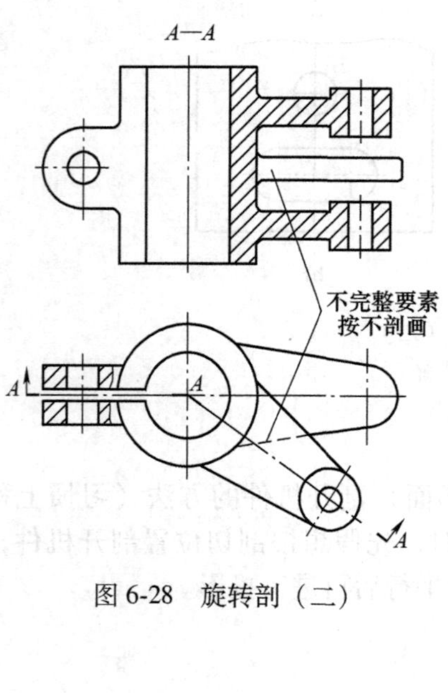

图 6-28　旋转剖（二）

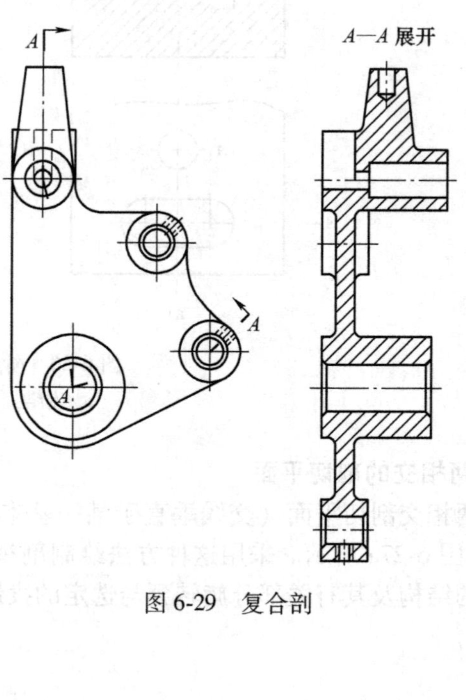

图 6-29　复合剖

6.3 断面图

6.3.1 断面图的概念

假想用剖切平面将机件的某处切断，仅画出该断面的图形称为断面图（简称断面），如图 6-30b 所示。

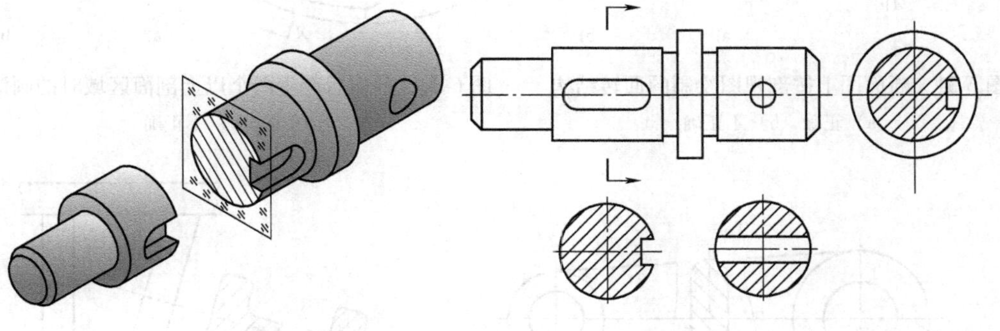

a) b) c)

图 6-30 断面图与剖视图的区别
a）用剖切平面把轴切断 b）断面图 c）剖视图

断面图与剖视图的区别在于：断面图仅按规定画出机件剖切断面的形状，而剖视图除画出断面形状之外，还必须画出剖切平面后的可见轮廓线，如图 6-30c 所示。

断面图主要用来表达零件上肋板、轮辐及轴类零件上孔、键槽等局部结构断面的形状。

6.3.2 断面图的种类及画法

断面图分为移出断面和重合断面两种。

1. 移出断面

画在视图外的断面称为移出断面。

移出断面的轮廓线用粗实线绘制。为了便于看图，移出断面应尽量配置在剖切线的延长线上，如图 6-30b 中所示通孔的断面图。必要时可以将断面图配置在其他适当的位置，如图 6-31a 所示。

（1）画移出断面时应注意的问题

1）若剖切平面通过回转面形成的孔或凹坑的轴线，或通过非圆孔而出现完全分离成两个剖面区域时，则这些结构均按剖视绘制，如图 6-30b、图 6-31a、图 6-32a 所示。

2）断面图也可画在视图的中断处，此断面图也称为移出断面，如图 6-33 所示。

3）由两个或多个相交剖切平面剖切得到的移出断面，中间应断开，如图 6-34 所示。

（2）移出断面的标注

1）移出断面图一般应用粗短画表示剖切位置，用箭头指明投射方向，并注上字母，在断面图上方用同样的字母标出相应的名称“*X*—*X*”，如图 6-32 所示。

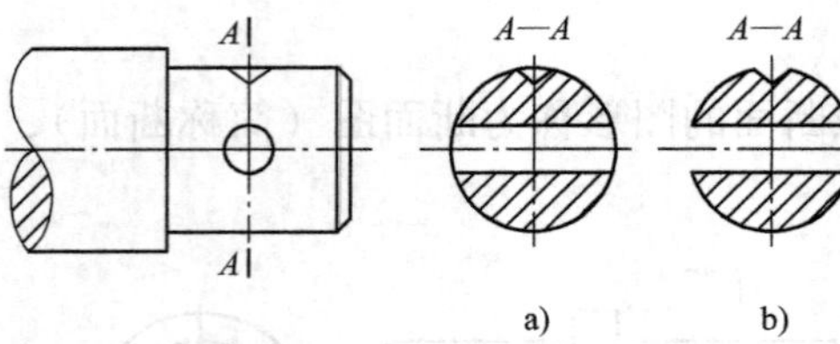

图 6-31　断面图上按剖视图绘制的回转结构
a）正确　b）不正确

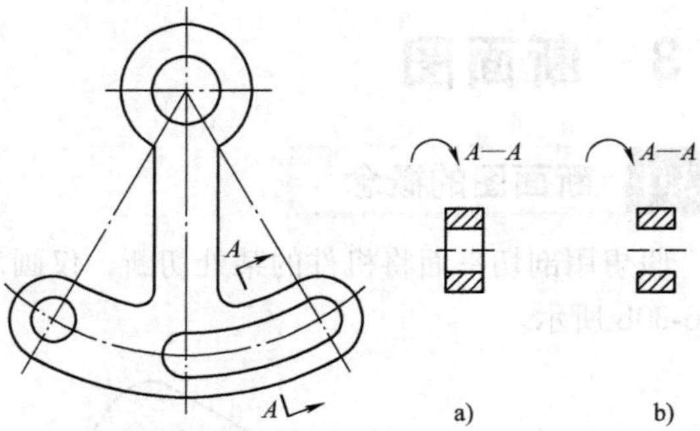

图 6-32　剖切后产生两个以上剖面区域时的画法
a）正确　b）不正确

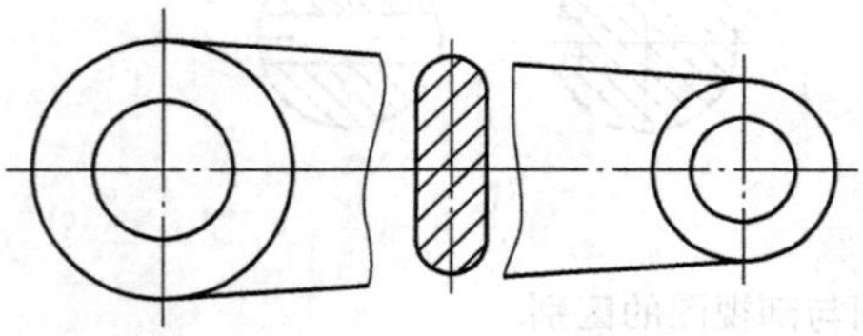

图 6-33　当断面图形对称时的移出断面画法

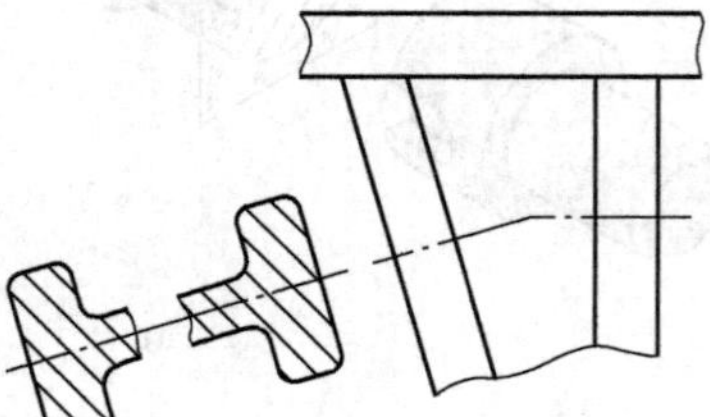

图 6-34　两相交剖切平面的移出断面的画法

2）配置在剖切符号延长线上的不对称移出断面，可以省略字母，如图 6-30b 所示。

3）不配置在剖切符号延长线上的对称移出断面，以及按投影关系配置的不对称移出断面，均可省略箭头，如图 6-31a 所示。

4）配置在剖切线延长线上，以及配置在视图中断处的对称移出断面，可省略全部标注，如图 6-33、图 6-34 所示。

2. 重合断面

画在视图内的断面称为重合断面。重合断面的轮廓线用细实线绘制。当视图中的轮廓线与重合断面图的图形重叠时，视图中的轮廓线应连续画出，不可间断，如图 6-35a、b 所示。

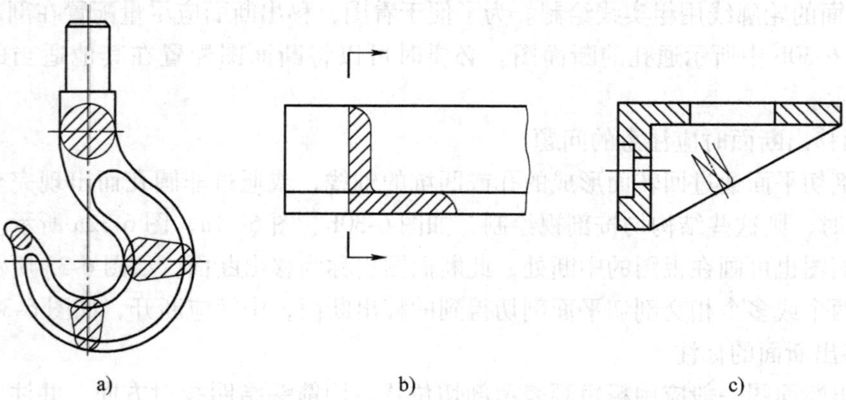

图 6-35　重合断面
a）吊钩　b）角钢　c）支架

当重合断面对称时，可省略全部标注，如图 6-35a、c 所示。当重合断面不对称时，应标注剖切符号，不必标注字母，如图 6-35b 所示。

6.4 其他规定画法和简化画法

除了上文介绍的一些图样画法外，为了便于绘图和看图，可采用国家标准规定的其他画法和简化画法，本节介绍一些常用的画法。

6.4.1 其他规定画法

1）机件上的局部细小结构，在视图中不能表达清楚也不便标注尺寸时，常采用局部放大图来表达。这种将机件的部分结构，用大于原图形所采用的比例画出的图形，称为局部放大图，如图 6-36 所示的Ⅰ、Ⅱ两处。

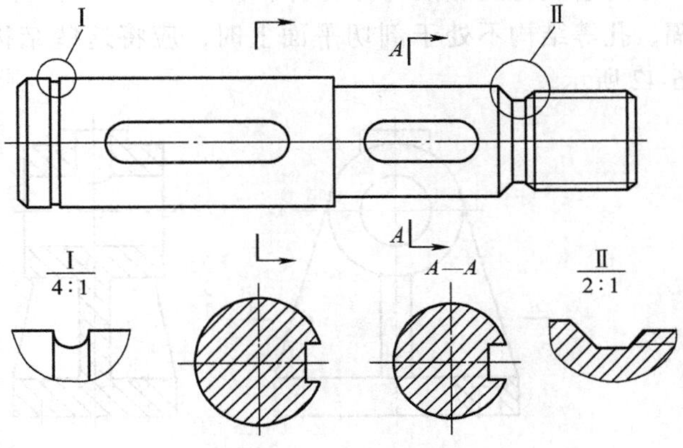

图 6-36　局部放大图

局部放大图可以画成视图、剖视图或断面图，与被放大部分的原画法无关。局部放大图应尽量配置在被放大部位的附近。

绘制局部放大图时，应在原视图上用规则的细实线图形圈出被放大的部位。当同一机件上有多个需放大部位时，要用罗马数字依次标明被放大的部位，并在局部放大图的上方将相应的罗马数字和所采用的比例用细横线上下分开标出，标注比例为所放大图形与实物的线性尺寸之比，如图 6-36 所示。当机件上被放大的部位仅有一个时，在局部放大图的上方只需注明所采用的比例即可。

局部放大图与整体的断裂边界用波浪线画出。同一机件在局部放大图中的剖面符号要与原图形中绘制的完全一致。

2）当机件具有若干相同的结构（齿、槽等）并按一定规律分布时，只需画出几个完整的结构，其余用细实线连接，在零件图中必须注明该结构的总数，如图 6-37 所示。

3）若干直径相同且有规律分布的孔（圆孔、螺孔、沉孔等），可以仅画出一个或几个，其余只需用细点画线表示其中心位置，在零件图中应注明孔的总数，如图 6-38 所示。

4）网状物、编织物或机件上的滚花部分，可在轮廓线附近用粗实线示意画出，如图 6-39 所示。

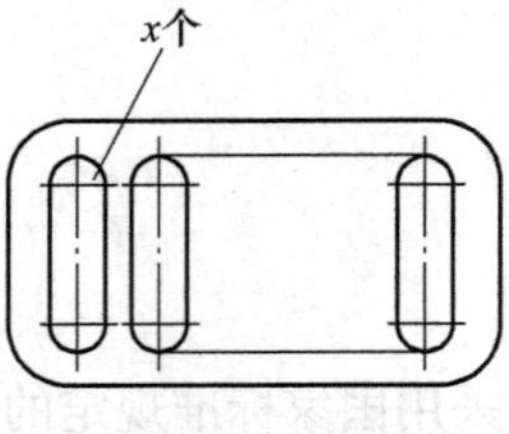

图 6-37　相同结构的简化画法

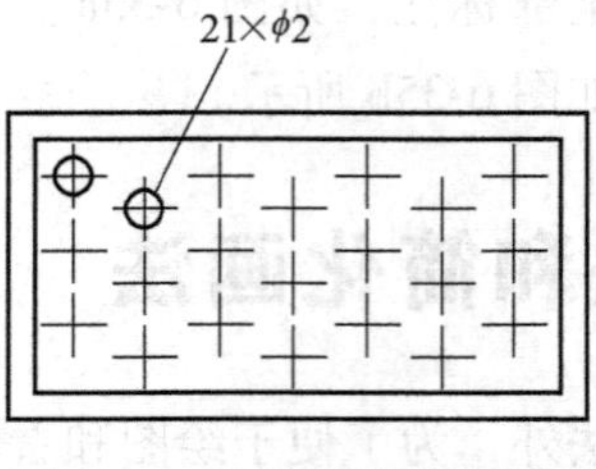

图 6-38　有规律分布的相同结构的省略画法

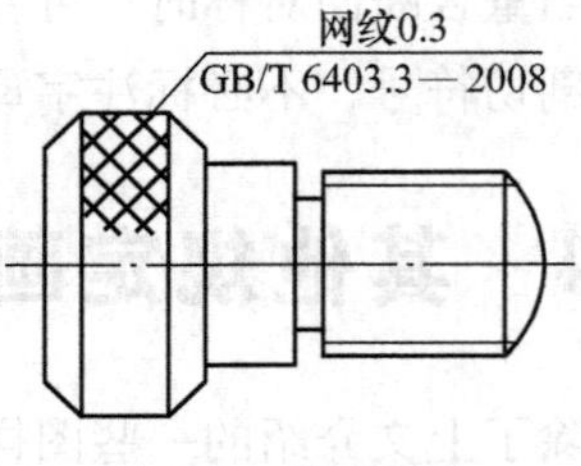

图 6-39　滚花画法

5）对于机件上的肋、轮辐及薄壁等，如按纵向剖切，这些结构不画剖面符号，而是用粗实线将它们与其邻接部分分开，如图 6-40 所示左视图。当回转体机件上均匀分布的肋、轮辐、孔等结构不处于剖切平面上时，应将这些结构旋转到剖切平面上画出，如图 6-41、图 6-42 所示。

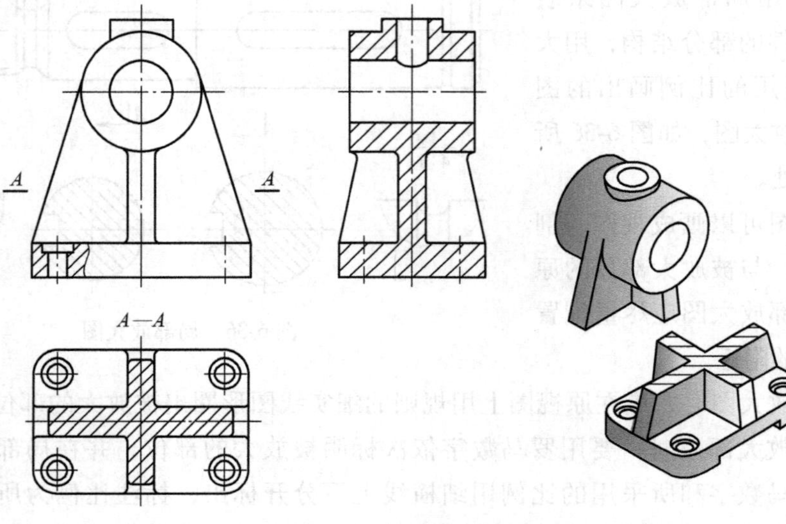

图 6-40　剖视图上肋的画法

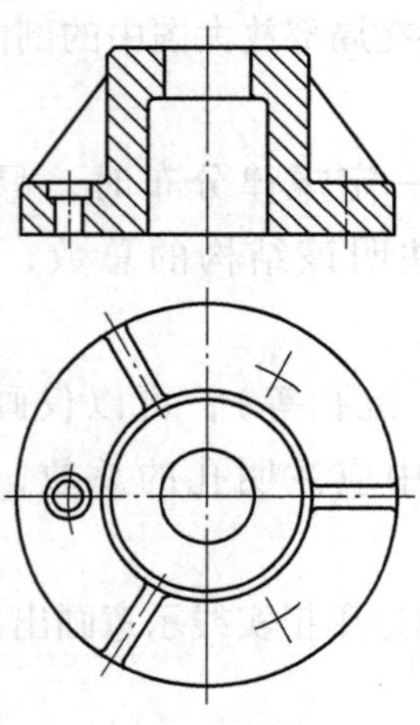

图 6-41　均匀分布有肋和孔的简化画法（一）

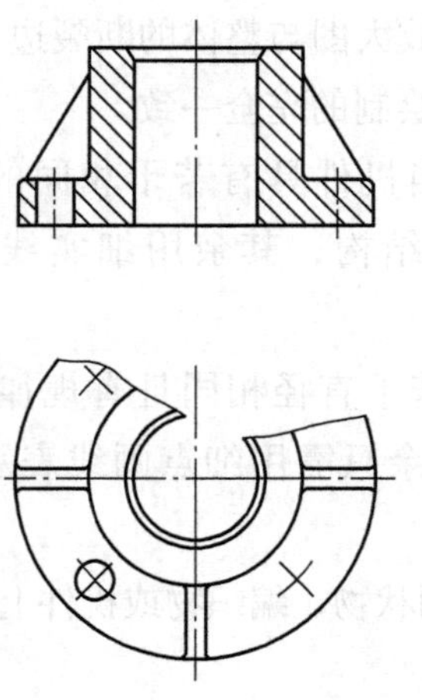

图 6-42　均匀分布有肋和孔的简化画法（二）

6）当图形不能充分表达平面时，可用平面符号（两条相交的细实线）表示，如图 6-43 所示。

7）较长的机件（轴、杆、型材、连杆等）沿长度方向的形状一致或按一定规律变化时，可断开后缩短绘制，但必须标注实际的长度尺寸，如图 6-44 所示。

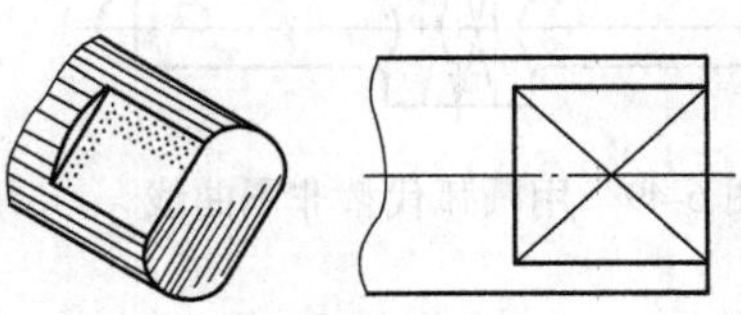

图 6-43　平面符号的用法

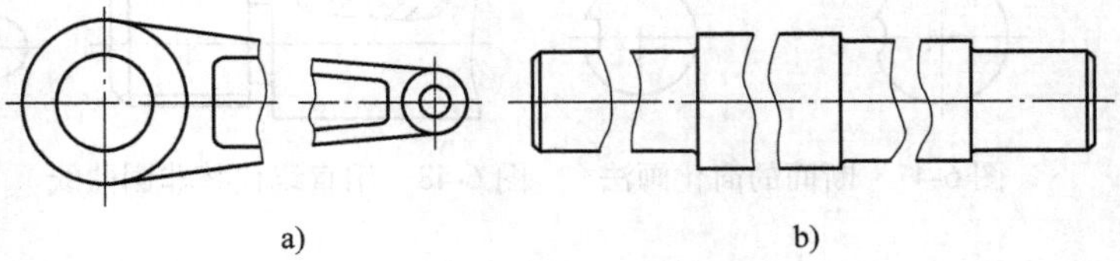

图 6-44　断裂画法

8）圆柱形法兰和类似机件上均匀分布的孔，可按图 6-45 所示方法绘制。

9）机件上斜度不大的结构，如在图形中已表达清楚时，其他图形可按小端画出，如图 6-46 所示。

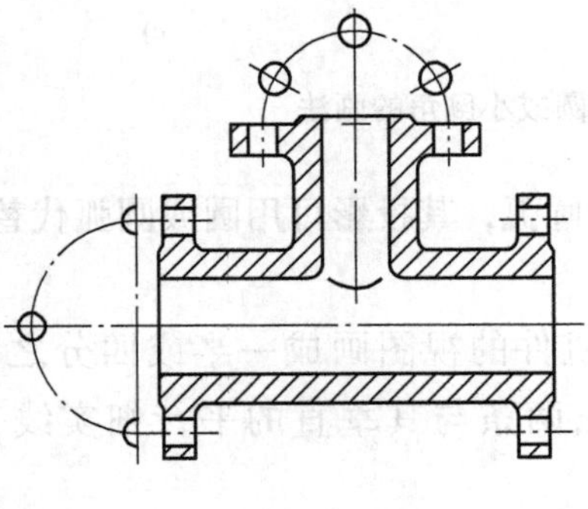

图 6-45　法兰上均匀分布的孔的画法

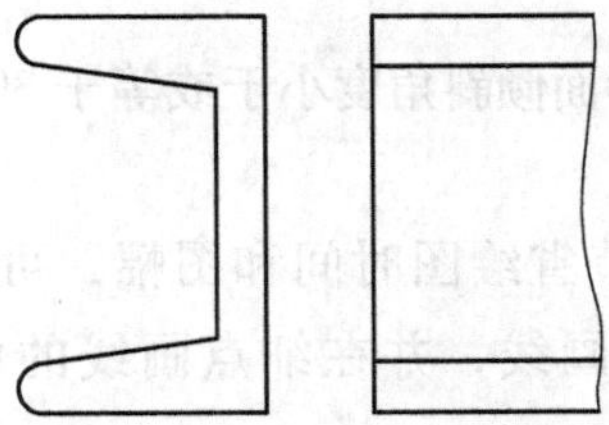

图 6-46　斜度不大的结构的画法

10）在剖视图的剖面中，可再进行一次局部剖。采用这种表达方法时，两个剖面的剖面线应同方向、同间隔，但要互相错开，并用引出线标注其名称，如图 6-20 所示。当剖切位置明显时，也可省略标注。

6.4.2 简化画法

1）在不致引起误解时，零件图和装配图中的剖面区域允许省略剖面符号，如图 6-47 所示。

2）图形中的相贯线或过渡线，在不致引起误解时，允许简化，如图 6-48 所示，用直线代替非圆曲线，如图 6-49 所示用圆弧代替非圆曲线。

3）在不致引起误解时，零件图中的小圆角、锐边的小倒圆或 45° 小倒角，允许省略不画，但必须注明尺寸或在技术要求中加以说明，如图 6-50 所示。

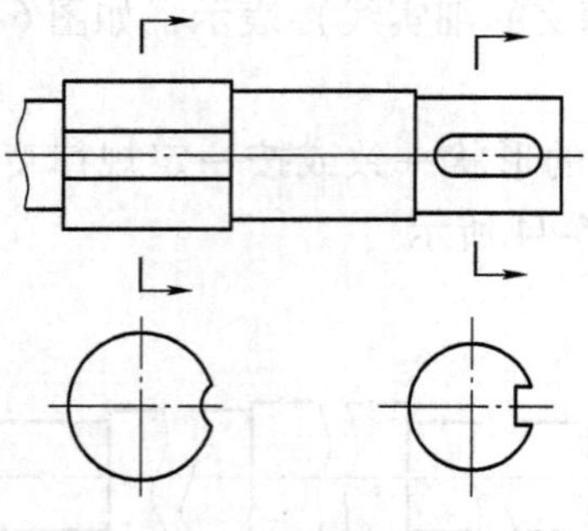

图 6-47　断面的简化画法

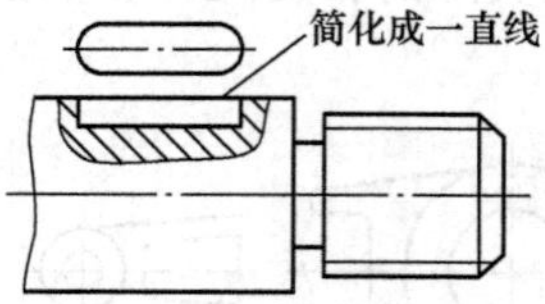

图 6-48　用直线代替非圆曲线

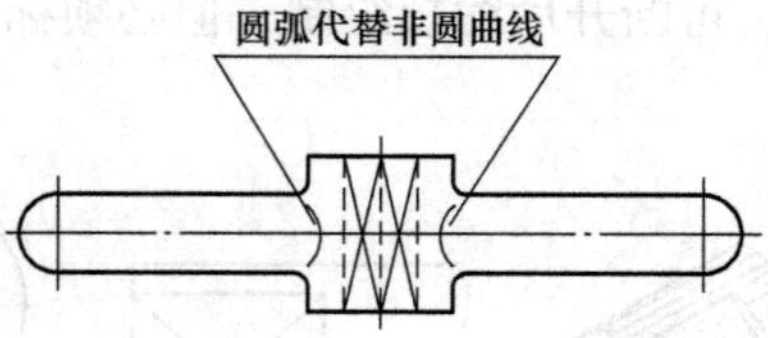

图 6-49　用圆弧代替非圆曲线

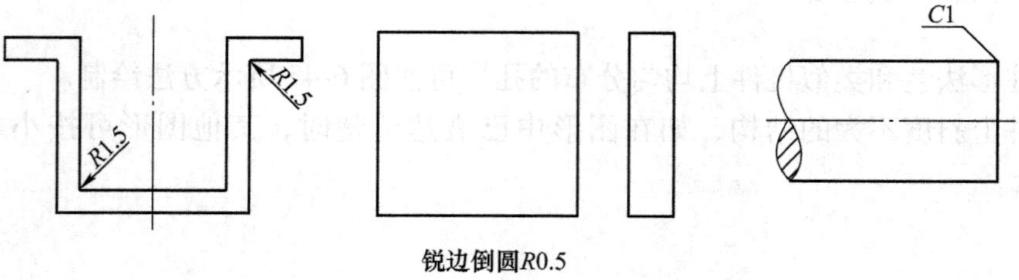

a)　　b)　　c)

图 6-50　小圆角、小倒圆或小倒角的画法

4）与投影面倾斜角度小于或等于 30°的圆或圆弧，其投影可用圆或圆弧代替，如图 6-51 所示。

5）为了节省绘图时间和图幅，可将对称机件的视图画成一半或四分之一，其断裂边界线为细点画线，并在细点画线的两端画出两条与其垂直的平行细实线，如图 6-52 所示。

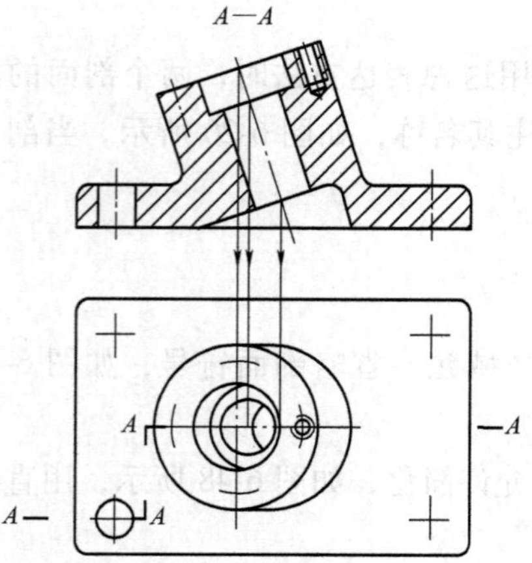

图 6-51　小于或等于 30°倾斜角度的圆或圆弧简化画法

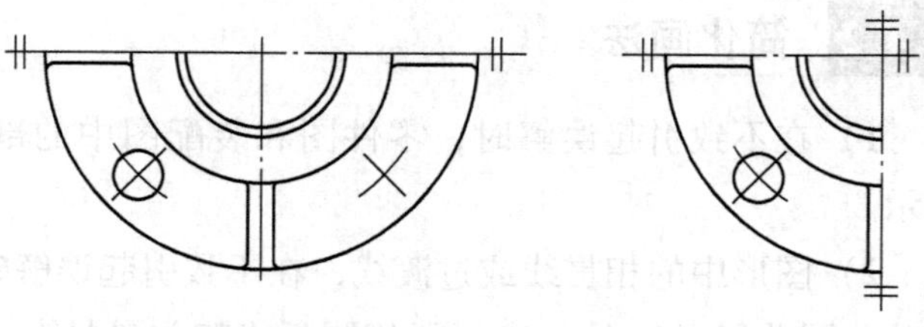

图 6-52　对称机件的局部视图

6.5 综合应用举例

上文介绍了机件的各种图样画法，当表达机件时，应根据机件的具体结构形状，正确、灵活地综合选用视图、剖视图、断面图及其他图样画法，同时还要考虑尺寸标注等问题。

确定表达方案的原则是，应首先考虑看图方便，根据机件的结构特点，选用适当的图样画法，在完整、清晰地表达出机件的内外各部分结构形状的前提下，力求画图简便。下面举例说明。

【例 6-1】 支架（图 6-53）

1. 分析机件形状

该支架由上面的空心圆筒、中间的十字形肋板和下面的倾斜底板三部分组成，倾斜底板上有四个安装孔。

2. 选择表达方案

（1）选择主视图

画图时，通常选择最能反映机件特征的投射方向作为主视图的投射方向。同时，应将零件的主要轴线或主要平面平行于基本投影面。因此，把支架的主要轴线——空心圆筒的轴线水平放置（即把支架的前后对称面放成正平面）。主视图采用局部剖，既表达了空心圆筒及底板处孔的内部结构形状，又保留了肋板的外形。

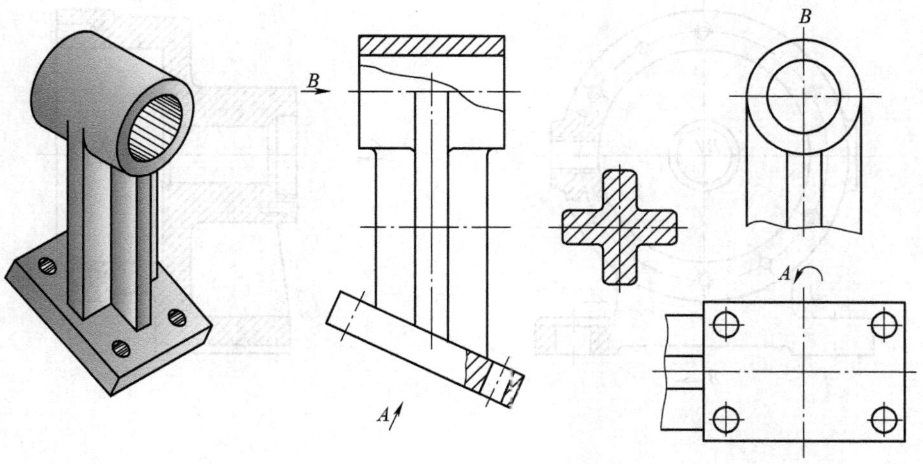

a)　　b)

图 6-53　支架

（2）选择其他视图

由于支架下面的倾斜底板与空心圆筒轴线相交成一角度，其投影不能反映实形，作图也不方便，因而根据其结构特点，采用 *A* 向斜视图表达倾斜底板的实形；十字肋板部分采用一个移出断面和主视图及 *B* 向局部视图表达，同时把空心圆筒也表达清楚了；倾斜底板上的四个安装孔在主视图上用局部剖视表达。

【例 6-2】 选择适当的图样画法表达如图 6-54 所示的泵体。

1. 形体分析

该泵体的主体部分是由同一轴线、不同直径（ϕ83、ϕ78、ϕ38）的三个圆柱体组成。主体的内部是直径为 ϕ60 的圆柱形空腔及圆柱孔（ϕ16、ϕ22）。主体的前端有均匀分布的六个 M4 的螺纹孔，后端均匀分布三个 M4 螺纹孔。两侧有 ϕ20 圆柱形凸台，凸台内有螺纹孔（M10）。泵体的底部是一个四棱柱底板，底板上有两个安装孔及通槽。中间有一块支撑板和一块肋板把主体和底板连接起来。

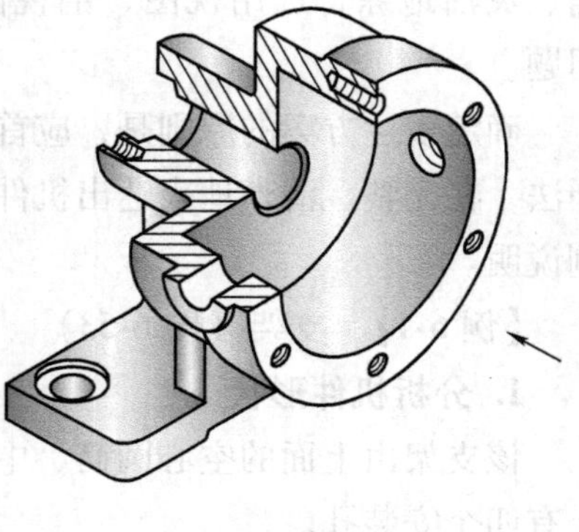

图 6-54 泵体三视图和立体图

经过以上分析，可以想象出泵体的实际形状，如图 6-55 所示。

2. 选择表达方案

（1）选择主视图

以图 6-54 所示箭头为主视图投射方向，该方向能明显地表达出泵体的外形特征。为了表达出两侧孔和安装孔的结构，将主视图画成局部剖视图，如图 6-55 所示。

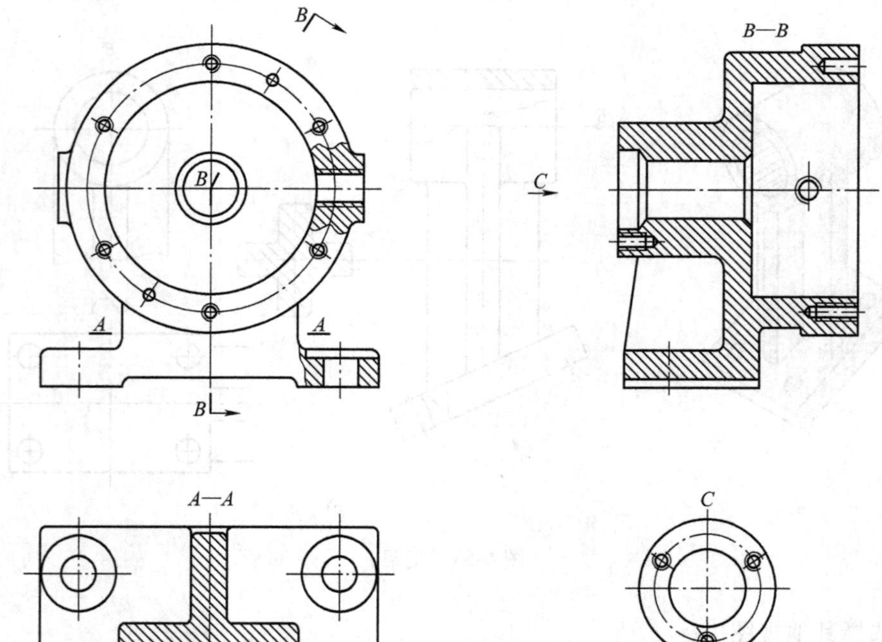

图 6-55 泵体表达方案一

（2）选择其他视图

主视图确定以后，应根据机件特点全面考虑所需要的其他视图。

1）俯视图采用全剖视图，主要表达支撑板、肋板和底板的形状，以及底板上安装孔的分布情况。

2）左视图采用全剖视图，既表达了泵体的内腔形状，又表达了泵体各组成部分的相对位置关系。

3）采用 *C* 向局部视图，表达了泵体后端面上三个螺纹孔的分布情况。

采用以上四个图形，就能完整、清晰地反映出泵体的内外结构形状，如图 6-56 所示。

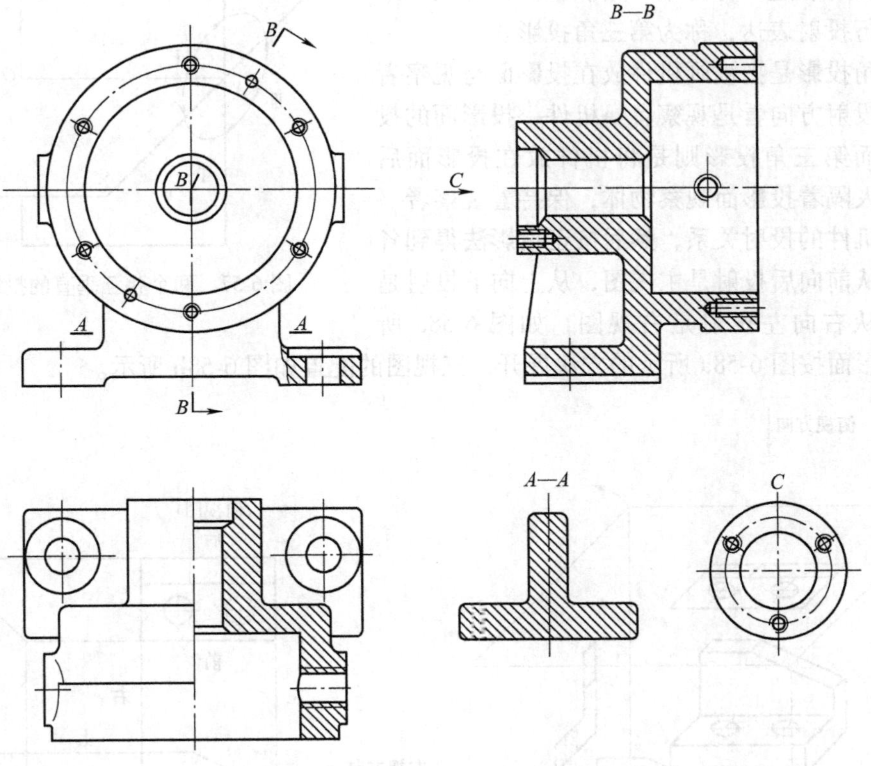

图 6-56　泵体表达方案二

3. 讨论

从泵体的结构看，它具有左右对称的特点，这很容易使人们想到采用半剖视图的方法，即可以把主视图或俯视图画成半剖视图，如图 6-56 所示。与图 6-55 比较，俯视图除能够反映侧面孔（M10）和外形外，在表达空腔形状方面与左视图重复，而在反映泵体各部分相对位置方面又不如左视图清楚。*A—A* 断面图还必须画成移出断面图。因此图 6-56 所示表达方案欠佳。

通过以上分析可知，泵体整体虽然对称，但从表达整体内外形状的需要来全面考虑，不适合采用半剖视图的表达方法。比较这两种表达方案，方案一具有表达简明清晰、看图方便、制图简便的优点，是一个比较好的表达方案。

6.6 第三角投影

我国有关制图方面的国家标准规定采用第一角投影法，但有些国家（如美国、日本）则采用第三角投影法。随着我国的对外贸易和国际技术交流日趋增多，会越来越多地接触到采用第三角投影法绘制的图样。为了更好地进行国际交流，应该了解和掌握第三角投影法。

如图6-57所示，两个互相垂直的投影面，把空间分成Ⅰ、Ⅱ、Ⅲ、Ⅳ四个分角。机件放在第一分角进行投射表达，称为第一角投影。机件放在第三分角进行投射表达，称为第三角投影。

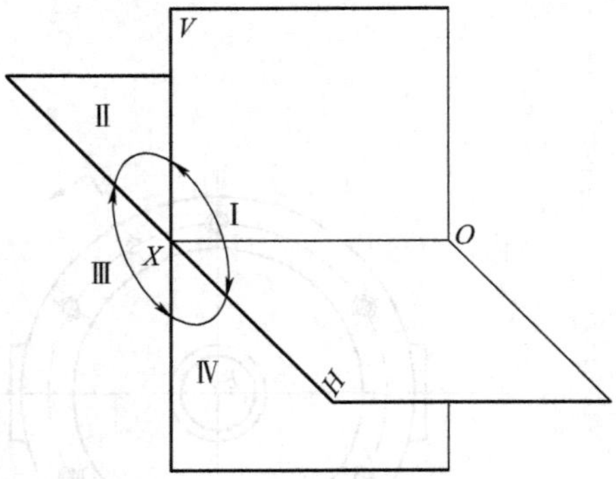

图6-57 两个相互垂直的投影面

第一角投影是把被画机件放在投影面与观察者之间，从投射方向看是观察者→机件→投影面的投射关系。而第三角投影则是将机件放在投影面后边，即是人隔着投影面观察物体，保持着观察者→投影面→机件的投射关系，然后按正投影法得到各个视图，从前向后投射是主视图，从上向下投射是俯视图，从右向左投射是右视图，如图6-58a所示。各投影面按图6-58a所示的方法展开，三视图的配置如图6-58b所示。

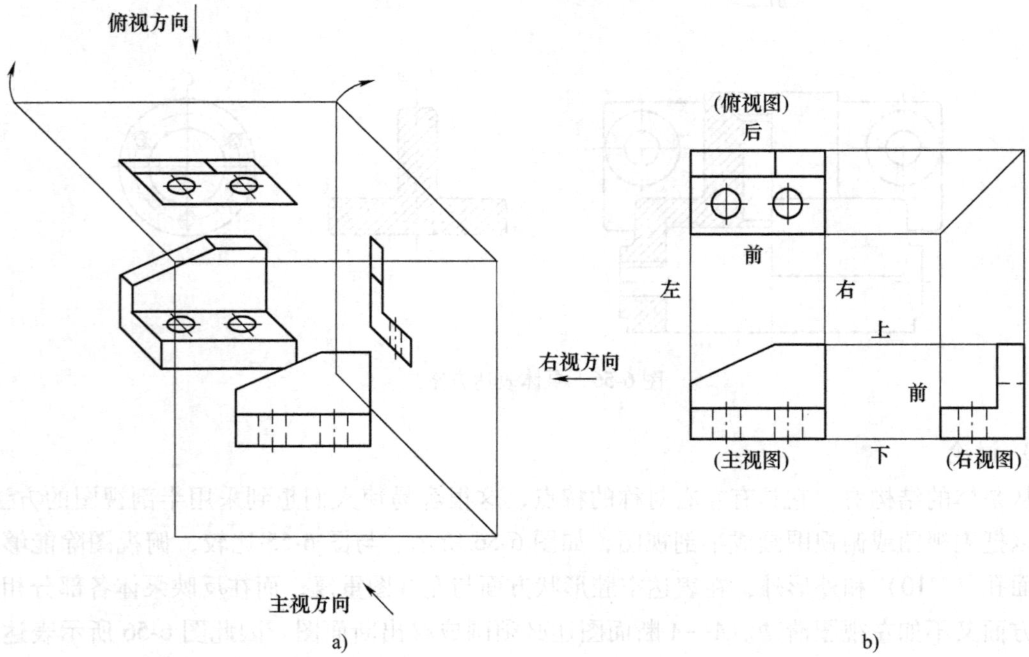

图6-58 第三角投影

a）形成过程 b）三视图

1. 第三角投影与第一角投影的区别

如图6-60所示，两种投影都是采用正投影法，且投影面互相垂直，因此在第三角投影的视图之间仍然保持“长对正，高平齐，宽相等”的投影对应关系，它们之间的主要区别如下。

（1）关系不同

第三角投影的视图配置关系与第一角投影的视图配置关系不同，如图6-59b所示。

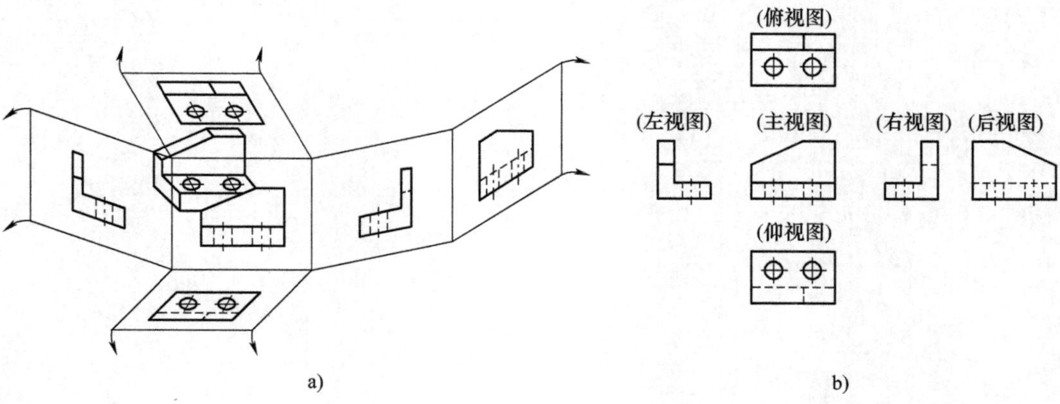

图6-59 第三角画法六个基本视图的形成
a）六个基本投影面及其展开 b）六个基本视图及其配置

（2）视图间的投影对应关系不同

在第三角投影法中，除后视图以外的其余视图中，靠近主视图的一侧为机件的前面，远离主视图的一侧则为机件的后面，而在第一角投影法中正好相反。

在熟练掌握第一角投影的基础上，了解第三角投影的特点后，第三角投影画法就比较容易熟悉和掌握了。

2. 第三角投影与第一角投影的识别方法

鉴于两种投影法的不同特点，为了便于识别，国家标准规定了第一角投影和第三角投影的识别方法。

1）以标识符号识别。标识符号如图6-60所示，该标识符号应画在图纸的标题栏内。

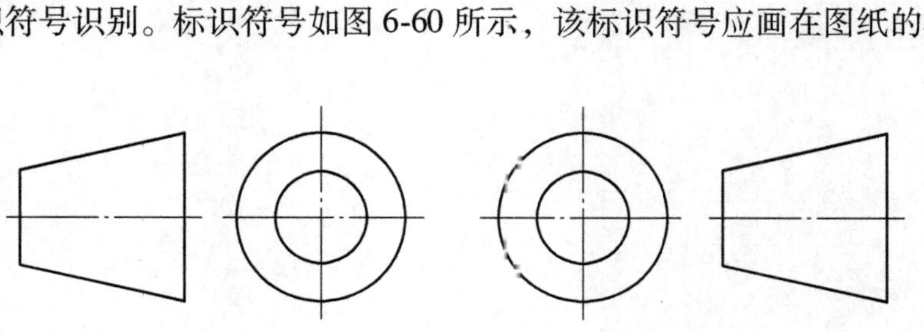

图6-60 两种投影的标识符号
a）第一角 b）第三角

2）以拉丁字母 A、E 表示。

(A) ——表示第三角投影画法。

(E) ——表示第一角投影画法。

第二种方法常用于技术文件中。

第 7 章　标准件和常用件

在装配机器或部件时，常使用一些如螺钉这样的用于紧固和连接的零件，也使用一些如齿轮、轴承、弹簧这样的起传递动力、支撑、减振作用的零件。由于上述零件使用广泛，国家有关部门对这些零件进行了标准化和系列化，在加工这些零件时，可以用标准的刀具或专用机床进行加工，在装配维修时也可按相应的规格进行更换。

对结构形式、尺寸、表面质量、表达方法均标准化的零（部）件统称为标准件，如螺钉、轴承等；而对零件的部分主要参数进行标准化和系列化的零件称为常用件，如齿轮等。

下面介绍常见的标准件和常用件（包括螺纹紧固件、键、销、轴承、弹簧和齿轮）的主要结构参数、规定画法及标注。

7.1 螺纹

7.1.1 螺纹的形成及其结构要素

1. 螺纹的形成

螺纹是在圆柱（或圆锥）表面上沿螺旋线所形成的、具有相同轴向断面的连续凸起和沟槽。在圆柱（或圆锥）外表面所形成的螺纹称为外螺纹；在圆柱（或圆锥）内表面所形成的螺纹称为内螺纹。

形成螺纹的加工方法很多，可以在车床上车削出内外螺纹的情况，如图 7-1a、b 所示；也可用成形刀具（如板牙、丝锥，见图 7-1c、d）加工螺纹。在使用成形刀具加工内螺纹孔时，需要预先用钻头钻出孔。

a)　　b)　　c)　　d)

图 7-1　螺纹的加工方法

a）车外螺纹　b）车内螺纹　c）板牙　d）丝锥

车削螺纹时，由刀具和工件的相对运动而形成圆柱螺旋线，动点的等速旋转运动由车床的主轴带动工件的转动而实现；动点沿圆柱素线方向的等速直线运动由刀尖的移动来实现。螺纹的形成可看作是由一个平面图形（如三角形、梯形、锯齿形等）沿圆柱螺旋线运动而产生的，这个平面图形就是螺纹的牙型。

2. 螺纹的要素

螺纹包括牙型、公称直径、线数、螺距和导程、旋向五个要素。

（1）牙型

在螺纹轴线剖切面上所得到的断面轮廓形状称为牙型，凸起部分的顶端称为螺纹的牙顶，沟槽底部称为螺纹的牙底。常见的螺纹牙型有三角形、梯形、锯齿形、矩形等，如图 7-2 所示。

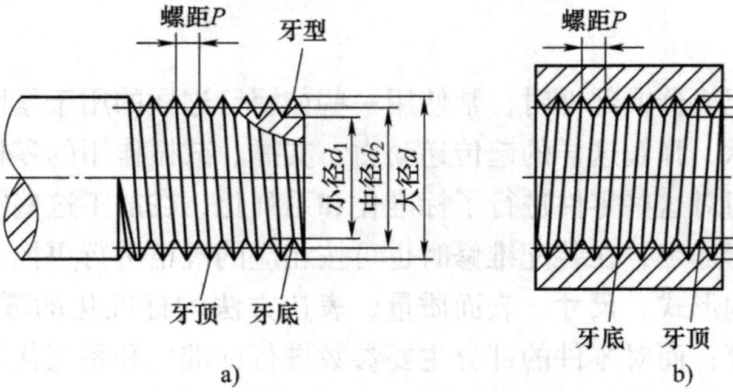

图 7-2　螺纹的牙型、大径、小径和螺距

a）外螺纹　b）内螺纹

（2）公称直径

公称直径是代表螺纹尺寸的直径，指的是螺纹大径的尺寸。

1）螺纹大径是与外螺纹牙顶或内螺纹牙底相重合的假想的圆柱直径，用 D（内螺纹）和 d（外螺纹）来表示，如图 7-2 所示。

2）螺纹小径是与外螺纹牙底或内螺纹牙顶相重合的假想圆柱的直径。用 D_1（内螺纹）和 d_1（外螺纹）来表示，如图 7-2 所示。

3）螺纹中径是母线通过牙型上沟槽和凸顶宽度相等处的假想圆柱的直径。用 D_2（内螺纹）和 d_2（外螺纹）来表示，如图 7-2 所示。

（3）线数

沿一条螺旋线形成的螺纹称为单线螺纹；沿轴向等距分布的两条或两条以上的螺旋线形成的螺纹称为多线螺纹。螺纹的线数用 n 来表示，图 7-3a 所示为单线螺纹（$n=1$）；图 7-3b、c 所示为多线螺纹（$n=2$ 和 $n=3$）。

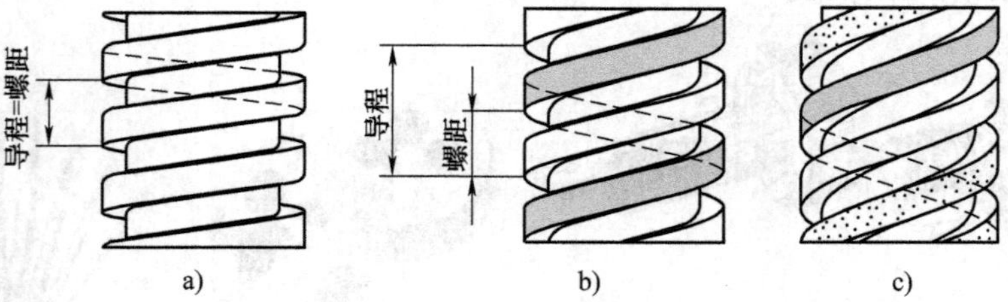

图 7-3　螺纹的线数、导程和螺距

a）单线螺纹　b）双线螺纹　c）三线螺纹

（4）螺距和导程

1）螺距：螺纹相邻两牙在螺纹中径线上对应两点间的轴向距离称为螺距，用 P 表示。

2）导程：同一条螺旋线上相邻两牙中径线上对应两点间的轴向距离称为导程，用 P_h 表示。对单线螺纹，$P_h=P$；对多线螺纹，$P_h=nP$。

（5）旋向

螺纹分为右旋螺纹和左旋螺纹两种，顺时针旋转旋入的螺纹，称为右旋螺纹，逆时针旋转旋入的螺纹，称为左旋螺纹。工程上常用右旋螺纹，如图 7-4 所示。

内外螺纹相互配合使用时，只有上述五要素完全相同，内外螺纹才能正确旋合在一起。在螺纹五要素中，凡是螺纹牙型，大径和螺距都符合标准的螺纹称为标准螺纹；螺纹牙型符合标准，而大径、螺距不符合标准的称为特殊螺纹；若螺纹牙型不符合标准，则称为非标准螺纹。

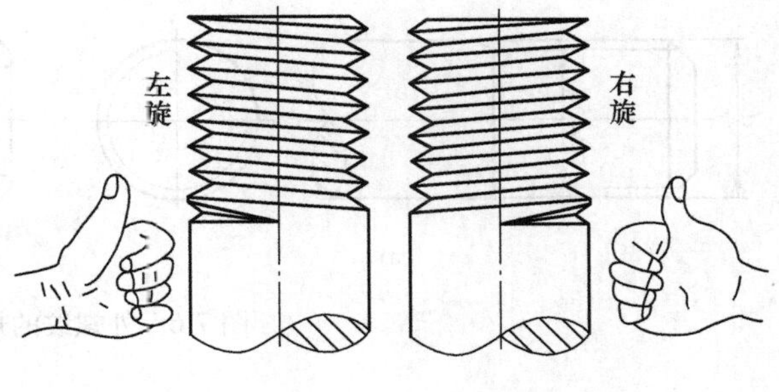

图 7-4　螺纹的旋向

a）左旋螺纹　b）右旋螺纹

3. 螺纹上的工艺结构

螺纹常见的工艺结构有倒角、倒圆、螺尾和退刀槽等。

倒角、倒圆：为便于螺纹的加工和装配，在螺纹起始段要加工成倒角或倒圆等结构（见图 7-5a)，倒角一般加工成 45°，也可以是 30°或 60°。

退刀槽：在车削加工到螺纹末端刀具退出时，会造成螺纹末尾处牙型的不完整，这一段结构称为螺尾（图 7-5b)。为避免螺尾和便于退刀，可在该处预先加工出退刀槽（图 7-5c)。

螺纹倒角、退刀槽等结构已标准化，具体尺寸见附录 B。

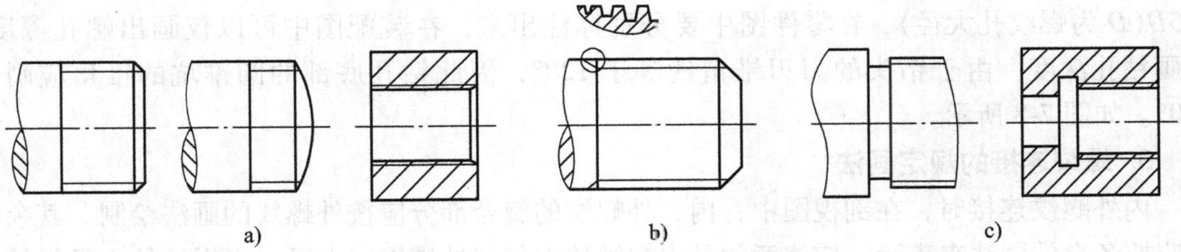

图 7-5　螺纹的工艺结构

a）螺纹倒角与倒圆　b）螺纹蝶尾　c）螺纹退刀槽

7.1.2 螺纹的规定画法

螺纹的真实投影较复杂，为了提高绘图效率且便于交流，GB/T 4459. 1—1995《机械制图螺纹及螺纹紧固件表示法》中给出了螺纹和螺纹紧固件的规定画法。

1. 外螺纹的规定画法

外螺纹的大径用粗实线绘制，小径用细实线绘制，小径画成大径的 0. 85 倍。螺纹终止线画成粗实线。

在螺纹投影为圆的视图上，表示小径的细实线圆画成 3/4 圈；轴上倒角的投影省略不画，如图 7-6 所示。

2. 内螺纹的规定画法

在剖视图中（图 7-7a)，内螺纹的大径用细实线绘制，小径及螺纹终止线用粗实线来绘制，剖面线画至粗实线处；未被剖切时（图 7-7b)，内螺纹均用细虚线来表示。

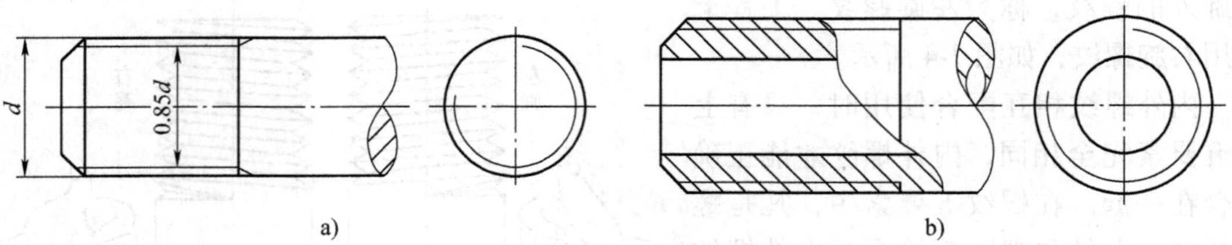

图 7-6　外螺纹的规定画法

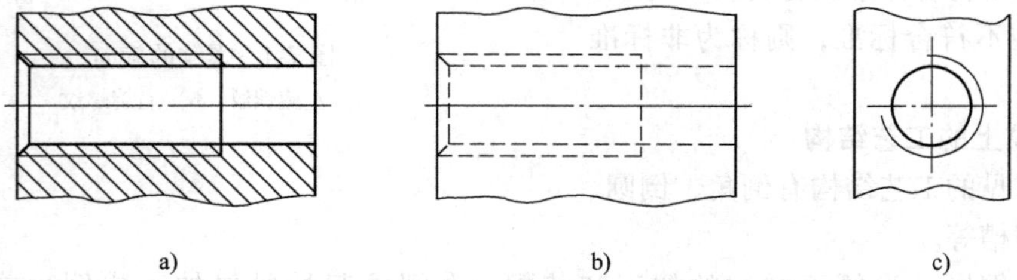

图 7-7　内螺纹的规定画法

在投影为圆的视图上，大径用 3/4 圈的细实线圆绘制，小径用粗实线圆绘制，倒角圆的投影省略不画。

绘制不穿透的螺孔时，一般应将螺孔深度和钻孔深度分别画出。钻孔深度比螺孔深度深 0.5*D*(*D* 为螺纹孔大径)，在零件图中要分别标注出来，在装配图中可以仅画出螺孔深度，不画钻孔深度。由于钻头的刀刃锥角约等于 120°，因此钻孔底部的圆锥坑的锥角应画成 120°。如图 7-8 所示。

3. 螺纹连接的规定画法

内外螺纹连接时，在剖视图中，内、外螺纹的旋合部分应按外螺纹的画法绘制，其余部分应按各自的画法来表示。应注意的是内螺纹的大径与外螺纹的大径，内螺纹的小径与外螺纹的小径应分别对齐，剖面线画至粗实线处，如图 7-9 所示。

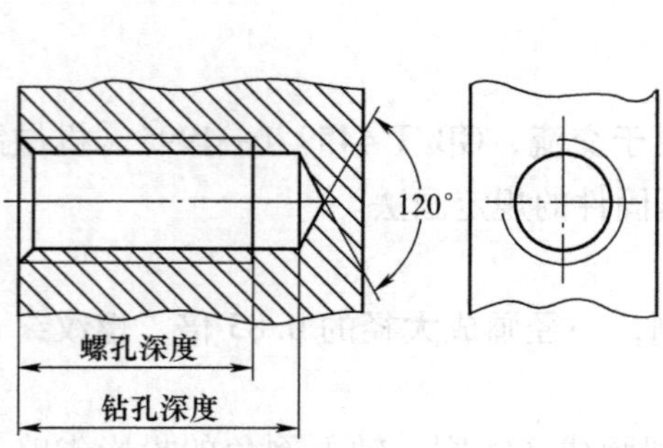

图 7-8　不通螺孔的剖视图画法

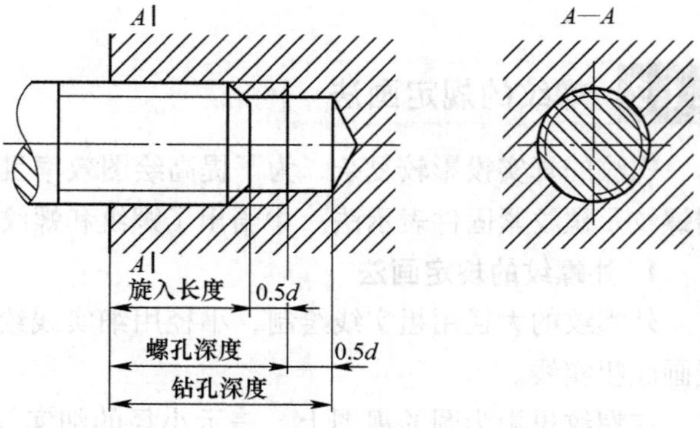

图 7-9　螺纹连接的规定画法

4. 非标准螺纹的画法

非标准螺纹按标准螺纹的规定画法绘制。如需要表示螺纹的牙型时，用如图 7-10 所示的局部剖视图、局部放大图等方法来表示。

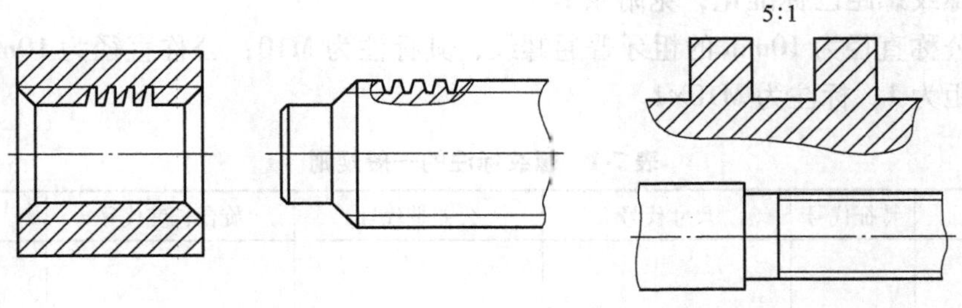

图 7-10　螺纹的牙型画法
a）全剖视图表示　b）局部剖视图表示　c）局部放大图

5. 其他规定画法

螺纹孔与螺纹孔或与光孔相交时，一般仅画出螺纹牙顶的相贯线，如图 7-11a 所示；在需要表达螺尾时，用与轴线成 30° 的细实线绘制，一般情况下可不画螺尾线，如图 7-11b 所示。

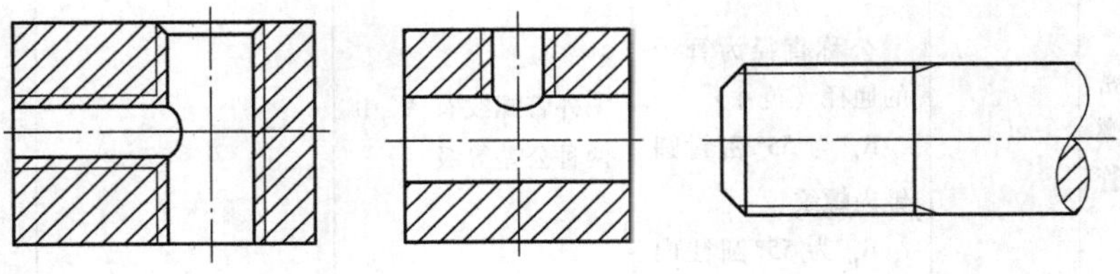

图 7-11　其他规定画法
a）螺孔中相贯线的画法　b）螺尾的画法

7.1.3 螺纹的分类与标注

1. 分类

螺纹按用途分为连接螺纹和传动螺纹两类，如图 7-12 所示。

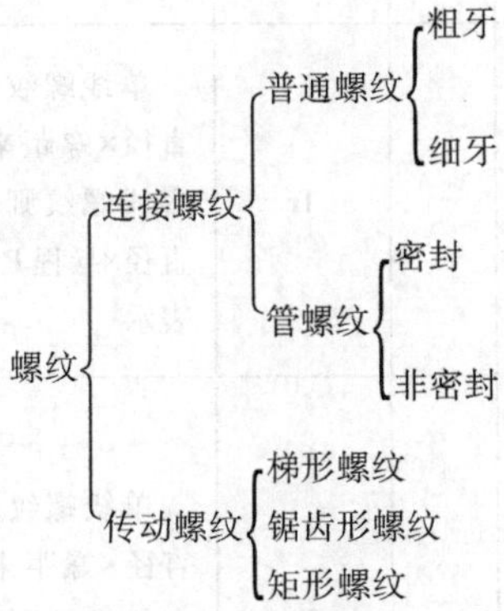

图 7-12　螺纹的分类

2. 螺纹的标注方法

螺纹的种类不同，其标注方法也有所不同，螺纹标注的一般规则见表 7-1，在标注时应按螺纹的种类不同具体分析。

（1）普通螺纹的标注

1）普通螺纹的标注格式：

特征代号　尺寸代号-公差带代号-旋合长度代号-旋向代号

其中螺纹代号各项之间用“-”号隔开，普通螺纹的特征代号用 M 表示。

粗牙普通螺纹的尺寸代号用公称直径表示；细牙普通螺纹的尺寸代号用公称直径×螺距表示。普通螺纹螺距已标准化，见附录 B。

例如：公称直径为 10mm 的粗牙普通螺纹，其标注为 M10；公称直径为 10mm 的细牙普通螺纹，螺距为 1，标注为 M10×1。

表 7-1 螺纹标注的一般规则

螺纹种类			特征代号	尺寸代号	公差带代号	旋合长度代号	旋向代号
连接螺纹	普通螺纹	粗牙	M	粗牙普通螺纹用公称直径表示 细牙普通螺纹用公称直径×螺距表示	需标注中径和顶径公差带代号	在一般情况下，不标注旋合长度，按中等旋合长度（N）来确定	右旋不标注，左旋用 LH 来标明。锯齿形螺纹旋向代号写在尺寸代号后
		细牙					
	55°管螺纹	非密封螺纹管	G	公称直径为管子的通径（英寸） R_c 为 55°密封圆锥内螺纹 R_p 为 55°圆柱内螺纹 R_1 为与 R_p 配合的圆锥外螺纹 R_2 为 55°为与 R_c 配合的圆锥外螺纹	外管螺纹有 A、B 两种公差等级	无	
		密封螺纹管	R_c R_p R_1 R_2		一般不标注		
传动螺纹	梯形螺纹		Tr	单线螺纹用公称直径×螺距来表示，多线螺纹则用公称直径×导程 P 螺距来表示	只标注中径公差带代号	旋合长度代号分为中等旋合长度（N）和长旋合长度（L）。旋合长度为 N 时，不标注；旋合长度为 L 时，用代号 L 标注，旋合长度也可根据需求注写旋合长度数值	
	锯齿形螺纹		B	单线螺纹用公称直径×螺距来表示，多线螺纹则用公称直径×导程（P 螺距）来表示			

2）螺纹的公差带代号由表示公差等级的数字和表示位置的字母组成，小写字母表示外螺纹，大写字母表示内螺纹。一般都要标注中径和顶径公差带。中径公差带代号与顶径公差带代号不相同要分别标注，如M20-5G6G；若两者相同，则只标注一次，如M20-6G。

普通螺纹公差带代号包括中径和顶径公差带代号。螺纹为中等公差精度且公称直径≥1.6mm时，公差带代号6g、6H可以不标注。

旋合长度代号有短旋合长度（S）、中等旋合长度（N）和长旋合长度（L），中等旋合长度不标注。

旋向代号包括左旋和右旋，如果为左旋，需标注左旋代号“LH”，右旋则不标注。

（2）管螺纹的标注

管螺纹可分为三类，包括英制管螺纹、美制管螺纹和米制管螺纹。常用英制管螺纹包括55°密封和非密封的管螺纹以及60°密封的管螺纹，尺寸以英寸（in㊀）为单位。这里只简单介绍55°管螺纹的标注。

1）55°非密封管螺纹（GB/T 7307—2001），螺纹特征代号用字母“G”表示，对于外螺纹有“A”“B”两种公差等级代号，内螺纹则不标记。例如：$G1_{1/2}$LH表示55°非密封管螺纹，尺寸代号为$1_{1/2}$英寸，左旋。

2）55°密封管螺纹（GB/T 7306—2000），主要包括两种类型，一种是圆锥内螺纹和与之配对的圆锥外螺纹，用R_c和R_2表示；另一种是圆柱内螺纹和与之相配的圆锥外螺纹，用R_p和R_1表示。

对管螺纹要用指引线的形式进行标注，指引线从大径处引出，应尽量避免与剖面线平行。在表示为圆的视图上，指引线可由中心处引出，见表7-2。

（3）梯形螺纹的标注

1）梯形螺纹的标注格式：

螺纹特征代号　尺寸代号-中径公差带代号-旋合长度代号-旋向代号

2）单线梯形螺纹尺寸代号用公称直径×螺距来表示，多线梯形螺纹则用公称直径×导程P螺距来表示。梯形螺纹只标注中径公差带代号。旋合长度代号有中等旋合长度（N）和长旋合长度（L），中等旋合长度不标注，如果为左旋，增加螺纹左旋代号“LH”。

【例7-1】 Tr40×14P7-8e-L-LH表示公称直径尺寸为40mm，导程为14mm，螺距为7mm的双线左旋梯形螺纹（外螺纹），中径公差带为8e，长旋合长度。

（4）锯齿形螺纹的标注

1）锯齿形螺纹的标注格式：

螺纹特征代号　尺寸代号　旋向代号-中径公差带代号-旋合长度代号

2）锯齿形螺纹特征代号用“B”表示。单线锯齿形螺纹尺寸代号用公称直径×螺距来表示，多线锯齿形螺纹尺寸代号则用公称直径×导程（P螺距）来表示，应标注中径公差带代号和旋合长度代号，旋合长度代号有中等旋合长度（N）和长旋合长度（L），中等旋合长度如果为左旋，应加螺纹左旋代号“LH”。

【例7-2】 B32×14(P7)LH-7H表示公称直径尺寸为32mm，导程为14mm，螺距为7mm

㊀ 1in＝0.0254m。

的双线左旋锯齿形螺纹，中径公差带代号为 7H，中等旋合长度不标注。

3. 螺纹的标注示例

见表 7-2。

表 7-2 螺纹的标注示例

螺纹种类			代号或标注示例	说明	螺纹种类		代号或标注示例	说明
连接螺纹	普通螺纹	粗牙	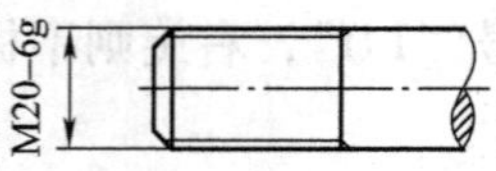	粗牙普通外螺纹，公称直径 20mm，中径、顶径公差带代号为 6g，中等旋合长度，右旋	连接螺纹	55°管螺纹	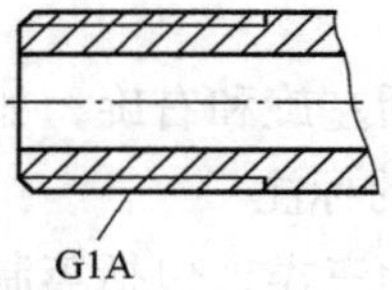	非密封管螺纹，尺寸代号为 1，中径公差等级为 4，右旋
连接螺纹	普通螺纹	粗牙	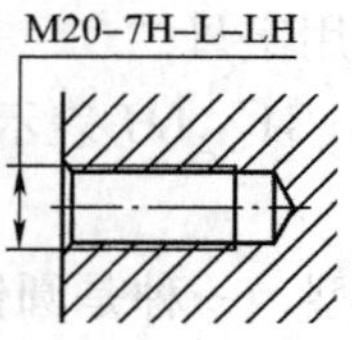	粗牙普通内螺纹，孔公称直径 20mm，中径、顶径公差代号为 7H，长旋合长度，左旋	连接螺纹	55°管螺纹	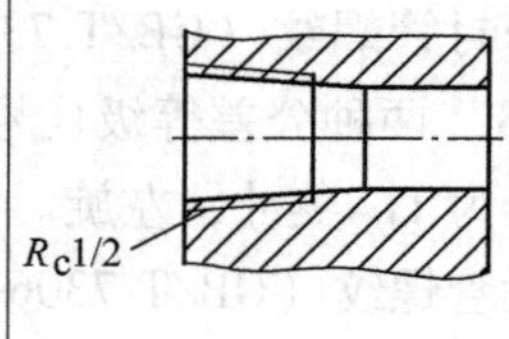	螺纹密封的圆锥内管螺纹，尺寸代号为 1/2，右旋
连接螺纹	普通螺纹	细牙	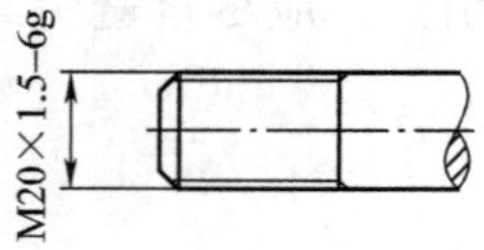	细牙普通外螺纹，公称直径 20mm，螺距为 1.5，中径、顶径公差代号为 6g，中等旋合长度，右旋	传动螺纹	梯形螺纹	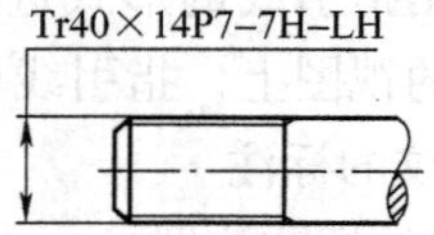	梯形螺纹，公称直径 40mm，导程为 14，螺距为 7，中径公差带为 7H，左旋
连接螺纹	普通螺纹	细牙	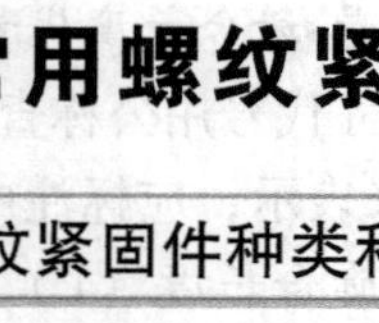	细牙普通内螺纹，孔公称直径 20mm，螺距为 1.5，中径、顶径公差代号为 7H，短旋合长度，右旋	传动螺纹	锯齿形螺纹		锯齿形螺纹，公称直径 32mm，螺距为 6mm，中径公差代号为 7H，右旋

7.2 常用螺纹紧固件

7.2.1 螺纹紧固件种类和标记

1. 螺纹紧固件的种类

螺纹紧固件是在连接和紧固其他零部件时用到的标准件，如螺钉、螺栓、螺柱、螺母、垫圈等，如图 7-13 所示。螺纹紧固件的结构、尺寸均已标准化，在设计使用时，要根据需要在相应标准中选取，选取时要正确写出对应的螺纹紧固件标记。

这些紧固件适用于不同的螺纹连接场合，在选择时应结合具体情况，针对连接对象以及对象所受载荷的不同选择合适的连接方式。

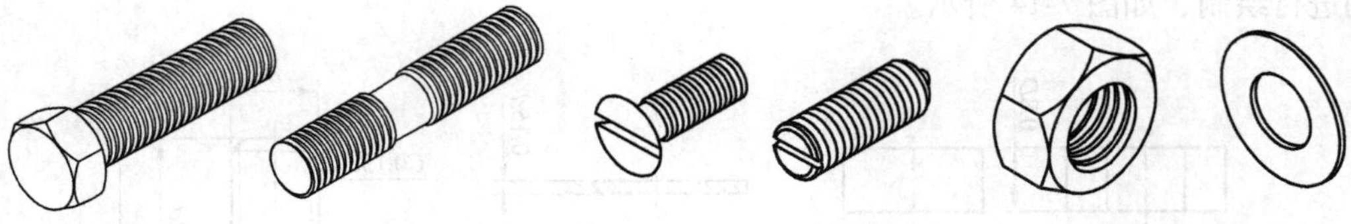

a)　　b)　　c)　　d)　　e)　　f)

图 7-13　常见的螺纹紧固件

a）六角头螺栓　b）双头螺柱　c）开槽沉头螺钉　d）开槽平端紧定螺钉　e）六角螺母　f）平垫圈

2. 螺纹紧固件的标记

螺纹紧固件标记格式一般为：

名称　标准号　螺纹规格×长度

常用螺纹紧固件的规定标记示例见表 7-3。

表 7-3　常用螺纹紧固件的规定标记示例

名称及视图	规定标记示例	名称及视图	规定标记示例
六角头螺栓 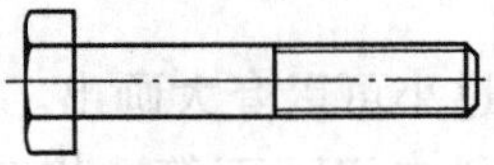	螺栓 GB/T 5782 M10×50	双头螺柱 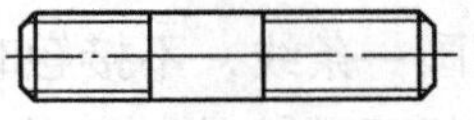	螺柱 GB 899 M10×20
内六角圆柱头螺钉 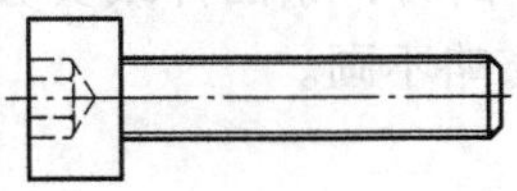	螺钉 GB/T 70.1 M10×40	开槽沉头螺钉 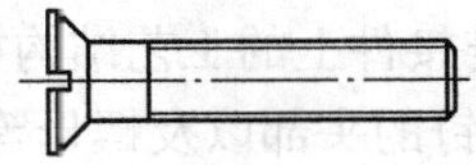	开槽沉头螺钉 GB/T 68 M10×40
1型六角螺母 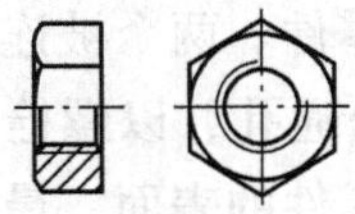	螺母 GB/T 6170 M10	平垫圈 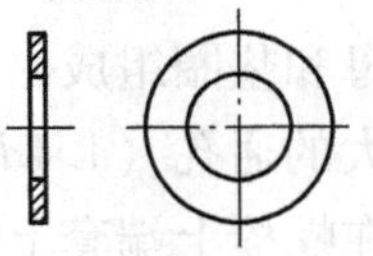	垫圈 GB/T 97.1 10
开槽平端紧定螺钉 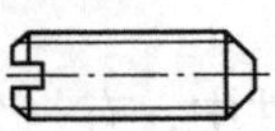	螺钉 GB/T 73 M8	弹簧垫圈 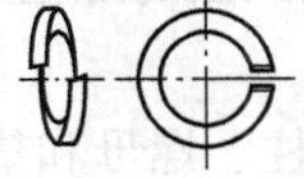	垫圈 GB/T 93 8

7.2.2　螺纹紧固件连接的画法

1. 螺纹紧固件画法

绘制时有以下两种方法。

1）查表法：根据螺纹紧固件的标记，从有关标准中查出其具体尺寸。

2）比例法：为方便绘图，螺纹紧固件的各部分尺寸，以公称直径 d 或 D 为参数按一定比例进行绘制，如图 7-14 所示。

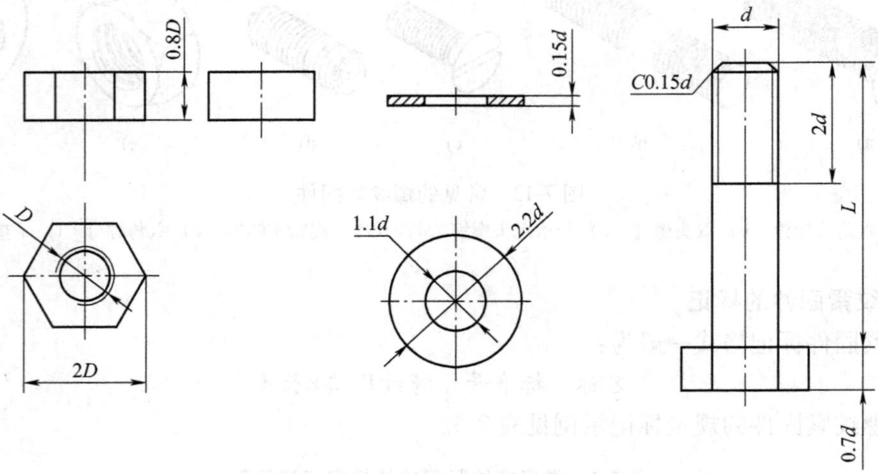

图 7-14　螺纹紧固件的比例法画法

2. 螺纹紧固件连接画法一般规定

螺纹紧固件连接的规定画法如下。

1）两零件的接触面画一条线，不接触时按各自尺寸绘制，间隙过小可以夸大画出。

2）在剖视图中，相邻两零件的剖面线方向相反，若方向一致则应间隔不等，相互错开。在同一张图样中，同一零件在各个剖视图中的剖面线方向和间隔应一致。

3）在剖视图中，当剖切平面通过螺纹紧固件或实心件的对称平面时，紧固件或实心件等均按不剖绘制，螺纹连接件上的工艺结构如倒角、退刀槽等均可省略不画。

4）常用的螺栓、螺钉的头部以及螺母等可采用省略画法。

连接的主要形式有螺栓连接、双头螺柱连接和螺钉连接。

3. 螺栓连接

螺栓连接由螺栓、螺母和垫圈组成，主要用来连接两个不太厚的零件。两个被连接零件上事先钻有比螺栓大径略大的通孔（$1.1d$），连接时，螺栓穿过这两个通孔，以螺栓的头部抵住被连接件的下端面，在螺栓上端套上垫圈，以增加支撑面和保护零件的表面，最后用螺母紧固。

图 7-15 所示是用比例法画出的螺栓连接图。

4. 双头螺柱连接

双头螺柱连接由双头螺柱、螺母和垫圈组成。在两个被连接的零件中，有一个较厚或不适宜用螺栓连接时，可采用双头螺柱连接。先在较薄的连接零件上钻有比螺栓大径略大的通孔（$1.1d$），在较厚的连接零件上加工出内螺纹孔。双头螺柱一端旋入较厚零件的螺孔中，此端称为旋入端，另一端则穿过较薄零件的通孔，套上垫圈，用螺母紧固，此端称为紧固端。螺柱连接装配图的比例画法如图 7-16c 所示。

图中 $a=(0.3\sim0.5)d$，是螺柱顶端露出螺母的长度。根据此式算出参考长度 L'，查相关

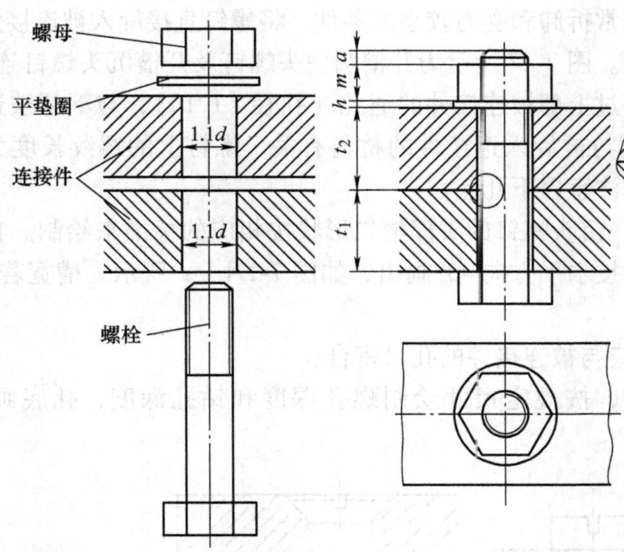

图 7-15 用比例法画出的螺栓连接图

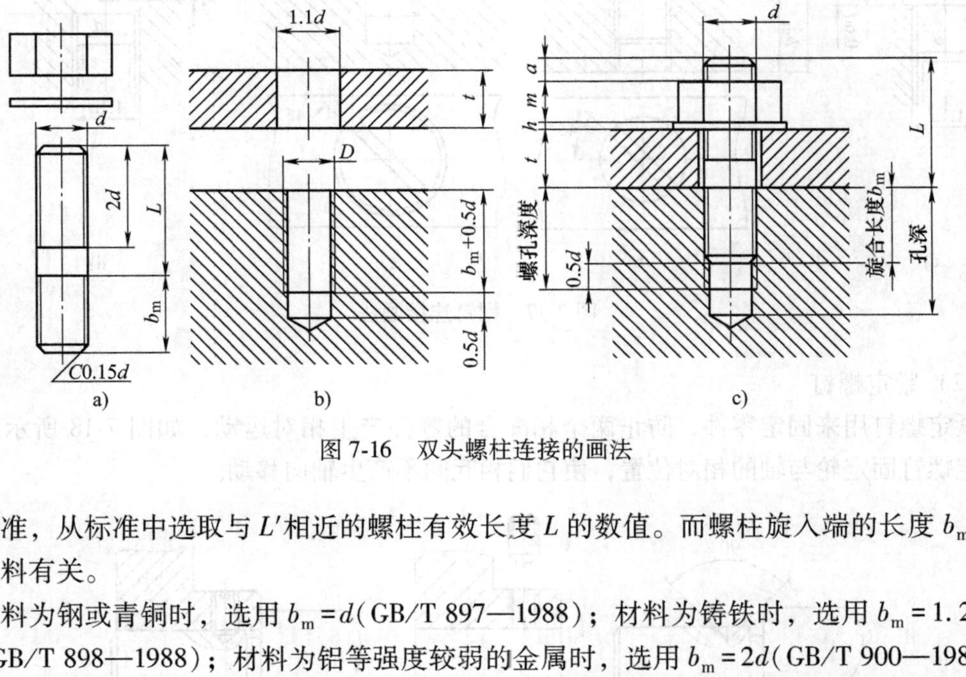

图 7-16 双头螺柱连接的画法

螺柱标准，从标准中选取与 L' 相近的螺柱有效长度 L 的数值。而螺柱旋入端的长度 b_m 与零件的材料有关。

材料为钢或青铜时，选用 $b_m=d$(GB/T 897—1988)；材料为铸铁时，选用 $b_m=1.25d$ 或 $1.5d$(GB/T 898—1988)；材料为铝等强度较弱的金属时，选用 $b_m=2d$(GB/T 900—1988)。

在绘制双头螺柱连接图时，在较厚零件上的螺孔深度和钻孔深度一般可按如下方式取值：

螺孔深度 $=b_m+0.5d$，钻孔深度 = 螺孔深度 $+0.5d$，钻孔的锥角为 120°。

5. 螺钉连接

螺钉种类很多，按用途可分为连接螺钉和紧定螺钉两种，前者用来连接零件，后者用来固定零件间的相对位置。

（1）连接螺钉

连接螺钉常用于连接不经常拆卸和受力较小的零件。将螺钉直接旋入被连接件之一的螺纹孔内，可将两被连接件紧固。图 7-17 所示为开槽圆柱头螺钉及开槽沉头螺钉连接的画法。由图可见，螺钉自上向下地穿过上部被连接件的通孔（孔径 = 1.1d），与下部被连接件的螺纹孔相旋合。旋入螺孔的深度与被旋入连接件的材料有关，螺钉上的螺纹长度大于旋入深度，以保证连接可靠。绘图时注意以下几点。

1）由于螺钉的种类较多，沉头螺钉的头部槽口形状按相应的标准来绘制。在投影为圆的视图中，螺钉头的通槽方向按水平方向 45°画出，如图 7-17b、c 所示。槽宽若小于 2mm，可以涂黑表示。

2）螺钉头部的支撑端面应与被连接件的孔口密合。

3）绘制不穿透的螺孔时，按规定尺寸绘制螺孔深度和钻孔深度，孔底画有 120°的锥角。

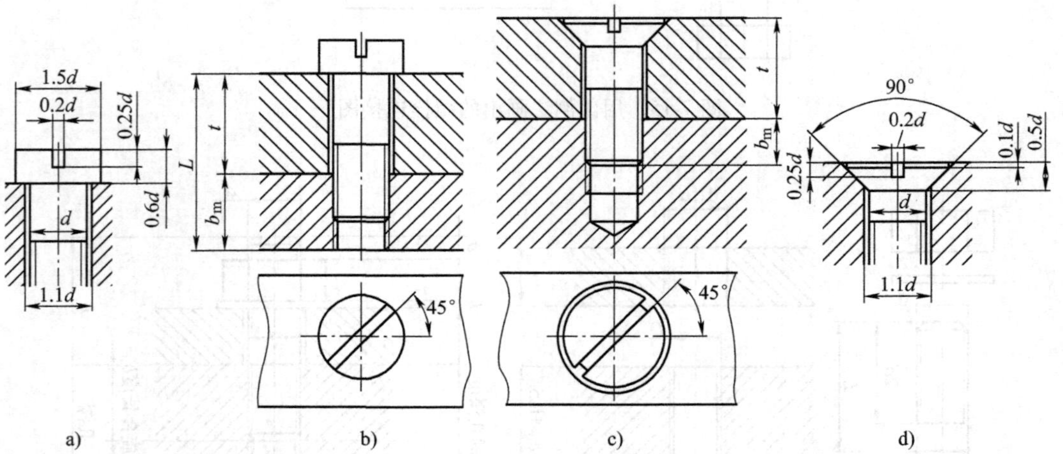

图 7-17　螺钉连接画法

（2）紧定螺钉

紧定螺钉用来固定零件，防止两个相配合的零件产生相对运动，如图 7-18 所示。用锥端紧定螺钉固定轮与轴的相对位置，使它们相互间不产生轴向移动。

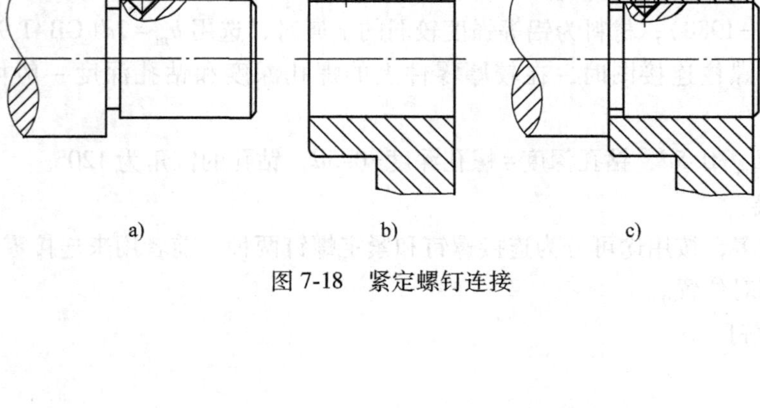

图 7-18　紧定螺钉连接

7.3 键和销

键和销都是标准件，应按国家标准的有关规定来选择其型式，画出其结构和尺寸。

7.3.1 键

1. 键的作用

键通常用来连接轴和轴上的传动零件，如齿轮、带轮等。在转动时，通过转矩的传递作用使两者同步旋转。如图 7-19 所示。

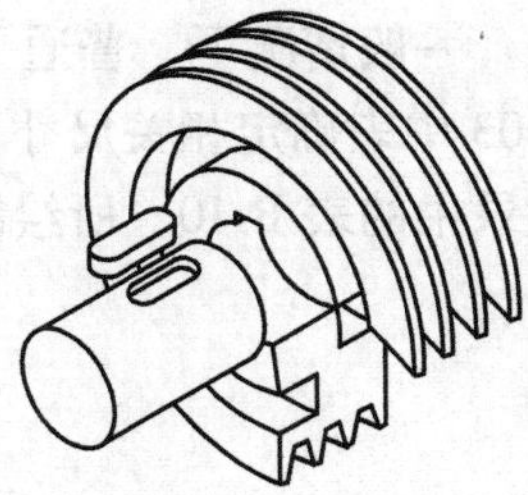

图 7-19 键连接

2. 键及键连接

常用的键有普通平键、普通半圆键、钩头型楔键，如图 7-20 所示。各种类型键的标记和连接画法见表 7-4。

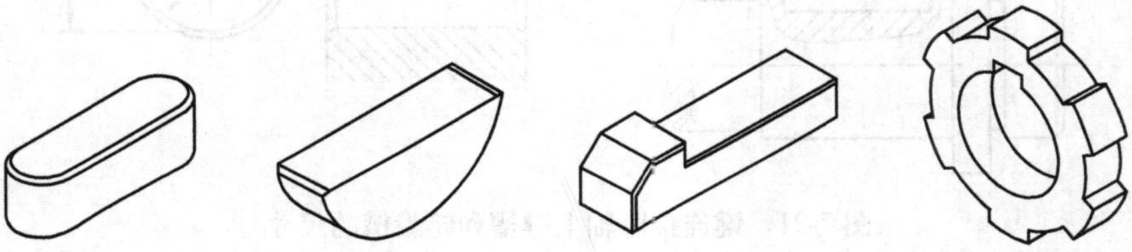

a)　b)　c)　d)

图 7-20 常用的键

a) 平键 b) 半圆键 c) 楔键 d) 花键

表 7-4 键的标记和连接画法示例

名称	图例	标记	连接画法
普通平键	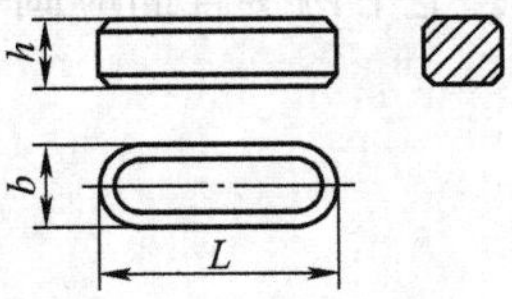	$b=8$，$h=7$，$L=30$ GB/T 1096 键 8×7×30	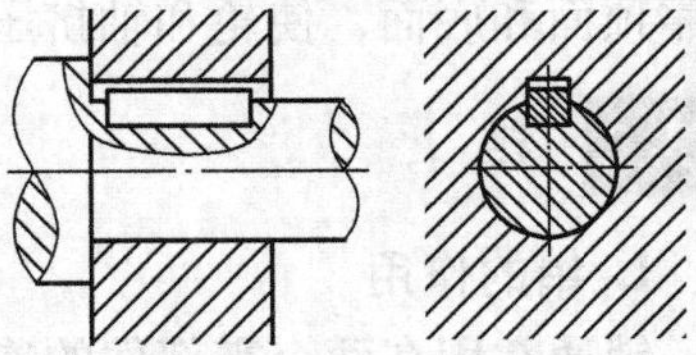
普通半圆键	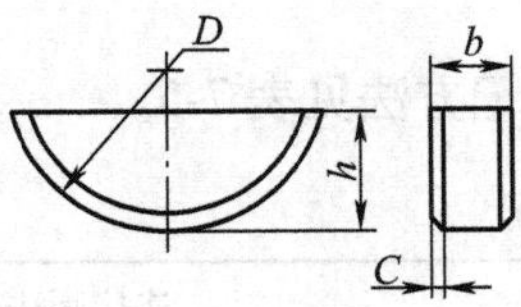	$b=6$，$h=10$，$D=25$ GB/T 1099.1 键 6×10×25	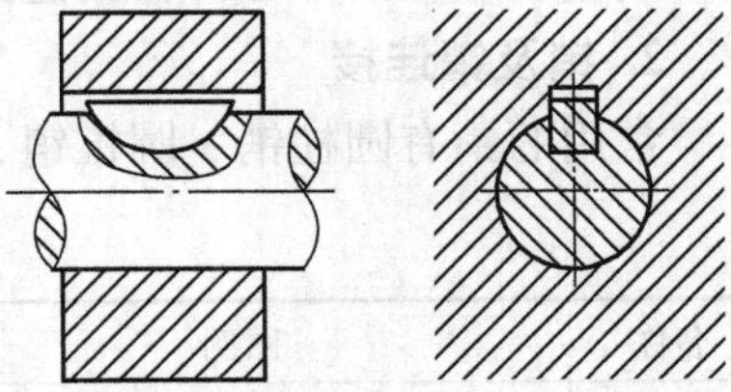
钩头型楔键	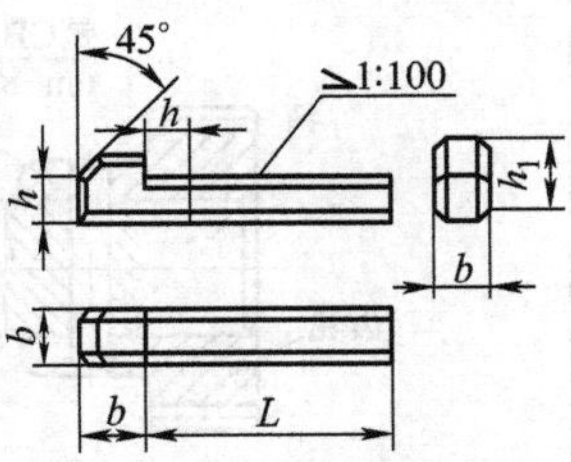	$b=18$，$h=11$，$L=100$ GB/T 1565 键 18×11×100	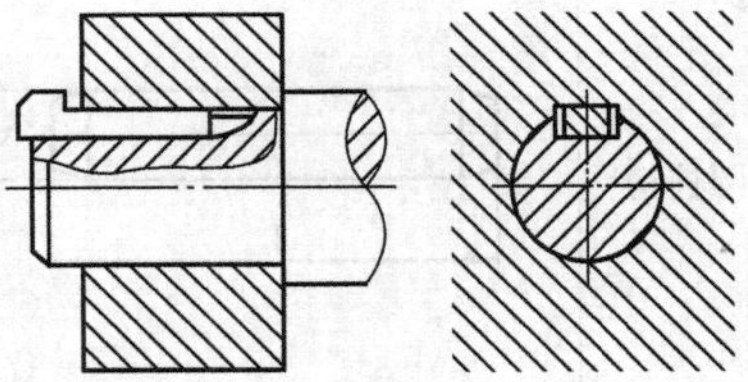

（1）普通平键

普通平键连接时，其工作面为两侧面，侧面与轮、轴接触，底面与轴上键槽底面接触，只画一条线；平键顶面与轮毂槽底面不接触，有间隙，要画两条线。绘制时键被剖切面纵向剖切，按不剖绘制。

一般情况下，普通平键的尺寸 b 和 h 可根据工作时的载荷大小计算，根据 GB/T 1096—2003 中表确定相关尺寸。轴上键槽以及轮毂槽的剖面尺寸由 GB/T 1095—2003 确定，详见附录中的表 B-10，所绘制图形如图 7-21 所示。

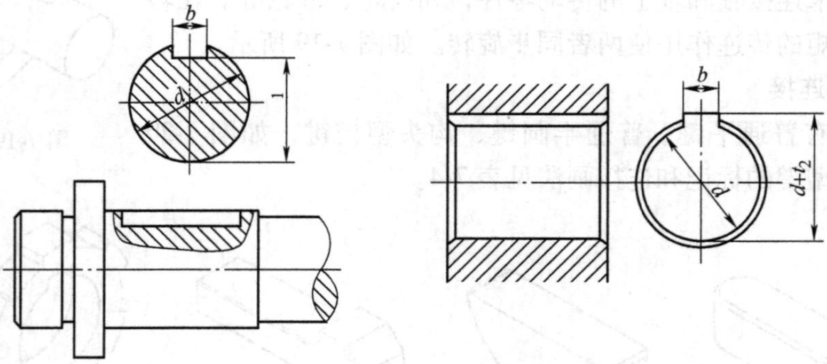

图 7-21　键连接时轴上键槽和轮毂槽的尺寸

普通平键有 A、B、C 三种型式，其画法和标记见附录中的表 B-10。

（2）普通半圆键

普通半圆键用于载荷不大的传动轴上，其画法与普通平键相似。

（3）楔键

楔键有普通型楔键和钩头型楔键两种。楔键顶面为 1∶100 的斜度，装配时打入键槽，紧靠顶面和底面，使轮和轴挤压产生摩擦力而相互连接，上下两接合面应画一条线。

7.3.2 销

1. 销的作用

销通常用在两个零部件的连接或定位中，属于标准件。

2. 销及销连接

常用的销有圆柱销、圆锥销、开口销，其画法和标记方法见表 7-5。

表 7-5　销的种类与标记

名称	图例	标记	连接画法
圆柱销	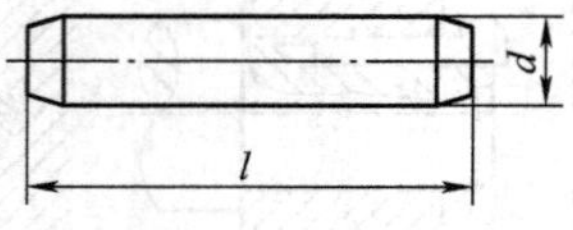	$d=6$，$l=30$ 销 GB/T 119.1 6m6×30	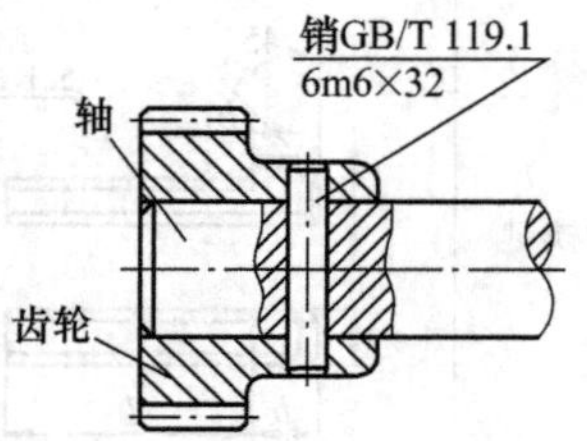

（续）

名称	图例	标记	连接画法
圆锥销	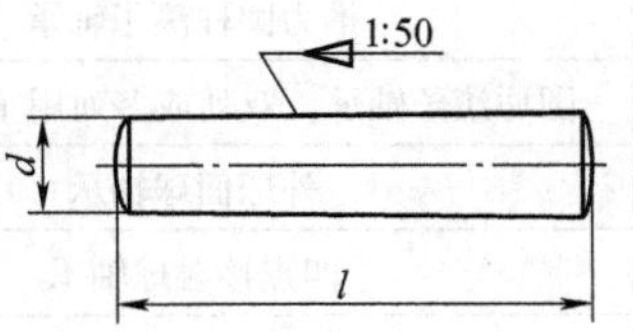	$d=6$，$l=30$ 销 GB/T 117 6×30	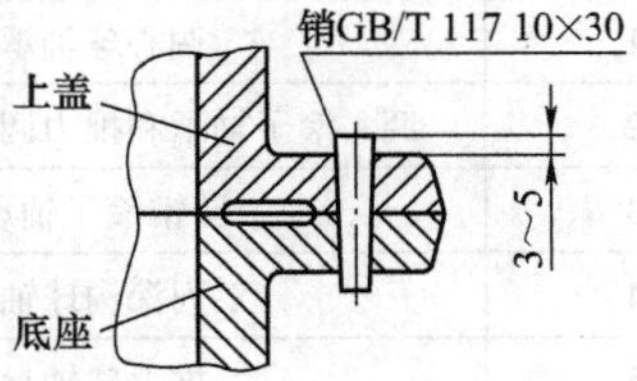
开口销		$d=5$，$l=50$ 销 GB/T 91 5×50	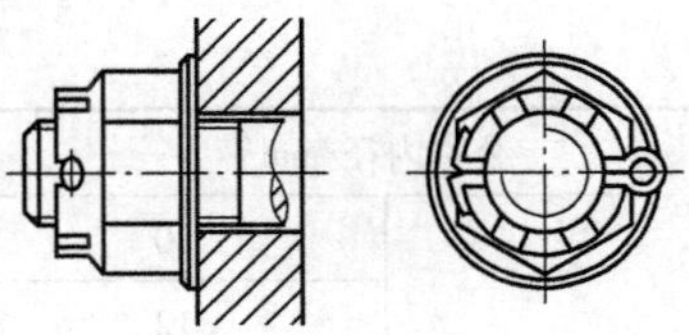

用圆柱销和圆锥销连接零件时，被连接零件的销孔应在装配时同时加工，并在图中注明标记。圆柱销和圆锥销在剖视图中，当剖切平面通过销的轴线时，按不剖来绘制。

7.4 滚动轴承

7.4.1 滚动轴承的种类

滚动轴承是支撑旋转轴的标准组件，它具有摩擦小、结构紧凑、机械效率高的特点，因此在机械传动中应用十分广泛。

1. 滚动轴承结构和种类

滚动轴承是用来支撑旋转轴的组件，具有摩擦力小、结构紧凑等优点。常见的滚动轴承有深沟球轴承、推力球轴承和圆锥滚子轴承，如表 7-8 所示，它们都是标准件，结构和尺寸要满足相关国家标准。

2. 滚动轴承的代号和标记

（1）滚动轴承的代号

滚动轴承代号由前置代号、基本代号和后置代号构成。前置代号和后置代号是在轴承的结构形状、尺寸和技术要求等有改变时所增加的补充代号，本小节不做介绍。

滚动轴承的基本代号由轴承类型代号、尺寸系列代号、内径代号三部分组成：

轴承类型代号　尺寸系列代号　内径代号

基本代号的最左边为类型代号（见表 7-6）；接着是尺寸系列代号，由宽度和直径系列代号组成，可按 GB/T 272—2017 查取，参见附录滚动轴承部分；最后为内径代号，当内径≥20mm，内径代号为轴承内径除以 5 的商，当商为一位数时，需在左边添 0 补为两位数；当内径<20mm 时，见表 7-7。

表 7-6 滚动轴承类型

代号	轴承类型	代号	轴承类型
0	双列角接触球轴承	7	角接触球轴承
1	调心球轴承	8	推力圆柱滚子轴承
2	调心滚子轴承和推力调心滚子轴承	N	圆柱滚子轴承，双列或多列用字母 N 表示
3	圆锥滚子轴承	U	外球面球轴承
4	双列深沟球轴承	QJ	四点接触球轴承
5	推力球轴承	C	长弧面滚子轴承（圆环轴承）
6	深沟球轴承		

表 7-7 滚动轴承内径代号

公称内径/mm		内径代号	实例
10~17	10	00	深沟球轴承 6200 $d=10$
	12	01	
	15	02	
	17	03	
20~480		公称内径除以 5，当商为个位数，需在左侧加“0”，如 05	深沟球轴承 6208 $d=40$
22、28、32		用公称内径毫米数直接表示，但与尺寸系列代号之间用“/”分开	深沟球轴承 62/22 $d=22$

（2）滚动轴承的标记

滚动轴承的规定标记为

滚动轴承　基本代号　标准编号

例如“滚动轴承　6204　GB/T 276—2013”标记的是一个符合 GB/T 276—2013 国家标准滚动轴承。

6204 是它的基本代号，其中，6——类型代号，表示深沟球轴承；2——尺寸系列代号，应为“02”，0 代表宽度系列，省略不写，2 代表直径系列；04——内径代号，表示直径为 4×5=20。轴承的内径为 20mm。

7.4.2 轴承的画法

1. 滚动轴承的画法（GB/T 4459.7—2017）

滚动轴承为装配组件，其结构大体相同，一般由外圈、内圈、滚动体和保持架组成。外圈一般装在机座的孔中，固定不动；而内圈套在转动的轴上，随轴转动。

（1）规定画法和简化画法

在装配图中采用规定画法和简化画法绘制轴承，其中简化画法又分为通用画法和特征画法。在剖视图中，当不需要确切表达滚动轴承的外形轮廓、载荷特性、结构特征时，可用通用画法绘制。

在装配图上一般同时采用规定画法和通用画法来绘制轴承，绘制时应从标准中查出外径

D、内径 d、宽度 B 等几个主要尺寸，如图 7-22 所示。

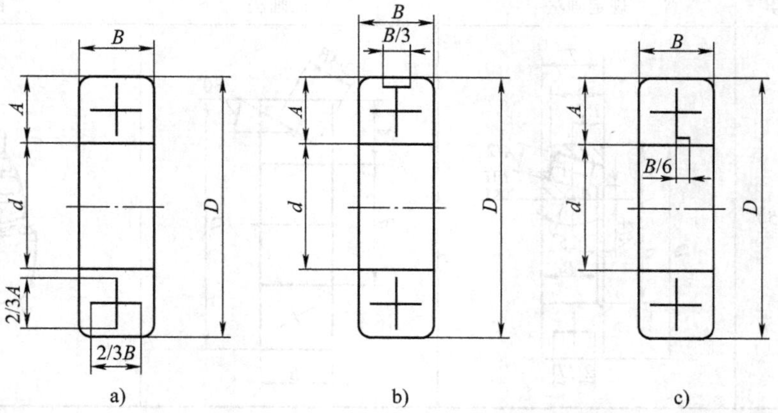

图 7-22 轴承的通用画法

a）通用画法 b）外圈无挡边 c）内圈有单挡边

（2）特征画法

特征画法只适用于需简单表达滚动轴承结构的情况。

2. 常用轴承的画法

常用轴承的规定画法和特征画法见表 7-8。

表 7-8 常用轴承的规定画法和特征画法

轴承名称及代号	规定画法	特征画法	图例
深沟球轴承（GB/T 276—2013）60000 型	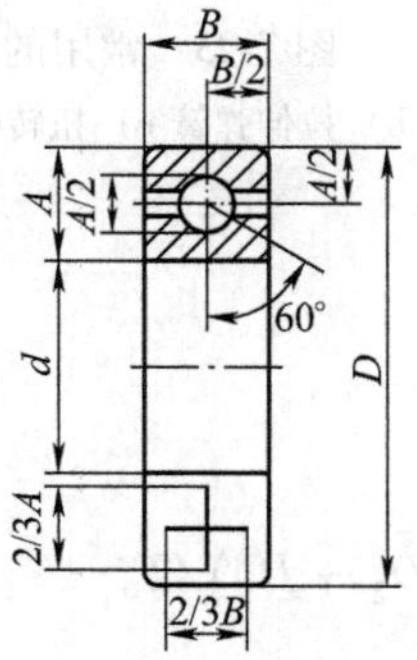	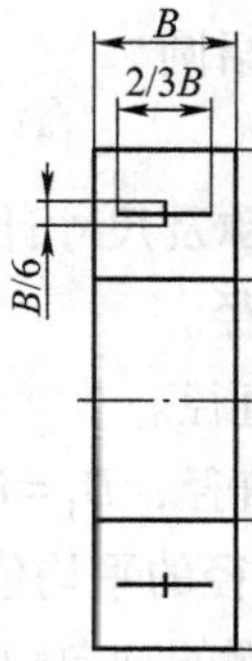	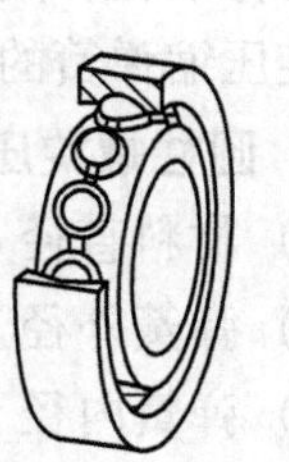
推力球轴承（GB/T 301—2015）51000 型	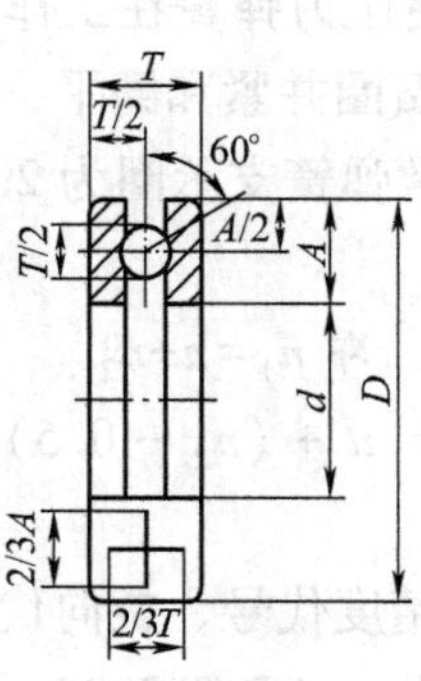		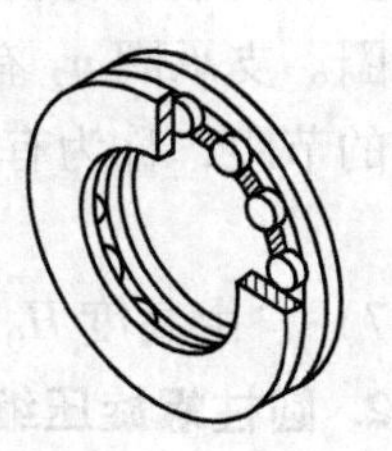

（续）

轴承名称及代号	规定画法	特征画法	图例
圆锥滚子轴承（GB/T 297—2015）30000 型	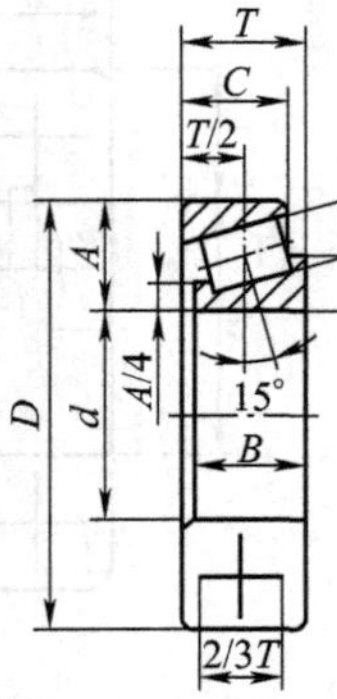	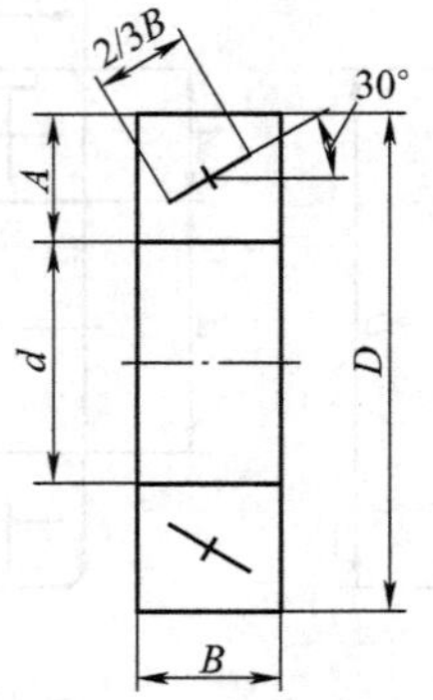	

7.5 弹簧

7.5.1 弹簧的种类和标记

弹簧用途广泛，主要用于减振、夹紧、储存能量等。常见的弹簧有螺旋弹簧、涡卷弹簧等。根据受力方向的不同，螺旋弹簧又分为压缩弹簧、拉伸弹簧、扭转弹簧等，如图 7-23 所示。弹簧参数已标准化，属标准件。本节介绍圆柱螺旋压缩弹簧的画法和尺寸计算。

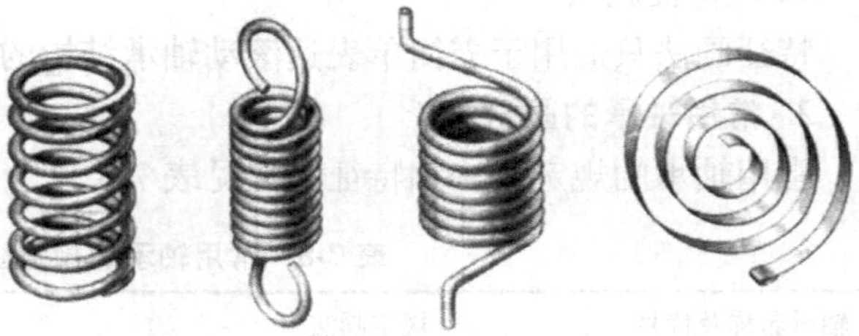

a) b) c) d)

图 7-23 常用的弹簧

a）压缩弹簧 b）拉伸弹簧 c）扭转弹簧 d）平面涡卷弹簧

1. 圆柱螺旋压缩弹簧各部分名称及尺寸计算

1）材料直径 d。弹簧钢丝的直径。

2）弹簧外径 D_2。弹簧最大的直径。

3）弹簧内径 D_1。弹簧最小的直径，$D_1=D_2-2d$。

4）弹簧中径 D。弹簧内径和外径的平均值 $D=(D_2+D_1)/2$。

5）节距 t。除两端外，相邻两圈的轴向距离。

6）有效圈数 n、支承圈数 n_2、总圈数 n_1。为了使压力弹簧在工作时受力均匀、支承平稳，要求两端面与轴线垂直。制造时，常把两端的弹簧圈并紧和磨平，使其支承平稳，称为支承圈。支承圈 n_2 有 1.5 圈，2 圈，2.5 圈三种。通常弹簧支承圈为 2.5 圈，其余各圈保持相等的节距，称为有效圈数。

总圈数=有效圈数+支承圈数，即 $n_1=n+n_2$

7）自由高度 H_0。弹簧在未受载荷时的高度，$H_0=nt+(n_2-0.5)d$。

2. 圆柱螺旋压缩弹簧的标记

弹簧的标记由名称代号、型式代号、规格代号、精度代号、旋向代号及标准号等组成：

$Y \times d \times D \times H_0$-精度代号　旋向代号　GB/T 2089

YA 表示冷卷两端弹簧圈并紧磨平型，YB 表示热卷两端弹簧圈并紧制扁型。

$d×D×H_0$：规格代号。d 表示弹簧的材料直径，D 表示弹簧中径，H_0 表示弹簧自由高度。

精度代号：2 级精度不表示，3 级应标明“3”。

旋向代号：左旋应注明左，右旋不表示。

标准号：GB/T 2089—2009。

例如，YB 型弹簧，材料直径 30，弹簧中径 150，自由高度 320，精度等级为 2 级的右旋弹簧。标记：YB 30×150×320　GB/T 2089。

7.5.2 圆柱螺旋压缩弹簧的画法

对于两端并紧、磨平的压缩弹簧，无论其支承圈的圈数是多少，均可按支承圈为 2.5 圈来绘制，但要标注上实际的尺寸和参数，必要时允许按支承圈的实际结构绘制。

【例 7-3】 已知弹簧外径 $D_2=45\text{mm}$，簧丝直径 $d=5\text{mm}$，节距 $t=10\text{mm}$，有效圈数 $n=8$，支承圈数 $n_2=2.5$，右旋，试绘制该弹簧。

解： 进行计算和作图。已知弹簧外径，可求弹簧中径 $D=D_2-d=40\text{mm}$，自由高度 $H_0=nt+(n_2-0.5)d=8×10\text{mm}+(2.5-0.5)×5\text{mm}=90\text{mm}$。画图步骤如图 7-24 所示。

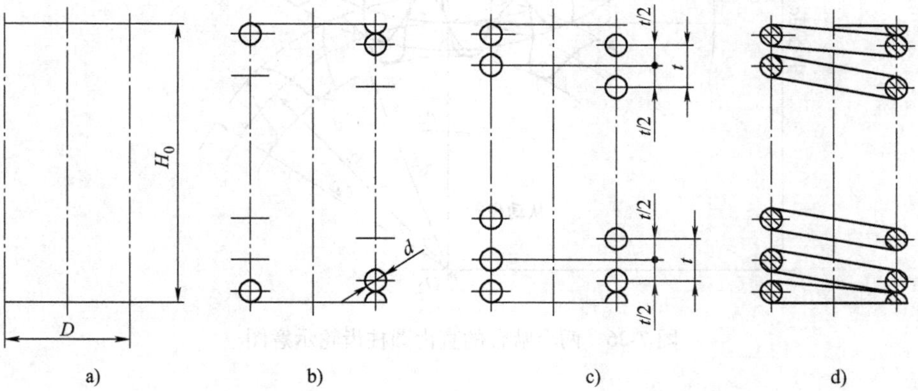

图 7-24　弹簧的画图步骤

a）以自由高度 H_0 和弹簧中径 D 作图　b）画出支承圈部分和簧丝直径相等的圆和半圆

c）根据节距 t 作数个簧丝剖面　d）按右旋方向作相应圆的公切线，加画剖面线

7.6 齿轮

齿轮在机械传动中应用广泛，它不仅能够传递动力，而且可以改变转速和方向。齿轮参数中的模数和齿形角已经标准化，属于常用件。

圆柱齿轮用于平行两轴的传动，锥齿轮用于相交两轴的传动，蜗杆和蜗轮用于交错两轴的传动，如图 7-25 所示。

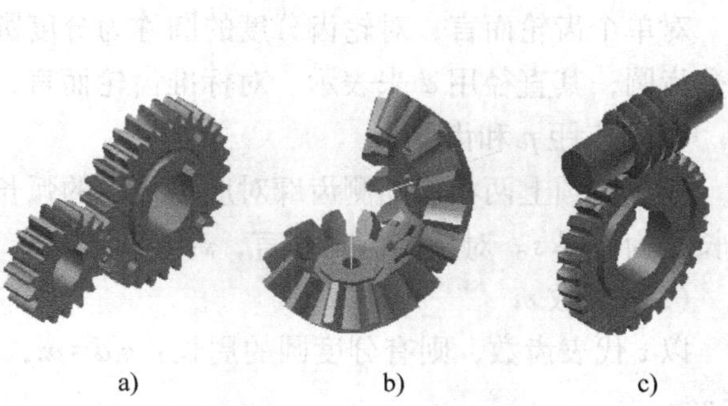

图 7-25　齿轮的应用

a）圆柱齿轮　b）锥齿轮　c）蜗杆蜗轮

在传动中，为了传动平稳、啮合正确，齿轮常制成渐开线、摆线或圆弧形齿廓。按轮齿与轴线的方向及形状，又可分为直齿、斜齿和人字齿等。

凡轮齿符合国标规定的称为标准齿轮，否则为非标准齿轮。下面介绍标准渐开线直齿圆柱齿轮的基本知识和画法。

7.6.1 直齿圆柱齿轮的几何要素和尺寸计算

1. 直齿圆柱齿轮的几何要素

图 7-26 所示为两个啮合的直齿圆柱齿轮示意图，从图中可以看到直齿圆柱齿轮各部分的几何要素。

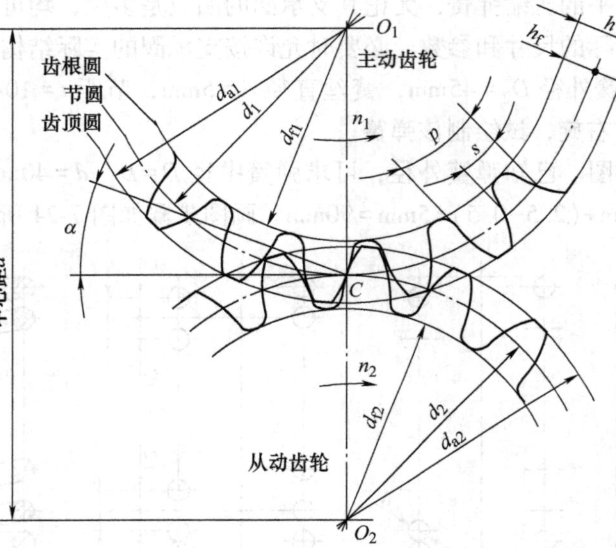

图 7-26 两个啮合的直齿圆柱齿轮示意图

（1）节圆直径 d_w 和分度圆直径 d

O_1 与 O_2 为两啮合齿轮的中心，两齿轮的一对齿廓啮合接触点是在连心线 O_1O_2 的点 C 处（此点称为节点）。分别以 O_1 与 O_2 为圆心，O_1C、O_2C 为半径作圆，两齿轮的传动可看作是这两个圆在节点处进行无滑动的纯滚动，这两个圆称为节圆，其直径用 d_w 表示。

对单个齿轮而言，对轮齿分度的圆称为分度圆。它是进行各部分尺寸计算的基准圆，也是分齿圆，其直径用 d 来表示。对标准齿轮而言，节圆与分度圆的大小是一致的，$d=d_w$。

（2）齿距 p 和齿厚 s

在分度圆上两相邻同侧齿廓对应点之间的弧长，称为分度圆齿距 p；一个轮齿齿廓间的弧长称为齿厚 s。对标准齿轮而言，$s=p/2$。

（3）模数 m

以 z 代表齿数，则有分度圆的周长：$\pi d=pz$，$d=pz/\pi$，令 $m=p/\pi$（m 称为模数），则有 $d=mz$。

两直齿圆柱齿轮正确啮合时，齿轮的齿距应相等，因此它们的模数也应相等。模数 m 是设计制造齿轮的一个重要参数。模数越大，轮齿的各部分尺寸越大，承载能力也越大。

GB/T 1357—2008 规定了模数的系列标准，见表 7-9。

表 7-9　常用齿轮标准模数（GB/T 1357—2008）

第一系列	1　1.25　1.5　2　2.5　3　4　5　6　8　10　12　16　20　25　32　40　50
第二系列	1.125　1.75　2.25　2.75　3.5　4.5　5.5　(6.5)　7　9　11　14　18　22　28　36　45

注：1. 选用模数时，应优先选用第一系列，其次选用第二系列，括号内的模数应避免采用。
2. 本标准不适用于汽车齿轮。

（4）齿形角 α

在互相啮合的两齿轮上，过节点 C 作齿形的公法线，其与两节圆的公切线间的夹角称为分度圆齿形角，以 α 来表示。齿形角是轮齿在节点 C 处所受压力方向与瞬时运动方向的夹角。齿形角也已标准化，我国规定 $\alpha=20°$。

（5）中心距 a

两啮合齿轮中心之间的距离，称为中心距 a。

$$a = d_1/2 + d_2/2 = m(z_1 + z_2)/2。$$

（6）传动比 i

主动齿轮的转速 n_1（转/分）与从动齿轮的转速 n_2（转/分）之比，用 i 来表示。

$$i = n_1/n_2 = z_2/z_1$$

其中，n_1、z_1 为主动齿轮的转速和齿数，n_2、z_2 为从动齿轮的转速和齿数。

（7）齿顶圆 d_a、齿根圆 d_f 和齿高 h

通过轮齿顶部的圆称为齿顶圆，其直径用 d_a 来表示。通过轮齿根部的圆称为齿根圆，其直径用 d_f 来表示。

齿顶到齿根的径向距离称为齿高，用 h 来表示。它分为两部分，自分度圆到齿顶圆的径向距离称为齿顶高，用 h_a 来表示；自分度圆到齿根圆的径向距离称为齿根高，用 h_f 来表示。

2. 齿轮各几何要素的尺寸

设计制造齿轮时，齿轮各几何要素尺寸的计算见表 7-10。

表 7-10　直齿圆柱齿轮各几何要素尺寸计算公式

基本参数：模数 m、齿数 z、齿形角 α			示意图
名　称	符　号	计算公式	
分度圆直径	d	$d=mz$	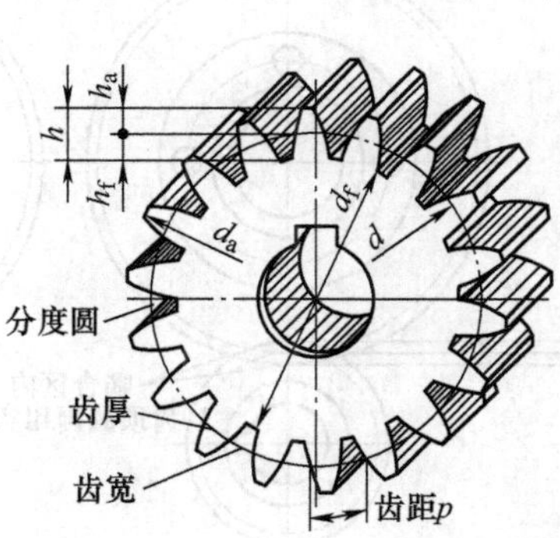
齿顶圆直径	d_a	$d_a=m(z+2)$	
齿根圆直径	d_f	$D_f=m(z-2.5)$	
齿顶高	h_a	$h_a=m$	
齿根高	h_f	$h_f=1.25m$	
齿高	h	$h=2.25m$	
齿距	p	$p=m\pi$	
中心距	a	$a=m(z_1+z_2)/2$	
分度圆齿厚	s	$s=p/2$	

7.6.2　齿轮的画法

齿轮一般在齿轮加工机床上加工，不需要画出它真实的投影。机械制图国家标准对它的画法作了如下的规定。

1. 单个齿轮的画法

如图 7-27 所示，齿轮的齿顶圆和齿顶线用粗实线绘制；分度圆和分度线用细点画线绘制；齿根圆与齿根线一般用细实线绘制，也允许省略不画。在剖视图中，当剖切平面通过齿轮轴线时，轮齿部分一律不剖，齿根线要用粗实线来绘制。在端面视图中倒角圆规定不画。

当需要表达斜齿轮与人字齿的形状时，可用三条与齿向一致的细实线来表示，如图 7-27b、c 所示。

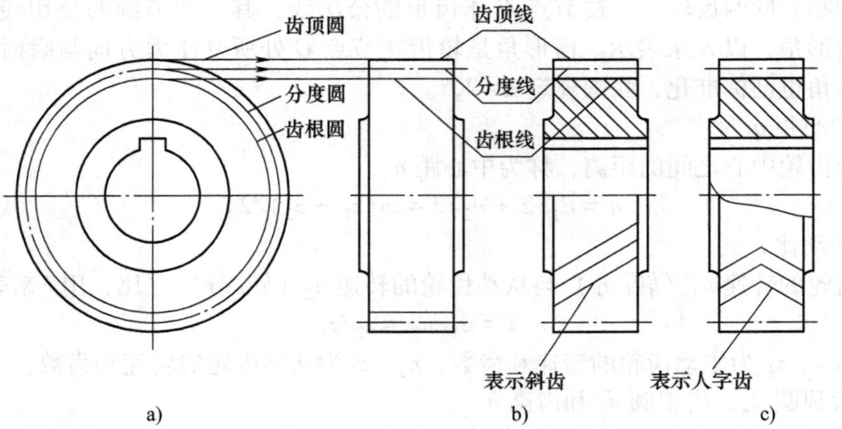

图 7-27　圆柱齿轮的规定画法

a）直齿轮　b）斜齿轮　c）人字齿

2. 啮合画法

两标准齿轮相互啮合时，在端面视图上，相互啮合的两圆柱齿轮分度圆相切，用细点画线绘制；啮合区域内的齿顶圆用粗实线绘制，如图 7-28a 所示。也可采用省略画法，如图 7-28b 所示。

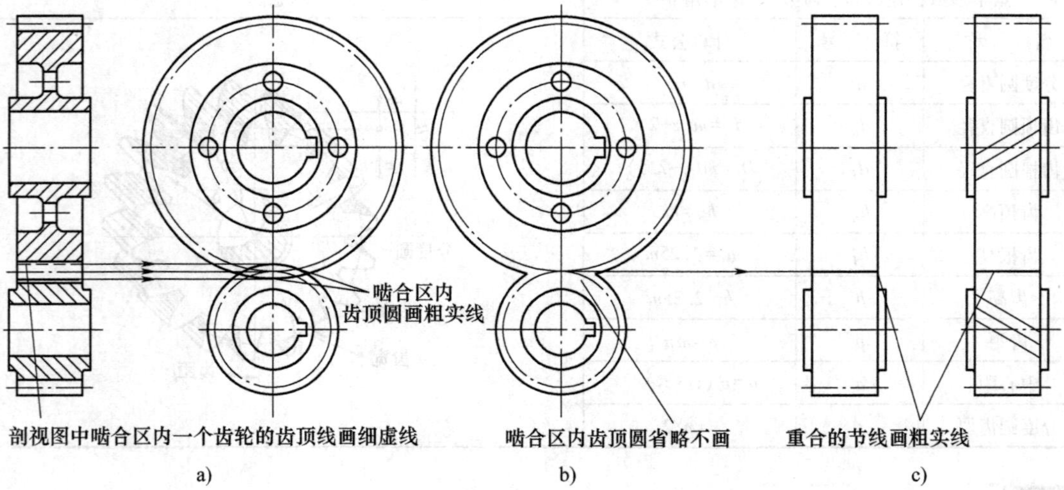

图 7-28　圆柱齿轮啮合的规定画法

在非圆剖视图上，剖切平面通过两啮合齿轮的轴线时，在啮合处节线用点画线绘制；其中一个齿轮轮齿被遮挡部分的齿顶线用虚线绘制，也可以省略不画，其余两齿根线和另一齿轮的齿顶线用粗实线绘制，如图 7-28a 所示。

在投影为非圆的外形视图上，啮合区域内两啮合齿轮的节线重合，用粗实线表示，啮合区的齿顶线不需画出，其余节线仍用点画线绘制，如图 7-28c 所示。端面视图仍按图 7-28b 绘制。注意：一个齿轮的齿顶线与另一齿轮的齿根线之间有 0. 25m（模数）的间隙，如图 7-29 所示。

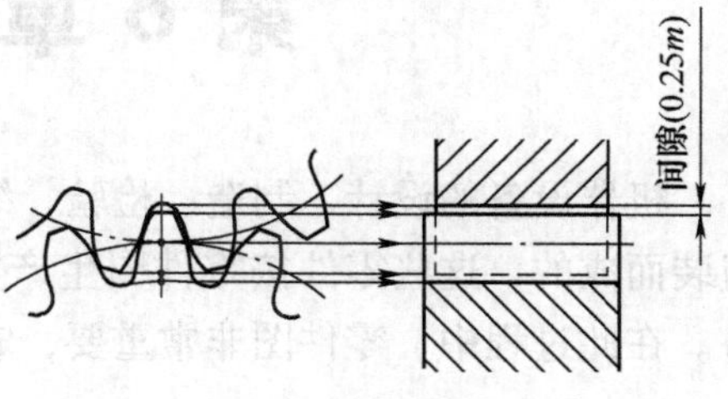

图 7-29　齿轮的间隙

7. 6. 3　齿轮零件图

图 7-30 所示为一圆柱齿轮的零件图，它包括一组视图、一组尺寸、必需的技术要求、齿轮相关精度参数表等。

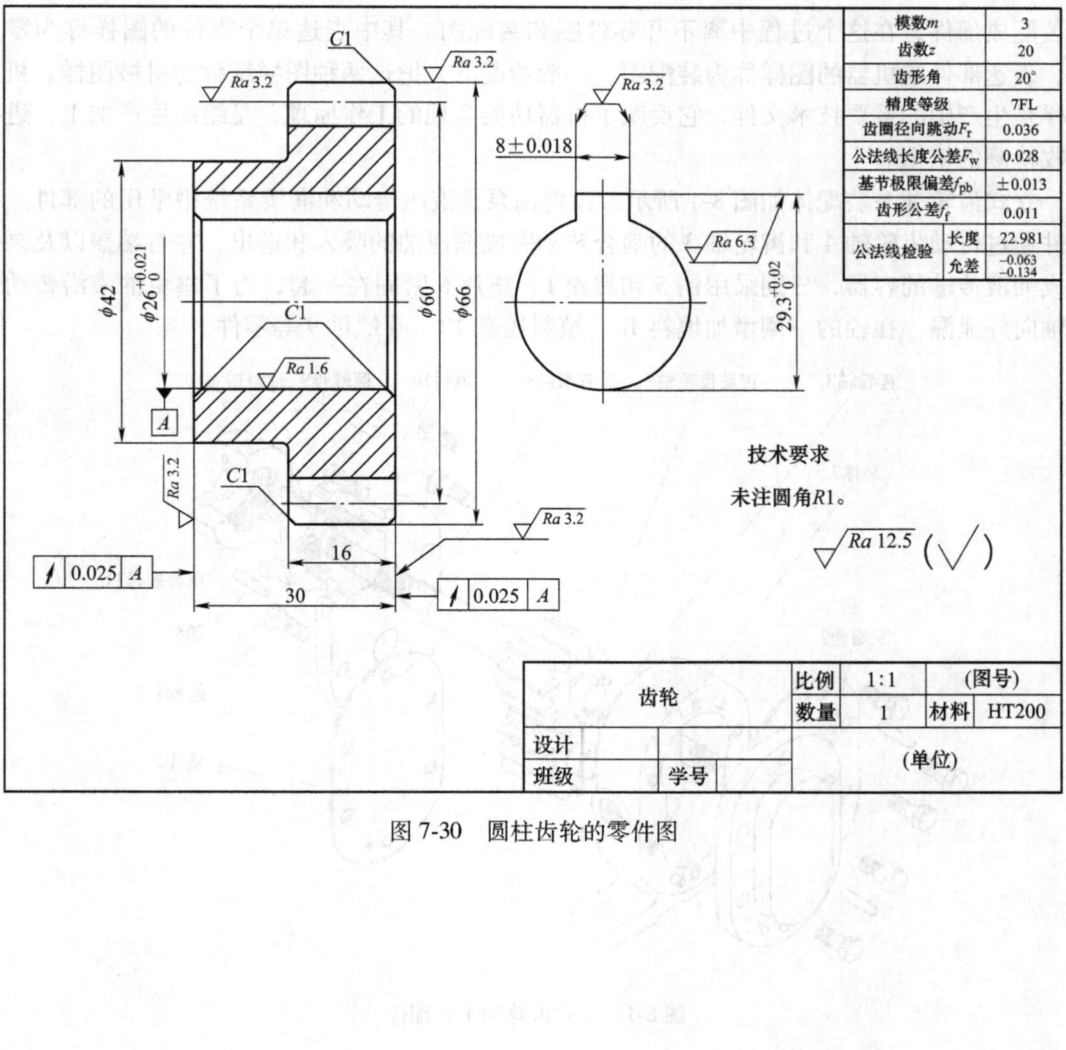

图 7-30　圆柱齿轮的零件图

第 8 章　零　件　图

机器设备的设计、制造、检验、维修都离不开机械图样。通常一台设备是由很多个零件组装而成的，这些零件按零件图生产加工，生产出来的零件按装配图调试后组装成机器设备。在此过程中，零件图非常重要，它是加工、检验零件必需的技术文件和重要依据。

8.1　机械图样概述

8.1.1　机械图样

机器设备是为了实现某种指定功能而设计的。在生产过程中，首先加工出零件，再由零件装配成部件，在这个过程中离不开零件图和装配图。其中表达单个零件的图样称为零件图，表达部件或机器的图样称为装配图，一般情况下，把这两种图样统称为机械图样。机械图样是生产中的重要技术文件，它反映了机器功能实现的工作原理，是组织生产加工、进行验收检测的依据。

立式齿轮油泵装配体如图 8-1 所示，齿轮油泵是液压传动和润滑系统中常用的部件。该部件通过传动齿轮轴 4 和齿轮轴 3 的啮合转动完成润滑油的吸入和送出，左右端盖以及泵体构成油液传输的容器，分别采用销 5 和螺栓 1、垫片 6 紧固在一起，为了避免油液沿传动齿轮轴向外泄漏，在轴的一侧增加填料 10、填料压套 12、圆螺母 9 等零件。

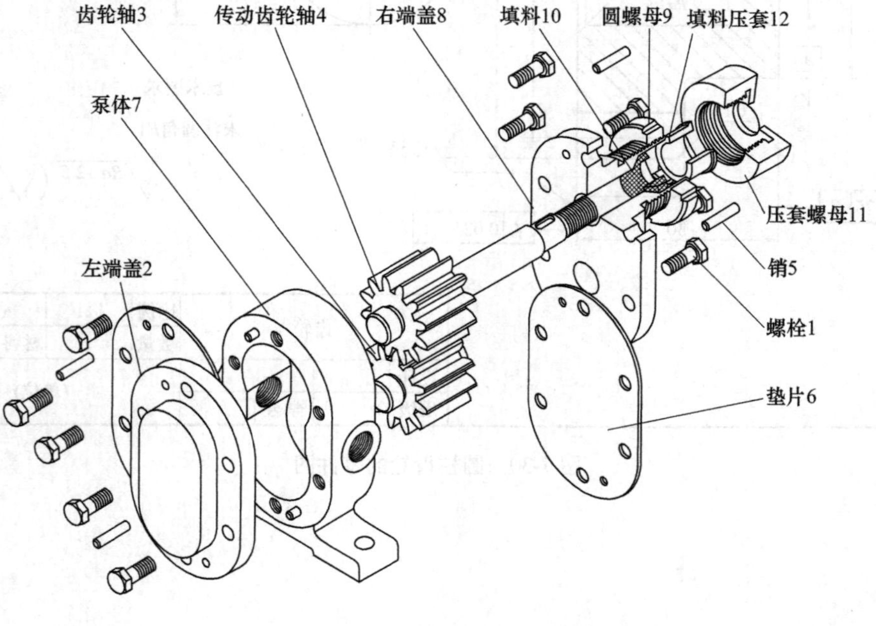

图 8-1　立式齿轮油泵装配体

为表达上述齿轮油泵的结构组成和其工作原理，要绘制出相应的装配图。

装配图着重表达机器的整体结构，表达零件之间的相对位置、连接方式等装配图，展示部件的传动路线、润滑、冷却、密封等情况，给出了机器工作时应达到的技术指标。图 8-2 所示为齿轮油泵的装配图。

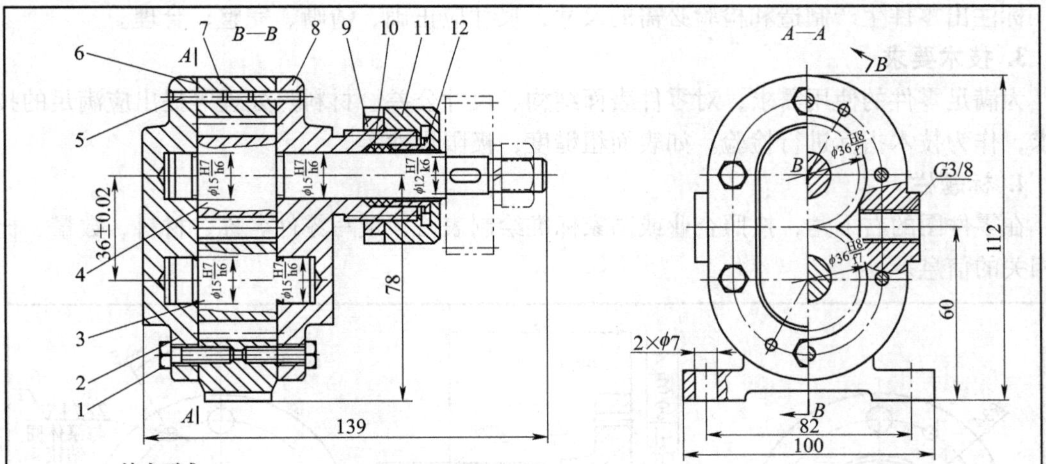

技术要求

1.齿轮安装后，用手转动齿轮，应灵活旋转。

2.两齿轮轮齿接合面为齿长的3/4以上。

12	填料压套	1	ZCuSn5Pb5Zn5		4	传动齿轮轴		45	m=3 Z=12
11	压套螺母	1	35		3	齿轮轴		45	m=3 Z=12
10	填料	1	石棉绳		2	左端盖	1	HT200	
9	圆螺母M20	1	Q235	GB/T 812—1988	1	螺给M6×16	12	Q235A	GB/T 5782—2000
8	右端盖	1	HT200		序号	名称	件数	材料	备注
7	泵体	1	HT200		设计	(日期)			(校名)
6	垫片	2	钢纸	t=0.5	校核 审核	(日期) (日期)	比例 1:1	数量	齿轮油泵
5	销A4m6×20	4	35	GB/T 119.1—2000	班级	学号	共 页	第 页	(图号)

图 8-2 齿轮油泵装配图

图中主视图表达了部件的主要传动路线，由传动齿轮轴 4 右端画双点画线的齿轮通过键连接将动力输入进来，传动齿轮轴 4 一端支撑在左端盖 $\phi15$ 的孔中，另一端支撑在右端盖 $\phi15$ 的孔中，通过齿轮啮合带动齿轮轴 3 运动，齿轮轴 3 的两端分别支撑在左、右端盖 $\phi15$ 的孔中。右端盖内部用填料封填，填料压套口挤压住填料，用圆螺母和压套螺母固定压套完成密封。左右端盖及泵体用销、螺栓连接固定在一起。在左视图上，表达了进出油孔位置和大小，齿轮啮合状态，安装所用的螺栓、销数量及位置等内容。

在装配图标题栏上方列有明细栏，描述了所用零件的名称、种类、数量、材料等信息。

明细栏的每个零件在机器中所起的作用是不同的，它的结构、尺寸要根据装配图的要求而确定，在设计零件时还要考虑其加工、维修更换等因素。

在设计和生产中，根据零件是否标准化将其分为标准件、常用件和专用零件。

零件的结构、尺寸等各方面均被标准化的零件称为标准件，如螺钉、螺栓等；部分结构参数及尺寸被标准化、系列化的零件称为常用件，如齿轮等；为设备专门生产的零件称为专用零件，如图 8-3 所示的零件 8 右端盖。通常标准件不画零件图，只将规格和标准号写入明细栏里，以便直接采购。

8.1.2 零件图的内容

一张完整的零件图应该包括：一组视图，必要的尺寸，技术要求，标题栏。如图 8-3 所示的右端盖零件图。

1. 一组视图

一组视图是指用适当的表达方法正确、合理地表达零件的内部和外部结构。

2. 必要的尺寸

标注出零件生产制造和检验必需的尺寸，尺寸应正确、清晰、完整、合理。

3. 技术要求

为满足零件的使用需求，对零件表面结构、尺寸公差、材料热处理等提出应满足的技术要求，作为技术指标进行检验。如表面粗糙度，极限尺寸等。

4. 标题栏

在零件图的右下角，按照企业或国家标准绘制表格，填写零件名称、材料、数量、比例等相关的信息。

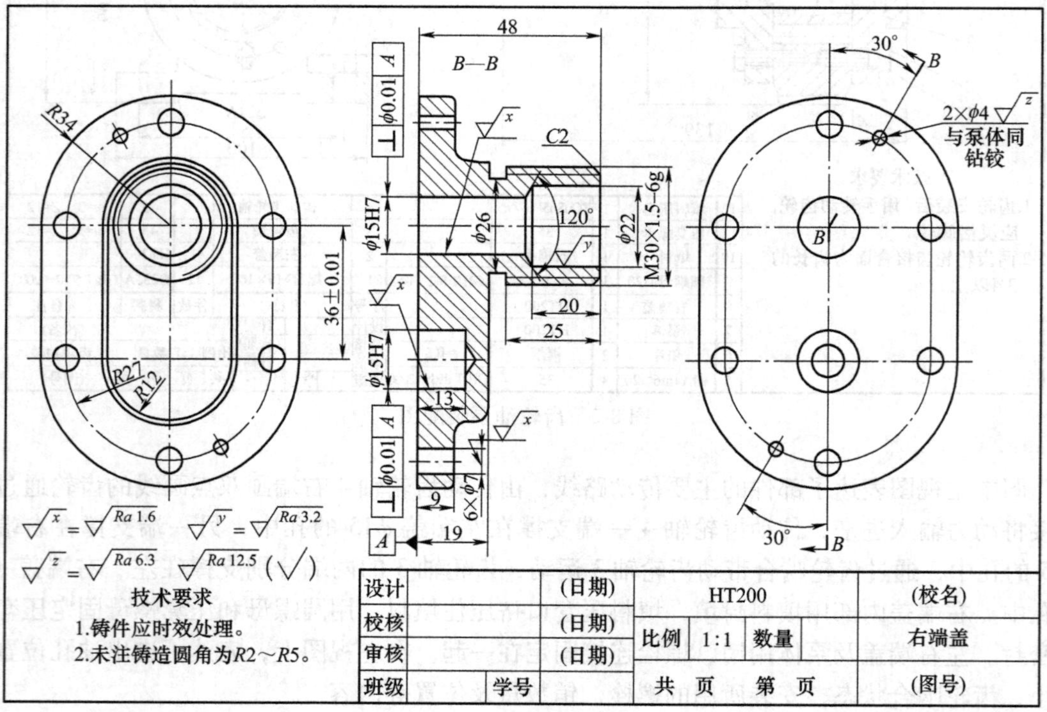

图 8-3 右端盖零件图

8.2 零件的常见工艺结构

零件设计时要了解零件生产过程中的工艺结构。这些结构包括铸造时和材料加工时所需的工艺结构。

8.2.1 铸造零件的工艺结构

1. 起模斜度

在铸造零件时，为便于从砂型中取出模样，一般沿模型的拔模方向做成约 1 : 20 的斜度，此斜度称为起模斜度。在图样中可不予标注，根据需要也可以不画出。铸造工艺结构见表 8-1。

2. 铸造圆角

在铸件各表面的相交处，设计有铸造圆角。铸造圆角可以保证均匀浇注，避免铸件在冷却时产生裂纹或缩孔。在图样中可不予标注，一般集中注写在技术要求中。

铸件由于在表面相交处常用铸造圆角光滑过渡，使机件表面交线变得不很明显，见表 8-1。

3. 铸件壁厚

为了避免浇注零件时因冷却速度不同产生缩孔或裂纹，铸件壁厚应尽量相等或逐渐过渡。见表 8-1。

4. 过渡线

由于铸件上圆角、起模斜度的存在，铸件上形体表面的交线不明显，这种线称作过渡线。过渡线的画法与相贯线画法相似，但要按没有圆角时求出相贯线的投影，画到理论上的交点处为止，过渡线用细实线绘制，不与轮廓线接触。

其他形式的过渡线画法见表 8-1，底板上表面与圆柱面相交，交线处在大于或等于 60° 的位置，此时过渡线按两端带小圆角直线画出；压板上表面与圆柱面相交，交线处在小于 45° 的位置，此时过渡线按两端不到头的直线画出。

表 8-1　铸造零件的工艺结构

铸造零件的工艺结构	起模斜度和铸造圆角	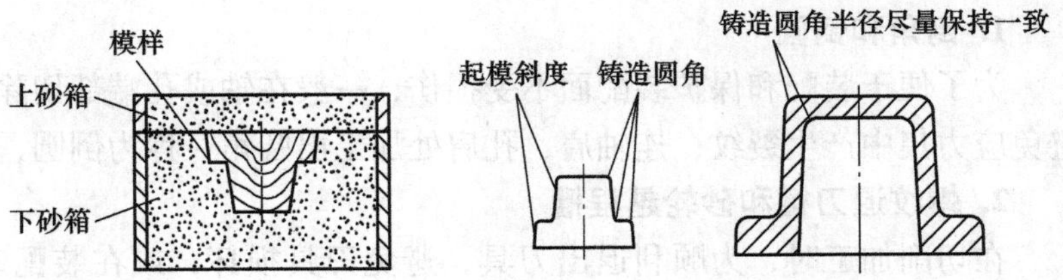
	铸件壁厚	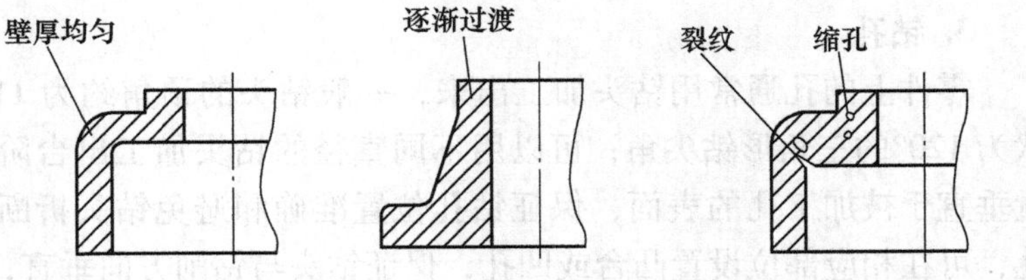
	过渡线	两曲面相交的过渡线 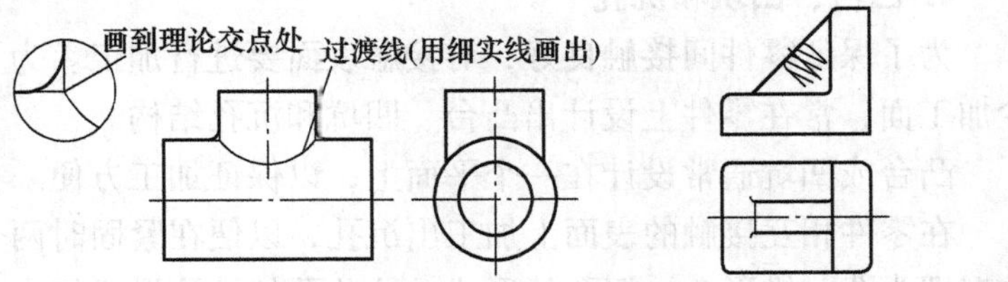

（续）

铸造零件的工艺结构	过渡线	不同断面形状的肋板与圆柱相切相交过渡线 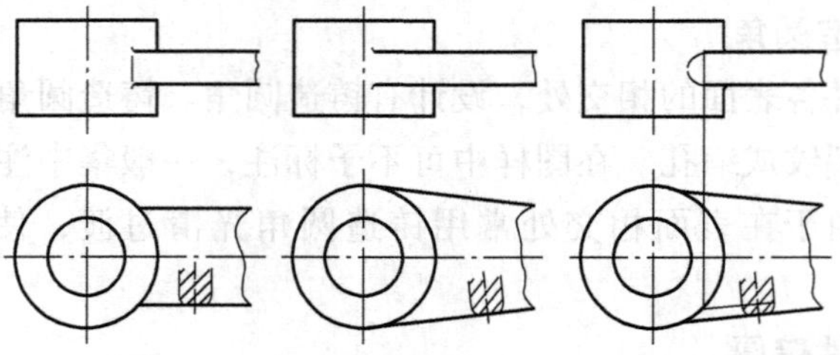 a) 相交　b) 相切　c) 相交 平面与平面、平面与曲面相交过渡线 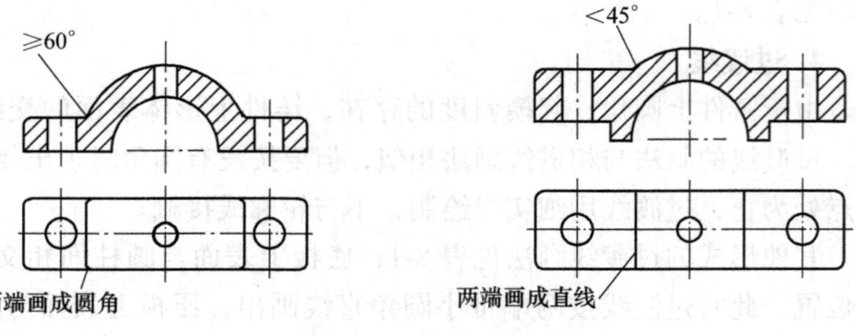

8.2.2 加工零件的工艺结构

1. 倒角和倒圆

为了便于装配和保护装配面不受损伤，一般在轴或孔端部切除端部锐边，称为倒角。为避免应力集中产生裂纹，连轴肩、孔肩处加工出圆角，称为倒圆，见表 8-2。

2. 螺纹退刀槽和砂轮越程槽

在切削加工时，为顺利退出刀具，避免刀具损坏，或在装配时保证与相邻零件紧密接触，通常在台阶位置处预先加工出螺纹退刀槽或砂轮越程槽等结构，其大小可以参照国家标准执行，见表 8-2。

3. 钻孔

零件上的孔通常用钻头加工出来，一般钻头的顶角约为 118°，在绘制不通孔时画出形状为 120°的三角形钻尖角；可以用不同直径的钻头加工出台阶形状孔；钻头钻孔时钻头尽量垂直于被加工孔的表面，保证钻孔位置准确和避免钻头折断。特别地，如果在斜面上钻孔，可在相应部位设置凸台或凹孔，保证钻头与钻削方向垂直，避免因受力不均造成刀具损坏，见表 8-2。

4. 凸台、凹坑和沉孔

为了保证零件间接触良好，对接触表面要进行加工。为了降低零件的制造费用，尽量减少加工面，常在零件上设计出凸台、凹坑和沉孔结构。

凸台或凹坑通常设计在一个平面上，以保证加工方便。

在零件相互接触的表面上加工出沉孔，以便在紧固时两个零件接触良好。螺钉连接时通常有埋头孔、锥形孔、沉孔等形式，这些孔的标注形式见表 8-3。

表 8-2 加工零件的工艺结构

加工零件的工艺结构	倒角	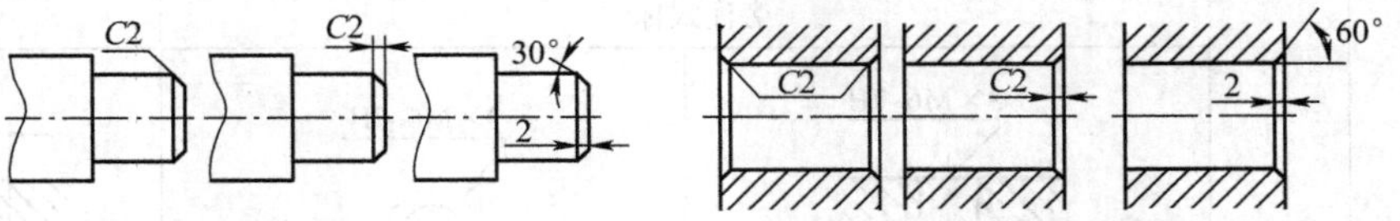 便于装配和保护装配面，在轴孔端部加工出倒角，C2表示45°倒角，倒角深度2
	螺纹退刀槽和砂轮越程槽	砂轮越程槽　　螺纹退刀槽 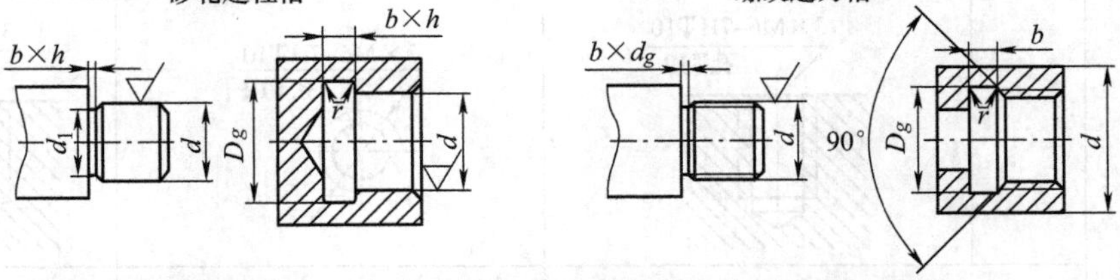 为顺利退刀，避免损坏刀具，或为保证装配结构的需要，在轴段处或阶梯孔处加工出砂轮越程槽、螺纹退刀槽
	钻孔	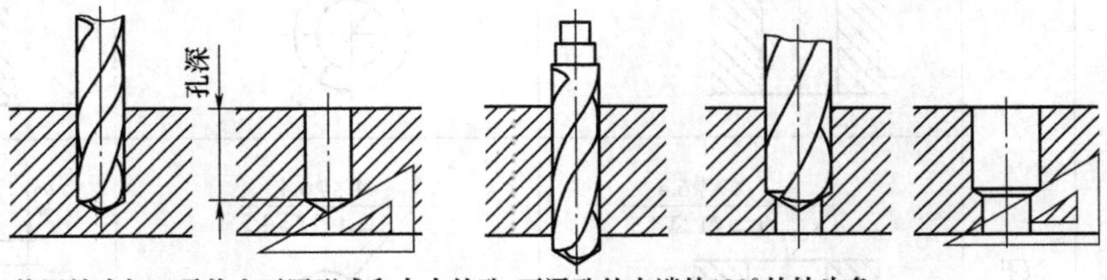 使用钻头加工零件上不同形式和大小的孔，不通孔的末端的120°的钻头角 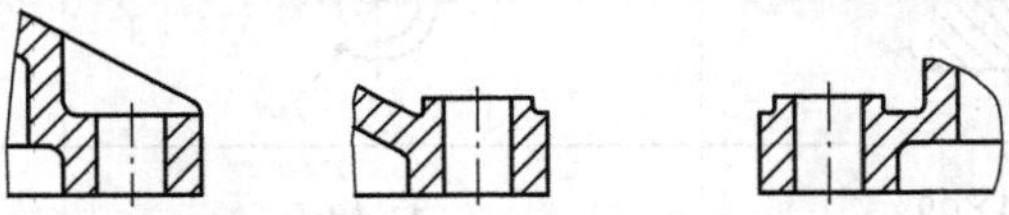 在斜面处设置凹孔，或做成凸台结构避免钻头折断
	凸台和沉孔	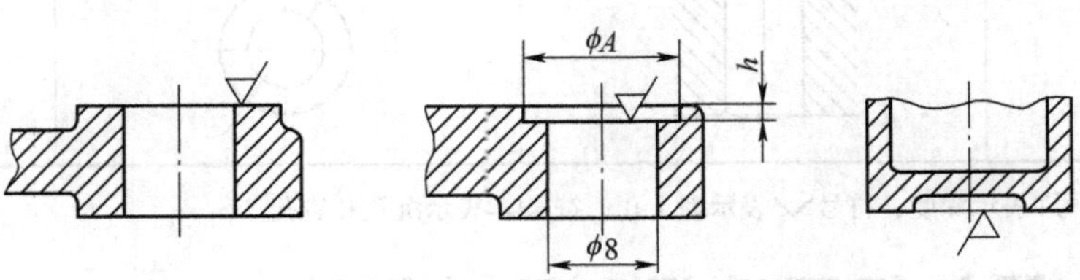 凸台　　沉孔　　凹槽 为减少加工面，将与其他零件接触的表面做成凸台、沉孔、埋头孔等结构。

表 8-3 常用孔的标注形式

		旁注式标注		普通标注
各类孔的简化画法	结构光孔	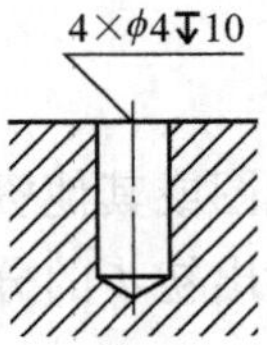	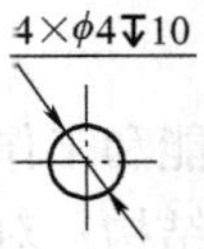	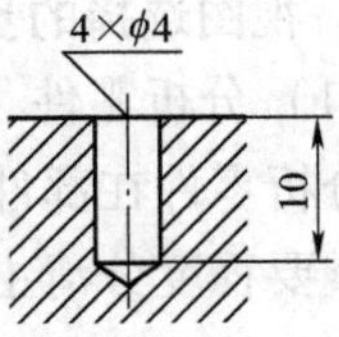

（续）

		旁注式标注		普通标注
各类孔的简化画法	螺纹孔	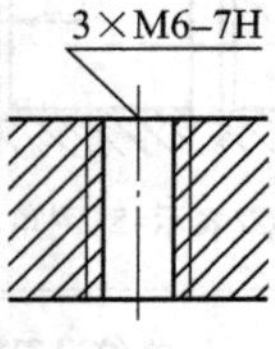		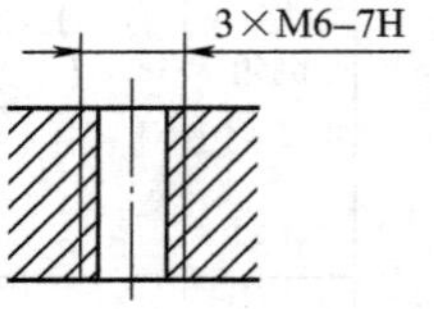
		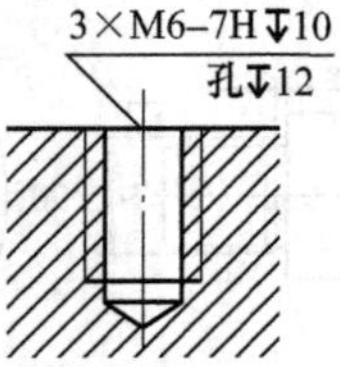	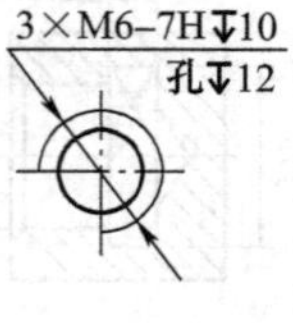	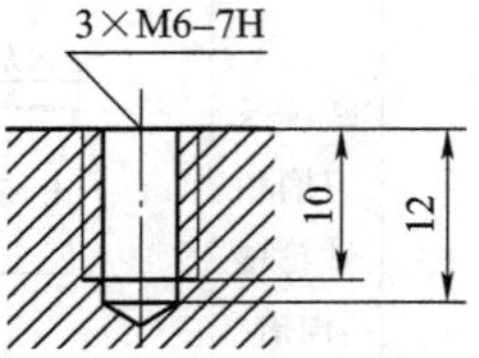
		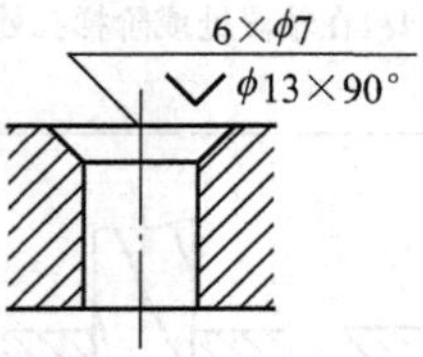	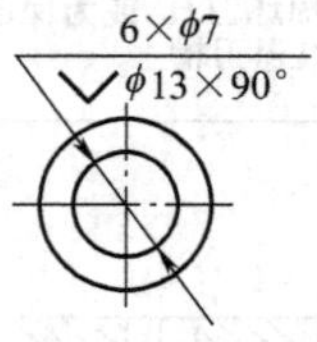	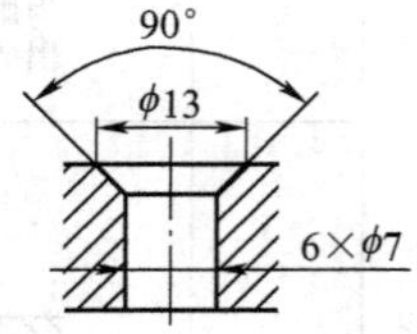
	沉孔	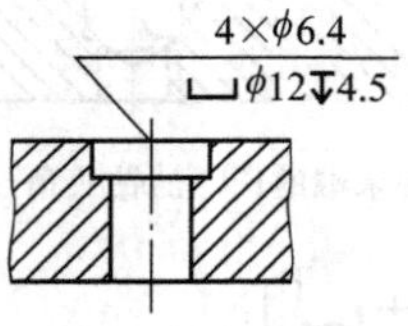	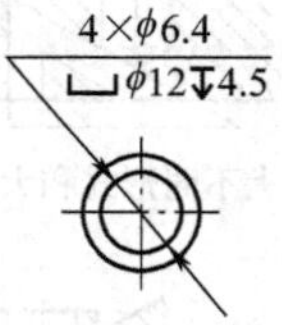	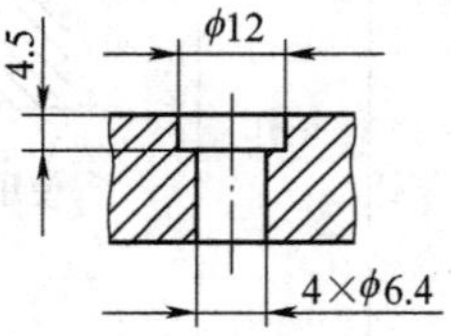
		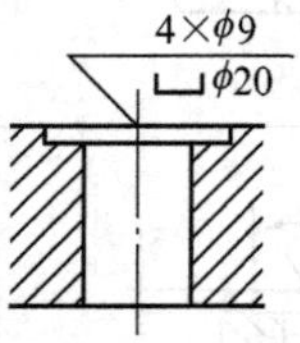		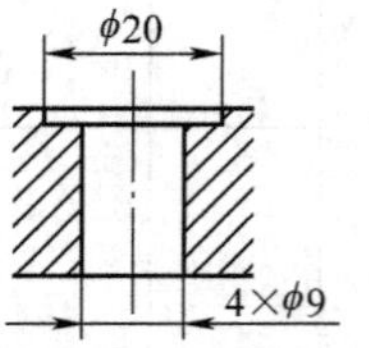

注：符号↧表示深度；符号⌵表示埋头孔；符号⌴表示沉孔和锪孔。

8.3 零件视图选择和尺寸标注

8.3.1 零件的视图选择

绘制零件图时，需根据零件的功能，结合内部结构特点，采用合理的表达方法将其清晰地表达出来。

1. 视图选择的步骤和方法

（1）分析零件

分析零件在部件和设备中的功能和工作状态，借助装配图或其他资料来进行分析；对零件按重要程度分清主次，抓住重点结构；对零件加工方法做出初步的分析。

（2）主视图的选择

在选择表达方案时，应首先确定主视图，主视图是一组视图的核心。

1）应选择零件的安装位置或加工位置放置零件。一般对回转体类零件如轴套、杆等零件按轴线水平位置放置，箱体、叉架类零件按工作位置放置。

2）选择主视图的投射方向。投影时要能够清晰地表达主体结构和结构组成，便于内外结构的表达。

3）确定主视图的画法。根据零件的外形和内部结构选择合适的图样画法。

（3）其他视图的选择

对于主视图未明确表达的内容，应选择必要的视图进行补充说明。每个视图表达各有重点，相互补充而不重复，尽可能保持直接的投影关系，图形数量合理。

2. 视图表达方案的比较和确定

零件的视图表达在实际绘图中会出现多种表达方案，需要做细致的分析比较，以获得零件表达的最佳方案。下面结合实例具体说明和讨论。

8.3.2 零件表达方案的讨论

1. 主视图的选择对比

如图8-4a所示的轴，主视图有图8-4b、c所示的两种方案，经分析比较，根据上述主视图选择原则，从而得出较好的主视图表达方案。

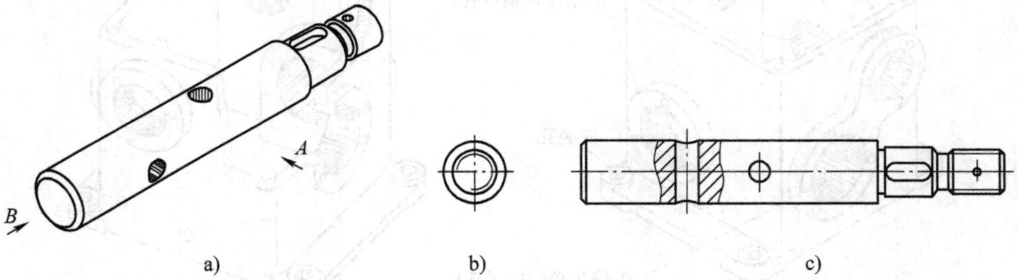

图8-4 轴类零件的主视图选择

a）立体图 b）不好 c）好

又如图8-5b、c所示的两种支架主视图表达方案，可以看出图8-5b较好地表达了支架的外形轮廓和内部结构，信息量较大。

2. 综合实例讨论

对于较为复杂的零件，当表达方案不唯一时，应做出最佳选择。

图8-6所示为箱体的结构图。其分析如下，零件的重要部分是传动轴的轴承孔系，用来安放支撑蜗杆轴、蜗轮轴及锥齿轮轴的滚动轴承。箱体的顶部有四个凸台，凸台上有四个螺孔，用于连接箱盖；底板上有四个安装孔（为了减少加工面积，将四周设计成凸缘）；箱壁上有一个油孔。了解了箱体的结构后，可以有以下三种表达方案。

1）方案一：如图8-7a所示，按照安装位置和主要结构特征选择主视图的投射方向。共采用六个图形，其中主视图采用*A—A*局部剖视表达Ⅰ、Ⅲ孔、箱内凸台的内部结构和相对位置、油孔的上下位置；左视图采用*E—E*全剖视图表达Ⅱ孔（同轴）的内部形状、油孔的形状和位置、箱内形状等；俯视图用局部剖视图主要表达Ⅰ孔安装位置（同轴）和箱体顶

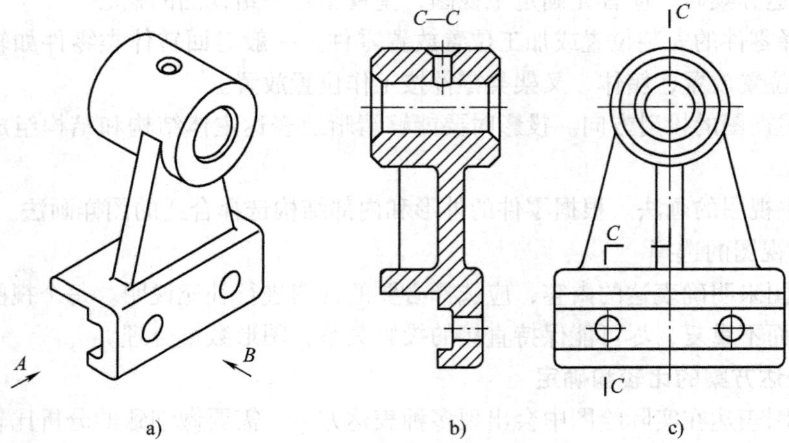

图 8-5 支架的主视图选择

a）立体图 b）好 c）不好

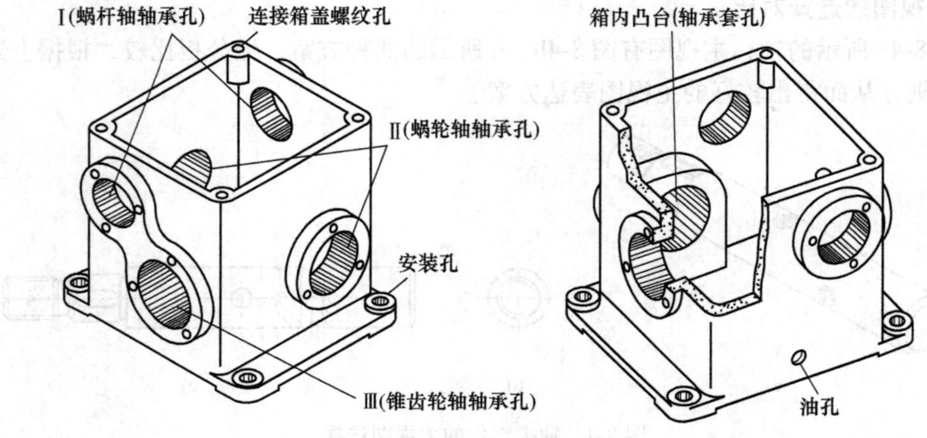

图 8-6 箱体的主视图选择

部、底板的结构形状。此外，还采用 *C* 向视图表达左视方向上零件的外部结构形状（8 字形凸台）；*D* 向局部视图表达底板底部凸台及圆孔的形状；*B—B* 局部剖视图表达箱内凸台的形状。通过这六个图形，就能将此箱体全部结构表达清楚。

2）方案二：如图 8-7b 所示，主视图和左视图分别用 *A—A* 阶梯剖视图和局部剖视图来表达三轴孔、油孔的相对位置；用一简化的局部视图表达凸台上螺孔的形状和位置，其他表达方法同方案一。

3）方案三：如图 8-7c 所示，沿Ⅰ孔方向作为主视图的投射方向。主视图采用 *A—A* 全剖视图表达了Ⅱ孔（同轴）内部形状、Ⅲ孔（箱内凸台）形状、Ⅰ和Ⅲ孔的相对位置，此外还用细虚线表示后面箱壁凸台的形状（8 字形）和螺孔位置。左视图采用了三个局部剖视图，表达Ⅲ孔、Ⅰ孔，前边油孔，未剖切部分表达了Ⅱ孔凸台的形状和螺孔位置。俯视图采用基本视图，表达箱体顶部及底板（用细虚线表达底部凸台的形状）上安装孔的形状和位置。

方案比较：第三方案虽然所用的视图较少，但缺点是主视图和俯视图上用了过多的细虚线表示，左视图采用三个局部剖视图比较零乱，不利于看图和尺寸标注，不建议使用此方案。方案一和方案二较清晰且容易看懂，并各有特点，是较好的表达方案。

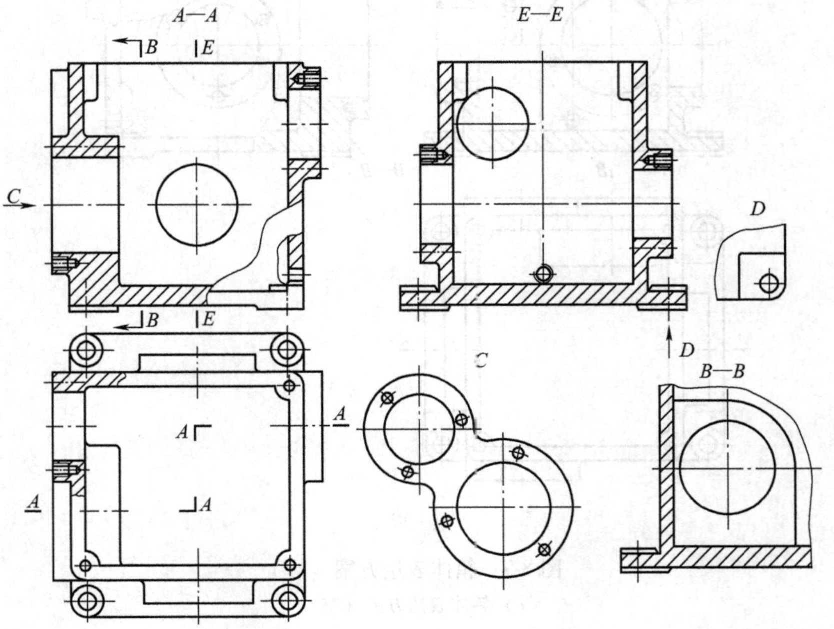

a)

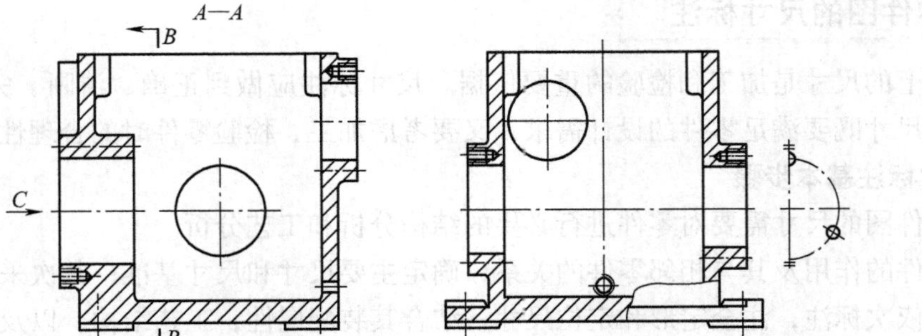

b)

图 8-7　箱体表达方案

a）箱体表达方案（一）　b）箱体表达方案（二）

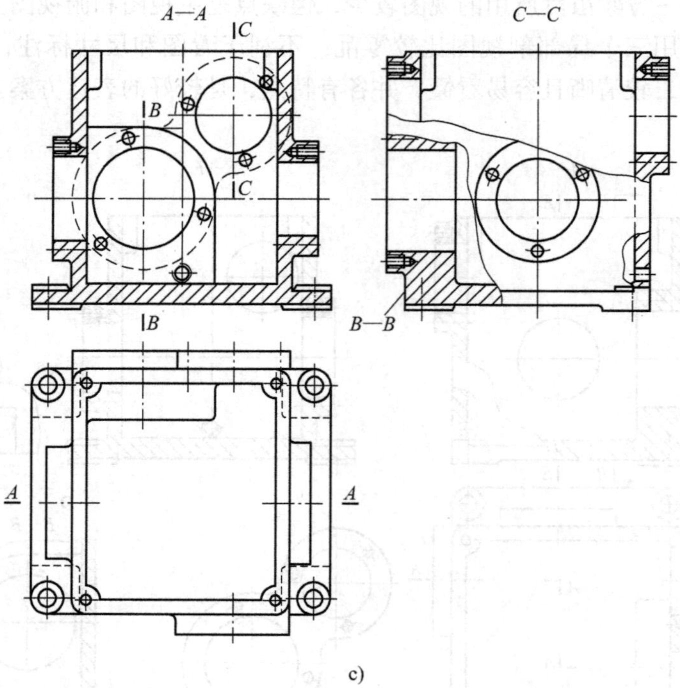

图 8-7　箱体表达方案（续）
c）箱体表达方案（三）

8.3.3 零件图的尺寸标注

零件图上的尺寸是加工和检验的重要依据。尺寸标注应做到正确、清晰、完整、合理。零件图上的尺寸既要满足零件的设计需求，又要考虑加工、检验零件时的合理性。

1. 尺寸标注基本步骤

标注零件图的尺寸需要对零件进行必要的结构分析和工艺分析。

了解零件的作用及其与相邻零件的关系，确定主要尺寸和尺寸基准；其次采用形体分析法对其形状依次标注，注全定形和定位尺寸；结合其装配属性，工艺结构，以及是否具有标准要素等进行标注，标准要素主要包括键槽、螺纹等；最后对尺寸进行综合考虑，检查相关尺寸是否协调，尺寸数值和偏差能否满足设计要求。如图 8-8 所示的轴承座零件。

2. 尺寸基准的选择

标注尺寸时要注意选择合理的尺寸基准。尺寸基准是尺寸标注的起点，在零件的长、宽、高三个方向上各有一个。零件的尺寸基准可根据实际情况设置，可以设定为主要尺寸基准和辅助尺寸基准。一般地，尺寸基准通常设置在零件的重要安装接触面上、零件对称面上、重要孔的轴线等位置。

如图 8-8 所示轴承座零件，将底面作为高度尺寸基准，在此基准上标注 22±0. 05 的定位尺寸；左右位置的对称平面作为长度尺寸基准，如图中的 55 为安装孔长度方向的定位尺寸；前后对称位置可作为前后尺寸基准，图中的 15 为安装孔宽度方向的定位尺寸。

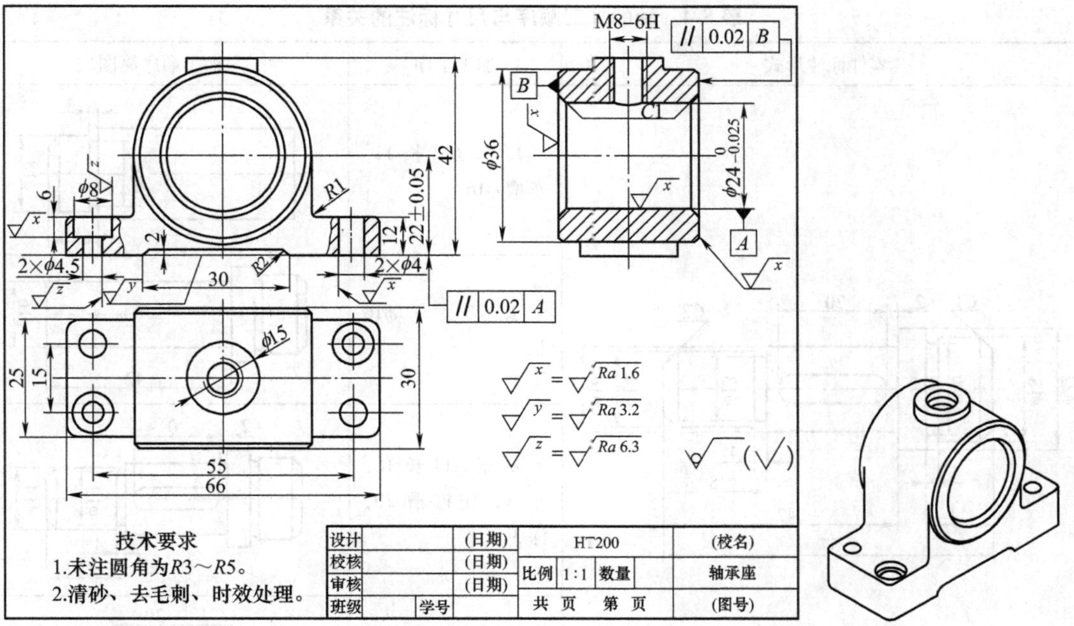

图 8-8　轴承座零件图

3. 尺寸标注的注意事项

1）标注尺寸要正确，完整，清晰和合理。正确性、完整性和清晰性在组合体章节里已经介绍，这里不再赘述。尺寸合理性是指在既满足设计要求，又便于加工和测量，降低成本，这涉及多方面专业经验。

2）主要尺寸应直接标注。主要尺寸是影响产品的工作性能、装配精度的尺寸，如配合尺寸、定位尺寸、重要的结构尺寸，安装尺寸等。如图 8-8 中的 $\phi 24_{-0.025}^{\ \ 0}$ 孔的尺寸。

3）不得标注成封闭尺寸链。同一方向的尺寸可列成尺寸链，封闭尺寸链是首尾相接的闭合尺寸组。由于封闭尺寸链每个尺寸都需要控制其误差范围，这在加工时较难实现。因此在标注尺寸时，在尺寸链中选择一个不重要的尺寸不作标注，如图 8-9 所示。

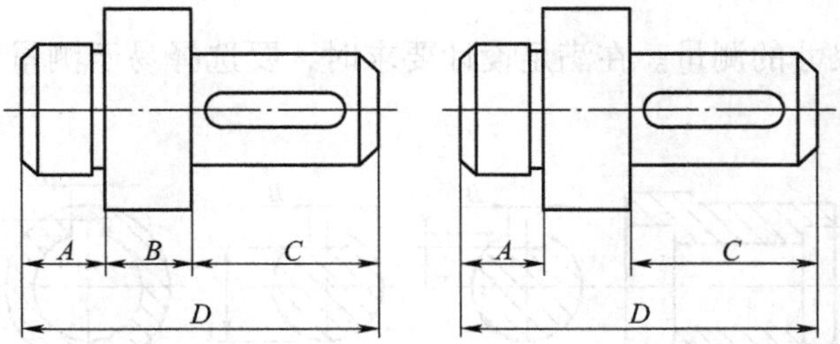

a)　　b)

图 8-9　避免出现封闭尺寸链

a）不合理　b）合理

4）按照工艺顺序标注尺寸。标注非主要尺寸时按加工顺序标注尺寸符合加工过程，便于加工和测量，轴的加工顺序见表 8-4。非加工面与加工面的尺寸标注应分类进行，各个方向只保留一个联系尺寸，如图 8-10 所示。

表 8-4　轴的加工顺序与尺寸标注的关系

零件标注形式	加工工序	加工顺序简图
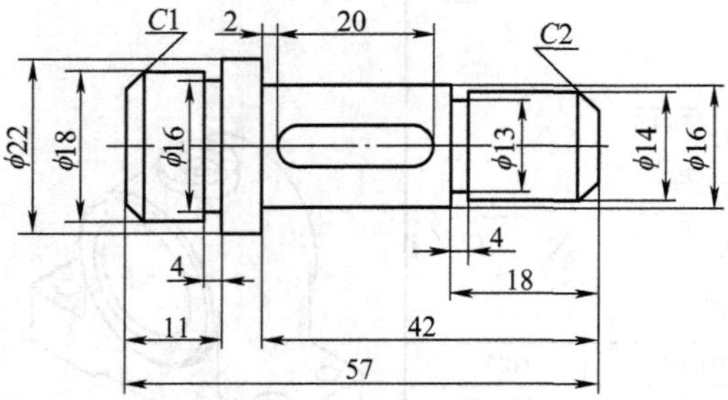	1. 车 $\phi18$ 长 11，车槽 $\phi16$	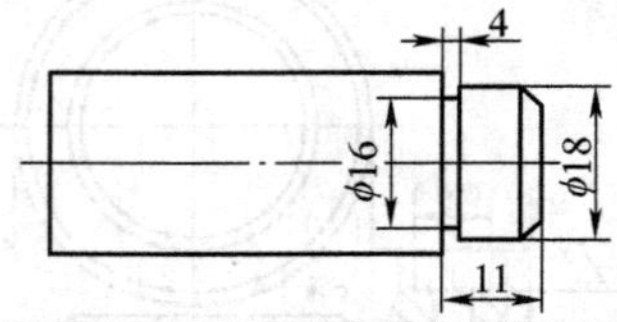
	2. 调头车 $\phi16$ 长 42	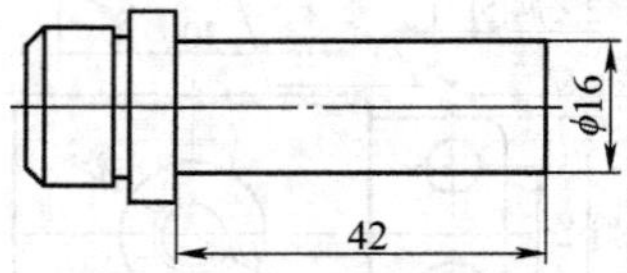
	3. 车 $\phi14$ 长 18，车槽，铣键槽 20，深 3	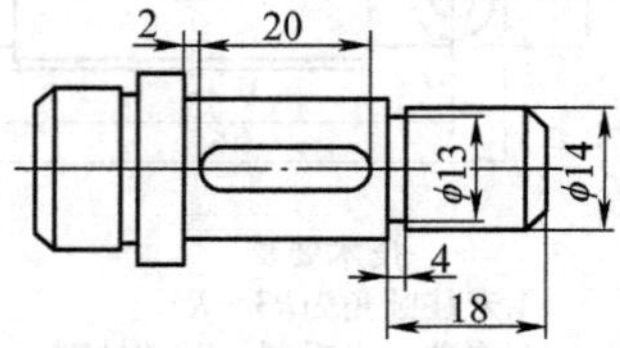
	4. 磨外圆，$\phi14$，$\phi18$	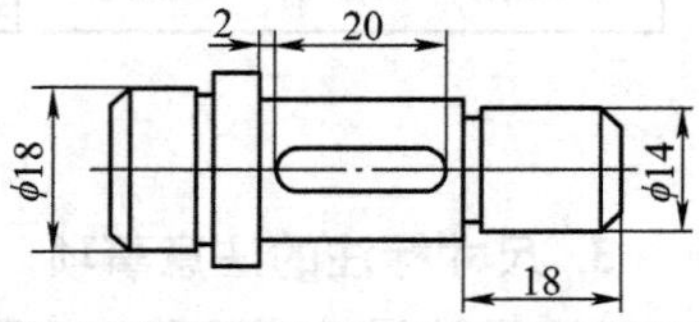

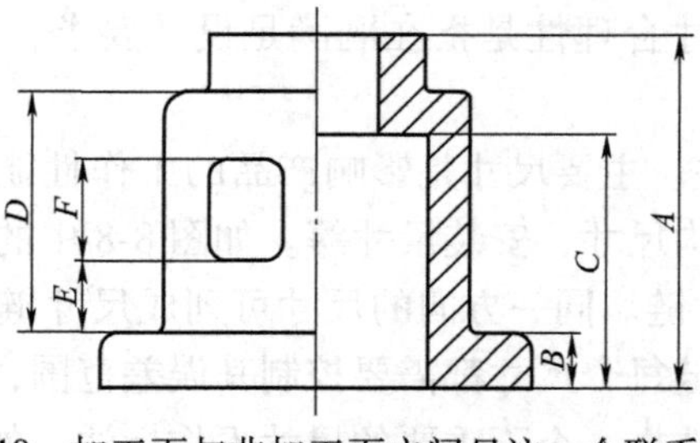

图 8-10　加工面与非加工面之间只注一个联系尺寸

5）标注要便于尺寸的测量。在满足设计要求时，要选择易于测量的尺寸进行标注，如图 8-11 所示。

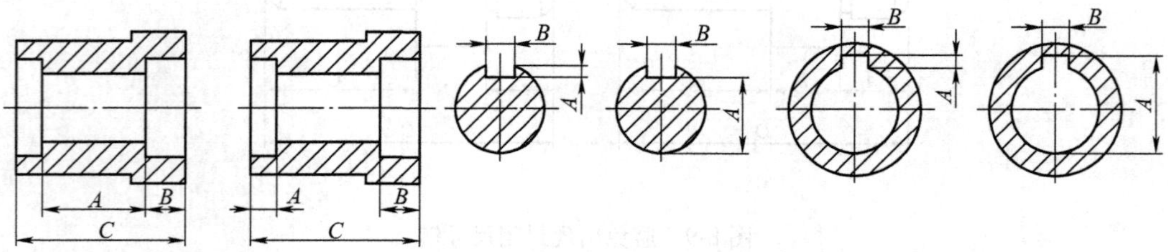

a)　　b)　　c)　　d)　　e)　　f)

图 8-11　方便测量的尺寸标注

a）错误　b）正确　c）错误　d）正确　e）错误　f）正确

6）在标注时采用普通注法和旁注法（见表 8-3）。

8.3.4 零件的分类

根据零件功能、结构形状特点可将零件分为四类，分别是轴套类零件、盘盖类零件、叉架类零件和箱体类零件。

这四类零件常常作为典型零件，成为类比设计的模板。下面对4类零件的视图表达和尺寸标注做具体分析。

1. 轴套类零件

轴套类零件包括轴类、衬套类、螺杆等，零件结构为回转体，其上有键槽、螺纹及螺纹退刀槽、各种孔等结构。

（1）视图选择

1）主视图的选择：如图8-12所示。按照轴线水平方向放置，将轴设计为五个轴段。轴段4通过单个普通平键将转矩输入进来，轴段2通过相同方式将动力输出给其他零件。轴段4安装有轴套，轴段5有螺纹结构，为装配其他零件使用螺纹结构以便紧固。

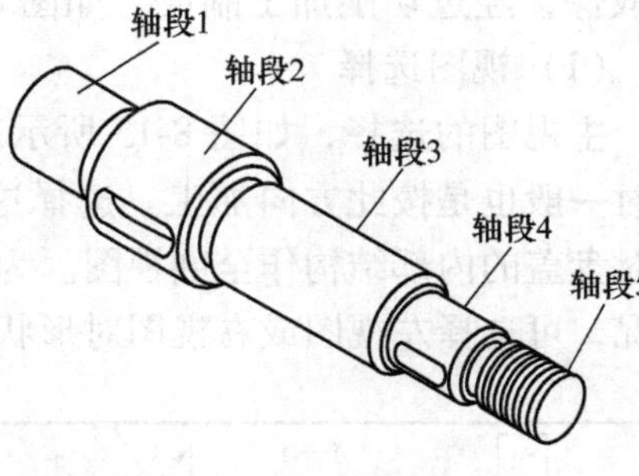

图8-12 轴的结构分析

2）轴的表达方案：选择主视图表达其结构组成，对各轴段上的键槽、孔等进行外形表达，用移出断面图表达这些结构的深度尺寸，对轴上螺纹退刀槽、砂轮越程槽等结构采用局部放大图来表达。如果轴上有内部孔槽等，可以采用局部剖视图表达。

（2）尺寸标注及技术要求

1）选择尺寸基准：以轴线为径向尺寸基准（即高度和宽度方向），以零件装配时的接触面为轴向（长度方向）尺寸基准，如图8-13所示，ϕ20轴肩的端面为长度方向的主要基

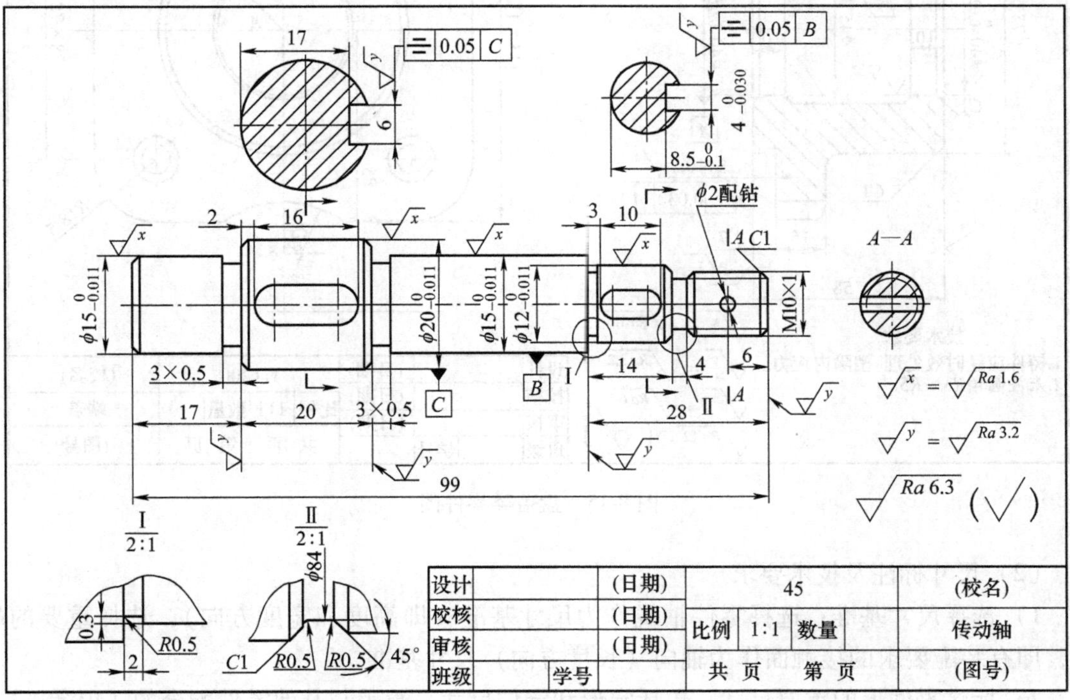

图8-13 轴套类零件

准，轴的两个端面为辅助基准。

2）标注轴上重要部位的尺寸，包括定形和定位尺寸，如键槽所在轴段的直径和长度，键槽位置尺寸等。轴上有配合尺寸的位置还需标注尺寸偏差，如图中 $\phi15_{-0.011}^{\ 0}$ 等。

3）标注其他径向和轴向尺寸，如局部放大图中的砂轮越程槽的尺寸。螺纹退刀槽和砂轮越程槽尺寸可参见附录中 GB/T 3—1997 和 GB/T 6403.5—2008。

2. 盘盖类零件

盘盖类零件包括法兰盘、端盖、阀盖、带轮等，零件结构为回转体，其上有键槽、轮辐、凸台、连接孔等结构组成，一般是铸件或锻件，经过切削加工制成。如图 8-14 所示。

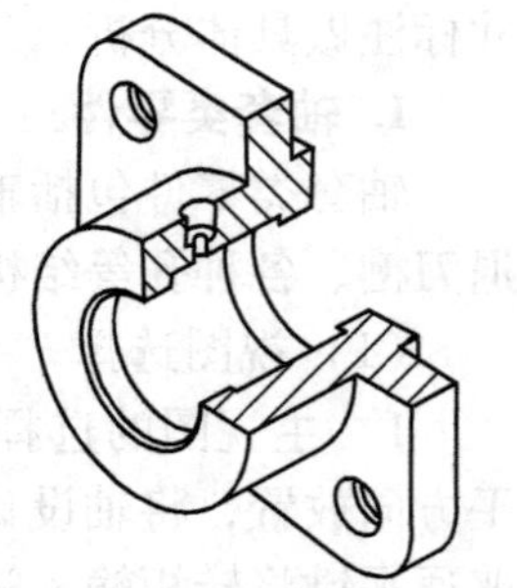

图 8-14　端盖

（1）视图选择

主视图的选择，如图 8-15 所示。按照轴线水平方向放置，在加工时一般也是按此方向加工。选择这个方向作为主视图的投射方向，并对盘盖的内部结构作全剖视图。为表达零件辐板以及安装孔的分布情况，可选择左视图或右视图对形状做出表达。

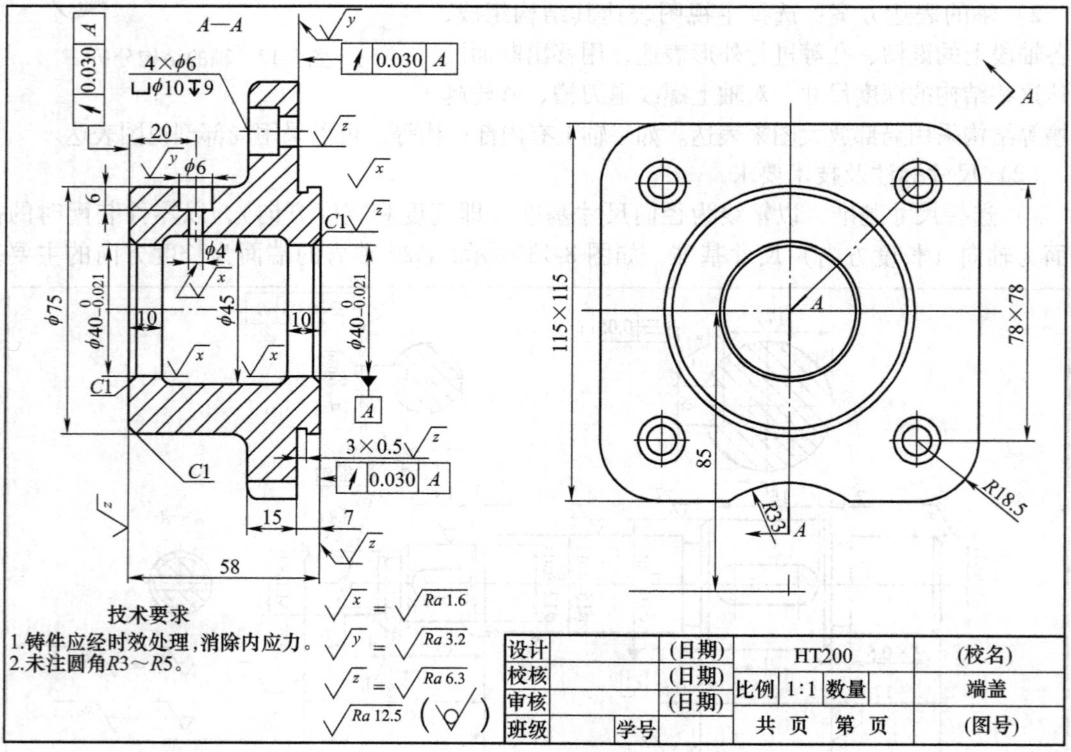

图 8-15　盘盖类零件图

（2）尺寸标注及技术要求

1）选择尺寸基准：选择零件轴线作为尺寸基准（即高度和宽度方向），选择重要的端面，即有装配要求的接触面作为轴向（长度方向）尺寸基准。

2）标注零件上的重要尺寸，包括定形和定位尺寸，端盖与其他零件配合的 $\phi40$ 等。

3）标注其他尺寸：如四个安装孔的位置 78×78，总长尺寸 58，115×115 等。

3. 叉架类零件

叉架类零件包括拔叉、连杆、支架等。该类零件形状复杂且不规则，其上有肋板、杆、圆柱筒、凸台、凹坑等结构。如图 8-16 所示。

（1）视图选择

叉架类零件一般将零件的工作位置作为安放位置，选择虚线少、主要形状特征明显的方向作为主视图观察方向。支架零件图如图 8-17 所示。

叉架零件的视图表达要根据叉架形状的不同，选择合理的表达方案，一般需要两个以上的视图。对于不平行于基本投影面的结构形状，采用斜视图或斜剖视图；对于零件上局部形状特殊的部分，可采用局部视图或局部剖视图进行表达。

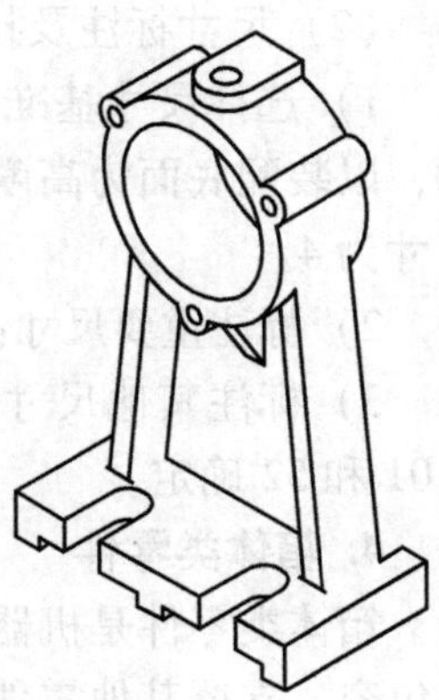

图 8-16　支架

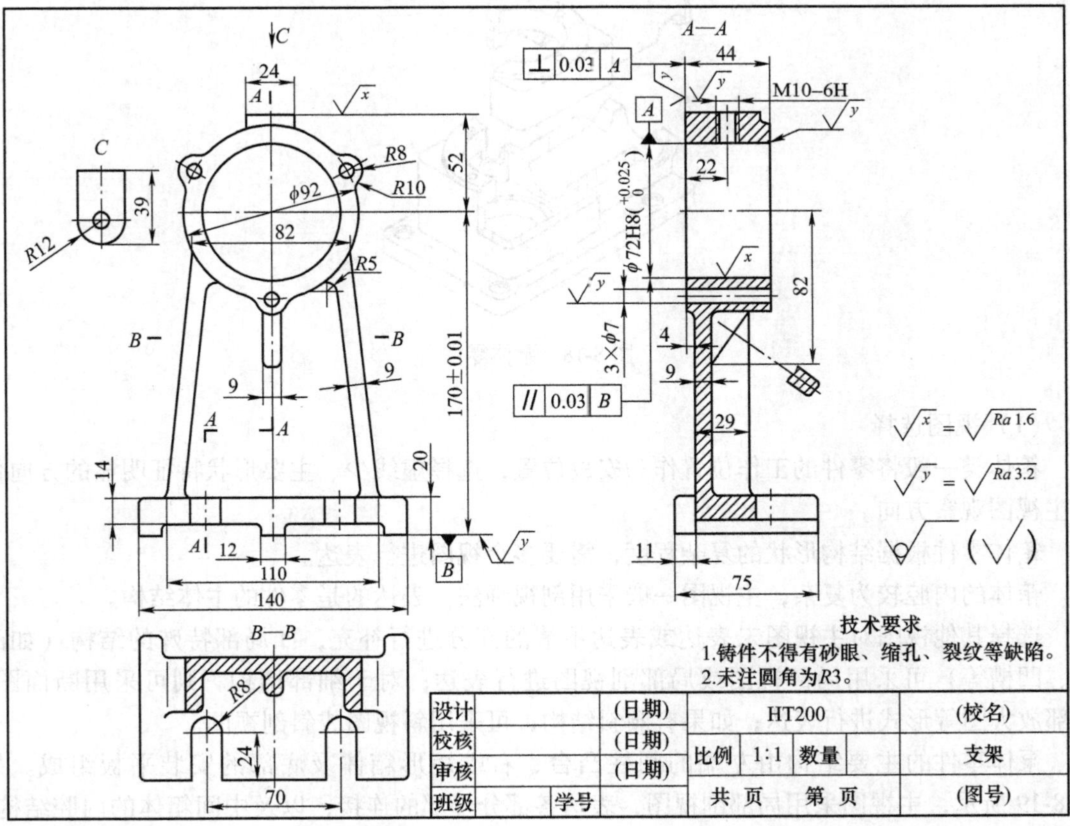

图 8-17　支架零件图

如图 8-16 所示支架零件的主要结构由上端的支撑、中间肋板和底部的安装平板组成。主视图表达各部分外部的连接，左视图采用剖视图方式表达了支撑、中间肋板结构；移出断面图表达了中间肋板断面形状；增加了 *B—B* 剖视图，突出肋板的断面形状及底部平板形状；采用 *C* 向局部视图表达顶端凸台的形状。

(2) 尺寸标注及技术要求

1) 选择尺寸基准：左右对称的中心面为长度尺寸基准，如底板的定位槽定位尺寸为70，以装配底面为高度方向的尺寸基准，宽度方向选择套筒后端面为基准，标注肋板的定位尺寸为4。

2) 标注重要尺寸：支撑套筒为重点加工部位，标注 $\phi72_{-0.025}^{\ 0}$，表面粗糙度为 Ra 1.6 μm。

3) 标注其他尺寸：如肋板的厚度为9，支架总长为140，宽度为75，高度则由170±0.01和52确定。

4. 箱体类零件

箱体类零件是机器或部件的主体零件，主要包括阀体、箱体、底座、泵体等零件，结构为包容、支撑其他零件，内外形状较为复杂，其上有螺孔、孔、凸台、凹坑、肋板等结构。如图8-18所示的泵体零件。

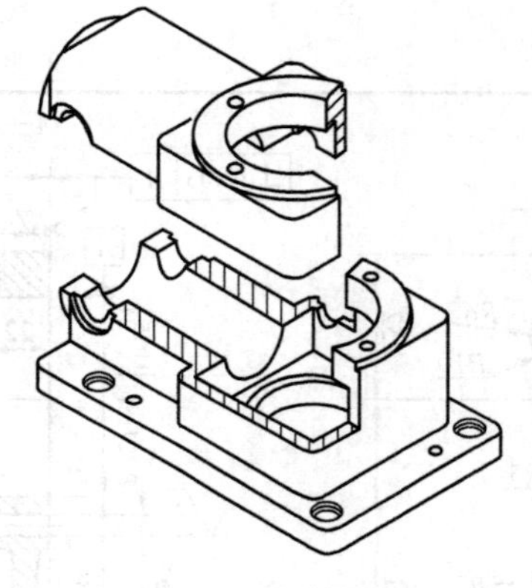

图 8-18 泵体零件

(1) 视图选择

箱体类一般将零件的工作位置作为安放位置，选择虚线少、主要形状特征明显的方向作为主视图观察方向。

箱体零件根据结构形状的复杂程度，需要多个视图进行表达。

箱体的内腔较为复杂，主视图一般采用剖视画法，表达的是零件的主体结构。

选择其他视图对主视图未表达或表达不清的部分进行补充，如局部特殊的结构（如凸台、凹槽等）可采用局部视图或局部剖视图进行表达；对于细部结构，则可采用断面图、局部放大图等形式进行表达；如果有倾斜结构，可采用斜视图或斜剖视图。

泵体零件的主要结构由左端的圆柱凸台、右端矩形箱体及底部的安装平板组成。如图8-19所示，主视图采用局部剖视图，表达各部分外部的连接，以及中间箱体的内腔结构，左视图采用局部剖视方式表达了安装底孔结构，表达左端圆凸台上安装螺孔的分布；采用 A 向局部视图详细表达底部的销孔和安装用沉孔的分布位置。

(2) 尺寸标注及技术要求

1) 选择尺寸基准：ϕ50H7 孔轴线为长度尺寸基准，如左端 2×M14-7H 的定位尺寸为90，以装配底面为高度方向的尺寸基准，标注其他位置的定位尺寸32，宽度方向选择前后对称面为基准。

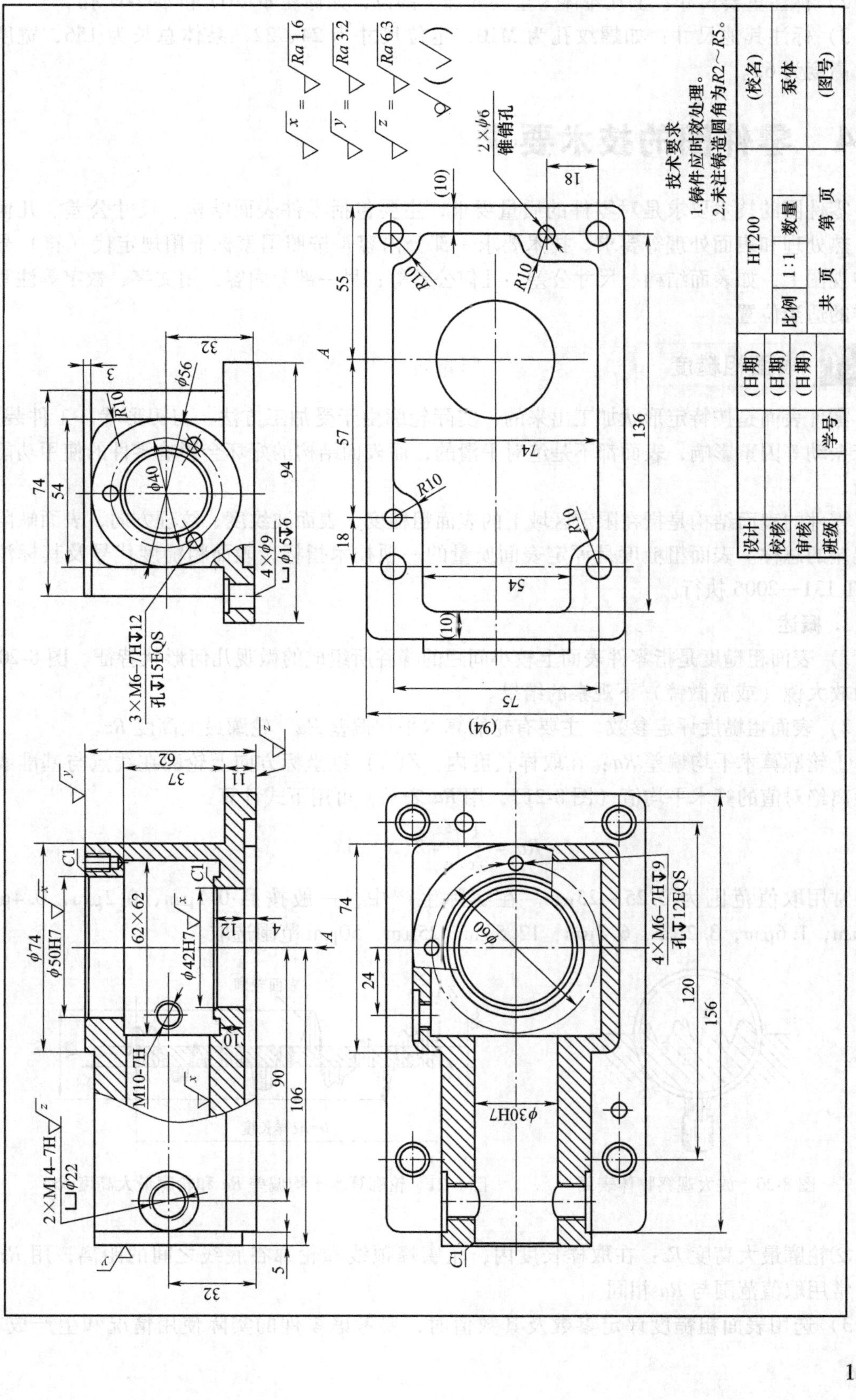
技术要求
1.铸件应时效处理。
2.未注铸造圆角为R2～R5。
2×φ6
锥销孔
3×M6–7H↧12
孔↧15EQS
4×φ9
⌴φ15↧6
4×M6–7H↧9
孔↧12EQS
2×M14–7H
⌴φ22
M10–7H
φ74
φ50H7
φ42H7
62×62
φ30H7
φ60
φ56
φ40
设计 (日期)
校核 (日期)
审核 (日期)
班级 学号
比例 1:1 数量
共 页 第 页
HT200
(校名)
泵体
(图号)

图 8-19 泵体零件图

2）标注重要尺寸：上孔箱体为重要的加工部位，如标注 $\phi 50H7$ 和 $\phi 42H7$ 孔。

3）标注其他尺寸：如螺纹孔为 M10，定位尺寸为 24、32，泵体总长为 156，宽度为 94，高度为 62。

8.4 零件图的技术要求

零件图的技术要求是对零件的质量要求，主要包括零件表面结构、尺寸公差、几何公差、热处理和表面处理等要求。技术要求一部分内容是按照国家标准用规定代（符）号标注在视图上，如表面结构、尺寸公差、几何公差等；另一部分内容，用文字、数字等注写在图样的适当位置。

8.4.1 表面粗糙度

零件表面是按特定形状加工出来的，实际轮廓由于受加工方法、刀刃形状、工件装夹、机床振动等因素影响，表面都不是绝对平滑的，而表面结构的好坏会影响零件的使用功能和寿命。

零件的表面结构是指在限定区域上的表面粗糙度、表面波纹度、纹理方向、表面缺陷形状误差的总称。表面粗糙度是评定表面质量的一项技术指标，表面粗糙度代号及其标注按 GB/T 131—2006 执行。

1. 概述

1）表面粗糙度是指零件表面上较小间距的峰谷所组成的微观几何形状特征。图 8-20 所示为放大镜（或显微镜）下观察的结果。

2）表面粗糙度评定参数，主要有轮廓算术平均偏差 Ra、轮廓最大高度 Rz。

①轮廓算术平均偏差 Ra：在取样长度内，$Z(X)$ 纵坐标方向上轮廓在线点与基准线之间距离绝对值的算术平均值（图 8-21），用 Ra 表示，可用下式计算：

$$Ra = \frac{1}{lr}\int_0^{lr} |Z(X)| \mathrm{d}X$$

常用取值范围为 0.25～25μm。在实际生产中，一般按照 0.1μm，0.2μm，0.4μm，0.8μm，1.6μm，3.2μm，6.3μm，12.5μm，25μm，50μm 范围选取。

图 8-20 放大观察物体表面

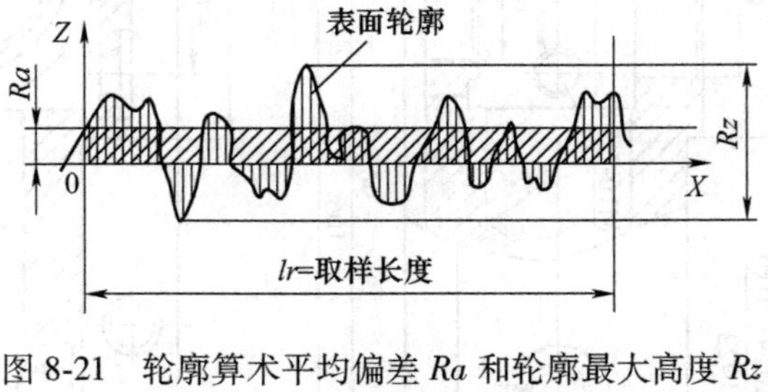

图 8-21 轮廓算术平均偏差 Ra 和轮廓最大高度 Rz

②轮廓最大高度 Rz：在取样长度内，轮廓峰顶线和轮廓谷底线之间的距离，用 Rz 表示，常用取值范围与 Ra 相同。

3）选用表面粗糙度评定参数及其数值时，要考虑零件的实际使用情况和生产成本，选择合理参数，不同数值范围内的零件表面状况及其对应的加工方法、应用范围见表8-5。为了降低加工成本，在满足设计或使用要求的前提下，零件表面粗糙度允许值尽可能大些。

表8-5　*Ra*表面粗糙度及对应的加工方法、应用范围

Ra/μm	表面微观特征	加工方法	应用
50，100	明显见加工刀痕	粗车、粗刨、粗铣、钻孔、粗纹锉刀、粗砂轮等	粗加工后的不重要表面
25	可见刀痕		
12.5	微见刀痕	粗车、粗刨、粗铣、钻孔、粗纹锉刀、粗砂轮等	不重要的接触面或非接触面，如轴端面、倒角、钻孔、凸面、螺栓紧固件的光孔表面
6.3	可见加工痕迹	拉制、精车、精铣、绞、粗磨、刮研、镗削	较重要的接触面，相对运动较少的零件，或转动和滑动速度不高的配合面或接触面，如轴套、齿轮端面、键及键槽工作面
3.2	微见加工痕迹		
1.6	看不见加工痕迹		
0.8	可辨加工痕迹方向	精磨、精拉、精镗、精铰、精细车削等	要求较高的接触面、转动和滑动速度较高的配合面和接触面。如齿轮的工作面、导轨表面、销孔表面等
0.4	微辨加工痕迹方向		
0.2	不可辨加工痕迹方向		
≤0.1	光泽面、镜面	研磨、抛光、超精密研磨加工	精密量具表面，重要零件滑动表面，如气缸的内表面，精密导轨面，主轴轴颈表面等

4）检验规则。

评定长度：为获得可靠的表面粗糙度数值，一般默认评定长度为5个取样长度。

极限值判定规则：完工零件的表面按照检验规范获得轮廓的参数值后，需与图纸给定的极限值相比较，以判断是否合格，极限值判定规则有两种。

①16%规则，即被测表面全部参数值中，超过极限值的个数不多于总个数的16%，该表面为合格。

②最大规则，即被检的整个表面测得参数值不得出现一个超过给定的极限值。

16%规则为默认的应用规则，如果参数代号后注写了“max”则应用最大规则。

2. 表面粗糙度的图形符号

图样上对表面质量的要求，用表面粗糙度的图形符号表示该表面完工后的要求。

1）表面粗糙度的图形符号见表8-6。

表8-6　表面粗糙度的图形符号

符号	意义及说明
	基本符号。表示表面可用任何方法获得。当不加注粗糙度参数值或有关说明（例如：表面处理、局部热处理状态等）时，仅用于简化代号标注
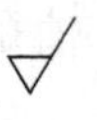	扩展符号。基本符号加一短横，表示表面是用去除材料的方法获得。如车、铣、钻、磨、剪切、抛光、腐蚀、电火花加工、气割等

（续）

符号	意义及说明
	扩展符号。基本符号加一小圆，表示表面是用不去除材料的方法获得。如铸、锻、冲压变形、热轧、冷轧、粉末冶金等，或者用于保持原供应状态的表面（包括保持上道工序的状况）
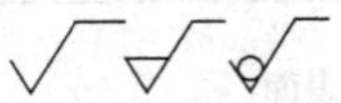	完整符号。在上述三个符号的长边均可加一横线，在横线的上、下可标注有关参数和说明
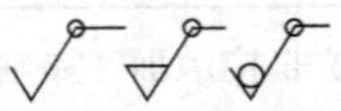	相同要求符号。在完整符号的长边与横线相交处加一圆圈，在不会引起歧义时，用来表示某视图上构成封闭轮廓的各表面具有相同表面粗糙度要求

2）表面粗糙度的图形符号：图形符号的画法如图 8-22 所示。

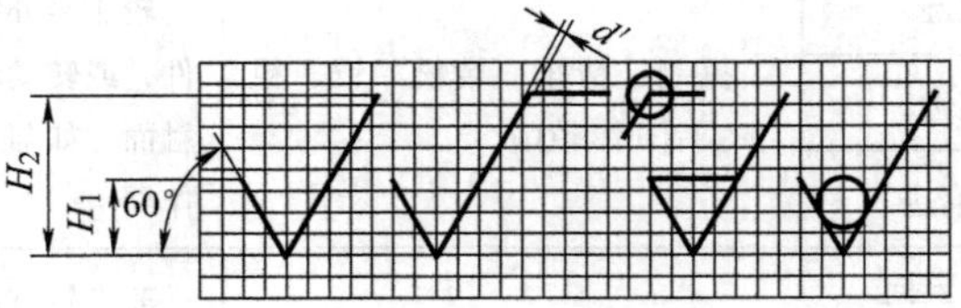

（单位：mm）

数字和字母高度 h（见 GB/T 14690—1993）	2.5	3.5	5	7	10	14	20
符号线宽 d' 字母线宽 d	0.25	0.35	0.5	0.7	1	1.4	2
高度 H_1	3.5	5	7	10	14	20	28
高度 H_2	7.5	10.5	15	21	30	42	60

图 8-22　表面粗糙度图形符号的画法

注：H_2和图形符号长边横线长度取决于标注的内容；$d'=h/10$，$H_1=1.4h$，$H_2=3h$（d'为线宽，h为字体的高度）。

3）表面粗糙度各标注位置所代表内容见表 8-7。

表 8-7　表面粗糙度图形符号位置含义

代号	含　义
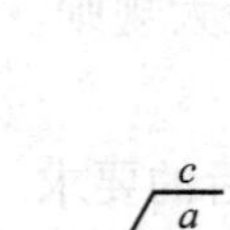	a—注写表面粗糙度的单一要求 b—注写表面粗糙度第二个单一要求。如果要注写第三个或更多的单一要求，图形符号在垂直方向扩大，以空出足够空间 c—注写加工方法、表面处理、涂层或其他工艺要求，如铣、磨、镀铬等 d—注写加工的纹理和方向符号，加工纹理符号及其含义可查阅 GB/T 131—2006 e—注写加工余量，单位为毫米

表 8-7 中规定项目，若都需要，也可以全部标出，但一般只标出幅度参数的允许值即可。

表面粗糙度幅度参数轮廓算术平均偏差 Ra 值的标注和轮廓最大高度 Rz 值的标注见表 8-8，单位为 μm。

表 8-8 表面粗糙度幅度参数的标注示例

代号（GB/T 131—2006）	意 义
Ra 3.2	用任何方法获得的单向上限值，*Ra* 的上限值为 3.2μm
Ra 3.2	用去除材料的方法获得的单向上限值，*Ra* 的上限值为 3.2μm
Ra 6.3	用不去除材料的方法获得的单向上限值，*Ra* 的上限值为 6.3μm
Ra max 1.6	用去除材料的方法获得的单向上限值，*Ra* 的最大值为 1.6μm
U *Ra* 3.2 L *Ra* 1.6	用去除材料的方法获得的双向极限值，上限值：*Ra* 为 3.2μm，下限值：*Ra* 为 1.6μm
Rz 3.2	用去除材料的方法获得单向上限值，*Rz* 的上限值为 3.2μm

3. 图样上的标注方法

1）在同一图样上，每一表面一般只标注一次表面粗糙度代（符）号，并尽可能与相关尺寸标注在同一视图上，如图 8-23、图 8-24 所示。

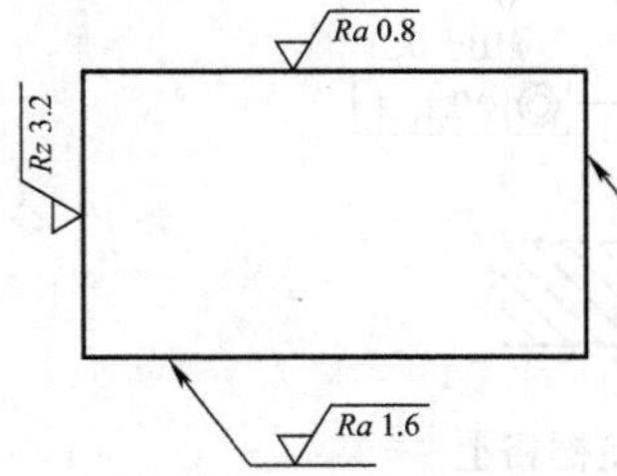

图 8-23 表面粗糙度要求的注写方向

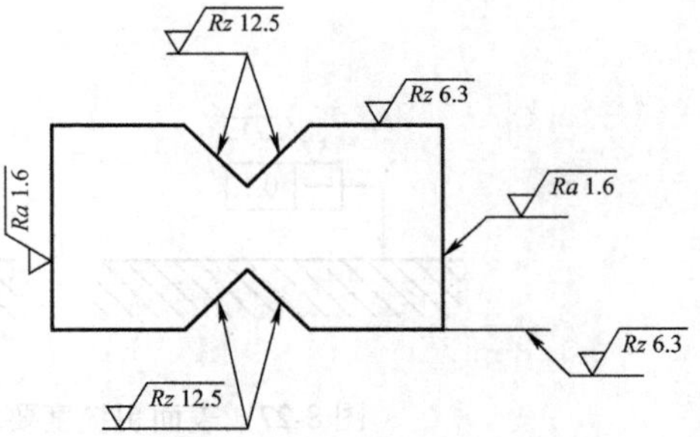

图 8-24 表面粗糙度要求在轮廓线上的标注

2）表面结构的书写和读取方向与尺寸的方向保持一致，表面粗糙度代号可注在可见轮廓线、尺寸线、尺寸界线或其延长线上，其符号从材料外指向接触表面。当不便标注时，可用带箭头或黑点的指引线引出标注。具体标注方法如图 8-25 所示。

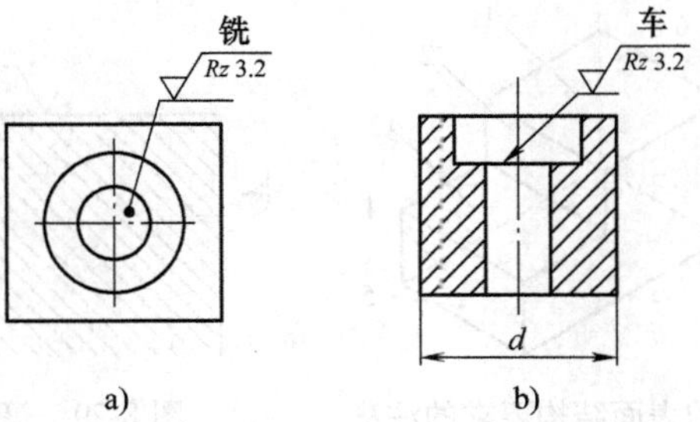

图 8-25 表面粗糙度要求用指引线引出标注

a）带黑点的指引线引出标注 b）带箭头的指引线引出标注

3）标注在特征尺寸的尺寸线上。在不致引起误解时，表面结构要求可以标注在特征尺寸的尺寸线上，如图 8-26 所示。

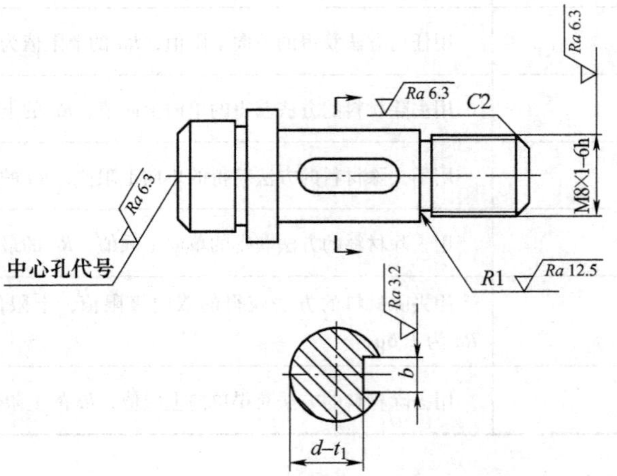

图 8-26　表面粗糙度要求标注在特征尺寸的尺寸线上

4）标注在几何公差框格上，表面粗糙度可以标注在几何公差框格上方，如图 8-27 所示。

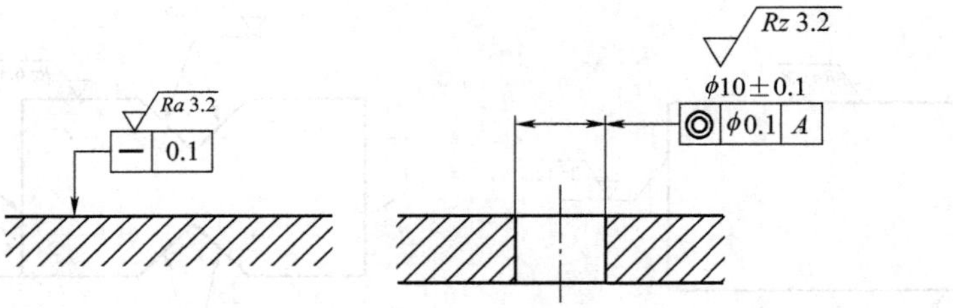

图 8-27　表面粗糙度要求标注在几何公差框格上

5）当在图样某个视图上构成的封闭轮廓的各表面有相同的表面结构要求时，应在完整图形符号上加一圆圈，标注在工件的封闭轮廓上，如图 8-28 所示。

4. 表面粗糙度在图样上的简化标注

1）当多个表面具有相同的表面粗糙度要求或图纸空间有限时，可用带字母的完整符号，在图形或标题栏附近以等式的形式注写出具体的要求，如图 8-29 所示。

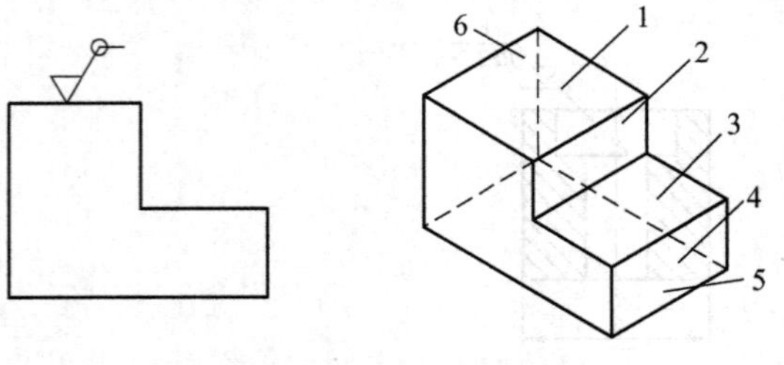

图 8-28　对周边各面有相同的表面结构要求的注法

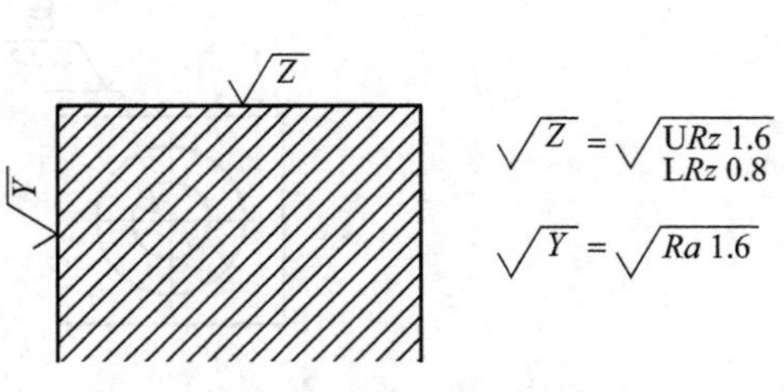

图 8-29　等式形式标注表面粗糙度

2）工件的多数表面具有相同的表面粗糙度要求时，应统一标注在图样的标题栏附近，并在符号后面加圆括号，圆括号内给出表面粗糙度的基本符号，如图 8-30a 所示。也可以在圆括号内给出图形上已标注出的不同表面结构要求，如图 8-30b 所示。

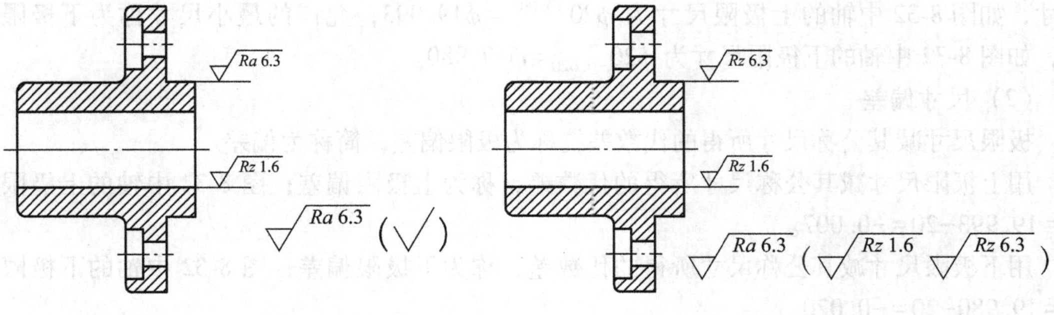

图 8-30　多数表面有相同的表面粗糙度要求的注法
a）圆括号内给出基本符号　b）圆括号内给出不同的表面结构要求

3）当工件全部表面有相同的表面粗糙度时，应统一标注在图样的标题栏附近，如图 8-31 所示。

8.4.2 极限与配合（GB/T 1800.1—2020，GB/T 1800.2—2020）

极限与配合是检验产品质量的技术指标，是保证产品性能的前提。

1. 互换性

零件的互换性是指在同一规格零件中，不经选配任取一件就能完成装配要求的一种特性。零件具有互换性，有利于高效生产，它不但给机器的修配带来了便利，而且为现代化大生产提供了可能。为满足这一要求，图样上通常注有极限与配合方面的技术要求。

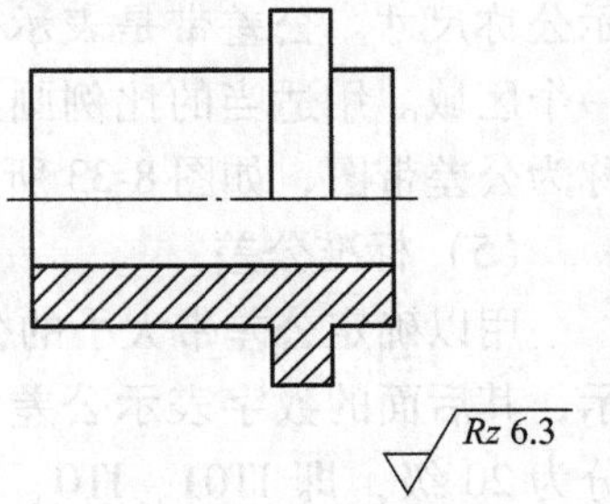

图 8-31　全部表面有相同的表面粗糙度要求的注法

2. 尺寸公差

为保证零件具有互换性，必须对零件尺寸限制一个允许的变动量。这个变动量称为尺寸公差。合格零件的实际尺寸必须在这个变动量范围内，由此有以下与公差有关的基本概念。

（1）公称尺寸、实际尺寸、极限尺寸

根据零件使用要求确定的尺寸称为公称尺寸，如图 8-32 中的 $\phi20$。

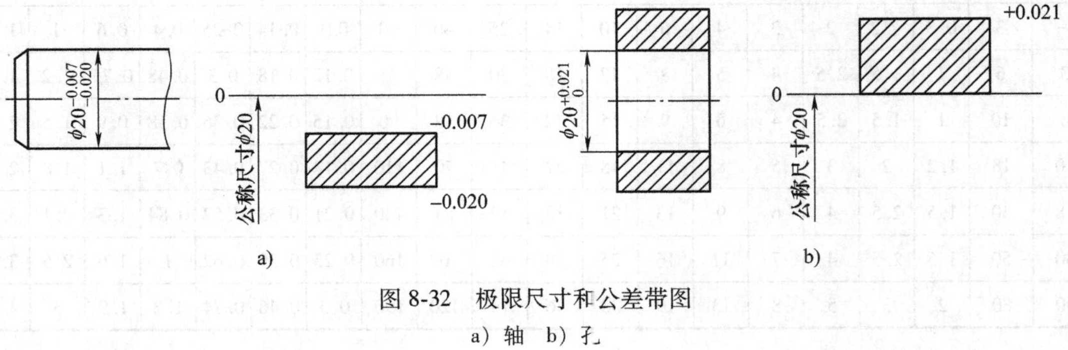

图 8-32　极限尺寸和公差带图
a）轴　b）孔

实际尺寸是指通过测量零件所得到的尺寸。

允许尺寸变化的两个界限值称为极限尺寸。两个极限值中，允许的最大尺寸称为上极限尺寸，如图 8-32 中轴的上极限尺寸为 $\phi20^{-0.007}=\phi19.993$；允许的最小尺寸称为下极限尺寸，如图 8-32 中轴的下极限尺寸为 $\phi20_{-0.020}=\phi19.980$。

（2）尺寸偏差

极限尺寸减其公称尺寸所得的代数差统称为极限偏差，简称为偏差。

用上极限尺寸减其公称尺寸所得的代数差，称为上极限偏差；图 8-32 中轴的上极限偏差 = 19.993−20 = −0.007。

用下极限尺寸减其公称尺寸所得的代数差，称为下极限偏差；图 8-32 中轴的下极限偏差 = 19.980−20 = −0.020。

国家标准规定，孔的上极限偏差代号用 ES 表示，下极限偏差用 EI 表示；轴的上极限偏差用 es 表示，下极限偏差用 ei 表示。

（3）尺寸公差

允许尺寸的变动量称为尺寸公差，简称公差。

尺寸公差等于上极限尺寸与下极限尺寸之差的绝对值，也等于上极限偏差与下极限偏差之差的绝对值，公差为正值。图 8-32 中轴的尺寸公差 = $|\phi19.993-\phi19.980|=0.013$。

（4）零线、公差带和公差带图

确定尺寸偏差的一条基准线称为零线，通常零线表示公称尺寸。公差带是表示公差大小和相对零线位置的一个区域。用适当的比例画成两个极限偏差表示的简图称为公差带图，如图 8-33 所示。

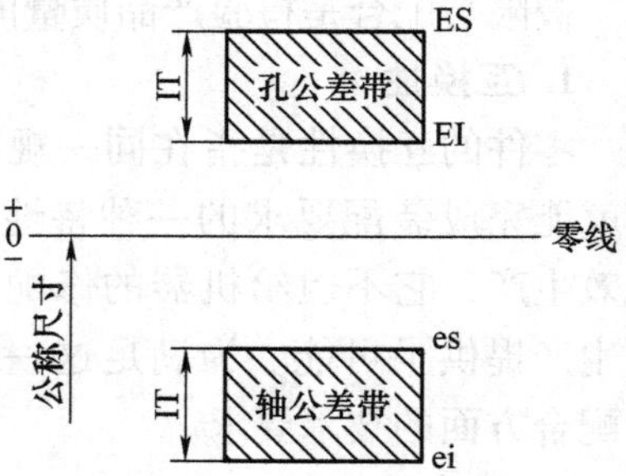

图 8-33 公差带图

（5）标准公差

用以确定公差带大小的公差称为标准公差，用 IT 表示，其后面的数字表示公差等级。国家标准将标准公差分为 20 级，即 IT01、IT0、IT1、…、IT18。01 级最高，公差值最小；18 级最低，公差值最大。见表 8-9。

表 8-9 标准公差数值（GB/T 1800.2—2020）

公称尺寸/mm		公差等级																	
		IT1	IT2	IT3	IT4	IT5	IT6	IT7	IT8	IT9	IT10	IT11	IT12	IT13	IT14	IT15	IT16	IT17	IT18
大于	至	μm											mm						
—	3	0.8	1.2	2	3	4	6	10	14	25	40	60	0.1	0.14	0.25	0.4	0.6	1	1.4
3	6	1	1.5	2.5	4	5	8	12	18	30	48	75	0.12	0.18	0.3	0.48	0.75	1.2	1.8
6	10	1	1.5	2.5	4	6	9	15	22	36	58	90	0.15	0.22	0.36	0.58	0.9	1.5	2.2
10	18	1.2	2	3	5	8	11	18	27	43	70	110	0.18	0.27	0.43	0.7	1.1	1.8	2.7
18	30	1.5	2.5	4	6	9	13	21	33	52	84	130	0.21	0.33	0.52	0.84	1.3	2.1	3.3
30	50	1.5	2.5	4	7	11	16	25	39	62	100	160	0.25	0.39	0.62	1	1.6	2.5	3.9
50	80	2	3	5	8	13	19	30	46	74	120	190	0.3	0.46	0.74	1.2	1.9	3	4.6

(6) 基本偏差

用以确定公差带相对于零线位置的上极限偏差或下极限偏差。一般是指靠近零线的那个极限偏差。如图 8-34 所示，孔和轴各有 28 个基本偏差。代号用拉丁字母表示，大写代表孔，小写代表轴。从图中可以看出，对于孔 A~H，基本偏差为下极限偏差，J~ZC 为上极限偏差。孔 H 的下极限偏差为零。对于轴 a~h 为上极限偏差，j~zc 为下极限偏差，轴 h 的上极限偏差为零。孔 JS 和轴 js 的公差带对称地分布在零线的上下两端，因此其基本偏差为上极限偏差（+IT/2）或下极限偏差（-IT/2）。

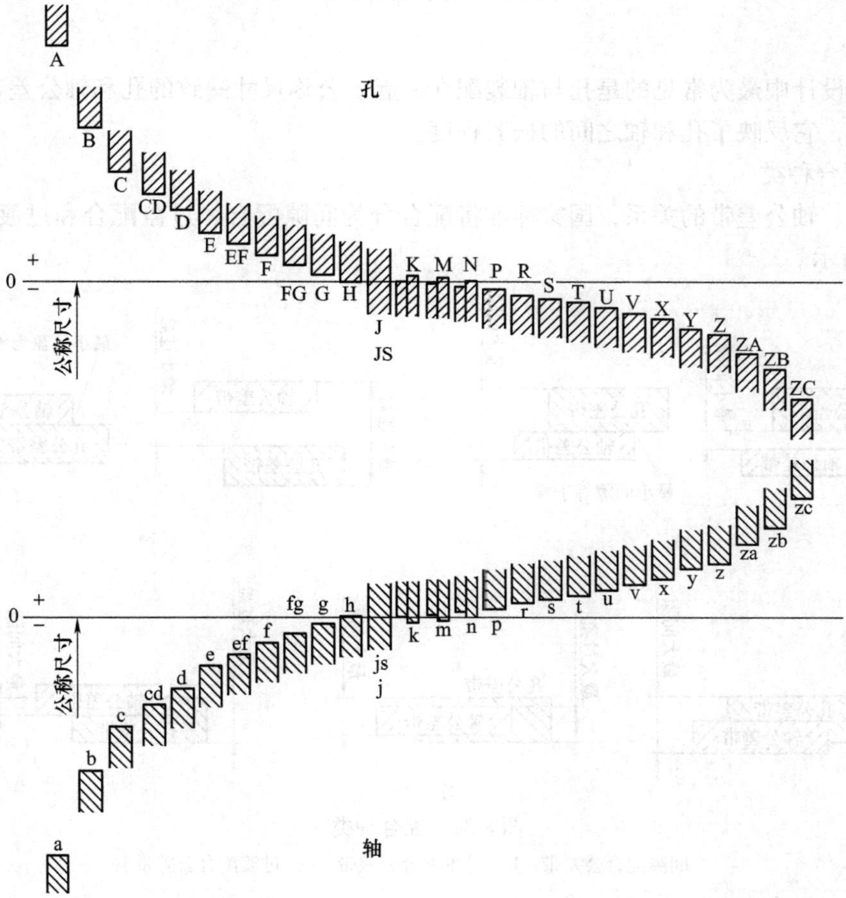

图 8-34 基本偏差系列

基本偏差系列图表示了公差带的位置。封口一端的数值是定值，其大小可由附录 C 查表得出；开口的另一端数值由标准公差等级确定。根据尺寸公差的计算公式，孔的另一偏差（上极限偏差或下极限偏差）：

$$ES = EI + IT \text{ 或 } EI = ES - IT$$

轴的另一偏差（上极限偏差或下极限偏差）：

$$es = ei + IT \text{ 或 } ei = es - IT$$

(7) 孔和轴的公差带代号

孔和轴的公差带代号由基本偏差代号与公差等级代号组成，如图 8-35 所示。

孔的基本偏差代号 ┐ ┌ 公差等级代号

$\phi30$ H 7

公称尺寸 ┘ └ 孔的公差带代号

a)

轴的基本偏差代号 ┐ ┌ 公差等级代号

$\phi30$ f 7

公称尺寸 ┘ └ 轴的公差带代号

b)

图 8-35　孔和轴的公差带代号

3. 配合

在机械设计中最为常见的是孔与轴装配在一起。公称尺寸一致的孔和轴公差带之间的关系称为配合，它反映了孔和轴之间的松紧程度。

（1）配合种类

根据孔、轴公差带的关系，国家标准将配合分为间隙配合、过盈配合和过渡配合三类。如图 8-36 所示。

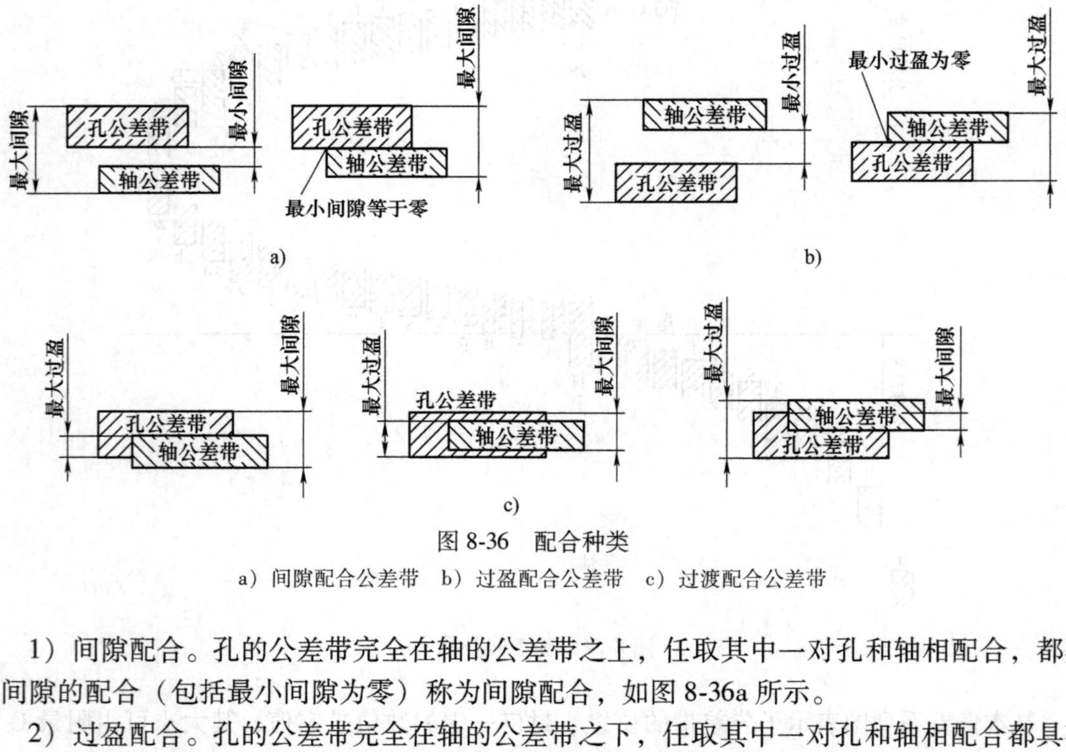

图 8-36　配合种类

a）间隙配合公差带　b）过盈配合公差带　c）过渡配合公差带

1）间隙配合。孔的公差带完全在轴的公差带之上，任取其中一对孔和轴相配合，都具有间隙的配合（包括最小间隙为零）称为间隙配合，如图 8-36a 所示。

2）过盈配合。孔的公差带完全在轴的公差带之下，任取其中一对孔和轴相配合都具有过盈的配合（包括最小过盈为零）称为过盈配合，如图 8-36b 所示。

3）过渡配合。孔与轴的公差带相互交叠，任取其中一对孔和轴相配合，可能具有间隙也可能具有过盈的配合称过渡配合，如图 8-36c 所示。

（2）配合基准制

配合基准制是同一极限制的孔和轴组成的一种配合制度。

1）基孔制。基本偏差为一定的孔的公差带，与不同基本偏差的轴的公差带构成各种配合的一种制度称为基孔制，如图 8-37a 所示。基孔制配合的孔称为基准孔，其代号为 H，它的基本偏差为下极限偏差，数值为零。如 $\phi50H7/k6$ 为基孔制配合。

2）基轴制。基本偏差为一定的轴的公差带，与不同基本偏差的孔的公差带构成各种配合的一种制度称基轴制，基轴制配合的轴称为基准轴，其代号为 h，它的基本偏差为上极限偏差，数值为零。如图 8-37b 所示。如 $\phi50F7/h6$ 为基轴制配合。

（3）公差与配合的选用

1）优先选用基孔制。这样可以限制加工孔所需用的定值刀具、量具的规格数量。基轴制通常仅用于具有明显经济效果的场合和结构设计要求不适合采用基孔制的场合。

2）选用优先公差带和优先配合。国家标准根据机械工业新产品生产使用的需要，考虑到定值刀具、量具规格的统一，制定了优先常用配合，见附录 C。

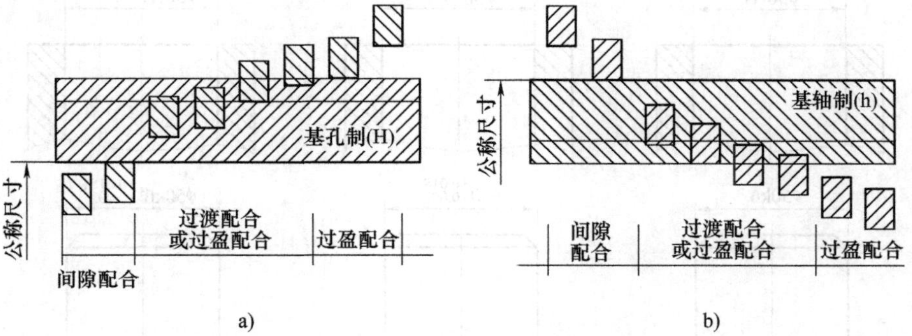

图 8-37　基孔制和基轴制

a）基孔制　b）基轴制

（4）极限与配合的标注及计算

1）在装配图中的标注方法。配合代号由两个相互结合的孔和轴的公差带代号组成，在公称尺寸的右边，用分数的形式注出，分子是孔的公差带代号，分母是轴的公差带代号，如图 8-38a 所示。

2）零件图中的标注方法。在零件图上公差标注有三种形式，如图 8-38b、c、d 所示。

【例 8-1】 如图 8-39 所示，分析所标注的箱体与轴套、轴套与轴的配合，查出其偏差数值并标注在零件图上。

解： $\phi30\frac{H7}{n6}$表示公称尺寸 $\phi30$、基孔制、过渡配合。

箱体孔的公差带代号 H7，基本偏差代号 H，公差等级 IT7。查孔的极限偏差可得：上极限偏差+0.021、下极限偏差 0。

轴套外径的公差带代号 n6，基本偏差代号 n，公差等级 IT6。

查轴的极限偏差可得：上极限偏差+0.028、下极限偏差+0.015，$\phi20H8/f7$ 表示公称尺寸 $\phi20$，为基孔制，间隙配合。

轴套内径孔的公差带代号 H8，基本偏差代号 H，公差等级 IT8。

查孔的极限偏差可得：上极限偏差+0.033、下极限偏差 0，绘制在箱体的零件图上，如图 8-39b 所示。

轴外径与轴套孔相配合，轴外径的公差带代号 f7，基本偏差代号 f，公差等级 IT7，查轴的极限偏差可得：上极限偏差-0.020、下极限偏差-0.041，绘制在箱体的零件图上，如图 8-39b 所示。

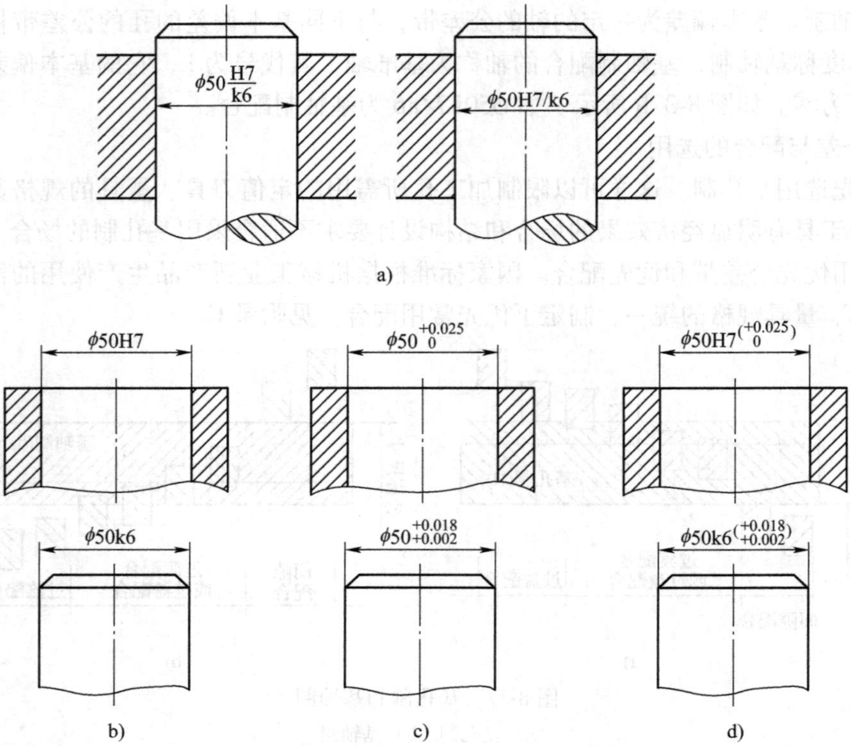

图 8-38 配合代号在装配图、零件图上的标注

a）在装配图中标注配合代号的形式 b）只标注公差带代号 c）标注上下极限偏差值 d）标注公差带代号和上下极限偏差值

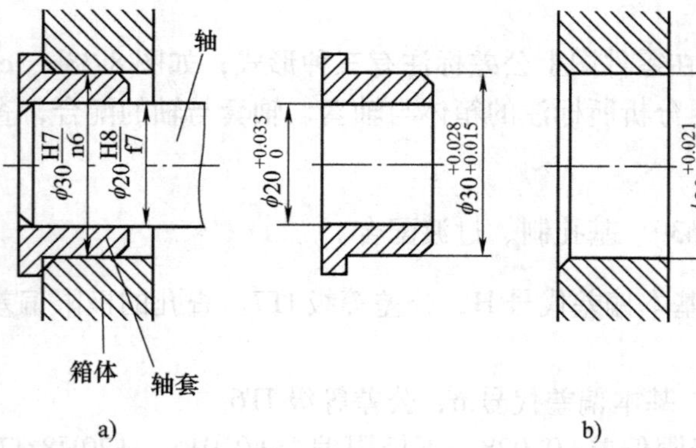

图 8-39 极限与配合应用举例

8.4.3 几何公差（GB/T 1182—2018）

零件在加工过程中，由于工艺上的各种原因，除了产生尺寸误差外，还会出现形状和相对位置误差。例如，图 8-40 所示为两种形状超差的轴与孔配合后，会导致两零件无法正常装配。

1. 几何公差分类、特征项目及其符号

几何公差包括形状公差、方向公差、位置公差和跳动公差四类，其项目和符号见表 8-10。

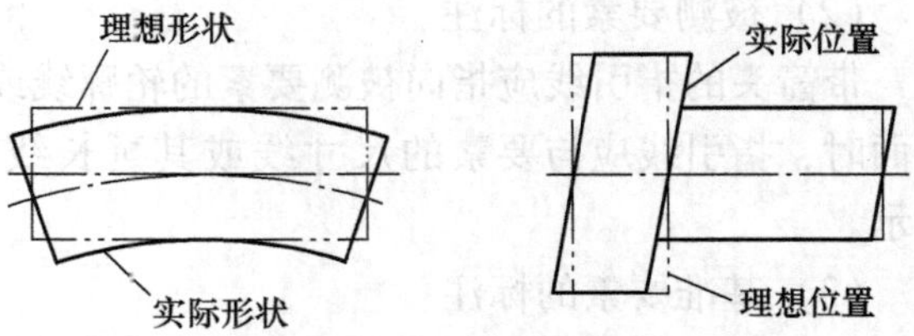

图 8-40 形状位置误差

2. 几何公差框架

（1）几何公差内容

几何公差符号包括：几何公差类型符号、几何公差框格及指引线、几何公差数值和有关符号、相关的基准符号等，如图 8-41 所示。框格用细实线画出，总长按需绘制，基准字母采用大写字母，不使用 *I*、*O*、*Q*、*X*。

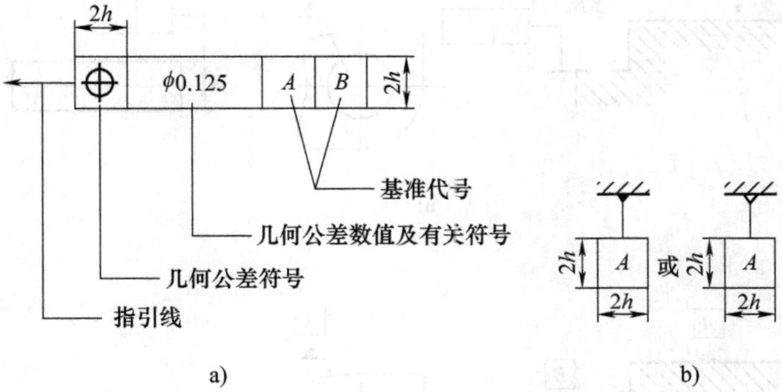

图 8-41 几何公差框格及基准符号

a）几何公差框格 b）基准符号

注：*h* 为字体的高度。

表 8-10 几何公差符号

公差类型	几何特征	符号	基准	公差类型	几何特征	符号	基准
形状公差	直线度	—	无	位置公差	位置度	⌖	有
	平面度	⏥	无		同心度（用于中心点）	◎	有
	圆度	○	无				
	圆柱度	⌭	无		同轴度（用于轴线）		
	线轮廓度	⌒	无				
	面轮廓度	⌓	无				
方向公差	平行度	∥	有		对称度	⌯	有
	垂直度	⊥	有		线轮廓度	⌒	有
	倾斜度	∠	有		面轮廓度	⌓	有
	线轮廓度	⌒	有	跳动公差	圆跳动	↗	有
	面轮廓度	⌓	有		全跳动	⌰	有

当无法用符号标注时，可以在技术要求中用文字进行说明。

（2）被测要素的标注

带箭头的指引线应指向被测要素的轮廓线或其延长线，当被测要素是轴线、球心或对称平面时，指引线应与要素的尺寸线或其延长线对齐，也可以用引线引出标注，如图 8-42a 所示。

（3）基准要素的标注

基准要素要用基准符号表示，基准符号一般标写在被测要素的轮廓线或其延长线上方，也可由引线引出标注；如果基准要素是轴线、球心或对称平面，基准符号应与尺寸线或其延长线对齐，如图 8-42b 所示。

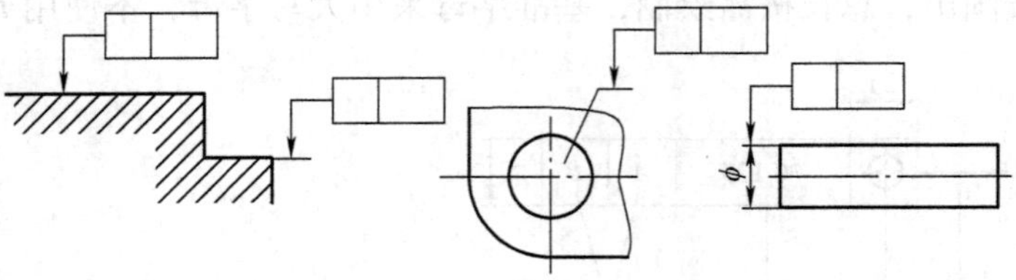

a)

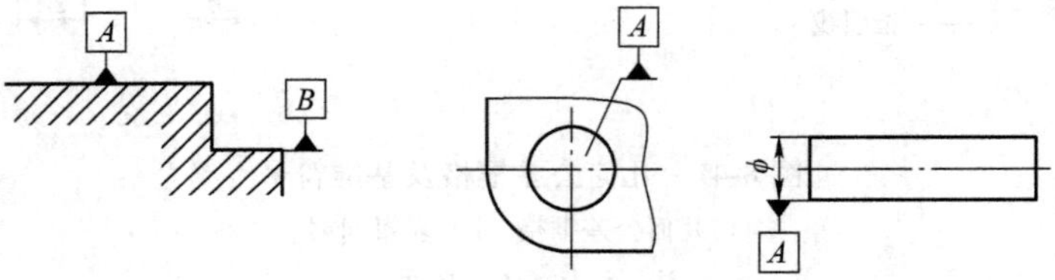

b)

图 8-42　被测要素和基准要素的标注

a）被测要素的标注　b）基准要素的标注

3. 几何公差的标注

几何公差的标注示例见表 8-11，其标注含义见说明。

表 8-11　几何公差的标注示例

图例	说明	图例	说明
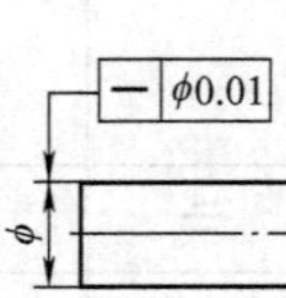	指引线与尺寸线对齐，表示被测要素为圆柱的轴线，限定在直径为 $\phi0.01$ 的圆柱面内	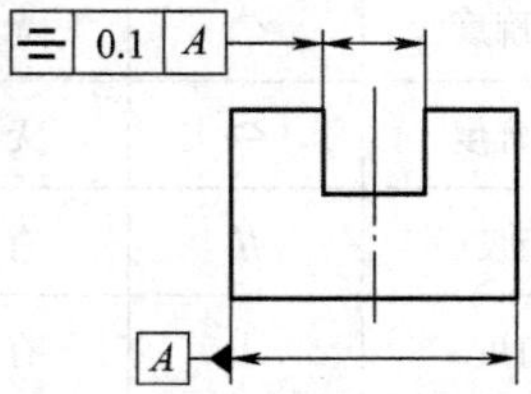	指引线与尺寸线对齐，表示被测要素为对称平面
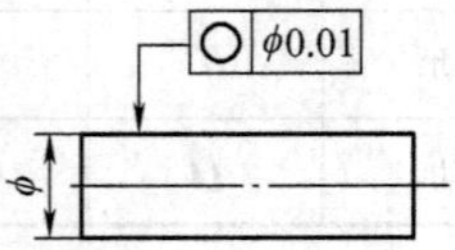	指引线与尺寸线错开，表示被测要素为圆柱面任意截面	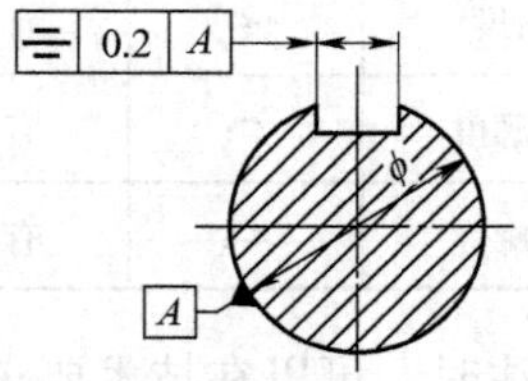	

（续）

图例	说明	图例	说明
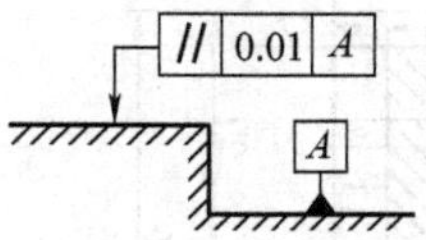	指引线所指平面应限定在间距为 0.01，与基准面 A 平行的两个平面内	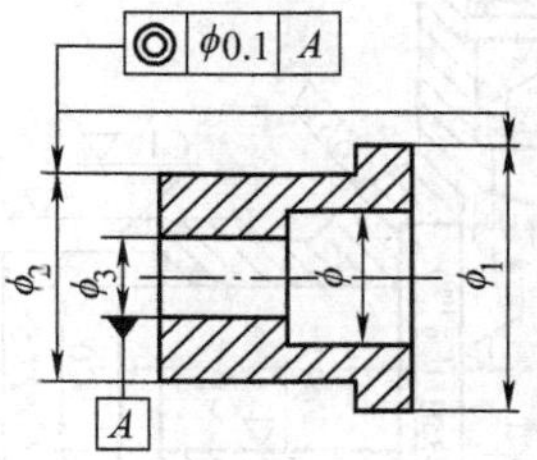	$\phi1$、$\phi2$ 两个圆柱面的轴线同轴度要求可共用一个框格
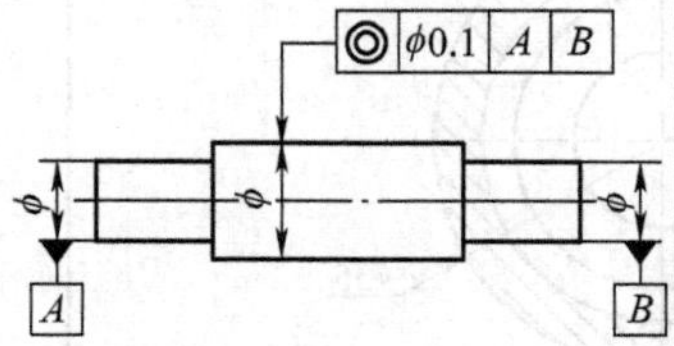	表示圆柱的实际轴线应限定在直径为 $\phi0.1$ 且与公共基准线 A、B 同轴的圆柱面内		

8.5 读零件图

在机械设计中，读零件图是一项重要的工作。看懂零件图主要有以下要求。

1）了解零件的基本信息，包括零件的名称、材料、基本功能、在装配体中的作用等。

2）了解零件各部分的结构形状、大小、特点及其相对位置。

3）了解零件的尺寸标注、技术要求以及相关的制造方法。

4）对零件的所有信息做总体的想象，从而读懂零件。

本节以球阀阀体零件为例（图 8-43），说明读零件图的方法和步骤。

8.5.1 看零件图的标题栏，了解零件的基本信息

1. 查阅相关资料，了解零件的功用和结构特点

在有条件的情况下，查阅零件所在部件的装配图、相关的其他零件图、装配体技术说明书等，对该零件在机器中的作用、结构特点、设计要求有初步的了解。

参阅球阀装配图，了解阀体零件在部件中的作用主要为支撑和包容其他零件，在水平方向空腔容纳阀芯和密封圈，垂直方向上容纳阀杆、填料垫、填料、压紧套等零件。阀体右侧外螺纹与管道连接，左侧为方形法兰盘连接其他设备。

2. 看零件图的标题栏

在标题栏中了解零件的名称、材料、数量、比例等。零件名称为阀体，材料为 ZG 230—450，比例 1∶1，如图 8-44 所示。

8.5.2 分析零件图视图，想象零件结构形状

按照结构功能将零件分为支撑部分、配合部分、安装部分。按零件的工作位置摆放，主视图采用全剖视图表达零件的空腔结构，左视图根据零件左右对称采用半剖视图，既可以表达前后方向的内部情况，也表达了零件的外部形状；俯视图则表达俯视外形，顶端的扇形凸块是运动限位结构。

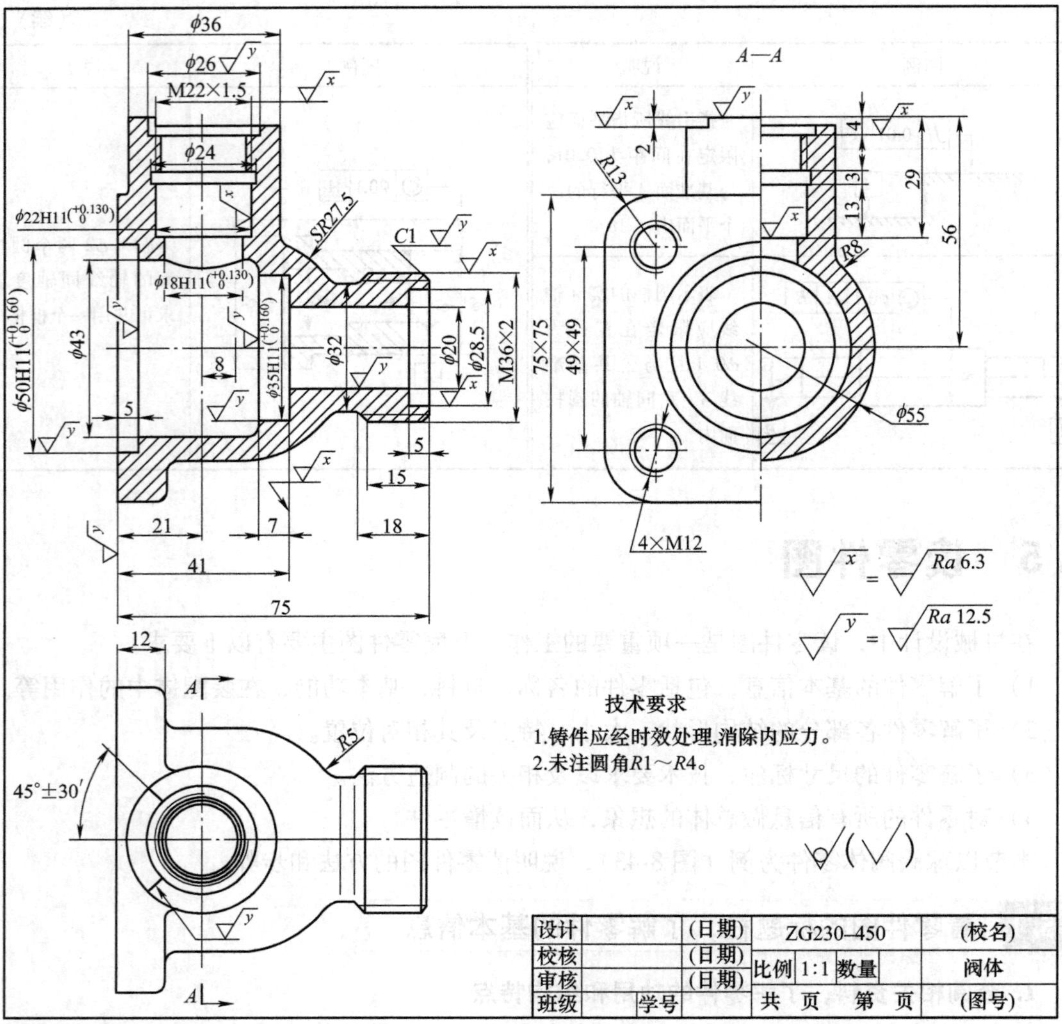

图 8-43 阀体零件图

8.5.3 分析零件图尺寸标注和技术要求、工艺特点

1. 读尺寸基准

以阀体上 ϕ50H11 孔的轴线为高度基准，以 ϕ18H11 孔的轴线为长度方向的基准，以前后对称面为宽度方向基准。重要尺寸：标注 $\phi50\mathrm{H}11^{+0.160}_{0}$ 尺寸，深度为 5，标注表面粗糙度 Ra12.5，此孔为阀体和阀盖左侧连接的定位孔；标注 $\phi35\mathrm{H}11^{+0.160}_{0}$ 孔的相关尺寸，此孔内放置密封圈，保证球阀关闭时不会泄漏流体；标注 $\phi22\mathrm{H}11^{+0.130}_{0}$、$\phi18\mathrm{H}11^{+0.110}_{0}$ 孔的相关尺寸，孔内容纳阀杆、填料、填料压紧套等零件，保证球阀的正常打开和关闭。

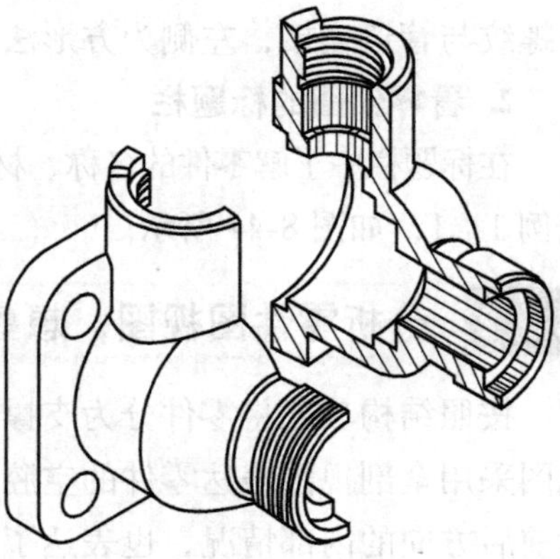

图 8-44 阀体零件

2. 分析其他径向和轴向尺寸

右端用于连接管道系统的管道外螺纹 M36×2，内部有 ϕ28.5、ϕ20 孔相通；ϕ36 圆柱里有铅垂方向的 ϕ26 等阶梯孔，标注定形尺寸；标注 M22×1.5 螺纹，保证与填料压紧套旋合；标注 4 个 M12 螺纹孔的尺寸，定位尺寸为 49×49。总体尺寸总长为 75，宽度为 75，总高尺寸由 75/2+56 确定。

8.5.4 综合零件图信息，看懂全图

结合以上视图、尺寸以及技术要求等零件信息，可以基本确定阀体的形状和重要的加工部位。

8.6 零件测绘

零件测绘在实际生产中运用广泛，在机器或部件的仿制、维修及技术改造时，必须进行相应的零件测绘。零件测绘是指根据零件实物，分析、测量和绘制工程图样的过程。

测绘工作往往在现场进行，受到时间及工作场地的限制，测绘的一般过程是：首先绘制零件草图，然后由零件草图整理成零件工作图。零件草图是零件工作图的重要依据。零件测绘是每个工程技术人员所必须掌握的基本技能，在测绘时应实事求是，耐心细致。

8.6.1 零件测绘过程

1. 了解分析测绘对象

了解零件的名称、用途和材料；零件在机器中的位置及其在机器中所起的作用；零件的结构和工艺分析。

2. 确定表达方案

根据零件的形状选择主视图和其他视图；根据零件的内外结构选择合适的表达方案。

3. 绘制零件草图过程与步骤

根据表达方案绘制草图。球阀阀盖零件的草图绘制过程如图 8-45 所示。

绘制零件草图注意事项如下。

1）零件的制造缺陷，如砂眼、气孔、刀痕等，以及长期使用所造成的磨损，非零件功能需要，都不应画出。标准件可不画草图，但要测出主要规格尺寸，按型号查阅有关标准。

测量尺寸是测绘过程中重要的一环，零件上的尺寸尽量集中一起进行测量，选择正确的量具和测量方法；对齿轮、带轮、链轮等零件，测量时可采用直接测量和间接测量相结合的方法。

2）零件上的一些标准结构，如螺纹、键槽、退刀槽、倒角等经过测量并查阅有关国家标准确定；当测量有配合要求或相互关联的尺寸时，一般先测出它们的基本尺寸，其配合性质和相应的公差值应在结构分析的基础上，查阅有关资料，在测量后同时填入两个相关零件草图的技术要求中表面粗糙度、热处理、硬度，材料牌号等可根据零件的作用、工作要求确定，也可参阅同类产品的图样和资料类比确定，特殊要求的可实际测定。

3）草图可以徒手绘制，图纸可选择坐标纸绘制，在适当位置绘制标题栏。

4. 画零件图

对画好的零件草图进行复核，再画零件图。

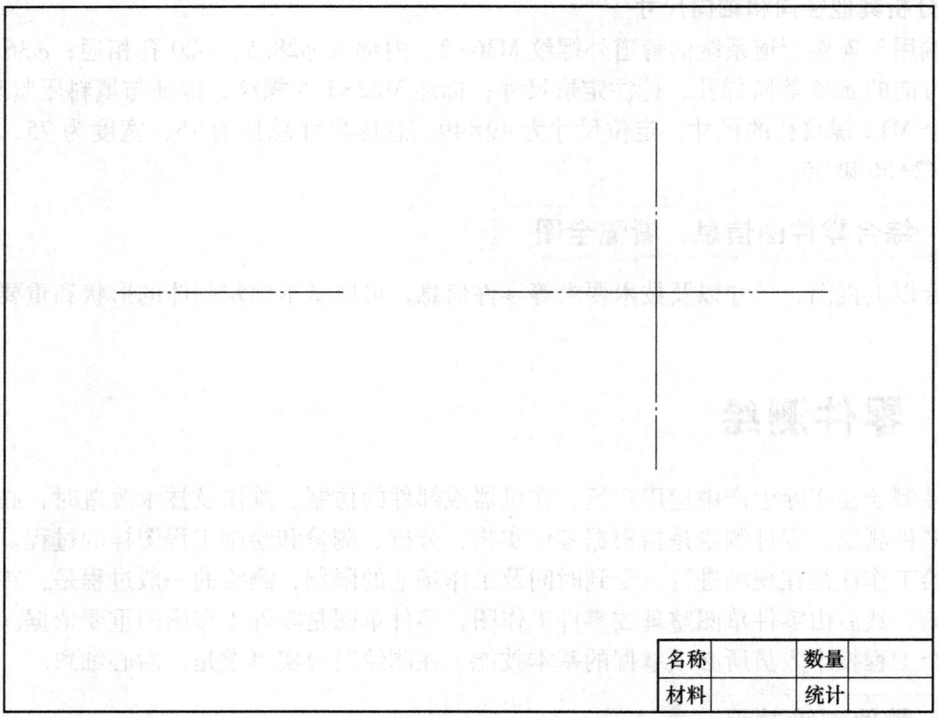

a)

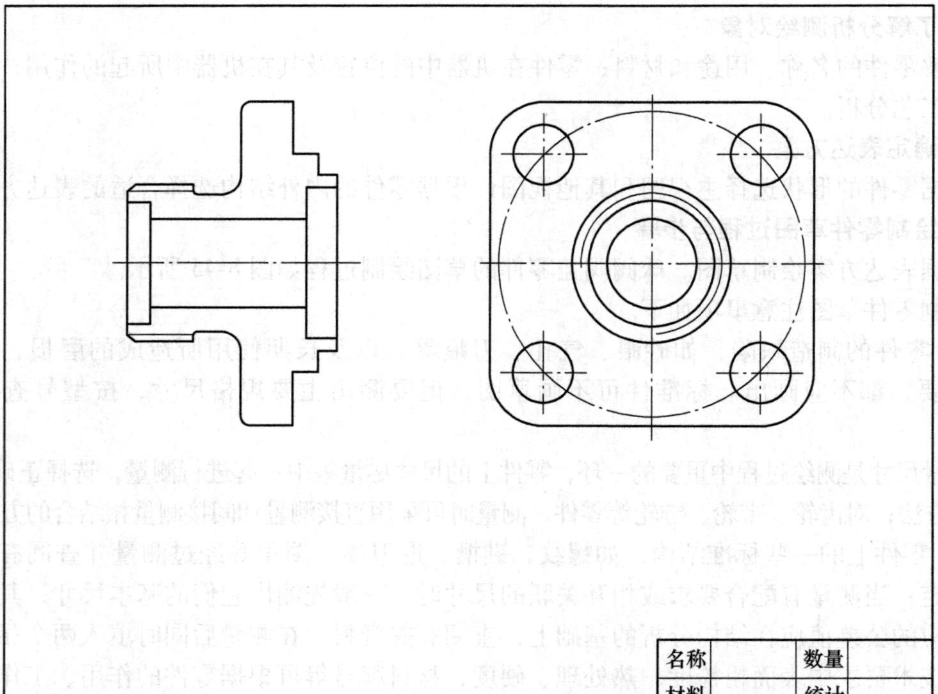

b)

图 8-45　球阀阀盖零件的草图绘制过程

a）选定幅面和比例，确定基准线　b）确定表达方案，画出图形

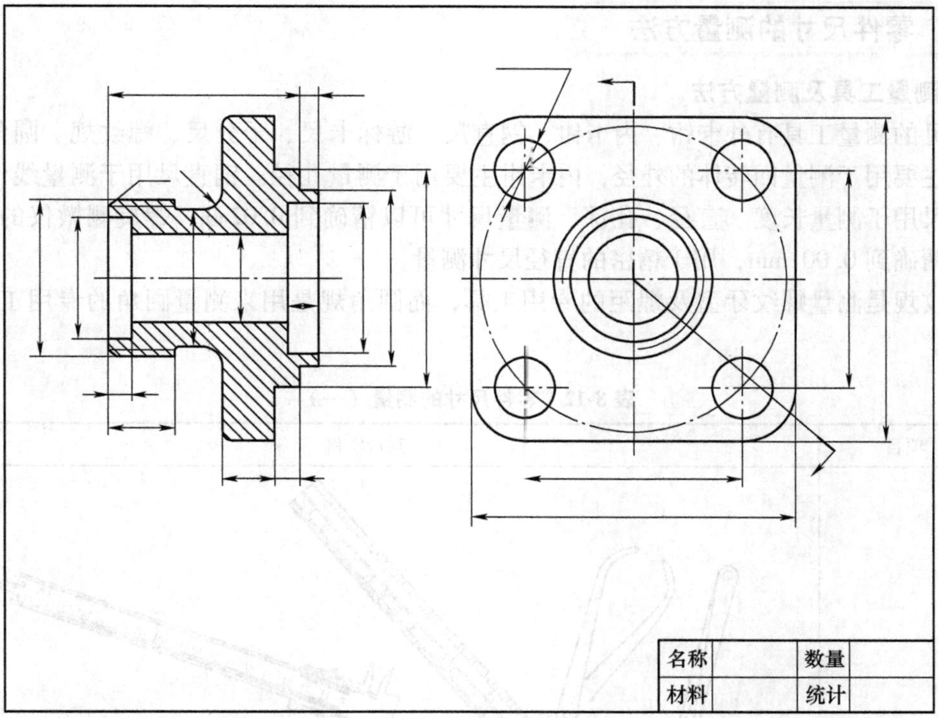

c）

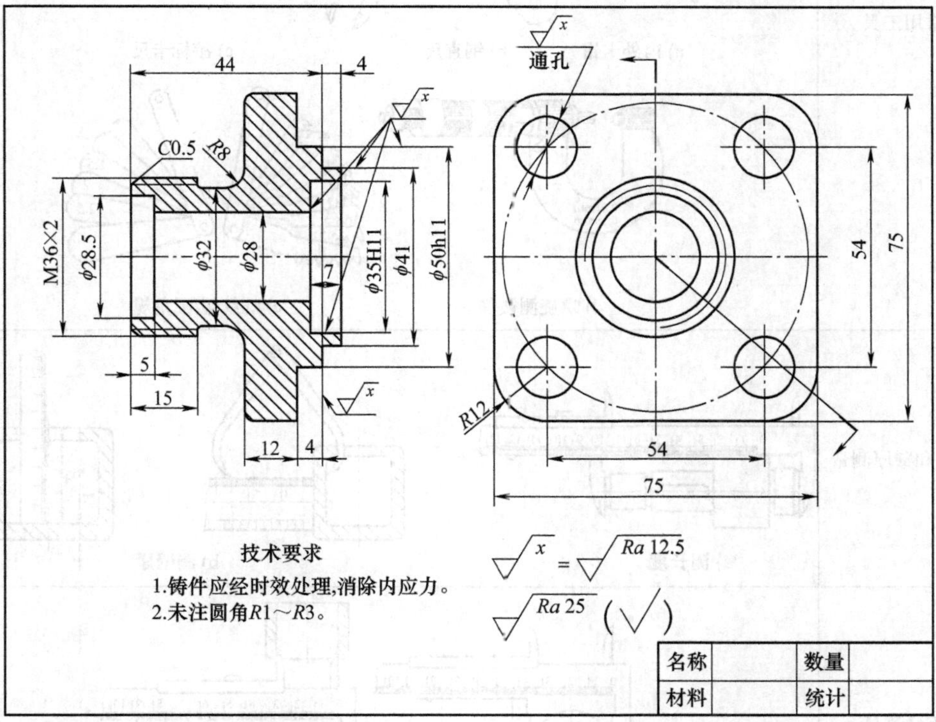

d）

图 8-45　球阀阀盖零件的草图绘制过程（续）

c）完善图形，留出尺寸数字位置　d）测量、标注尺寸和技术要求，填写标题栏

8.6.2 零件尺寸的测量方法

1. 测量工具及测量方法

常见的测量工具有外卡钳、内卡钳、钢直尺、游标卡尺、千分尺、螺纹规、圆角规等。外卡钳主要用于测量回转体的外径，内卡钳主要用于测量孔径。钢直尺用于测量线性尺寸；游标卡尺用于测量长度、直径、孔深，测量尺寸可以精确到0.02mm；螺旋测微仪的测量尺寸可以精确到0.001mm，用于精密的直径尺寸测量。

螺纹规是测量螺纹牙型及螺距的专用工具，而圆角规是用来测量圆角的专用工具，见表8-12。

表8-12　零件尺寸的测量（一）

	项目	测量实例
零件尺寸的测量	常用工具	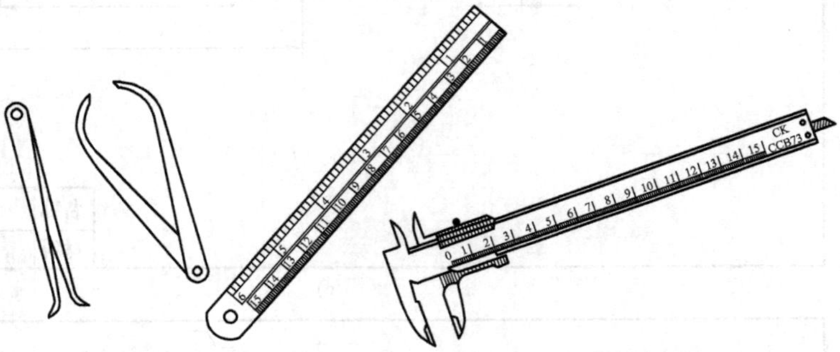 a) 内外卡钳　b) 钢直尺　c) 游标卡尺 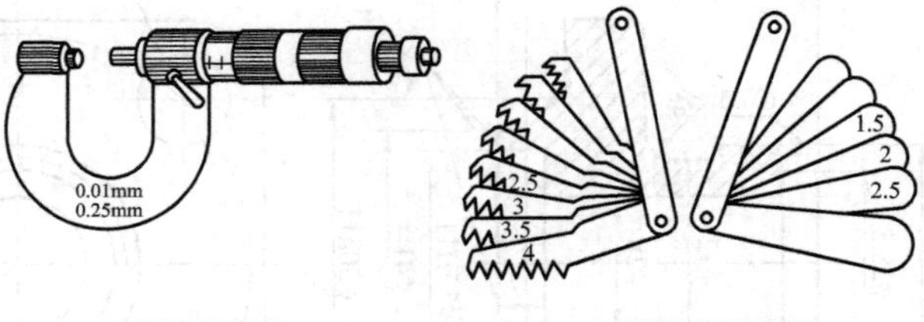 d) 螺旋测微仪　e) 螺纹规/圆角规
	长度和壁厚测量	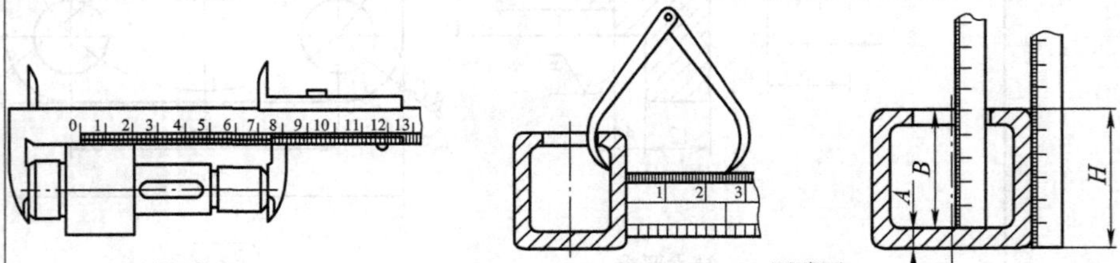 a) 测长度　b) 测壁厚
	直径测量	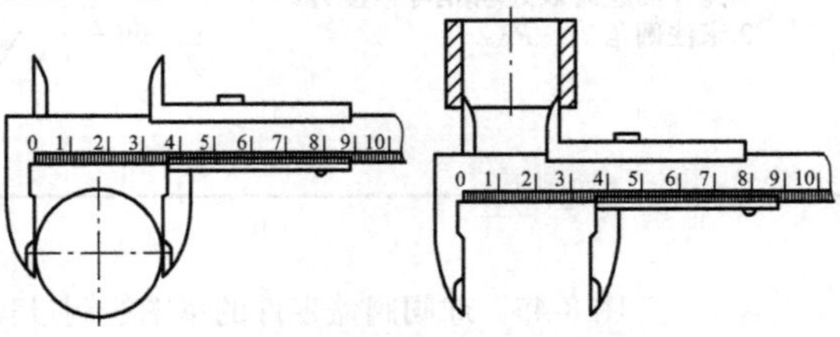 a) 游标卡尺测外圆、内孔直径

（续）

	项目	测量实例
零件尺寸的测量	直径测量	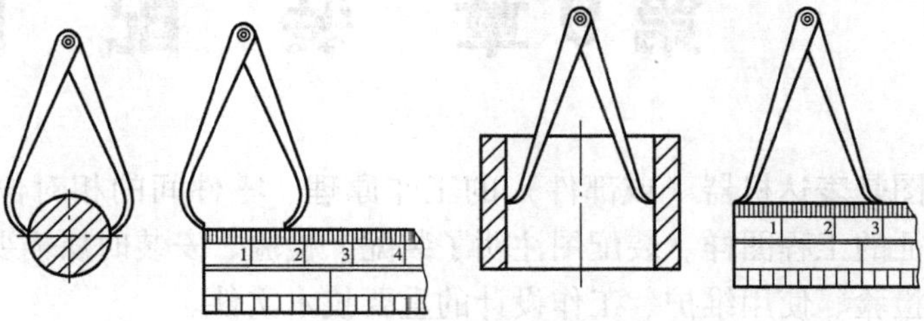 b) 钢直尺、内外卡尺测外圆、内孔直径

2. 常用测量方法

常见零件尺寸测量方法见表 8-13。

表 8-13 零件尺寸的测量（二）

	项目	测量实例		
零件尺寸的测量	测量螺距、齿轮、中心高、孔间距	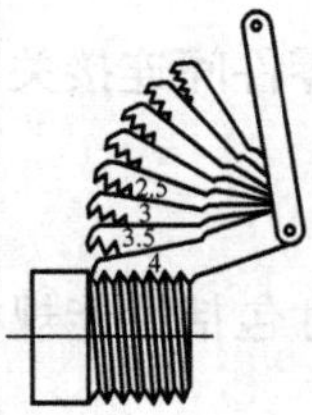 a) 测螺距	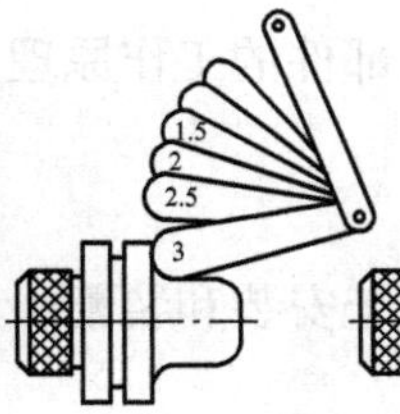 b) 测圆角	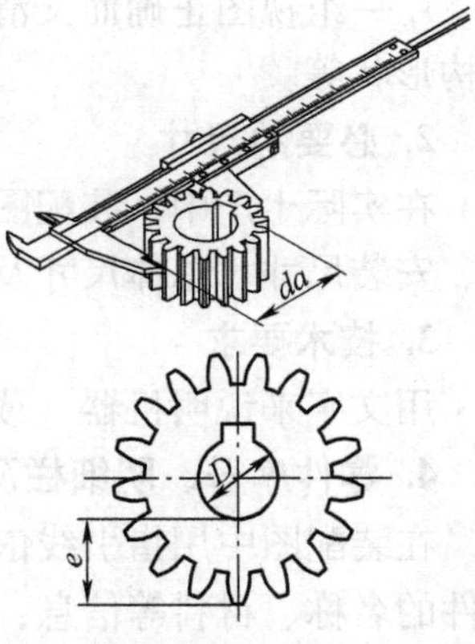 偶数齿数，卡尺测量出 da $m=da/(z+2)$ 奇数齿数，$da=2e+D$ $m=da/(z+2)$ e) 测齿轮
		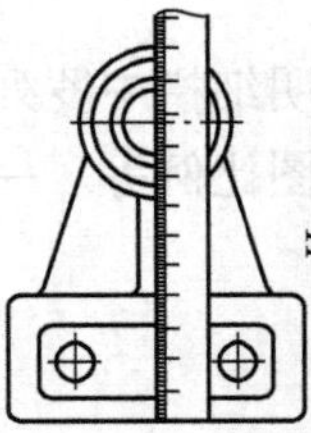 c) 测中心高，$H=L+D/2$	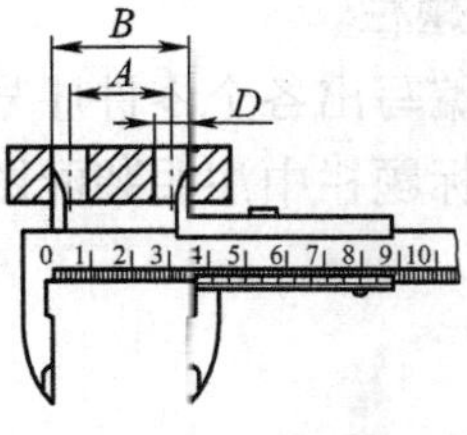 d) 测孔间距，$A=B-D$	
	曲线曲面测量	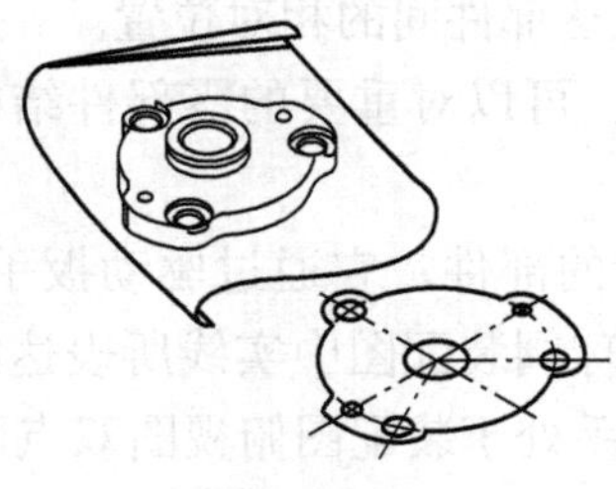 a) 拓印法	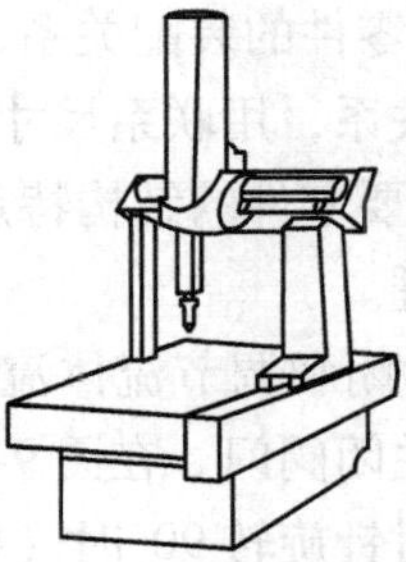 b) 三坐标测量	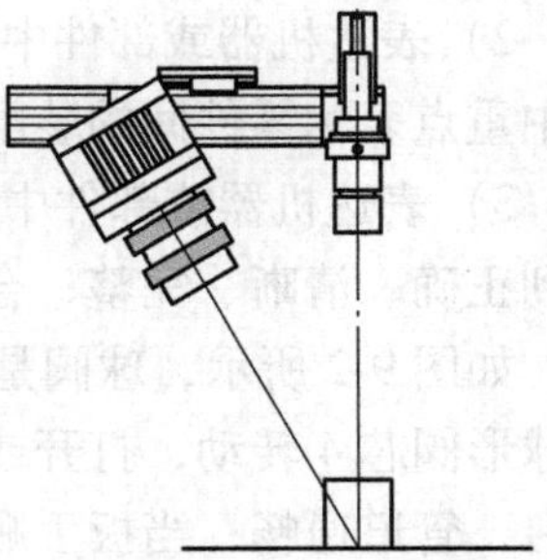 c) 三维扫描

第9章 装 配 图

装配图是表达机器（或部件）的工作原理、零件间的相对位置及装配关系，主要零件的结构特征的工程图样。装配图注明了装配、检验、安装时所需要的尺寸和技术要求，是进行调试、检验、使用维护、工作设计的重要技术文件。

9.1 装配图概述

9.1.1 装配图的内容

在第8章中知道，装配图应具有以下方面的内容。

1. 一组视图

用一组视图正确而又清晰地表达机器或部件的工作原理、零件间连接关系、主要零件的结构形状等。

2. 必要的尺寸

在实际生产中，装配图上的尺寸主要用于安装和装配，尺寸包括性能规格尺寸、装配尺寸、安装尺寸、总体尺寸及其他重要尺寸。

3. 技术要求

用文字来说明机器（或部件）的装配要求，包括装配、调试、使用和维修时的要求。

4. 零件序号、明细栏及标题栏

在装配图中用指引线依次编写出各个零件序号，在对应的明细栏中罗列出序号所表示的零件的名称、材料等信息，在标题栏中注明装配图的名称、绘图比例等。一个完整的球阀装配图如图9-1所示。

9.1.2 装配图的表达要求

1）表达机器或部件的工作原理。采用一组视图对机器的传动路线、执行过程进行表达，展示机器的工作原理。

2）表达机器或部件中各零件的装配关系，或部件与其他部件之间的安装要求。在装配图中重点表达零件间的装配关系，用联系尺寸表达部件间的相对位置。

3）表达机器或部件中主要零件的结构特点，可以对重要的零部件结构单独表达，尺寸做到正确、清晰、完整、合理。

如图9-2所示，球阀是启闭和调节流体流量的部件，它通过驱动扳手12，带动阀杆11使球形阀芯4转动，打开或关闭阀门。在图9-1球阀装配图中实线所表达的位置，阀门全部开启，管道通畅；当扳手顺时针旋转90°时（扳手处于装配图俯视图双点画线所示的位置），阀门全部关闭，管道断流。阀体1上设计有顶部定位用的凸块结构，该凸块用以限制扳手12的旋转位置。

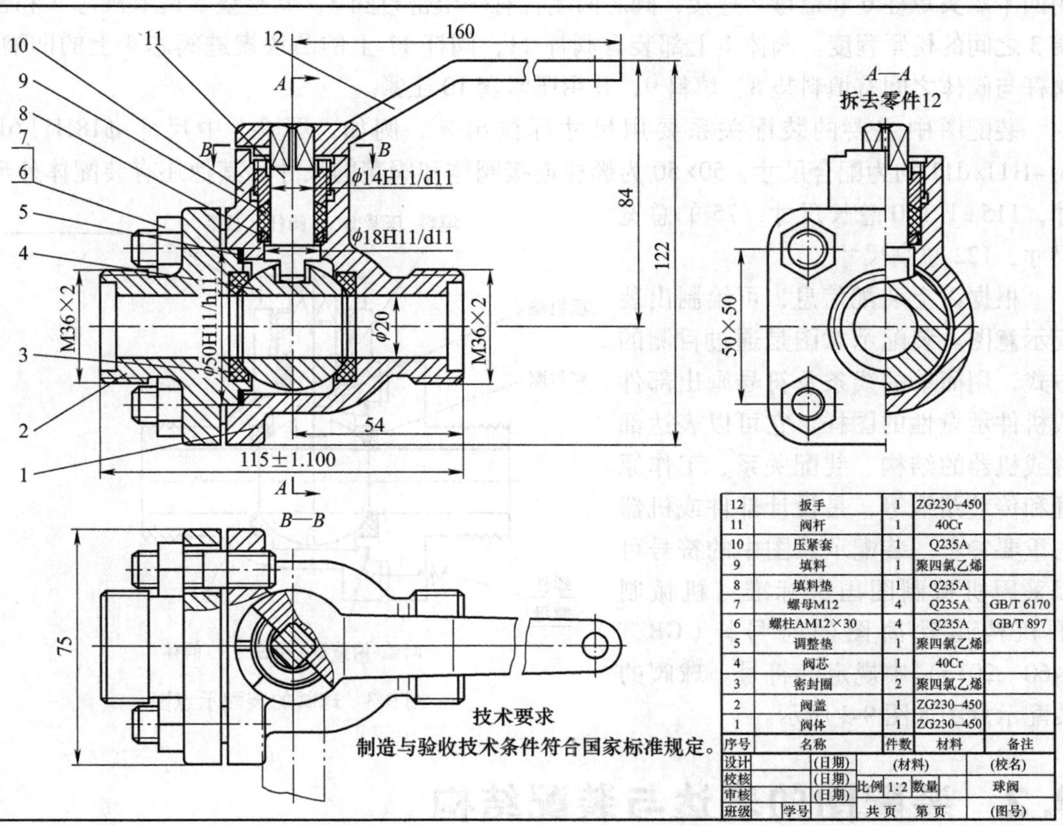

序号	名称	件数	材料	备注
12	扳手	1	ZG230-450	
11	阀杆	1	40Cr	
10	压紧套	1	Q235A	
9	填料	1	聚四氯乙烯	
8	填料垫	1	Q235A	
7	螺母M12	4	Q235A	GB/T 6170
6	螺柱AM12×30	4	Q235A	GB/T 897
5	调整垫	1	聚四氯乙烯	
4	阀芯	1	40Cr	
3	密封圈	2	聚四氯乙烯	
2	阀盖	1	ZG230-450	
1	阀体	1	ZG230-450	

设计	(日期)	(材料)			(校名)
校核	(日期)	比例	1:2	数量	球阀
审核	(日期)				
班级	学号	共 页	第 页		(图号)

图 9-1 球阀装配图

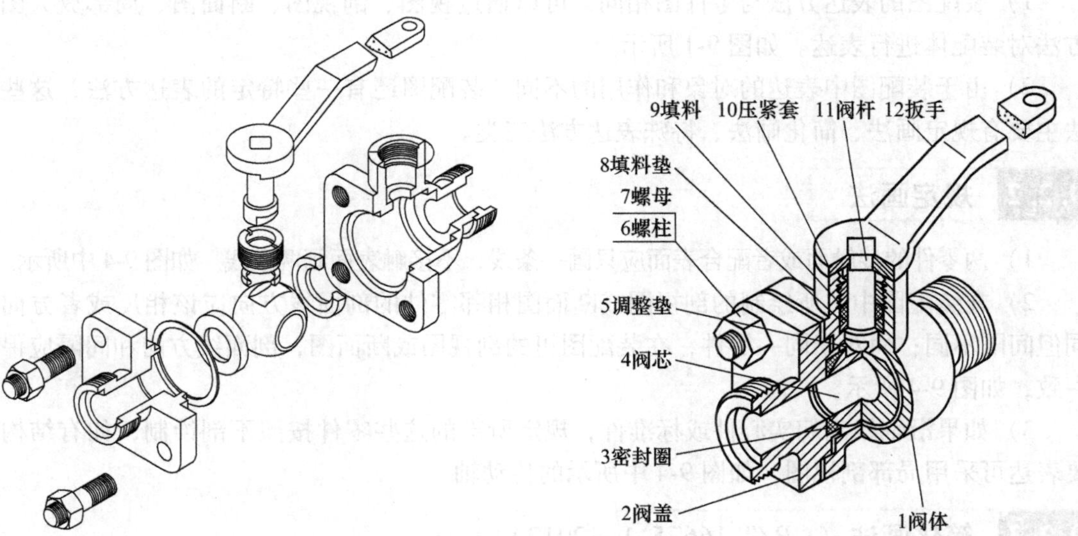

图 9-2 球阀装配体分解图

在球阀装配图中表达了零件之间的装配关系。阀体 1 和阀盖 2 均带有方形的凸缘，它们用四个双头螺柱 6 和螺母 7 连接，阀芯两端各有一个密封圈 3，调整垫 5 调节阀芯 4 和密封圈 3 之间的松紧程度。阀体 1 上部装有阀杆 11，阀杆 11 上的凸块楔进阀芯 4 上的凹槽中，阀杆与阀体之间有填料垫 8、填料 9，并用压紧套 10 压紧。

装配图中主要的装配关系要用尺寸标注出来。例如，图 9-1 中尺寸 ϕ18H11/d11，ϕ14H11/d11 均为配合尺寸，50×50 为螺柱连接阀体和阀盖的尺寸，其他还有装配体外形尺寸，115±1. 100 总长尺寸，75 的总宽尺寸，122 总高尺寸。

根据以上装配信息，可绘制出装配示意图。装配示意图是通过目测的方式，用简单的线条及符号画出部件或机件示意性的图样，它可以表达部件或机器的结构、装配关系、工作原理和传动路线等，是设计部件或机器的重要参考。装配示意图中的符号可以采用机械制图国家标准《机械制图 机构运动简图的符号》（GB/T 4460—2013）中规定的符号。球阀的装配示意图如图 9-3 所示。

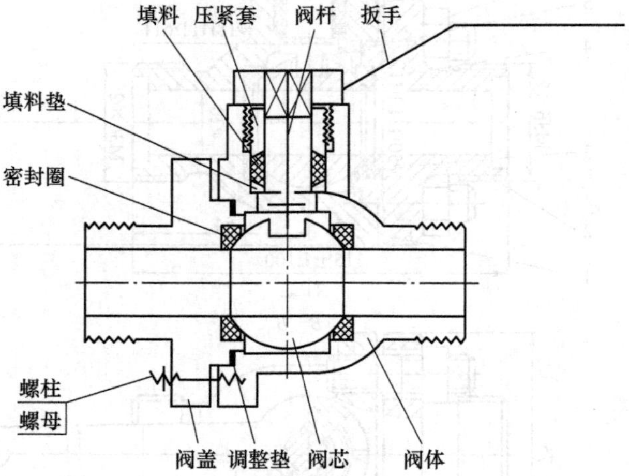

图 9-3　球阀的装配示意图

9. 2　装配图的表达与装配结构

9. 2. 1　装配图的表达方法

1）装配图的表达方法与零件图相同，可以通过视图、剖视图、断面图、局部放大图等方法对装配体进行表达。如图 9-1 所示。

2）由于装配图中表达的对象和作用的不同，装配图还有一些特定的表达方法，这些方法主要有规定画法、简化画法、特殊表达方法三类。

9. 2. 2　规定画法

1）两零件的接触面或者配合表面应只画一条线，不接触表面画两条线。如图 9-4 中所示。

2）在装配图中，所绘制的剖视图或断面图相邻零件的剖面线方向应该相反或者方向相同但间隔不同；而对于同一零件，在装配图里的剖视图或断面图，剖面线方向和间隔应保持一致，如图 9-4 所示。

3）如果沿轴线剖切实心件或标准件，规定所剖的这些零件按照不剖绘制，如有结构需要表达可采用局部剖视图，如图 9-4 中所示的传动轴。

9. 2. 3　简化画法（GB/T 16675. 1—2012）

1）装配图中零件上的工艺结构如圆角、倒角、退刀槽等允许省略不画。如图 9-4 所示。

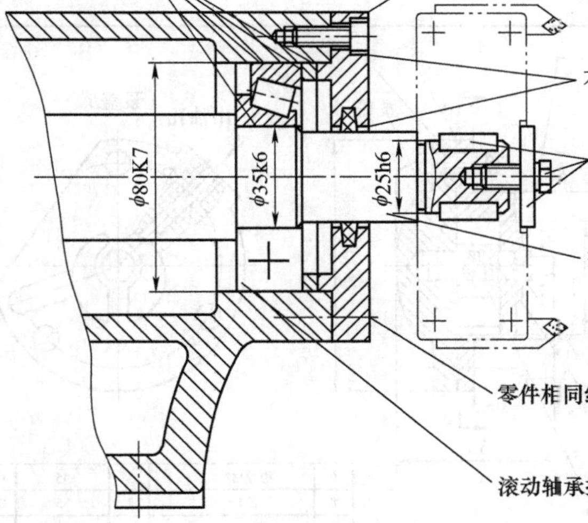

图 9-4 装配图中的简化画法和规定画法

2）在装配图中，螺母和螺栓头部允许采用省略画法。对图中若干相同的零件组，可详细画出一组，其余用细点画线表示出中心位置即可。

3）在剖视图中表示滚动轴承时，轴承一半图形要按规定画法绘制，另一半图形则按通用画法绘制，如图 9-4 所示的轴承。

4）对外购部件或结构已清楚的部件在装配图可以只画出其简化后的轮廓。

9.2.4 特殊表达方法

1. 沿结合面剖切画法

为了表达装配体的内部结构，选择零件之间的结合面剖开，并向指定的投影面投射。在零件结合面上不画剖面线，如图 9-5 中所示的 *A—A* 剖视图。

2. 拆卸画法

当装配体中所表达的部分被其他零件所遮挡，影响表达清晰性时，可以假想拆去一个或几个零件，画出拆卸后剩余部分的视图。拆卸画法需在所画图形上方标注“拆去 XX 零件”。如图 9-1 所示球阀装配图左视图。

3. 单独表达零件

在装配图中，当某个零件的形状结构未表达清楚时，可以单独画出该零件的某个视图。绘制视图时需在所画视图上方用大写字母（即零件名）形式标注出视图名称，在相应视图附近用箭头指明投射方向，在箭头上书写同名的字母。如图 9-5 所示泵盖 *B* 向视图。

4. 夸大画法

在画装配图时像垫片、细丝、微小间隙等，如果无法按实际尺寸表达清楚，可按适当的夸大比例画出，如图 9-5 中所示零件 5 垫片。

5. 假想画法

在装配图中需要表达运动零件的运动范围或极限位置，或表达装配体相邻零件或部件时，可以用双点画线绘制其轮廓。如图 9-5 所示，主视图中双点画线所表示的转子油泵与之相邻零件的情况。

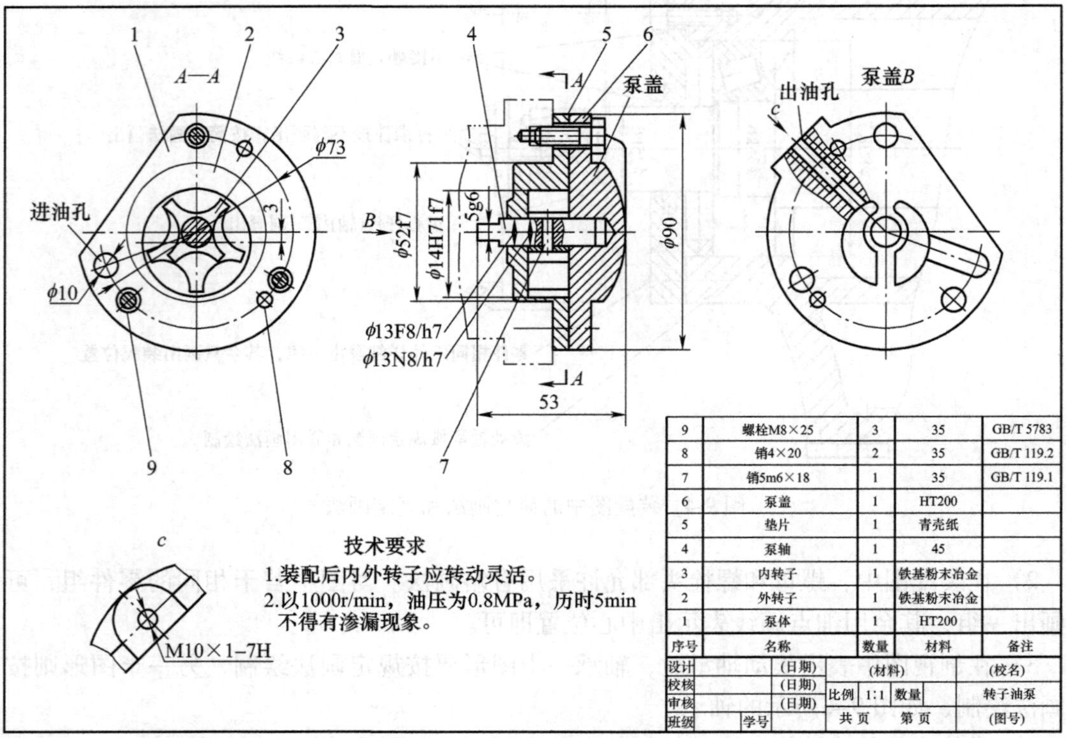

序号	名称	数量	材料	备注
9	螺栓M8×25	3	35	GB/T 5783
8	销4×20	2	35	GB/T 119.2
7	销5m6×18	1	35	GB/T 119.1
6	泵盖	1	HT200	
5	垫片	1	青壳纸	
4	泵轴	1	45	
3	内转子	1	铁基粉末冶金	
2	外转子	1	铁基粉末冶金	
1	泵体	1	HT200	

设计		(日期)	(材料)			(校名)
校核		(日期)				
审核		(日期)	比例	1:1	数量	转子油泵
班级	学号		共 页		第 页	(图号)

图 9-5 装配图中的特殊表达

9.2.5 常见装配结构

为了保证机器或部件的性能，并能给加工和拆装带来方便，在设计和绘制装配图的过程中，应考虑到装配结构的合理性。确定合理的装配结构，主要考虑以几个问题。

1. 同一方向的接触面不得超过一对

两配合零件在同一方向的接触面多于一对时，需要提高两接触面间的尺寸精度来避免干涉，但这将会给零件的制造和装配等工作增加困难，如图 9-6 所示。

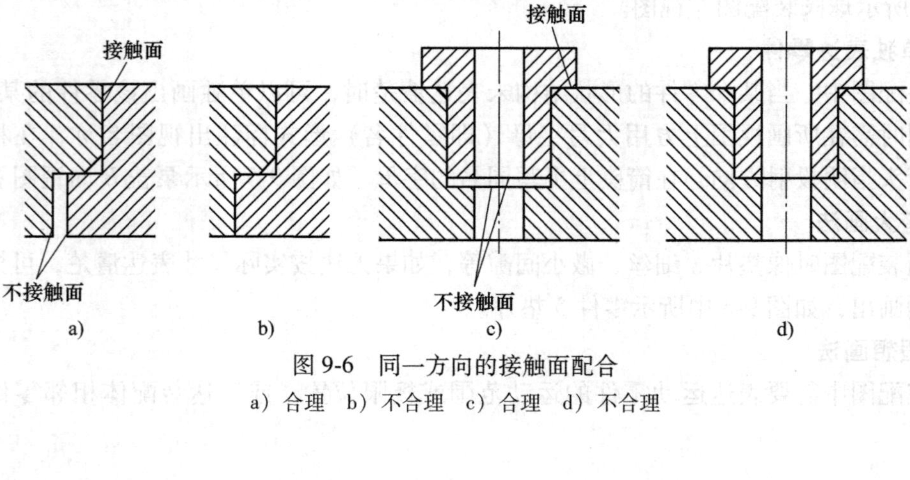

图 9-6 同一方向的接触面配合

a）合理 b）不合理 c）合理 d）不合理

2. 两对相邻表面同时接触时，转角处应留有间隙

如图 9-7 所示，轴与孔配合时，孔的端面与轴之间应倒角或轴与轴肩之间要清根，以保证两端面接触平稳。

3. 考虑维修、安装以及零件拆卸的方便

如图 9-8 所示，在设计螺栓和螺钉位置时，应考虑其拆装方便。在需要使用工具时，要留有使用工具的空间位置。

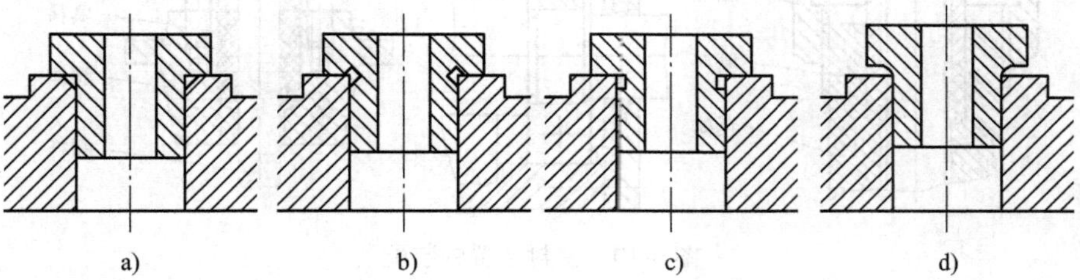

图 9-7　相邻表面接触的配合

a）合理　b）合理　c）合理　d）不合理

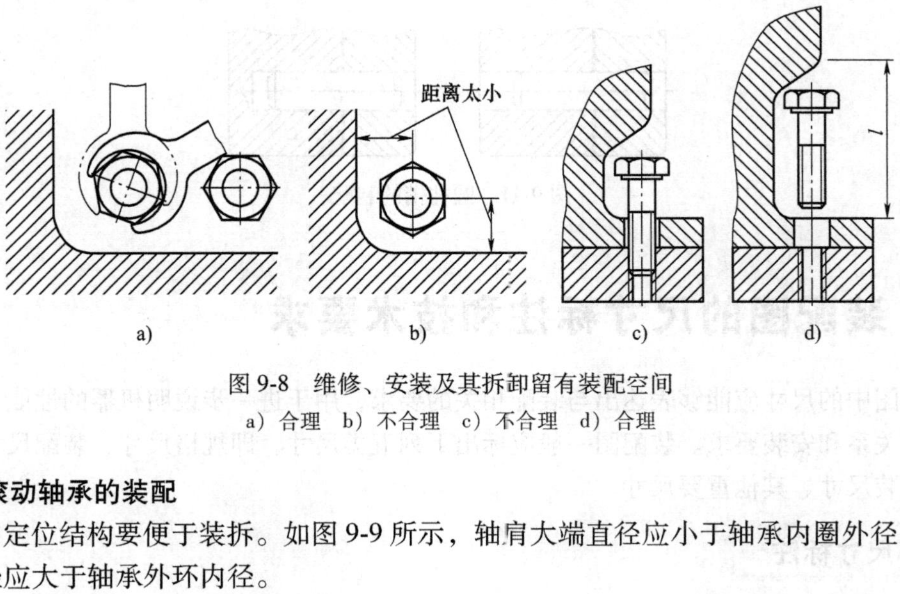

图 9-8　维修、安装及其拆卸留有装配空间

a）合理　b）不合理　c）不合理　d）合理

4. 滚动轴承的装配

轴向定位结构要便于装拆。如图 9-9 所示，轴肩大端直径应小于轴承内圈外径，箱体台阶孔直径应大于轴承外环内径。

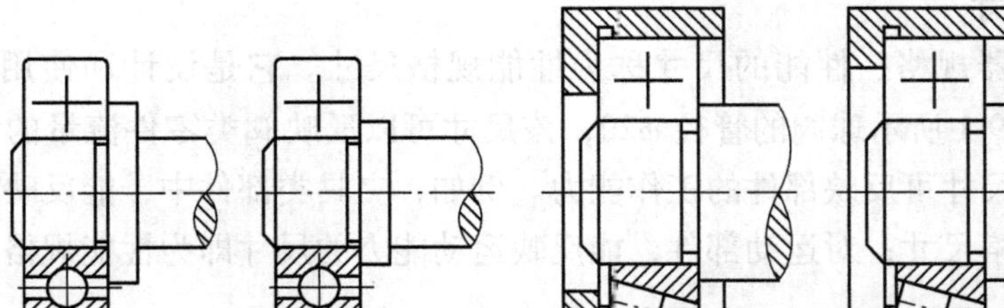

图 9-9　滚动轴承的装配

a）不合理　b）合理　c）不合理　d）合理

5. 密封装置

为防止内部的液体或气体向外渗漏，同时也防止粉尘等杂质进入机器，应采取合理的、可靠的密封装置，如图 9-10 所示。

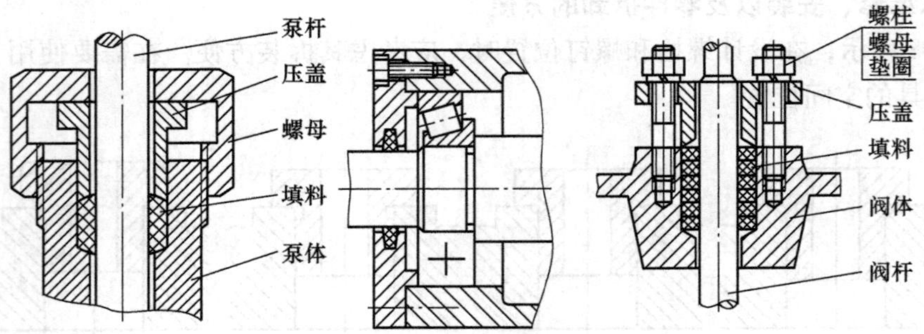

图 9-10　密封装置的装配

6. 采用圆柱销或圆锥销定位

要考虑孔的加工和销的拆装方便，尽可能加工成通孔。如图 9-11 所示。

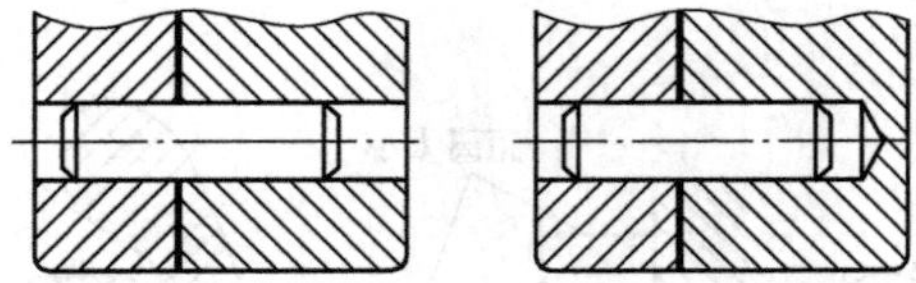

图 9-11　圆柱销的装配

9.3　装配图的尺寸标注和技术要求

装配图中的尺寸应能够表达出与装配相关的要求，用于进一步说明机器的性能、工作原理、装配关系和安装要求。装配图一般应标出下列五类尺寸，即规格尺寸、装配尺寸、外形尺寸、安装尺寸、其他重要尺寸。

9.3.1　尺寸标注

1. 性能规格尺寸

表示部件或机器规格、性能的尺寸称为性能规格尺寸。它是设计和使用部件（机器）的重要依据。如图 9-1 所示球阀的管径 $\phi20$，该尺寸可以反映阀类零件流量的大小。对于不同的部件，其性能尺寸可反映部件的工作能力。例如，夹具类部件中，能反映其夹紧力大小的尺寸即为性能规格尺寸；对运动部件，能反映运动能力的尺寸即为性能规格尺寸。

2. 装配尺寸

装配尺寸是指确定零、部件配合的尺寸，用来保证部件或机器的工作精度和性能要求，主要有配合尺寸和相对位置尺寸。如图 9-1 所示球阀装配图中的 $\phi18\mathrm{H11/d11}$，$\phi14\mathrm{H11/d11}$ 等，反映了零件间的配合要求，在拆画零件图时，可根据轴与孔的配合分别标记在对应零件上。球阀装配图中的通孔中心到扳手的距离为 84，阀杆轴线至阀体右端面的距离 54 为相对位置尺寸。

3. 外形尺寸

表示机器或部件总长、总宽、总高的尺寸。它是机器或部件包装、运输、安装和厂房设计的尺寸依据。如图9-1所示球阀装配图中的115总长尺寸，75的总宽尺寸，122总高尺寸。

4. 安装尺寸

指机器（部件）安装在地基上或部件与部件连接时所需要的尺寸，如图9-1所示球阀装配图中的50×50尺寸。

5. 其他重要尺寸

如运动零件的极限位置尺寸，经设计计算确定或选用的尺寸。

9.3.2 技术要求

装配图上应注写以下几方面的技术要求。

1）装配过程中的注意事项和装配后的性能要求。

2）机器（部件）装配后的检验、试验的条件，操作要求等。

3）部件的性能、规格参数，包装运输、使用时的注意事项，维护和保养等。

4）装配检验时所采用的特定技术标准等。

9.3.3 装配图中零件序号和明细栏

为了便于读图、图样管理以及做好生产准备工作，需要对装配图上的每个零件或部件编写序号，并填写明细栏（表）。

1. 零、部件序号标注

装配图中所有的零、部件都必须编写序号，相同零、部件只编写一个序号，只注写一次，零、部件的序号应与明细栏（表）中的序号一致。

2. 零、部件序号编写方法

1）序号标注在图形轮廓外，写在指引线的水平线上或圆内；序号的字号比该装配图中所标注的尺寸数字大一号或两号，如图9-12a所示；也可在指引线附近注写序号，如图9-12b所示。同一装配图中编写序号的形式应一致。

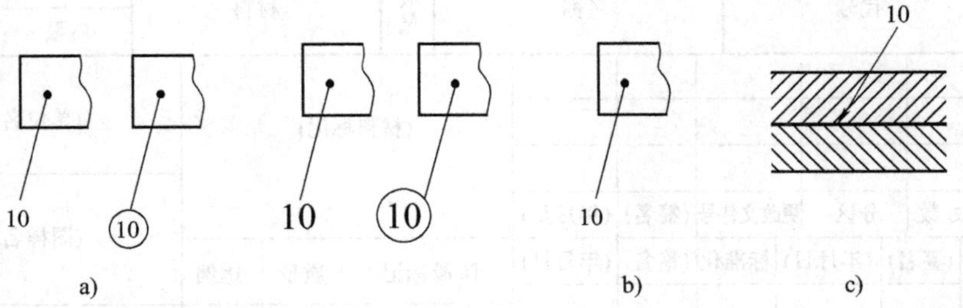

图9-12 序号的注写

2）指引线用细实线画出，自所指零、部件的可见轮廓内引出，并在起始端画一圆点。若所指部分很窄或涂黑而不便于画点时，可在指引线的起始端用箭头指向该部分的轮廓，如

图 9-12c 所示。

3）一组紧固件以及装配关系清楚的零件组，可以采用公共指引线，如图 9-13 所示。当省略图中紧固件的投影仅用细点画线表示时，对于螺栓连接其公共指引线应从装有螺母的一端引出，而螺钉、螺柱连接则公共指引线从其装入端引出，如图 9-13 所示。

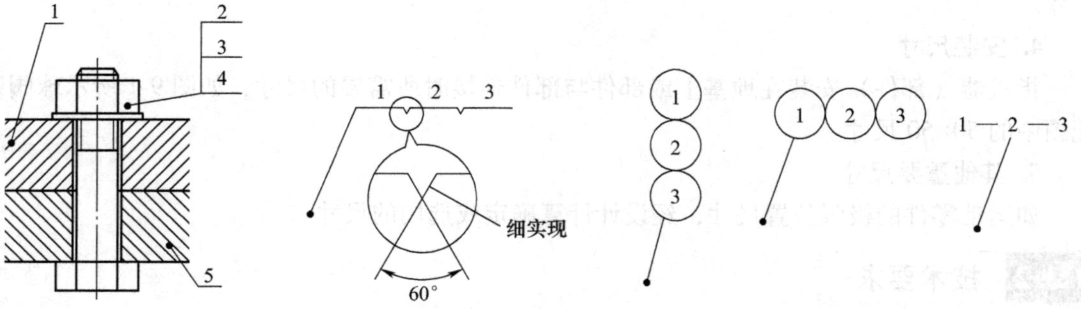

图 9-13 公共指引线的标注（一）

4）序号应沿水平或垂直方向，按顺时针或逆时针方向连续、整齐地排列。各指引线均匀分布，不允许相交，当通过有剖面线的区域时，指引线不应与剖面线平行。指引线可以画成折线，但只可折一次。如图 9-14 所示。

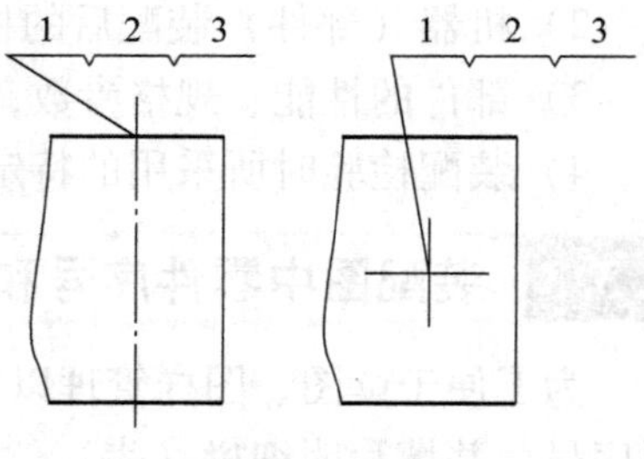

图 9-14 公共指引线的标注（二）

3. 明细栏（GB/T 10609. 2—2009）

1）明细栏按照国家标准规定（GB/T 10609. 2—2009）绘制，如图 9-15 所示。在实际教学和课程练习中，可采用简化形式，如图 9-16 所示。

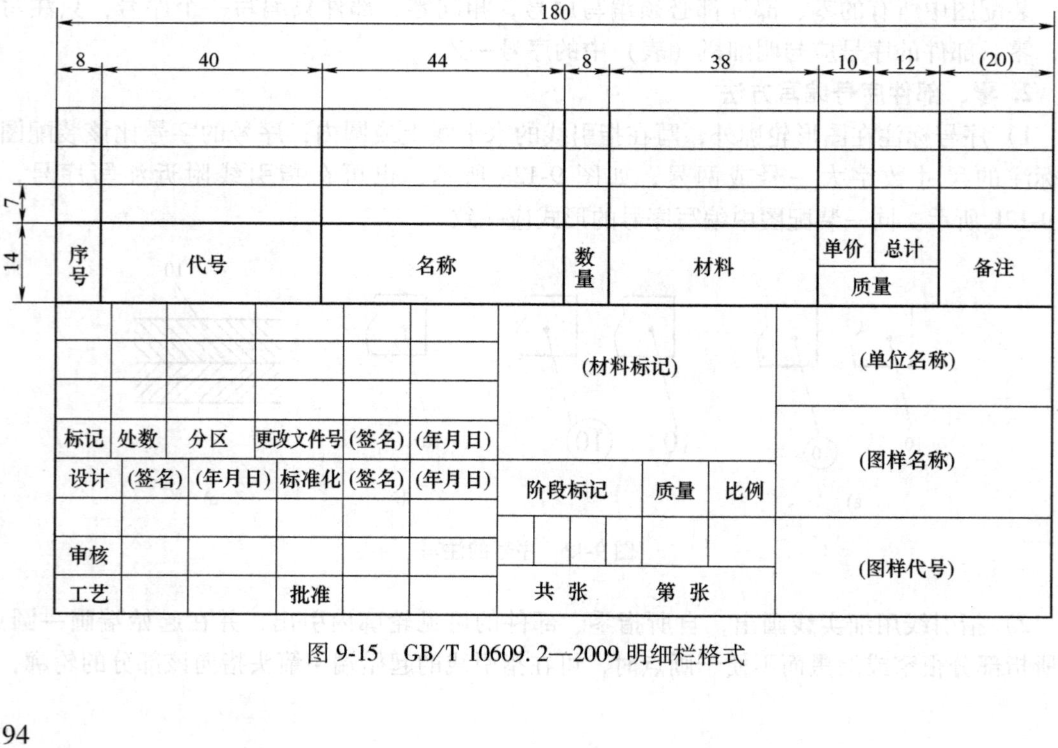

图 9-15 GB/T 10609. 2—2009 明细栏格式

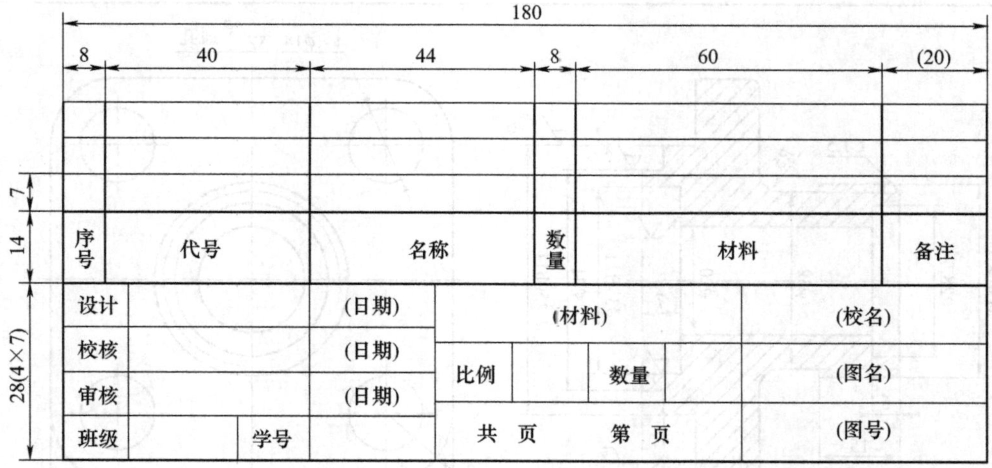

图 9-16 教学用明细栏及标题栏

2）零件明细栏画在标题栏上方，与标题栏相连接。位置不够时，可在标题栏的左方邻接再画一组。

3）在明细栏中，序号编写应按数值大小，由小至大自下而上书写，以便在漏编或增加零件时继续向上添加。

4）标准件的规定标记（如螺栓 GB/T 5782 M20×80）及有些零件的主要参数（如齿轮模数、齿数等），可填写在备注栏中。

5）明细栏主要包括序号、代号、名称、数量、材料、重量、分区、备注等内容，按照实际需要增加或减少。

9.4 由零件图画装配图

对已有的机器或部件，可以通过零件及部件测绘，最终绘制出装配图。测绘时首先画出部件中各零件的草图，然后根据这些零件草图拼画出装配图。下面以球阀为例，说明由零件图绘制装配图的方法和步骤。

9.4.1 了解分析装配体

1）对测绘对象进行全面了解，主要包括名称、功能、工作原理、结构组成等。如图 9-2 所示的球阀装配体，通过与球阀产品有关的说明资料，了解球阀的基本功能，工作原理和基本结构组成。

2）根据球阀工作原理，分析球阀的各部分功能，确定球阀的主要装配干线，绘制出装配示意图。

9.4.2 阅读装配体各零件

阅读装配体各零件，分析相互间的连接，确定装配关系。球阀装配体零件图如图 9-17~图 9-20 所示。

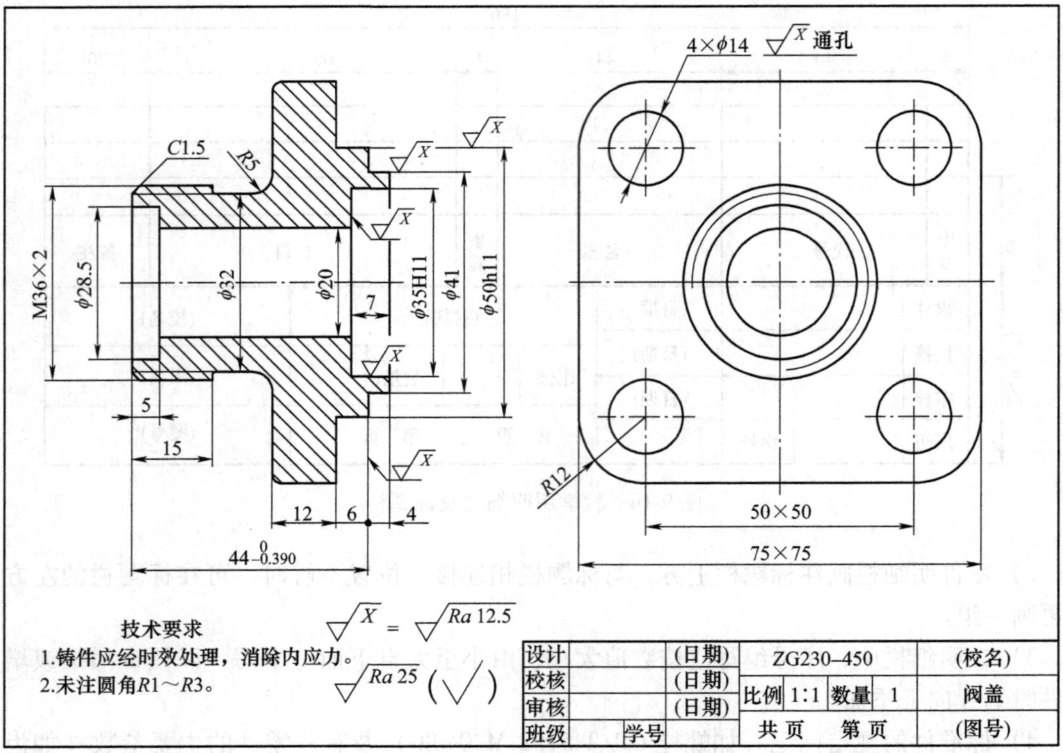

图 9-17　阀盖零件图

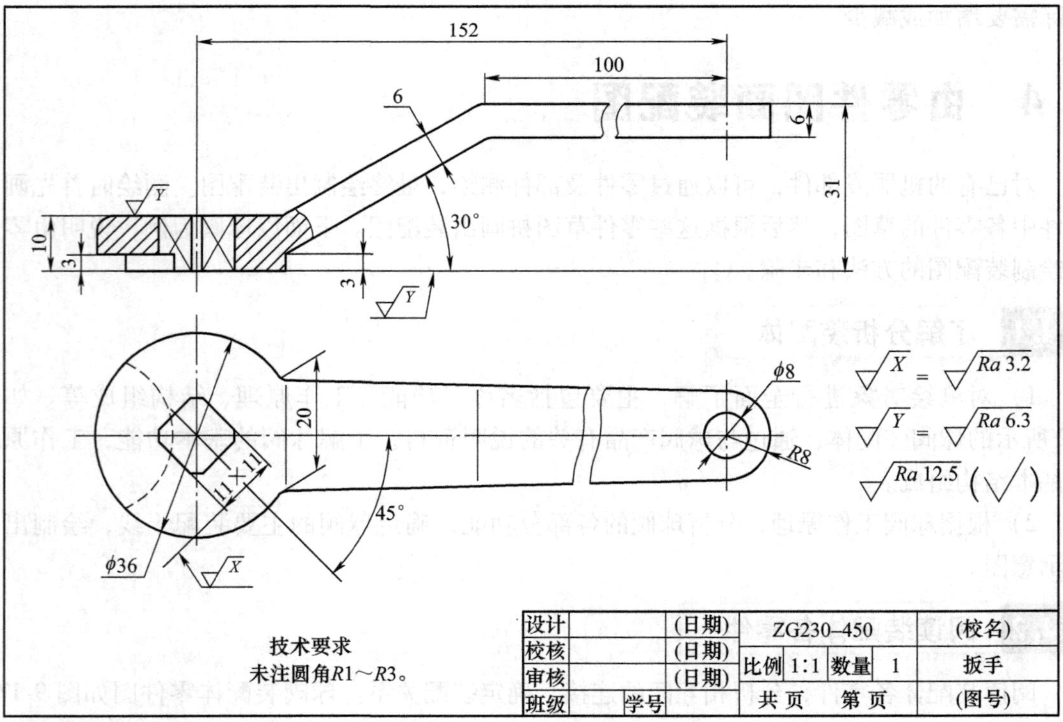

图 9-18　扳手零件图

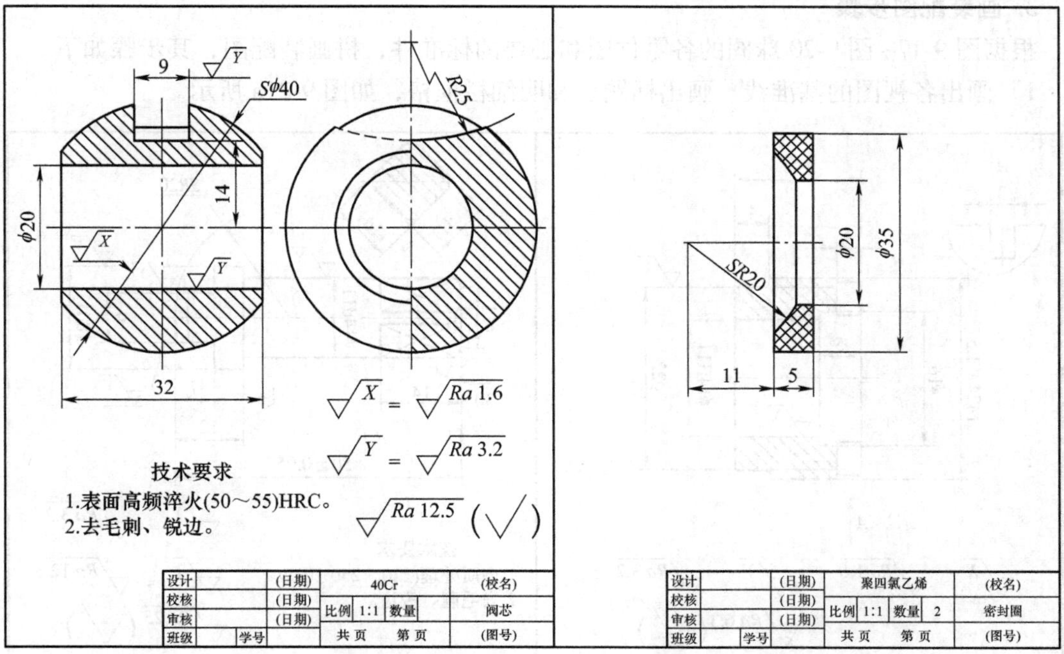

图 9-19 阀芯和密封圈零件图

以上零件图为专用零件，结合必要的标准件和外购件就可以拼画出装配图了。

9.4.3 由零件图拼画装配图的方法和步骤

1. 拟定表达方案，选定适当的比例和图纸

选定主视图，确定其他视图的数量和表达方法。

1）选主视图。主视图一般按机器或部件的工作位置放置。应明显地表示其工作原理、装配关系、连接方式、传动系统及零件间主要相对位置。

为了表达内部结构，一般是通过主要装配干线作全剖视图、半剖视图或局部剖视图。如图 9-1 所示，主视图按工作位置放置，并沿装配干线作了全剖视。这样，不仅能清楚地看出大部分零件的装配关系、连接方式，还能反映其工作原理。

2）选择其他视图。确定主视图后，根据部件的结构特点，深入分析部件中还有哪些工作原理、装配关系和主要零件结构需要表达清楚，以便确定其他视图的数量。主视图确定之后，扳手的极限位置、阀体和阀盖两零件的连接关系尚需要表达。因此，俯视图采用 *B—B* 的局部剖视图来表达扳手与定位凸块的关系，以及阀体与阀盖的连接关系。左视图采用半剖视图表达外形结构和内部的阀杆、阀芯之间装配。

3）确定表达方案后，根据视图的数量、装配体外形选择合适的比例和图纸。

2. 画装配图的方法

1）由内向外法。从装配线的核心零件开始，按照装配关系由内向外逐个画出零件，完成整个装配过程。

2）由外向内法。先画出结构较复杂的箱体类、支架类零件，这类零件在装配图中往往在最外层，起包容作用。再由外向内装配，逐个画出零件。

3. 画装配图步骤

根据图 9-17～图 9-20 球阀的各零件图和必要的标准件，拼画装配图，其步骤如下。

1）画出各视图的基准线、画出标题栏和明细栏框格，如图 9-21a 所示。

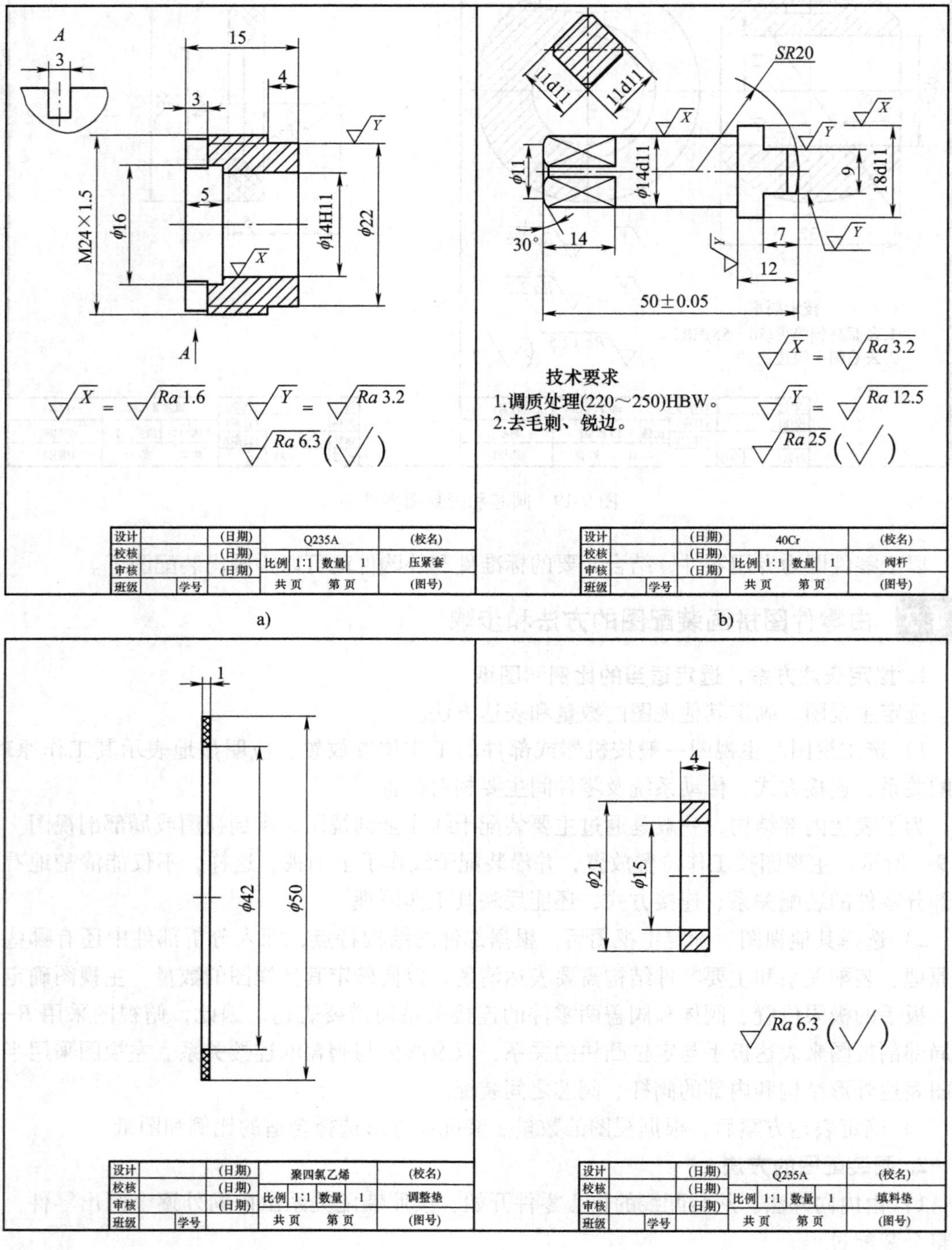

图 9-20 其他零件图

2）按比例画出主要装配干线上的零件。如图 9-21b、c、d 所示，是由外向内先画主要零件如阀体等，再画主要装配干线上的其他零件，各视图相互配合联系起来画。

3）画剖面符号，注意同一零件的剖面符号保持一致，相邻零件剖面符号尽量相反。

4）标注装配图尺寸，并对底稿逐项进行检查，擦去多余的作图线。

5）按线型规定加深，对每个零件编序号，填写标题栏、明细栏和技术要求。

6）完成全图后应仔细审核。

完成后的装配图，如图 9-1 所示。

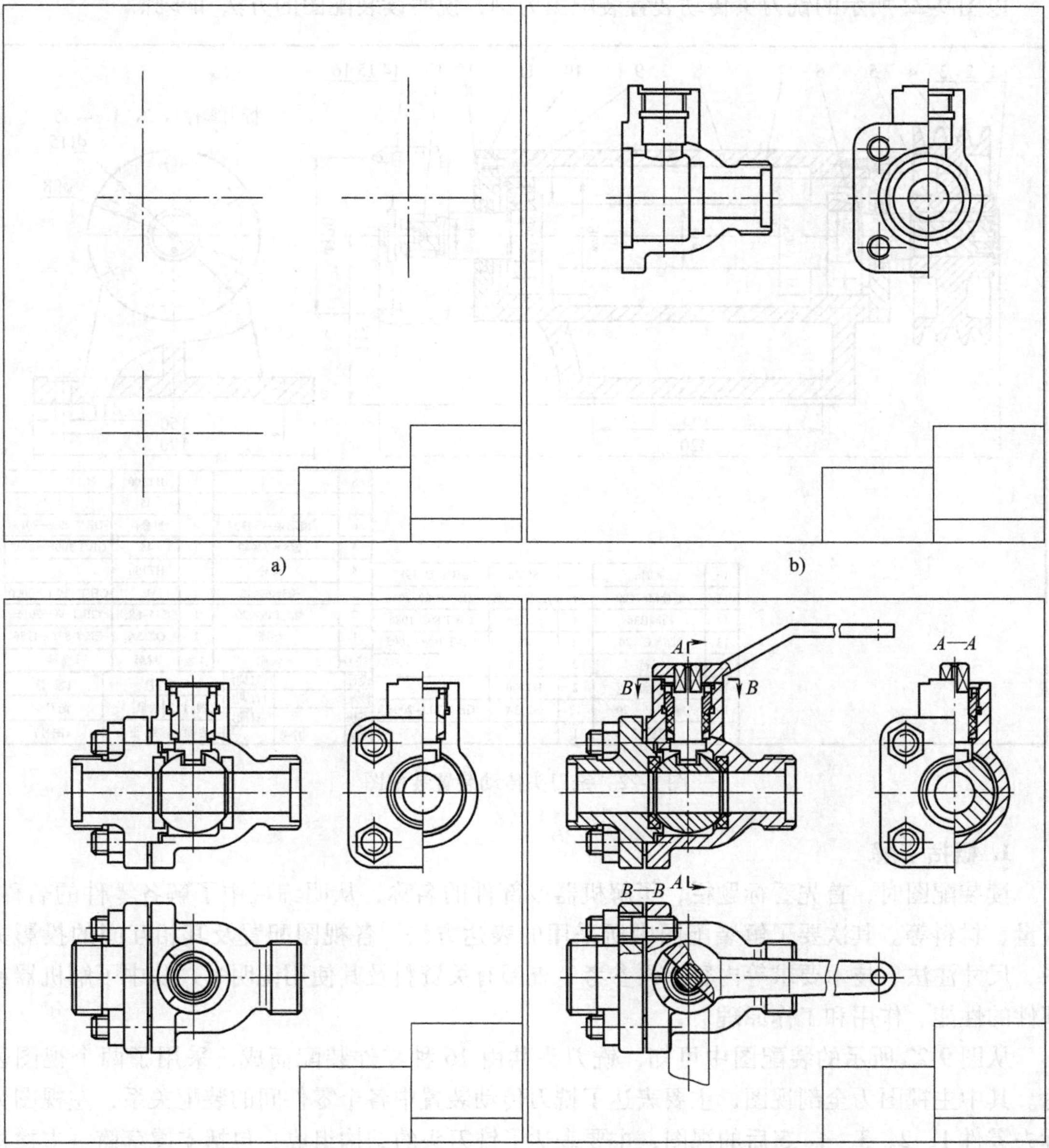

a）　　b）

c）　　d）

图 9-21　拼画球阀装配图

a）画图形的定位线　b）画主体零件：阀体　c）在水平方向由内而外绘制　d）在垂直方向由内而外绘制

9.5 读装配图及由装配图拆画零件图

在设计、制造、检验、使用、维修及技术交流中，需要读懂装配图。熟练地读懂装配图，是工程技术人员必须具备的能力。

9.5.1 读装配图的方法和步骤

以图 9-22 所示的铣刀头传动装置装配图为例，说明读装配图的方法和步骤。

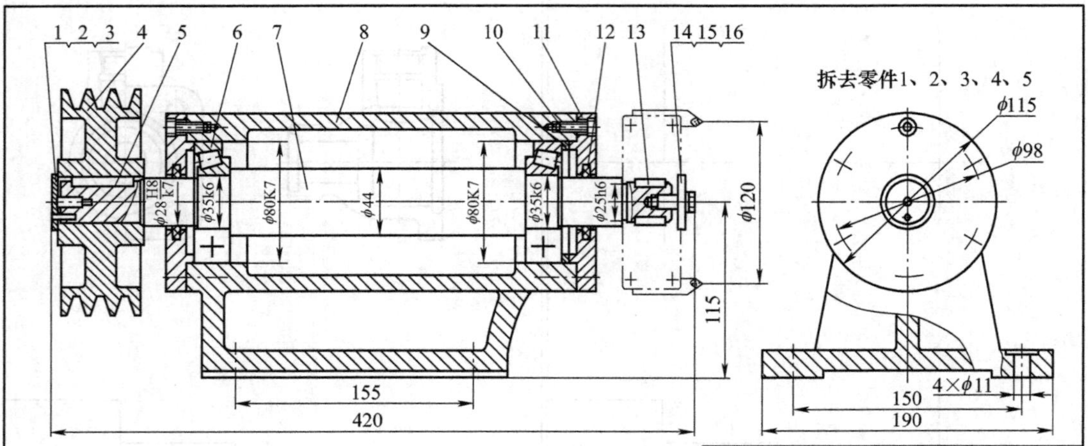

序号	名称	件数	材料	备注
16	垫圈6	1	65Mn	GB/T 93–1987
15	螺栓M6×20	1	Q235–4.8级	GB/T 5780–2016
14	挡圈B36	1	Q235A	GB/T 892–1986
13	键6×6×20	2	45	GB/T 1096–2003
12	毛毡	2	222–36	
11	端盖	2	HT200	
10	螺钉M6×20	12	Q235A	GB/T 70.1–2008
9	调整环	1	35	
8	座体	1	HT200	
7	轴	1	45	
6	滚动轴承30307	2	组合件	GB/T 297—2015
5	键8×7×40	1	45	GB/T 1096—2003
4	带轮	1	HT150	
3	销3m6×12	1	35	GB/T 119.1—2000
2	螺钉M6×20	1	Q235-4.8级	GB/T 68—2016
1	挡圈	1	Q235A	GB/T 891—1986

设计		(日期)	(材料)				(校名)
校核		(日期)	比例	1:2	数量		铣刀头
审核		(日期)					
班级	序号		共 页		第 页		(图号)

图 9-22 铣刀头传动装置装配图

1. 概括了解

读装配图时，首先看标题栏，了解机器或部件的名称，从明细栏中了解各零件的名称、数量、材料等。其次要了解装配图中所采用的表达方法，各视图配置及其相互间的投影关系、尺寸注法、技术要求等内容。再参考、查阅有关资料及其使用说明书，从中了解机器或部件的性能、作用和工作原理。

从图 9-22 所示的装配图中可知，铣刀头共由 16 种零件装配而成，采用了两个视图表达。其中主视图为全剖视图，主要表达了铣刀传动装置中各个零件间的装配关系，左视图为拆去零件 1、2、3、4、5 后的视图，主要表达了铣刀头的结构组成，包括支撑套筒、支撑板和安装底座等，并采用局部剖视的形式表达了安装底孔的情况。

2. 分析装配关系和工作原理

从主视图入手，对照零件在各个视图中的投影，分析各零件间的配合、连接及相互关系；分析其工作原理，从主动件开始按照装配关系分析传动路线，也可以反向分析，从而弄清部件的装配关系和工作原理，其基本原理可以用装配示意图表达。

铣刀头装配示意图如图9-23所示，可以看出中间的零件7轴是主要零件，它的左侧与零件4带轮通过键连接装配在一起，右侧伸出部分通过双键连接带动画成双点画线的铣刀旋转。轴两侧通过零件6轴承支撑在零件8座体上，座体上左右两端各有一个端盖起到密封和紧固作用。沿着这条运动主线再具体分析各部分的装配关系。

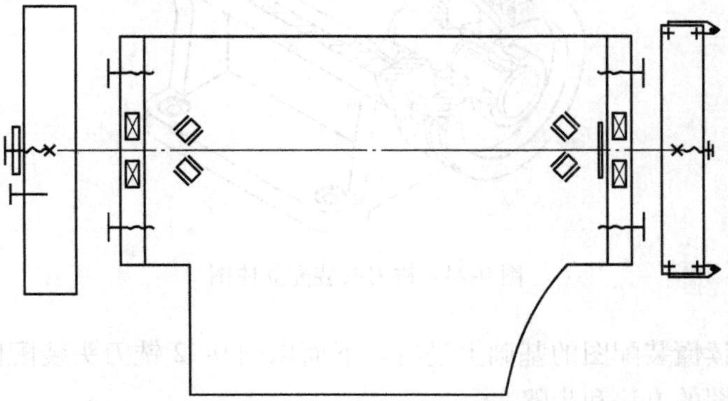

图9-23　铣刀头装配示意图

3. 由零件和零件间的装配关系，具体分析重要零件的结构形状

在掌握工作原理的基础上，结合明细栏分析零件属于标准件还是专用件。对于专用零件，可根据视图对其功能做出判断，弄清楚该零件的类型、作用及其主要的结构。传动类的零件如轴、套、齿轮、带轮等零件，支撑类零件如支架、箱体等，密封紧固类零件如法兰盘、轴承盖等。

分析时一般先从主要零件着手，然后是其他零件。分析时要将该零件的形状从有关视图中分离出来。可利用零件序号及其剖面线的方向、疏密，分离出在装配图中的投影轮廓，按投影关系结合零件的其他视图，对其形状做综合想象。

从对铣刀头装配图示意图的分析可知，零件7轴是主要零件，是传动类零件。它在剖视的主视图中采用不剖的画法，可根据这一特性将其形状从图形中分离出来。轴左侧与带轮通过键连接起来，在相应位置要加工出键槽；轴的右侧与铣刀头通过双键连接，轴上也应加工出对应的键槽；ϕ35k6轴肩部分与轴承为过渡配合，在轴上对应位置要有ϕ35k6的加工尺寸，并给出必要的表面粗糙度要求，其他配合尺寸可按同样方法标注在轴的零件图上。轴的左端和右端各有螺钉固定在轴上，因此两端应加工出螺纹孔。综合上述分析，就可以想象出零件的形状了。按照这样的方法，依次对各个重要零件的结构进行分析，从而加深对装配图的理解。

4. 综合归纳

在看懂每个零件的结构形状以及装配关系，了解了每条装配干线之后，还要对全部尺寸和技术要求进行分析，对其组成、用途、工作原理、装拆顺序进行总结，加深对部件设计意图的理解，从而对部件有一个完整的概念。图9-24所示为铣刀头装配立体图。

9.5.2 由装配图拆画零件图的方法

根据装配图拆画零件图的过程，简称拆图。由装配图拆画零件图是产品设计过程中的一

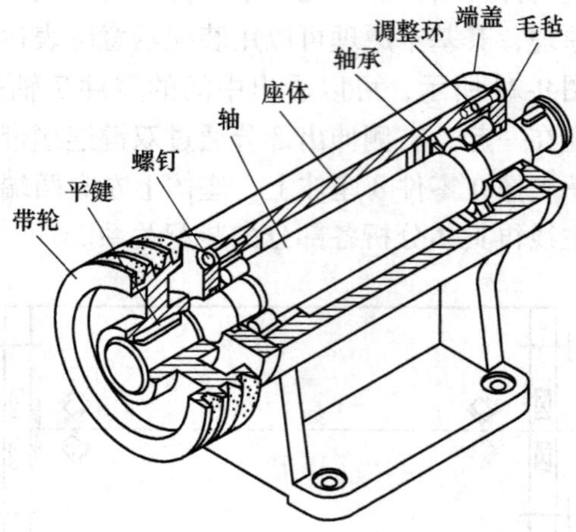

图 9-24　铣刀头装配立体图

项重要环节，应在读懂装配图的基础上进行。下面以图 9-22 铣刀头装配图中零件 8 座体为例，说明拆画零件图的方法和步骤。

1. 了解所拆零件的基本信息

在明细栏中查询该零件的名称、材料、是否是标准件等，在图中找到标有该零件序号的图样，分析该零件在装配体中的作用，了解该零件与其相邻零件的装配关系。

2. 分离零件在装配图中的图形

找到该零件外部轮廓线，去除与之联系的其他零件轮廓，补全被其他零件遮挡的结构，对其内部结构进行完善。

3. 确定视图表达方案

拆画零件时零件的视图表达不应机械地从装配图上照抄，应对所拆零件的作用及结构形状做全面分析，根据零件结构特点和类型，重新做出表达方案。

对零件上未表达清楚的结构应进行补充，如装配图上省略的工艺结构倒角、倒圆、退刀槽等，都应在零件图上详细画出。在拆画轴套类零件时，这些零件在装配图中会有不同位置（如图 9-20b 中的阀杆零件是垂直方向安装的），但是在画该零件图时，仍然要以轴线水平放置作为其主视图方向。

图 9-25 所示是分离座体零件的过程。在装配图中没有完整地表达出的形状，尤其在装配图中的螺栓、销孔、轴孔被其他零件遮挡的部分，可以通过对装配图整体的理解和工作情况，进行补充表达和设计，补充表达后的零件图如图 9-26 所示。

4. 零件的尺寸标注

零件图的尺寸一般应从装配图上直接量取。测量尺寸时，应注意装配图的比例。

标注时可以先从装配图上已标注的尺寸出发，零件上的标准结构或与标准件连接配合的尺寸，如螺纹尺寸、键槽、销孔直径等，应从有关标准中查出；需要计算校核的尺寸应在计算后标出；零件上有配合尺寸的地方，按轴或孔结构形式写出对应的公差带代号，有具体要求的，查阅极限与配合表，将极限偏差值填写在尺寸上。

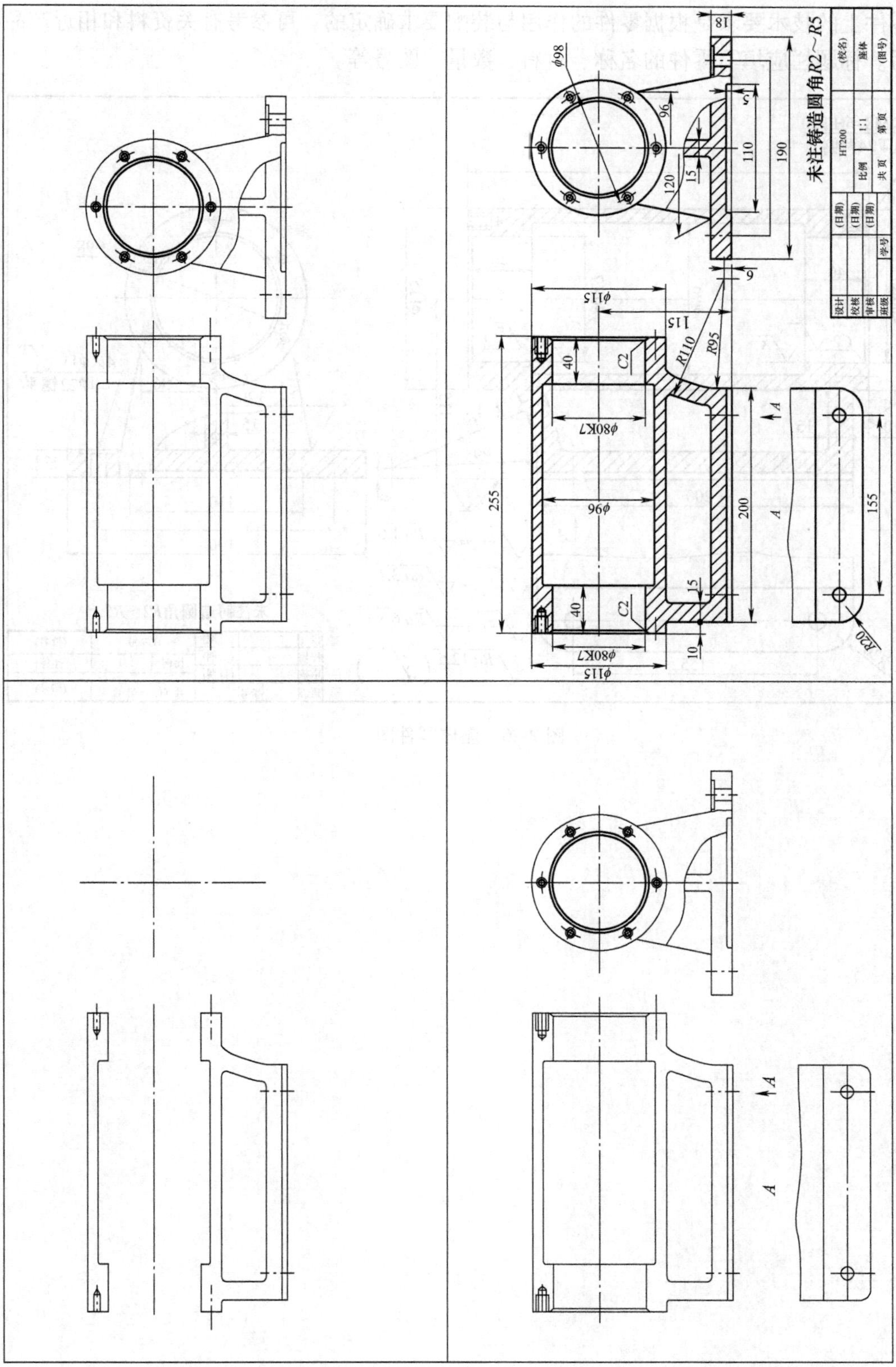

图 9-25 分离座体零件过程

5. 技术要求和填写标题栏

零件上的技术要求是根据零件的作用与装配要求确定的。可参考有关资料和相近产品图样注写。标题栏应填写零件的名称、材料、数量、图号等。

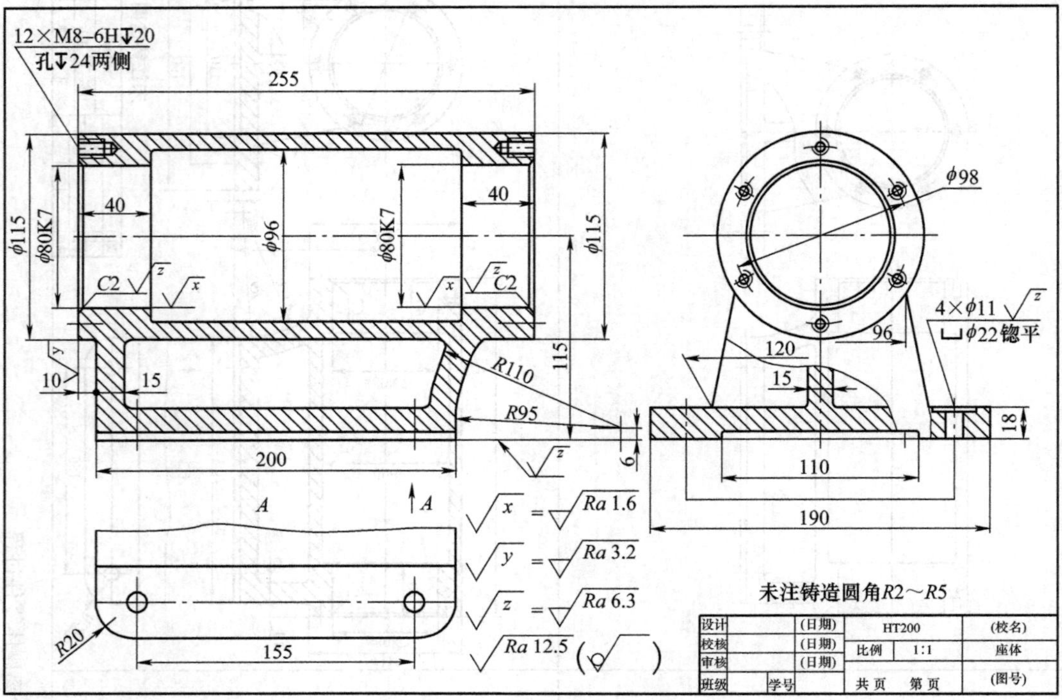

图 9-26　座体零件图

第 10 章　AutoCAD 二维绘图

AutoCAD 是美国 Autodesk 公司开发的一种通用计算机辅助设计绘图软件包，从 20 世纪 80 年代首次推出 R1.0 版本后不断升级。AutoCAD 具有强大的绘制图形和编辑图形功能，还具有强大的开放体系结构，提供了多种二次开发的支持工具或环境。目前，AutoCAD 已在机械、建筑、造船、航天航空、土木和电气等领域获得广泛应用。

本章从教学的角度出发，对 AutoCAD 的基本功能和应用做一个概括性的介绍。

10.1　AutoCAD 的基本知识和绘图环境设置

10.1.1　AutoCAD 工作界面

启动 AutoCAD 后，进入如图 10-1 所示工作界面。

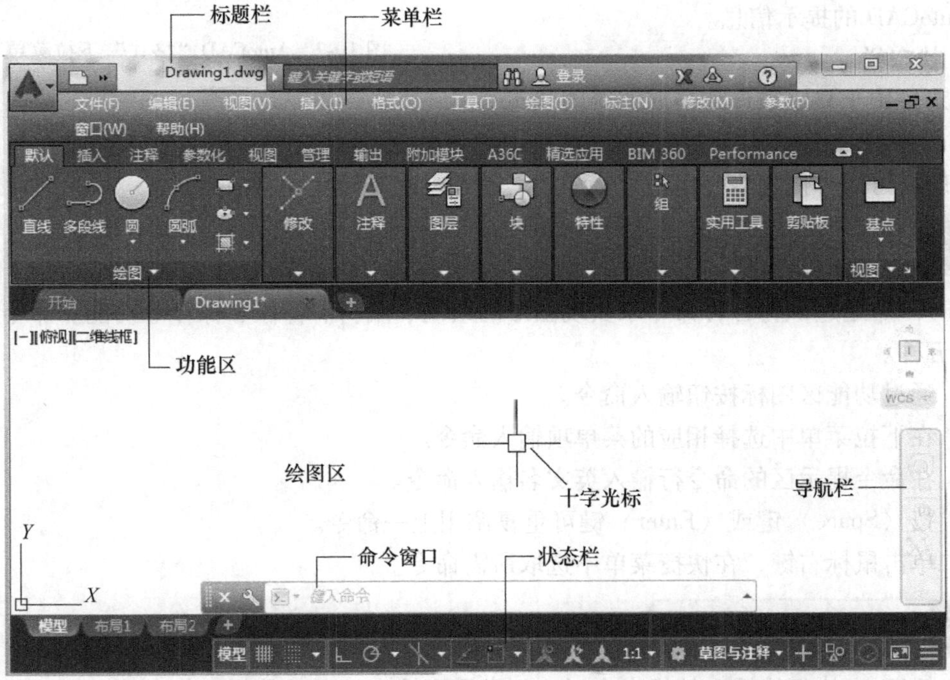

图 10-1　AutoCAD 工作界面

1. 标题栏

标题栏用于显示 AutoCAD 的程序图标以及当前所操作图形文件的名称。

2. 菜单栏

菜单栏是主菜单，可用于执行 AutoCAD 的大部分命令。单击菜单栏中的某一项，会弹出相应的下拉菜单，右侧有三角符号的菜单还包含子菜单。如图 10-2 所示的“格式”下拉菜单，在“图层工具”下面还有子菜单。

3. 功能区

功能区包括“默认”“插入”“注释”等一系列选项卡，并集成了相关的操作工具，可以通过单击不同的选项卡来切换相应的显示面板。

4. 绘图区

用户可以在该区域绘制、编辑图形文件。绘图区没有边界，用户可以用缩放命令使绘图区增大或缩小。

5. 十字光标

当鼠标指针位于绘图区时为十字形状，十字线的交点为光标的当前位置。十字光标用于绘图、选择对象等操作。

6. 命令窗口

命令窗口用于显示用户从键盘键入的命令和 AutoCAD 的提示信息。

7. 状态栏

状态栏用于显示或设置当前的绘图状态。

8. 导航栏

导航栏可以方便用户使用平移、缩放、动态观察等导航和方向命令。

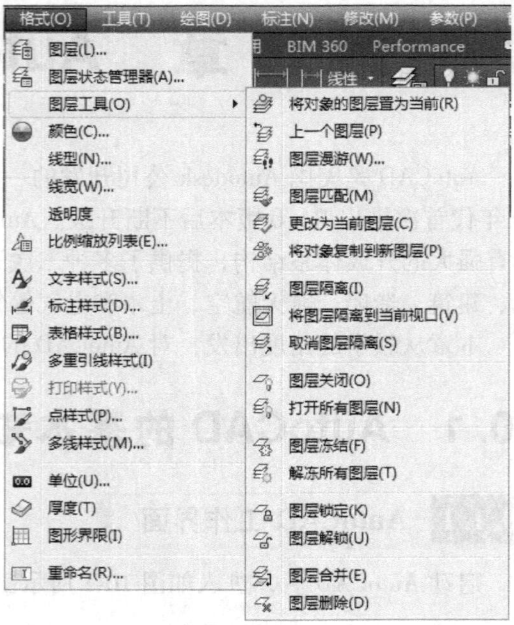

图 10-2 AutoCAD“格式”下拉菜单

10.1.2 命令的执行方式

AutoCAD 通过执行各种命令来实现图形的绘制、编辑、标注、保存等功能。命令的执行方式有五种。

1）通过功能区图标按钮输入命令。

2）在下拉菜单中选择相应的菜单项输入命令。

3）在命令提示区的命令行输入英文名输入命令。

4）按〈Space〉键或〈Enter〉键可重复调用上一命令。

5）单击鼠标右键，在快捷菜单中选取所需命令。

10.1.3 数据的输入方式

AutoCAD 在执行绘图和编辑命令时，经常需要输入必要的数据，如点的坐标、距离、长度、数量等。数据的输入方式有鼠标拾取、键盘输入、对象捕捉和动态输入。

1. 鼠标直接拾取点

用鼠标指针直接在界面上选取点的位置，随着鼠标的移动，在鼠标指针旁边可随时显示当前指针的坐标值，画线时还可出现直线长度和角度，如图 10-3 所示。

2. 键盘输入

键盘输入可准确定位点的位置，也可输入长度、半径、距离、位移量等数据。如图 10-4

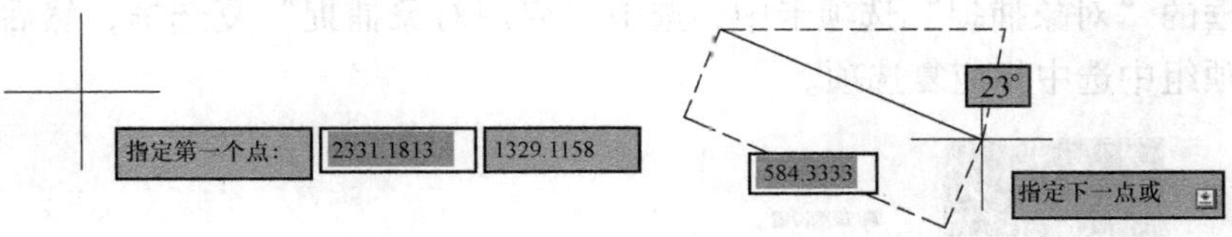

图 10-3 当前指针的坐标值

所示，键盘输入点的坐标方式如下。

1）绝对直角坐标。输入点 x 和 y 的坐标值来确定点的位置，并用逗号将它们分开。例如“2,3”表示某点相对于坐标原点（绝对坐标）的 x 坐标为 2，y 坐标为 3。

2）相对直角坐标。是指相对于前一点直角坐标值，其表达式是在绝对坐标表达式前加一个“@”符号。例如：前一点的坐标是“2,3”，输入相对坐标“@2,2”，结果所指定的点的绝对坐标为“4,5”。当状态栏中的“动态输入图标”按钮打开时，输入的坐标就是相对坐标。

3）绝对极坐标。输入该点距坐标系原点的距离及这两点的连线与 X 轴正方向的夹角，中间用“<”号隔开。例如：输入“15<30”，表示该点到坐标系原点的距离为 15，该点与坐标系原点的连线与 X 轴正向夹角为 30°。

4）相对极坐标。是指相对前一点的极坐标值，其表达式是在绝对极坐标表达式前加一个“@”符号。例如：输入“@10<80”，表示该点到前一点的距离为 10，前一点与该点的连线与 X 轴正向夹角为 80°。

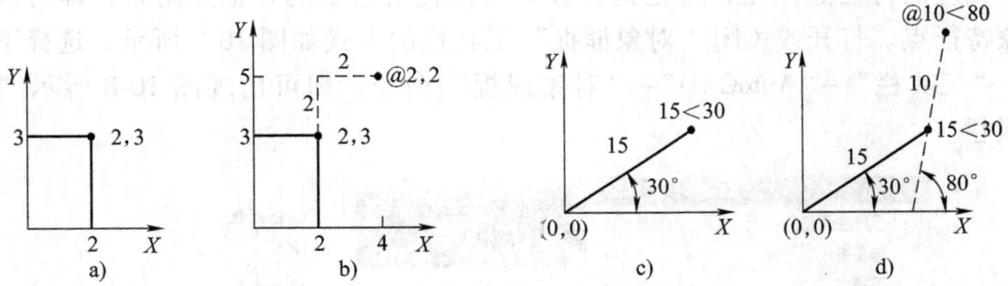

图 10-4 AutoCAD 的坐标

a）绝对直角坐标 b）相对直角坐标 c）绝对极坐标 d）相对极坐标

3. 使用自动捕捉功能

使用对象捕捉功能可以捕捉已有图形上的某些特殊几何位置点，如端点、中点、圆心、交点、垂足等，这是精确定位的一种重要方法。例如，利用对象捕捉功能绘制如图 10-5 所示图形。打开该功能的方法如下。

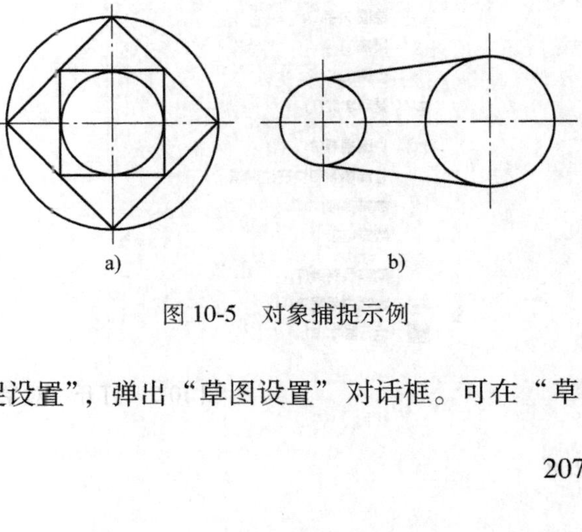

图 10-5 对象捕捉示例

1）将鼠标放在状态栏的“对象捕捉”按钮上，单击鼠标右键，如图 10-6a 所示，在弹出的快捷菜单中选择“对象捕捉设置”，弹出“草图设置”对话框。可在“草图设置”对话框的“对象捕捉”选项卡中，选中“启用对象捕捉”复选框，然后在“对象捕捉模式”选项组中选中相应复选项。

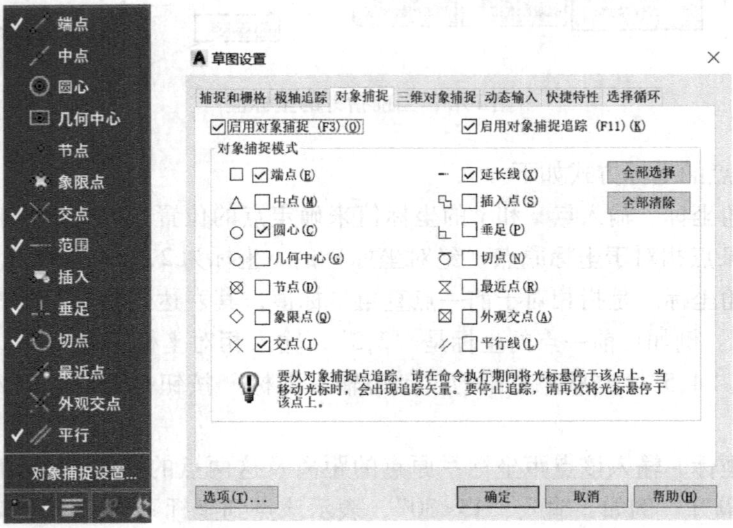

a) b)

图 10-6 对象捕捉设置

2）“对象捕捉”工具栏。在绘图过程中，当要求指定点时，可以单击“对象捕捉”工具栏中相应的特征点按钮，再把指针移到要捕捉对象上的特征点附近，即可捕捉到相应的对象特征点。打开或关闭“对象捕捉”工具栏的方式如图 10-7 所示，选择下拉菜单“工具”→“工具栏”→“AutoCAD”→“对象捕捉”命令，即可出现图 10-8 所示“对象捕捉”工具栏。

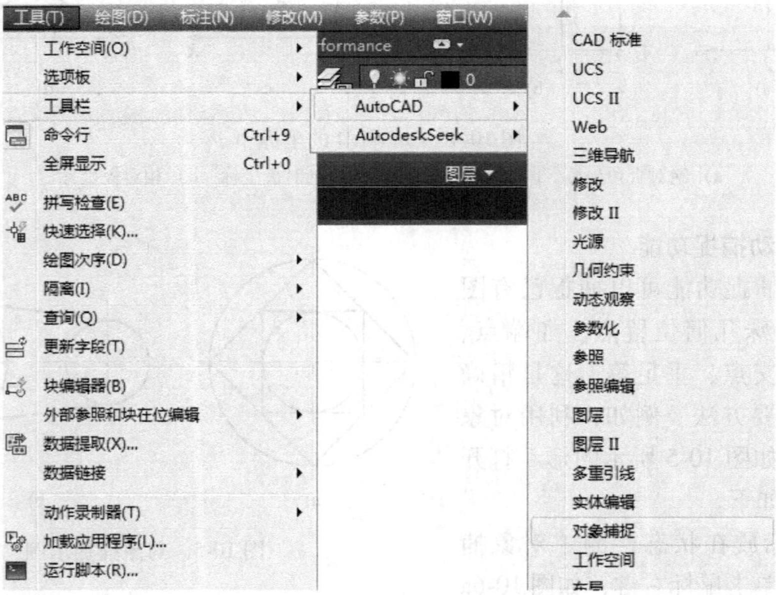

图 10-7 打开“对象捕捉”工具栏

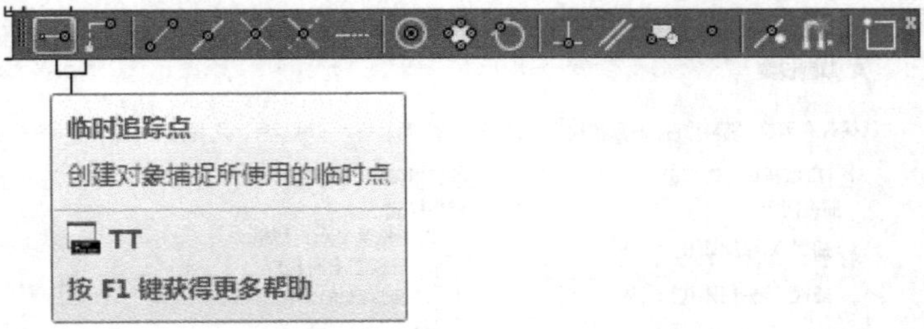

图 10-8 “对象捕捉”二具栏设置

10.1.4 绘图环境的设置

1. 绘图单位的设置

操作步骤：

在菜单栏中执行“格式”→“单位”命令（UNITS），在打开的“图形单位”对话框中设置绘图时使用的长度单位、角度单位，以及单位的精度等参数，如图 10-9 所示。

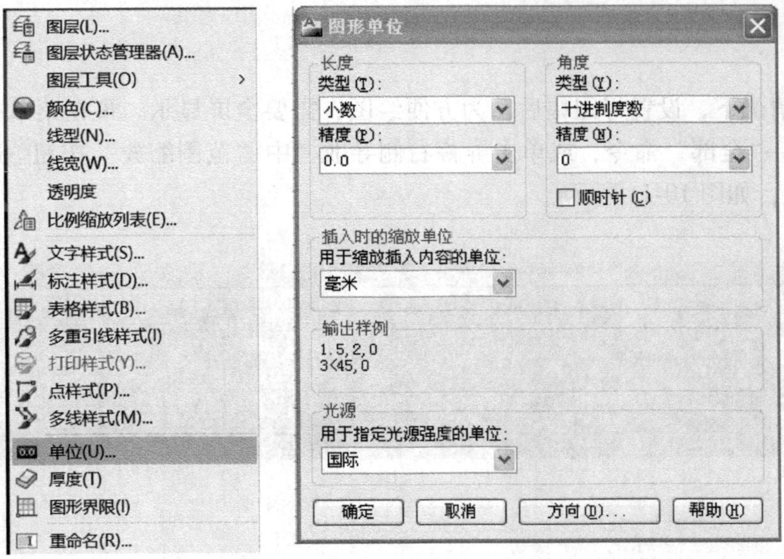

图 10-9 “图形单位”设置

2. 图幅的设置

操作步骤：

1）在菜单栏中执行“格式”→“图形界限”命令或在命令行输入：Limits 按<Enter>键，按命令窗口显示的提示，分别输入左下角和右上角点的坐标值。图幅设置的系统默认值为 A3 幅面，显示如下提示信息：

指定左下角点或［开（ON)/关（OFF)］<0.0000,0.0000>：按<Enter>键

指定右上角点<420.0000,297.0000>：420,297 按<Enter>键

2）右键单击状态栏中的“栅格”按钮，在快捷菜单中选择“网格设置”，出现如图 10-10 所示对话框，取消“显示超出界限栅格”选项，单击“确定”按钮。

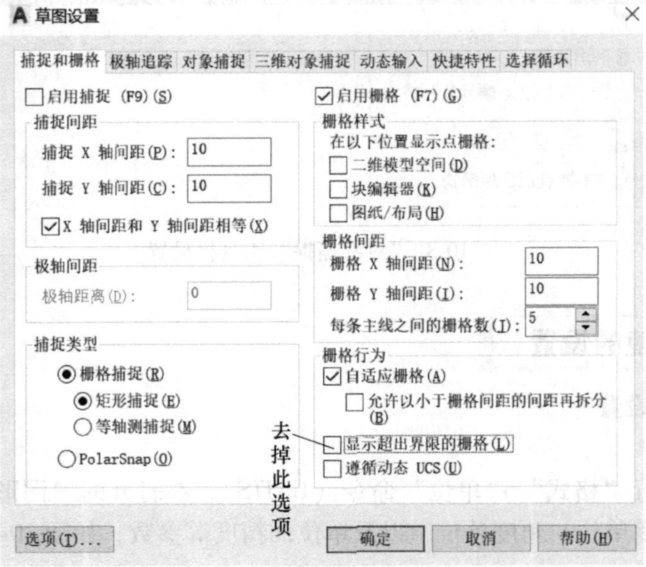

图 10-10 栅格设置

3）一般情况下，设置好图幅后，为方便绘图，需要全屏显示。可在菜单栏中执行“视图”→“缩放”→“全部”命令，或单击屏幕右侧导航栏中“范围缩放”按钮，选择“全部缩放”显示全图，如图 10-11 所示。

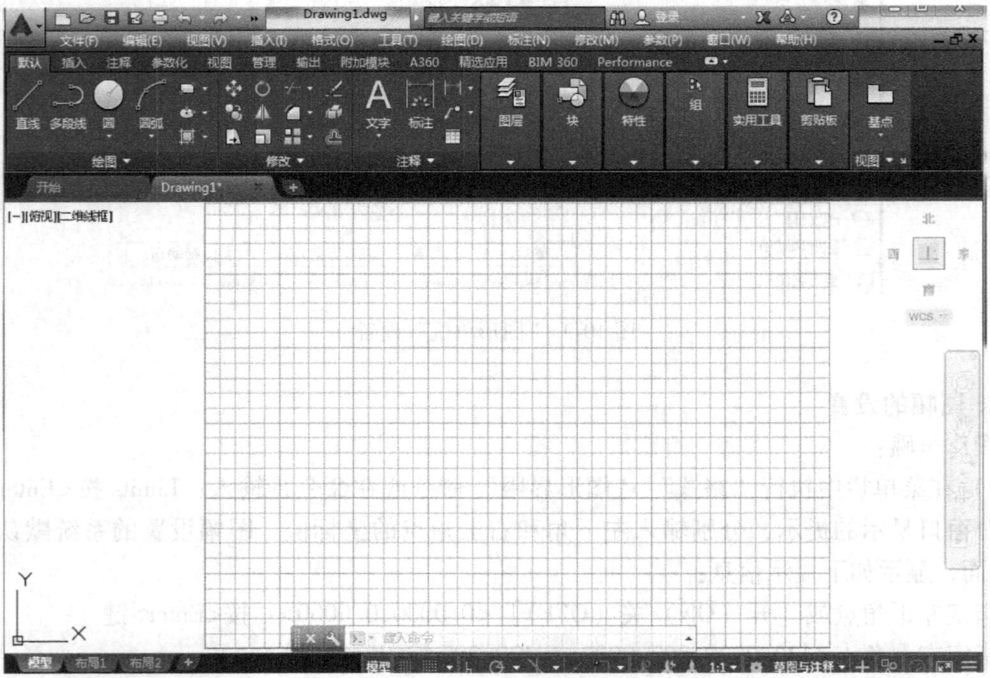

图 10-11 显示 A3 图形界限

3. 图层的设置

AutoCAD 将图线放在图层中进行管理，图层相当于零厚度的透明纸，把图形中的不同图线分别画在不同的图层中，再将这些图层叠加在一起就是一张完整的图样。通过对图层的操作，可以实现不同图层的分类统一管理。

图层的设置方式为：选择下拉菜单“格式”→“图层”命令，或单击功能区的“图层特性”按钮，如图 10-12 所示，弹出如图 10-13 所示对话框，即可新建图层、设置当前图层，修改图层的名称、颜色、线型、线宽等。

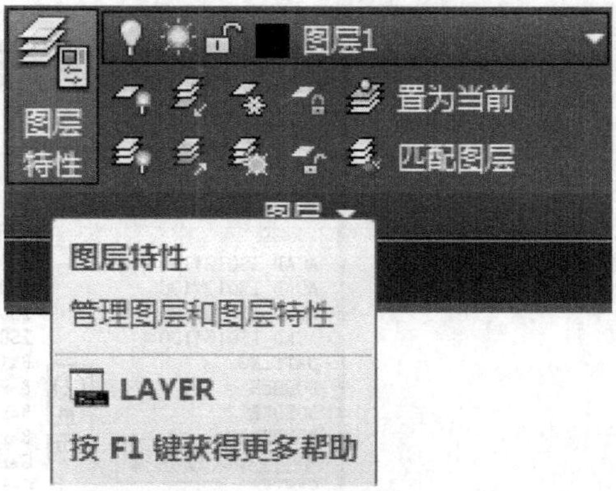

图 10-12　图层特性设置

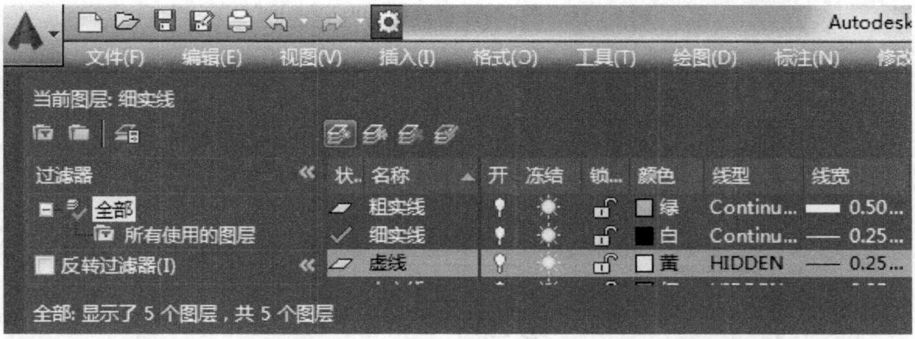

图 10-13　“图层特性管理器”对话框

4. 加载线型

按图 10-14 所示操作，弹出“加载或重载线型”对话框，如图 10-15 所示，可以在此对话框中选择一种线型，如 CENTER。其他设置读者可自行完成。完成线型的加载，如图 10-16 所示。

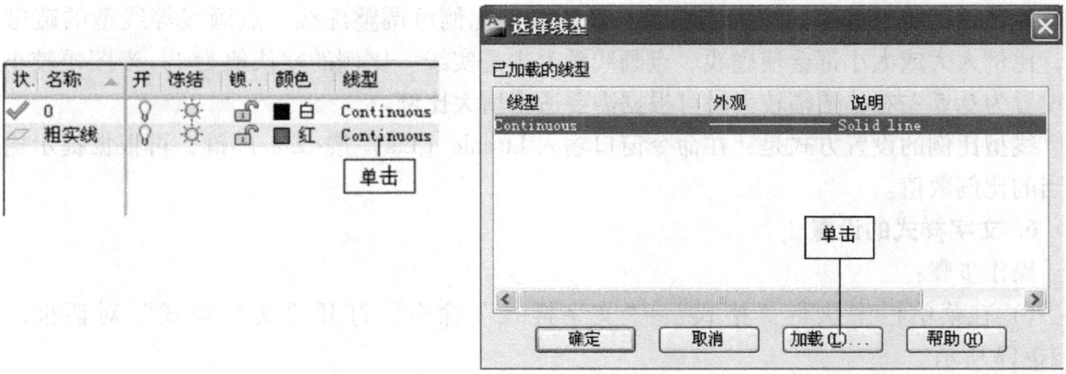

图 10-14　加载线型

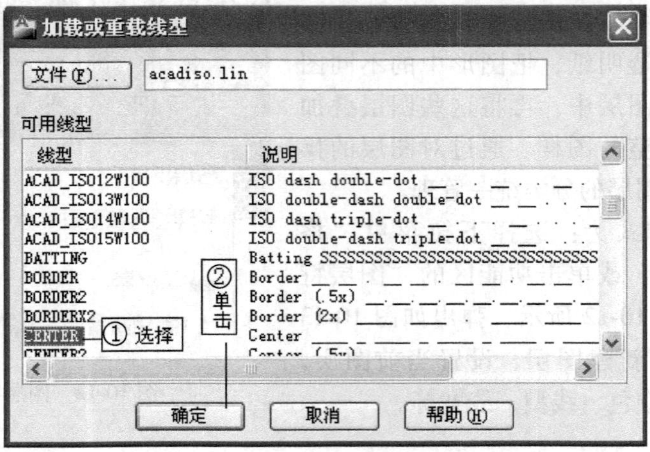

图 10-15 “加载或重载线型”对话框

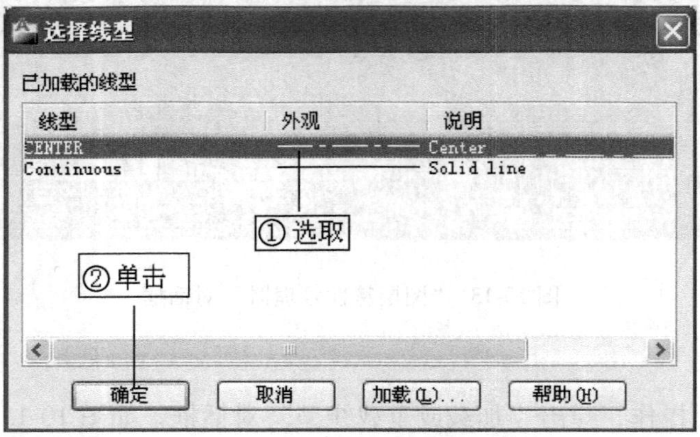

图 10-16 “选择线型”对话框

5. 线型比例的设置

线型比例需根据图幅的大小设置。设置线型比例可调整虚线、点画线等线型的疏密程度，比例太大或太小都会使虚线、点画线看上去是实线。比例的默认值为 1，当图幅较小时可设置为 0.5 左右，图幅较大时可根据需要适当增大比例。

线型比例的设置方式是：在命令窗口输入 Ltscale（Lts）按<Enter>键，再根据提示输入适当的比例数值。

6. 文字样式的设置

操作步骤：

1）在菜单栏中执行“格式”→“文字样式”命令，打开“文字样式”对话框，如图 10-17 所示。

2）单击“新建”按钮，弹出如图 10-18 所示对话框。默认文字样式名为“样式 1”，可修改文字样式名如“汉字”，单击“确定”按钮。

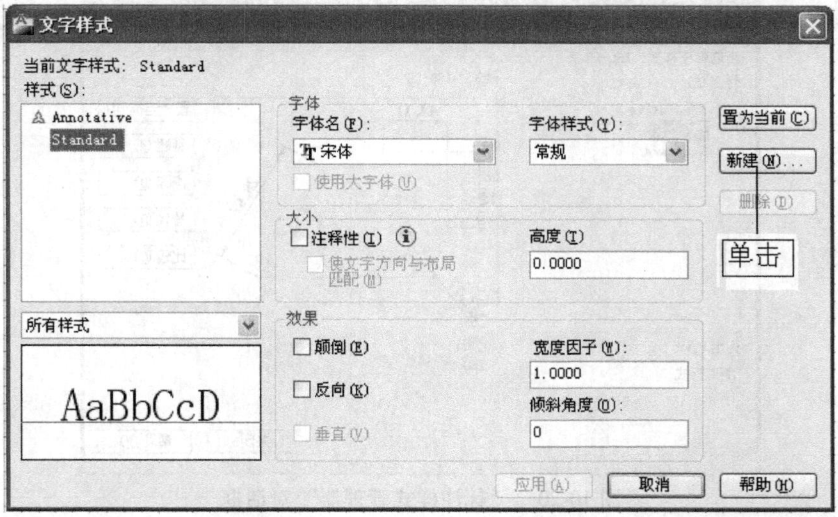

图 10-17 “文字样式”对话框

图 10-18 “新建文字样式”对话框

3）其他选项设置如图 10-19 所示。

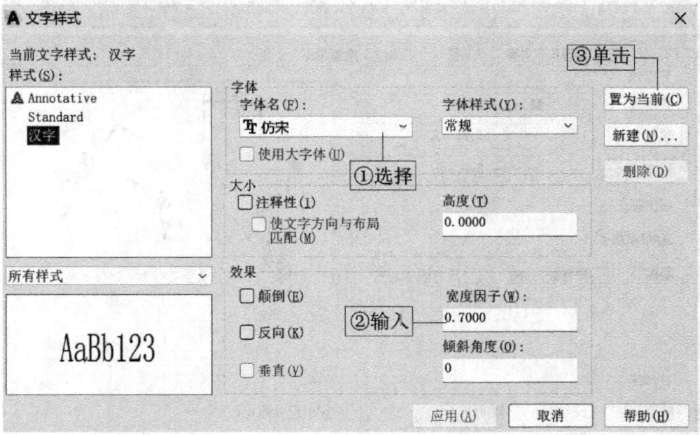

图 10-19 “文字样式”对话框的设置

7. 标注样式的设置

操作步骤：

1）在菜单栏中执行“格式”→“标注样式”命令，打开“标注样式管理器”对话框，如图 10-20 所示。

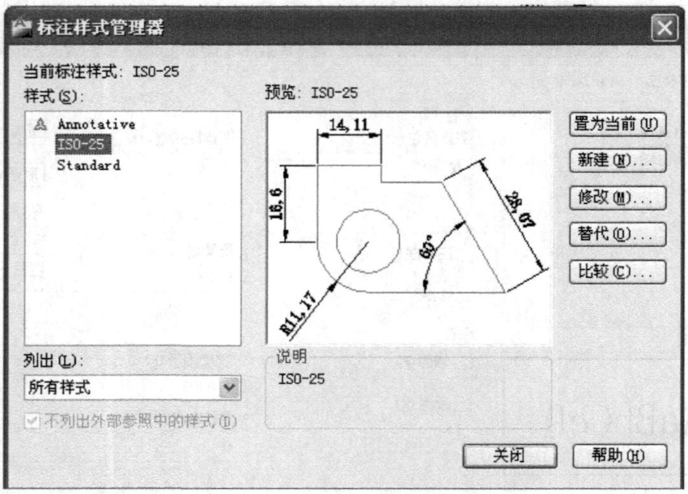

图 10-20 “标注样式管理器”对话框

2）在 ISO-25 的基础上单击“新建”按钮，弹出“创建新标注样式”对话框，如图 10-21 所示，输入新样式名称，如 dim。

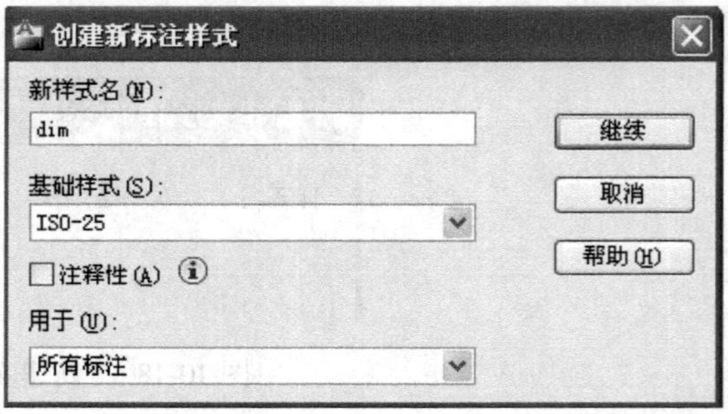

图 10-21 “创建新标注样式”对话框

3）单击“继续”按钮，弹出如图 10-22 所示“新建标注样式：dim”对话框。它包括七个选项卡：“线”“符号和箭头”“文字”“调整”“主单位”“换算单位”及“公差”，对前五个选项卡设置如下（后两个选项卡可不变）。

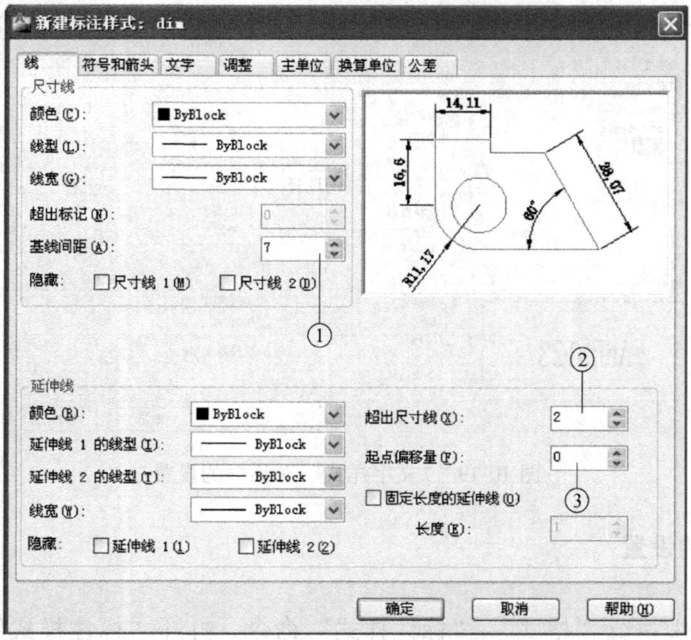

图 10-22 “新建标注样式：dim”对话框

①线：在图 10-22 中设置尺寸线及延伸线样式。

②符号和箭头：设置箭头样式。箭头的形式有实心闭合、空心闭合等，箭头大小根据图纸的大小设置，一般设置为 3.5，如图 10-23 所示。

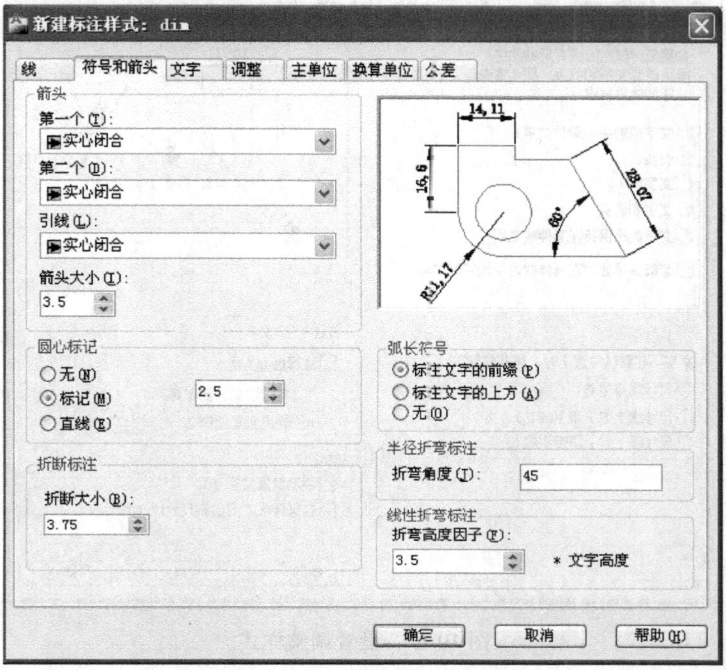

图 10-23　设置箭头样式

③文字：设置文字样式，“文字高度” 3.5，“从尺寸线偏移” 1，如图 10-24 所示。

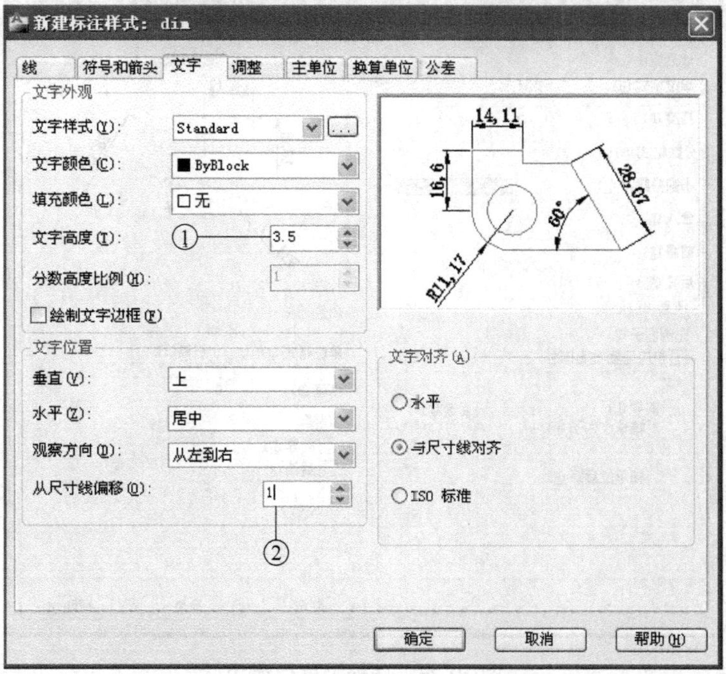

图 10-24　设置文字样式

④ 调整：设置调整样式，如图 10-25 所示。

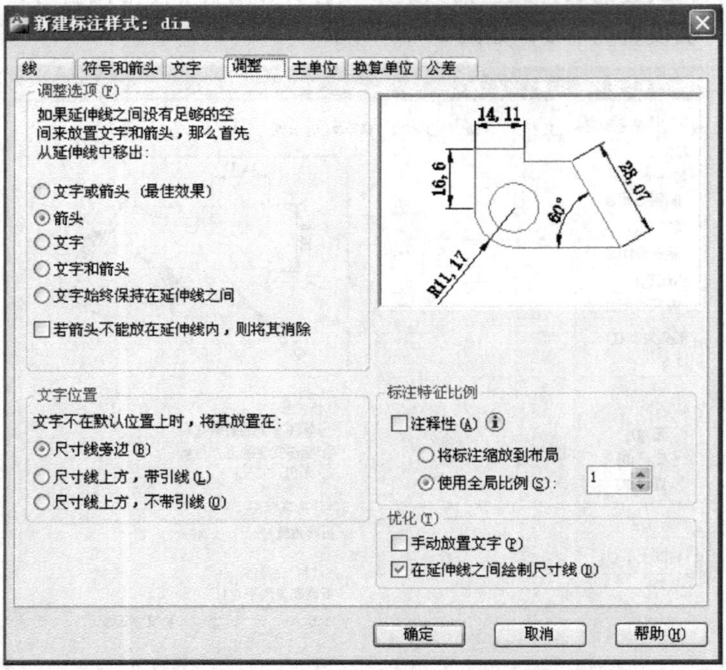

图 10-25 设置调整样式

⑤主单位：设置主单位样式，如图 10-26 所示。

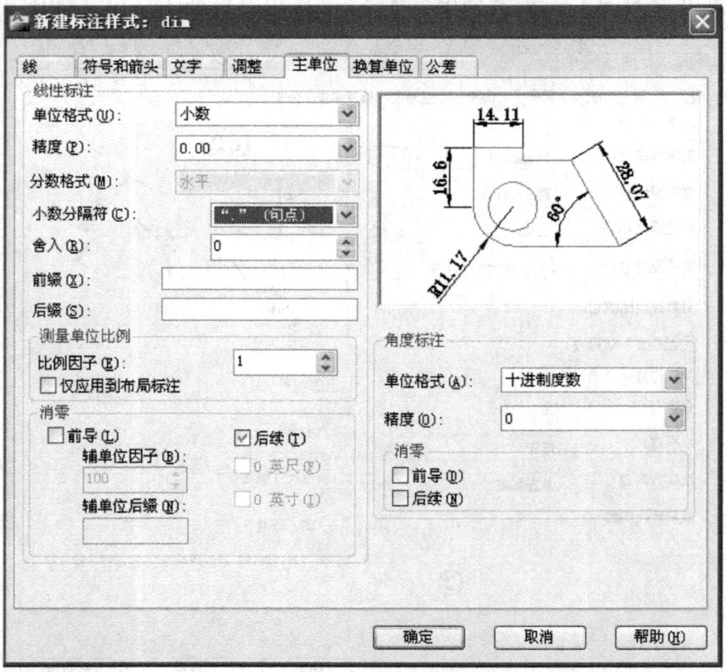

图 10-26 设置主单位样式

⑥设置完成后，单击“确定”按钮，弹出如图 10-27 所示对话框，单击“置为当前”按钮，将新设置的 dim 尺寸样式设置为当前标注样式，单击“关闭”按钮，尺寸样式设置完成。

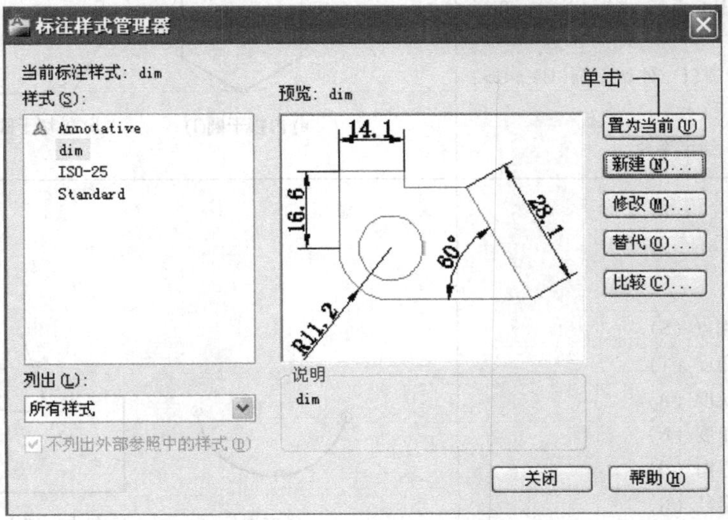

图 10-27　尺寸样式设置完成

10.2　AutoCAD 的绘图命令与编辑命令

10.2.1　绘图命令

1. 直线、圆等绘图命令

直线、圆等绘图命令见表 10-1。

表 10-1　绘图命令

Line（直线） 画线的方法有： 1. 输入点坐标；包括绝对直角坐标、相对直角坐标、绝对极坐标、相对极坐标 2. 给定方向和输入距离：利用极轴追踪功能确定角度，然后在命令窗口输入距离	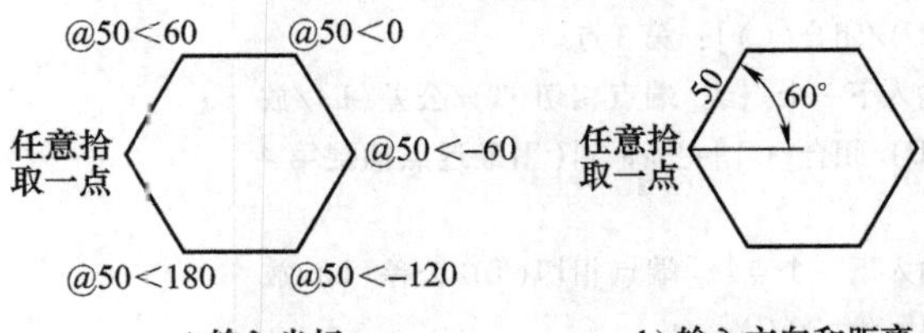 a) 输入坐标　b) 输入方向和距离
Circle（画圆） 画圆的方法有： 1. 圆心、半径（R） 2. 圆心、直径（D） 3. 两点（2P） 4. 三点（3P） 5. 相切、相切、半径（T） 6. 相切、相切、相切（A）	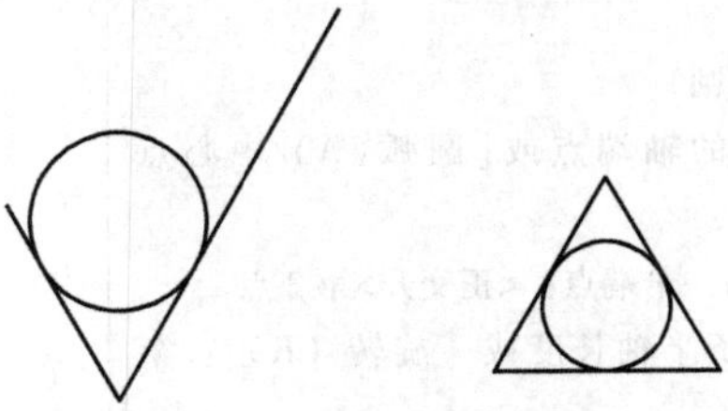 a) 相切、相切、半径(T)　b) 相切、相切、相切(A)

（续）

Polygon（绘制正多边形） Polygon 输入边的数目<4>：5 指定正多边形的中心点或［边（E）］：在屏幕上任意拾取一点 输入选项［内接于圆（I）/外切于圆（C）］<I>：C ↵ 指定圆的半径：给定半径 ↵	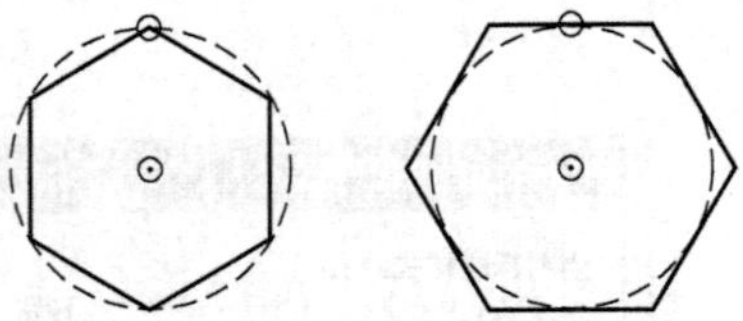 a) 内接于圆(I)　b) 外切于圆(C)
Arc（圆弧） 画圆弧的方法有： 1. 三点（P） 2. 起点、圆心和端点（S） 3. 起点、圆心和角度（T） 4. 起点、圆心和长度（A） 5. 起点、端点和角度（N） 6. 起点、端点和方向（D） 7. 起点、端点和半径（R） 8. 圆心、起点、端点（C） 9. 圆心、起点、角度（E） 10. 圆心、起点、长度（L） 11. 继续（O）	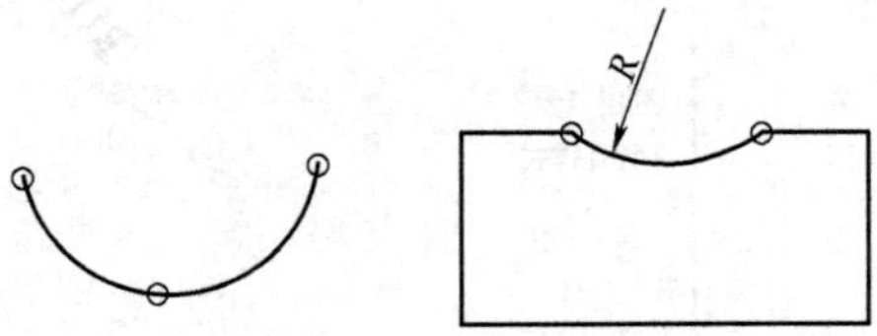 a) 三点　b) 起点、端点和半径(R)
Spline（样条曲线） 当前设置：方式=拟合　　节点=弦 指定第一个点或［方式（M）/节点（K）/对象（O）］：_nea 到（用最近点捕捉第 1 点） 输入下一个点或［起点切向（T）/公差（L）］：第 2 点 输入下一个点或［端点相切（T）/公差（L）/放弃（U）/闭合（C）］：第 3 点 输入下一个点或［端点相切（T）/公差（L）/放弃（U）/闭合（C）］：_nea 到（用最近点捕捉第 4 点） 输入下一个点或［端点相切（T）/公差（L）/放弃（U）/闭合（C）］：↵	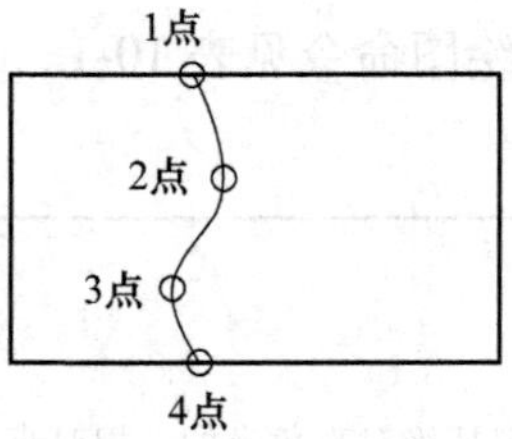
Ellipse（椭圆） 指定椭圆的轴端点或［圆弧（A）/中心点（C）］：第 1 点 指定轴的另一个端点：<正交开>第 2 点 指定另一条半轴长度或［旋转（R）］：第 3 点	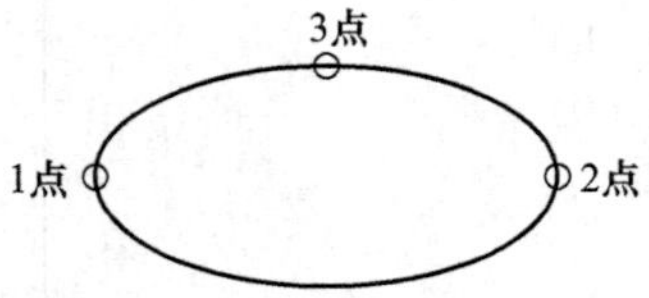

（续）

Pline（多段线） 指定起点：第1点 当前线宽为0.0000 指定下一个点或[圆弧(A)/半宽(H)/长度(L)/放弃(U)/宽度(W)]:第2点 指定下一点或[圆弧(A)/闭合(C)/长度(L)/放弃(U)/宽度(W)]:w ↵ 指定起点宽度<0.0000>：20 ↵ 指定端点宽度<20.0000>：0 ↵ 指定下一点或[圆弧(A)/闭合(C)/半宽(H)/长度(L)/放弃(U)/宽度(W)]:第3点 指定下一点或[圆弧(A)/闭合(C)/半宽(H)/长度(L)/放弃(U)/宽度(W)]:↵	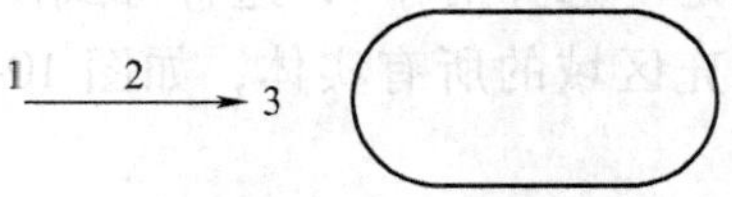 a)　　b) 请读者用Pline命令利用对象追踪功能绘制图b，作图步骤略
Rectang（矩形） 1. 绘制矩形 Rectang 指定第一个角点或[倒角(C)/标高(E)/圆角(F)/厚度(T)/宽度(W)]：在屏幕上任意拾取一点 指定另一个角点或[面积(A)/尺寸(D)/旋转(R)]：@100，50 ↵ 2. 绘制带圆角矩形 Rectang 指定第一个角点或[倒角(C)/标高(E)/圆角(F)/厚度(T)/宽度(W)]：f ↵ 指定矩形的圆角半径<0.0000>：10 ↵ 指定第一个角点或[倒角(C)/标高(E)/圆角(F)/厚度(T)/宽度(W)]：在屏幕上任意拾取一点 指定另一个角点或[面积(A)/尺寸(D)/旋转(R)]：@100，50 ↵	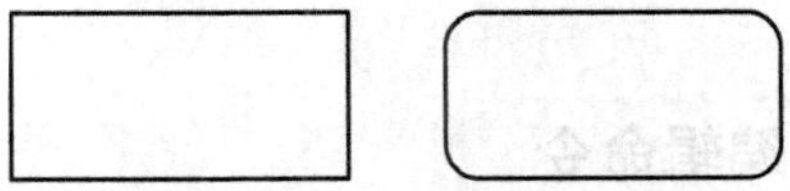 a)　　b) 还可以绘制带倒角矩形，选项为C，绘图步骤同绘制带圆角的矩形

注：“↵”表示按<Enter>键。

2. 用图案填充图形

（1）预定义填充图案

在“绘图”工具栏中单击“图案填充”按钮，弹出如图10-28所示对话框，在“图案填充”选项卡内单击所需图案，在“特性”选项卡内输入所需比例或角度。

图10-28 图案填充设置

（2）填充边界

填充边界的选择有两种方式。一种为“拾取点”，这种方式是用鼠标单击要填充区域内的任一点，即可选中所要填充的区域；另一种方式是“选择对象”，这种方式需要选择构成填充区域的所有实体，如图 10-29 所示。

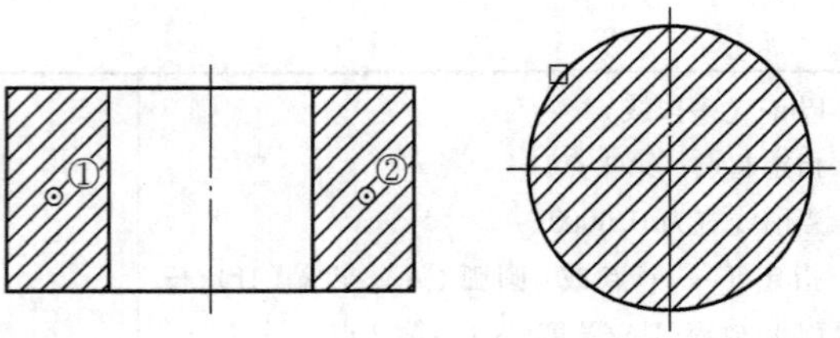

a)　　　　b)

图 10-29　填充边界的选择

a）拾取点　b）选择对象

如图 10-30 所示，在图 10-30a 左侧单击“拾取点”按钮，用“拾取点”的方式完成图 10-30b 所示图案填充。

a)　　　　b)

图 10-30　图案填充实例

10.2.2 编辑命令

编辑命令见表 10-2。

表 10-2　编辑命令

Erase（删除） 选择对象：（使用对象选择方法并在完成选择对象后按 <Enter>键） 可从图形中删除对象	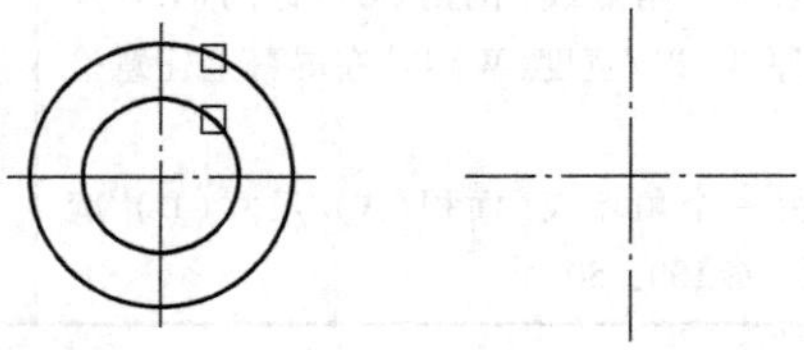 a) 选定对象　　b) 删除的对象
Copy（复制） 选择对象：指定对角点：找到 2 个（使用对象选择方法选择对象）↵ 当前设置：复制模式=多个 指定基点或[位移(D)/模式(O)]<位移>：基点 指定第二个点或<使用第一个点作为位移>：第 1 点 指定第二个点或[退出(E)/放弃(U)]<退出>：第 2 点 指定第二个点或[退出(E)/放弃(U)]<退出>：第 3 点 指定第二个点或[退出(E)/放弃(U)] ↵	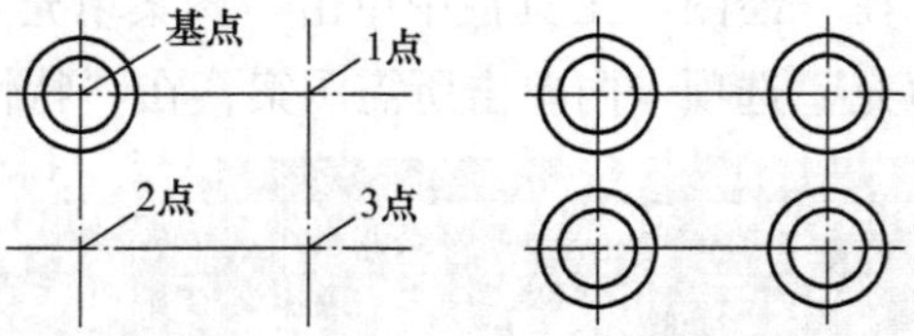 a) 选定对象和基点　　b) 复制后的图形

（续）

Mirror（镜像） 选择对象：指定对角点：找到 5 个（用窗口的方式选择对象） 选择对象：↵ 指定镜像线的第一点：第 1 点 指定镜像线的第二点：第 2 点 要删除源对象吗？［是(Y)/否(N)］<N>:↵	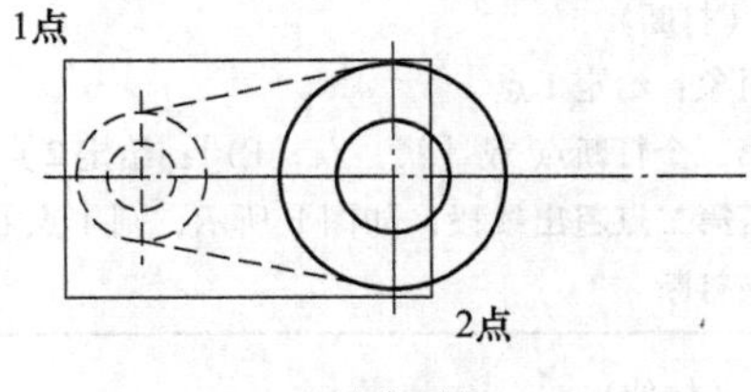 a) 选定对象 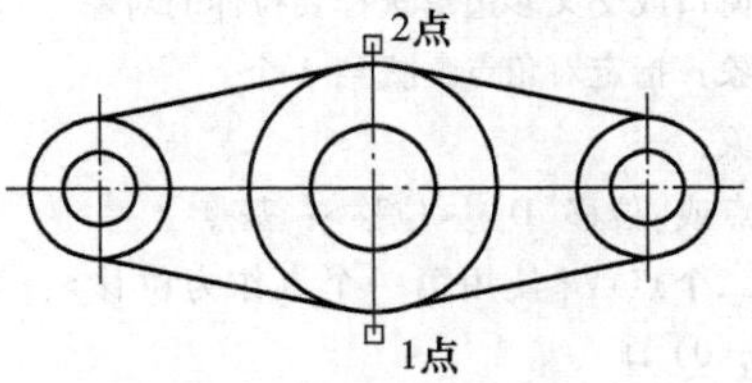 b) 镜像后的图形
Offset（偏移） 当前设置：删除源=当前值图层=当前值 OFFSETGAPTYPE=当前值 指定偏移距离或［通过(T)/删除(E)/图层(L)］<当前>：指定距离、输入选项或按<Enter>键 选择要偏移的对象或［退出(E)/放弃(U)］<退出>：选择一个对象 ↵ 指定要偏移的那一侧上的点，或［退出(E)/多个(M)/放弃(U)］<退出或下一个对象>：指定对象上方 1 点	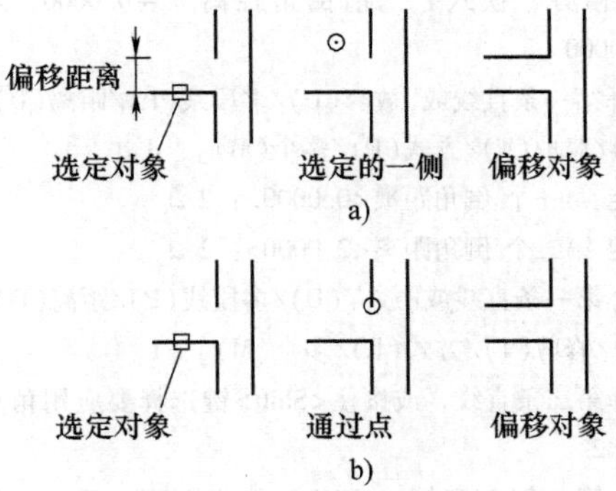
Trim（修剪） 当前设置：投影=UCS，边=无 选择剪切边……(用窗口的方式选择对象) 选择对象或<全部选择>：指定对角点：找到 2 个 选择对象：↵ 选择要修剪的对象，或按住<Shift>键选择要延伸的对象，或［栏选(F)/窗交(C)/投影(P)/边(E)/删除(R)/放弃(U)］：3 点 选择要修剪的对象，或按住<Shift>键选择要延伸的对象，或［栏选(F)/窗交(C)/投影(P)/边(E)/删除(R)/放弃(U)］：↵	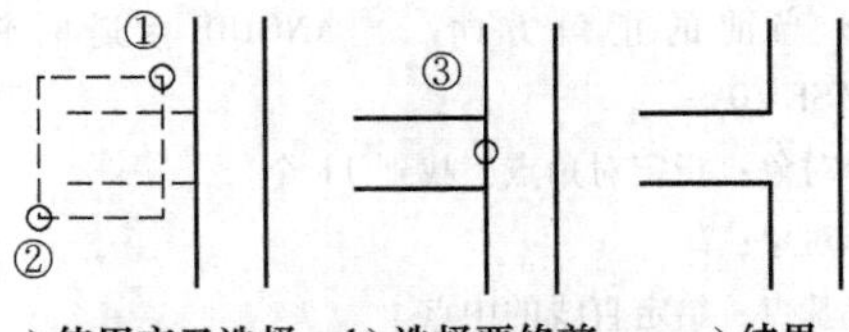 a) 使用交叉选择选定的边　b) 选择要修剪的对象　c) 结果
Scale（比例缩放） 选择对象：选择块 1 ↵ 指定基点：大圆的圆心 指定比例因子或［复制(C)/参照(R)］：0.5 ↵	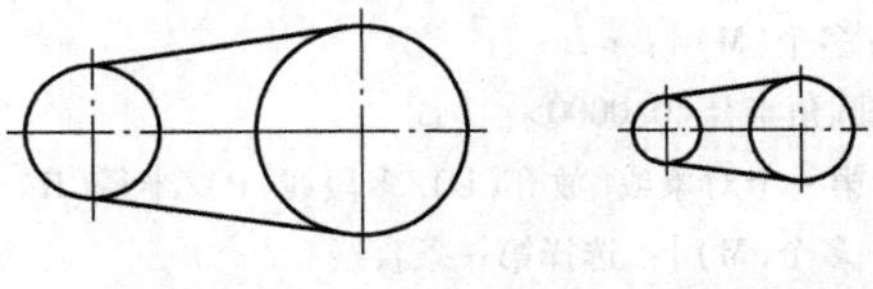 a) 选定的对象　b) 按0.5的比例因子缩放的对象

（续）

Break（打断） 选择对象：给定 1 点 指定第二个打断点 或 [第一点（F）]：给定 2 点 注：若第二点超出线段，如图 b 所示，则 1 点右侧的线段都被打断	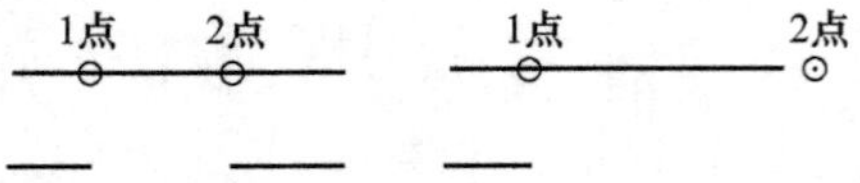 a) 结果一　　b) 结果二
Stretch（拉伸） 以交叉窗口或交叉多边形选择要拉伸的对象…… 选择对象：指定对角点：找到 4 个 选择对象：↵ 指定基点或[位移(D)]<位移>：基点 指定第二个点或<使用第一个点作为位移>：第 2 点或（@20，0）↵	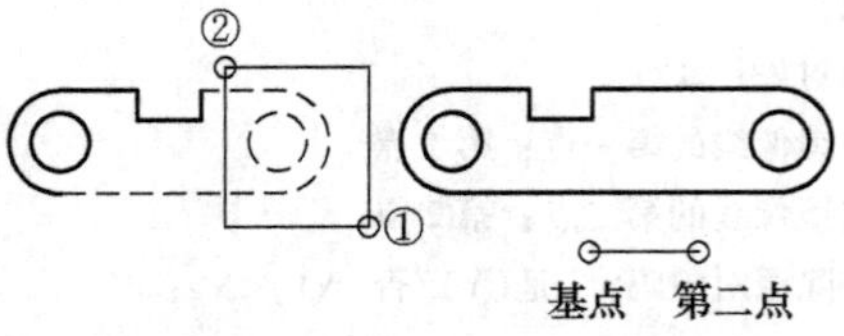 a) 使用交叉选择选定拉伸的对象　　b) 结果
Chamfer（倒角） （"修剪"模式）当前倒角距离 1 = 0.0000，距离 2=0.0000 选择第一条直线或[放弃(U)/多段线(P)/距离(D)/角度(A)/修剪(T)/方式(E)/多个(M)]：d ↵ 指定 第一个 倒角距离<0.0000>：2 ↵ 指定 第二个 倒角距离<2.0000>：2 ↵ 选择第一条直线或[放弃(U)/多段线(P)/距离(D)/角度(A)/修剪(T)/方式(E)/多个(M)]：1 选择第二条直线，或按住<Shift>键选择要应用角点的直线：2 注：第一倒角和第二倒角的值也可不一致，如图 b 所示	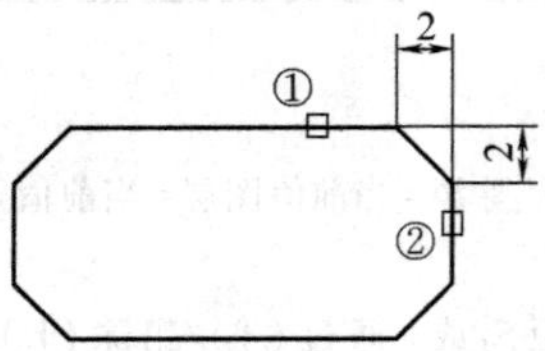 a) 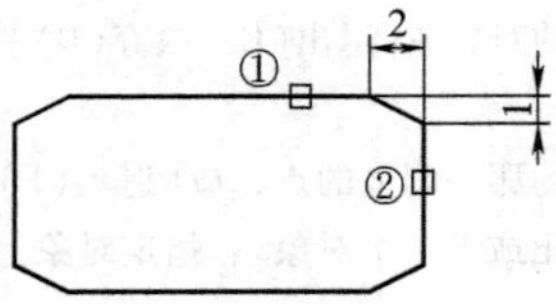 b)
Rotate（旋转） UCS 当前的正角方向：　ANGDIR = 逆时针 ANGBASE=0 选择对象：指定对角点：找到 11 个 选择对象：↵ 指定基点：给定直线的中点 指定旋转角度，或[复制(C)/参照(R)]<270>：-90 ↵	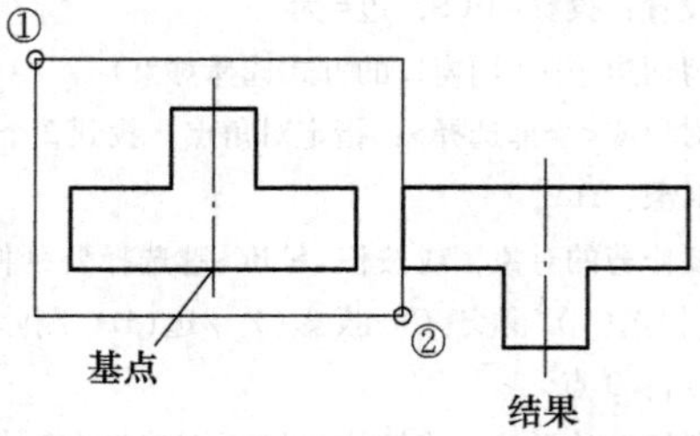
Fillet（倒圆角） 当前设置：模式=修剪，半径=0.0000 选择第一个对象或[放弃(U)/多段线(P)/半径(R)/修剪(T)/多个(M)]：r ↵ 指定圆角半径<0.0000>：2 ↵ 选择第一个对象或[放弃(U)/多段线(P)/半径(R)/修剪(T)/多个(M)]：选择第一条直线 选择第二个对象，或按住<Shift>键选择要应用角点的对象：选择第二条直线	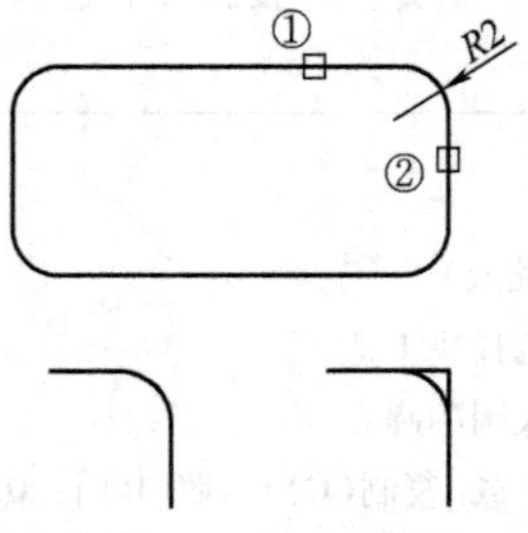 a) 修剪(T)　　b) 不修剪(N)

（续）

Arrayrect（矩形阵列） 单击 阵列 按钮，在提前已绘制好的图 a 中单击小圆，单击“确定”按钮，出现如图 10-31 所示对话框，分别输入列数 5，行数 3，阵列结果如图 b 所示。	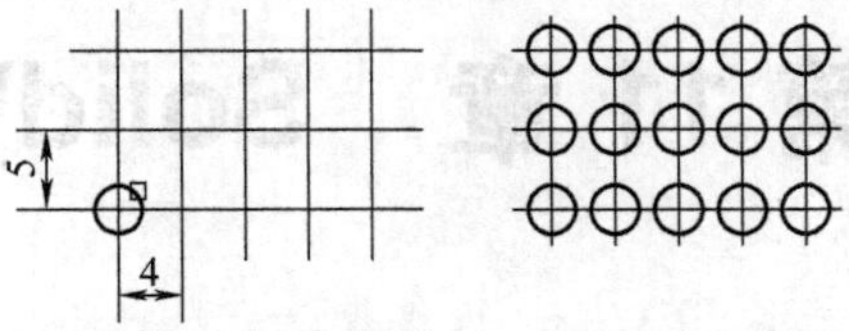 a) 要矩形阵列的对象　b) 结果
Arraypolar（环形阵列） 单击 阵列 按钮中的白色小三角，选择 环形阵列 按钮，在提前已绘制好的图 a 中单击小矩形，单击“确定”按钮，然后单击图 a 中小圆的中心点，弹出如图 10−32 所示对话框，分别输入项目数 6，填充角度 360，阵列结果如图 b 所示。	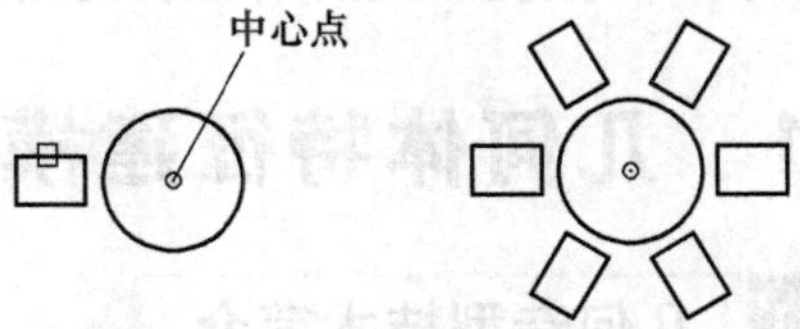 a) 要环形阵列的对象　b) 结果

注：“↵”为按<Enter>键。

图 10-31　矩形“阵列”对话框

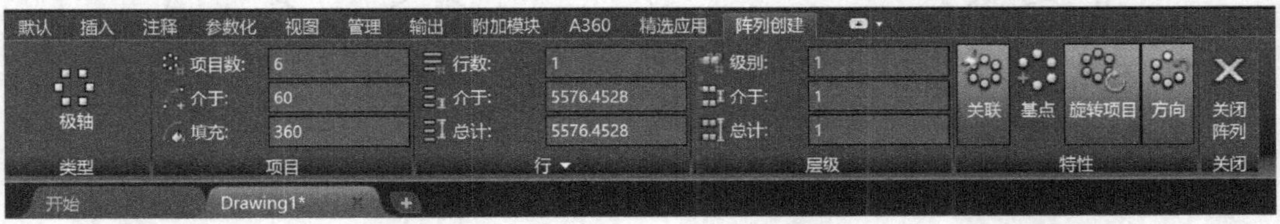

图 10-32　环形“阵列”对话框

第 11 章　SolidWorks 三维绘图基础

SolidWorks 是一套高度集成的 CAD/CAE/CAM 一体化软件，本章以 SolidWorks 软件为基础，介绍几何体造型的基本方法，运用软件完成零件、装配体的建模以及工程图的绘制。

11.1　几何体特征建模基础

11.1.1　几何造型技术简介

在前面章节里学习了基本立体、组合体等几何体，从组成来看，这些立体可以分为简单几何体和复杂几何体。简单几何体如棱柱、棱锥，圆柱体等，而复杂几何体则以组合形式为主，通过简单几何体的叠加和切割生成。立体可以通过计算机三维建模生成，在二维屏幕上表达出来，这是利用几何造型技术实现的，是计算机图形学的一个研究方向，本小节只进行简单介绍，以便读者更好地理解三维建模的操作过程。

1. 生成三维模型的基本原理

几何造型技术是指用计算机生成、处理及显示物体形状的技术，包括线框模型、曲面模型和实体模型三种模型，如图 11-1 所示。

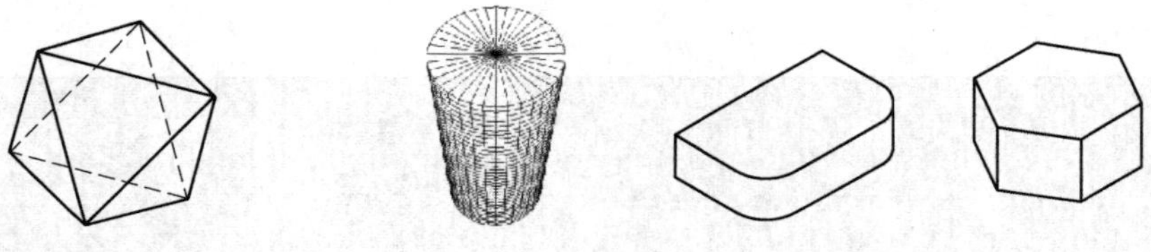

a)　　b)　　c)

图 11-1　三维模型
a）线框模型　b）曲面模型　c）实体模型

线框模型用顶点和棱边表达物体，曲面模型描述表面及表面连接关系，不涉及物体内部，实体模型不仅表达外观，而且也有对内部点的描述。各模型都是通过一定方式描述物体的几何信息和拓扑信息（关联信息）。在实体模型中描述三维实体的方法主要有：边界表达法（B-rep），CSG 树表示法，空间分解表示法（八叉树分解，单元枚举等）。下面简单介绍前两种方法。

2. 几何体的边界表达法

几何体的边界表达法通过描述边界来表示一个形体，有顶点表、边表和面表。如图 11-2 所示。

3. 几何体的 CSG 树表达法

将复杂体分解成简单体的过程可以通过 CSG（constructive solid geometry）三维复杂体构形法进行描述。CSG 利用正则集合运算，即并（∪）、交（∩）、差（∖）运算，将复杂体

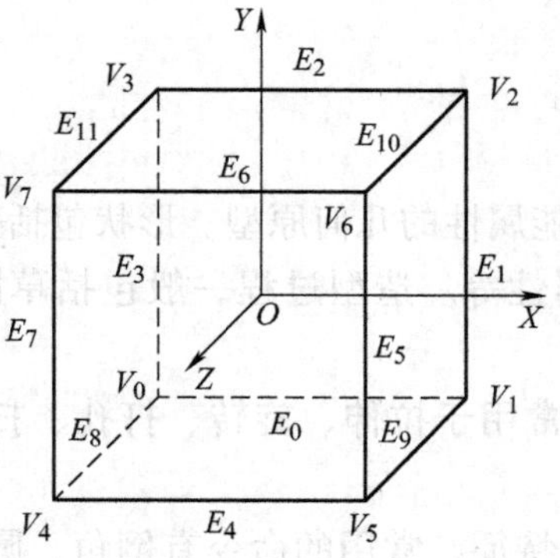

a)

顶点	X坐标	Y坐标	Z坐标
V_0	$x_0=-a$	$y_0=-a$	$z_0=-a$
V_1	$x_1=a$	$y_1=-a$	$z_1=-a$
V_2	$x_2=a$	$y_2=a$	$z_2=-a$
V_3	$x_3=-a$	$y_3=a$	$z_3=-a$
V_4	$x_4=-a$	$y_4=-a$	$z_4=a$
V_5	$x_5=a$	$y_5=-a$	$z_5=a$
V_6	$x_6=a$	$y_6=a$	$z_6=a$
V_7	$x_7=-a$	$y_7=a$	$z_7=a$

b)

边	起点	终点
E_0	V_0	V_1
E_1	V_1	V_2
E_2	V_2	V_3
E_3	V_3	V_0
E_4	V_4	V_5
E_5	V_5	V_6
E_6	V_6	V_7
E_7	V_7	V_4
E_8	V_0	V_4
E_9	V_1	V_5
E_{10}	V_2	V_6
E_{11}	V_3	V_7

c)

面	第1条边	第2条边	第3条边	第4条边	说明
F_0	E_4	E_5	E_6	E_7	前面
F_1	E_0	E_3	E_2	E_1	后面
F_2	E_3	E_8	E_7	E_{11}	左面
F_3	E_1	E_{10}	E_5	E_9	右面
F_4	E_2	E_{11}	E_6	E_{10}	顶面
F_5	E_0	E_9	E_4	E_8	底面

d)

图 11-2　几何体的边界表达法

a）几何体　b）顶点表　c）边表　d）面表

定义为简单体的合成，如图 11-3 所示。

CSG 用一棵有序的二叉树表达集合构形过程。根节点为复杂体，叶节点为体素（用有限个尺寸参数定形和定位的立体），节点通过规范化的布尔运算（并、交、差）连接起来。

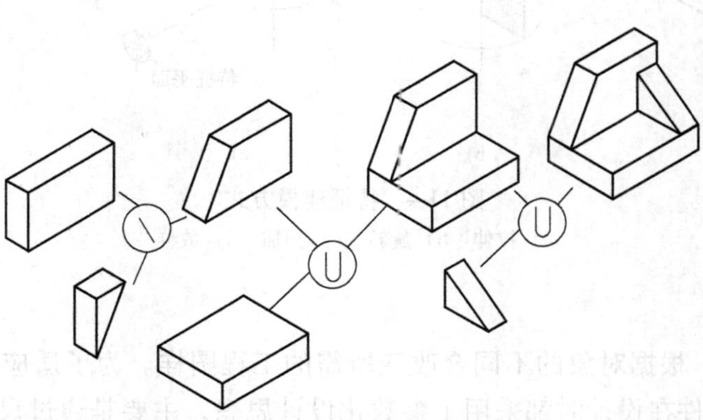

图 11-3　几何体的 CSG 树表达法

11.1.2 几何体造型方法及特征建模方式

几何体的造型过程主要通过形状定义和扫描变换实现。

1. 特征

特征是指零件或部件上一组相关的具有特定形状和功能属性的几何原型。形状包括几何形状、拓扑关系等，功能属性可以包括加工属性、修饰属性等。造型过程一般包括草图特征、放置特征和定位特征等。

1）草图特征：是指在指定平面内完成的平面图形，常用于拉伸、旋转、打孔、扫描、筋、放样、螺旋扫掠等命令，为建模提供必要的条件。

2）放置特征（加工特征）：一般指与零件加工有关的特征，常用的命令有倒角、圆角、拔模斜度、分割、环形和矩形阵列、螺纹、镜像等。

3）定位特征：是指零件上各种位置的点、直线、面通过 SolidWorks 的参考几何体命令进行定位设置。

2. 特征建模方式

在 SolidWorks 中，几何体基于草图特征建模方式主要有拉伸（拉伸凸台/基体，拉伸切除），旋转（旋转凸台/基体，旋转切除）、扫描（扫描凸台/基体，扫描切除）、放样（放样凸台/基体，放样切除）。

1）拉伸。拉伸是指将特征平面按照平面的法线方向拉伸生成基本特征的操作，如图 11-4a 所示。

2）旋转。旋转是指将特征平面沿指定的轴线旋转生成基本特征的操作，如图 11-4b 所示。

3）扫描。扫描是指将特征平面沿一条路径移动生成基本特征的操作，如图 11-4c 所示。

4）放样。放样是指将两个以上的特征截面按照一定顺序，在截面间过渡生成基本特征的操作，如图 11-4d 所示

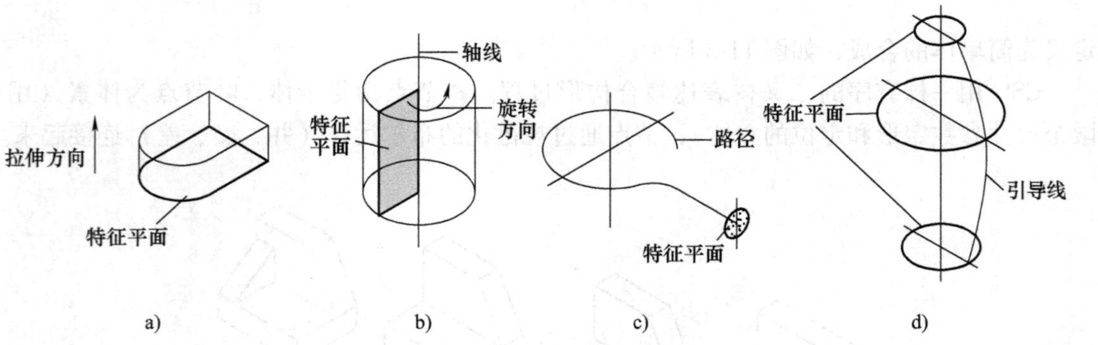

图 11-4 特征建模方式

a）拉伸 b）旋转 c）扫描 d）放样

3. 参数化建模

在设计产品时，根据对象的不同会改变所需的工程图样。为了适应产品设计时的多样化，大多数 CAD 软件在设计时都采用了参数化设计思想，主要是通过尺寸约束、几何约束来改变图形的形状，适应不同的应用场合，实现产品改型和系列化。

（1）尺寸约束

尺寸约束是指通过标注一组参数尺寸来改变图形的形状和位置。即每一尺寸自动赋予一个变量名字，通过修改数值得到不同大小的图形。在 SolidWorks 中可以通过直接参数、表达式参数、表格参数形式修改、投影参数、自适应参数来实现。

（2）几何约束

图形几何要素之间存在一定的几何约束，如两条直线相互平行或垂直，直线与坐标轴平行或垂直等。在设计过程中用尺寸不方便设定时，可以通过添加几何关系实现要素之间的几何联系。这些几何约束可以隐含在图形中，一旦被确定，图形会保持不变，当改变时，几何图形发生变化。

11.2　SolidWorks 基本操作

11.2.1　启动 SolidWorks

双击计算机桌面上的图标，或者在“开始”菜单中“程序”选项组下，选择 SolidWorks 项，即可启动 SolidWorks，系统显示 SolidWorks 的初始界面。

11.2.2　新建文件

单击标准菜单栏中的按钮，或者单击菜单栏中的“文件”→“新建”命令，弹出“新建 SolidWorks 文件”对话框，如图 11-5 所示，其中有三个图标，功能如下。

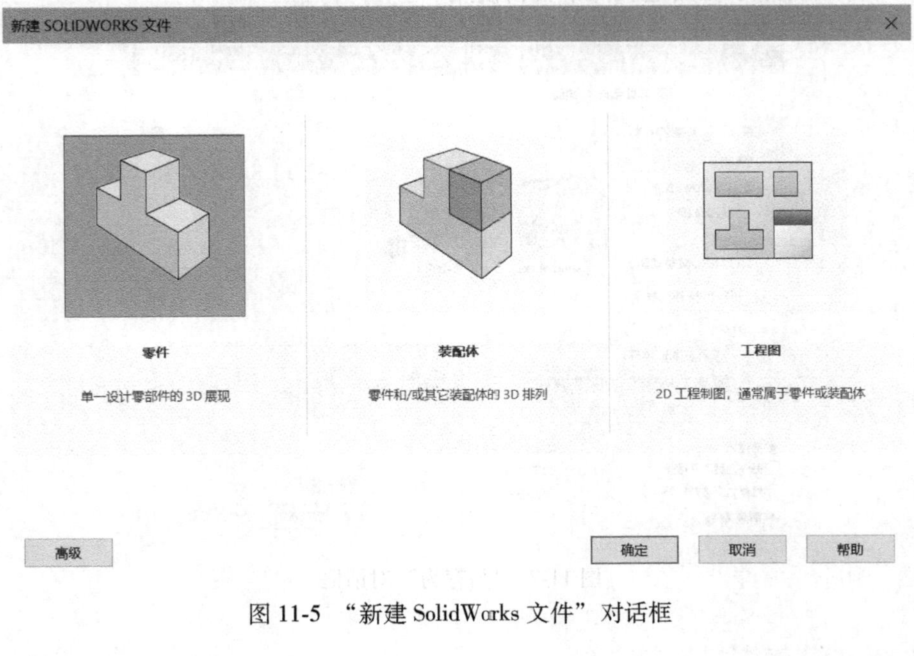

图 11-5　“新建 SolidWorks 文件”对话框

“零件”按钮：双击该图标或单击该图标并单击“确定”按钮，可生成单一的三维零部件文件。

“装配体”按钮：双击该图标或单击该图标并单击“确定”按钮，可生成零件或其他装配体的排列文件。

"工程图"按钮：双击该图标或单击该图标并单击"确定"按钮，可生成属于零件或装配体的二维工程图文件。

11.2.3 打开文件

打开已存储的 SolidWorks 文件，并对其进行编辑和操作。选择"文件"→"打开"命令，或单击按钮，打开如图 11-6 所示对话框。选择需要打开的文件，单击"打开"按钮进入文件编辑和操作界面。

图 11-6 "打开"对话框

11.2.4 保存文件

选择"文件"→"保存"命令或单击按钮，弹出如图 11-7 所示对话框。在"文件名"文本框中输入自定义的文件名或默认文件名，在左侧下拉菜单中选择文件存放的位置，在"保存类型"中选择所保存文件的类型。通常情况下，系统会自动设置保存类型为 .prt 或 .sldprt 等文件。其他常用文件类型有 IGES、STL、STEP、JPEG、CGR 等，可用于在其他软件中编辑使用 .

图 11-7 "另存为"对话框

11.2.5 用户界面及菜单栏

SolidWorks 用户界面如图 11-8 所示，包括菜单栏、工具栏、设计树、图形区、状态栏等内容。

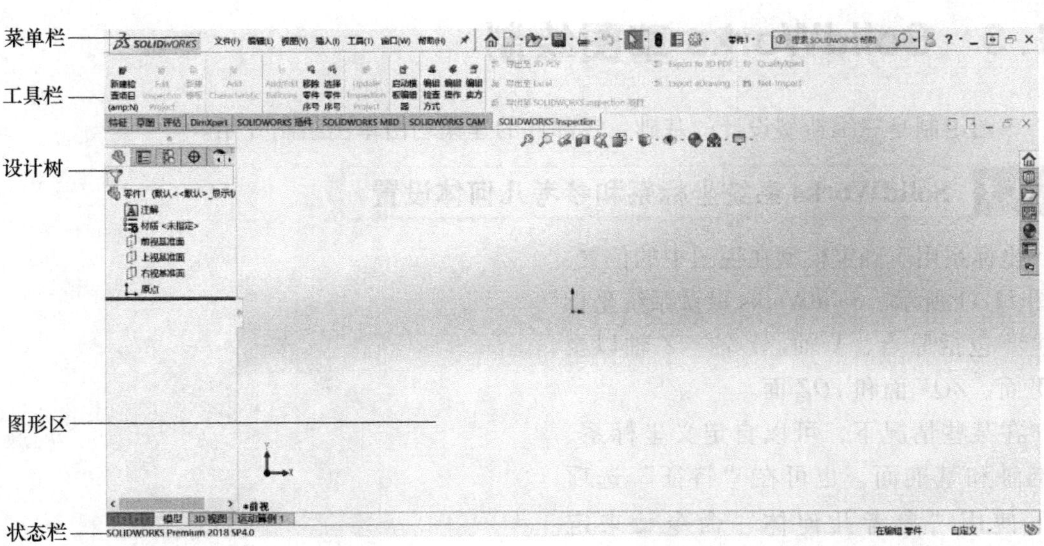

图 11-8　SolidWorks 用户界面

1）菜单栏：几乎包括了 SolidWorks 的所有命令，其命令可根据当前的文档类型和工作流程来调用。

2）工具栏：一般分两排，上排为“标准”工具栏，如图 11-9 所示，可执行新建、打开、保存、打印等命令；下排为“命令管理器”选项卡，如图 11-10 所示。“命令管理器”包含特征、草图、评估等各种命令选项，蓝色表示可操作命令，灰色表示不可使用状态，可以帮助用户进行特定的设计任务。

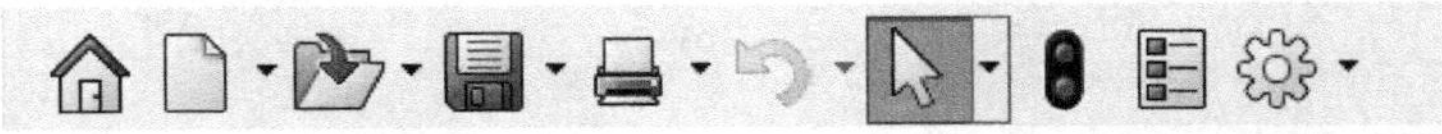

图 11-9　“标准”工具栏

图 11-10　“命令管理器”选项卡

3）设计树：用户通过设计树来观察模型的设计状态或装配体如何建造，或者查看工程图中不同的图样和视图。设计树和图形区是动态链接的，在使用时可以在任何窗口中选择特征、草图、工程视图和构造几何线。设计树可以用来组织和记录模型中各个要素之间的参数信息、相互关系，模型、特征和零件之间的约束关系等，包含了所有的设计信息。

4）图形区：显示零件图、装配体和工程图，并可进行视图显示、模型显示、坐标显示等操作。

5）状态栏：用于显示正在操作对象所处的状态信息。

11.3 SolidWorks 草图绘制

草图绘制是三维造型设计的基础，零部件的建模均由草图绘制开始。

11.3.1 SolidWorks 系统坐标系和参考几何体设置

坐标系用于确定模型在视图中的位置，如图 11-11 所示。SolidWorks 默认系统坐标系主要包括原点、*X* 轴、*Y* 轴、*Z* 轴以及 *XOY* 面、*ZOX* 面和 *YOZ* 面。

在某些情况下，可以自定义坐标系、基准轴和基准面，也可在“特征”选项卡下使用“参考几何体”命令来定义，图 11-12 所示为常见基准面和基准轴的设置。

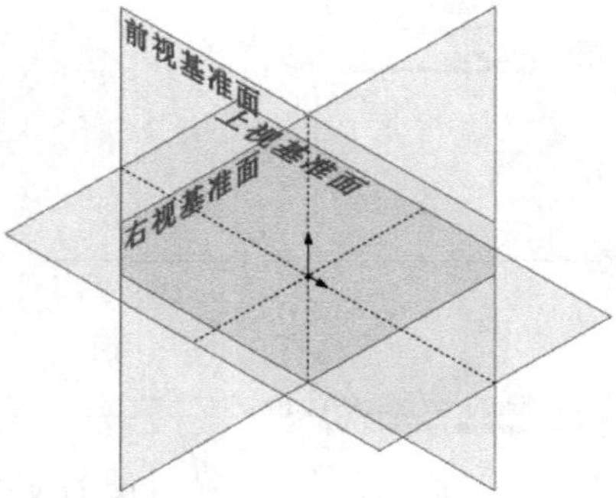

图 11-11 坐标系

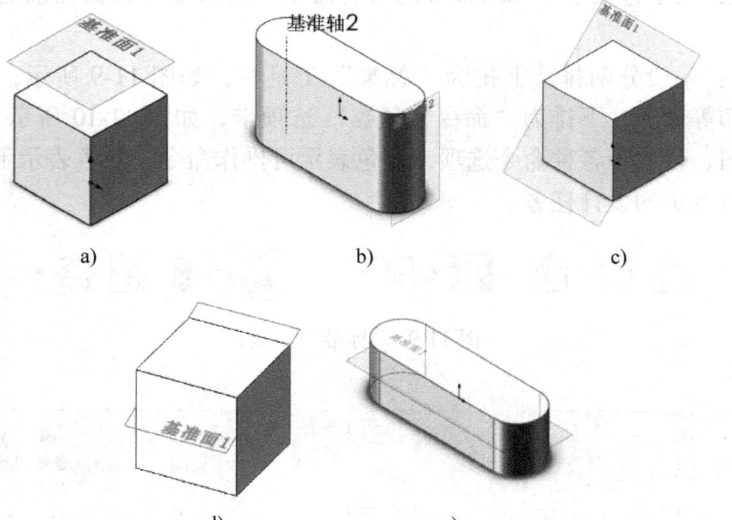

a) b) c) d) e)

图 11-12 常见基准轴和基准面的设置

a）按距离生成基准面 b）生成基准轴和曲面相切平面 c）通过两条直线生成基准面
d）通过基准轴和角度生成基准面 e）生成中间基准面

11.3.2 草图绘制

SolidWorks 草图主要包括平面草图和 3D 草图两种类型，下面重点介绍平面草图的绘制。

草图的绘制过程包括选择草图平面，在此平面上利用绘制工具进行特征绘图和标注尺寸。

1. 选择草图平面

指定平面作为草图平面。此平面可以是系统基准面、已有特征上的平面，也可以是自定义的基准面（在基准特征里设置），如图 11-13 所示。

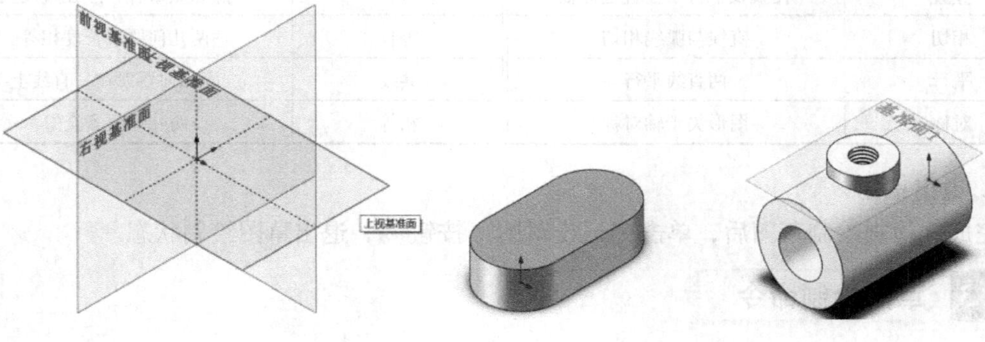

a) b) c)

图 11-13 选择指定平面的方式

a）选择系统基准面 b）选择已有特征上的平面 c）选择自定义的基准面

2. 绘制草图

选择绘制平面后，单击“草图绘制”按钮，进入草图绘制状态。“草图”工具栏如图 11-14 所示。

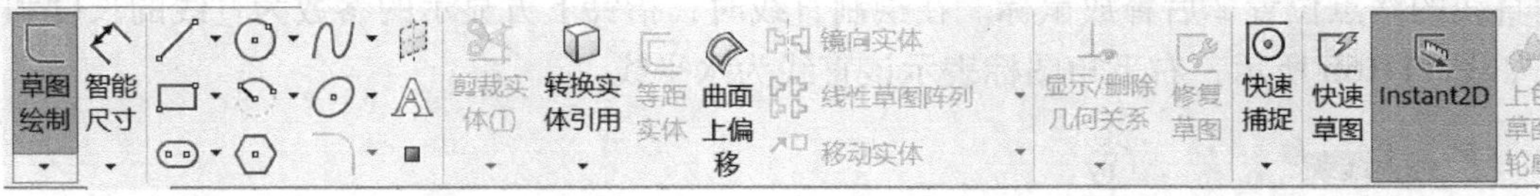

图 11-14 “草图”工具栏

3. 尺寸和几何约束

单击“智能尺寸”按钮和“添加几何关系”按钮对绘制的草图进行属性设置，添加尺寸和几何关系，当草图由蓝色变成黑色，表示图形完全定义。

尺寸标注可以选择半径标注、线性标注、直径标注等标注方法。

几何约束关系是指几何要素之间形状和位置的相互联系，如图 11-15 所示。主要包括的几何约束见表 11-1。在使用时单击 添加几何关系按钮，即可选择对应的对话框进行添加。

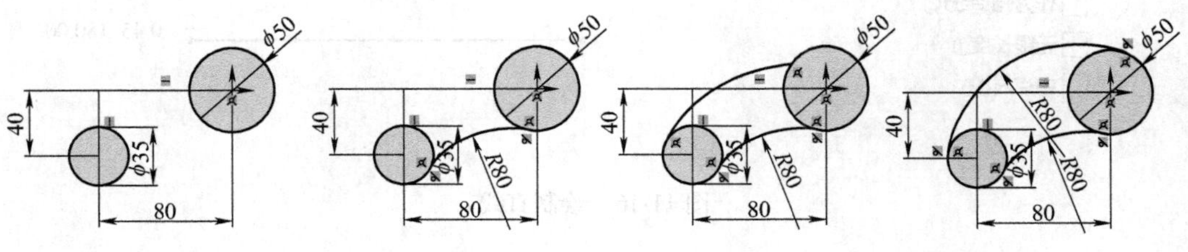

a) b) c) d)

图 11-15 尺寸和几何约束

表 11-1 几何约束种类

几何约束	基本含义	几何约束	基本含义
水平	使直线平行于水平坐标轴	垂直	两直线垂直
竖直	使直线平行于竖直坐标轴	重合	点和点重合，点在直线上
相切	直线与弧线相切	等长	两几何要素长度相等
平行	两直线平行	共线	两几何要素在一直线上
对称	图形关于轴对称	相等	两几何要素全等

4. 退出草图

完成并检查绘制草图后，单击“退出草图”按钮，退出草图绘制状态。

11.3.3 草图绘制命令

本节简要地对常用的草图绘制命令做一介绍。

1. 直线

功能：绘制直线。

操作流程：

1）单击“草图”工具栏上的“直线”按钮，进入直线绘制命令，此时鼠标指针变为。

2）在弹出的“插入线条”属性管理器中（图 11-16a），根据需求进行选择。

3）绘制一条直线：在图形区域中单击鼠标左键，定义直线起点的位置 1，将鼠标指针拖到直线的终点位置 2 后释放鼠标。在绘制直线时，指针上方显示的参数为直线的长度和角度，如图 11-16b 所示，右下角图标表示该直线为水平线。

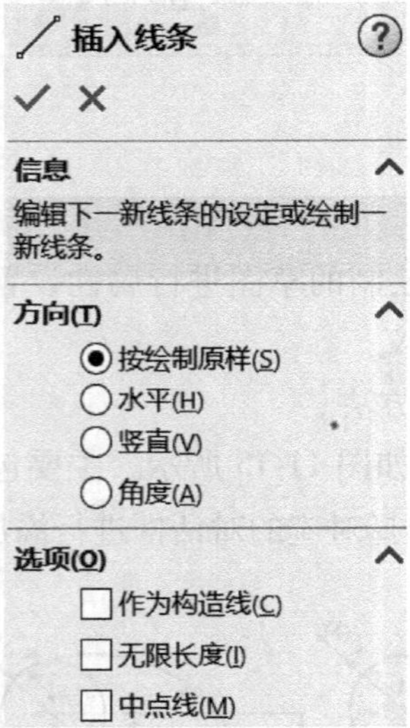

a)

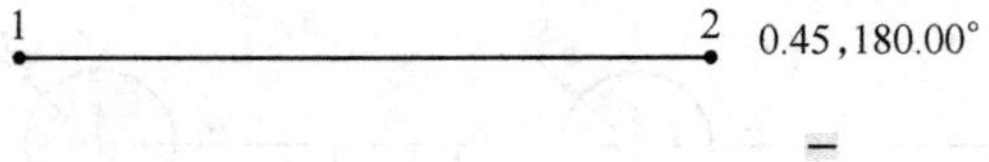

b)

图 11-16 绘制直线

2. 圆

功能：绘制圆。

操作流程：

1）单击“草图”工具栏上的“圆”按钮⊙，进入圆绘制命令，此时鼠标指针变为✎。

2）弹出“圆”属性管理器，如图 11-17a 所示，选择“圆类型”。

3）绘制圆或周边圆。

①中心圆绘制：单击鼠标左键以放置圆心 1，拖动鼠标并单击来设定半径 2；设置圆属性，单击“圆”属性管理器中的✓按钮，完成圆的绘制，如图 11-17b 所示。

②周边圆绘制：单击鼠标确定周边圆上的一点 1，移动鼠标拖出一个圆；单击确定周边上的另一点 2，通过拖动鼠标来设定半径 3；设置周边圆属性，单击“圆”属性管理器中的✓按钮，完成周边圆的绘制，如图 11-17c 所示。

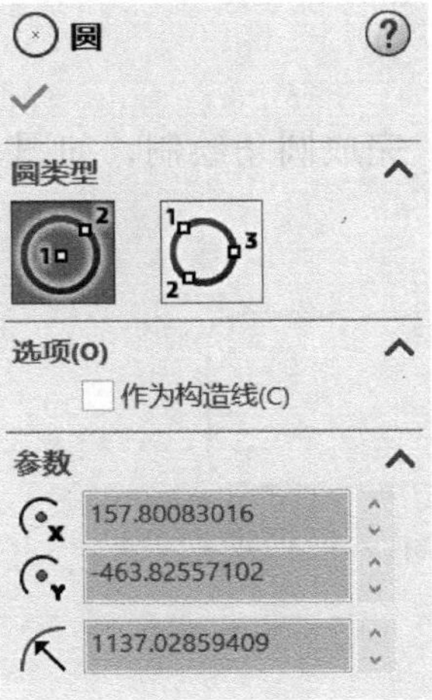

a)

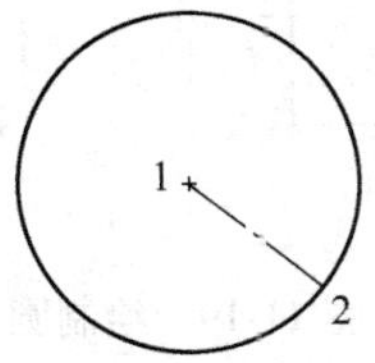

b)

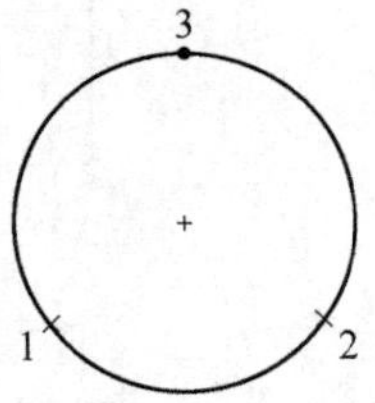

c)

图 11-17　绘制圆

a）“圆”属性管理器　b）圆的绘制　c）周边圆的绘制

3. 矩形

功能：绘制矩形。

操作流程：

1）单击“草图”工具栏上的“矩形”按钮□，进入矩形绘制命令。

2）弹出“矩形”属性管理器，如图 11-18a 所示，选择“矩形类型”。

3）绘制矩形：下面只讲解边角矩形的绘制过程，其他类型矩形绘制可参考软件的帮助文件。在图形区域中单击鼠标左键，确定矩形的一个角点 1；拖动鼠标确定矩形的另一个角点 2，如图 11-18b 所示；设置矩形属性，单击“确定”✓按钮，完成矩形绘制。

4. 圆角

功能：绘制圆角。

操作流程：

1）单击“草图”工具栏上的“圆角”按钮⌒，进入圆角绘制命令。

2）弹出“绘制圆角”属性管理器，在“圆角参数”中设置圆角的半径。

3）单击如图 11-19a 所示的直线 1 和 2、2 和 3、3 和 4、4 和 1。

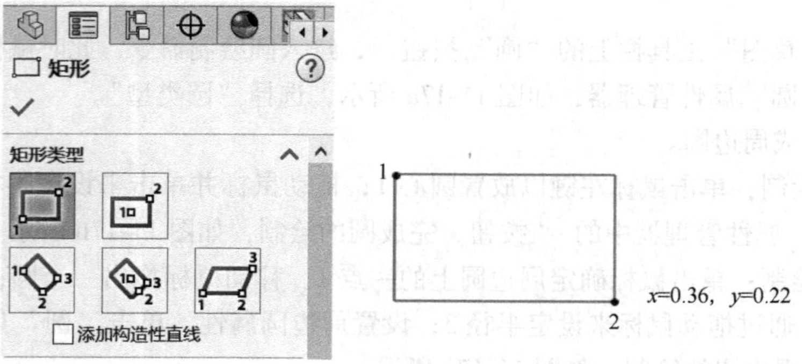

a)　　b)

图 11-18　绘制矩形

4）单击“绘制圆角”属性管理器中的“确定”✓按钮，完成圆角绘制，如图 11-19b 所示。

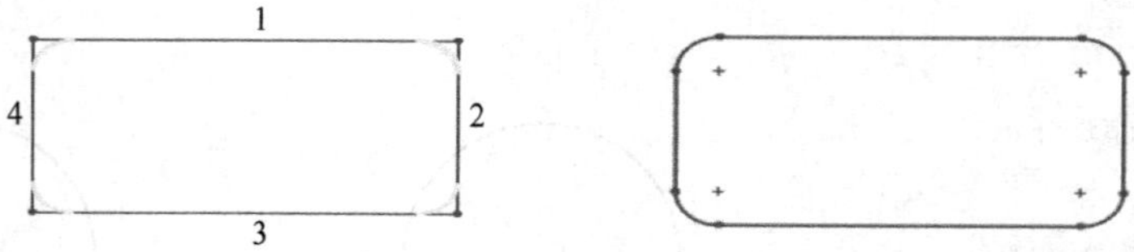

a)　　b)

图 11-19　绘制圆角

a）选择要圆角化的实体　b）绘制圆角

11.3.4 草图修改编辑命令

草图修改编辑命令主要包括剪裁、延伸、等距、镜像、线性阵列、转换实体引用等。

1. 剪裁图线

功能：剪裁草图中的图线。

操作流程：

1）单击“草图”工具栏上的“剪裁实体”按钮，进入实体剪裁命令。

2）弹出“剪裁”属性管理器，如图 11-20 所示。

①强劲剪裁：拖动指针时，剪裁一个或多个草图实体到最近的交叉实体并与该实体交叉。

②边角：剪裁两个实体，直到它们在虚拟边角处相交。

③在内剪除：选择两个边界实体，然后选择要剪裁的实体，剪裁位于两个边界实体内的草图实体。

④在外剪除：剪裁位于两个边界实体外的草图实体。

⑤剪裁到最近端：将一个草图实体剪裁到最近交叉点。

3）剪裁实体：以最常用的“剪裁到最近端”命令为例进行讲解。选择“剪裁到最近端”，剪裁如图 11-21a 所示草图中的直线 1 和 3 前端，剪裁后的图形如图 11-21b 所示。

单击“确定”✓按钮完成命令。

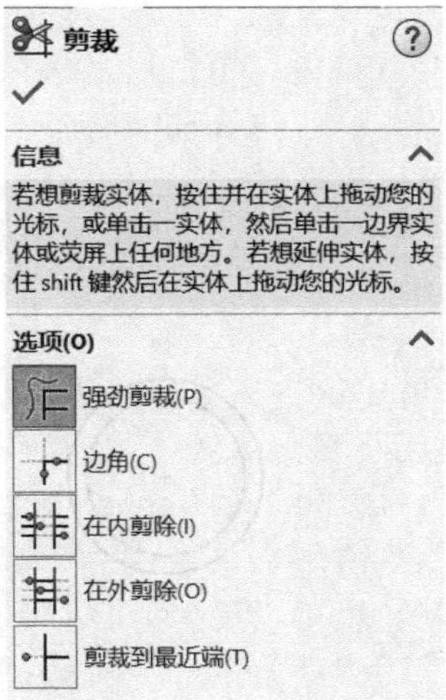

图 11-20 “剪裁”属性管理器

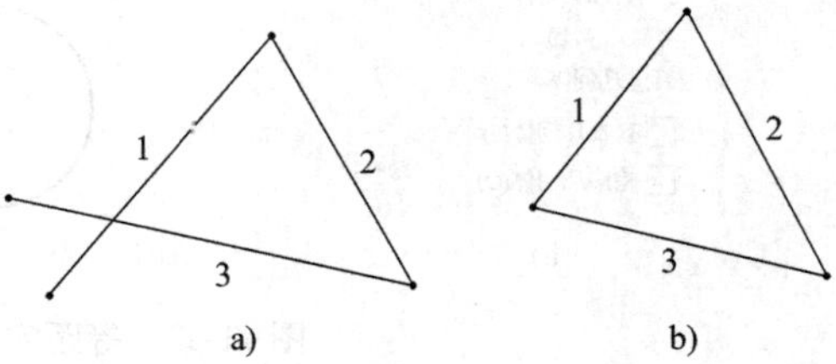

图 11-21 剪裁实体过程

a）剪裁前图形 b）剪裁后图形

2. 延伸图线

功能：延伸草图中的图线。

操作流程：

1）单击“草图”工具栏上的“延伸实体”按钮⊤，进入实体延伸命令。

2）选择如图 11-22a 所示草图中的直线 2，单击鼠标左键确认，延伸后的图形如图 11-22b 所示。按<Esc>键退出该命令。

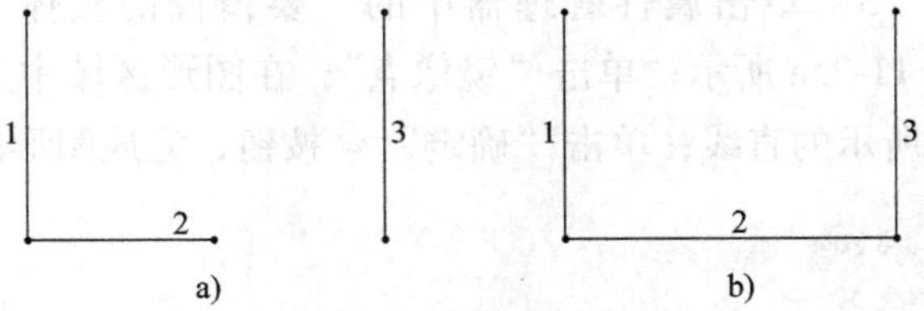

图 11-22 延伸实体过程

a）延伸前图形 b）延伸后图形

3. 等距实体

功能：按特定距离等距实体。

操作流程：

1）单击“草图”工具栏上的“等距实体”按钮，进入等距实体命令。

2）弹出“等距实体”属性管理器，如图 11-23a 所示。在“距离”下拉列表框中设置数值来等距草图实体。

3）选择要等距的实体，如图 11-23b 所示；鼠标左键单击圆，单击鼠标左键确认，等距后的实体如图 11-23c 所示。

4. 镜像㊀实体

功能：镜像实体。

操作流程：

1）单击“草图”工具栏上的“镜像实体”按钮，进入实体镜像命令。

㊀ 因软件汉化原因，图中“镜向”应为“镜像”。——编者注

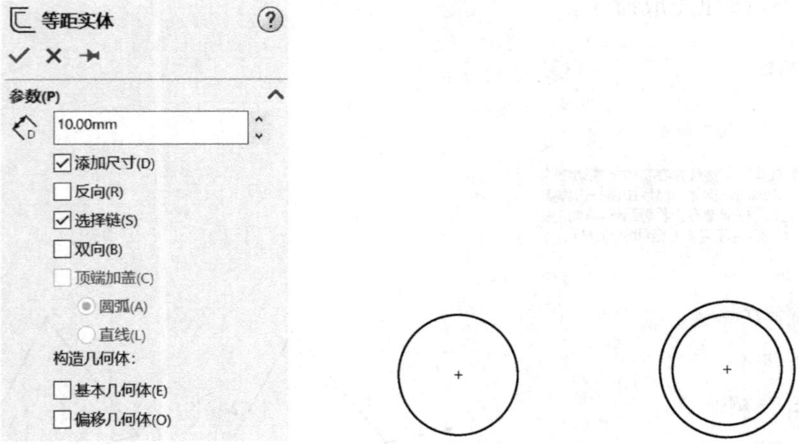

a)　　　　b)　　　　c)

图 11-23　等距实体过程

a）“等距实体”属性管理器　b）等距实体前　c）等距实体后

2）弹出“镜像”属性管理器，如图 11-24 所示。

3）单击属性管理器中的“要镜像的实体”，在图形区域中选择要镜像的实体，如图 11-25a 所示；单击“镜像点”，在图形区域中选择点或直线作为镜像线/点，如图 11-25a 中所示的直线；单击“确定”✓按钮，完成图形的镜像，如图 11-25b 所示。

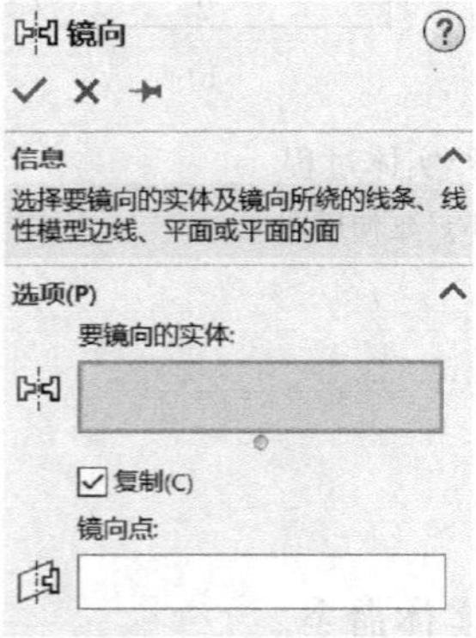

图 11-24　“镜像”属性管理器

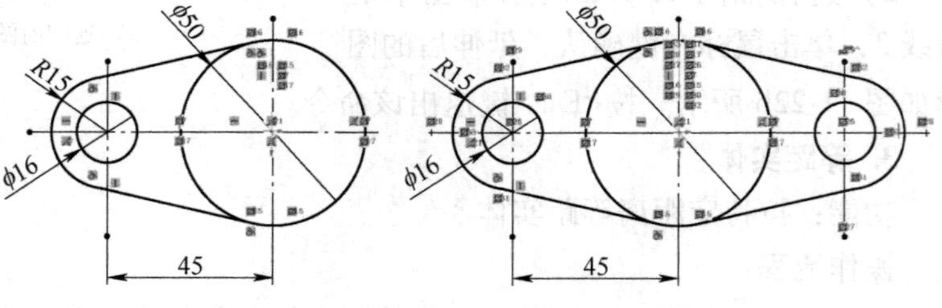

a)　　　　b)

图 11-25　镜像实体过程

a）镜像实体前　b）镜像实体后

5. 线性草图阵列

功能：按线性方向阵列实体。

操作流程：

1）单击“草图”工具栏上的“线性草图阵列”按钮，进入线性阵列实体命令。

2）弹出“线性阵列”属性管理器，如图 11-26 所示，可沿方向 1，或者同时沿方向 1 和方向 2 进行阵列。根据需求设置“阵列间距”、“阵列数”等。

3）设置以上参数后，选择要阵列的实体，如图 11-27a 中所示的圆，单击“确定”

✓按钮，圆沿两个方向生成阵列，如图 11-27b 所示。

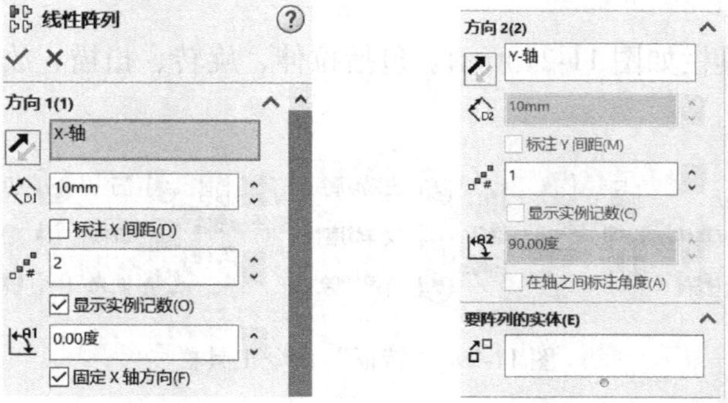

图 11-26 “线性阵列”属性管理器

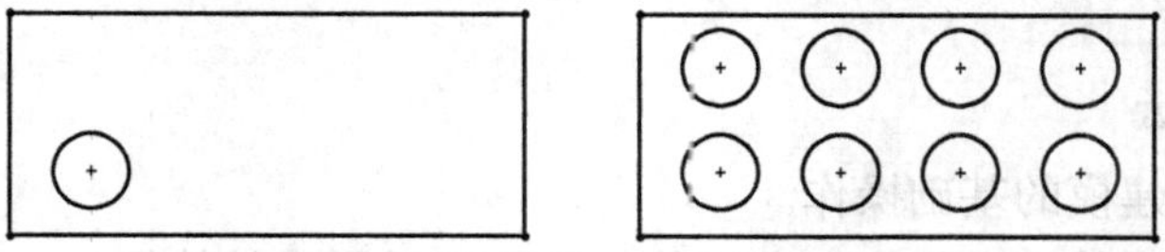

a) b)

图 11-27 线性阵列实体过程
a）线性阵列实体前 b）线性阵列实体后

6. 转换实体引用

功能：将其他特征上的边线投影到草图平面上。

操作流程：

1）单击“草图”工具栏上的“转换实体引用”按钮，进入转换实体引用命令。

2）弹出“转换实体引用”属性管理器，如图 11-28a 所示。

3）选择要转换的实体，如图 11-28b 所示。选取实体表面，单击“确定”✓按钮，边线转换到草图基准面 1 上，如图 11-28c 所示，完成实体转换操作。

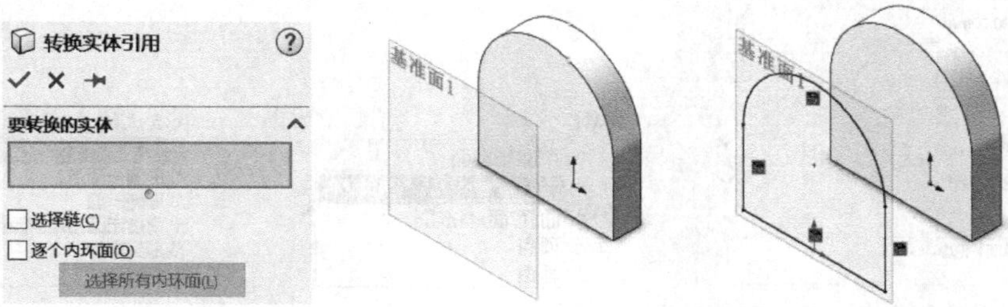

a) b) c)

图 11-28 转换实体引用过程
a）“转换实体引用”属性管理器 b）要转换的实体 c）转换实体后

11.4 SolidWorks 实体建模和特征编辑

机械零件实体创建是基于特征的建模过程，具体过程如下：首先从草图绘制开始，再通过特征工具建立和编辑实体，对于复杂零件的实体建模，要通过多个简单特征的叠加、切割、相交等方式实现。

“特征”命令工具栏如图 11-29 所示。包括拉伸、旋转、扫描、放样、筋、圆角倒角和抽壳特征。

图 11-29 “特征”命令工具栏

11.4.1 实体建模

1. 拉伸凸台/基体

拉伸特征是实体建模的基础操作。

功能：将一个草图截面沿指定方向延伸一段距离后形成的特征。

操作流程：

1）通过草图绘制命令，完成草图截面（闭合）的绘制，并退出草图。

2）单击“特征”工具栏上的“拉伸凸台/基体”按钮，选取草图截面，打开“凸台-拉伸”属性管理器，如图 11-30a 所示。

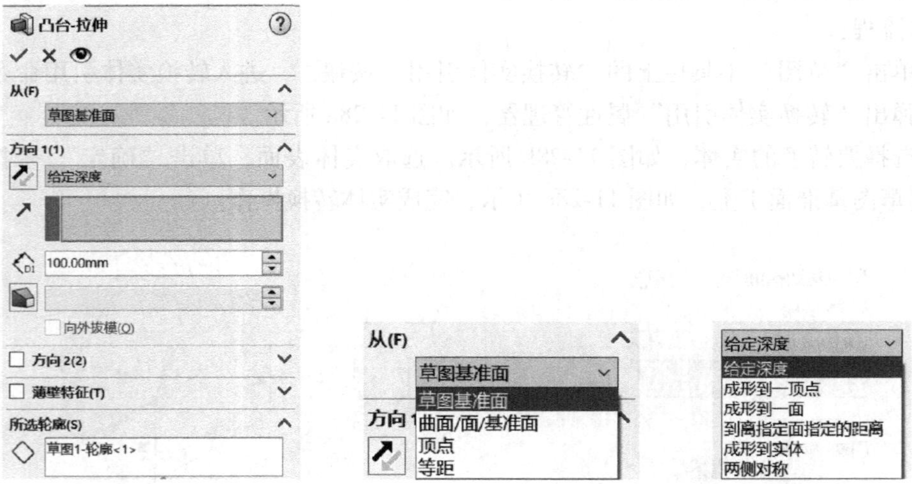

a) b) c)

图 11-30 属性设置选项

a）“凸台-拉伸”属性管理器 b）“从”选项 c）“终止条件”选项

①“从”选项组：用来设置特征拉伸的开始条件，如图 11-30b 所示。默认选择“草图基准面”，以草图所在的基准面为基础开始拉伸，其他选项参考帮助文档。

②“方向 1”选项组：

“终止条件”下拉列表框：设置拉伸的终止条件，根据需求可选择“给定深度”、“成形到一顶点”或“成形到一面”等，如图 11-30c 所示。单击“反向”按钮，会更改拉伸方向。选择默认的“给定深度”，选项组下方会出现“拉伸方向”和“深度”两个列表框，用于在图形区域中选择方向向量，并从垂直于草图轮廓线的方向拉伸草图，以及设置拉伸距离。

拔模：拔模拉伸特征，设置拔模角度数值。

③“方向 2”选项组：设定方向 2 以同时从两个方向拉伸草图，选项与“方向 1”选项组相同。

④“薄壁特征”选项组：使用薄壁特征控制拉伸厚度，可用作钣金零件的基础。

⑤“所选轮廓”选项组：允许使用部分草图生成拉伸特征。在图形区域中选择草图轮廓和模型边线。

3）单击“确定”按钮，完成实体拉伸凸台特征操作。图 11-31 所示为拉伸实体的建模过程。

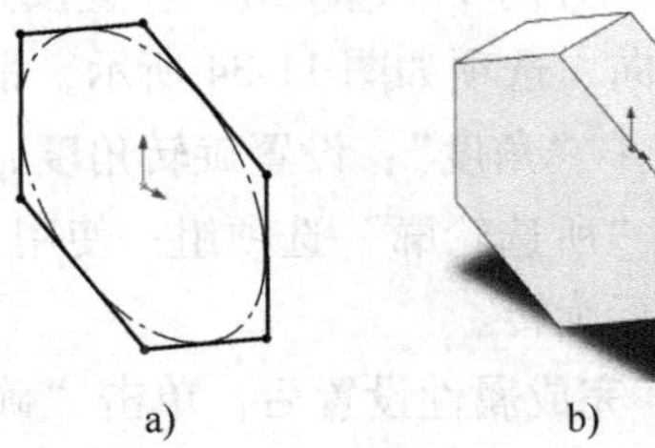

a)　　b)

图 11-31　拉伸六棱柱

a）草图特征　b）拉伸立体

2. 拉伸切除

功能：与拉伸凸台相反，通过拉伸来切除实体。

操作流程：

1）在需要进行拉伸切除的实体表面进行草图绘制，绘制切除草图轮廓，退出草图，如图 11-32a 所示。

2）单击“特征”工具栏上的“切除-拉伸”按钮，选取绘制的草图截面，打开“切除-拉伸”属性管理器，如图 11-32b 所示。默认情况下从轮廓内部移除，如图 11-32c 所示。

3）完成属性设置后，单击“确定”按钮，完成实体切除拉伸特征操作，如图 11-32c 所示。

4）“切除-拉伸”属性管理器在“方向 1”选项组中多了“反侧切除”复选项，用于移除轮廓外的所有部分，如图 11-33 所示。

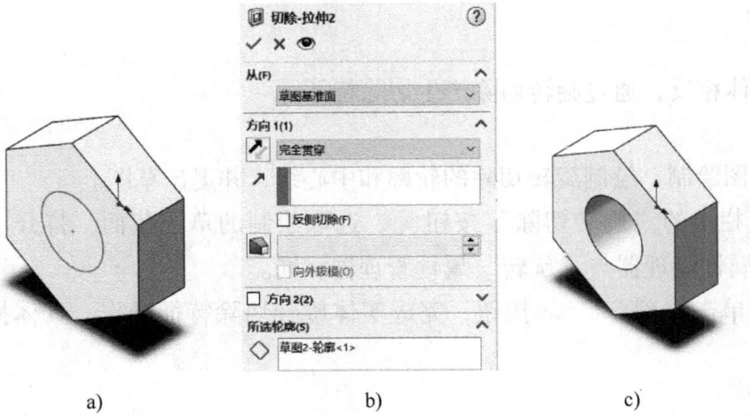

a)　　b)　　c)

图 11-32　拉伸切除特征过程

a）绘制草图　b）“切除-拉伸”属性管理器　c）切除完成

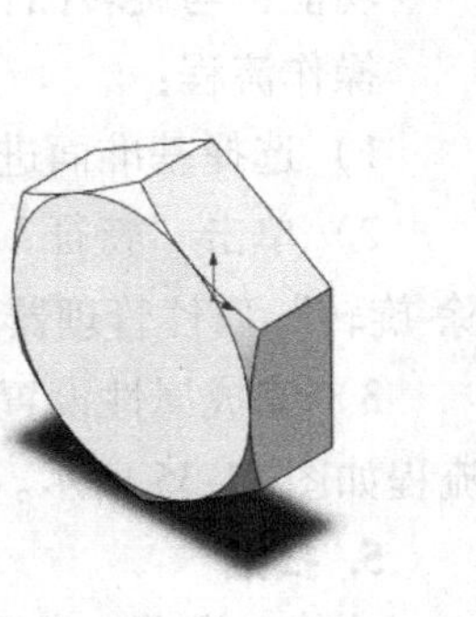

图 11-33　选中“反侧切除”选项

3. 旋转凸台/基体

功能：由特征截面绕中心线旋转而生成的一类特征，适用于建立回转体零件。

操作流程：

1）通过草图绘制命令，绘制旋转轮廓特征及旋转中心线，并退出草图。

2）单击“特征”工具栏上的“旋转凸台/基体”按钮，选取绘制的草图截面，打开“旋转”属性管理器，如图 11-34b 所示。

①“旋转轴”：旋转所围绕的轴，此轴可以为中心线、直线或边线。

②“方向 1”选项组：设置按方向 1 旋转的参数。包括旋转类型：从草图基准面中定义旋转方向，选项如图 11-34 所示，根据需求选取；“反向”按钮：单击该按钮，更改旋转方向；“角度”：设置旋转角度，默认值为 360°。

③“所选轮廓”选项组：使用多个轮廓生成旋转特征时使用此选项组，在图形中选择轮廓进行旋转。

3）完成属性设置后，单击“确定”✓按钮，完成实体旋转特征操作。具体操作流程如图 11-34 所示。

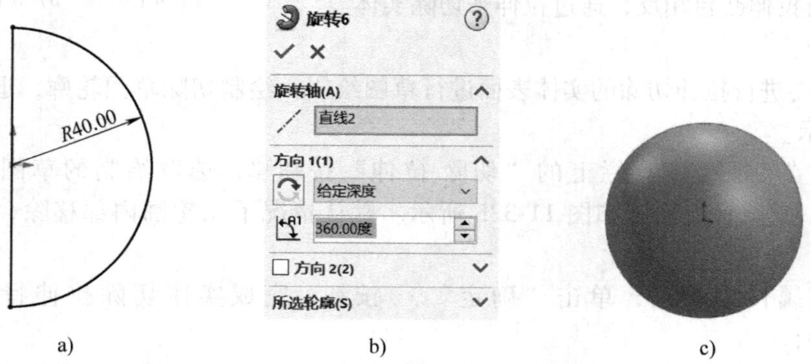

图 11-34 旋转凸台特征过程

a）绘制草图 b）“旋转”属性管理器 c）旋转完成

4. 旋转切除

功能：与旋转凸台/基体相反，通过旋转切除产生切除特征。

操作流程：

1）选择基准面进入草图绘制，绘制旋转切除的轮廓和中心线，并退出草图。

2）单击“特征”工具栏上的“旋转切除”按钮，选取绘制的草图截面，打开“切除-旋转”属性管理器，该属性管理器与“旋转”属性管理器相同。

3）完成属性设置后，单击“确定”✓按钮，完成实体旋转切除特征操作。具体操作流程如图 11-35 所示。

5. 扫描

功能：沿着一条路径移动轮廓，生成实体。

操作流程：

1）扫描特征规则。

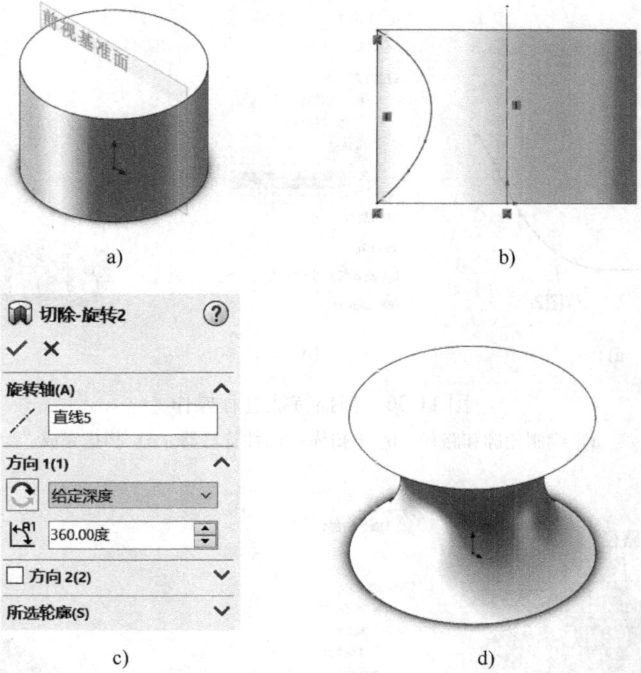

a) b) c) d)

图 11-35　旋转切除特征过程

a）以前视基准面为基准面绘制草图　b）绘制切除草图　c）“切除-旋转”属性管理器　d）旋转切除完成

①基体或凸台扫描特征的轮廓必须是闭环的，曲面扫描特征的轮廓可以是开环或闭环。

②路径可以是开环或闭环。

③路径可以是一个草图、一条曲线或一组模型边线中包含的一组草图曲线。

④路径的起点必须位于轮廓的基准面上。

⑤不论是截面、路径还是它们所形成的实体，都不能出现交叉的情况。

2）通过草图绘制命令，根据上述规则，分别在不同基准面上绘制扫描轮廓及扫描路径，然后分别退出草图。

3）单击“特征”工具栏上的“扫描”按钮，打开“扫描”属性管理器，如图 11-36b 所示。

① 轮廓：设置用来生成扫描特征的草图轮廓，在图形区域中选择。

② 路径：设置轮廓扫描的路径，在图形区域中选择。

4）完成设置后，单击“确定” 按钮，完成实体扫描特征操作，如图 11-36c 所示。

6. 扫描切除

功能：沿着一条路径移动轮廓，切除实体。

操作流程：操作流程与上述的扫描特征流程类似，具体操作过程如图 11-37 所示。

7. 放样特征

功能：通过多个轮廓线，放样生成实体。

操作流程：以凸台放样为例。

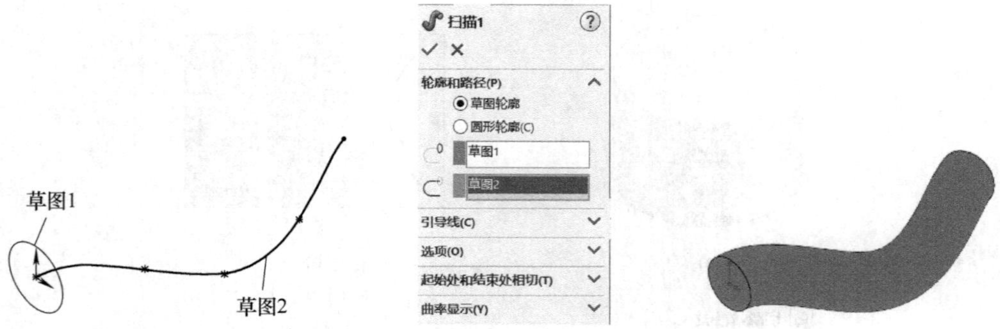

a) b) c)

图 11-36 扫描特征过程操作

a）绘制轮廓和路径 b）“扫描”属性管理器 c）扫描完成

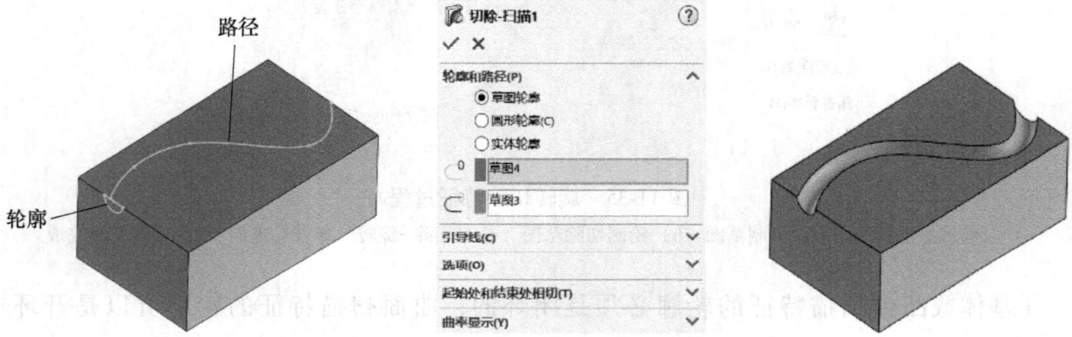

a) b) c)

图 11-37 扫描切除特征过程操作

a）绘制轮廓和路径 b）“切除-扫描”属性管理器 c）扫描切除完成

1）通过绘制多个草图，生成多个草图轮廓。

2）单击“特征”工具栏上的“放样凸台/基体”按钮，打开“放样”属性管理器，如图 11-38b 所示。

①“轮廓”选项组：轮廓：用来选择放样的轮廓，可以选择要放样的草图轮廓、面或者边线。可通过上移、下移调整轮廓的顺序。

②其他选项组可参考帮助文档。

3）完成设置后，单击“确定”按钮，完成实体放样特征创建。具体操作过程如图 11-38 所示。

11.4.2 放置特征建模

1. 筋

功能：从绘制的开环或闭环轮廓中生成特殊类型的拉伸特征。

操作流程：

1）绘制筋草图。

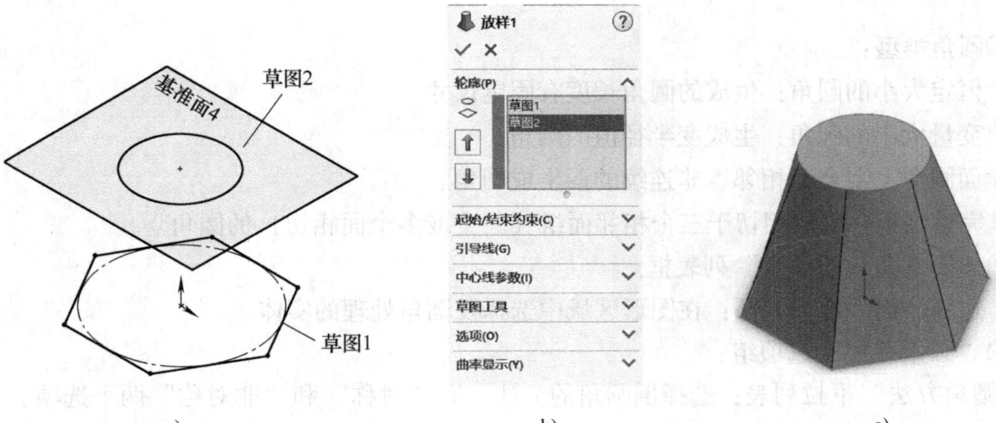

a) b) c)

图 11-38 创建放样特征过程

a）绘制多个放样轮廓 b）设置放样属性 c）放样完成

2）单击“特征”工具栏上的“筋”按钮，打开“筋”属性管理器，如图 11-39b 所示。

①“厚度”选项：添加厚度。第一边，只添加筋到草图的一边；两侧，均等添加筋到草图两边；第二边，添加筋到草图的另一边。

②筋厚度：定义筋的厚度数值。

③“拉伸方向”选项：定义筋的拉伸方向；平行于草图，与草图平行的方向进行拉伸；垂直于草图，与草图垂直的方向进行拉伸。

④“所选轮廓”下拉列表：列举用来生成筋特征的草图轮廓。

3）完成设置后，单击“确定”✓按钮，完成筋特征创建。具体操作过程如图 11-39 所示。

a) b) c)

图 11-39 创建筋特征过程

a）在实体中绘制筋草图 b）设置筋属性 c）筋特征完成

2. 圆角特征

功能：给零件边缘添加圆角。

操作流程：

1）单击“特征”工具栏上的“圆角”按钮，打开“圆角”属性管理器，如图 11-40b

所示。

①圆角类型：

恒定大小的圆角：生成的圆角长度有固定尺寸。

变量大小的圆角：生成变半径值的圆角。

面圆角：混合非相邻、非连续的面生成圆角。

完整圆角：生成相切于三个相邻面组（一个或多个面相切）的圆角。

②“要圆角化的项目”列表框。

边线、面、特征和环：在图形区域中选择要圆角处理的实体。

③“圆角参数”选项组：

“圆角方法”下拉列表：选择倒圆角的方法，有“对称”和“非对称”两个选项。

半径：设置圆角半径。

2）以创建恒定大小的圆角为例，完成设置后，单击“确定”按钮，完成实体圆角创建。具体操作过程如图 11-40 所示。

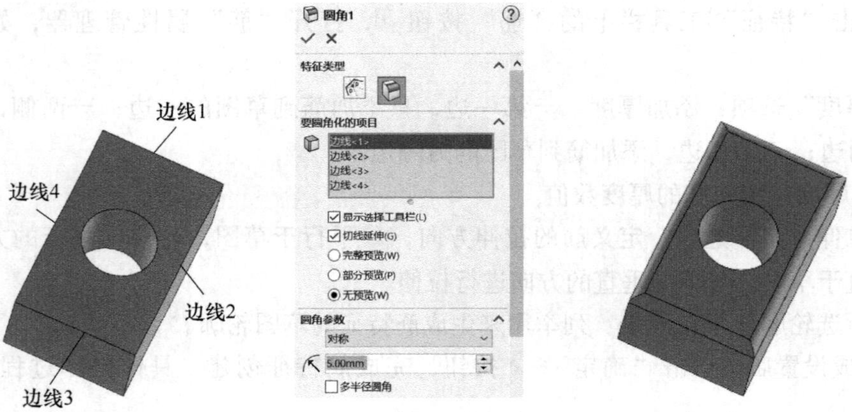

a) b) c)

图 11-40 创建圆角特征过程

a）实体 b）设置圆角属性 c）圆角创建完成

3. 倒角特征

功能：在零件的边缘生成倒角。

操作流程：

1）单击“特征”工具栏上的“倒角”按钮，打开“倒角”属性管理器，如图 11-41b 所示。

①倒角类型：

角度-距离：在属性管理器中设定距离和角度。

距离-距离：在属性管理器中设定两边距离。

顶点：为所选顶点每侧指定三个距离值，或选择“相等距离”选项并指定一个数值。

等距面：通过偏移选定边线相邻的面来求解等距面倒角。

面-面：混合非相邻、非连续的面。

②“要倒角化的项目”列表框：显示的选项会根据倒角类型而发生变化，选择适当项目添加倒角。

③“倒角参数”选项组：“反转方向”复选框：向反向倒角。

距离：设置倒角距离。

角度：设置倒角角度。

2）以“角度-距离”方式创建倒角为例，完成设置后，单击“确定”✓按钮，完成实体倒角创建，具体过程如图11-41所示。

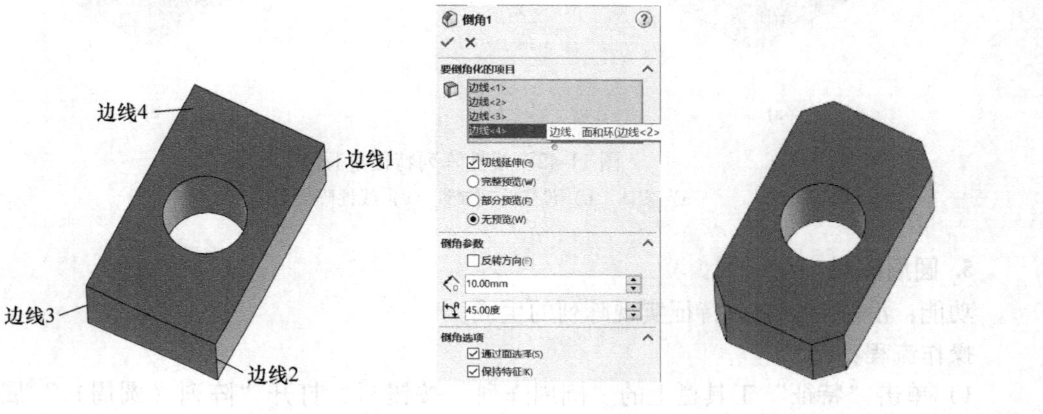

a) b) c)

图11-41 创建倒角特征过程
a）实体 b）设置倒角属性 c）倒角编辑完成

4. 线性阵列

功能：沿一个或两个方向复制源特征实现线性阵列的生成。

操作流程：

1）单击“特征”工具栏上的“线性阵列”按钮，打开“阵列（线性）”属性管理器，如图11-42b所示。

①“方向1”和“方向2”选项组：分别指定两个线性阵列的方向。

“阵列方向”列表框：设置阵列方向，可以选择线性边线、直线、轴或尺寸。

反向：确定要复制特征的方向后，可反向。

间距：设置阵列实体之间的间距。

实例数：设置阵列实体之间的数量。

②“特征和面”选项组：

要阵列的特征：使用所选择的特征作为源特征以生成线性阵列。

要阵列的面：使用构成源特征的面生成阵列。

③实体：

要阵列的实体/曲面实体：使用在多实体零件中选择的实体生成线性阵列。

2）完成设置后，单击“确定”✓按钮，完成实体阵列编辑，具体操作过程如图11-42所示。

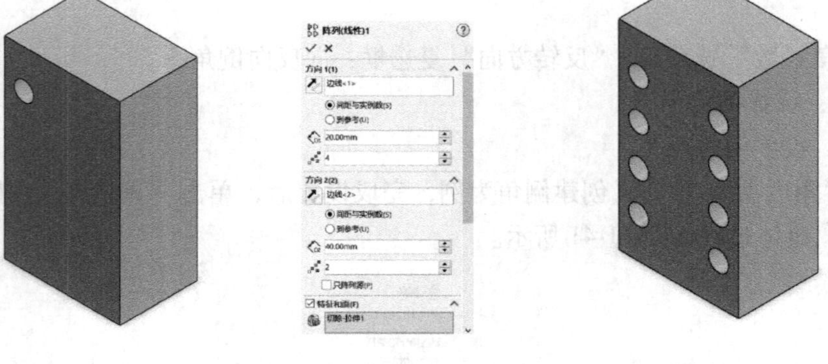

a) b) c)

图 11-42 线性阵列特征过程

a）实体 b）设置阵列属性 c）线性阵列完成

5. 圆周阵列

功能：沿圆周复制源特征实现阵列的生成。

操作流程：

1）单击“特征”工具栏上的“圆周阵列”按钮，打开“阵列（圆周）”属性管理器，如图 11-43b 所示。

①“方向 1”和“方向 2”选项组：分别指定两个圆周阵列的方向。

“阵列方向”列表框：设置阵列方向，可以选择线性边线、直线、轴或尺寸。

反向：确定回转轴，可以改变阵列方向。

间距：设置阵列实体之间的间距。

实体数：设置阵列实体之间的数量。

②“特征和面”选项组

要阵列的特征：使用所选择的特征作为源特征以生成圆周阵列。

要阵列的面：使用构成源特征的面生成阵列。

③“实体”选项组：

要阵列的实体/曲面实体：使用在多实体零件中选择的实体生成圆周阵列。

2）完成设置后，单击“确定”✓按钮，完成圆周阵列编辑，具体操作过程如图 11-43 所示。

6. 镜像

功能：沿面或基准面生成一个特征的复制操作。

操作流程：

1）单击“特征”工具栏上的“镜像”按钮，打开“镜像”属性管理器，如图 11-44b 所示。

镜像面/基准面：在图形区域中选择 1 个面或多个基准面作为镜像面。

要镜像的特征：在模型中选择要镜像的 1 个或多个特征。

要镜像的面：在图形区域中选择构成镜像的特征面。此选项组参数对于在选择过程中

a)　　b)　　c)

图 11-43　圆周阵列特征过程

a）基准轴和实体　b）设置阵列属性　c）完成圆周阵列

仅包含特征的面且不包括特征本身的零件很有用。

2）完成设置后，单击“确定”✓按钮，完成实体镜像编辑，具体操作过程如图 11-44 所示。

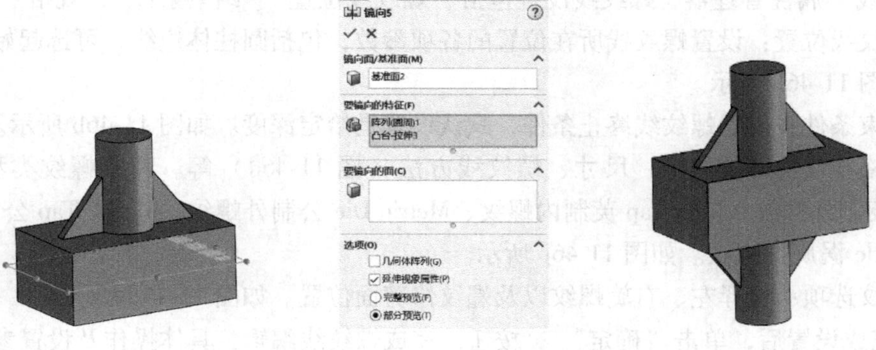

a)　　b)　　c)

图 11-44　镜像特征过程

a）实体　b）设置镜像属性　c）完成镜像编辑

7. 异形孔向导

功能：在预先定义的面上插入孔。

操作流程：

1）单击“特征”工具栏上的“异形孔向导”按钮，打开“孔规格”属性管理器，如图 11-45a 所示。孔规格设置包括“类型”和“位置”。

①类型：设置孔类型各项参数，包括孔类型、孔规格（孔大小和配合）、终止条件等各项参数，具体内容如图 11-45a、b 所示。根据设计的异形孔类型进行选取。

②位置：打开“孔规格”属性管理器中的“位置”选项卡，在 3D 草图上放置孔，

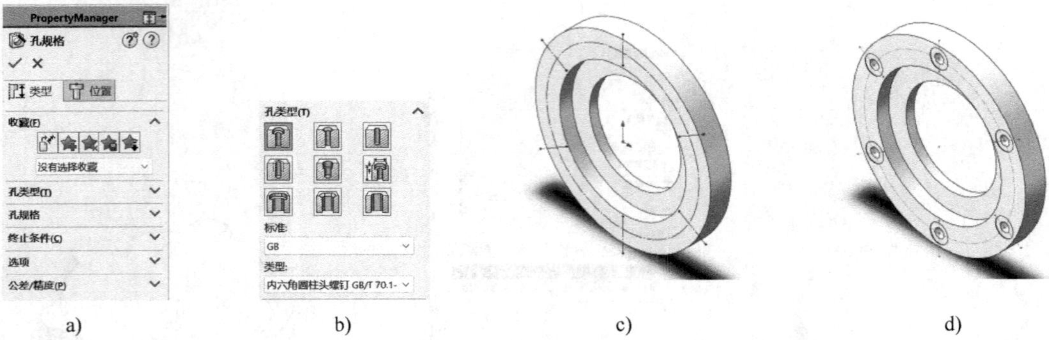

图 11-45　孔规格和类型

a）“孔规格”属性管理器　b）孔类型　c）草图　d）打孔

如图 11-45c、d 所示。对于有尺寸要求的可预先绘制出定位孔的中心。

2）完成设置后，单击“确定”✓按钮，完成异形孔编辑。

8. 螺纹线

功能：在预先定义的面上完成螺纹绘制。

操作流程：

1）单击“特征”工具栏上的“异形孔向导”按钮旁的下拉按钮，选择“螺纹线”打开“螺纹线”属性管理器，螺纹线设置包括“螺纹线位置”“结束条件”“规格”等。

①螺纹线位置：设置螺纹线所在位置的各项参数，包括圆柱体边线、可选起始位置、角度等。如图 11-46b 所示。

②结束条件：设置螺纹线终止条件，默认设置是给定深度。如图 11-46b 所示。

③规格：设置螺纹类型、尺寸、螺纹线方法（图 11-46d）等。其中螺纹类型有五种：Inch Die 英制外螺纹、Inch Tap 英制内螺纹、Metric Die 公制外螺纹、Metric Tap 公制内螺纹、SP4xx Bottle 涡旋类螺纹。如图 11-46c 所示。

④螺纹选项：选择左、右旋螺纹以及螺纹修剪面位置。如图 11-46d 所示。

2）完成设置后，单击“确定”✓按钮，完成螺纹线编辑，具体操作及设置参数过程如图 11-46 所示。

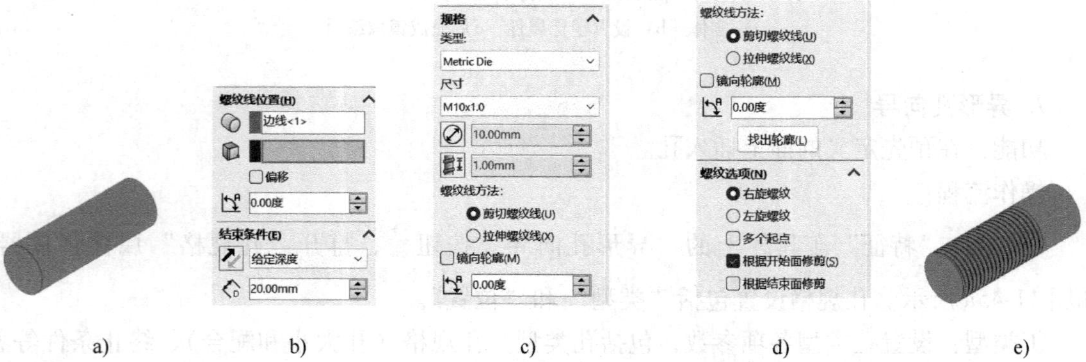

图 11-46　螺纹线生成过程

a）实体　b）螺纹线结束条件　c）设置螺纹属性　d）螺纹选项　e）生成螺纹线

11.4.3 组合体建模

利用 SolidWorks 建立如图 11-47 所示的组合体三维模型。可以将图中的实体分为底座、圆柱筒、支撑板和筋四部分进行绘制，绘制过程如图 11-48 所示。

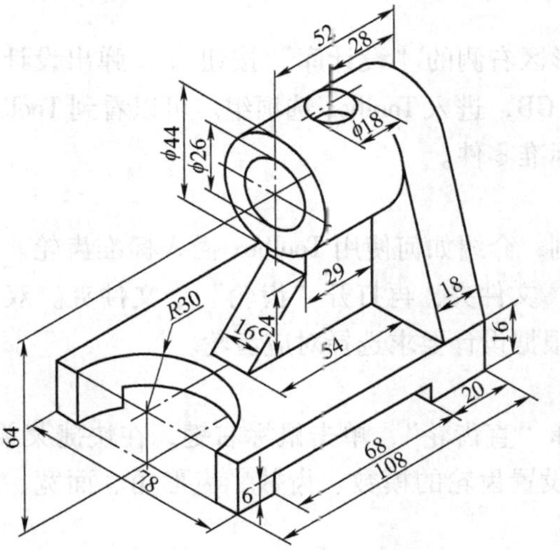

图 11-47　组合体三维模型

图 11-47

图 11-48a

图 11-48b

图 11-48c

图 11-48d

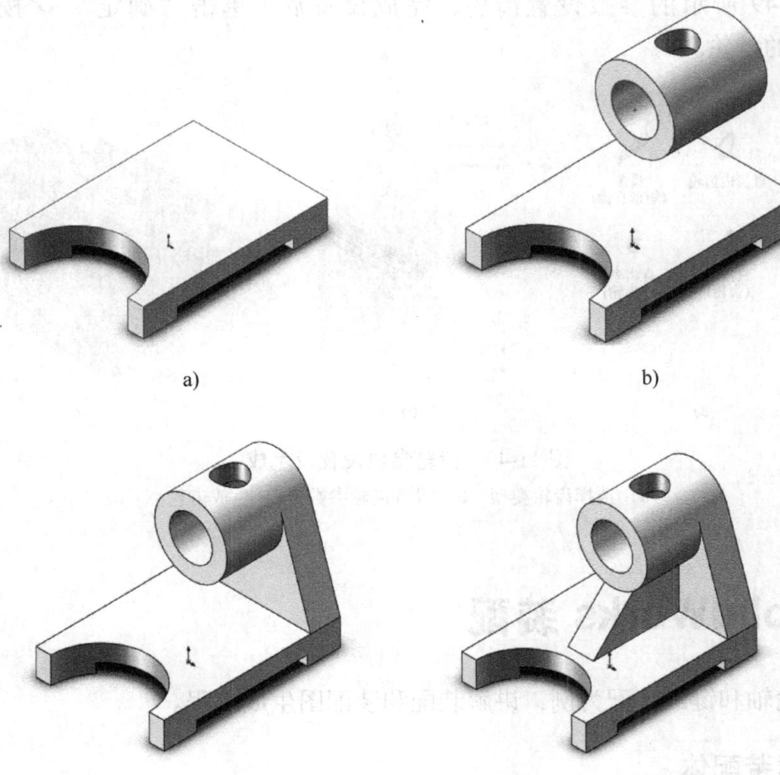

a)　　b)

c)　　d)

图 11-48　组合体建模绘制过程

a）生成底座　b）生成圆柱及孔　c）生成支撑板　d）生成组合体

11.4.4 Toolbox 标准零件库

Toolbox 标准零件库，主要用于方便快捷地对轴承、螺栓、螺母、销钉、螺钉、垫圈等零件进行建模。主要操作流程如下。

1. 进入标准库

单击 SolidWorks 图形区右侧的“设计库”按钮，弹出设计库内容栏，共有四项。单击 Toolbox 按钮，并选择 GB，进入 Toolbox 选项组。可以看到 Toolbox 中包括轴承、螺栓、螺母、动力传动等常用的标准零件。

2. 设置标准件属性

下面以齿轮零件为例，介绍如何使用 Toolbox 插入标准齿轮。齿轮属于动力传动里的零件，双击“动力传动”文件夹，再打开“齿轮”文件夹。双击“齿轮”文件夹，进入图 11-49a 所示界面，根据设计要求选择对应齿轮。

3. 创建标准件

以直齿轮为例，选择“直齿轮”，单击鼠标右键，在快捷菜单中选择“生成零件”，出现图 11-49b 所示界面。设置齿轮的模数、齿数、齿形角、面宽、毂样式、标称轴直径、有无键槽等参数。

4. 编辑标准件

根据图 11-49 所示的参数设置齿轮，完成设置后，单击“确定”✓按钮，生成如图 11-49c 所示的齿轮。

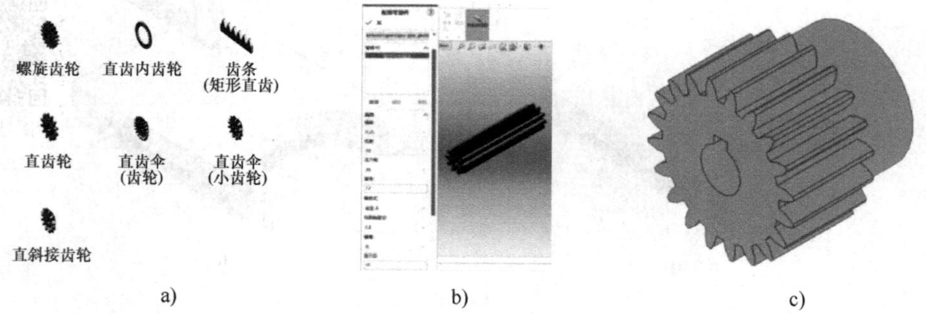

图 11-49 齿轮参数设置及生成

a）选择齿轮类型 b）设置齿轮参数 c）生成齿轮

11.5 SolidWorks 装配

本节以齿轮轴和键的装配为例，讲解装配和装配图生成流程。

11.5.1 新建装配体

1. 新建装配体

单击“新建”按钮，弹出如图 11-50 对话框，选择“装配体”，单击“确定”按钮。在“新建装配体”对话框中选择装配体的第一个零件，单击打开，直接单击对话框中的✓按钮，可使零件坐标系与装配体界面坐标系保持一致。

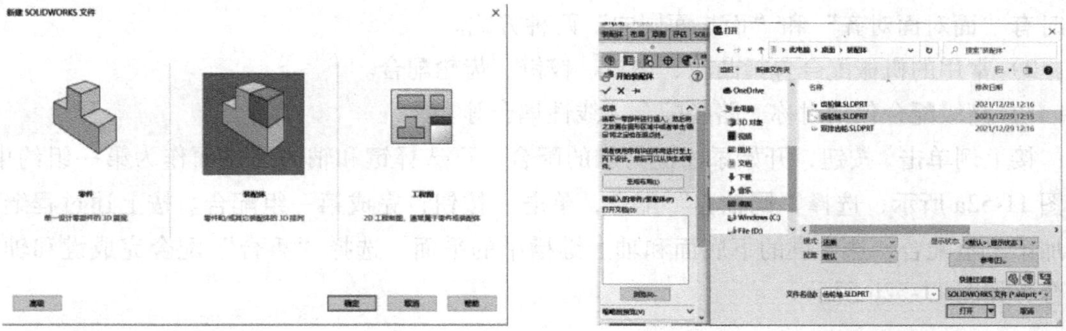

a)　　b)

图 11-50　新建装配体

a）选择模块　b）插入零部件

2. 装配体界面

装配体界面主要包括工具栏和装配设计树，如图 11-51 所示。根据装配顺序选择轴作为基准零件，单击“打开”按钮，在装配体中插入轴零件，零件采用默认位置固定。单击插入零部件按钮，继续插入键零件，按上述过程继续添加，放置在任意位置。

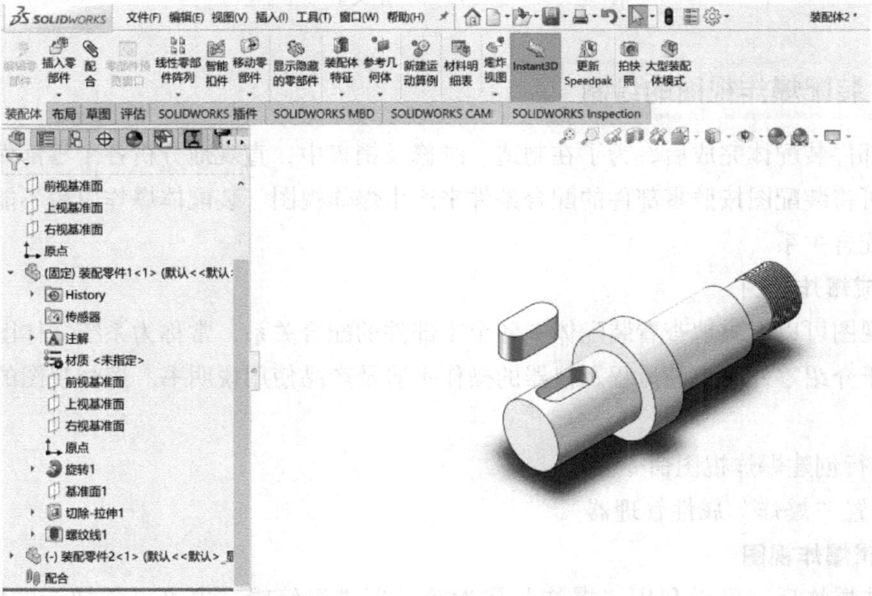

图 11-51　插入轴和键零件

11.5.2 添加配合关系

SolidWorks 的配合是指对零件添加约束条件，配合对象可以是零件上的面、对称轴、基准面等，可选择约束关系完成对零件的约束。

SolidWorks 配合主要包括标准配合，高级配合和机械配合。

1）标准配合包括重合、平行、垂直、相切、同轴心、锁定，以及距离和角度设置，配合时有“面对面对齐”和“面与面同向”两种方式。

2）常用的机械配合包括凸轮、槽口、铰链、齿轮配合。

3）高级配合包括对称、路径配合，线性耦合等。

接上例单击按钮，开始添加键与轴的配合。可选择键和轴的圆弧面作为第一组约束，如图 11-52a 所示，选择“同轴心”配合，单击✓按钮，完成第一组配合。按上述过程继续添加第二组配合，选中键的下底面和轴上键槽中的平面，选择“重合”配合完成键和轴的配合，如图 11-52b 所示。

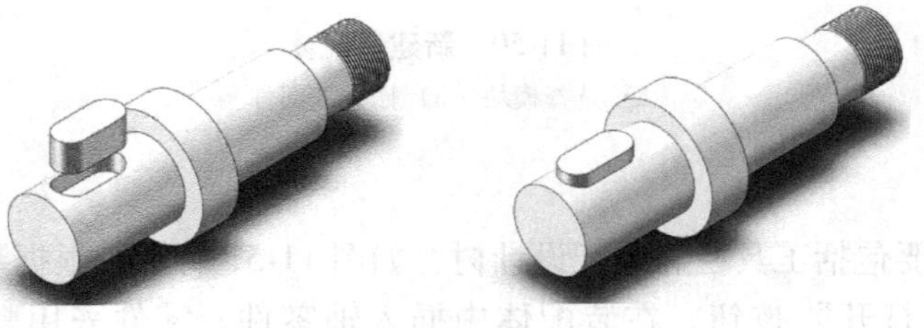

a)　　b)

图 11-52　轴上键的配合

a）定义第一组约束　b）定义第二组约束

11.5.3 装配爆炸视图的绘制

在零部件装配体完成后，为了在制造、维修及销售中，直观地分析各个零部件之间的相互关系，可将装配图按照零部件的配合条件来产生爆炸视图。装配体爆炸以后不能对装配体添加新的配合关系。

1. 生成爆炸视图

爆炸视图可以形象地查看装配体中各个零部件的配合关系，常称为系统立体图。爆炸视图通常用于介绍零件的组装流程及仪器的操作手册及产品使用说明书。爆炸视图的操作流程如下。

1）执行创建爆炸视图命令。

2）设置“爆炸”属性管理器。

2. 编辑爆炸视图

装配体爆炸后，可以利用“爆炸”属性管理器进行编辑，也可以添加新的爆炸步骤。编辑爆炸视图的操作步骤如图 11-53 所示。

1）打开“爆炸”属性管理器并编辑。

2）确认爆炸修改。

3）删除爆炸步骤。

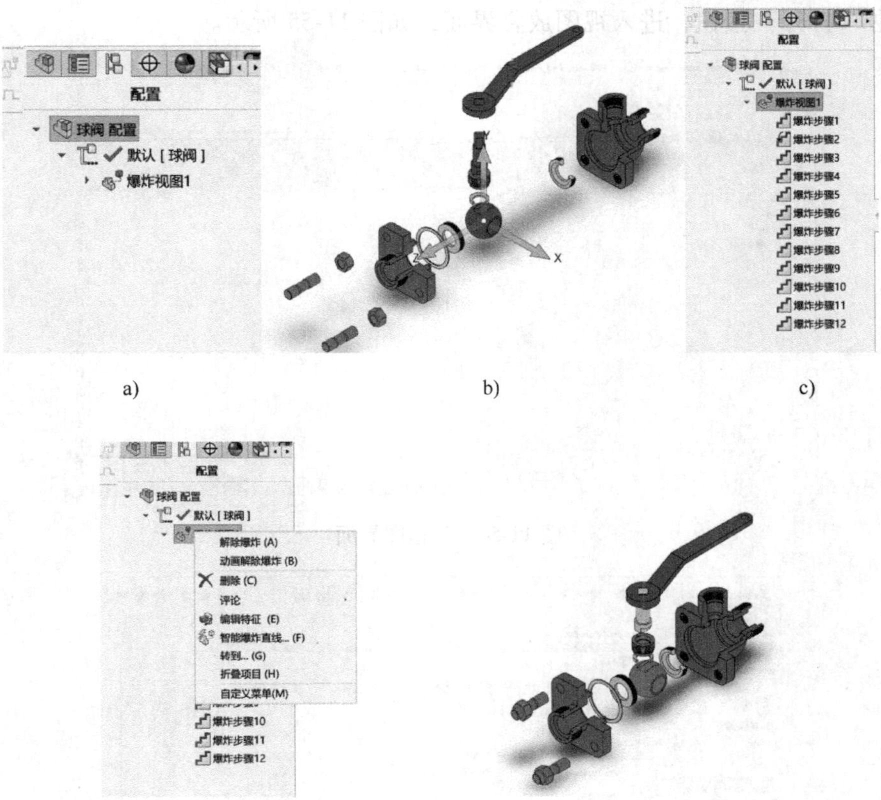

a)　b)　c)　d)　e)

图 11-53　爆炸视图操作

a）配置爆炸视图　b）选择爆炸零件　c）在爆炸属性编辑器中编辑　d）右键可解除或生成爆炸　e）解除爆炸

11.6　SolidWorks 工程图

在 SolidWorks 中，工程图模块可以完成以下工作：工程模板的设置；自动绘制零件或装配体投影后生成的各种视图；标注相关尺寸和技术要求。

本节简单介绍生成工程图的设计流程。

11.6.1　工程图的设计流程

1. 新建工程图

1）单击“新建”按钮，弹出如图 11-50 所示对话框，选择“工程图”，单击“确定”按钮，进入工程图界面。

2）选择图纸。在工程图界面选择“图纸”，弹出“图纸选择”对话框，如图 11-54 所示。根据零件或装配体的大小选择图纸大小，这里选择“A3（GB）”，并单击“确定”按钮。

3）进入工程图编辑状态。工程图编辑窗口包括视图布局、注释、图纸格式等选项，根据需求进行选择，可自定义编辑图纸模板。

2. 选择零件或装配体

选择“视图布局”→“模型视图”，单击“浏览”按钮选择需要生成工程图的零件或装配体，单击“打开”按钮，进入视图放置界面，如图 11-55 所示。

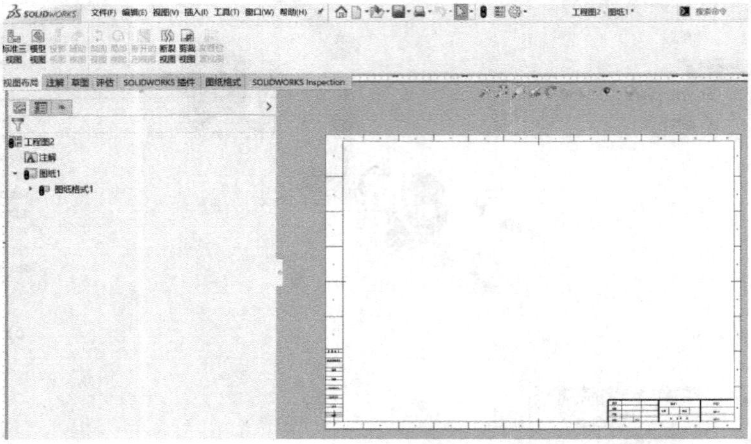

图 11-54　工程图界面

图 11-55　选择零件

3. 生成视图

使用投影视图工具生成各个视图，通过在图纸上移动鼠标（方块），按视图的位置放置对应视图，最终生成图样。

4. 尺寸标注

尺寸标注主要包括以下内容：外形尺寸、表面粗糙度要求、几何公差、技术要求等。

单击“注解”选项卡进入“尺寸标注”面板，如图 11-56 所示，根据需求添加相应尺寸。

图 11-56　“注解”→“尺寸标注”面板

11.6.2 工程图模板的设置

1. 图纸格式的定义

（1）定义图纸格式

在 SolidWorks 中，可自定义图纸格式，如标题栏和边框大小等。右键单击“图纸格式”，在快捷菜单中选择“编辑图纸格式”，进入编辑状态，如图 11-57 所示。

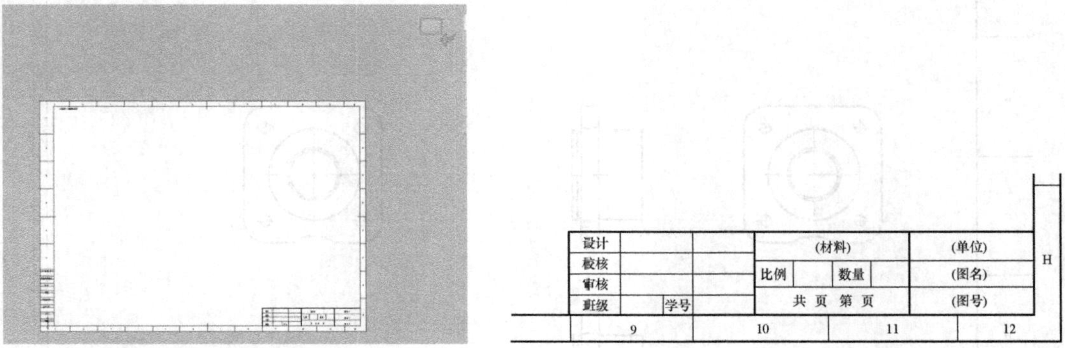

a)　　b)

图 11-57　进入图纸格式编辑状态和修改标题栏

（2）保存图纸格式

单击“文件”→“保存图纸格式”，进入保存界面。可以指定保存的目录，输入新的文件名称，单击“保存”按钮。

2. 工程图设置环境

为保证图形的标注符合国家制图标准，可在尺寸样式、单位、表面粗糙度、尺寸偏差、几何公差等方面事先做好初步设置。单击“选项”按钮，对其中的属性做好设置。

1）选择“文档属性”→“单位”选项，设置“毫米”为单位。

2）选择“文档属性”→“注解”选项，设置字体和箭头、水平折线形式；在“尺寸”选项中更改其字体和箭头的大小。

3）选择“文档属性”→“注解”→“表面粗糙度”选项，设置引线形式为“折弯”样式。

4）选择“文档属性”→“注解”→“选项”→“形位公差”选项，设置水平折线为“折弯”样式。

5）选择“文档属性”→“注解”选项，设置零件序号和焊接符号。

6）选择“文档属性”→“尺寸”选项，可以设置角度标注、倒角、直径、半径、孔标注，在设置角度时应将“文字位置”设为“水平”。

7）对于螺纹的工程图绘制，可选择“文档属性”→“出详图”选项进行设置。

8）对于立体表面相切的图形，可选择“系统选项”→“显示”选项进行设置。

根据上面的设置完成工程制图模板。

3. 工程图模板

设置好以上内容，单击“文件”→“另存为”，选择“工程图模板”进行保存，文件后缀为 .drwdot 格式，每次可以直接调用。

11.6.3 视图的生成

1. 建立三视图和投影视图

通过模型视图或标准的三视图、投影视图可以生成各个视图，如图 11-58 所示。

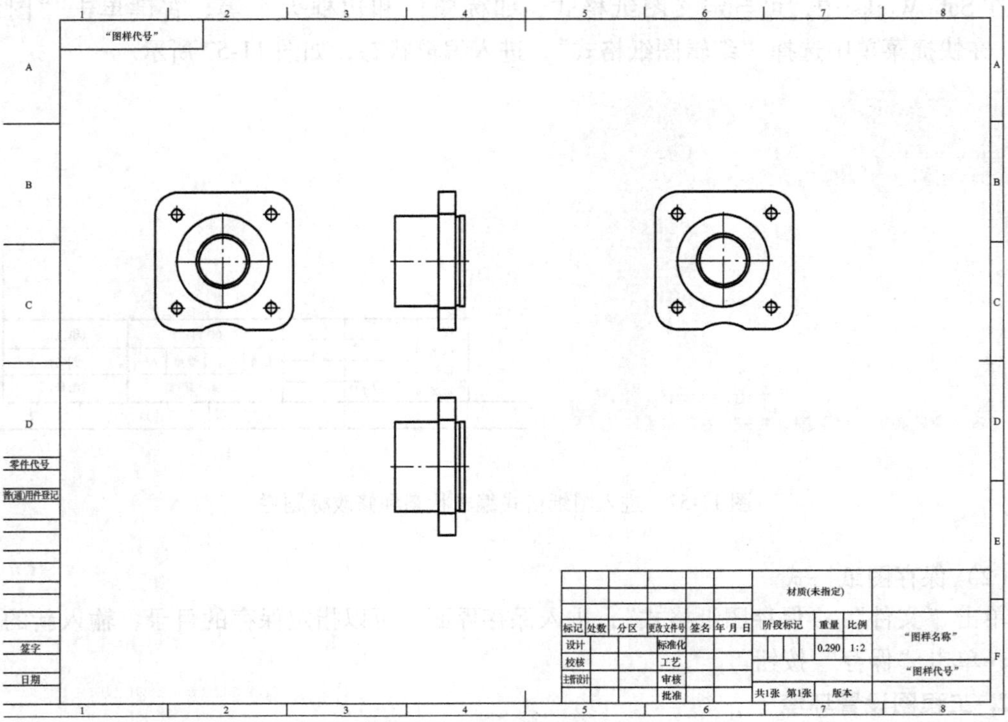

图 11-58 视图的生成

2. 其他视图工具

辅助视图可用于表达倾斜结构的外部形状，用来生成斜视图，再用“裁剪”命令将多余图形删除。在绘制时，可以利用“旋转视图”命令将图形旋转，生成旋转后的斜视图，在对应位置做出标记，如图 11-59a 所示。

“局部视图”命令用于绘制零件的局部放大图，如图 11-59b 所示。

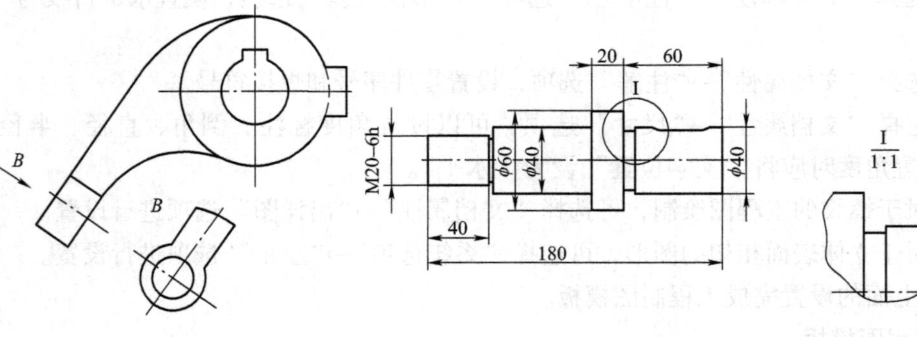

图 11-59 斜视图和局部放大图

a）斜视图的绘制 b）局部放大图

3. 剖面视图和断开的剖视图

“剖面视图”命令可以绘制零件或装配体的全剖视图、半剖视图，“断开的剖视图”命令可以绘制局部剖视图，如图 11-60 所示。

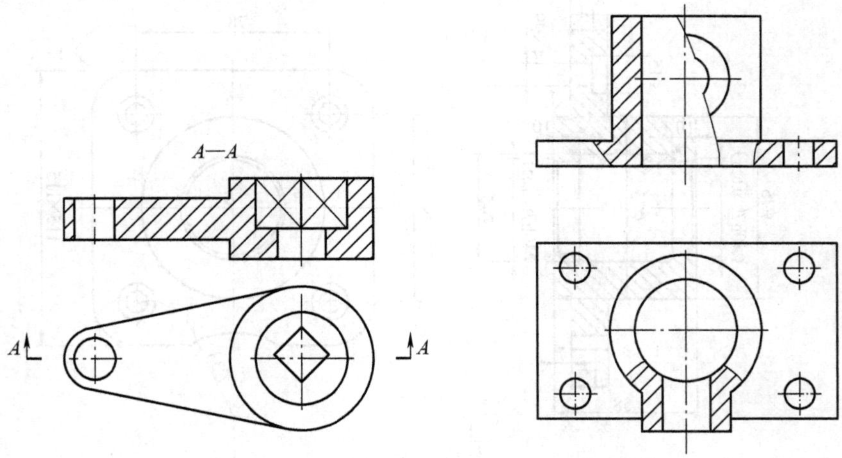

a)　　b)

图 11-60　剖视图的生成

a）全剖视图　b）局部剖视图

端盖零件图的生成过程如图 11-61 所示。

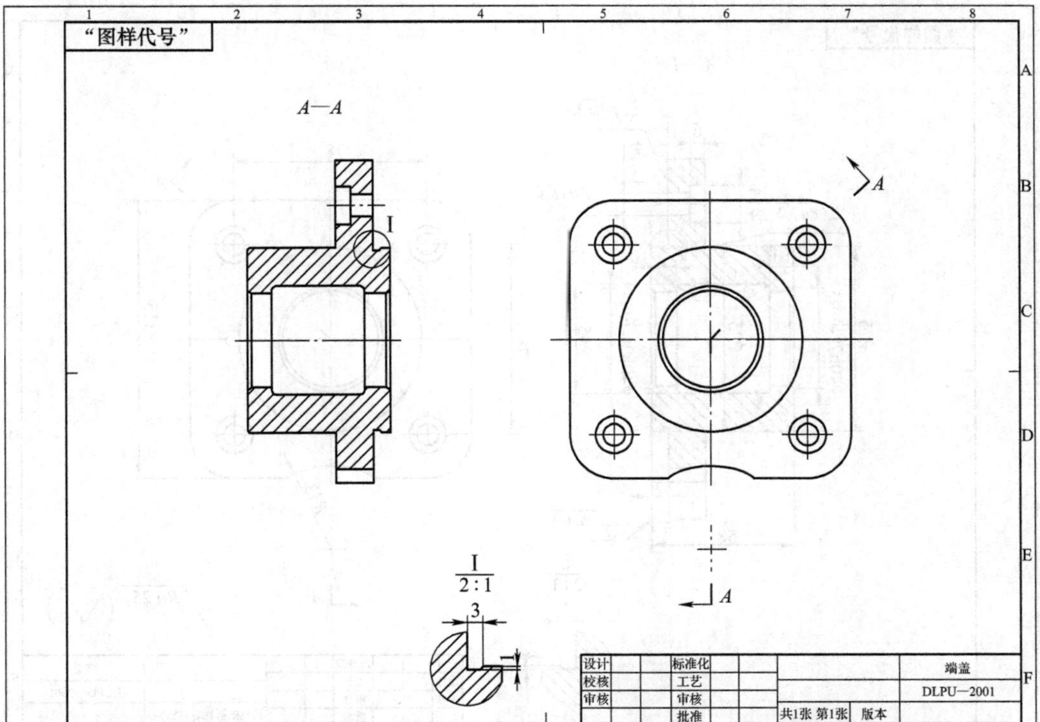

a)

图 11-61　端盖零件图的生成过程

a）主视图全剖（旋转剖）

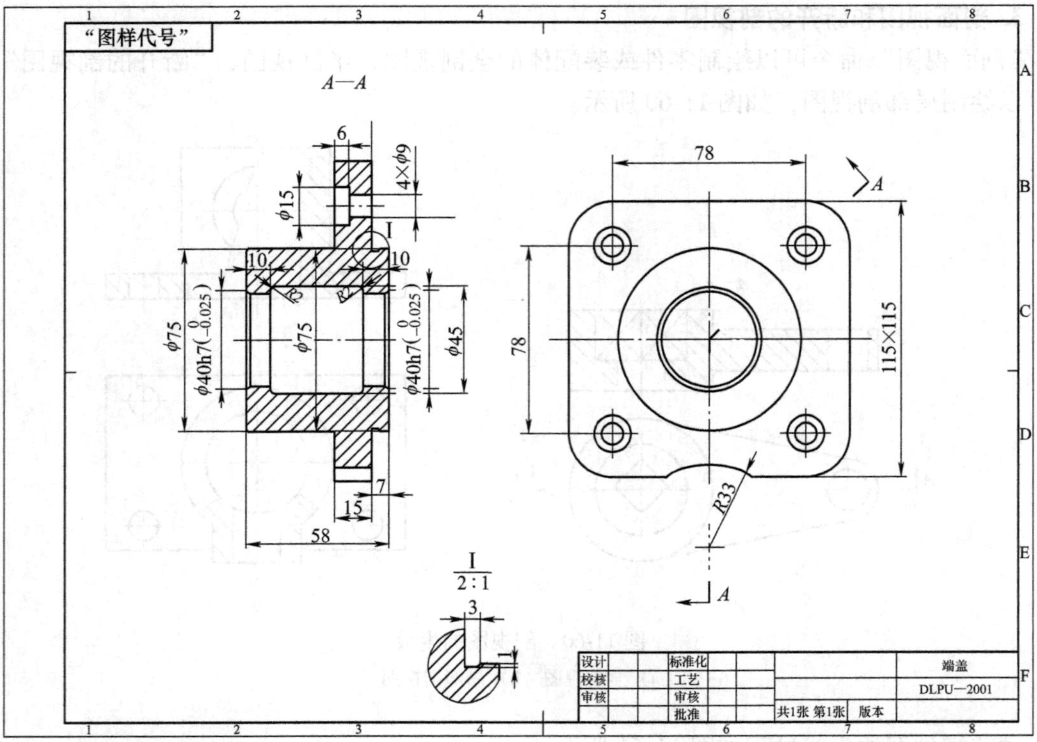

b)

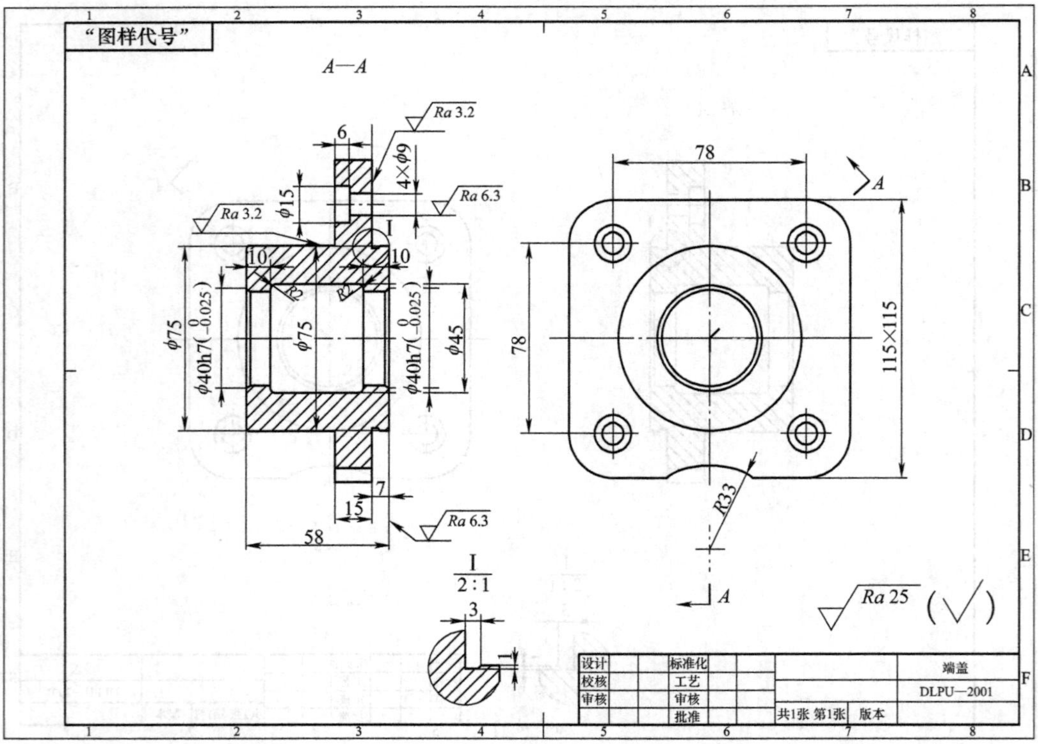

c)

图 11-61 端盖零件图的生成过程（续）

b）完成定形、定位尺寸 c）标注沉孔、倒角尺寸

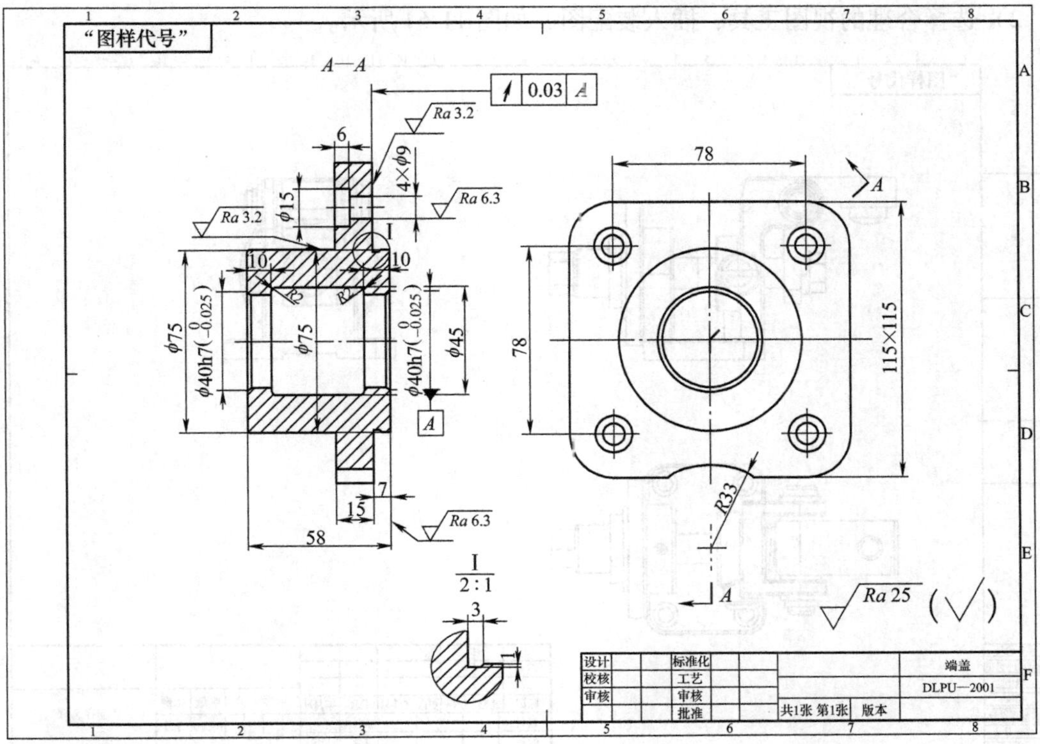

d)

图 11-61　端盖零件图的生成过程（续）

d）标注表面粗糙度、几何公差，整理

11.6.4 生成装配图

1）选择装配体。选择“视图布局”→“模型视图”，如图 11-62 所示。单击“浏览”按钮，选择需要生成工程图的装配体，单击“打开”按钮，进入视图放置界面，如图 11-62、图 11-63 所示。

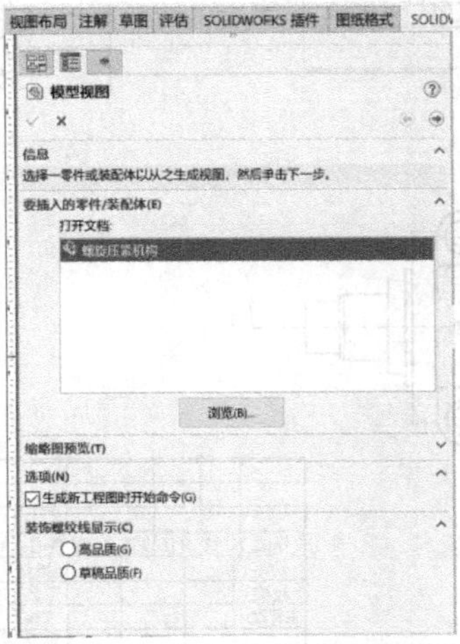

图 11-62　插入装配体，生成视图（一）

2）选择合理的视图工具，插入装配图，如图 11-64 所示。

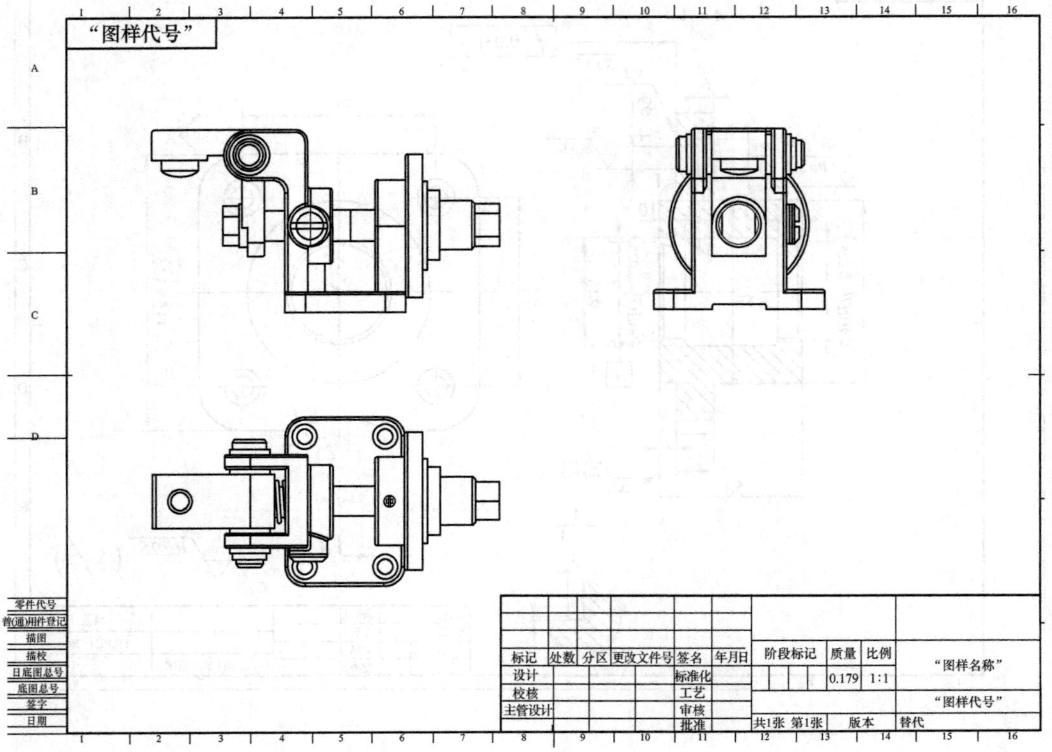

图 11-63　插入装配体，生成视图（二）

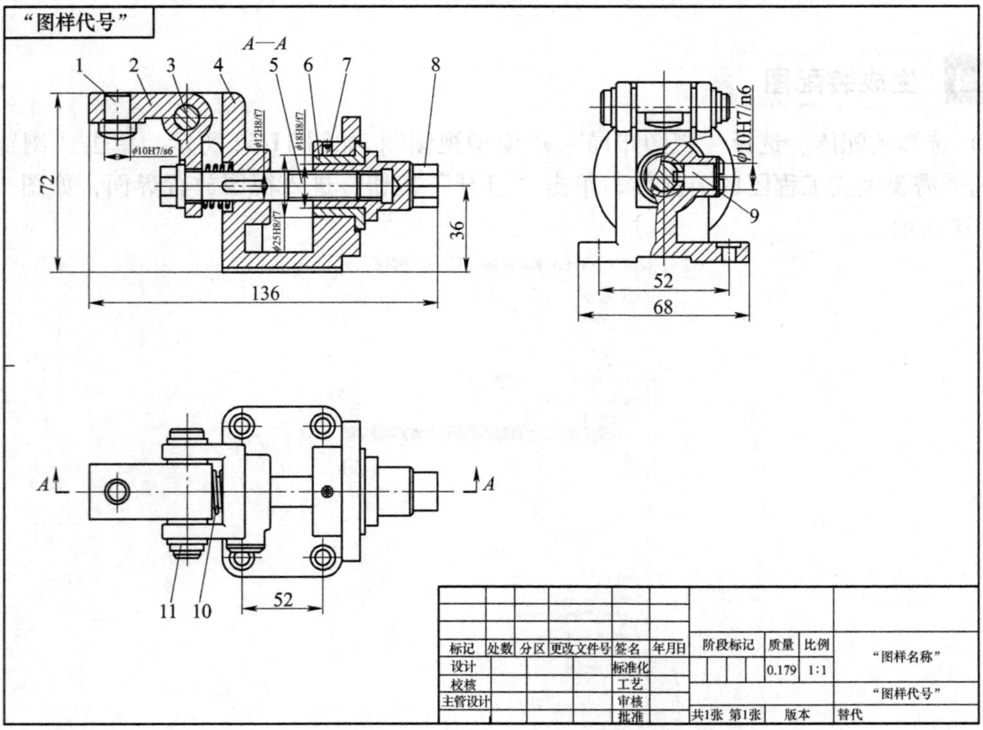

图 11-64　生成装配体各视图

3）单击“注解”→“表格”工具栏中的材料明细表按钮，在“材料明细表”属性管理器中设置相关属性，然后单击“确定”按钮。默认生成的材料明细表，如图11-65所示。明细表的格式和内容可以设定为模板保存下来，再次使用时直接调用。

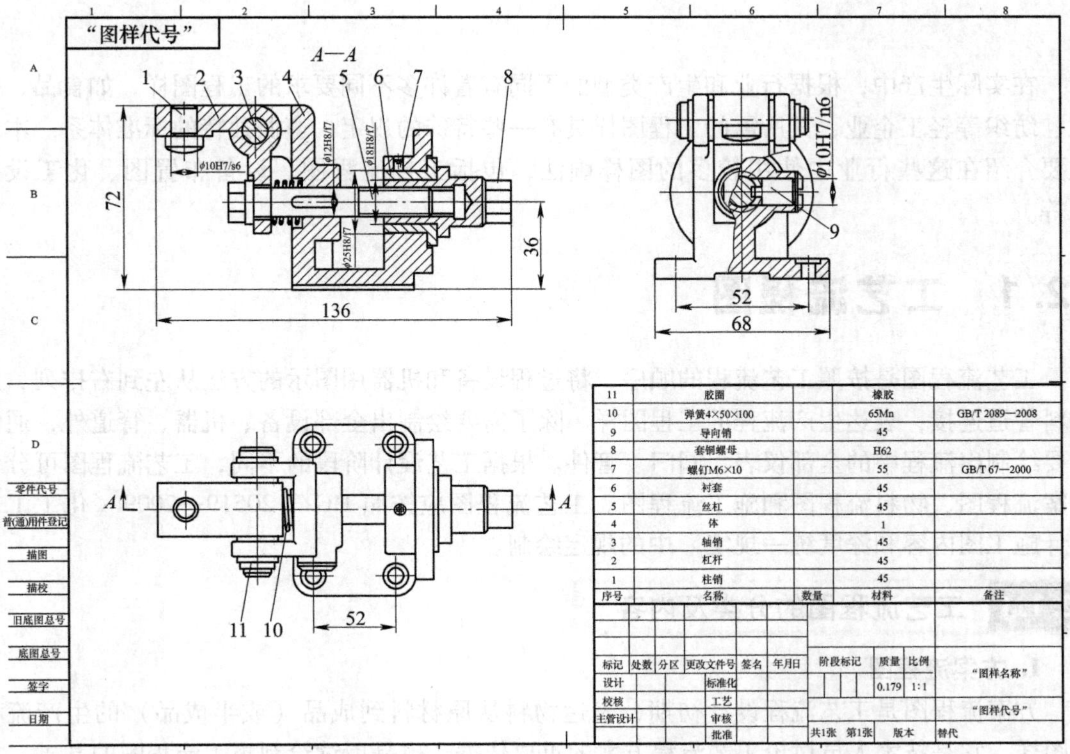

图11-65　生成的材料明细表

第 12 章 其他工程图样

在实际生产中，根据行业和生产类型的不同有着许多不同要求的工程图样，如食品、化工、纺织等轻工企业，其所需的工程图样具有一些特殊的规定，遵循独特的标准体系。本章主要介绍在这些行业中使用较多的图样画法，包括工艺流程图、设备布置图、化工设备图等。

12.1 工艺流程图

工艺流程图是按照工艺流程的顺序，将过程设备和机器用图示的方法从左到右排列，用物料管道连接，表达生产流程的工程图样。除了需要绘制出全部设备、机器、管道外，通常还要绘制出流程中的全部仪表、阀门、管件。根据工艺设计阶段的不同，工艺流程图可分为方案流程图、物料流程图和施工流程图。工艺流程图应按照 HG/T 20519—2009《化工工艺设计施工图内容和深度统一规定》中的规定绘制。

12.1.1 工艺流程图的分类及内容

1. 方案流程图

方案流程图是工艺流程设计初期，表达物料从原材料到成品（或半成品）的生产流程的图样。它是技术人员讨论工艺流程方案的重要依据，也是后续绘制施工流程图的基础。方案流程图主要包括以下两部分内容。

1）设备和机器。用示意图的方式绘制出生产过程中用到的所有设备和机器，相应位置标注设备位号与设备名称。

2）物流流程线。用带箭头的线连接各设备、机器，表达物料流程顺序；用不同形式的线区分不同物料，同时用汉字注明物料名称。

方案流程图绘制及标注方法将在 12.1.2 节介绍。

图 12-1 所示是原料气制备的方案流程图，表达了原料气到成品气的工艺流程过程。原料气在离心泵的驱动下先后进入两个蒸汽加热器，连续与过热蒸汽进行两次热量交换，温度升高后的原料气又在压缩机的作用下，变成高温高压气体，随后进入反应器进行化学反应。反应后的气体经过冷却器和净化塔的作用，最终形成常温纯净的成品气，储存在成品气储罐内。

2. 物料流程图

物料流程图是在方案流程图的基础上，增加图表、文字来反映物料衡算和热量衡算等信息的工程图样。是在初步设计完成后，表达设计计算所得的一系列结果的图样，如图 12-2 所示。通常物料流程图反映信息如下。

1）反映生产流程。

2）用细实线表格列出物料变化前后的组分参数（参数根据具体情况而定，如流量、摩尔分数等）。

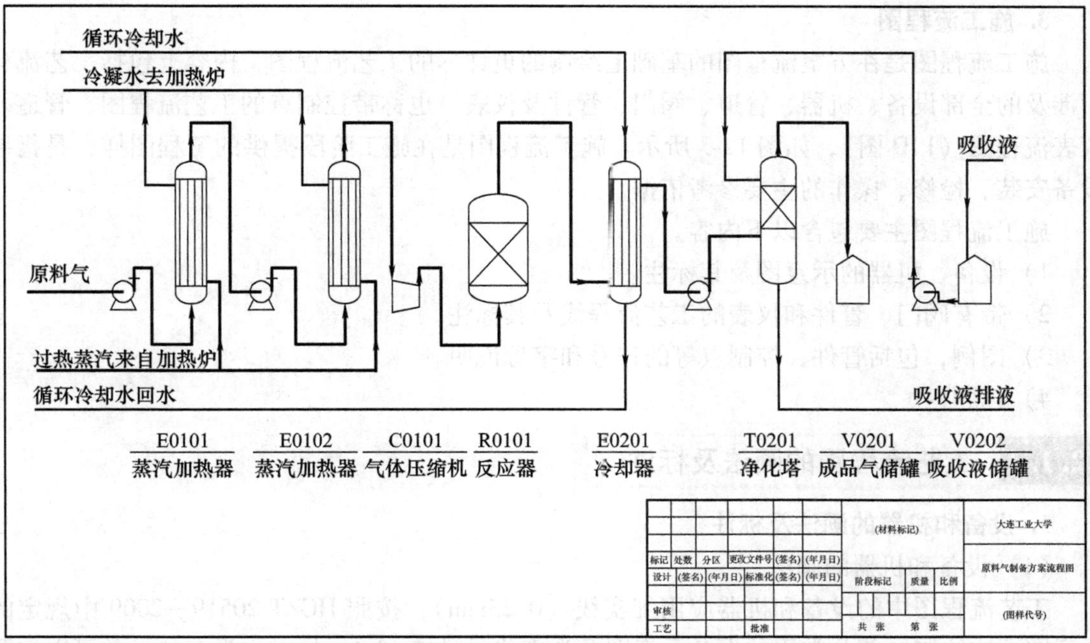

图 12-1　原料气制备方案流程图

3）在部分设备标注下方增加特性参数，如塔的直径和高度、换热器的换热面积、机器的型号等。

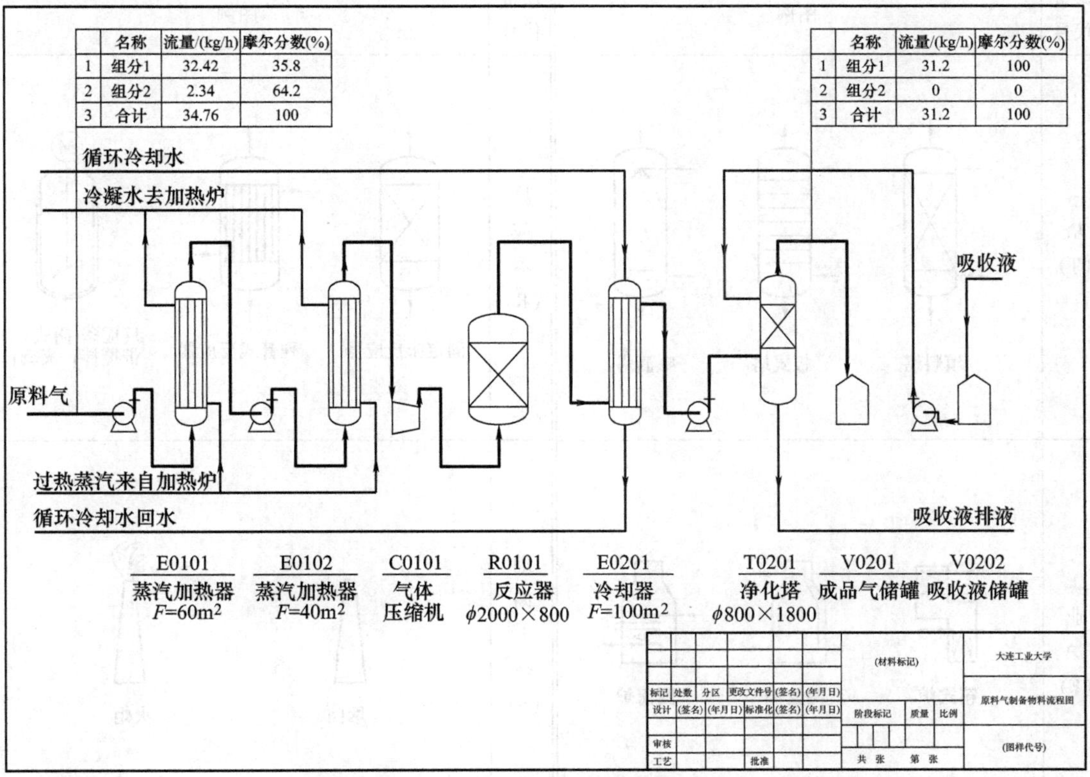

图 12-2　原料气制备物料流程图

3. 施工流程图

施工流程图是在方案流程图的基础上绘制的更详尽的工艺流程图，内容上包括工艺流程中涉及的全部设备、机器、管道、阀门、管件及仪表，也称带控制点的工艺流程图、管道及仪表流程图（PID 图），如图 12-3 所示。施工流程图是在施工阶段提供的工程图样，是指导设备安装、检修、操作的主要参考依据。

施工流程图主要包含以下内容。

1）设备、机器的示意图及其标注。

2）带有阀门、管件和仪表的工艺流程线及其标注。

3）图例，包括管件、控制点等的符号和字母说明。

4）标题栏。

12.1.2 工艺流程图的画法及标注

1. 设备和机器的画法及标注

（1）设备和机器的画法

工艺流程图中的设备和机器应用细实线（0.25mm），按照 HG/T 20519—2009 中规定的示意图画法绘制，部分常用的设备示意图及类别代号见表 12-1，标准中没有的设备可以按照其外形大致绘制出外轮廓。

表 12-1 工艺流程图中设备、机器图例及代号（部分）（摘自 HG/T 20519—2009）

设备代号	图例	设备代号	图例
塔（T）	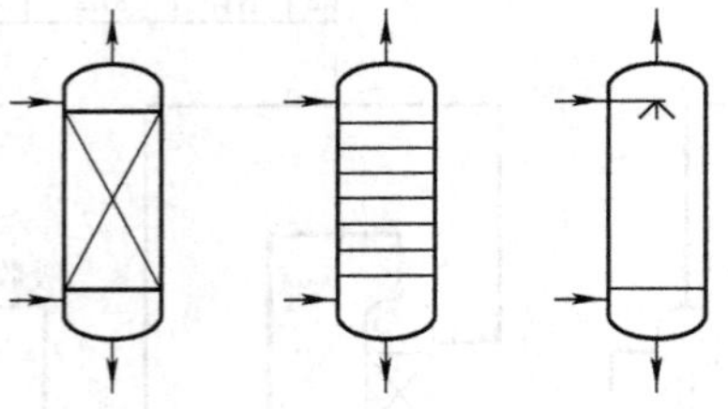 填料塔　板式塔　喷洒塔	反应器（R）	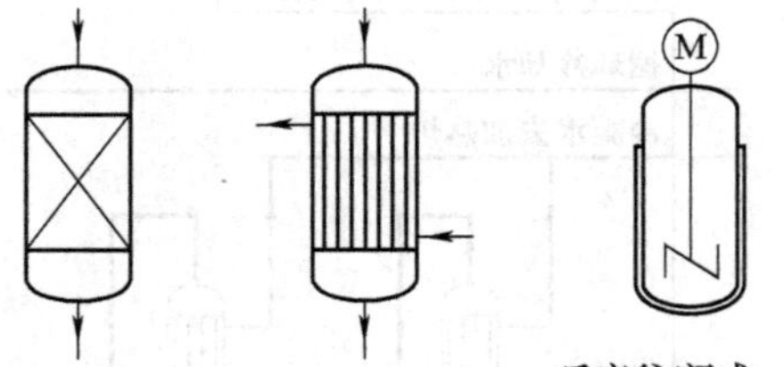 固定床反应器　列管式反应器　反应釜(闭式、带搅拌、夹套)
工业炉（F）	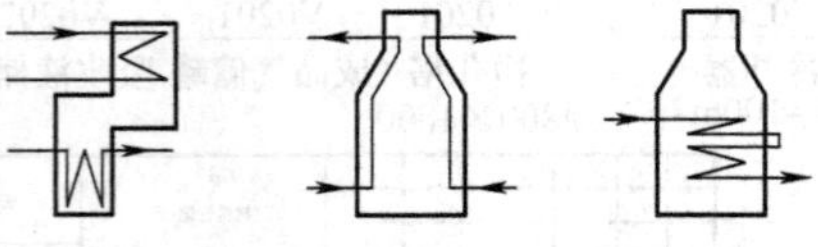 箱式炉　圆筒炉　圆筒炉	烟囱火炬（S）	 烟囱　火炬

（续）

设备代号	图例
泵（P）	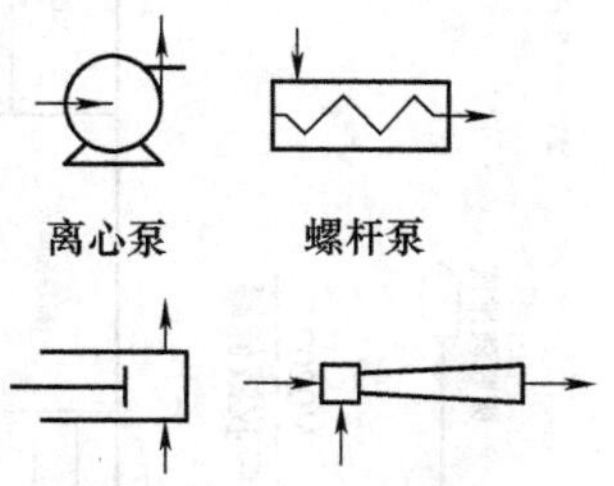 离心泵 螺杆泵 往复泵 喷射泵
换热器（E）	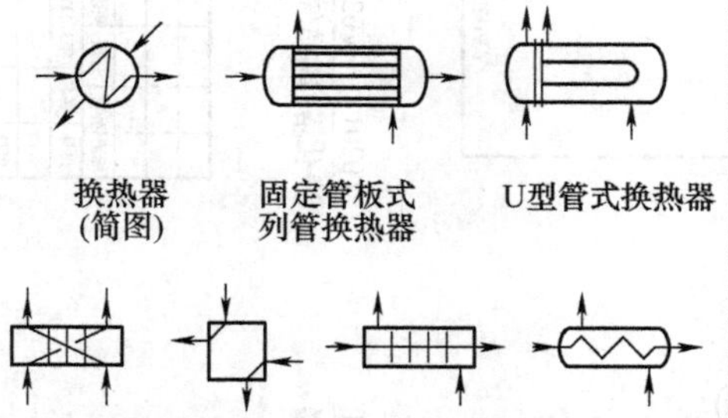 换热器(简图) 固定管板式列管换热器 U型管式换热器 板式换热器 螺旋板式换热器 翅片管换热器 蛇管式换热器
压缩机（C）	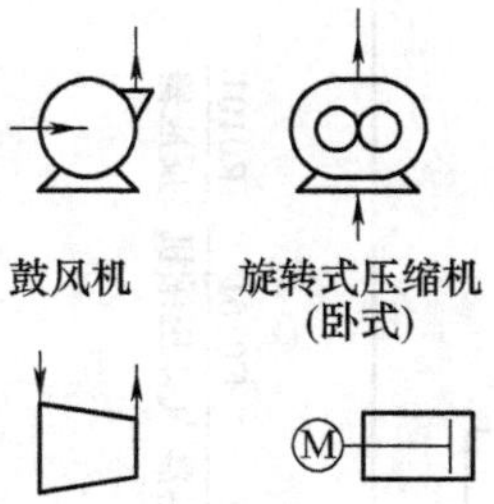 鼓风机 旋转式压缩机(卧式) 离心式压缩机 往复式压缩机

设备代号	图例
容器（V）	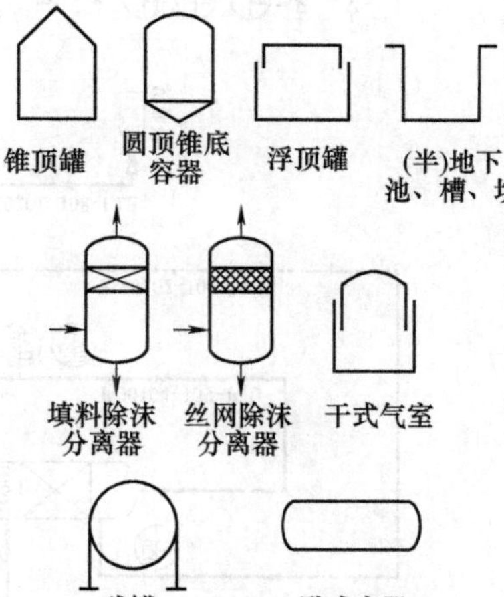 锥顶罐 圆顶锥底容器 浮顶罐 (半)地下池、槽、坑 填料除沫分离器 丝网除沫分离器 干式气室 球罐 卧式容器
动力机	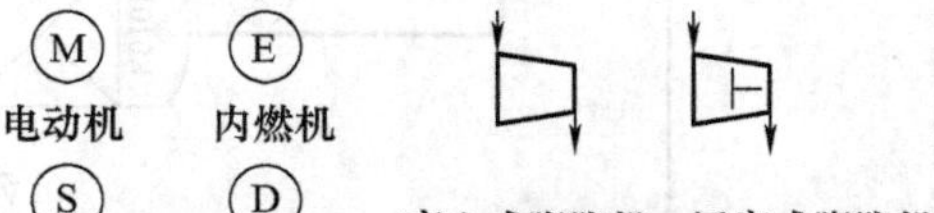 电动机 内燃机 汽轮机 其他动力机 离心式膨胀机、透平机 活塞式膨胀机

流程中所有设备和机器要按工艺流程顺序排列，设备之间不需要按比例绘制，仅表达出相对大小即可；设备之间的高低位置、设备上的重要接口位置应基本符合实际情况；各设备间要留有适当空白来绘制流程线、管件及仪表。整个图面应协调、美观。

在方案流程图和物料流程图中，存在两个以上相同设备或者两套以上相同系统时，可以只绘制出一个或一套。但施工流程图中，相同设备或系统均要绘制，不可省略。

（2）设备和机器的标注

设备和机器绘制完毕，需在两个位置标注设备位号：一是在设备附近或内部标注设备位号，不注名称。二是在设备的正上或正下方标注设备位号及其名称，形式如图 12-4 所示，设备位号在上，名称在下，中间用中粗线（线宽 0.5mm）隔开。

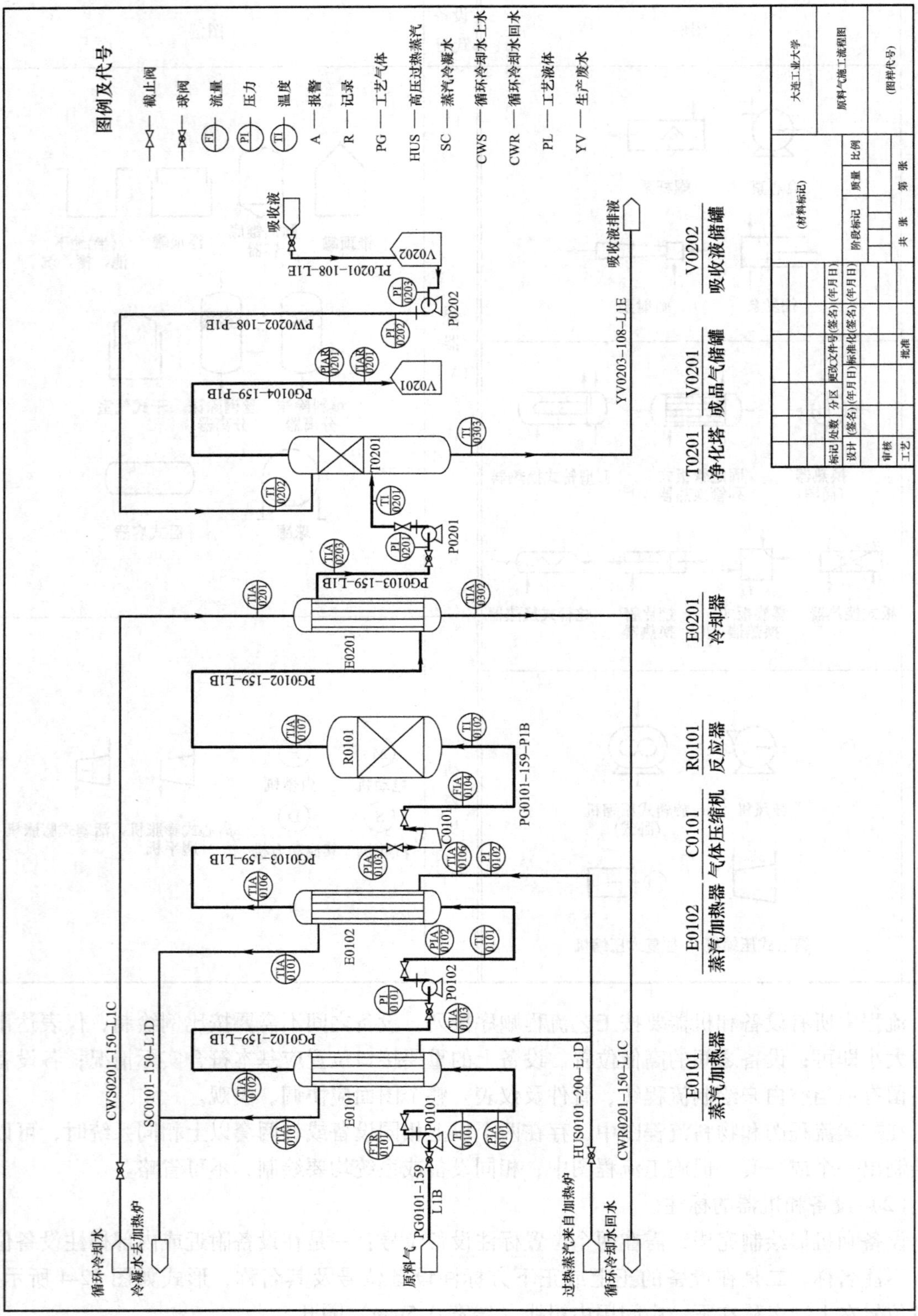

图 12-3 原料气制备的施工流程图

设备位号由类别代号、主项编号、同类设备序号、相同设备数量尾号组成。常用的设备代号可在表12-1中查询；主项编号由工程总负责人提供，是车间或者工段的编号，由两位数组成；同类设备序号是工艺流程里同类设备按流向排序进行的编码，由两位数组成；相同设备数量尾号是当有两台或两台以上相同设备或机器并联时，为了区分所增加的尾号，用A、B、C、D的顺序进行编号。

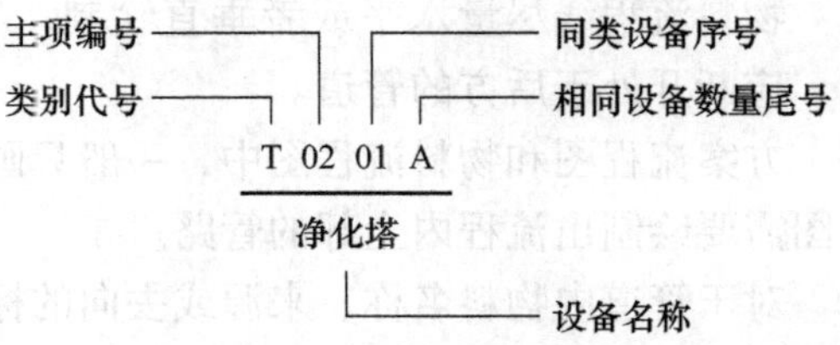

图12-4 设备位号及名称

2. 管道的画法及标注

(1) 管道的画法

输送不同物料的管道用不同的线型绘制，按照HG/T 20519—2009规定（见表12-2），主物料管道采用粗实线，辅助物料或次要物料管道采用中粗线等。管道上用箭头标明物料流动的方向，在管道的起始和终端要注明物料名称、来源或去向。

表12-2 工艺流程图中的管道图例（摘自HG/T 20519—2009）

名称	图例		名称	图例	
主物料管道		粗实线0.6~0.9mm	管道相接	底平 顶平	
次要、辅助物料管道		中粗线0.3~0.5mm	管道交叉（不相连）		
引线、设备、管件、阀门、仪表和管线		细实线0.15~0.25mm	地面		仅用于绘制地下、半地下设备
原有管道、原有设备轮廓线		线宽与其相连的新管道宽度相同	喷淋管		
地下管道（埋地、地下管沟）			同心异径管		
蒸汽伴热管道			非同心异径管	底平 顶平	
电伴热管道			进、出装置、主项的管道或仪表信号线的图样接续标志，相应图样编号填在空心箭头内	进 40 3 出 3 40	在空心箭头附近注明来或去的设备位号或管道号或仪表位号
夹套管		只表示一段			
管道绝热层		只表示一段			
翅片管			同一装置或主项内管道或仪表信号线的图样接续标志，相应图样编号填在空心箭头内	出 3 10 进 10 3	
柔性管					

物料流程线尽量水平或者垂直绘制，尽量避免交叉和穿过设备。若遇到管道交叉的情况，应断开处于后方的管道。

方案流程图和物料流程图中，一般只画出主物料管道，辅助物料管道可以不画。施工流程图需要绘制出流程内全部的管路。

对于管道内物料名称、来源或去向的标注：方案流程图和物料流程图中，用文字注明即可；施工流程图中，需要在管道起始或终端绘制空心箭头，来表达物料流动的方向，若管道与其他图样相关，需要将末端布置在图样的左侧或右侧，空心箭头内部填写相应图样编号，上方注明来或去的设备位号或管道号或仪表位号。

（2）管道的标注

在施工流程图中，每条管道均需标注上管道组合号，组合号的具体内容如图 12-5 所示。包括物料代号、主项编号、管道分段顺序号、管道公称直径、管道等级及隔热或隔声代号，各部分中间用短横连接。管道组合号应平行于管道注写，水平管道注于管道上方，竖直管道注于管道左方，若遇到管道密集的情况，组合号可以从管道直径和管道等级处断开，注于管道两侧，或者用引线的方式引出标注。

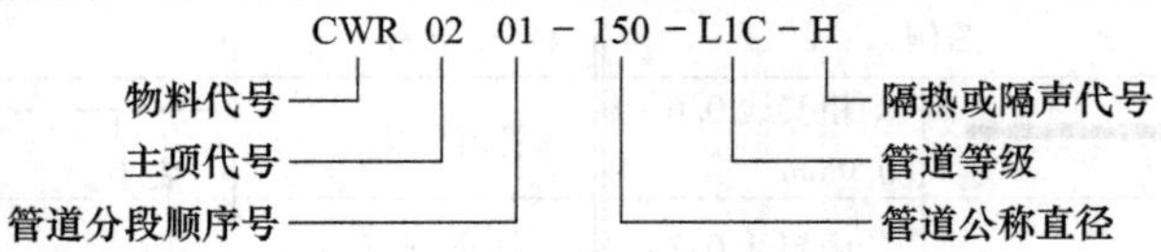

图 12-5 管道的标注方法

1）物料代号：由大写字母组成，按照 HG/T 20519—2009 规定注写，见表 12-3。

表 12-3 物料代号及名称（摘自 HG/T 20519—2009）

代号	物料名称	代号	物料名称	代号	物料名称	代号	物料名称
AG	气氨	FL	液体燃料	LS	低压蒸汽	PW	工艺水
AL	液氨	FG	燃料气	LUS	低压过热蒸汽	SC	蒸汽冷凝水
AR	空气	FRG	氟利昂气体	MS	中压蒸汽	SG	合成气
AW	氨水	FRL	氟利昂液体	MUS	中压过热蒸汽	SL	泥浆
BW	锅炉给水	FS	固体燃料	N	氮	SW	软水
CA	压缩空气	FSL	熔盐	NG	天然气	TG	尾气
CG	转化气	FV	火炬排放气	PA	工艺空气	TS	伴热蒸汽
CSW	化学污水	FW	消防水	PG	工艺气体	RW	原水、新鲜水
CWR	循环冷却水回水	H	氢	PGL	气液两相流工艺物料	RWR	冷冻盐水回水
CWS	循环冷却水上水	HS	高压蒸汽	PGS	气固两相流工艺物料	RWS	冷冻盐水上水
DNW	脱盐水	HUS	高压过热蒸汽	PL	工艺液体	VE	真空排放气
DR	排液、导淋	HWR	热水回水	PLS	液固两相流工艺物料	VT	放空
DW	饮用水、生活用水	HWS	热水上水	PRG	气体丙烷或丙烯	WW	生产废水
ERG	气体乙烯或乙烷	IA	仪表空气	PRL	液体丙烷或丙烯		
ERL	液体乙烯或乙烷	IG	惰性气	PS	工艺固体		

2）主项代号：由工程总负责人提供，是车间或者工段的编号，由两位数字组成。

3）管道分段顺序号：是相同类别管道在同一主项内流向先后的顺序号，由两位数字组成。

4）管道公称直径：一般为管道的公称直径，单位是 mm，仅注写数字。

5）管道等级：包含管道压力等级、顺序号和管道材质信息，压力等级和材质按照 HG/T 20519—2009 注写（详见表 12-4 和表 12-5），顺序号用数字表示，由 1 开始编码。

表 12-4 管道公称压力等级代号（摘自 HG/T 20519—2009）

ASME 标准				国内标准					
代号	公称压力/LB	代号	公称压力/LB	代号	公称压力/MPa	代号	公称压力/MPa	代号	公称压力/MPa
A	150	E	900	L	1.0	Q	6.4	U	22.0
B	300	F	1500	M	1.6	R	10.0	V	25.0
C	400	G	2500	N	2.5	S	16.0	W	32.0
D	600			P	4.0	T	20.0		

表 12-5 管道材料代号（摘自 HG/T 20519—2009）

材料类别	铸铁	碳钢	普通低合金钢	合金钢	不锈钢	非铁金属	非金属	衬里及内防腐
代号	A	B	C	D	E	F	G	H

6）隔热或隔声代号：对于有特殊功能的管道，需要注明隔热或隔声代号，见表 12-6。

例如，图 12-5 中 CWR0201-150-L1C-H 的含义是管道内流有循环冷却水回水，管道主项编号为 02，同 02 主项编号内该管道的顺序号为 01，该管道是公称直径 150mm、公称压力 1.0MPa 的普通低合金钢管道，该管道具有保温功能。

表 12-6 隔热或隔声代号（摘自 HG/T 20519—2009）

代号	功能类别	备注	代号	功能类别	备注
H	保温	采用保温材料	S	蒸汽伴热	采用蒸汽伴管和保温材料
C	保冷	采用保冷材料	W	热水伴热	采用热水伴管和保温材料
P	人体防护	采用保温材料	O	热油伴热	采用热油伴管和保温材料
D	防结露	采用保冷材料	J	夹套伴热	采用夹管套和保温材料
E	电伴热	采用电热带和保温材料	N	隔声	采用隔声材料

3. 阀门等管件的画法及标注

施工流程图需要绘制出管道上所有的阀门、管接头、弯头、法兰、盲板等管件，管件要按照规定的符号用细实线绘制，常见的阀门与管件图例见表 12-7，其中阀门尺寸一般为长 4mm、宽 2mm 或长 6mm、宽 3mm。

表 12-7 阀门及管件图例（摘自 HG/T 20519—2009）

名称	图例	名称	图例	名称	图例	名称	图例
截止阀		隔膜阀		减压阀		针型阀	
节流阀		直流截止阀		蝶阀		底阀	
球阀	圆直径 4mm	闸阀		疏水阀		呼吸阀	
旋塞阀	圆点直径 2mm	止回阀		插板阀		阻火器呼吸阀	
角式截止阀		三通截止阀		四通截止阀		角式弹簧安全阀	
角式重锤安全阀		爆破片	真空式　压力式	放空管（帽）	帽　管	漏斗	敞口　封闭
鹤管		安全淋浴器		洗眼器		安全淋浴洗眼器	
阻火器		视镜、视钟		消声器		文氏管	
Y 型过滤器		锥型过滤器	方框5mm×5mm	T 型过滤器	方框5mm×5mm	罐式过滤器	方框5mm×5mm
管道混合器		膨胀节		设备管与管道焊接连接		螺纹管帽	
法兰连接		软管接头		管端盲板		管端法兰	
阀端法兰		管帽		阀端丝堵		管端丝堵	

4. 仪表、控制点的画法及标注

施工流程图中应绘制出全部与工艺相关的仪表控制点，包括检测仪表、调节控制系统和分析取样系统。

（1）仪表图形

根据 HG/T 20519—2009 中相关规定，控制点用符号表示，其基本符号是细实线绘制的圆，直径为 10mm，从其安装位置或数据检测位置引出引线与圆相连，如图 12-6 所示。仪表安装位置和图形符号见表 12-8。

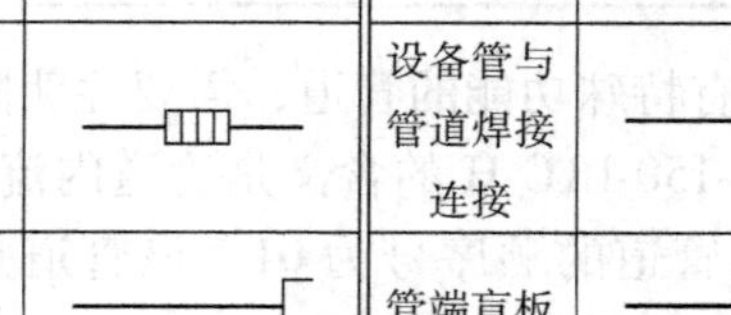

图 12-6　控制点的图形

表 12-8　仪表安装位置和图形符号（摘自 HG/T 20519—2009）

安装位置	图形符号	说明	安装位置	图形符号	说明
就地安装			就地仪表盘面安装		
	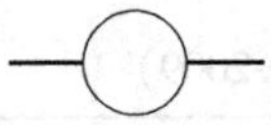	嵌在管道内	集中仪表盘面后安装		
集中或盘面安装	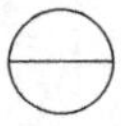		就地仪表盘面后安装	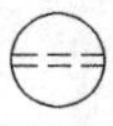	

（2）仪表位号

在检测系统中，构成一个回路的每个仪表（或者元件）都有自己的仪表位号，仪表位号由大写字母和阿拉伯数字组成。其中，第一个大写字母表示被测变量，后边的字母表示仪表功能，常见的被测变量和仪表功能代号见表 12-9；数字编号表示工段号和仪表回路顺序号。

仪表位号中的字母部分填写在圆圈上半部，数字部分填写在圆圈下半部。图 12-7 所示为控制点标注示例。

集中仪表盘安装的流量指示控制仪表　就地安装的压力指示表

a)　b)

图 12-7　控制点标注示例

表 12-9　常见的被测变量和仪表功能代号

字母	第一位字母 被测变量或初始变量	后续字母 功能	字母	第一位字母 被测变量或初始变量	后续字母 功能
A	分析	报警	N	供选用	供选用
B	喷嘴火焰	供选用	O	供选用	节流孔
C	电导率	控制	P	压力、真空	试验点（接头）
D	密度		Q	数量、件数	积分、积算
E	电压、电动势	检出元件	R	放射性	记录、打印
F	流量		S	速度、频率	开关、联锁
G	尺寸、尺度	玻璃	T	温度	传送
H	手动		U	多变量	多功能
I	电流	指示	V	黏度	阀、挡板、百叶窗
J	功率		W	重量、力	套管
K	时间、时间程序	自动手动操作器	X	未分类	未分类
L	物位	指示灯	Y	供选用	继动器、计算器
M	水分、湿度		Z	位置	驱动、执行、未分类执行器

12.1.3　工艺流程图的绘制

1. 一般规定

（1）图幅

工艺流程图应采用标准规格的 A1 图幅。横幅绘制，流程简单者可用 A2 图幅。

（2）文字

汉字宜采用长仿宋体或者正楷体（签名除外），并以国家正式公布的简化字为标准，不得任意简化、杜撰。推荐的字体高度见表 12-10。

表 12-10　推荐的字体高度（摘自 HG/T 20519—2009）

文字内容	推荐字高/mm	文字内容	推荐字高/mm
表中的图名及符号	5~7	图名	7
工程名称	5	表格中的文字	5
图样中的文字说明及轴线号	5	表格中的文字（格高<6mm）	3
图样中的数字及字母	2~3		

（3）图线

所有图线要清晰光洁、均匀，宽度应符合标准（见表 12-2）。平行线间距不小于 1.5mm，以保证复制件上的图线不会分不清或重叠。

2. 绘图步骤

施工流程图绘制方法与步骤。

1）定图幅，绘制图框和标题栏。

2）绘制设备，标注设备位号。

3）绘制管道，标注管道代号。

4）绘制阀门。

5）绘制控制点并标注。

6）绘制图例。

7）填写标题栏。

对于方案流程图，仅完成上述步骤 1~3 即可，物料流程图在完成步骤 1~3 后，需要绘制物料组分表，注写设备特性参数。

12.2　设备布置图

设备布置图是用来表示工艺流程内所有设备或装置在厂房建筑内布置情况的工程图样，是指导设备及管路设计、安装、检修的重要技术文件。

设备布置图在厂房建筑图的基础上，添加了设备图样，所以在绘制的过程中既要遵守 HG/T 20546—2009《化工装置设备布置设计规定》，又要遵守 GB/T 50001—2010《房屋建筑制图统一规定》。

12.2.1　设备布置图的内容

设备布置图整体要布局合理、整洁、美观，建筑和设备图布置在图面中间，详图布置在其周围。标题栏上方一般不安排图形，应布置设备一览表和分区索引图等，如图 12-8 所示。

设备布置图的主要内容如下。

1. 建筑和设备图

设备布置图中的视图主要包括房屋建筑图样和设备图样两部分。房屋建筑图样表达厂房的方位、占地大小、结构及与设备安装定位有关的建筑物的结构形状和相对位置等厂房信息；设备图样表达设备（机器）的基本外观和安装位置。

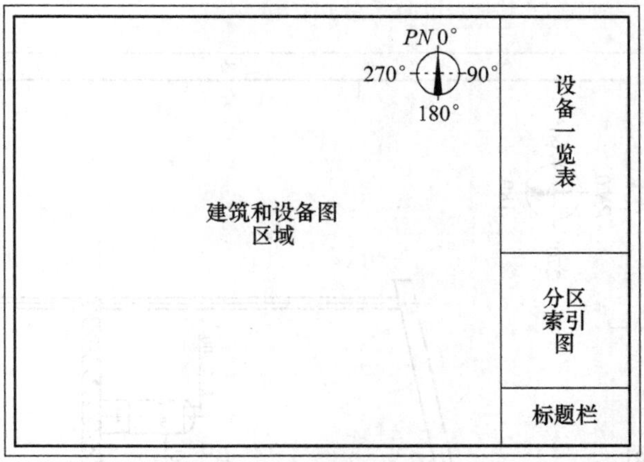

图 12-8　设备布置图的图面布置

2. 尺寸及标注

按 GB/T 50001—2010 规定标注建筑的尺寸、标高、定位轴线，在图样右上角绘制指北针，标明建筑方位。设备需要注写设备位号和与设备安装有关的所有定位尺寸和标高。

3. 标题栏

标题栏中填写图样的基本信息，包括图名、比例、设计者等。

4. 设备一览表

设备布置图应单独配有设备一览表，附在设计文件中，无需绘制在设备布置图中，表格绘制参见 HG/T 20519. 2—2009 中的第 4 部分。当图中设备查找不便时，可以在图的右上角增加简易的设备一览表（见表 12-11），设备按设备位号字母顺序，从上到下排列。

表 12-11　简易的设备一览表

设备位号	设备名称	支撑点高度

5. 分区索引图

设备布置图是按工艺主项绘制的，当区域较大或设备较多时，可以分区绘制。此时就需要分区索引图来表示绘制区域所处的位置。

12. 2. 2　设备布置图的画法和标注

1. 视图的配置

设备布置图按正投影原理绘制，表达厂房结构和设备安装位置。一般设备布置图包括平面图和剖面图。图 12-9 所示是设备布置图示例。

平面图用来表达厂房内外设备布置情况和厂房建筑的方位、结构、尺寸等。应按楼层逐层绘制平面图，从最低层开始，在图纸上从下到上或从左到右排列。各层平面图应为上一层的楼板底面水平剖切的俯视图。

当设备布置较为复杂，仅靠平面图无法表达布置情况时，要增加剖面图。

剖面图是假想一个垂直的平面把建筑剖开进行正投影的立面投影图，用来表达设备和建筑物高度方向的位置关系。剖切位置用剖切符号在图中加以标注。剖面图可以和平面图绘制在同一图纸上，也可以单独绘制，剖面名称绘制在剖面图下方。

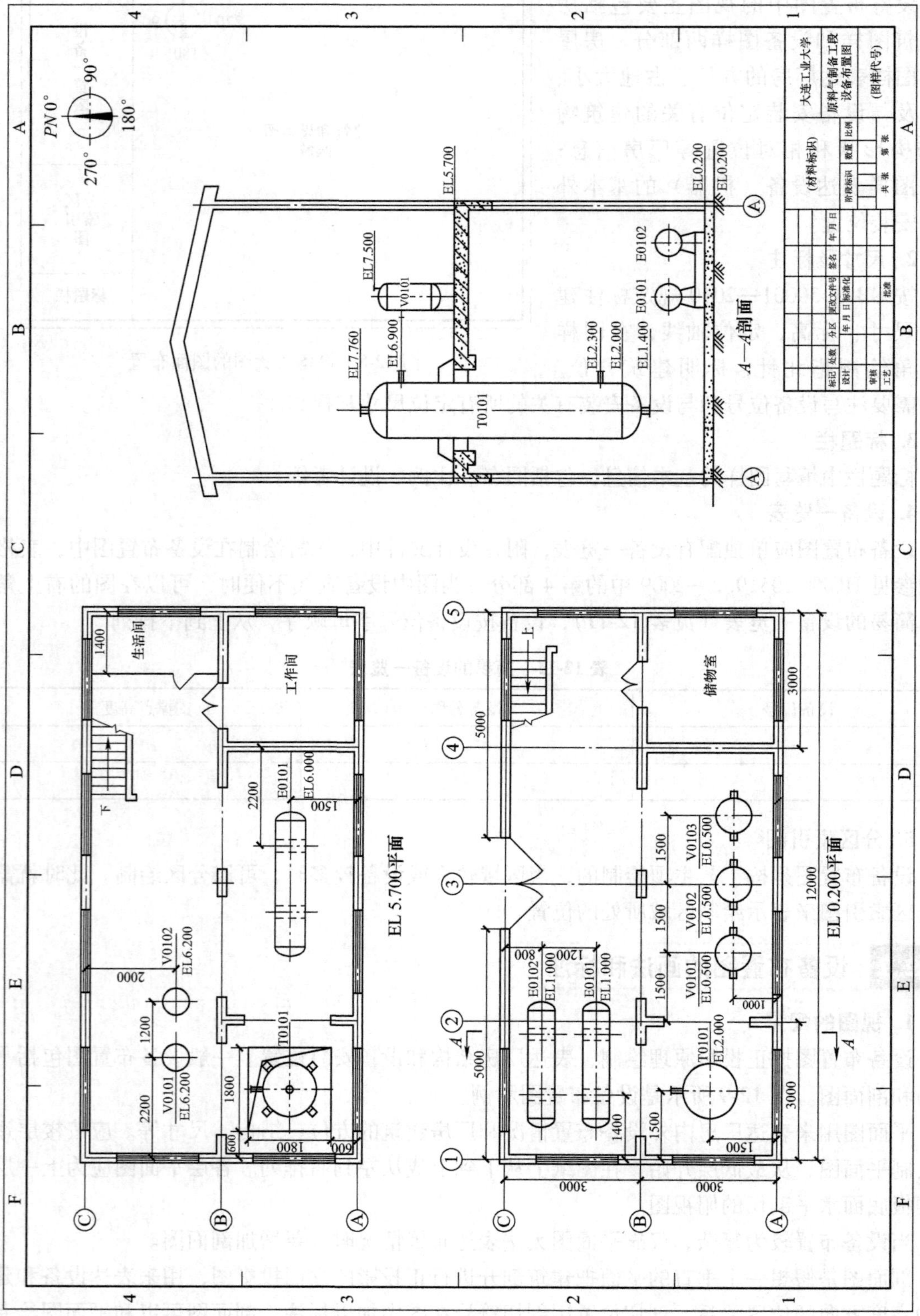

图 12-9 设备布置图示例

2. 建筑制图

在设备布置图中，应表达装置的界区范围和界区内建筑的形状及结构。通常只画出厂房建筑的空间大小、内部分隔以及与设备安装定位有关的基本结构，如墙、柱、地坑、楼板、栏杆、楼梯、吊车及设备基础等。与设备安装关系不大的门、窗等一般只在平面图中画出它们的位置、开启方式等，不在剖面图中绘制。

没有被剖切的墙、柱等建筑结构用细实线（0.15～0.25mm）绘制其轮廓，被剖切的结构将剖切部分用灰色或红色填充。常见的建筑物材料和结构的简化画法图例见表 12-12。

表 12-12　常见的建筑物材料和结构的简化画法图例

名称	图例	名称	图例	名称	图例	名称	图例
夯实土壤		沙、灰土		钢筋混凝土		毛石	
木材		混凝土			涂红	普通砖	
墙体		双扇门		空洞		楼梯	下 顶层
窗		单扇门					上 底层
空门洞		坑槽		楼梯	下 上 中间层		

根据 GB/T 50001—2010 规定，房屋建筑图标注规定如下。

（1）尺寸标注

房屋建筑图的线性尺寸线两终端用 45°短斜画表示，如图 12-10 所示。半径、直径及角度的终端用箭头表示。建筑图一般默认以毫米（mm）为单位（总平面图单位是米）。

（2）定位轴线

定位轴线是确定建筑物主要承重结构位置的基准，是施工、放线以及设备安装定位的重要依据。在设备布置图中，一般所有的墙、柱等建筑结构都应用细点画线画出定位轴线位置并进行编号。

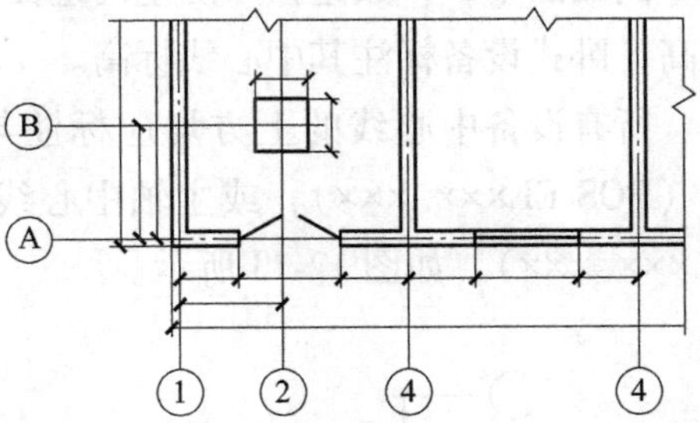

图 12-10　房屋建筑图的尺寸标注

定位轴线编号注写在细实线绘制的圆内，圆直径 8mm。水平和竖直方向整齐排列，编号方法不同：水平方向从左向右用数字 1、2、3……进行编号，注于图的下侧；竖直方向从下向上用大写字母 A、B、C……进行编号，注于图的左侧。

（3）标高

建筑物的各层、地面或其他建筑结构相对于某一基准的高度，称作标高，符号画法如图 12-11 所示。标高的默认单位是米（m），一般标注至小数点后三位。

基准面，一般选择建筑外场地的地平面，注为 EL0.000，高于基准面为正，标高前不加正号，低于基准面为负，标高前加负号。

用各楼层的标高来命名建筑物各层建筑图，如图 12-10 所示，该图名为 EL0.000 平面图。

(4) 指北针

建筑平面图右上角需要配有指北针，用来表示建筑图方位，指北针的画法如图 12-12 所示。指北针用细实线绘制，中心线用细点画线，圆的直径为 20mm，箭头下端宽度为 3mm。

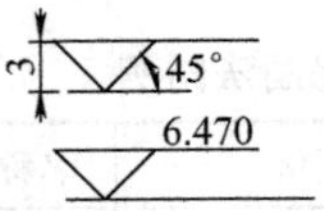

图 12-11 标高的符号画法

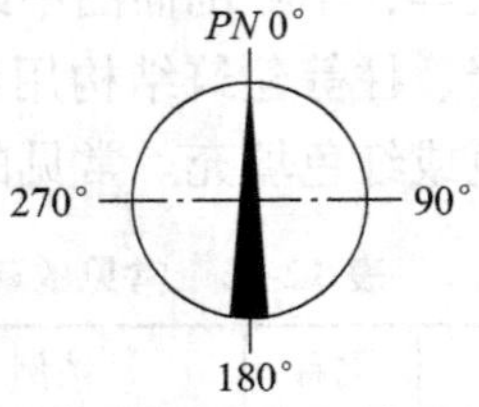

图 12-12 指北针的画法

3. 设备画法

设备布置图中，应按比例绘制出界区内所有设备的初步位置和高度，并标注设备位号。

设备的外观及安装基础应按照设备数据表中给出的尺寸，按比例用粗实线（0.5~0.7mm）简略绘制其外观。

对于外观复杂的设备，如机、泵类，可以只画出设备基础和大体外观；对于多于三台的同位号设备，可以只画出首末两台设备，中间可只画出设备基础或直接用双点画线的方框表示；对于非定形设备可以适当简化其外观，如梯子、工作台等；对于穿过多层建筑的设备，应在每层平面图都画出设备的位置，并标注其设备位号。

一般不标注设备的定形尺寸，仅标注定位尺寸。

平面图中，尺寸基准通常选择建筑的定位轴线，对于立式设备选中心线作为基准，对于卧式设备选中心线和靠近定位轴线一侧的支座作为基准。

剖面图中，一般选择厂房室内地面为基准，立式设备标注其支撑点、最高点、重要接口标高，卧式设备标注其中心线标高。

所有设备中心线的上方均应标注与工艺流程图一致的设备位号，下方注写支撑点标高（POS EL×××. ×××），或主轴中心线的标高（EL×××. ×××），或管架的架顶标高（TOS EL×××. ×××），如图 12-13 所示。

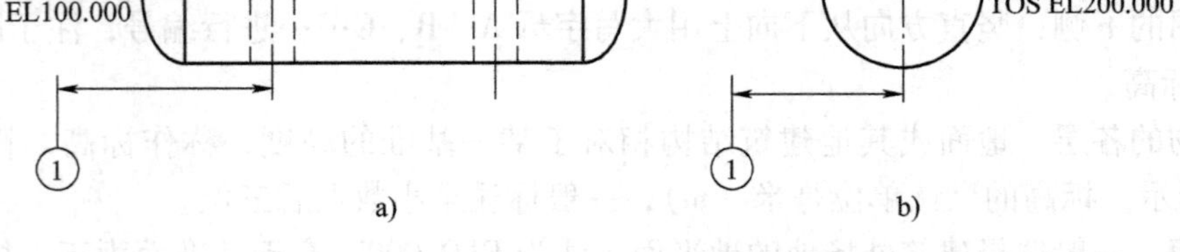

图 12-13 设备平面定位尺寸标注

a）卧式设备 b）立式设备

12.2.3 设备布置图的绘制

1. 一般规定

设备布置图的图幅应符合机械制图的有关规定，通常采用A1图纸。图纸图框用3mm长的粗实线进行等分，长边各格标注A、B、C、D……短边标注1、2、3、4……A1图幅长边8等分，短边6等分；A2图幅长边6等分，短边4等分，如图12-14所示。工程建筑图常用比例见表12-13。

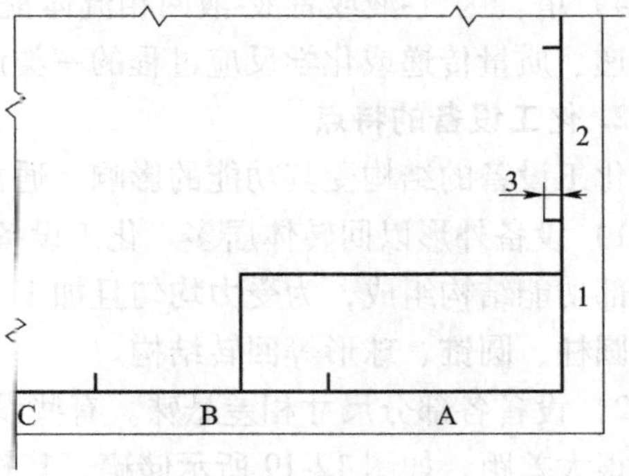

图12-14 图幅长短边等分示意

表12-13 工程建筑图常用比例

常用比例	1∶1、1∶2、1∶5、1∶10、1∶20、1∶50、1∶100、1∶150、1∶200、1∶500、1∶1000、1∶2000、1∶5000、1∶10000、1∶20000、1∶50000、1∶100000、1∶200000
可用比例	1∶3、1∶4、1∶6、1∶15、1∶25、1∶30、1∶40、1∶60、1∶80、1∶250、1∶300、1∶400、1∶600

2. 绘图步骤

1）确定视图配置，选定绘图比例及图幅。

2）绘制设备布置平面图。从底层开始向上逐层绘制，具体绘制方法如下。

①先用点画线绘制定位轴线，再用细实线绘制厂房基本结构。

②先绘制设备中心线，再用粗实线绘制设备外观和重要管口、支架、基础等轮廓形状。

③标注定位轴线及定位轴线间尺寸。

④标注设备和设备定位尺寸。

3）绘制设备布置剖面图。具体绘制方法与平面图相同。

4）图纸右上角绘制指北针。

5）绘制设备一览表，注写技术要求，填写标题栏。

6）检查、校核、完成图样。

12.3 化工设备图样

12.3.1 化工设备简介及特点

化工设备图是石油化工、轻工、制药、食品等领域表达设备结构常见的图样，是制造、安装、检修化工设备的重要技术文件。化工设备图沿用了机械图样的绘制方法，同时结合化工设备的结构特点，增加了一些规定画法和简化画法。

1. 常见的化工设备

1）储罐。用来储存物料，外形有圆柱形、球形、方形等。

2）反应器。实现化学反应过程的设备。

3）换热器。又称为热交换器，是冷、热流体之间部分热量相互传递的设备。

4）塔。为气-液或者液-液两相流体提供充分接触的场所，用以进行两相流体之间的热量传递、质量传递或化学反应过程的一类设备。

2. 化工设备的特点

化工设备的结构受其功能的影响，通常具有以下特点。

1）设备外形以回转体居多。化工设备通常由需要承受一定压力载荷的外壳和各种各样的内部功能结构组成，为受力均匀且加工方便，通常化工设备封头、筒体及一些零部件结构采用圆柱、圆锥、球形等回转结构。

2）设备各部分尺寸相差悬殊。有些设备特别是塔和换热器，其外形与壁厚的尺寸之间存在很大差距，如图 12-19 所示储罐，其长度 9228mm，内径 1900mm，但壁厚仅有 14mm。

3）焊接连接多。化工设备各零部件之间的连接方式大多采用焊接连接，例如，圆柱形筒体通过钢板卷焊制成，筒体、封头、接管、法兰等零件之间的连接也均采用焊接工艺。

4）标准化零件多。为了制造方便，化工设备广泛采用标准化通用零件，如法兰、封头、管件等，设备设计过程中可根据需要直接选用。

5）开孔、接管多。化工设备大多有流体的流入和流出，设备内部还需要人员的检修和清理，所以需要在化工设备上开设不同尺寸的孔，用以连接管路和人孔等结构零件。

12.3.2 常用化工设备零部件及其绘制

化工设备多种多样，因用途及工艺不同，结构差异很大，但常包含一些作用相同的部件，如封头、筒体、法兰、人孔、支座、补强圈等。

1. 通用零部件

为了方便设备的设计、制造及检修，降低成本，一部分常用的零部件已标准化、系列化，通用于各种化工设备，这类零件称作通用零部件。通用零部件需要按照相关的技术标准或手册，进行选用和绘制。

（1）筒体

筒体是设备外壳的一部分，应用最广泛的是圆柱形筒体。直径>500mm 的筒体通常采用钢板卷焊工艺，直径<500mm 的筒体可以直接采用无缝钢管。筒体的厚度应不小于强度计算的结果，筒体的直径应符合 GB/T 9019—2015《压力容器公称直径》中的规定。

（2）封头

封头与筒体相连，一同构成设备的外壳。常见有平底形封头、椭圆形封头、蝶形封头、球形封头、锥形封头等，它们基本都已标准化，按照 GB/T 25198—2023《压力容器封头》进行选用和绘制。

（3）支座

支座是用来支撑及固定设备的零部件，根据设备摆放方式不同，需要不同形式的支座。对于立式设备，常见的支座形式有耳式支座（图 12-15a）、腿式支座、支撑式支座，对于高大的立式设备需要采用裙式支座；对于卧式设备，常见的有鞍式支座（图 12-15b）、圈座及支腿三类支座。支座的选型及绘制参见 NB/T 47065.1—2018~47065.4—2018《容器支座》。

（4）法兰

法兰连接是用于连接两个管道、管件或零部件的可拆卸连接方式，因其具有较好的强度和密封性，在化工设备中被广泛应用。法兰连接在两端待连接处设置相匹配的法兰，然后在

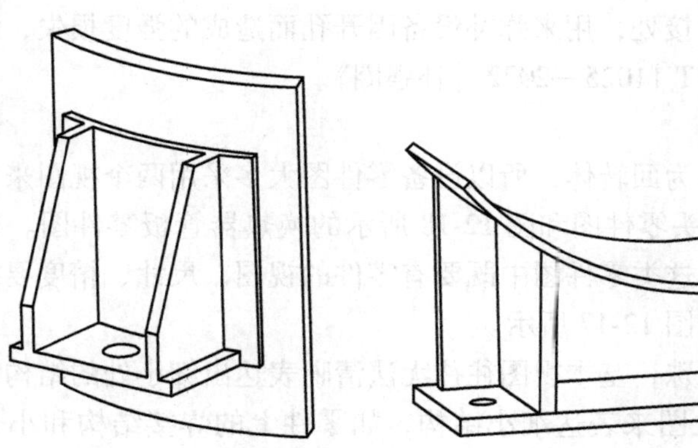

图 12-15　常见的支座形式

a）耳式支座　b）鞍式支座

两个法兰之间加上垫片，最后用螺柱连接的方式将两端法兰拉紧使其紧密结合，如图 12-16 所示。

化工设备常用的法兰有两种，一种是用于连接管道的管法兰，另一种是用于连接设备筒体或封头的设备法兰（容器法兰）。管法兰标准是 HG/T 20592~20635—2009《钢制管法兰、垫片、紧固件》，设备法兰标准是 NB/T 47020~47027—2012《压力容器法兰、垫片、紧固件［合订本］》。

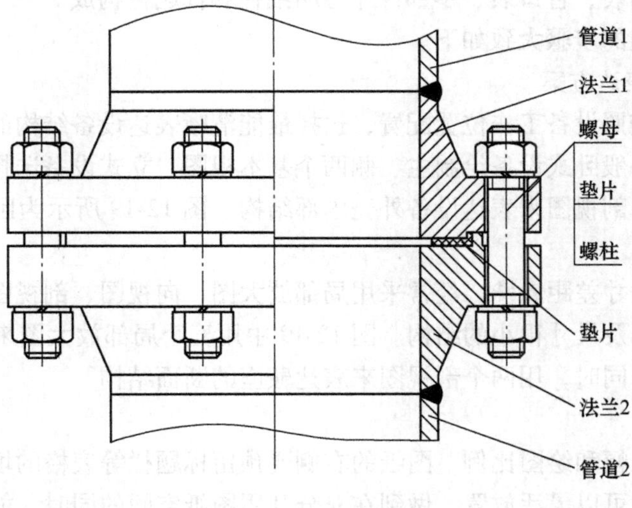

图 12-16　法兰连接

（5）手孔和人孔

人孔和手孔是为了进行设备内部清理、安装、检查而设置的。人孔和手孔通常是在容器上接一段短管，用盲板进行密封，形状大多采用圆形。选用碳素钢和低合金钢的人孔、手孔时，可查阅标准 HG/T 21514~21535—2014《钢制人孔和手孔［合订本］》；选用不锈钢的人孔、手孔时，可查阅标准 HG/T 21594~21604—2014《不锈钢人、手孔（系列）》。

（6）补强圈

补强圈贴焊在壳体与接管连接处，用来弥补设备因开孔而造成的强度损失，常用于中低压容器上。选用时查阅标准 NB/T 11025—2022《补强圈》。

2. 化工设备零件图

由于化工设备的主体结构多为回转体，所以设备零件图大多采用两个视图来表达零件的主体结构，如图 12-17 所示的封头零件图和图 12-18 所示的换热器管板零件图。很多零部件是由多个部件焊接而成的，所以这类零件图中既要有零件的视图、尺寸、精度要求，还要有焊接部件的零件构成明细表，如图 12-17 所示。

化工设备各部分尺寸相差悬殊，基本视图往往无法清晰表达出细小处的结构和尺寸，因此，化工零件图常采用局部放大图来表达细小结构，如零件上的焊接结构和小开孔。在图 12-17 中有三处焊接结构的局部放大图，图 12-18 中有开孔的局部放大图。

图 12-18 所示是管板零件图，管板是换热器里的重要零件，其上均匀分布很多管孔，用于支撑换热管。管孔根据流体流向可以呈正三角形或正方形排列。图 12-18 所示的管板上三角形排列了 258 个管孔，基本视图中用细实线绘出管孔圆心位置，用局部放大图表达管孔的具体结构及尺寸。

3. 化工设备装配图

化工设备装配图是设备完成装配、设备检修和调试等工作的重要技术文件。化工设备装配图的绘制基本延续机械制图的方法，在此基础上，根据化工设备的独特性，增加了一些特殊的内容和要求。

图 12-19 所示是容量 25m^{3}的液氯储罐装配图。可以看出化工装配图主要由视图、尺寸、设计技术条件与数据表、管口表、零部件序号明细栏和标题栏构成。

绘制化工设备图的步骤大致如下。

（1）选择视图表达方案

主视图通常要按照设备工作位置配置，选择最能清晰表达设备结构的视图。化工设备外壳以回转体居多，一般卧式设备绘制主、侧两个基本视图，立式设备选择主、俯两个基本视图。主视图通常采用剖视图来表达设备外壳内部结构。图 12-19 所示为卧式储罐，基本视图有主视图和右视图。

由于化工设备尺寸差距悬殊，经常采用局部放大图、向视图、剖视图等表达方式，来表达焊接、连接结构以及尺寸很小的结构。图 12-19 中用五个局部放大图来表达局部焊缝结构和补强圈开孔结构，同时，用两个剖视图来表达鞍座的断面结构。

（2）绘制视图

要选择合理的图幅和绘图比例。图纸的右侧要预留标题栏等表格的填写空间，视图除了主视图外，其他视图可以灵活放置，做到在充分利用图纸空间的同时，能够清晰地表达出设备结构。

绘制视图时应先从基本视图开始，主视图配合着其他基本视图同时绘制。然后，绘制必要的局部视图。

（3）尺寸标注

设备中的尺寸及焊缝的标注要严格按照 GB/T 4458. 4—2003《机械制图 尺寸注法》和 GB/T 12212—2012《技术制图 焊缝符号的尺寸、比例及简化表示法》等国家标准中的相关规定标注。

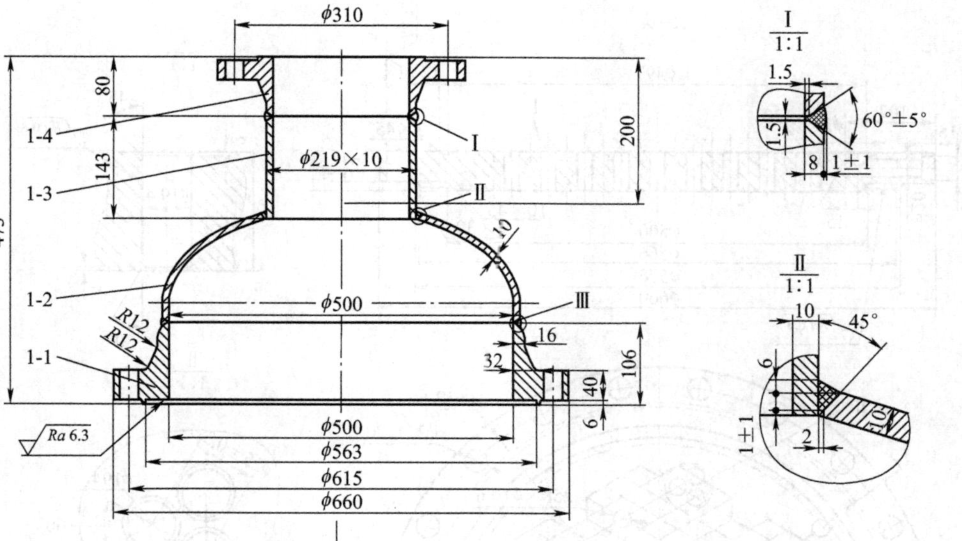

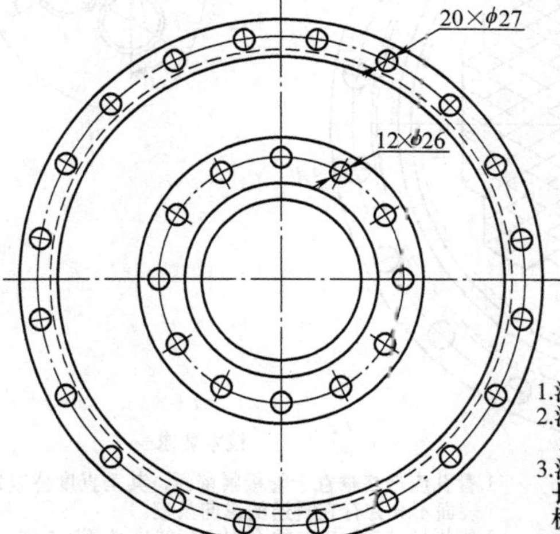

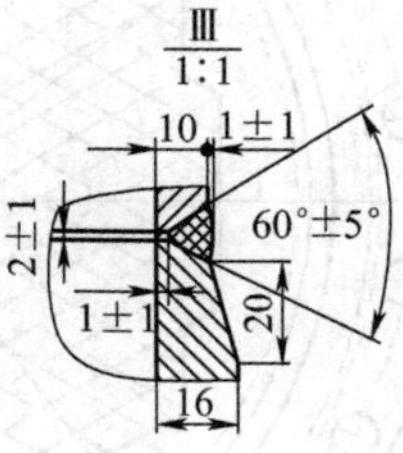

技术要求

1.法兰应进行正火处理或正火加回火处理。
2.法兰密封面及表面不得有裂纹及其他降低法兰强度和连接可靠性的缺陷。
3.法兰上螺栓孔中心圆直径和相邻两螺柱孔弦长极限偏差为±0.6mm，任意两螺柱孔弦长极限偏差为±1.0mm。
4.除注明外，加工面和非加工面线性尺寸未注公差按GB/T 1804—2000m级和c级(或v级)。本焊件组焊后加工法兰密封面。

序号	代号	名称	数量	材料	单价	总计	备注
					质量		
14-4	HG-T 20592—2009	法兰 IF200-25M	1	16MnⅡ		17	
14-3	GB/T 8163	接管 ϕ218×10	1	16Mn		0.32	L=142.6
14-2	JB/T 4746—2002	上封头EHA500×10	1	Q345R		24.7	
14-1	JB/T 47023—2012	容器法兰WN500-25 FM	1	16MnⅠ		77.1	

件号	名称	材料	质量kg	比例	所在图号	装配图号
1	下管箱	组合体			20-GK08-03	20-GK08-01

标记	处数	分区	更改文件号	(签名)	(年月日)	淬冷器 F=23.1m 管箱部件图		大连工业大学
设计	(签名)	(年月日)	标准化	(签名)	(年月日)	阶段标记	质量	比例
							119.8	1:4
审核						第3张	共6张	
工艺			批准					

(图样名称)

(图样代号)

图 12-17　封头零件图

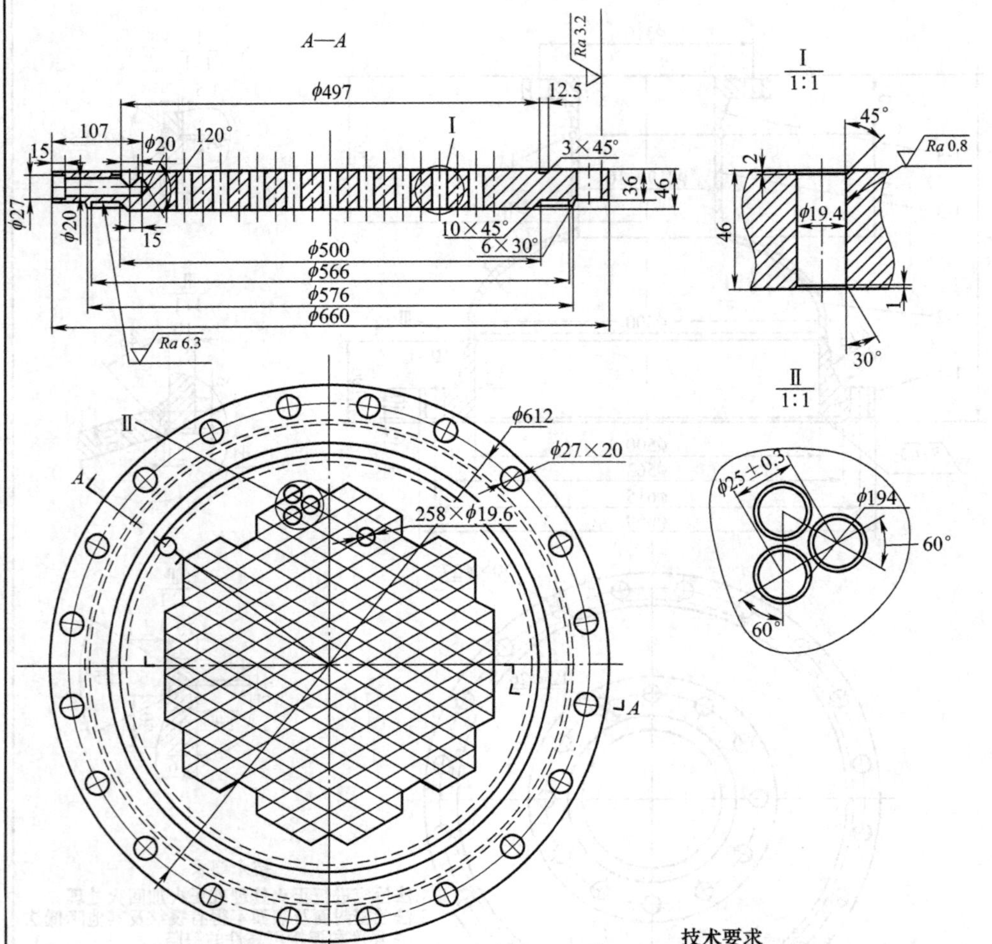

技术要求

1. 管孔应严格垂直于管板紧密面，其垂直度公差为0.12mm。孔表面不允许存在贯通的纵向条痕。
2. 管板钻孔后≥96%的允许孔桥宽度必须≥5.65mm。允许的最小孔桥宽度为(小于或等于4%孔桥数)3.48mm。
3. 螺栓孔中心圆直径和相邻两螺栓孔间弦长极限偏差±0.6mm；任意两螺栓弦长极限偏差为±1.0mm。
4. 锻件按GB 150—2011表4–6要求进行热处理后，需进行夏比(V形缺口)低温冲击实验。

1	上管板	16MnⅡ	70	1∶3	20–GK08–02	20–GK08–1
件号	名称	材料	质量/kg	比例	所在图号	装配图号

						淬冷器 F=23.1m 管板图		大连工业大学
标记	处数	分区	更改文件号	(签名)	(年月日)			(图样名称)
设计	(签名)	(年月日)	标准化	(签名)	(年月日)	阶段标记	质量	比例
							119.8	1∶4
审核								(图样代号)
工艺			批准			第2张	共6张	

图 12-18　换热器管板零件图

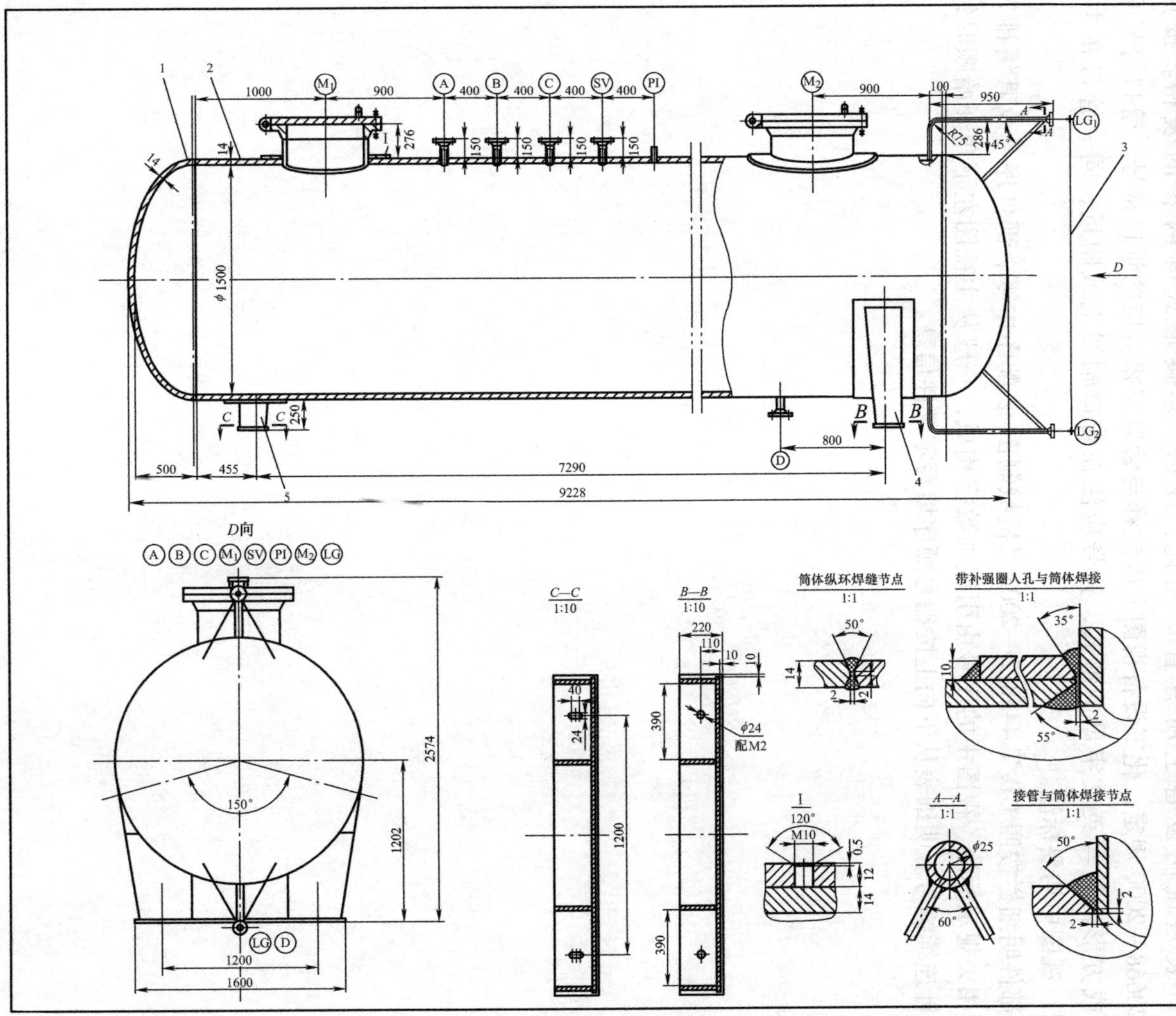

设计技术条件及数据			
检查规程	TSG R0004—2009	设计技术条件	
设计规范	GB150—2011	焊接规程	JB/T 4708—2000
容器类别	Ⅱ类压力容器	无损检测标准	JB/T 4730—2016
介质	液氯	介质特性	高度危害
工作温度/℃	−20℃～45℃	腐蚀余量/mm	6mm
设计温度/℃	50℃	焊接接头系数	1
工作压力/MPa	1.203MPa	全容积/m³	25.186
设计压力/MPa	1.323MPa	装量系数	0.9
安全阀开启压力/MPa	1.4MPa	保温层/防火层厚度mm	无
最大允许工作压力/MPa	2.5MPa	主体材料与供货状态	Q345R
水压试验压力/MPa	1.654MPa	设备净质量/kg	34143
气密性试验压力/MPa	1.654MPa	设备空质量/kg	34143
管口及支座方位		操作质量/kg	63770
接地要求	支座下有水泥支撑台	充水后质量/kg	59329

焊缝结构及无损检测					
焊缝接头类别		无损检测			
		检测率	方法—合格级别	标准	备注
A/B类		100%	RT Ⅲ级	JB/T 4730—2016	
C/D类	法兰与接管	50%	UT Ⅱ级	JB/T 4730—2016	
	补强圈与筒体	20%	UT Ⅰ级	JB/T 4730—2016	
	补强圈与接管	0%	UT Ⅰ级	JB/T 4730—2016	

管口表							
符号	公称尺寸mm	公称压力MPa	连接标准	法兰型式	密封面型式	用途或名称	设备中心线至法兰面距离mm
A	50	2.5	HG/T20592—2018	WN	FM	液氯入口管	1114
B	50	2.5	HG/T20592—2018	WN	FM	液氯出口管	1114
C	50	2.5	HG/T20592—2018	WN	FM	空气入口管	1114
D	50	2.5	HG/T20592—2018	WN	M	空气出口管	1114
SV	50	2.5	HG/T20592—2018	WN	FM	安全阀接口管	1114
PI	25	2.5				压力表接口管	
M	600	2.5	HG/T20592—2018	WN	MFM	人孔	1240
LG	20	2.5	HG/T20592—2018	WN	M	液位计接口管	1250

管口符号	图号或标准号	名称	数量	材料	质量 单	质量 总	备注
M	JB/T 20592—2009	法兰WN600-25	2	16MnR	457	914	
	GB 150—2011	补强圈600×12-A	2	Q235	67.5	135	
PI		螺纹 M25	1	20		2.2	
LG		螺母 M12×8	8	30CrMo	0.016	0.13	
		螺栓 M12×8	8	35CrMoA	0.052	0.415	
		垫片δ=2	2	石棉橡胶			
		法兰WN50-25	2	16MnR	1	2	
		接管ϕ25×4.5	2	16MnR	1.57	3.14	L=955
SV	JB/T 20592—2009	法兰WN50-25	1	16MnR		3	
		接管ϕ57×6	1	16MnR		17.4	L=119
D	JB/T 20592—2009	法兰WN50-25	1	16MnR		3	
		接管ϕ57×6	1	16MnR		17.4	L=119
C	JB/T 20592—2009	法兰WN50-25	1	16MnR		3	
		接管ϕ57×6	1	16MnR		17.4	L=119
B	JB/T 20592—2009	法兰WN50-25	1	16MnR		3	
		接管ϕ57×6	1	16MnR		17.4	L=119
A	JB/T 20592—2009	法兰WN50-25	1	16MnR		3	
		接管ϕ57×6	1	16MnR		17.4	L=119

图 12-19 液氯储罐装配图

设备的尺寸基准，通常选用筒体与封头的中心线、轴线、环焊缝处，或者法兰盘端面和设备支座底面等。

4. 表格的注写

化工设备装配图中的表格按照 HG/T 20668—2000《化工设备设计文件编制规定》绘制及注写。

设计技术条件与数据表中填写设备在设计、制造与检验等环节中的技术数据、规范标准及检验要求等重要技术内容，根据化工设备类型的不同而不同，是化工装配图中重要的组成部分。表格格式、尺寸等信息按照 HG/T 20668—2000《化工设备设计文件编制规定》绘制及注写。

管口表是说明设备上所有管口用途、规格、连接形式等内容的表格。按照 HG/T 20668—2000 规定，化工设备视图上应注释与管口表相对应的管口符号。管口符号采用圆圈或方形内注写英文字母的形式，符号应注在管口轴线上或附近，同一管口在主、俯（侧）视图中均要标注。

零部件明细栏按照 GB/T 4458.2—2003《机械制图 装配图中零、部件序号及其编排方法》中相关规定标注。视图中的序号由引线加数字构成，一般从主视图左下角开始顺时针或逆时针连续编号。明细表从下向上按编号顺序填写零部件信息。

附　　录

附录 A　尺规绘图工具及其使用方法

计算机绘图已在工程技术人员中广泛使用，但是正确地使用尺规绘图工具是工程技术人员必须具备的基本技能，也是学习和巩固图学理论知识的重要方法。常用尺规绘图工具的正确使用方法如下。

1. 图板、丁字尺、三角板、比例尺

(1) 图板和丁字尺

如图 A-1 所示，绘图时将图纸铺贴在图板上，图板表面应光滑平坦。图板的左侧边为丁字尺的导边，应该平直光滑。绘图时用胶带纸将图纸固定在图板上，不应使用图钉等固定图纸，以防损坏图板的工作表面。当图纸较小时，应将图纸铺贴在图板靠近左下方的位置。

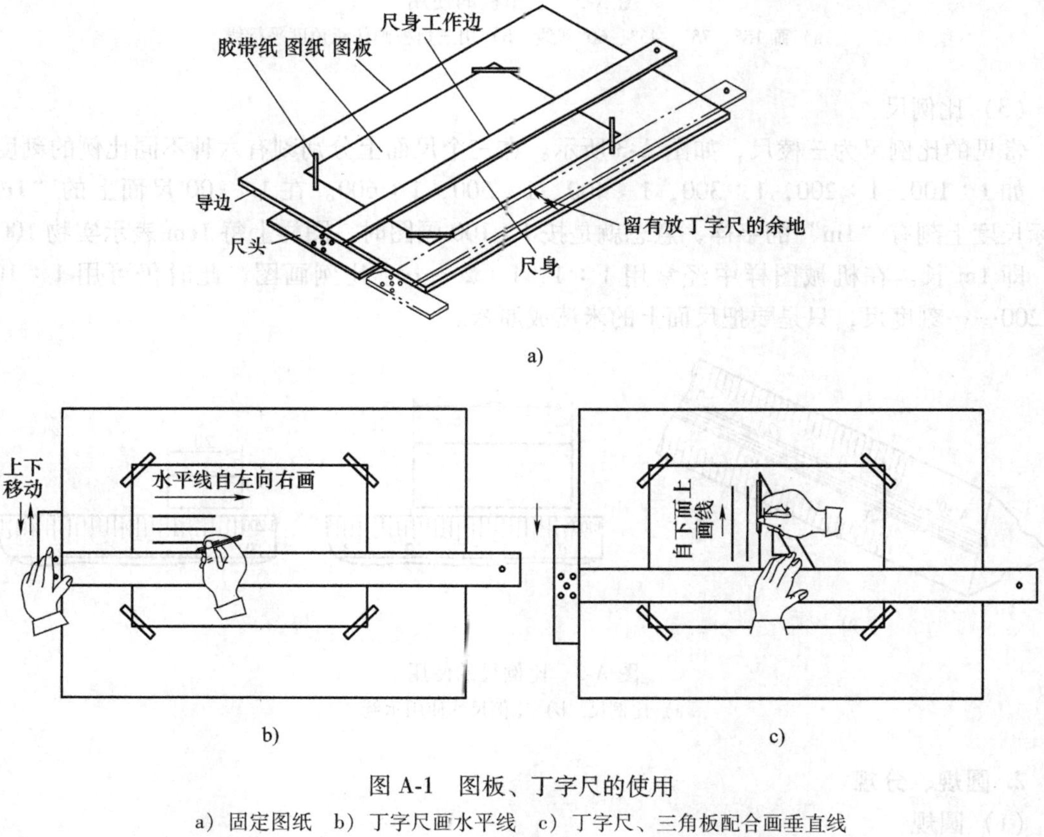

图 A-1　图板、丁字尺的使用

a) 固定图纸　b) 丁字尺画水平线　c) 丁字尺、三角板配合画垂直线

丁字尺由尺头和尺身两部分组成，尺头的内侧边和尺身的上边必须垂直，尺头与尺身的结合必须牢固，以保证绘图的准确性。使用时，左手握住尺头，使尺头内侧边紧靠图板导

边，上下移动到绘图所需位置，配合三角板绘制各种图线，图样中的水平线应用丁字尺画出。绘制同一张图样时不允许更换丁字尺，或更换丁字尺尺头所贴靠的图板边缘。

（2）三角板

绘图时应备有一副三角板（45°角及30°×60°各一块），三角板经常与丁字尺配合使用，可绘制与水平线成90°、45°、30°、60°的直线。若同时使用两块三角板，还可绘制与水平线成15°、75°角的倾斜直线。此外，也可用两块三角板作已知线的平行线或垂直线，如图A-2所示。

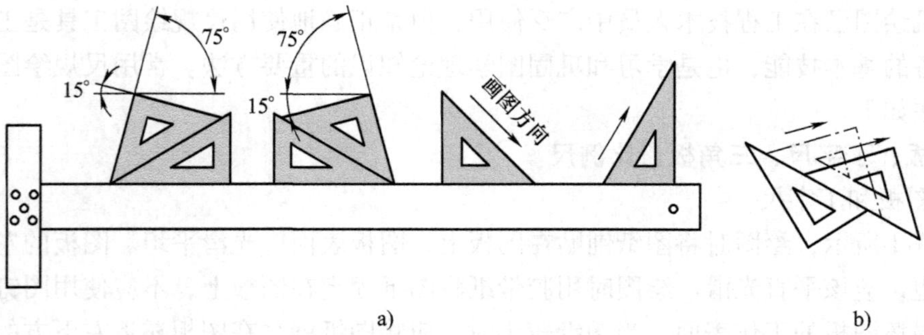

图A-2 三角板的使用

a）画15°、75°、45°、60°斜线 b）用三角板画任意角度平行线

（3）比例尺

常见的比例尺为三棱尺，如图A-3所示。在三个尺面上分别刻有六种不同比例的刻度尺寸，如1∶100，1∶200，1∶300，1∶400，1∶500，1∶600。在1∶100尺面上的“1cm”实际长度上刻有“1m”的字样，意思就是按1∶100画图时，图样上每1cm表示实物100cm长，即1m长。在机械图样中经常用1∶1，1∶2……小比例画图，此时仍可用1∶100，1∶200……刻度尺，只是要把尺面上的米读成厘米。

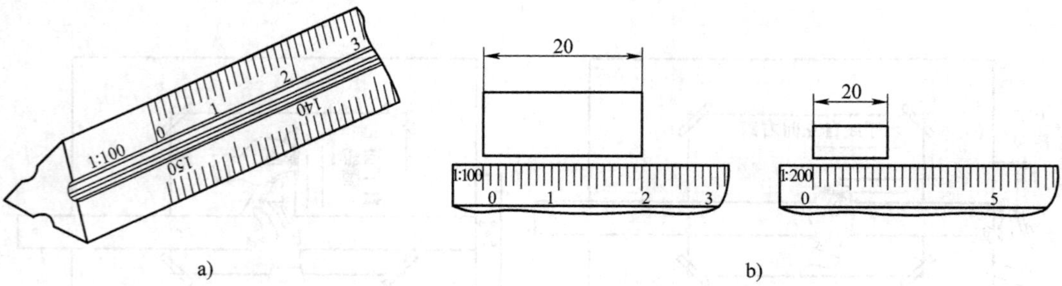

图A-3 比例尺的使用

a）比例尺 b）比例尺的使用示例

2. 圆规、分规

（1）圆规

圆规用来画圆和圆弧。画图时应尽量使钢针和铅芯都垂直于纸面，钢针的台阶与铅芯尖应平齐，针脚应比铅芯稍长，使用方法如图A-4所示。画较大的圆时，应使圆规两脚垂直纸面。

使用圆规画细实线圆、细虚线、细点画线圆时，用 HB 铅芯，磨成圆锥形或铲形；画粗实线圆，用 B 或 2B 铅芯，磨成矩形，如图 A-5 所示。

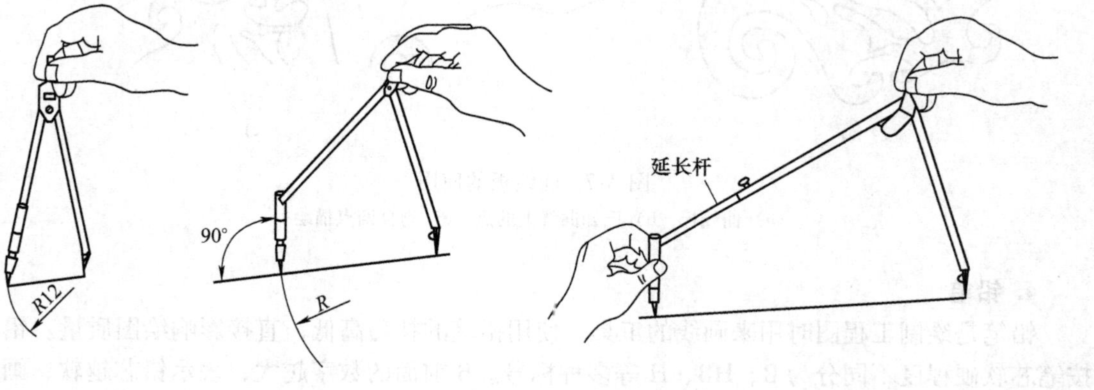

图 A-4 圆规的使用

（2）分规

分规主要用来量取线段长度或等分已知线段。分规的两个针尖应调整平齐。从比例尺上量取长度时，针尖不要正对尺面，应使针尖与尺面保持倾斜。用分规等分线段时，通常要用试分法。分规的用法如图 A-6 所示。

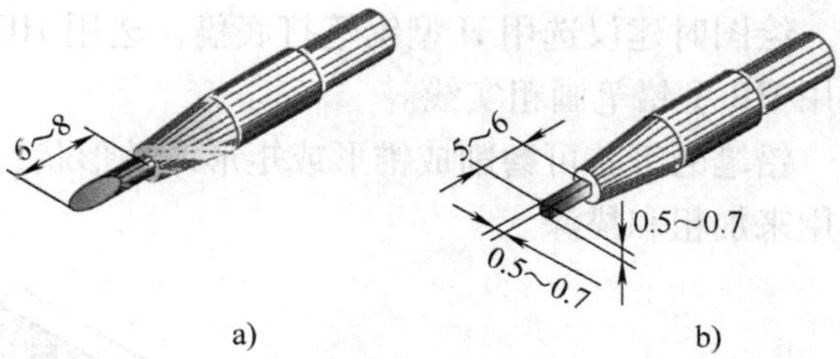

图 A-5 圆规中的铅芯

a）铲形 b）矩形

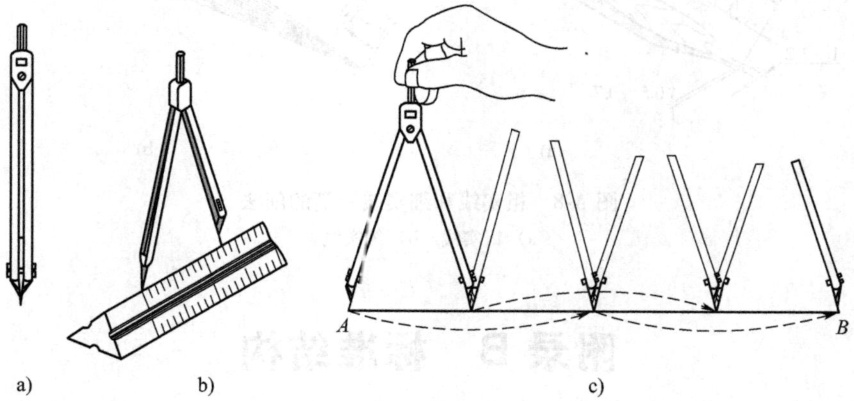

图 A-6 分规的使用

a）两针尖对齐 b）量取长度 c）分割线段

3. 曲线板

曲线板主要用来描绘由一系列已知点确定的自由曲线。使用时从曲线一端开始选择曲线板与曲线相吻合的四个点，用铅笔沿曲线板轮廓画出前三点之间的曲线，留下第三点与第四点之间的曲线不画；下一步再从第三点开始，包括第四点，再选择四个点，绘制第二段曲线，如此重复，直至绘完整段曲线。由于采用了曲线段首尾重叠的方法，绘制的曲线比较光滑。曲线板的使用如图 A-7 所示。

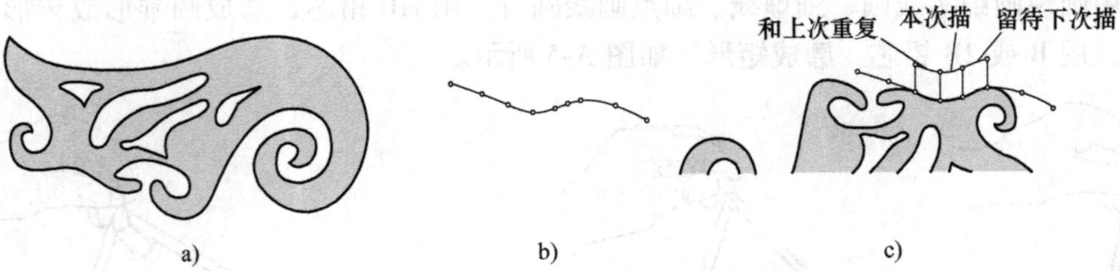

图 A-7 曲线板的使用

a）曲线板 b）已知曲线上的点 c）吻合四点描绘

4. 铅笔

铅笔是绘制工程图时用来画线的工具。使用铅笔的技巧高低，直接影响绘图质量。铅笔按笔芯软硬程度不同分为 B、HB、H 等多种标号。B 前面的数字越大，表示铅芯越软，画出的线条越黑。H 前面的数字越大，表示铅芯越硬，画出的线条越淡。HB 标号的铅芯软硬适中。绘图时建议选用 H 型铅笔打底稿，选用 HB 型铅笔画细线、各类点画线、箭头、写字，选用 HB 型铅笔画粗实线。

铅笔的笔芯可磨削成锥形或矩形两种形状，如图 A-8 所示。锥形用来写字和打底稿，矩形用来加粗和描深。

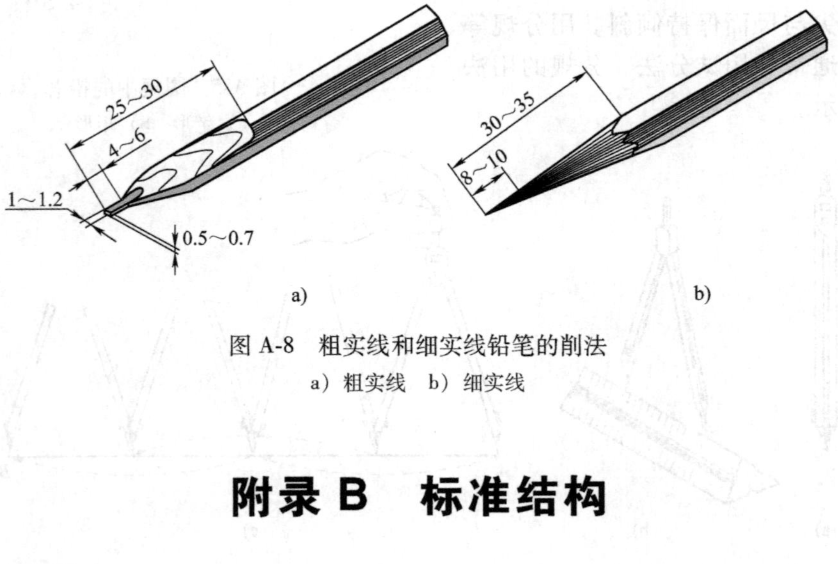

图 A-8 粗实线和细实线铅笔的削法

a）粗实线 b）细实线

附录 B 标准结构

一、螺纹

（一）普通螺纹（GB/T 193—2003、GB/T 196—2003）

标记示例

粗牙右旋普通螺纹，公称直径 24mm：M24

细牙普通螺纹，公称直径 24mm，螺距为 1.5mm，左旋：M24×1.5LH

表 B-1　普通螺纹直径和螺距系列　　　　（单位：mm）

公称直径 D、d 第一系列	公称直径 D、d 第二系列	螺距 P 粗牙	螺距 P 细牙	粗牙小径 D_1、d_1	公称直径 D、d 第一系列	公称直径 D、d 第二系列	螺距 P 粗牙	螺距 P 细牙	粗牙小径 D_1、d_1
3		0.5	0.35	2.459	20		2.5		17.294
	3.5	0.6		2.850		22	2.5	2，1.5，1	19.294
4		0.7		3.242	24		3		20.752
	4.5	0.75	0.5	3.688		27	3		23.752
5		0.8		4.134	30		3.5	（3），2，1.5，1	26.211
6		1	0.75	4.917		33	3.5	（3），2，1.5	29.211
	7	1		5.917	36		4	3，2，1.5	31.670
8		1.25	1，0.75	6.647		39	4		34.670
10		1.5	1.25，1，0.75	8.376	42		4.5		37.129
12		1.75	1.25，1	10.106		45	4.5		40.129
	14	2	1.5，1	11.835	48		5	4，3，2，1.5	42.587
16		2	2，1.5，1	13.835		52	5		46.587
	18	2.5		15.294	56		5.5		50.046

注：1. 优先选用第一系列，括号内尺寸尽可能不用。

2. 公称直径 D、d 第三系列未列入。

3. * M14×1.25 仅用于火花塞。

（二）55°非密封管螺纹（GB/T 7307—2001）

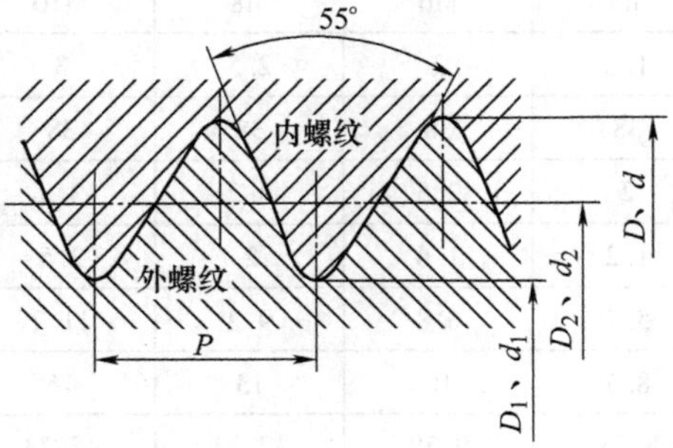

标记示例

尺寸代号为 1/2 的 A 级右旋外螺纹的标记为：G 1/2 A

尺寸代号为 1/2 的 B 级左旋外螺纹的标记为：G 1/2B—LH

尺寸代号为 1/2 的右旋内螺纹的标记为：G 1/2

表 B-2　55°非密封管螺纹各部分尺寸　　　　（单位：mm）

尺寸代号	每 25.4mm 内的牙数 n	螺距 P	基本直径 大径 $d=D$	基本直径 中径 $d_2=D_2$	基本直径 小径 $d_1=D_1$
1/16	28	0.907	7.723	7.142	6.561
1/8	28	0.907	9.728	9.147	8.566
1/4	19	1.337	13.157	12.301	11.445
3/8	19	1.337	16.662	15.806	14.950
1/2	14	1.814	20.955	19.793	18.631

（续）

尺寸代号	每25.4mm内的牙数 n	螺距 P	基本直径		
			大径 $d=D$	中径 $d_2=D_2$	小径 $d_1=D_1$
5/8	14	1.814	22.911	21.749	20.587
3/4	14	1.814	26.441	25.279	24.117
7/8	14	1.814	30.201	29.039	27.877
1	11	2.309	33.249	31.770	30.291

注：本标注适用于管接头、旋塞、阀门及其附件。

二、常用的标准件

（一）螺钉

开槽圆柱头螺钉（GB/T 65—2016）　开槽盘头螺钉（GB/T 67—2016）　开槽沉头螺钉（GB/T 68—2016）

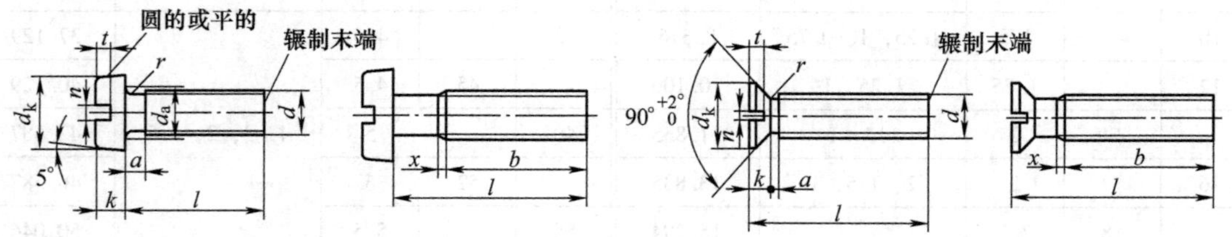

标记示例

螺纹规格 d=M5、公称长度 l=20、性能等级为4.8级、不经表面处理的开槽圆柱头螺钉，其标记为：

螺钉　GB/T 65　M5×20

表 B-3　螺钉各部分尺寸　（单位：mm）

螺纹规格 d			M3	M4	M5	M6	M8	M10
a max			1	1.4	1.6	2	2.5	3
b min			25	38	38	38	38	38
x max			1.25	1.75	2	2.5	3.2	3.8
n 公称			0.8	1.2	1.2	1.6	2	2.5
d_a max			3.6	4.7	5.7	6.8	9.2	11.2
GB/T 65—2016	d_k	max	5.5	7	8.5	10	13	16
		min	5.32	6.78	8.28	9.78	12.73	15.73
	k	max	2	2.6	3.3	3.9	5	6
		min	1.86	2.46	3.1	3.6	4.7	5.7
	t min		0.85	1.1	1.3	1.6	2	2.4
GB/T 67—2016	d_k	max	5.6	8	9.5	12	16	20
		min	5.3	7.64	9.14	11.57	15.57	19.48
	k	max	1.8	2.4	3	3.6	4.8	6
		min	1.66	2.26	2.86	3.3	4.5	5.7
	t min		0.7	1	1.2	1.4	1.9	2.4

（续）

螺纹规格 d			M3	M4	M5	M6	M8	M10
GB/T 65—2016 GB/T 67—2016	r	min	0.1	0.2	0.2	0.25	0.4	0.4
	$\frac{l}{b}$		$\frac{4 \sim 30}{l-a}$	$\frac{5 \sim 40}{l-a}$	$\frac{6 \sim 40}{l-a}$ $\frac{45 \sim 50}{b}$	$\frac{8 \sim 40}{l-a}$ $\frac{45 \sim 60}{b}$	$\frac{10 \sim 40}{l-a}$ $\frac{45 \sim 80}{b}$	$\frac{12 \sim 40}{l-a}$ $\frac{45 \sim 80}{b}$
GB/T 68—2016	d_k	max	5.5	8.4	9.3	11.3	15.8	18.3
		min	5.2	8.04	8.94	10.87	15.37	17.78
	k	max	1.65	2.7	2.7	3.3	4.65	5
	t	max	0.85	1.3	1.4	1.6	2.3	2.6
		min	0.6	1	1.1	1.2	1.8	2
	r	min	0.8	1	1.3	1.5	2	2.5
	$\frac{l}{b}$		$\frac{5 \sim 30}{l-(k+a)}$	$\frac{8 \sim 45}{l-(k+a)}$	$\frac{8 \sim 45}{l-(k+a)}$ $\frac{50}{b}$	$\frac{8 \sim 45}{l-(k+a)}$ $\frac{50 \sim 60}{b}$	$\frac{10 \sim 45}{l-(k+a)}$ $\frac{50 \sim 80}{b}$	$\frac{12 \sim 45}{l-(k+a)}$ $\frac{50 \sim 80}{b}$

注：1. d_a 表示过渡圆直径。

2. 表中当 l/b 中的 $b = l - a$ 或 $b = l - (k + a)$ 时，表示全螺纹。

3. 螺钉长度系列 l 为：4，5，6，8，10，12，（14），16，20，25，30，35，40，45，50，（55），60，（65），70，（75），80，尽可能不采用括号内规格。

（二）紧定螺钉

开槽锥端紧定螺钉（GB/T 71—2018）　　开槽平端紧定螺钉（GB/T 73—2017）　　开槽长圆柱端紧定螺钉（GB/T 75—2018）

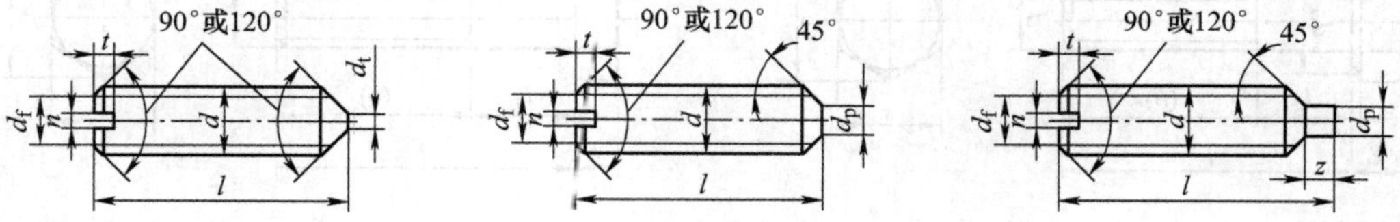

标记示例

螺纹规格 d=M5、公称长度 l=12、性能等级为 14H 级，表面氧化的开槽锥端紧定螺钉，其标记为：

螺钉　GB/T 71　M5×12

表 B-4　紧定螺钉各部分尺寸　　（单位：mm）

螺纹规格 d		M2	M2.5	M3	M4	M5	M6	M8	M10	M12
P		0.4	0.45	0.5	0.7	0.8	1	1.25	1.5	1.75
d_f ≈		螺纹小径								
d_t	max	0.2	0.25	0.3	0.4	0.5	1.5	2	2.5	3
d_p	min	0.75	1.25	1.75	2.25	3.2	3.7	5.2	6.64	8.14
	max	1	1.5	2	2.5	3.5	4	5.5	7	8.5
n	公称	0.25	0.4	0.4	0.6	0.8	1	1.2	1.6	2
	min	0.31	0.46	0.46	0.66	0.86	1.06	1.26	1.66	2.06
	max	0.45	0.6	0.6	0.8	1	1.2	1.51	1.51	2.31

（续）

螺纹规格 d		M2	M2.5	M3	M4	M5	M6	M8	M10	M12
t	min	0.64	0.72	0.8	1.12	1.28	1.6	2	2.4	2.8
	max	0.84	0.95	1.05	1.42	1.63	2	2.5	3	3.6
z	min	1	1.2	1.5	2	2.5	3	4	5	6
	max	1.25	1.25	1.75	2.25	2.75	3.25	4.3	5.3	6.3
GB/T 71—2018	l（公称长度）	3~10	3~12	4~16	6~20	8~25	8~30	10~40	12~50	14~60
	l（短螺钉）	2~2.5	2~3	2~3	2~4	2~5	2~6	2~8	2~10	2~12
GB/T 73—2017	l（公称长度）	2~10	2.5~12	3~16	4~20	5~25	6~30	8~40	10~50	12~60
	l（短螺钉）	2~2.5	2~3	2~3	2~4	2~5	2~6	2~6	2~8	2~10
GB/T 75—2018	l（公称长度）	3~10	4~12	5~16	6~20	8~25	8~30	10~40	12~50	14~60
	l（短螺钉）	2~3	2~4	2~5	2~6	2~8	2~10	2~14	2~16	2~20
l（系列）		2，2.5，3，4，5，6，8，10，12，(14)，16，20，25，30，35，40，45，50，(55)，60								

注：1. 公称长度为商品规格尺寸。

2. 尽可能不采用括号内的规格。

（三）六角头螺栓

六角头螺栓-A 级和 B 级（GB/T 5782—2016）

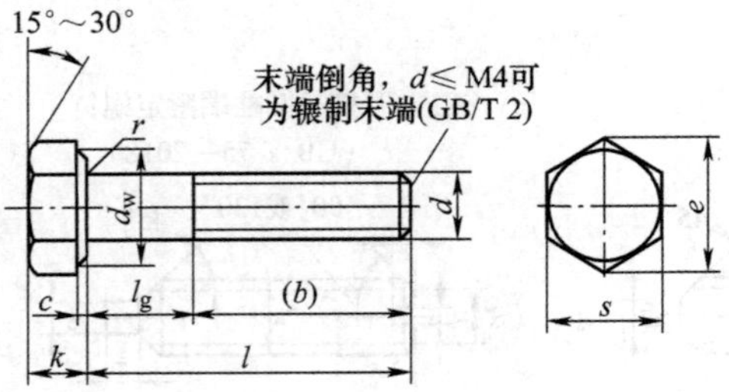

六角头螺栓-C 级（GB/T 5780—2016）

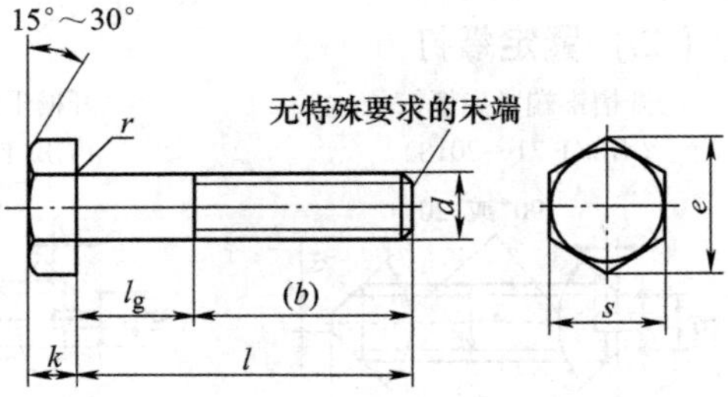

标记示例

螺纹规格 d=M12、公称长度 l=50mm、性能等级为 8.8 级，表面氧化、A 级的六角头螺栓，其标记为：

螺栓 GB/T 5782 M12×50

表 B-5 六角头螺栓各部分尺寸 （单位：mm）

螺纹规格 d			M3	M4	M5	M6	M8	M10	M12	M16	M20	M24	M30	M36
b 参考	l≤125		12	14	16	18	22	26	30	38	46	54	66	—
	125<l≤200		18	20	22	24	28	32	36	44	52	60	72	84
	l>200		31	33	35	37	41	45	49	57	65	73	85	97
c			0.4	0.4	0.5	0.5	0.6	0.6	0.6	0.8	0.8	0.8	0.8	0.8
d_w	产品等级	A	4.57	5.88	6.88	8.88	11.63	14.63	16.63	22.49	28.19	33.61	—	—
		B、C	4.45	5.74	6.74	8.74	11.47	14.47	16.47	22	27.7	33.25	42.75	51.11
e	产品等级	A	6.01	7.66	8.79	11.05	14.38	17.77	20.03	26.75	33.53	39.98	—	—
		B、C	5.88	7.5	8.63	10.89	14.20	17.59	19.85	26.17	32.95	39.55	50.85	60.79

（续）

螺纹规格 d	M3	M4	M5	M6	M8	M10	M12	M16	M20	M24	M30	M36
k 公称	2	2.8	3.5	4	5.3	6.4	7.5	10	12.5	15	18.7	22.5
r	0.1	0.2	0.2	0.25	0.4	0.4	0.6	0.6	0.8	0.8	1	1
s 公称	5.5	7	8	10	13	16	18	24	30	36	46	55
l（商品规格范围）	20~30	25~40	25~50	30~60	40~80	45~100	50~120	65~160	80~200	90~240	110~300	140~360
l 系列	12，16，20，25，30，35，40，45，50，55，60，65，70，80，90，100，110，120，130，140，150，160，180，200，220，240，260，280，300，320，340，360，380，400，420，440，460，480，500											

注：1. A 和 B 为产品等级，A 级用于 $d \leqslant 24$mm 和 $l \leqslant 10d$ 或 $\leqslant 150$mm（按较小值）的螺栓，B 级用于 $d > 24$mm 或 $l > 10d$ 或 > 150mm（按较小值）的螺栓。

2. 螺纹规格 d 范围：GB/T 5780 为 M5~M64；GB/T 5782 为 M1.6~M64。

3. 公称长度范围：GB/T 5780 为 25~500；GB/T 5782 为 12~500。

（四）双头螺柱

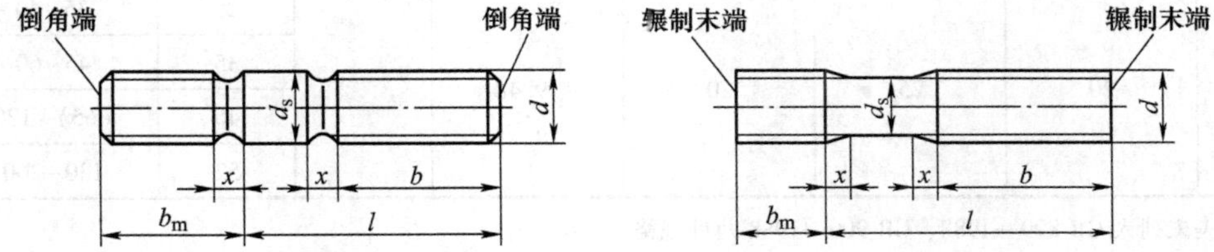

A型　　B型

$b_m = 1d$（GB 897—1988）　$b_m = 1.25d$（GB 898—1988）　$b_m = 1.5d$（GB 899—1988）　$b_m = 2d$（GB 900—1988）

标记示例

两端均为粗牙普通螺纹，$d=10$、$l=50$、性能等级 4.8 级、不经表面处理、B 型、$b_m = 1d$ 的双头螺柱，其标记为：

螺柱　GB 897　M10×50

若为 A 型，则标记为：

螺柱　GB 897　AM10×50

表 B-6　双头螺柱各部分尺寸　（单位：mm）

螺纹规格 d	b_m 公称		d_s		X max	b	l 公称
	GB 897—1988	GB 898—1988	max	min			
M5	5	6	5	4.7	2.5p	10	16~(22)
						16	25~50
M6	6	8	6	5.7		10	20，(22)
						14	25，(28)、30
						18	(32)~(75)
M8	8	10	8	7.64		12	20、(22)
						16	25、(28)、30
						22	(32)~90

（续）

螺纹规格 d	b_m 公称 GB 897—1988	b_m 公称 GB 898—1988	d_s max	d_s min	X max	b	l 公称
M10	10	12	10	9.64	2.5p	14	25，(28)
						16	30，(38)
						26	40~120
						32	130
M12	12	15	12	11.57		16	25~30
						20	(32)~40
						30	45~120
						36	130~180
M16	16	20	16	15.57		20	30~(38)
						30	40~50
						38	60~120
						44	130~200
M20	20	25	20	19.48		25	35~40
						35	45~60
						46	(65)~120
						52	130~200

注：1. 本表未列入 GB 899—1988、GB 900—1988 两种规格。

2. p 表示螺距。

3. l 的长度系列：16，(18)，20，(22)，25，(28)，30，(32)，35，(38)，40，45，50，(55)，60，(65)，70，(75)，80，90，(95)，100~200（十进位）。括号内数字尽可能不用。

（五）螺母

1 型六角螺母（GB/T 6170—2015）　　2 型六角螺母（GB/T 6175—2016）　　六角薄螺母（GB/T 6172.1—2016）

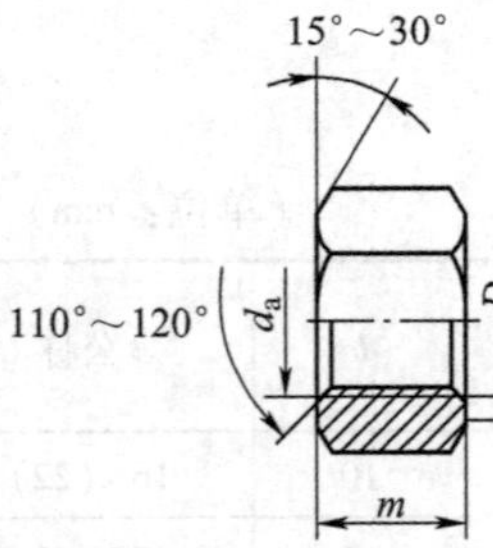

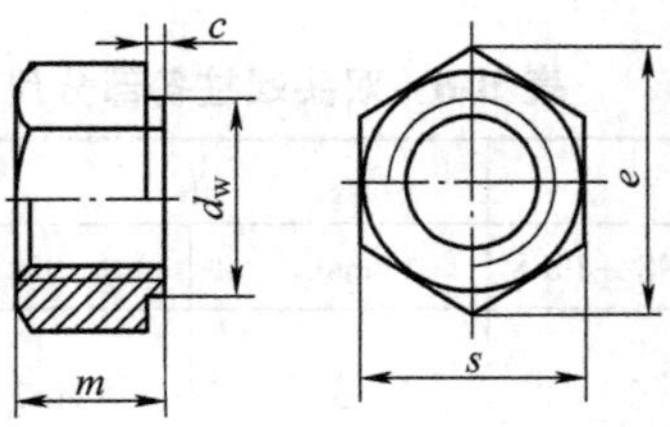

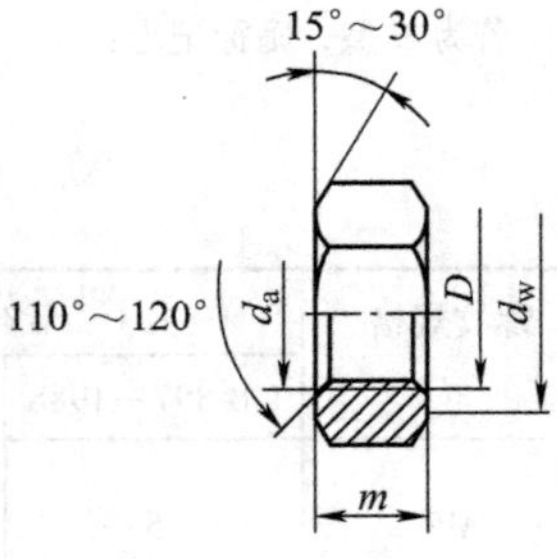

标记示例

螺纹规格 D=M12、性能等级为 8 级，不经表面处理、A 级的 1 型六角螺母，其标记为：

螺母　GB/T 6170　M12

性能等级为 9 级，表面氧化的 2 型六角螺母，其标记为：

螺母　GB/T 6175　M12

性能等级为 04 级，不经表面处理的六角薄螺母，其标记为：

螺母　GB/T 6172.1　M12

表 B-7　螺母各部分尺寸　（单位：mm）

螺纹规格 D			M3	M4	M5	M6	M8	M10	M12	M16	M20	M24	M30	M36
c max			0.4	0.4	0.5	0.5	0.6	0.6	0.6	0.8	0.8	0.8	0.8	0.8
s		max	5.5	7	8	10	13	16	18	24	30	36	46	55
		min	5.32	6.78	7.78	9.78	12.73	15.73	17.73	23.67	29.16	35	45	53.8
e min			6.01	7.66	8.79	11.05	14.38	17.77	20.03	26.75	32.95	39.55	50.85	60.79
d_w min			4.6	5.9	6.9	8.9	11.6	14.6	16.6	22.5	27.7	33.2	42.7	51.1
m	GB/T 6170	max	3.45	4.6	5.75	6.75	8.75	10.8	13	17.3	21.6	25.9	32.4	38.9
		min	3	4	5	6	8	10	12	16	20	24	30	36
	GB/T 6172.1	max	1.8	2.2	2.7	3.2	4	5	6	8	10	12	15	18
		min	1.55	1.95	2.45	2.9	3.7	4.7	5.7	7.42	9.10	10.9	13.9	16.9
	GB/T 6175	max	—	—	5.1	5.7	7.5	9.3	12	16.4	20.3	23.9	28.6	34.7
		min	—	—	4.8	5.4	7.14	8.94	11.57	15.7	19	22.6	27.3	33.1

注：1. GB/T 6170 和 GB/T 6172.1 的螺纹规格为 M1.6~M64；GB/T 6175 的螺纹规格为 M5~M36。

2. 产品等级 A、B 是由公差取值大小决定的，A 级公差数值小。A 级用于 D16 的螺母，B 级用于 D>16 的螺母。

3. 材料为钢的螺母 GB/T 6170 的性能等级有 6、8、10 级，其中 8 级为常用；GB/T 6175 的性能等级有 9、12 级，其中 9 级为常用；GB/T 6172.1 的性能等级有 04、05 级，其中 04 级为常用。

（六）垫圈

小垫圈 A 级（GB/T 848—2002）

平垫圈 A 级（GB/T 97.1—2002）

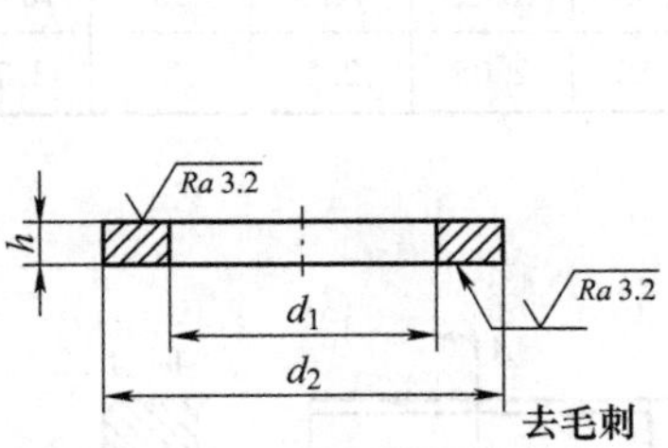

平垫圈　倒角型—A 级（GB/T 97.2—2002）

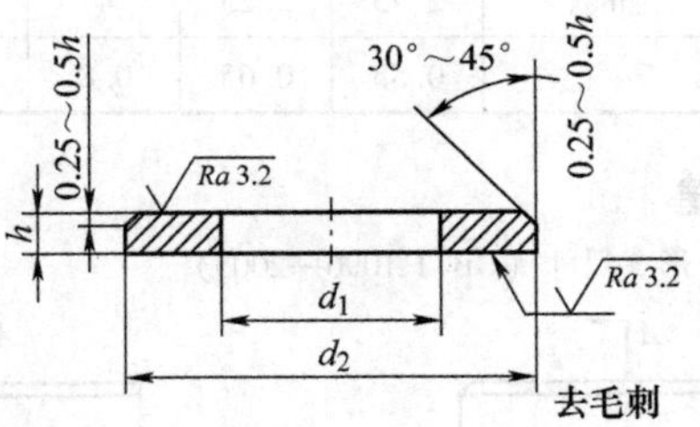

标记示例

标准系列、规格 8、性能等级为 140HV 级，不经表面处理的 A 级平垫圈，其标记为：

垫圈 GB/T 97.1　8

表 B-8　垫圈各部分尺寸　（单位：mm）

公称规格（螺纹大径）		3	4	5	6	8	10	12	14	16	20	24	30	36
内径 d_1		3.2	4.3	5.3	6.4	8.4	10.5	13	15	17	21	25	31	37
GB/T 848—2002	外径 d_2	6	8	9	11	15	18	20	24	28	34	39	50	60
	厚度 h	0.5	0.5	1	1.6	1.6	1.6	2	2.5	2.5	2	4	4	5
GB/T 97.1—2002 GB/T 97.2—2002	外径 d_2	7	9	10	12	16	20	24	28	30	37	44	56	66
	厚度 h	0.5	0.8	1	1.6	1.6	2	2.5	2.5	3	3	4	4	5

注：1. 性能等级有 140HV、200HV、300HV 级，其中 140HV 级为常用。140HV 级表示材料钢的硬度，HV 表示维氏硬度，140 为硬度值。

2. 产品等级是由产品质量和公差大小确定的，A 级的公差较小。

（七）标准型弹簧垫圈（GB/T 93—1987）

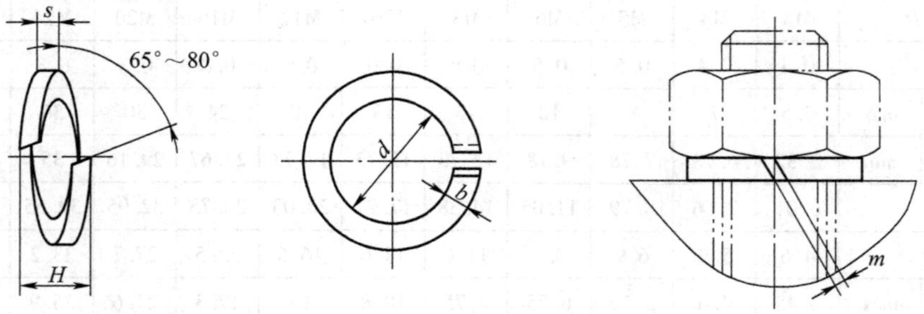

标记示例

规格 16、材料为 65Mn、表面氧化的标准型弹簧垫圈，其标记为：

垫圈　GB 93—87　16

表 B-9　标准型弹簧垫圈各部分尺寸　　（单位：mm）

公称规格（螺纹大径）		4	5	6	8	10	12	16	20	24	30
d	min	4.1	5.1	6.1	8.1	10.2	12.2	16.2	20.2	24.5	30.5
	max	4.4	5.4	6.68	8.68	10.9	12.9	16.9	21.04	25.5	31.5
$S(b)$	公称	1.1	1.3	1.6	2.1	2.6	3.1	4.1	5	6	7.5
	min	1	1.2	1.5	2	2.45	2.95	3.9	4.8	5.8	7.2
	max	1.2	1.4	1.7	2.2	2.75	3.25	4.3	5.2	6.2	7.8
H	min	2.2	2.6	3.2	4.2	5.2	6.2	8.2	10	12	15
	max	2.75	3.25	4	5.25	6.5	7.75	10.25	12.5	15	18.75
$m \leqslant$		0.55	0.65	0.8	1.05	1.3	1.55	2.05	2.5	3	3.75

（八）键

普通平键　形式尺寸（GB/T 1096—2003）

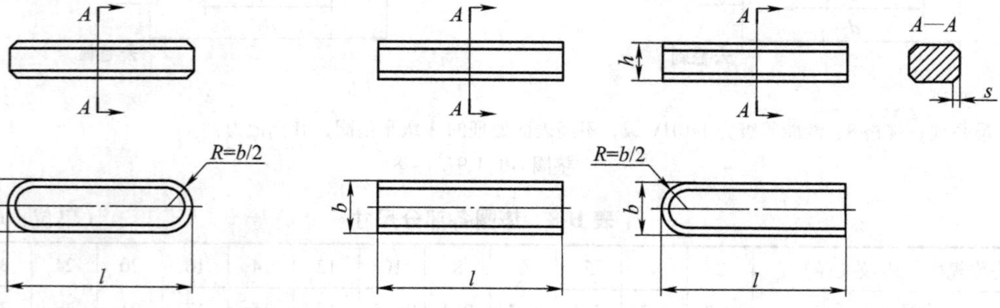

A型　　B型　　C型

标记示例

宽度 b=16mm，高度 h=10mm，长度 L=100mm 普通 A 型平键的标记为：

GB/T 1096　键 16×10×100

宽度 b=16mm，高度 h=10mm，长度 L=100mm 普通 B 型平键的标记为：

GB/T 1096　键 B 16×10×100

宽度 b=16mm，高度 h=10mm，长度 L=100mm 普通 C 型平键的标记为：

GB/T 1096　键 C 16×10×100

键和键槽的断面尺寸（GB/T 1095—2003）

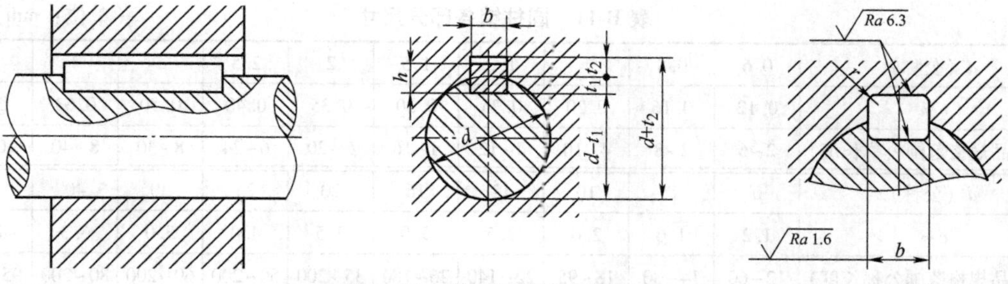

表 B-10　键和键槽的断面尺寸　（单位：mm）

键		键槽											
		宽度 *b*						深度					
		公称尺寸 *b*	极限偏差					轴 t_1		毂 t_2 键		半径 *r*	
b×*h*	*L*		松连接		正常连接		紧密连接						
			轴 H9	毂 D10	轴 N9	毂 Js9	轴和毂 P9	公称	偏差	公称	偏差	最小	最大
2×2	6~20	2	+0.025 0	+0.060 +0.020	-0.004 -0.029	±0.0125	-0.006 -0.031	1.2	+0.1 0	1	+0.1 0	0.08	0.16
3×3	6~36	3						1.8		1.4			
4×4	8~45	4	+0.030 0	+0.078 +0.030	0 -0.030	±0.015	-0.012 -0.042	2.5		1.8			
5×5	10~56	5						3.0		2.3		0.16	0.25
6×6	14~70	6						3.5		2.8			
8×7	18~90	8	+0.036 0	+0.098 +0.040	0 -0.036	±0.018	-0.015 -0.051	4.0	+0.2 0	3.3	+0.2 0		
10×8	22~110	10						5.0		3.3		0.25	0.40
12×8	28~140	12	+0.043 0	+0.120 +0.050	0 -0.043	±0.0215	-0.018 -0.061	5.0		3.3			
14×9	36~160	14						5.5		3.8			
16×10	45~180	16						6.0		4.3			
18×11	50~200	18						7.0		4.4			
20×12	56~220	20	+0.052 0	+0.149 +0.065	0 -0.052	±0.026	-0.022 -0.074	7.5		4.9		0.40	0.60
22×14	63~250	22						9.0		5.4			
25×14	70~280	25						9.0		5.4			
28×16	80~320	28											
L 系列	6、8、10、12、14、16、18、20、22、25、28、32、36、40、45、50、56、63、70、80、90、100、110、125、140、160、180、200、220、250、280												

注：1. 在零件图中轴槽深用 $d-t_1$ 标注，轮毂槽深用 $d+t_2$ 标注。

2. 键的材料常用 45 钢。

（九）圆柱销

圆柱销（GB/T 119.1—2000）

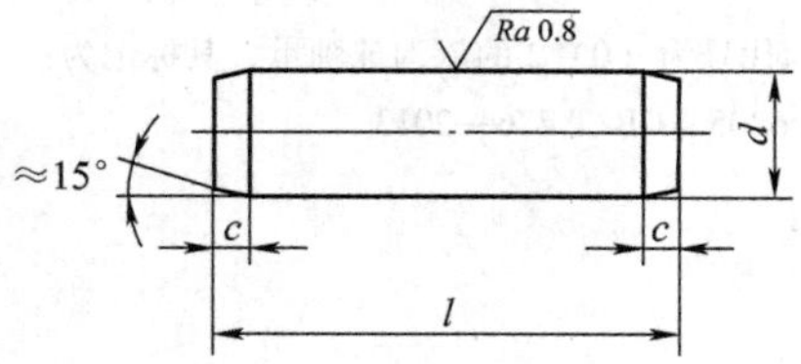

标记示例

1. 公称直径 *d*=6mm、公差 m6、公称长度 *l*=30mm、材料为钢、不经淬火、不经表面处理的圆柱销，其标记为：

销 GB/T 119.1　6m6×30

2. 公称直径 *d*=6、公差 m6、公称长度 *l*=30、材料 A1 奥氏体不锈钢、表面简单处理的圆柱销，其标记为：

销 GB/T 119.1　6m6×30-A1

表 B-11 圆柱销各部分尺寸 （单位：mm）

d（公称）	0.6	0.8	1	1.2	1.5	2	2.5	3	4	5
c≈	0.12	0.16	0.20	0.25	0.30	0.35	0.40	0.50	0.63	0.80
l（商品规格范围公称长度）	2~6	2~8	4~10	4~12	4~16	6~20	6~24	8~30	8~40	10~50
d（公称）	6	8	10	12	16	20	25	30	40	50
c≈	1.2	1.6	2.0	2.5	3.0	3.5	4.0	5.0	6.3	8.0
l（商品规格范围公称长度）	12~60	14~80	18~95	22~140	26~180	35~200	50~200	60~200	80~200	95~200
l（系列）	2，3，4，5，6，8，10，12，14，16，18，20，22，24，26，28，30，32，35，40，45，50，55，60，65，70，75，80，85，90，95，100，120，140，160，180，200									

注：1. 材料用钢时硬度要求为 125~245HV30，用奥氏体不锈钢 A1（GB/T 3098.6）时硬度要求为 210~280HV30。

2. 公差 m6：$Ra \leqslant 0.8\mu m$。

（十）圆锥销

圆锥销（GB/T 117—2000）

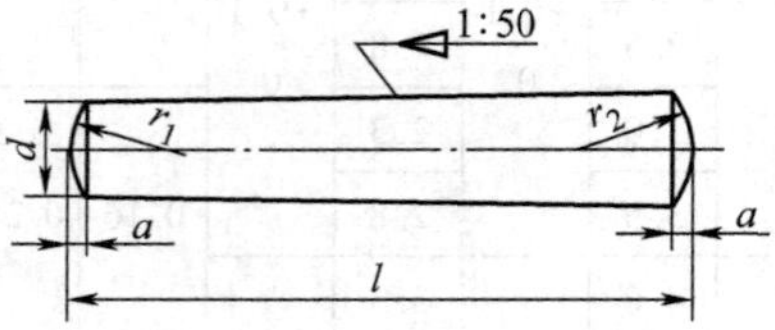

$r_1 \approx d$

$r_2 \approx \frac{a}{2} + d + \frac{(0.02l)^2}{8a}$

标记示例

公称直径 d=6mm、公称长度 l=30mm、材料为 35 钢、热处理硬度 28~38HRC、表面氧化处理的 A 型圆锥销，其标记为：

销 GB/T 117 6×30

表 B-12 圆锥销各部分尺寸 （单位：mm）

d（公称）	0.6	0.8	1	1.2	1.5	2	2.5	3	4	5
a≈	0.08	0.10	0.12	0.16	0.2	0.25	0.3	0.4	0.5	0.63
l（商品规格范围公称长度）	4~8	5~12	6~16	6~20	8~24	10~35	10~35	12~45	14~55	18~60
d（公称）	6	8	10	12	16	20	25	30	40	50
a≈	0.8	1	1.2	1.6	2	2.5	3	4	5	6.3
l（商品规格范围公称长度）	22~90	22~120	25~160	32~180	40~200	45~200	50~200	55~200	60~200	65~200
l（系列）	2，3，4，5，6，8，10，12，14，16，18，20，22，24，26，28，30，32，35，40，45，50，55，60，65，70，75，80，85，90，95，100，120，140，160，180，200									

（十一）深沟球轴承（GB/T 276—2013）

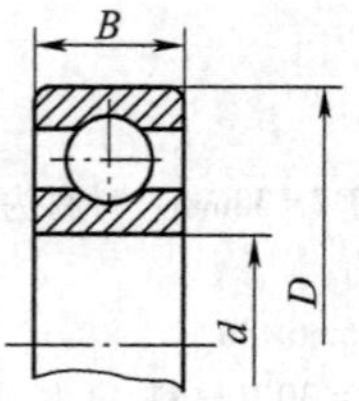

类型代号 6

标记示例

内圈孔径 d=25mm，尺寸系列代号为（0）2 的深沟球轴承，其标记为：

滚动轴承 6205 GB/T 276—2013

表 B-13 深沟球轴承尺寸 （单位：mm）

轴承代号	尺寸			轴承代号	尺寸		
	d	D	B		d	D	B
尺寸系列代号（1）0				尺寸系列代号（0）3			
6000	10	26	8	6307	35	80	21
6001	12	28	8	6308	40	90	23
6002	15	32	9	6309	45	100	25
6003	17	35	10	6310	50	110	27
6004	20	42	12	6311	55	120	29
尺寸系列代号（0）2				尺寸系列代号（0）4			
6202	15	35	11	6406	30	90	23
6203	17	40	12	6407	35	100	25
6204	20	47	14	6408	40	110	27
6205	25	52	15	6409	45	120	29
6206	30	62	16	6410	50	130	31
6207	35	72	17	6411	55	140	33
6208	40	80	18	6412	60	150	35
6209	45	85	19	6413	65	160	37
6210	50	90	20	6414	70	180	42

注：表中括号“()”中数字在轴承代号中省略。

（十二）圆锥滚子轴承（GB/T 297—2015）

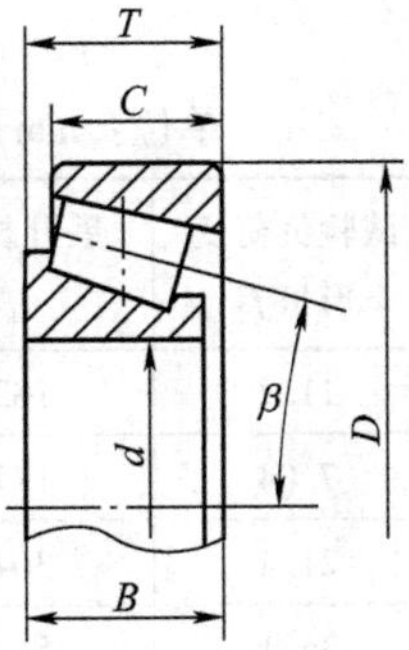

标记示例

内圈孔径为 $d=35$mm，尺寸系列代号为 03 的圆锥滚子轴承，其标记为：

滚动轴承 30307 GB/T 297—2015

表 B-14 圆锥滚子轴承尺寸 （单位：mm）

轴承代号	尺寸					轴承代号	尺寸				
	d	D	T	B	C		d	D	T	B	C
尺寸系列代号 02						尺寸系列代号 03					
30207	35	72	18.25	17	15	30307	35	80	22.75	21	18
30208	40	80	19.75	18	16	30308	40	90	25.25	23	20
30209	45	85	20.75	19	16	30309	45	100	27.25	25	22
30210	50	90	21.75	20	17	30310	50	110	29.25	27	23
30211	55	100	22.75	21	18	30311	55	120	31.5	29	25
30212	60	110	23.75	22	19	30312	60	130	33.5	31	26
						30313	65	140	36	33	28
						30314	70	150	38	35	30

（续）

轴承代号	尺寸				
	d	D	T	B	C
尺寸系列代号 23					
32309	45	100	38. 25	36	30
32310	50	110	42. 25	40	33
32311	55	120	45. 5	43	35
32312	60	130	48. 5	46	37
32313	65	140	51	48	39
32314	70	150	54	51	42

轴承代号	尺寸				
	d	D	T	B	C
尺寸系列代号 30					
33005	25	47	17	17	14
33006	30	55	20	20	16
33007	35	62	21	21	17
尺寸系列代号 30					
33108	40	75	26	26	20. 5
33109	45	80	26	26	20. 5
33110	50	85	26	26	20
33111	55	95	30	30	23

（十三）圆柱螺旋压缩弹簧（YA、YB 型）（GB/T 2089—2009）

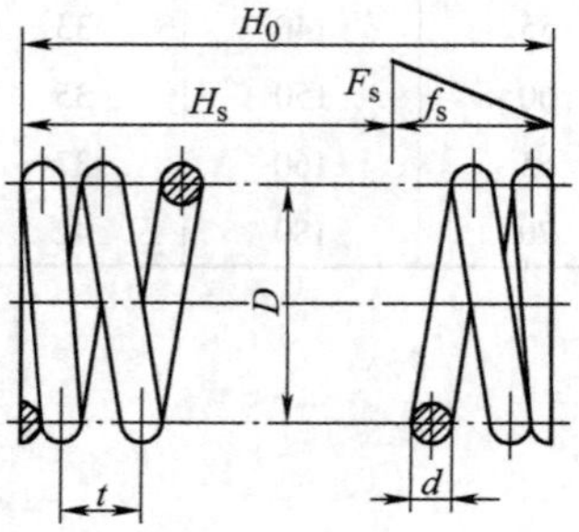

A 型（两端圈并紧磨平）
B 型（两端圈并紧锻平）

标记示例

A 型、材料直径 6、弹簧中径 38、自由高度 60、材料为 60Si2MnA、表面涂漆处理的右旋圆柱螺旋压缩弹簧，其标记为：

YA6×38×60 GB/T 2089

表 B-15 圆柱螺旋压缩弹簧（YA、YB 型）尺寸及参数 （单位：mm）

线径 d	弹簧中径 D	节距≈ r	自由高度 H_0	有效圈数 N/圈	试验负荷 Fs/N	试验负荷变形量 fs	展开长度 L
0. 6	4	1. 54	20	12. 5	18. 7	11. 7	182
1	4. 5	1. 67	20	10. 5	72. 7	7. 04	177
1. 2	8	2. 92	40	12. 5	68. 6	21. 4	364
1. 6	12	4. 41	60	12. 5	105	35. 1	547
2	16	5. 72	42	6. 5	144	24. 3	427
	20	7. 85	55	6. 5	115	38	534
2. 5	20	7. 02	38	4. 5	218	20. 4	408
			80	10. 5		47. 5	785
	25	9. 57	58	5. 5	174	38. 9	589
			70	6. 5		45. 9	668
4. 5	32	10. 5	65	5. 5	740	32. 9	754
			90	7. 5		44. 9	955
	50	19. 1	80	3. 5	474	51. 2	864
			220	10. 5		153	1964

（续）

线径 d	弹簧中径 D	节距≈ r	自由高度 H_0	有效圈数 N/圈	试验负荷 Fs/N	试验负荷变形量 fs	展开长度 L
6	38	11.6	60	4	368	23.5	714
			100	7.5		44.0	1134
	45	14.2	90	5.5	1155	45.2	1060
			120	7.5		61.7	1343
10	45	14.6	115	6.5	4919	29.5	1131
			130	7.5		34.1	1272
	50	15.6	80	4	4427	22.4	864
			150	8.5		47.6	1571

注：1. 材料直径系列：0.5~1（0.1 进位），1.2~2（0.2 进位），2.5~5（0.5 进位），6~20（2 进位），25~50（5 进位）。

2. 弹簧中径系列：3~4.5（0.5 进位），6~10（1 进位），12~22（2 进位），25，28，30，32，35，38，40~100（5 进位），110~200（10 进位），220~340（20 进位）。

三、常用的机械加工一般规范和零件结构要素

（一）普通螺纹退刀槽和倒角（GB/T 3—1997）

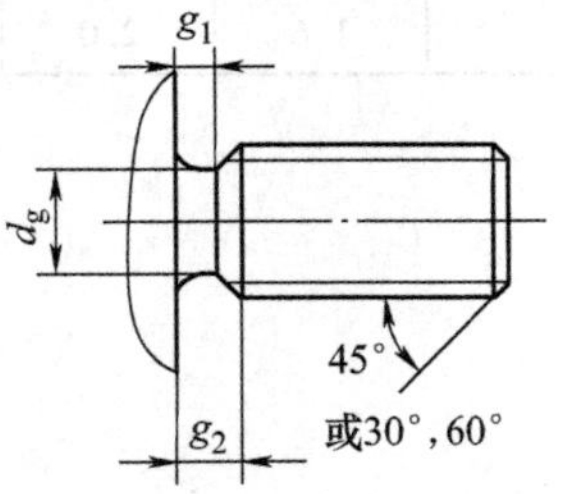

普通外螺纹退刀槽和倒角

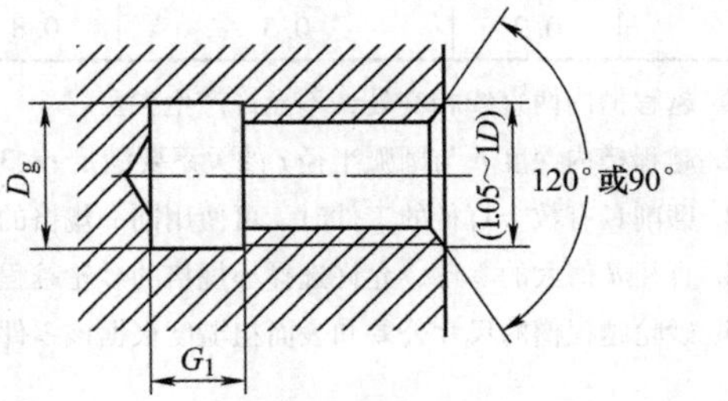

普通内螺纹退刀槽和倒角

表 B-16　普通螺纹退刀槽尺寸　（单位：mm）

螺距	外螺纹			内螺纹		螺距	外螺纹			内螺纹	
p	g_{2max}	g_{1min}	d_g	G_1	D_g	p	g_{2max}	g_{1min}	d_g	G_1	D_g
0.5	1.5	0.8	d~0.8	2	D+0.3	1.75	5.25	3	d~2.6	7	D+0.5
0.7	2.1	1.1	d~1.1	2.8		2	6	3.4	d~3	8	
0.8	2.4	1.3	d~1.3	3.2		2.5	7.5	4.4	d~3.6	10	
1	3	1.6	d~1.6	4	D+0.5	3	9	5.2	d~4.4	12	
1.25	3.75	2	d~2	5		3.5	10.5	6.2	d~5	14	
1.5	4.5	2.5	d~2.3	6		4	12	7	d~5.7	16	

（二）零件倒角与倒圆（GB/T 6403.4—2008）

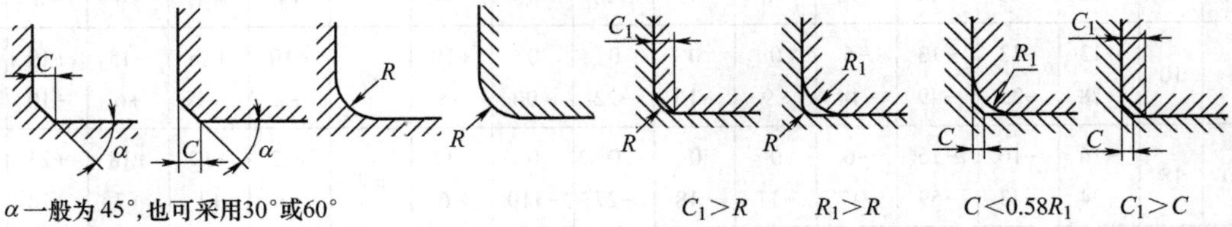

表 B-17 零件倒角与倒圆尺寸 （单位：mm）

d、D	~3	>3~6	>6~10	>10~18	>18~30	>30~50	>50~80	>80~120	>120~180	>180~250	>250~320
C、R	0.2	0.4	0.6	0.8	1.0	1.6	2.0	2.5	3.0	4.0	5.0

d、D	>320~400	>400~500	>500~630	>630~800	>800~1000	>1000~1250	>1250~1600
C、R	6.0	8.0	10	12	16	20	25

（三）回转面砂轮越程槽（GB/T 6403.5—2008）

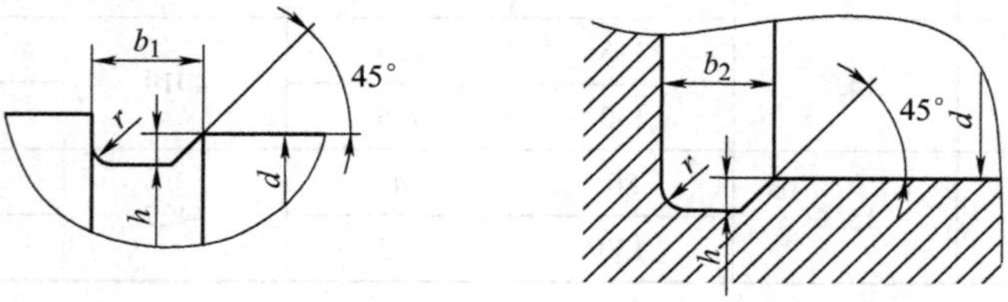

表 B-18 回转面砂轮越程槽尺寸 （单位：mm）

d	~10			>10~50		>50~100		>100	
b_1	0.6	1.0	1.6	2.0	3.0	4.0	5.0	8.0	10
b_2	2.0	3.0		4.0		5.0		8.0	10
h	0.1	0.2		0.3	0.4		0.6	0.8	1.2
r	0.2	0.5		0.8	1.0		1.6	2.0	3.0

注：1. 越程槽内两直线相交处，不允许产生尖角。

2. 越程槽内深度 h 与圆弧半径 r 的关系要满足 $r \leqslant 3h$。

3. 磨削具有数个直径的工件时，可使用同一规格的越程槽。

4. 直径 d 值大的零件，允许选择小规格的砂轮越程槽。

5. 砂轮越程槽的尺寸公差和表面粗糙度根据该零件的结构、性能确定。

附录 C 极限与配合

表 C-1 优先配合中轴的极限偏差（GB/T 1800.2—2020） （单位：μm）

公称尺寸 mm		常用公差带														
		f			g	h				j	js	k		m	n	p
大于	至	7	8	9	6	6	7	8	11	7	7	6	7	6	6	6
—	3	-6 -16	-6 -20	-6 -31	-2 -8	0 -6	0 -10	0 -14	0-60	+6 -4	±5	+6 0	+10 0	+8 +2	+10 +4	+12 +6
3	6	-10 -22	-10 -28	-10 -40	-4 -12	0 -8	0 -12	0 -18	0 -75	+8 -4	±6	+9 +1	+13 +1	+12 +4	+16 +8	+20 +12
6	10	-13 -28	-13 -35	-13 -49	-5 -14	0 -9	0 -15	0 -22	0 -90	+10 -5	±7	+10 +1	+16 +1	+15 +6	+19 +10	+24 +15
10	18	-16 -34	-16 -43	-16 -59	-6 -17	0 -11	0 -18	0 -27	0 -110	+12 -6	±9	+12 +1	+19 +1	+18 +7	+23 +12	+29 +18

（续）

公称尺寸 mm		常用公差带														
		f			g	h				j	js	k		m	n	p
大于	至	7	8	9	6	6	7	8	11	7	7	6	7	6	6	6
18	30	−20 −41	−20 −53	−20 −72	−7 −20	0 −13	0 −21	0 −33	0 −130	+13 −8	±10	+15 +2	+23 +2	+21 +8	+28 +15	+35 +22
30	50	−25 −50	−25 −64	−25 −87	−9 −25	0 −16	0 −25	0 −39	0 −160	+15 −10	±12	+18 +2	+27 +2	+25 +9	+33 +17	+42 +26
50	80	−30 −60	−30 −76	−30 −104	−10 −29	0 −19	0 −30	0 −46	0 −190	+18 −12	±15	+21 +2	+32 +2	+30 +11	+39 +20	+51 +32
80	120	−36 −71	−36 −90	−36 −123	−12 −34	0 −22	0 −35	0 −54	0 −220	+20 −15	±17	+25 +3	+38 +3	+35 +13	+45 +23	+59 +37
120	180	−43 −83	−43 −106	−43 −143	−14 −39	0 −25	0 −40	0 −63	0 −250	+22 −18	±20	+28 +3	+43 +3	+40 +15	+52 +27	+68 +43
180	250	−50 −96	−50 −122	−50 −165	−15 −44	0 −29	0 −46	0 −72	0 −290	+25 −21	±23	+33 +4	+50 +4	+46 +17	+60 +31	+79 +50
250	315	−56 −108	−56 −137	−56 −186	−17 −49	0 −32	0 −52	0 −81	0 −320	±26	±26	+36 +4	+56 +4	+52 +20	+66 +34	+88 +56
315	400	−62 −119	−62 −151	−62 −202	−18 −54	0 −36	0 −57	0 −89	0 −360	+29 −28	±28	+40 +4	+61 +4	+57 +21	+73 +37	+98 +62

表 C-2　优先配合中孔的极限偏差（GB/T 1800.2—2020）　　（单位：μm）

公称尺寸 mm		常用公差带													
		D	F	G	H						J	JS	K	M	N
大于	至	9	7	8	7	6	7	8	9	11	8	9	7	8	8
—	3	+45 +20	+16 +6	+20 +6	+12 +2	+10 0	+10 0	+14 0	+25 0	+60 0	+6 −8	±12	0 −10	−2 −16	−4 −18
3	6	+60 +30	+22 +10	+28 +10	+16 +4	+12 0	+12 0	+18 0	+30 0	+75 0	+10 −8	±15	+3 −9	+2 −16	−2 −20
6	10	+76 +40	+28 +13	+35 +13	+20 +5	+15 0	+15 0	+22 0	+36 0	+90 0	+12 −10	±18	+5 −10	+1 −21	−3 −25
10	18	+93 +50	+34 +16	+43 +16	+24 6	+18 0	+18 0	+27 0	+43 0	+110 0	+15 −12	±21	+6 −12	+2 −25	−3 −30
18	30	+117 +65	+41 +20	+53 +20	+28 +7	+21 0	+21 0	+33 0	+52 0	+130 0	+20 −13	±26	+6 −15	+4 −29	−3 −36
30	50	+142 +80	+50 +25	+64 +25	+34 +9	+25 0	+25 0	+39 0	+62 0	+160 0	+24 −15	±31	+7 −18	+5 −34	−3 −42
50	80	174 +100	+60 +30	+76 +30	+40 +10	+30 0	+30 0	+46 0	+74 0	+190 0	+28 −18	±37	+9 −21	+5 −41	−4 −50

（续）

公称尺寸 mm		常用公差带													
		D	F	G	H						J	JS	K	M	N
大于	至	9	7	8	7	6	7	8	9	11	8	9	7	8	8
80	120	+207 +120	+71 +36	+90 +36	+47 +12	+35 0	+35 0	+54 0	+87 0	+220 0	+34 −20	±43	+10 −25	+6 −48	−4 −58
120	180	245 +145	+83 +43	+106 +43	+54 +14	+40 0	+40 0	+63 0	+100 0	+250 0	+41 −22	±50	+12 −28	+8 −55	−4 −67
180	250	+285 +170	+96 +50	+122 +50	+61 +15	+46 0	+46 0	+72 0	+115 0	+290 0	+47 −25	±57	+13 −33	+9 −63	−5 −77
250	315	+320 +190	+108 +56	+137 +56	+69 +17	+52 0	+52 0	+81 0	+130 0	+320 0	+55 −26	±65	+36 −36	+9 −72	−5 −86
315	400	+350 +210	+119 +62	+151 +62	+75 +18	+57 0	+57 0	+89 0	+140 0	+360 0	+60 −29	±70	+17 −40	+11 −78	−5 −94

附录D 常用材料及其热处理、表面处理

表 D-1 钢铁材料

中文名称与标准	英文名称	牌号	应用举例	说明
灰铸铁 GB/T 9439—2023	Grey iron castings	HT100 HT150	制造端盖、汽轮机壳体、阀壳、管路附件以及普通机床底座、机身、工作台等	HT 表示灰铸铁，后面的数字表示抗拉强度值（单位 MPa）
		HT200	低强度铸件：气缸、齿轮、衬筒、液压筒等	
		HT250	中强度铸铁：液压缸、联轴器、凸轮、活塞等	
		HT300 HT350	高强度铸铁：床身导轨、车床卡盘、剪床床身、高压液压缸、冲模模体等	
一般工程用铸造碳钢件 GB/T 11352—2009	Carbon steel castings for general engineering purposes	ZG200-400 ZG230-450	机座、箱体、支架	ZG 表示铸钢，第一组数字表示屈服强度，第二组数字表示抗拉强度（单位 MPa）
		ZG270-500 ZG310-570	齿轮、飞轮、机架	
		ZG340-640	起重机、运输中的齿轮、联轴器等	
碳素结构钢 GB/T 700—2006	Carbon structural steels	Q195	受力不大的铆钉、螺栓、短轴、心轴、凸轮、渗碳件、焊接件	Q 表示钢的屈服点，数字为屈服强度（单位 MPa），A、B、C、D 表示质量等级，依次下降
		Q215 A、B		
		Q235 Q275 A、B、C、D	螺栓、螺母、连杆、拉杆、轴、楔、焊接件	

（续）

中文名称与标准	英文名称	牌号	应用举例	说明
优质碳素结构钢 GB/T 699—2015	Quality carbon structural steels	10	拉杆、卡头、垫圈、焊接件	牌号数字表示钢种平均碳含量的万分数，例如："45"表示平均碳含量为0.45%
		15 20	渗碳件、紧固件、冲模锻件、化工储器	
		25 30 35	曲轴、摇杆、拉杆、螺栓、销、键	
		40 45 50	齿轮、轴、联轴器、衬套、活塞销	
		55 60 65 70 75 80 85	弹簧、叶片	
		15Mn 20Mn 25Mn	渗碳件、焊接件	当锰含量在0.7%~1.2%时需注出Mn
		30Mn 40Mn 50Mn	螺栓、杠杆、制动器	
		60Mn 65Mn 70Mn	弹簧、发条	
合金结构钢 GB/T 3077—2015	Alloy structure steels	15Cr 20Cr	渗碳齿轮、凸轮、活塞销、离合器	符号前数字表示碳含量的万分数，符号后数字表示元素含量的百分数，当含量<1.5%时，不注数字
		30Cr 40Cr	调质件：齿轮、轮轴、摇杆、螺栓	
		45Cr 50Cr	高强度齿轮、轴、螺栓	
		15CrMo 20CrMo 40CrMo	高耐磨零件：垫圈、套筒、连杆、齿轮、轴等	
		20CrMnTi	重要渗碳件：齿轮	
		30CrMnTi	汽车、拖拉机的重要齿轮，供渗碳处理	

表 D-2 非铁金属及其合金

中文名称与标准	英文名称	牌号	应用举例	说明
加工铜及铜合金牌号和化学成分 GB/T 5231—2022	Designation and chemical composition of wrought copper and copper alloys	H59 H62 H63 H65 H68 H70 H80 H85 H90 H96	销钉、垫圈、螺母、导管、弹簧、铆钉	H 表示普通黄铜，数字表示铜含量的平均百分数
铸造铜及铜合金 GB/T 1176—2013	Casting copper and copper alloys	ZCuZn38 ZCuZn38Mn2Pb2 ZCuSn5Pb5Zn5 ZCuAl10Fe3	铸造铜合金：散热器、垫圈、弹簧 锰黄铜：轴瓦、轴套及其他耐磨零件 锡青铜：承受摩擦的零件，如轴承 铝青铜：蜗轮、衬套和耐蚀性零件	Z 表示铸造，合金中其他主要元素化学符号后数字表示该元素的含量平均百分数
铸造铝合金 GB/T 1173—2013	Casting aluminium alloys	ZAlCu5Mn （代号 ZL201） ZAlMg10 （代号 ZL301）	负荷不大的薄壁零件	ZAl 表示铸造铝合金，合金中的其他元素化学符号后数字表示该元素含量平均百分数。代号中的数字表示合金系列代号和顺序号
变形铝及铝合金 GB/T 3190—2020	Wrought aluminium and aluminium alloys	2A10 （代号 LY10） 2A11 （代号 LY11） 2A12 （代号 LY12）	中等强度的零件，焊接性能好	铝及铝合金牌号用 4 位字符表示，部分新旧牌号对照如下 新 旧 1060 L2 1050A L3 2A12 LY12

表 D-3 非金属材料

中文名称与标准	英文名称	类型	应用举例	说明
工业用橡胶板 GB/T 5574—2008	Industrial rubber sheet	不耐油	垫圈、密封条、垫板	中等硬度
		中等耐油		
		耐油	可在发动机油、汽油等介质中工作	
工业用毛毡 FZ/T 25001—2012	Industrial felt	细毛毡	制作密封、防漏油、防振、缓冲衬垫	用于密封材料
		半粗毛毡		
		粗毛毡		

（续）

中文名称与标准	英文名称	类型	应用举例	说明
聚四氟乙烯板材 QB/T 5257—2018	Polytetrafluoroethylene sheet	SFB-1	用于电器绝缘方面	化学稳定性好，高耐热、耐寒，自润滑性能好
		SFB-2	腐蚀介质中的衬垫	
		SFB-3	腐蚀介质中的隔膜	

表 D-4　常用热处理和表面处理名词（GB/T 7232—2012　JB/T 8555—2008）

中文名称	英文名称	说　明	目　的
退火	Annealing	加热到适当温度→保温→缓慢冷却	消除铸、锻、焊零件的内应力，降低硬度．细化晶粒，改善组织，增加韧性
正火	Normalizing	加热到临界温度以上→保温→空气冷却	处理低碳钢、中碳钢及渗碳零件，增加强度与韧性，减少内应力，改善切削性能
淬火	Quenching	加热到临界温度以上→保温→水、盐或油中急冷	提高机件硬度及强度极限。但淬火后引起内应力，使钢变脆，所以淬火后必须回火
回火	Tempering	加热到临界温度以下→保温→空气或油中冷却	消除淬火后的脆性和内应力，提高钢的塑性和冲击韧度
调质	Hardening and Tempering	淬火→高温回火	使钢获得高的韧性和足够的强度。重要的齿轮、轴及丝杠等零件必须调质处理
时效	Aging	机件精加工前，加热到 100～150℃，保温 10～40h，空气冷却。铸件也可自然时效（放在露天中一年以上）	消除内应力，稳定形状和尺寸，常用于处理精密机件，如精密轴承、精密丝杠等
渗碳	Carburize	在渗碳剂中加热钢件到 900～950℃，使碳渗入到钢件表层，深度为 0.5～2mm	增加钢件耐磨性、表面强度、抗拉强度及疲劳极限。适用于低碳和中碳结构钢零件
渗氮	Nitriding	将零件放入氮气内加热，使钢的表面获得含氮强化层	增加钢件耐磨性、表面硬度、疲劳极限和抗腐蚀能力。适用于合金钢、碳钢及铸铁件
硬度	Hardness	材料抵抗硬的物体压入其表面的能力称为硬度。根据测定方法的不同，可分为布氏硬度（HBW）、洛氏硬度（HRC）和维氏硬度（HV）	检验材料经热处理后的力学性能。硬度 HBW 用于退火、正火、调质后的零件及铸件检测。 HRC 用于经淬火、回火及表面渗氮等处理的零件检测。HV 用于薄层硬化零件检测

附录 E 制图测绘参考图

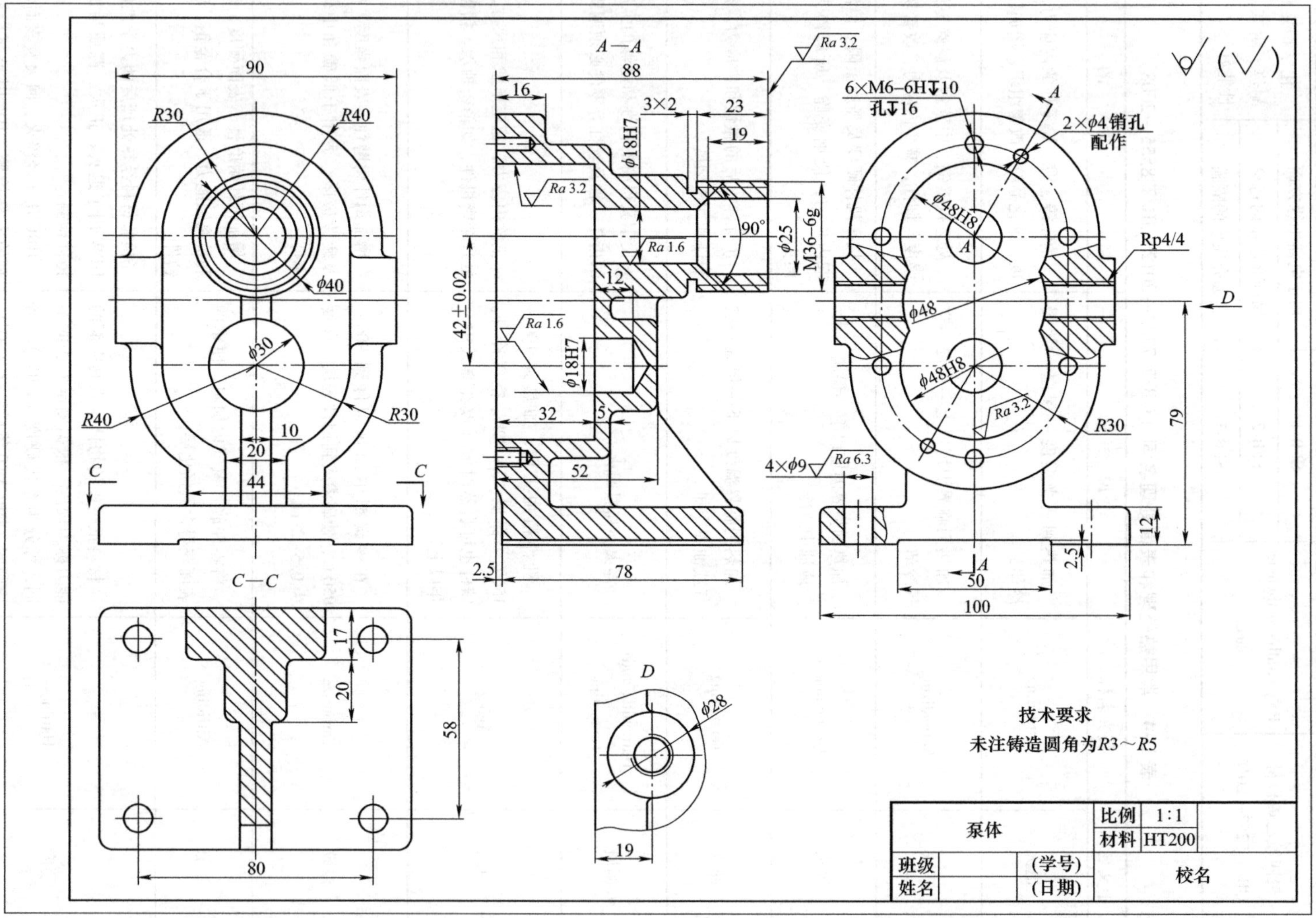

参 考 文 献

[1] 何建英，阮春红，池建斌，等．画法几何及机械制图［M］. 7 版．北京：高等教育出版社，2016.
[2] 王丹虹，宋洪侠，陈霞．现代工程制图［M］. 2 版．北京：高等教育出版社，2017.
[3] 王志忠．雷淑存．现代机械工程制图［M］. 北京：科学出版社，2012.
[4] 张彤，刘斌，焦永和．工程制图［M］. 2 版．北京：高等教育出版社，2020.
[5] 金大鹰．机械制图：机械类专业［M］. 5 版．北京：机械工业出版社，2020.
[6] 冯涓，杨惠英，王玉坤．机械制图［M］. 4 版．北京：清华大学出版社，2018.
[7] 袁淑玲，徐连孝，郑睿．机械制图：基于工作过程实训［M］. 3 版．北京：北京大学出版社，2021.
[8] 冯振忠．机械制图与 AutoCAD 绘图［M］. 北京：化学工业出版社，2018.
[9] 大连理工大学工程图学教研室．画法几何学［M］. 7 版．北京：高等教育出版社，2011.
[10] 何铭新，钱可强，徐祖茂．机械制图［M］. 7 版．北京：高等教育出版社，2016.
[11] 陈超祥，胡其登 . SolidWorks 高级装配教程［M］. 北京：机械工业出版社，2012.
[12] 林大钧，于传浩，杨静．化工制图［M］. 3 版．北京：高等教育出版社，2021.
[13] 张瑞林，冯杰．化工制图与 AutoCAD 绘图实例［M］. 北京：中国石化出版社，2013.
[14] 焦永和，张彤，张昊．机械制图手册［M］. 6 版．北京：机械工业出版社，2022.
[15] 高雪强，韩志杰．机械制图［M］. 2 版．北京：机械工业出版社，2021.